油田开发
工程与实践

窦宏恩◎著

Oil Field Development Engineering and Practice

石油工业出版社

内 容 提 要

本书共分三篇:第一篇为聚合物驱油理论与应用,系统阐述了聚合物驱油的相关理论和渗流特性,同时,总结了大庆油田应用聚合物驱和化学复合驱的效果;第二篇为水平井开发技术,主要通过水平井底水油藏开发模拟实验,依据水平井水脊形成机理,提出了水平井开发底水油藏控制水脊的工艺方法,建立了水平井开发底水油藏的主要开发指标的预测模型与方法,主要成果在塔中四等水平井油田开发中得到验证与应用;第三篇为有杆和无杆抽油技术,分析了井筒中不同情况下的油管柱的力学行为,提出了有杆抽油系统效率的最大值概念及一种新型直线电机驱动抽油机的设计理论和方法,此外,通过解剖麻雀的方式对水力泵(水力活塞泵及喷射泵)抽油进行了水动力学特性理论分析,并总结回顾了我国沈阳高凝油田应用水力泵采油的成果和经验。

本书可作为油气田开发工程技术人员、高等院校相关专业的师生阅读和科研参考。

图书在版编目(CIP)数据

油田开发工程与实践 / 窦宏恩著 . — 北京 : 石油工业出版社,2024.6

ISBN 978-7-5183-6627-9

Ⅰ.①油… Ⅱ.①窦… Ⅲ.①油田开发-研究 Ⅳ.①TE34

中国国家版本馆 CIP 数据核字(2024)第 069464 号

出版发行:石油工业出版社

(北京安定门外安华里 2 区 1 号　100011)

网　　址:www.petropub.com

编辑部:(010)64523693

图书营销中心:(010)64523633

经　　销:全国新华书店

印　　刷:北京中石油彩色印刷有限责任公司

2024 年 6 月第 1 版　2024 年 6 月第 1 次印刷

787 毫米×1092 毫米　开本:1/16　印张:34.25

字数:850 千字

定价:190.00 元

前　　言

本书是作者长期从事油田开发工程实践的学习体会和理论总结,部分内容是对现有理论的重新理解和拓展。其中,一些内容具有一定原创性。

全书共分三篇:第一篇为聚合物驱油理论与应用,从三次采油基本概念、高分子化学、高分子物理、非牛顿流体入手系统阐述了驱油用聚合物结构及其基本性质、聚合物溶液的黏弹性效应及聚合物在驱油过程中的渗流特性;同时,总结了大庆油田应用聚合物驱和化学复合驱的效果,对油田进入后期进行三次采油设计具有借鉴价值。第二篇为水平井开发技术,开展了水平井开发模拟实验,分析了水平井渗流特征,建立了水平井开发底水油藏的主要开发指标的预测模型与方法;依据水平井开发中水脊形成机理提出了多种水平井底水油藏控制水脊的工艺,主要成果在塔中四等水平井油田开发中得到了验证与应用。第三篇为有杆和无杆抽油技术,分析了井筒中不同情况下的油管柱的力学行为和受力影响,提出的系统效率最大值概念可作为有杆节能抽油装置设计的理论判据;同时,建立了一种新型直线电机驱动的抽油机的设计理论和方法。此外,通过解剖麻雀的方式对水力无杆抽油装置水力活塞泵及喷射泵进行了水动力学特性的理论分析,并总结了我国沈阳高凝油田应用水力泵采油的成果和经验,为其他水力机械设计及应用提供了有价值的参考。三篇内容基本互相独立,自成体系。

本书涉及微分方程、高分子化学、高分子物理、材料力学、高等渗流力学、高等流体力学、电磁学和电机学等基础知识,对于高等院校师生强化理论与生产实践相结合思考问题和研究工作具有较好参考价值。它虽然不能覆盖全部的油田开发工程技术,但目前作者呈现给大家的内容已经是油田开发中的主要工程技术,谈到技术,其特点具有特殊性、行业针对性。

本书编著过程中得到了中国石油勘探开发研究院的大力支持,得到了国家油气重大专项课题"国内油气开发发展战略(2016ZX05016-006)"出版资助。特别感谢中国石油勘探开发研究院张宏洋高级工程师对本书出版做出的贡献。本书第一篇第八章编写得到了大庆油田勘探开发研究院高级工程师侯维红的帮助,第三篇第三章编写得到了大连理工大学数学系教授贺明峰和侯中华的帮助,在此对他们协助编著本书付出的辛苦表示衷心的感谢。在全书的资料校对过程中,我的博士研究生孙丽丽,硕士研究生姜凯、邹威、张蕾等也做了大量的工作,也对他们表示衷心的感谢。

书中涉及内容较多,遗漏和疏忽的地方在所难免,恳请广大读者批评指正!

目　　录

第一篇　聚合物驱油理论与应用

第三篇　有杆和无杆抽油技术

第一篇 聚合物驱油理论与应用

三次采油(Tertiary Oil Recovery, TOR)的概念提出于20世纪50年代。它是一项以物理、化学、物理化学及生物学等理论为基础而形成的提高原油采收率的行业特有技术。其基本原理是从地面注入化学剂、气体、微生物和蒸汽等单介质和复合介质,从而改变驱替相和油水界面性质和原油性质,降低经过二次采油后的残余油饱和度,最终达到提高原油采收率的目的。

20世纪80年代以后,人们已习惯将提高原油采收率(Enhanced Oil Recovery, EOR)称为三次采油。其实,它们完全不是一个概念,TOR概念是相对一次采油和二次采油而提出来的,而EOR方法没有一次采油或者二次采油次序的概念。传统意义上的一次采油是指只靠天然能量开采原油的方法,而二次采油则是依靠人工向油层补充能量的物理作用提高原油采收率的方法。

近年来,大型超低渗透致密油藏和页岩油藏,尤其是一些低压成藏的致密油藏,陆续被发现,这些油藏依靠天然能量无法开采。对于此类油藏,一次采油就必须采用传统意义上的二次采油或三次采油技术进行开发。这类低压成藏的致密油藏,开发初期就需要采用压裂或者体积压裂再结合超前注水(规模钻井后,压裂油井,未开始采油就通过注水井整体向地层补充能量的一种方法)进行工业开发。如果储层太致密,无法注水,未投产就需要实施注气开发。对于油田开发初期就采用压裂注水或者注气开发的油藏而言,它依然是一次采油,而相对于它未来的二次采油和三次采油就会是更先进的提高采收率技术,诸如纳米驱油、井下细胞工厂驱油、地下原油催化原位转化采油等。

传统的三次采油理论依然是油田后期开发的基础。目前在实验室和油田应用实践中所取得的重要成果和认识，对于今后乃至未来的三次采油技术发展也都具有非常重要的意义。不论是老油田开发还是目前发现的致密油田开发，三次采油技术都是提高原油最大累计采油量的唯一技术手段。水驱老油田在含水达到 80% 后，流度比急剧上升，水油比不合理增高，必须实施三次采油，适时转换开发方式，实现老油田有高质量、高效益开发。对于注水注不进的致密油藏和页岩油藏，一次采油时就必须采用系统井网开发，建立有效的储层流体驱动体系，通过注气、注高效表面活性剂及物理化学结合的三次采油手段等，实现致密油藏及页岩油藏的有效开发。

第一章 三次采油方法介绍

原油采收率是累计采出原油量与地下原油原始地质储量之比。在经济条件允许的前提下获得更高的原油采收率是油田开发工作的核心。

一般情况下,大多数油藏都经历了"一次采油",其采油机理是随着油藏压力的下降,液体的体积膨胀和岩石压缩作用把油藏流体驱入井筒。当油藏压力降低到原油的饱和压力以下时,通过气体释放和膨胀又能采出一部分原油。有些油藏带有气顶,气顶膨胀和重力排驱也能促使原油流入生产井。一些油藏与含水层相连,含水层能提供活跃的或部分活跃的水驱能量。含水层的水侵既能驱替油藏孔隙中的原油,又能弥补由原油开采造成的压力下降。

对于不同的油藏,一次采油的采收率相差极大,这取决于开采机理、油藏类型、岩石性质、原油性质。一次采油的采收率一般为5%~25%。目前,在一次采油后一定时间内注入流体的采油方法通常被称为"二次采油"。一次采油和注水或非混相注气的二次采油的最终采收率通常为原始地质储量的20%~40%。

在二次采油达经济极限时,向地层中注入流体,注入流体与地层流体将产生物理化学变化,并采出更多原油的方法,称为"三次采油",包括聚合物驱、三元复合化学驱、气体混相驱及注热的热力采油。在任何时期,向地层中注入流体以达到提高产量和采收率的目的,被称为"强化采油(Enhanced Oil Recovery,EOR)"。

注水、注气等二次采油技术所不能开采的那部分原油包括"剩余油"和"残余油"。由于地层渗透率的宏观非均质性和孔隙结构的微观非均质性、注入水(气)与地层原油的黏度差以及井网的关系,注入流体不可能波及整个油藏体积,注入流体尚未波及的区域所剩余的原油被称为"剩余油",即使在注入流体所波及的区域内,也不可能将所有原油驱赶走。在注入水波及区内或孔道内已扫过区域内残留的、未被驱走的原油被称为"残余油",其特点是分布不连续。

20世纪以来,已经被证实能提高原油采收率的方法主要有聚合物驱、化学复合驱、气体混相驱、蒸汽吞吐、蒸汽驱、蒸汽辅助重力驱(SAGD)和火烧油层等。提高采收率方法分类见图1-1-1。下面主要介绍聚合物驱、化学复合驱、蒸汽辅助重力驱(SAGD)和火烧油层。

凡是向注入水中加入化学剂,以改变驱替流体性质、驱替流体与原油之间的界面性质,从而有利于原油生产的所有方法,都属于化学驱范畴,通常包括:聚合物驱、表面活性剂驱(胶束/聚合物驱、微乳液驱)、碱水驱和化学复合驱。

聚合物驱实际上是一种把水溶性聚合物加到注入水中以增加水相黏度、改善流度比、稳定驱替前缘的方法。目前广泛使用的聚合物有人工合成的化学品——部分水解聚丙烯酰胺和微生物发酵产品——黄原胶。早期曾经

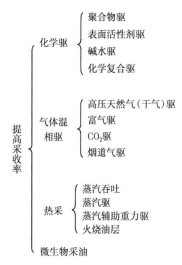

图1-1-1 主要提高采收率方法

3

使用过羧甲基纤维素和羟乙基纤维素等。部分水解聚丙烯酰胺不仅可以提高水相黏度,还可以降低水相的有效渗透率,从而有效改善流度比,扩大注入水波及体积。聚合物驱的油藏原油黏度一般不超过 100mPa·s。原油黏度增加,要达到合适的流度控制,就需要更高的聚合物浓度,从而增加成本,降低经济效益。聚合物的相对分子质量与地层的渗透率密切相关。渗透率越高,可以使用更高相对分子质量的聚合物而不堵塞地层,从而降低聚合物用量。当渗透率低于 20mD 时,只能使用低相对分子质量的聚合物。部分水解聚丙烯酰胺存在盐敏效应、化学降解、剪切降解问题,尤其对二价离子特别敏感。为了使聚丙烯酰胺具有较高的增黏效果,地层水含盐度不要超过 100000mg/L,注入水要求为淡水,因此在油藏周围应有丰富的淡水水源。聚合物化学降解随温度升高急剧增加,目前广泛使用的部分水解聚丙烯酰胺,要求油藏温度低于 93℃。当温度高于 70℃时,要求体系严格除氧,并且温度越高,盐效应的影响越大,甚至会发生沉淀,阻塞油层。

单一的聚合物驱、碱水驱、表面活性剂驱各自有其优缺点,将它们联合使用,在功能上互相弥补,以达到最佳驱油效果,这就是各种形式的化学复合驱。其中碱/聚合物驱就是在碱水溶液中加入高分子聚合物,通过提高碱水溶液的黏度,改善不利的流度比,使碱溶液与原油有更多的接触机会,在通过提高波及效率的同时提高驱油效果;同时,由于聚合物与活性剂之间所发生的协作效应,在配方合适时驱油效果可以远远超过单纯碱水驱和聚合物驱,有时甚至超过二者之和,可与胶束/聚合物驱相比。

对于酸值较高的原油,碱/聚合物驱有较大的潜力,且投资少,来源广,成本低,这种方法将是表面活性剂驱的有力竞争对手。对于酸值较低的原油,可以采用碱/表面活性剂/聚合物复合驱。活性剂用量从目前的 2%~5%降至千分之几至万分之几的数量级,使其在经济上具有明显的竞争力。加入少量表面活性剂的目的是可以把产生低界面张力的碱浓度大幅度拓宽,以抵消碱消耗使碱浓度难以控制的缺点,同时天然表面活性剂与外加表面活性剂也可以产生协同效应,因而可使所要求的酸值范围降低。碱的加入可以明显减少表面活性剂在岩石表面上的吸附。这也是表面活性剂用量大大减少的原因之一。实际上这种方法是充分发挥活性剂、碱、聚合物的协同作用,取长补短,提高效益的一种方法。因为复合驱中仍要使用相当数量的碱,因此,影响碱耗的因素仍起作用。复合驱比较适用于黏土含量不高、油藏温度较低、地层水矿化度不高的油田。

蒸汽辅助重力驱(SAGD)是 Butler 在 20 世纪 80 年代发明的一种高效热力采油工艺技术。这种工艺方法是从油藏底部附近处的水平井采油,而在它上面的直井或水平井注入蒸汽。SAGD 方法利用水平井、浮力及蒸汽来有效生产重油,水平生产井在接近油柱底部,油水界面以上完井。蒸汽通过该井上方的第二口井或一系列直井注入。在生产井的上方形成蒸汽室,蒸汽通过注入井持续注入,蒸汽由于浮力而上升。在蒸汽—油界面因传导热损失造成蒸汽凝结,凝结水及加热的原油泄向生产井上方的储槽,液体的泄出为蒸汽带的水平和垂直膨胀提供了空间。蒸汽室内基本保持在恒定压力,由于没有施加压力梯度,流动完全是重力所致。蒸汽是从位于水平生产井上方的一口水平井中注入的。蒸汽在蒸汽腔内流动,在界面处凝结,释放出的热量主要靠传导来传递到周围的油藏中。热量以热传导方式传递,液体以大致平行于界面的方向朝下泄流。

该工艺方法开始时,蒸汽必须能注入油藏中,可以通过热传导预热注入井和采出井,促使两井间的原油流动,以此来开始这项工艺,利用井内的蒸汽循环来实现。循环预热是指高温蒸汽在不进入油层(或极少量进入油层)的情况下加热油层,蒸汽仅在水平井内循环一圈。

其目的是用最短的时间在注入井与采出井间建立一个均匀的高温场，将油融化掉，形成热连通，使泄油通道均匀顺畅，转入 SAGD 生产，达到最佳效果（图 1-1-2）。通过预热平行的水平注汽井和生产井以获得 SAGD 的热连通。在底部含水饱和度高的油藏中，有可能在注入蒸汽情况下没有形成最初的热连通。在此情况下，利用压裂引效来达到热连通。用 SAGD 工艺对大面积的油藏进行系统泄油时，需要使用多对井。图 1-1-3 表明，气腔首先到达上边界，然后侧向扩展直至蒸汽腔相互接触时为止。多个蒸汽腔合成一起后，多对井之间的参与原油按

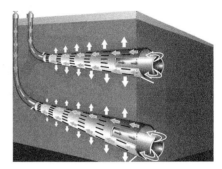

图 1-1-2　双水平井 SAGD 组合
循环预热示意图

图 1-1-3 泄油。随着井间原油"峰形"高度的下降，泄油量也随之减少。最后，在产量太小而不再经济时，该工艺过程结束。产量的这种缓慢递减促使运用这种工艺进行高程度开采实际可行。在沥青油藏中，为使 SAGD 方法得以实施，注汽井和水平井之间的连通是必需的。完成 SAGD 的方法之一是利用蒸汽循环加热这两类井，直至通道内物质变热、流体能开始流动为止。如果使用这种方法，两口井相互靠近就很必要。

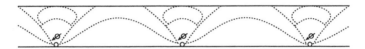

图 1-1-3　临近 SAGD 井网的垂直剖面
点线指出蒸汽界面的近似位置

火烧油层是油层自身产生热的一种采油手段，是以地层原油中价值较低的重质组分作为燃料，通过注入井注入空气或氧气，接触地层原油，在井下采取油层自发点火或人工井底点火的方式点燃地层原油，并连续注入助燃剂，产生大量的热能，使得油层及其含有的流体被加热。温度达到临界温度后，实现原油裂解，降低原油黏度驱动地层原油，从而进行采油，提高原油采收率。如图 1-1-4 所示，由注入井向生产井方向分为了 7 个区域。

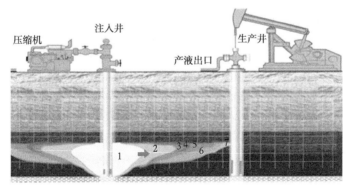

图 1-1-4　火烧油层示意图驱油
1—空气和汽化水区；2—燃烧前缘；3—燃烧区；4—焦炭区；5—蒸汽区；
6—凝结蒸汽或热水区；7—油墙与冷的燃烧气区

火烧油层的工艺技术十分复杂,其采油机理也随之复杂多样,主要有下面两种。

(1)原油的低温氧化反应(LTO)。一般认为,在低于100℃时地层原油只发生物理变化,当温度达到100~350℃时将会发生低温氧化反应。这类反应主要是加氧,生成羧酸、酚和醇类物质,还将伴随生成水,在低温阶段只有少量CO和CO_2产生。

(2)原油的高温氧化反应(HTO)。当燃烧前缘越来越靠近时,地层原油温度持续升高,当达到300~650℃时,会发生原油的裂解反应。高温会使得重质组分裂解成轻质油和固态的焦炭遗留在原位。而原油的轻质组分在高温下会蒸发并向生产井移动,焦炭会因为火线的推进而成为燃烧的原料。经过高温氧化反应,原油的黏度将会大幅度降低,油品质量将会提升。

火驱点火工艺主要有以下三种模式:

(1)捆绑式电点火工艺。该点火工艺是将电点火器捆绑至油管上,随油管下入井底点燃油层。该点火工艺的配套管柱需在常规笼统注气管柱结构基础上去掉封隔器及伸缩管,加入扶正器,以保证注气过程中管柱处于平稳状态。该点火器无法重复利用,应用成本较高。可实现笼统点火。

(2)移动式电点火工艺。针对捆绑式电点火器不能重复使用及成功率低的缺陷,研发了移动式电点火器,直径为25.4~31.8mm,功率为80~150kW,工作电压为950~1650V。该工艺具有带压起下、重复使用、耐高温的特点,点火器出口空气温度均在500℃以上,与传统捆绑式电点火技术相比可降低成本60%以上。

(3)化学点火工艺。该点火工艺是加入化学助燃剂,遇到不断注入的空气或氧气就会发生剧烈的氧化(即燃烧)反应,从而实现点燃油层的目的,可实现笼统点火、分层点火。

使用火烧油层技术进行稠油油田开发,与其他油田开发技术相比,其效果可将残余油饱和度降低到接近零,室内实验采收率可达到85%~90%,试验区块现场采收率可达到50%~80%。同时,火烧油层适应性很强,稠油油藏和轻质油藏都能应用该方法进行开采,也可用于二次采油、三次采油(如蒸汽驱)或后期含水较高的油藏。

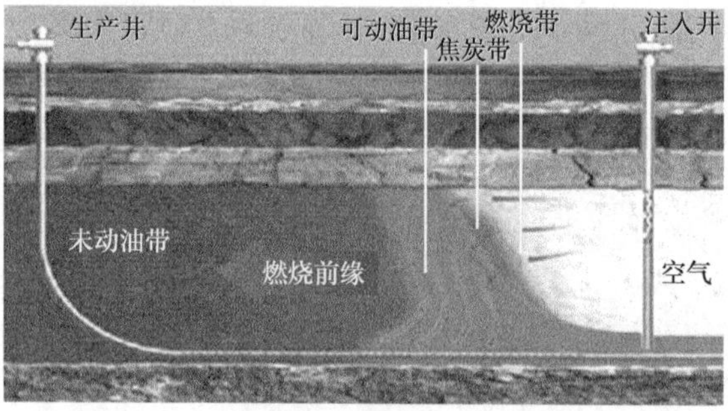

图1-1-5 水平井火烧油层—重力泄油试验

近年来,新疆克拉玛依油田、辽河油田和胜利油田等相继开展了火烧油层现场工业性试验,并提出在SAGD中应用火烧油层技术,在新疆风城稠油油藏实施了水平井火烧油层—重力泄油试验(图1-1-5),结果显示:结合火烧油层的SAGD技术比单独采取SAGD技术可大幅度提高稠油采收率。

第二章　基本概念

不论是依靠天然弹性能量开采原油,还是采用二次采油和三次采油方法进行采油,研究的主体都是多孔介质。而多孔介质通常认为是一种具有缝、孔或者洞的固体。它是含有相互连通或者不连通的各种孔洞或者孔隙,并且这些孔洞缝隙呈随机分布或按某种几何分布。可渗透多孔介质的大部分孔隙内部都具有一定的连通性,并形成了流动通道,多孔介质的渗透能力取决于那些相互连通的孔隙。不可渗透的多孔介质中的孔隙空间不能形成流动通道,就是加压它也不能传输流体。

第一节　孔　隙　度

孔隙度是多孔介质最常用的参数,常以符号 ϕ 表示,并表述如下:

$$\phi = \frac{V_p}{V_b} \times 100\% \qquad (1-2-1)$$

式中　ϕ——岩石孔隙度,%;

　　　V_p——岩石孔隙体积,cm^3;

　　　V_b——岩石总体积,cm^3。

如果使用有效孔隙体积,则所得的结果就称为有效孔隙度。否则即称为总的或绝对孔隙度。如前所述,并不是多孔介质的全部孔隙都是连通的,都能形成流动通道,其中一些通道可能会突然中止,如图 1-2-1 所示。

图 1-2-1　流动通道和不连通孔隙示意图

Coats 和 Smith 把多孔介质的这类孔道定义为死孔穴。在所有的实际工作中,进入死孔穴的流体都将停滞在那里不再流动。因此,在一种流体驱替另一种流体时死孔穴所占的比例将起重要的作用。

一般而言,岩石的总孔隙度取决于它的颗粒大小和填充物的几何形状。未胶结的多孔介质中,已经过很好分级的颗粒比分级差的孔隙度高,如图 1-2-2 所示。

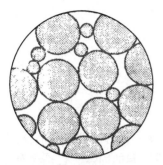 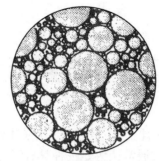 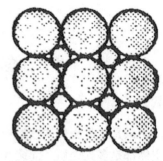

(a)分级好的材料 φ≈32%　　　　(b)分级差的材料 φ≈17%　　　　(c)两种尺寸球粒的立方排列 φ≈12.5%

图 1-2-2　颗粒分级几何形状示意图

在胶结的多孔介质中,除装填的几何形状和颗粒大小外,颗粒之间的胶结程度也影响孔隙度。几种天然沉积岩层典型的孔隙度值见表 1-2-1。按照沉积岩石中的生成状态,可以把孔隙度分成原始的(原生)孔隙和诱导的(次生)孔隙两类。典型的原生孔隙是砂岩颗粒之间的孔隙以及一些石灰岩中的鲕状和晶间孔隙。

表 1-2-1　几种天然沉积物质的孔隙度

沉积物质	孔隙度(%)
黏土	45~55
淤泥(粉砂)	40~50
中粗—粗粒的混合砂子	35~40
均匀的砂子	30~40
细砂和中砂混合砂子	30~35
砂岩	5~15
石灰岩	1~10

典型的次生孔隙是通常在某些页岩和石灰岩中可以看到的裂缝。一般原生孔隙比次生孔隙要均匀得多。因此评价次生孔隙度更困难。

可按下述方法用岩样或岩屑测定孔隙度。

(1)在 Washburn-Bunting 方法中,用测量孔隙容积中所含的空气体积来计算孔隙度。

(2)测定已知总体积的岩心孔隙中所存在的流体,也能算出孔隙度。

(3)如果知道总密度(D_b)和颗粒密度(D_g),则可按下式计算孔隙度:

$$\phi = (D_g - D_b)/D_g = D_f/D_g \qquad (1-2-2)$$

式中　D_f——孔隙中流体的密度。

(4)各种地层的原始孔隙度,可以根据一些孔隙仪装置测出的测井曲线得到。例如补偿中子测井,声波测井,或者密度测井等。更详细的叙述可查阅有关测井分析的专著。

下列地质因素可能影响天然沉积多孔介质的孔隙度。

胶结作用:通过单独或联合的次生的石英、方解石、白云石等可能的沉积作用,它影响了孔隙通道的大小、形状和连通性。

粒化作用:在这个过程中,由于上覆压力而使矿物颗粒破碎。一般会使孔隙度增高,比

8

表面同时增大,而降低渗透率。

压实作用:由于在例如页岩地层中,压实作用会使孔隙度大大降低。砂岩的压缩系数较低($4.26×10^{-5}$ MPa^{-1}),因而,其原生孔隙受压实作用的影响较小。

颗粒的棱角度和圆度:这些都对孔隙度产生影响。因为形状不同就会造成有利或妨碍颗粒间的填充,从而形成不同的堆积情况。

法勒和薛定谔用统计方法定义了孔隙度,用函数$f(s)$对孔隙度进行处理。在放大的多孔介质显微照片上,任意画一条线,线上的各点可以以任意选择的原点所作的弧长s来加以定义。如果与s对应的点位于空洞空间上,则$f(s) = +1$;如位于岩体空间上,则$f(s) = -1$。于是$f(s)$就是多孔介质的随机函数,这个函数的平均值可用下式表示:

$$\bar{f} = \lim_{s \to \infty} \left(\int_{-s}^{+s} f(s)\,\mathrm{d}s \Big/ \int_{-s}^{+s} \mathrm{d}s \right) \tag{1-2-3}$$

$\bar{f}$与孔隙度ϕ的关系是:

$$\bar{f} = 2\phi - 1 \tag{1-2-4}$$

通常,对于多孔介质的岩石结构还可采用比面来表示,其表达式为

$$S_v = \frac{A}{V} \tag{1-2-5}$$

式中　S_v——比面,m^{-1};

　　　A——多孔介质岩石的内表面积,m^2;

　　　V——多孔介质岩石总体积,m^3。

由式(1-2-5)知,比面的量纲是长度的倒数。在天然多孔介质中,孔隙具有各种各样的几何形状,构成收敛型和发散型的流动通道。这些流动通道并不像一般想象的那样都是一些均匀微细的圆形导管,而是在多孔介质内部随机收敛和发散。因此,要计算天然多孔介质的这个参数是极其困难的。为了接近体系的真实性,人们用孔道大小的分布来代替精确的孔道描述,即某一部分孔隙空间,具有一定的在δ到$\mathrm{d}\delta$的孔道直径范围,这种分布可以归一化为

$$\int_{\delta}^{\infty} \alpha(\delta)\,\mathrm{d}\delta = 1 \tag{1-2-6}$$

累积的孔径分布用起来更方便,其定义为

$$\begin{cases} f(\delta) = \int_{\delta}^{\infty} \alpha(\delta)\,\mathrm{d}\delta \\ f(0) = 1 \end{cases} \tag{1-2-7}$$

颗粒大小分布,特别是对那些未胶结的多孔介质,也可用熟知的统计方法来表征。当给定填充物的几何形状后,可以建立孔隙尺寸与颗粒大小的关系。

迁曲度是描述多孔介质岩石孔隙结构参数的另一个几何因子。Carman 在描述毛细管中平均速度之间的关系时,引入迁曲度的概念,定义为多孔介质中流体质点实际流动经过的路程长度l与多孔介质外观长度L之比:

$$\xi = l/L < 1 \tag{1-2-8}$$

式中 ξ——迁曲度；

L——多孔介质的总长度，m；

l——多孔介质中流体质点实际流动经过的路程长度（孔洞空间中流线的有效长度），m。

迁曲度与多孔介质的电阻率存在的关系为

$$R_0 = R_\omega \frac{\xi^2}{\phi} = FR_\omega \tag{1-2-9}$$

式中 R_0——被盐水完全（100%）饱和时多孔介质的电阻率，Ω；

R_ω——盐水的电阻率，Ω；

F——地层系数，量纲1。

由于孔隙度和地层系数比较容易测定，因而，上述方程就为测定迁曲度提供了一种快速简便的实验室方法。

第二节 渗透率

多孔介质的渗透率可定义为，让流体流过其相互连通的孔隙网络的能力。因此，渗透率是流体传输性能的量度。可以预料，当孔隙之间相互不连通时，其渗透率一定很低，达西（Darcy）于1856年提出了一个普遍的公式来表示线性多孔层的渗透率：

$$K = \mu q / (A\Delta p/L) \tag{1-2-10}$$

式中 q——流速，m/s；

μ——流体的黏度，Pa·s；

A——流过的多孔介质横截面的面积，m^2；

$\Delta p/L$——水平多孔介质两端的压力梯度，Pa/m。

对于平面径向流动，式（1-2-10）可变为

$$K = \frac{\mu q}{2\pi h \Delta p} \ln \frac{r_e}{r_o} \tag{1-2-11}$$

式中 h——多孔介质的厚度，m；

r_e——多孔介质渗流驱动流体的流动半径，m；

r_o——多孔介质渗流流体流出的井眼半径，m。

达西方程适用于线性流动体系中处于稳态层流的非压缩性均匀流体流动。在下列情况，人们可能得不到令人满意的渗透率值。

（1）当毛细管的孔口或孔隙大小，接近于流体分子的平均自由径时，例如在气体流动中，这时分子就会在孔壁上产生滑移，这种现象通常称为Klinkenberg效应。

（2）流体和孔隙介质之间具有化学反应时。

（3）当流体被迫通过孔隙隔膜或毛细管而产生流动电位（即电位差）时。

尽管达西方程有局限性，但人们仍然广泛地用它来描述不同几何形状介质中流体的流动。

当多孔介质中存在多种流体时，例如含有油、气、水的油藏，则在其他流体存在下，某流体

的渗透率就称为对该流体的有效渗透率。

相对渗透率可定义为有效渗透率与100%饱和时的渗透率之比。因此,相对渗透率是流体饱和度的函数。多孔介质中润湿相和非润湿相的典型相对渗透率曲线如图1-2-3所示。

A点称为非润湿相的临界饱和度,低于或等于这个饱和度,非润湿相都不会在多孔介质中流动。相对渗透率曲线的性质可用下列公式来描述:

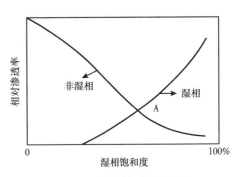

图1-2-3 润湿相和非润湿相的典型相对渗透率曲线

$$\begin{cases} K_{nw} = 1 - 1.11S_w \\ K_w = S_w^3 \end{cases} \quad (1-2-12)$$

此处,脚码 nw、w 分别代表非润湿相和润湿相。

第三节 渗透率和孔隙度的关系

根据渗透率的定义和所用的单位显然可知,渗透率与孔隙几何形状有关。因此,通过孔隙结构的几何形状的统计分析,就可以测定该多孔介质的渗透率。人们通过许多努力,试图建立起孔隙结构与渗透率相互关系的理论。Scheidgger 对这些理论曾做过全面的评述和讨论。

最简单的多孔介质模型是一束 n 个带有不同迂曲半径的毛细管。这种模型的流动方程就是大家知道的 Poiseuille 定律,可表示为

$$q = \frac{n\pi r_a^4}{8\mu} \frac{\Delta p}{\xi L} \quad (1-2-13)$$

式中 ξ——迂曲度,量纲1;

n——毛细管数,个;

r_a——毛细管的平均半径,m。

模型的孔隙度表示为

$$\phi = \frac{n\pi r_a^2 \xi}{A} \quad (1-2-14)$$

式中 A——毛细管束的横截面积,m²。

合并方程(1-2-10)、方程(1-2-13)和方程(1-2-14),可得平均半径的表达式为

$$r_a = 2\xi \sqrt{\frac{2K}{\phi}} \quad (1-2-15)$$

用其他参数按下式定义多孔介质的表面积,即:

$$S_v = \frac{2n\pi r_a \xi}{A(1-\phi)} \quad (1-2-16)$$

如果在方程(1-2-15)和方程(1-2-16)之间消去 r_a,得到 Kozeny 方程:

11

$$K = \frac{\phi^3}{2\xi^2 S_\mathrm{v}^2 (1-\phi)^2} \tag{1-2-17}$$

柯兹尼方程把孔隙介质的基本性能与渗透率关联起来,令

$$C_0 = 2\xi^2$$

式(1-2-17)表示为

$$K = \frac{\phi^3}{(1-\phi)^2} \frac{1}{C_0 S_\mathrm{v}^2} \tag{1-2-18}$$

式中 C_0——常数,也叫形状系数,或柯兹尼常数。

为了满足实验的结果,卡尔曼取 $C_0 = 5$ 代入式(1-2-18),所得方程称为柯兹尼—卡尔曼(Kozeny-Carman)方程:

$$K = \frac{1}{5S_\mathrm{v}^2} \frac{\phi^3}{(1-\phi)^2} \tag{1-2-19}$$

柯兹尼—卡尔曼方程也可表示为

$$K = f(\phi) f(S_\mathrm{v}) \tag{1-2-19a}$$

式中 $f(\phi)$——孔隙度因子函数, $f(\phi) = \phi^3/(1-\phi)^2$;

$f(S_\mathrm{v})$——孔隙结构形状因子函数, $f(S_\mathrm{v}) = 1/C_0 S_\mathrm{v}^2$。

对于含有 n 个球状颗粒的体系,其比面表示为

$$S_\mathrm{v} = \frac{n \cdot 4\pi r^2}{n \cdot \frac{4}{3}\pi r^3} = \frac{3}{r} \tag{1-2-20}$$

比面随颗粒的大小、形状和压实程度而变化。因此,根据多孔介质的不同模型,人们对柯兹尼方程提出过许多修正。

柯兹尼—卡尔曼模型把所有的多孔介质岩石孔隙参数组合到一个水力项中,而不考虑单个孔隙情况。如果所有的孔隙都是完全相等的或者孔隙尺寸的范围很窄,这种方法在处理油层物理问题中认为是有效的。威利(Wyllie)和斯潘格勒(Spangler)考虑到孔隙尺寸的变化,曾做过努力来使上述方程更为普遍化。

第四节 胶结系数和电导率

流体流动的能力也取决于颗粒间胶结的程度。实际上胶结系数 m 在很大程度上控制着连通孔隙的尺寸。已经提出了许多有关胶结系数与多孔介质的其他性质的关系式,但只有阿尔奇(Archie)和洪伯(Humble)的公式得到了广泛应用。他们的公式可表示为:

$$F = \alpha \phi^{-m} \tag{1-2-21}$$

式中 α——与岩石有关的比例系数,量纲1;

ϕ——孔隙度,%;

m——岩石胶结指数,量纲1。

在洪伯公式中,$\alpha = 0.62$,$m = 2.15$,都有固定的值。在阿尔奇公式中,它们则随多孔介质的类型而变。一般说来,对于胶结的砂岩 m 的范围为 $1.8 \sim 2.0$,对于非胶结的砂岩 $m = 1.3$。

阿尔奇把多孔介质孔隙空间含水饱和度与其电性关联起来,用公式表示为:

$$S_w = \sqrt[n]{\frac{R_0}{R_t}} = \sqrt[n]{\frac{R_w F}{R_t}} = \sqrt[n]{\frac{R_w \phi^{-m}}{R_t}} \qquad (1-2-22)$$

式中 S_w——岩样的含水饱和度,%;

  n——饱和度指数,一般取 2.0;

  R_w——孔隙中水的电阻率,$\Omega \cdot m$;

  R_0——用水完全饱和后,多孔介质的电阻率,$\Omega \cdot m$;

  R_t——多孔介质的真实电阻率,$\Omega \cdot m$;

  F——地层因子,量纲 1。

从式(1-2-22)可以看出:地层系数取决于 R_0 和 R_w 的值。值得注意的是油藏中的电导率可通过实验室和油井测井获得,Wyllie、Waxman 和 Smiths 提出了许多模型来处理这种复杂问题。

第五节 水力半径

水力半径 r_h 经常用来确定孔隙通道的平均半径。它被定义为每单位体积多孔介质中的孔隙体积与每单位体积多孔介质的润湿面积之比,其表达式为

$$r_h = \frac{\phi}{S_v(1 - \phi)} \qquad (1-2-23)$$

对于球状颗粒堆积,每单位体积固体的表面积可由式(1-2-20)确定。因此,合并方程(1-2-23)和方程(1-2-20),可得

$$r_h = \frac{r}{3} \frac{\phi}{1 - \phi} \qquad (1-2-24)$$

一个更为实用的计算水力半径的方法是柯兹尼—卡尔曼公式,该式为:

$$q = \frac{\phi^3}{K_z(1 - \phi)^2 S_v^2} \frac{A \Delta p}{\mu L} \qquad (1-2-25)$$

其中 $K_z = C_0$

合并式(1-2-25)、式(1-2-10)和式(1-2-23)可得:

$$K = \frac{\phi r_h^2}{K_z} \qquad (1-2-26)$$

水力半径表示为:

$$r_h = \sqrt{\frac{K K_z}{\phi}} \qquad (1-2-27)$$

对于非胶结石英砂填充物，形状因子 C_0 在 2~3 之间，则非胶结石英砂的 K_z 值，应在 4.5~5.5 之间。同理，也可以计算出其他多孔介质岩石的 K_z 值。

按式(1-2-27)计算的水力半径是一个平均值。在天然多孔介质或石英砂堆积物中，许多孔隙会比 r_h 小很多，而有些孔隙又会比 r_h 大很多。人们研究认为：多孔介质岩石孔隙大小的分布规律遵循正态分布。

第六节　毛细管压力

假如有两种不相混溶的流体在多孔介质的孔隙中相互接触，则在分隔两种流体的界面两边出现压力间断。毛细管压力 p_c 可定义为：

$$p_c = p_{nw} - p_w \tag{1-2-28}$$

式中　p_{nw}——非润湿相中的压力，Pa；

$\quad\quad\quad p_w$——润湿相中的压力，Pa。

毛细管压力通常与毛细管半径和多孔介质中润湿相的饱和度有关。其一般的表达式为：

$$p_c = \frac{2\sigma}{r_a} \cos\theta \tag{1-2-29}$$

式中　σ——表面张力，N/m；

$\quad\quad\quad \theta$——接触角，(°)；

$\quad\quad\quad r_a$——毛细管半径或毛细管水力半径，m。

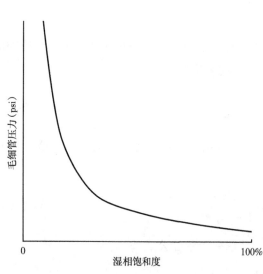

图 1-2-4　典型的毛细管压力曲线

一种典型的毛细管压力随润湿相饱和度变化曲线如图 1-2-4 所示。由于毛细管力取决于表面张力和接触角。即便是同一组实验也很难得到同样的曲线。这是因为在每次操作中，孔隙表面的润湿性都会有变化。

毛细管压力取决于流动通道的半径，而在天然岩石中，流动通道是随机变化的。因此，毛细管压力与孔径大小分布函数 $\alpha(\delta)$ 相关。如把任一非润湿性流体注入岩心中(一般是把汞注入抽真空的岩心中)于是这种注入所需要的压力，就称为毛细管压力。它与孔隙直径 D 的关系是：

$$\delta = \frac{4\sigma\cos\theta}{p_c} \tag{1-2-30}$$

式中　δ——岩心中任一给定点上的等效孔隙直径，m。

在该点的饱和度应为：

$$S_w = \int_{\delta = (4\sigma\cos\theta/p_c)}^{\infty} \alpha(\delta)\,\mathrm{d}\delta \tag{1-2-31}$$

14

许多教科书中已经详细讨论了如何根据毛细管压力曲线确定孔隙尺寸的分布。不过应当注意这种方法只能给出孔隙大小分布的定性趋势，而不像公式(1-2-31)所定义的那样给出定量结果。

第七节　界面张力和润湿性

当一种液体与另一种不相混溶的液体或与固体、气体接触时，可以观测到一个界面张力。这个界面张力是由界面上的自由能产生的，通常把这种自由能称为界面自由能。它可以定义为，每一相内部分子的向内引力与接触面上分子的向内引力之差。因此，界面张力就是把单位接触面积的某一相与另一相(如固体)分开所需之力。Dupre 将其用方程表示为：

$$W_{se} = \sigma_s + \sigma_L - \sigma_{sL} \qquad (1-2-32)$$

式中　W_{se}——从固体表面分离单位液体所需之功，mN/m；

　　　σ_s——固体与其蒸汽之间的表面张力，mN/m；

　　　σ_L——液体与其蒸汽之间的表面张力，mN/m；

　　　σ_{sL}——固相与液相之间的界面张力，mN/m。

一种物质与空气之间的界面张力称为表面张力。表面张力和界面张力都随温度而变化，因此，与界面张力相关的毛细管压力也随温度而变化。

如果两种流体例如液体和空气，在同一点上与固体相接触，其平衡关系由下式确定：

$$\cos\theta = (\sigma_{gs} - \sigma_{gL}) / \sigma_{gL} \qquad (1-2-33)$$

式中　σ_{gs}——气—固相间的界面张力，mN/m；

　　　σ_{gL}——气—液相间的界面张力，mN/m。

气液界面与固体之间所形成的角 θ 称为接触角(图 1-2-5)，式(1-2-33)称为杨氏(Young)方程。这个方程表明，$\cos\theta$ 就是液—固间形成单位面积界面所释放的能量，与液—气间形成单位面积界面所需能量之比。

根据方程(1-2-33)，若 $\cos\theta > 1$，则平衡不可能达到。在这种情况下，液体将散布在整个固体表面上。

多孔介质的润湿程度，可用 $\sigma\cos\theta$ 表征，也可把它称为附着张力。如接触角 $<90°$，则该流体就称为润湿相流体。

岩石的润湿性是一个具有相对意义的术语。没有一个油藏岩石是 100% 水润湿或 100% 油润湿的。Fatt 引入一个叫作部分(或斑状)润湿性的术语来解释油藏岩石的这种特性。这个概念可用图解的方法表示，如图 1-2-6 所示。当流体—流体界面在固体表面上扩展或收

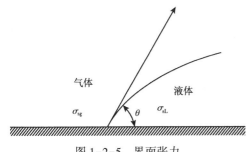

图 1-2-5　界面张力

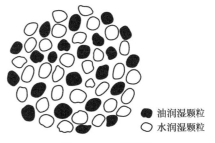

● 油润湿颗粒
○ 水润湿颗粒

图 1-2-6　润湿性

缩时,润湿性也会改变。这种现象就称为滞后现象。

多孔介质中任何流体的饱和度都可以被定义为,该流体所占空隙空间的分数。多孔介质中流体的饱和度和几何形状取决于润湿性。

亲水砂岩中,典型的饱和作用如图1-2-7所示。当润湿相的饱和度很低时,流体围绕颗粒的接触点形成坏状,称为悬环(peadular rings)。润湿相是不连续的,因此,不会有压差或电位从一个环传递到另一个环。随着润湿相饱和度的增加,出现了连续的润湿相,此时,润湿相的饱和度,就称为平衡饱和度。此后,如润湿相的饱和度进一步提高,润湿相就变成可移动的流体,这种饱和度称为环状饱和度(funicular saturation)。当饱和度再进一步提高时,非润湿相就变得不连续,这种饱和度称为滴状饱和度(insular saturation)。

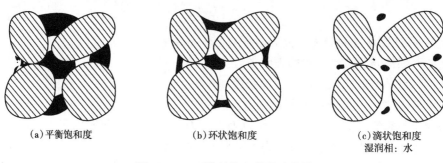

(a)平衡饱和度　　　　　　　(b)环状饱和度　　　　　　　(c)滴状饱和度
　　　　　　　　　　　　　　　　　　　　　　　　　　　　湿润相:水

图1-2-7　可能的饱和状态示意图

第八节　多孔介质的压缩性

多孔介质储油层或蓄水层,都会受到内应力即介质内饱和流体的静压力和上覆层的外应力的作用。由于这些应力的作用,多孔介质像弹性体一样会产生变形。对于饱和的多孔介质,总压缩系数 C 可定义为外应力改变一个单位时,多孔介质总体积变化的变化率。可表示为

$$C_b = -\frac{1}{V_b}\frac{dV_b}{d\sigma}\bigg|_p = 常数 \qquad (1-2-34)$$

式中　V_b——多孔介质的外观总体积,cm³;

　　　σ——外应力,MPa。

通常,对大多数天然多孔介质岩石而言,外应力是一个常数,因此,式(1-2-34)写成

$$C'_b = -\frac{1}{V_b}\frac{dV_b}{dp}\bigg|_\sigma = 常数 \qquad (1-2-35)$$

式中　p——静水压力,MPa。

Geerstma 提出另外两种压缩系数,即岩石压缩系数或称固体基质压缩系数 C_s 和孔隙压缩系数 C_p。它们可写成:

$$C_s = \frac{1}{V_s}\frac{dV_s}{dp}\bigg|_{\sigma = 常数}$$

$$C_p = \frac{1}{V_p} \frac{dV_p}{dp} \bigg|_{\sigma = 常数} \qquad (1-2-36)$$

于是得到：

$$V_b = V_s + V_p$$

$$\frac{dV_s}{dp} = \frac{dV_s}{dp} + \frac{dV_p}{dp} \qquad (1-2-37)$$

式中　　V_s——固体基质的体积，cm^3；

V_p——孔隙体积，cm^3。

当 $\sigma =$ 常数时，由于 $V_s = (1-\phi)V_b$，$V_p = \phi V_b$，由式（1-2-37）可得

$$C_b = (1-\phi)C_s + \phi C_p \qquad (1-2-38)$$

当 $1-\phi \leqslant C_b$ 时，则得

$$C_b = \phi C_p \qquad (1-2-39)$$

典型的 C_p 值在 $1.42 \times 10^{-3} \sim 1.42 \times 10^{-4} MPa$ 之间。吉尔斯特默和其他学者已做了大量的工作来解释真实油藏条件下，储油层岩石的变形问题。对孔隙性石灰岩、砂岩和页岩进行的研究指出：多孔岩石的状态对岩石的压缩强度有很大的影响。

第三章　互溶驱替理论

互溶驱替是指当注入液与地层中的被驱替液成分不完全相同,但二者却能完全互溶时的驱替。在化学驱提高采收率过程中,化学驱油剂溶液与地层水是互溶流体,因而化学剂溶液驱替地层水及后续注入水驱替化学剂溶液段塞均为互溶驱替。

互溶驱替并不只是按照宏观的达西定律流动,除达西定律而外,还受所谓的扩散和弥散现象的控制。在实际驱替过程中,如果因为这类物化作用,使某些波及区的化学剂浓度大大降低,甚至为零,驱替过程将退化为水驱,产生了驱替过程的有效性和持久性问题。因此,研究互溶驱替理论与模型对于认识化学驱过程及其驱替机理具有十分重要的意义。

在微观层面,物质的传递可分为三种机制,扩散(diffusion)、对流(advection)及弥散(dispersion)。弥散是在对流存在的前提下发生的,是由于流体流动时,溶质的流动速度不均匀而引起的一种对扩散现象的加强作用。

扩散即流体中所含物质浓度不同而引起的传质(mass transfer),是由分子的无规则运动引起的。由于分子之间的距离不同,描述分子扩散系数不同,一般气体的分子扩散系数比液体大,液体比固体大,多孔介质的扩散系数常常比不纯净的液体小,主要是固体颗粒形成的胶体阻止扩散的进行。

对流是指流体内部由于各部分温度不同而造成的相对流动,即流体通过自身各部分的宏观流动实现热量传递的过程。因浓度差和温度差引起的密度变化而产生的对流称为自然对流。由于外力推动(如搅拌)而产生的对流称为强制对流。

弥散是指由于流动的流体因为速度不均匀而引起的一种溶质扩散(分子扩散)作用的加强作用称为机械弥散。在多孔介质中,这种速度不均匀是由于孔隙结构引起的。由于孔隙壁面的摩擦,孔径不均匀,溶质的运动轨道不同引起的。

互溶驱替过程中存在着两种基本的扩散和弥散现象:一种是分子扩散,一种是机械弥散或对流扩散。分子扩散是由于驱替液与被驱替液的浓度差引起的,驱油剂分子依靠本身的分子热运动,从高浓度带扩散到低浓度带,最后趋于一种平衡状态。这种分子扩散现象甚至在整个液体并无流动也可能明显地观察到。机械弥散现象是由于孔隙内部通道的复杂性引起的,由于这种复杂性,液体质点在孔隙中的方向和速度在每一点都有变化。因此,它将引起驱油剂在孔隙中不断分散,并占据越来越大的空间。

机械弥散既可以在层流中获得,也可以在紊流中获得。这种现象有时又叫作对流扩散。化学驱提高原油采收率过程中,大多数情形是同时存在分子扩散与机械弥散现象,一般统称为扩散。

扩散现象可以用简单的实验来观察。设想有理想岩心模型,开始时其中充满淡水。从某时刻 $t=0$ 开始,用一定浓度的驱油剂水溶液来进行驱替。由于驱油剂浓度不高,注入水相的相对密度、颜色、相渗透率等与原来饱和水时完全相同。设注入浓度为 C_0,在驱替进行到 t 时刻,出口端驱油剂浓度 $C(t)$ 可以测得,它也可以用相对浓度 $C_r=C(t)/C_0$ 表示。

在没有扩散现象时,C_r—PV(岩心孔隙体积)曲线将有如图1-3-1中虚线所示的台阶式变化,它完全由达西定律所决定的平均流速来表达。但是由于扩散现象的存在,实际的出口端浓度曲线将呈"S"形。驱油剂中的一部分将以高于平均渗流速度前进,因而开始浓度很小,以后逐渐变高。这种驱油剂在流动方向上的某种超越现象叫沿程扩散(Longitude diffusion)。

为进一步说明扩散效应,再观察一个实例。图1-3-2为均质地层中的一单相平面平行流动。若从某一初始时刻 $t=0$ 开始,少量而缓慢地从 A 点注入一种能和地层液体互溶的驱油剂。在地层中既无扩散现象,而且孔隙介质又不吸附驱油剂时,这一驱油剂将永远保持为一线状并由 A 达 B,由 B 达 C,由 C 达 D 不断前移。而且一旦离开这一条线就丝毫观察不到驱油剂的出现。但是实际上由于扩散现象的存在,驱油剂浓度不但要沿程变化(即向前扩散),而且虽然不存在横向流速,但驱油剂仍然要向流动方向两侧扩散,波及距离随时间越来越大,但浓度越来越小。这种与流动方向垂直而向流线两侧扩散的质点运动叫横向扩散(Traverse diffusion)。

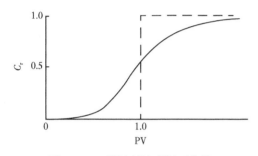

图 1-3-1　驱油剂浓度剖面曲线

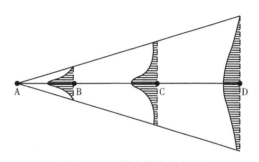

图 1-3-2　横向扩散示意图

由此可见,扩散现象是完全不同于宏观渗流的微观现象的宏观结果,是孔隙介质中与渗流过程不同质的另一种物理化学传质现象。它是由下述主要因素引起的:(1)驱油剂的浓度差引起的分子扩散;(2)作用于流体的外力(流速机械作用);(3)孔隙空间的复杂微观结构。

由此可知:由于水动力弥散现象的存在,理想情形下的渗流过程中的物质传递可以由三方面组成,即由达西定律引起的平均流动、由浓度梯度引起的分子扩散和由孔隙结构及流速引起的机械弥散。在聚合物驱、表面活性剂驱、碱水驱和 ASP 复合驱油过程中,由于化学剂溶液与地层流体的浓度差异,流动速度的作用以及孔隙结构的复杂性,广泛存在着分子扩散与机械弥散现象。

本章着重介绍化学驱互溶驱替理论、扩散传质数学模型的建立与求解,进而认识互溶驱替过程中扩散作用的本质,认识化学驱过程。

第一节　互溶驱替数学模型及求解

由于扩散现象的存在,驱油剂的浓度将发生变化,从而引起液体相对密度和黏度的改变,这反过来又影响渗流场中的速度分布和流动状况,从而对驱油过程产生影响。

一、互溶驱替数学模型

1. 扩散方程式

通常,将不改变流体性质和不与固相起物理化学作用的扩散物质叫理想扩散剂。理想扩散剂沿流动方向的扩散速度可以由费克(Fick)扩散定律表达。仅仅由于扩散现象引起的单位时间单位面积上驱油剂的质量流量可表达为：

$$u_i = -D\frac{\partial C}{\partial x} \tag{1-3-1}$$

式中　u_i——单位时间单位面积上驱油的质量流量，$g/(cm^2 \cdot s)$；

　　　D——扩散系数，包括分子扩散与对流扩散，cm^2/s；

　　　C——扩散剂浓度，g/cm^3。

2. 连续性方程

在驱替过程伴随物理化学过程时，也可以用质量守恒定律把渗流过程和化学过程联系起来，即用连续性方程加以表达。

如图 1-3-3 所示，设在单元地层六面体中，M 点的扩散物质的组分质量速度为 u_i，则在 M′点的组分质量速度为

$$u_i = -D\frac{\partial C}{\partial x}\frac{dx}{2} \tag{1-3-2}$$

经过 dt 时间后流过 a′b′面的质量流量为：

$$\left(u_i - D\frac{\partial u_i}{\partial x}\frac{dx}{2}\right)dydzdt$$

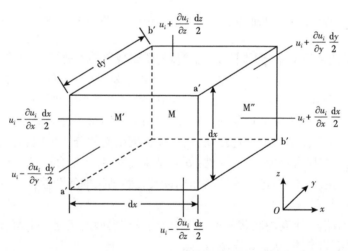

图 1-3-3　驱油剂浓度剖面

在 M′点组分质量速度为：

$$u_i + \frac{\partial u_i}{\partial x}\frac{dx}{2}$$

经过 dt 时间后流过 ab 面质量流量为：

$$\left(u_i + D\frac{\partial u_i}{\partial x}\frac{dx}{2}\right)dydzdt$$

六面体在 x 方向流入流出的质量差为：

$$\frac{\partial u_i}{\partial x} \mathrm{d}x\mathrm{d}y\mathrm{d}z\mathrm{d}t$$

同理,在 y、z 方向流入流出的质量差为:

$$-\frac{\partial u_i}{\partial x} \mathrm{d}x\mathrm{d}y\mathrm{d}z\mathrm{d}t - \frac{\partial u_i}{\partial z} \mathrm{d}x\mathrm{d}y\mathrm{d}z\mathrm{d}t$$

六面单元体在 $\mathrm{d}t$ 时间内扩散物质的组分质量流量差为:

$$-\left(\frac{\partial u_i}{\partial x} + \frac{\partial u_i}{\partial y} + \frac{\partial u_i}{\partial z}\right) \mathrm{d}x\mathrm{d}y\mathrm{d}z\mathrm{d}t$$

六面单元体 $\mathrm{d}t$ 时间内流入流出的质量变化必然引起六面体内扩散物质的质量变化。设在 t 时刻六面体内的质量浓度为 C,到 $t+\mathrm{d}t$ 时刻浓度为

$$C + \frac{\partial C}{\partial t}\mathrm{d}t$$

设六面单元体的孔隙度为 ϕ,其孔隙体积为 $\phi\mathrm{d}x\mathrm{d}y\mathrm{d}z$。全部由质量浓度变化所引起的质量变化为

$$\frac{\partial C}{\partial t} \phi\mathrm{d}x\mathrm{d}y\mathrm{d}z\mathrm{d}t$$

根据物质守恒原则:

$$-\left(\frac{\partial u_i}{\partial x} + \frac{\partial u_i}{\partial y} + \frac{\partial u_i}{\partial z}\right) = \frac{\partial(\phi C)}{\partial t} \qquad (1-3-3)$$

当令 $x=x_1$, $y=x_2$, $z=x_3$ 时,可以写成下面形式:

$$\sum_{n=1}^{N} \frac{\partial u_i}{\partial x_n} = -\frac{\partial(\phi C)}{\partial t}$$

此式即为互溶驱替的连续性方程。

若考虑液体流动情况下,上式应写为

$$-\sum_{n=1}^{N} \frac{\partial u_i}{\partial x_n} - \sum_{n=1}^{N} v_n \frac{\partial C}{\partial x_n} = \frac{\partial(\phi C)}{\partial t} \qquad (1-3-4)$$

若将扩散物质的组分质量速度 v_n 考虑成真实速度,且不考虑岩石的压缩性,得

$$-\sum_{n=1}^{N} \frac{\partial u_i}{\partial x_n} - \sum_{n=1}^{N} v_n \frac{\partial C}{\partial x_n} = \frac{\partial C}{\partial t} \qquad (1-3-5)$$

一维互溶驱替的连续性方程可以写为:

$$\frac{\partial C}{\partial t} = \frac{\partial u_i}{\partial x} - v\frac{\partial C}{\partial x} \qquad (1-3-6)$$

在有液体流动的情况下,按照物质平衡原理将式(1-3-1)代入式(1-3-6),一维互溶驱替数学模型可以写为

$$\frac{\partial C}{\partial t} = D \frac{\partial^2 C}{\partial x^2} - v \frac{\partial C}{\partial x} \tag{1-3-7}$$

公式中第一项表示的是驱油剂在某一点上的浓度增长速度。右端第一项表示由于扩散作用引起的该处浓度的增长速度，第二项表示由于液体携带引起的该处浓度增长速度。

二、模型求解

多维互溶驱替数学模型易于建立，但求解方法十分复杂，一般无法得出解析解。这里仅讨论一维互溶驱替数学模型式(1-3-7)的解法，其相关参数可以通过实验室物理模拟实验来测试或验证。

1. 浓度分布规律

设有一长度为 L 的岩心模型，开始时其中充满淡水。以速度 v 注入浓度为 C 的化学剂溶液。该一维互溶驱替过程可用式(1-3-7)描述。

当 $x<0$ 时，$C(x,0)=C_0$，当 $x>0$ 时，$C(x,0)=0$，其中，C 为 t 时刻在距入口端 x 处的驱油剂浓度。

在数学上，方程(1-3-7)称为抛物型方程或扩散方程，v 称为偏移速度，D 称为扩散系数。解此抛物型方程初值问题，得 t 时刻 x 位置的浓度为：

$$C(x,t) = \frac{C_0}{2} - \frac{C_0}{2} \operatorname{erf}\left(\frac{x-vt}{2\sqrt{Dt}}\right) \tag{1-3-8}$$

将该浓度除以注入浓度 C_0，变为无因次的相对浓度

$$C_r(x,t) = \frac{1}{2} - \frac{1}{2} \operatorname{erf}\left(\frac{x-vt}{2\sqrt{Dt}}\right) \tag{1-3-9}$$

其中

$$\operatorname{erf}(z) = \frac{2}{\sqrt{\pi}} \int_0^z e^{-s^2} \mathrm{d}s$$

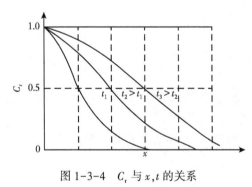

图 1-3-4　C_r 与 x,t 的关系

因此，不同时刻不同位置的驱油剂相对浓度 $C_r(x,t)$ 与 x,t 的关系如图 1-3-4 所示。

由于 $z=0$ 时，$\operatorname{erf}(z)=0$。由式(1-3-9)可知，当 $x=vt$ 时，$\operatorname{erf}(z)=0$，$C_r=0.5$。这说明任意时刻浓度剖面曲线上浓度 $C_r=0.5$ 的点的垂线称为驱替前缘，驱替前缘以速度 v 向前移动。

出口端 $x=L$，浓度为

$$C(L,t) = \frac{C_0}{2} - \frac{C_0}{2} \operatorname{erf}\left(\frac{L-vt}{2\sqrt{Dt}}\right) \tag{1-3-10}$$

化为相对浓度形式为

$$C(L,t) = \frac{1}{2} - \frac{1}{2} \operatorname{erf}\left(\frac{L-vt}{2\sqrt{Dt}}\right) \tag{1-3-11}$$

出口端相对浓度与时间的关系如图 1-3-5
所示。

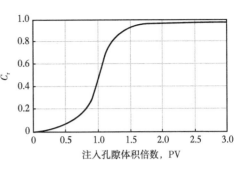

图 1-3-5　出口端浓度变化

2. 扩散系数求取

将变量 x、v 和 t 都通过累计排量 V_c 表示，令
$y = L - vt$（即为 $C_r = 0.5$ 前缘至岩心末端的距离）

$$t = T \frac{V_c}{V_p}$$

式中　V_p——岩心孔隙体积，cm^3；

　　　　T——注入 1PV 所需时间，s；

　　　　V_c——累计注入量（或出口端累计取液量），cm^3。

于是令

$$W = \frac{V_p - V_c}{\sqrt{V_c}} \tag{1-3-12}$$

W 是表征注入体积大小（或时间）的参数，则

$$\frac{y}{\sqrt{Dt}} = \frac{L - vt}{\sqrt{Dt}} = \frac{L - vTV_c/V_p}{\sqrt{DTV_c/V_p}} = \frac{LW}{\sqrt{DTV_p}} \tag{1-3-13}$$

若用变量 W 计算，出口端（$x = L$）所取样本的相对浓度为

$$C_r(L,t) = \frac{1}{2}\left[1 - \mathrm{erf}\left(\frac{L - vt}{2\sqrt{Dt}}\right)\right] = \frac{1}{2}\left[1 - \mathrm{erf}\left(\frac{y}{2\sqrt{Dt}}\right)\right] = \frac{1}{2}\left(1 - \frac{2}{\sqrt{\pi}}\int_0^{\frac{y}{2\sqrt{Dt}}} e^{-s^2}\mathrm{d}s\right) \tag{1-3-14}$$

令 $s = \dfrac{\sigma}{\sqrt{2}}$，则式（1-3-14）变为

$$C_r(L,t) = \frac{1}{2}\left(1 - \frac{2}{\sqrt{\pi}}\int_0^{\frac{y}{2\sqrt{Dt}}} e^{-s^2}\mathrm{d}s\right) = \frac{1}{2}\left(1 - \frac{2}{\sqrt{\pi}}\int_0^{\frac{y}{2\sqrt{Dt}}} e^{\frac{\sigma^2}{2}}\mathrm{d}\sigma\right)$$

$$= \frac{1}{2} - \int_0^{\frac{LW}{\sqrt{2DTV_p}}} \frac{1}{\sqrt{2\pi}} e^{\frac{\sigma^2}{2}}\mathrm{d}\sigma \tag{1-3-15}$$

基于上述推导，在正态概率纸上描出的 $C_r(L,t)$—W 关系曲线应呈直线，如图 1-3-6
所示。

故在直线段上选取关于 $W_{50} = 0$，$C_r(L,t) = 0.5$ 为中心对称的点，如（W_{50}，0.1）和（W_{90}，
0.9），其中 W_{10}、W_{90} 分别为 $C_r(L,t) = 0.1$ 和 $C_r(L,t) = 0.9$ 时的累积取样量 V_{10}、V_{90} 所对应的
W 值，则由

$$\begin{cases} \dfrac{1}{2} - \displaystyle\int_0^{\frac{LW_{10}}{\sqrt{2DTV_p}}} \dfrac{1}{\sqrt{2\pi}} e^{-\frac{\sigma^2}{2}}\mathrm{d}\sigma = 0.1 \\[4mm] \dfrac{1}{2} - \displaystyle\int_0^{\frac{LW_{90}}{\sqrt{2DTV_p}}} \dfrac{1}{\sqrt{2\pi}} e^{-\frac{\sigma^2}{2}}\mathrm{d}\sigma = 0.9 \end{cases} \tag{1-3-16}$$

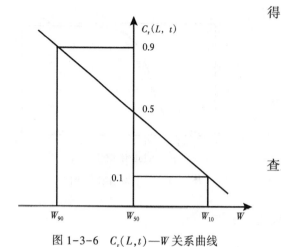

图 1-3-6 $C_r(L,t)$—W 关系曲线

得

$$\begin{cases} \int_0^{\frac{LW_{10}}{\sqrt{2DTV_p}}} \frac{1}{\sqrt{2\pi}} e^{-\frac{\sigma^2}{2}} d\sigma = 0.4 \\ \int_0^{\frac{LW_{90}}{\sqrt{2DTV_p}}} \frac{1}{\sqrt{2\pi}} e^{-\frac{\sigma^2}{2}} d\sigma = -0.4 \end{cases}$$

(1-3-17)

查正态分布表,可得

$$\frac{LW_{10}}{\sqrt{2DTV_p}} = 1.28 \qquad (1-3-18)$$

$$\frac{LW_{90}}{\sqrt{2DTV_p}} = -1.28 \qquad (1-3-19)$$

两式相减,得:

$$\frac{L(W_{10} - W_{90})}{\sqrt{2DTV_p}} = 2.56 \qquad (1-3-20)$$

因此

$$D = \frac{1}{TV_p} \left[\frac{L(W_{10} - W_{90})}{3.265} \right]^2 \qquad (1-3-21)$$

这样,只要测得出口端浓度分别为入口浓度的 10% 和 90% 时的累计取样量 V_{10}、V_{90},可求得 W_{10}、W_{90},进而求得扩散系数 D。扩散系数的大小反映了驱油剂在互溶驱替过程中的扩散程度高低,D 太大的化学剂一般不宜用于驱油。

第二节　物化作用下的互溶驱替理论

在化学驱过程中,除了扩散作用外,还有吸附滞留和化学反应等大量物理化学作用,对互溶驱替过程产生较大影响。大多数情况下,驱油剂在液固界面上的吸附一般满足朗缪尔(Langmuir)等温吸附方程:

$$F = \frac{K_a C}{1 + K_b C} \qquad (1-3-22)$$

式中　　F——吸附量,mg/cm³ 或 mg/L;

C——化学剂溶液浓度,mg/L;

K_a——表征吸附量大小的参数,量纲 1;

K_b——吸附常数,L/mg。

吸附参数 K_a、K_b 可通过实验测得。

单位体积内的化学剂的吸附损耗速率为

$$f = \frac{\partial F}{\partial t} = \frac{K_a}{(1 + K_b C)^2} \frac{\partial C}{\partial t} \qquad (1-3-23)$$

24

因此,带吸附作用的互溶驱替数学模型为

$$\frac{\partial C}{\partial t} = D\frac{\partial^2 C}{\partial x^2} - v\frac{\partial C}{\partial x} - \frac{K_a}{(1+K_b C)^2}\frac{\partial C}{\partial t} \tag{1-3-24}$$

式(1-3-24)中的最后一项表示由于吸附作用导致的扩散剂在该点上的浓度增长速度,其他各项的意义同前。

当互溶驱程中还包括化学反应作用时,如碱与岩的化学反应满足一级反应动力学方程,即单位孔隙体积中的反应速度为:

$$f = \varepsilon C \tag{1-3-25}$$

式中 ε——溶解反应速率常数,s^{-1}。

带吸附和化学反应的传质扩散方程为:

$$\frac{\partial C}{\partial t} = D\frac{\partial^2 C}{\partial x^2} - v\frac{\partial C}{\partial x} - \frac{K_a}{(1+K_b C)^2}\frac{\partial C}{\partial t} - \varepsilon C \tag{1-3-26}$$

式(1-3-26)中最后一项表示由于化学反应作用导致的扩散剂在该点上的浓度增长速度。应用现有数学手段求取方程(1-3-26)的解析解是十分困难的,但可用数值解法求数值解,从而得出互溶驱替过程中驱油剂的浓度分布规律。

令

$$x_D = \frac{\chi}{L}, \ t_D = \frac{vt}{\phi L}, \ C_r = \frac{C}{C_p}, \ \lambda = \frac{D\phi}{VL}, \ R = \frac{\varepsilon \phi L}{V} \tag{1-3-27}$$

则式(1-3-26)化为无因次形式,得:

$$\lambda\frac{\partial^2 C_r}{\partial x_D^2} = \frac{\partial C_r}{\partial x_D} + \left[1 + \frac{K_a}{(1+K_b C_p C_r)^2}\right]\frac{\partial C_r}{\partial t_D} + RC_r \tag{1-3-28}$$

式中 C_p——注入化学剂溶液的浓度,g/cm^3 或 mg/L;

C——任一时刻任一位置的化学剂溶液的浓度,g/cm^3 或 mg/L;

C_r——任一时刻任意位置的化学剂溶液的相对浓度,量纲1;

R——扩散对流比,量纲1:

λ——化学反应比,量纲1;

x_D——无因次距离增量;

t_D——无因次时间增量。

设有一长度为 L 的岩心模型,开始时其中充满淡水。以速度 v 从初始边界 $x=0$ 处(入口处)注入原始浓度为 C_p 的化学剂溶液段塞,t_p 为注段塞的无因次时间,单位为 PV。油层长度较大,到流出端 $x=L$ 处化学剂溶液浓度变化很小。则注段塞情况的无因次定解条件如下。

初始条件:

$$C_r(x_D, 0) = 0, \quad x_D \geq 0 \tag{1-3-29}$$

$$C_r(x_D, 0) = C_p, \quad x_D < 0 \tag{1-3-30}$$

左边界条件:

$$C_r(0, t_D) = 1 - U(t_D - t_p), \quad t_p > 0 \tag{1-3-31}$$

式中，$U(t)$ 为单位阶跃函数，满足 $t<t_p$ 时 $U(t_D-t_p)=0$（注化学剂段塞阶段），$t \geqslant t_p$ 时，$U(t_D-t_p)=1$（化学剂段塞后继注水阶段）。

右边界条件：

$$\frac{\partial C_r}{\partial x_D}(1, t_D) = 0, \quad t_D \geqslant 0 \tag{1-3-32}$$

考虑吸附和化学反应作用的一维互溶驱替数学模型的无因次形式（1-3-28）为拟线性对流扩散方程，运用以下预测—校正格式求数值解。预测格式为

$$\lambda \frac{1}{\Delta x_D^2} \left(C_{rj+1}^{n+1\frac{1}{2}} - 2C_{rj}^{n+1\frac{1}{2}} + C_{rj-1}^{n+1\frac{1}{2}} \right) = \frac{1}{2} \frac{1}{\Delta x_D} \left(C_{rj+1}^{n+1\frac{1}{2}} - C_{rj-1}^{n+1\frac{1}{2}} \right)$$

$$+ RC_{rj}^{n+1\frac{1}{2}} + \left(1 + \frac{K_a}{\phi} \frac{1}{1 + K_b C_p C_{rj}^{n2}} \right) \left(C_{rj}^{n+1\frac{1}{2}} - C_{rj}^n \right) \frac{2}{\Delta t_D} \tag{1-3-33}$$

校正格式为

$$\lambda \frac{1}{2\Delta x_D^2} \left(C_{rj+1}^{n+1} - 2C_{rj}^{n+1} + C_{rj-1}^{n+1} + C_{rj+1}^n - 2C_{rj}^n + C_{rj-1}^n \right)$$

$$= \frac{1}{4\Delta t_D} \left(C_{rj+1}^{n+1} - 2C_{rj-1}^{n+1} + C_{rj+1}^n - C_{rj-1}^n \right) + RC_{rj}^{n+1}$$

$$+ \left[1 + \frac{K_a}{\phi} \frac{1}{\left(1 + K_b C_p C_{rj}^{n+\frac{1}{2}} \right)^2} \right] \left(C_{rj}^{n+1} - C_{rj}^n \right) \frac{1}{\Delta t_D} \tag{1-3-34}$$

式中　j——节点序号（网格序号），$j=1,2,\cdots,m$；

M——网格总数；

N——时间步序号。

主要计算步骤如下：

第一步，选取适当的物化参数值，利用预测格式计算增加半时步的浓度预测值；

第二步，利用校正格式计算增加一时步的浓度精确值；

第三步，逐步增加时步，计算不同时刻的浓度值。

应用上述预测和矫正格式，可求出互溶驱替过程中驱油剂的浓度分布规律，其驱替前缘亦为任何时刻浓度剖面曲线上过 $C_r=0.5$ 点的垂线。

第三节　黏度差异影响下的互溶驱替理论

在往油层中注化学剂溶液时，将发生驱替液与被驱替液之间在接触带的互溶，从而形成一个混合带，通过这个混合带液体之间将发生变化，从一种单一液体变为一种混合液体，而与之相应的液体黏度也要发生变化。聚合物溶液去油就是利用聚合物的高黏度，改善流度比，提高波及效率，从而提高采收率。当高黏度的聚合物溶液与地层水接触时，聚合物驱替液浓度和黏度将发生显著变化。

对于两种黏度不同的液体的扩散问题，设在初始时刻黏度为 μ_1 的液体 A 在地层线性驱替黏度为 μ_2 的液体在混合带所产生的互溶混合，可表示为

$$\frac{\partial C}{\partial t} = D_{\mathrm{m}} \frac{\partial^2 C}{\partial x^2} - v \frac{\partial C}{\partial x} \tag{1-3-35}$$

式中　C——液体 A 的浓度，$\mathrm{kg/m^3}$；

　　　v——液体的渗流速度，$\mathrm{m/s}$；

　　　D_{m}——扩散系数，$\mathrm{m^2/s}$。

　　研究表明：不同黏度流体的混合系数 D_{m} 是一个与黏度的梯度有关的参数，这是考虑黏度差异互溶驱替的一个基本假设，这一假设可表达为

$$D_{\mathrm{m}} = D_0 \left(1 + K_1 \frac{\partial \mu_c}{\partial x} \right) \tag{1-3-36}$$

式中　D_0——等黏度流体的互溶系数，$\mathrm{m^2/s}$；

　　　μ_c——混合液体的黏度，$\mathrm{Pa \cdot s}$；

　　　K_1——比例常数，$\mathrm{m/(s \cdot Pa)}$。

　　混合液体的黏度 μ_c 与原始液体的黏度 μ_1 和 μ_2 之间的关系可用下式表达：

$$\ln \mu_c = C \ln \mu_1 + (1-C) \ln \mu_2$$

或

$$\mu_c = \mu_1 \left(\frac{\mu_2}{\mu_1} \right)^{1-C}$$

式中　C——驱油剂浓度，$\mathrm{kg/m^3}$。

第四章 驱油聚合物及其性质

驱油用聚合物有两大类：天然聚合物和人工合成聚合物。天然聚合物是从自然界的植物及其种子中通过微生物发酵而得到。如纤维素、生物聚合物黄胞胶等。人工合成聚合物是用化学原料而合成，如目前大量使用的聚丙烯酰胺（polyacrylamide，简称 PAM），部分水解的聚丙烯酰胺（hydrolyzed partially polyacrylamide，简称 HPAM）。使用最为广泛的聚合物是部分水解聚丙烯酰胺和生物聚合物黄胞胶两种。由于生物聚合物黄胞胶的价格比较昂贵，除了在高矿化度和高剪切的油藏使用外，一般油藏驱油聚合物都使用人工合成的部分水解聚丙烯酰胺。

为了搞清楚聚合物在多孔介质中的流动特性，必须首先了解聚合物这类高分子化合物的基本化学概念和其流变性等多种性质。

第一节 聚合物制备

聚合物都是由被称为单体的化合物作为链节，不断重复而构成的。在某些情况下，这些单体的重复呈线型结构，即形成一条长链。在另一些情况下，主链被支化，或相互连接形成三维网状物。制备聚合物的聚合过程，主要有两类反应，即自由基聚合与缩合聚合。

在自由基聚合中，单体首先借助于引发剂（如苯酰氯）转变成自由基，这个阶段称为链引发阶段，其步骤如下：

$$I \longrightarrow 2\dot{R}（第一步）$$

$$\dot{R}+M \longrightarrow \dot{M}（第二步）$$

第一步所生成的全部自由基都与单体反应而得到自由基链 M_1，一部分从 M_1 因旁侧反应而丧失了。大部分自由基链、通过链增殖反应不断增长，这个阶段称为链增长阶段，其步骤如下：

$$\begin{cases} \dot{M}_1+M \longrightarrow \dot{M}_2 \\ \dot{M}_2+M \longrightarrow \dot{M}_3（第三步）\\ \dot{M}_x+M \longrightarrow \dot{M}_n \end{cases}$$

最后为链终止阶段，如

$$M_x^{\circ}+M_y^{\circ} \longrightarrow M_{x+y}（第四步）$$

有时这些链增殖反应可以由称为非比例化的反应而终止，诸如

$$M_x^{\circ}+M_y^{\circ} \longrightarrow M_x+M_y$$

根据这些反应，可以制备许多我们熟知的聚合物，例如聚苯乙烯和聚甲基丙烯酸酯等。聚合物分子的大小取决于链增长速度的动力学。

在缩聚反应中,线型链是通过从缩合分子中脱除像水这类低分子物质而形成的。典型的例子是乙二醇与马来酸酐或马来酸反应合成聚酯,反应式如下:

$$OH-(CH_2)_n-O\boxed{H+OH}-\overset{\overset{O}{\parallel}}{C}-CH=CH-\overset{\overset{O}{\parallel}}{C}-OH$$

$$\rightarrow OH-(CH_2)_n-O-\overset{\overset{O}{\parallel}}{C}-CH=CH-\overset{\overset{O}{\parallel}}{C}-OH+H_2O$$

$$OH-(CH_2)_n-O-\overset{\overset{O}{\parallel}}{C}-(CH=CH)-\overset{\overset{O}{\parallel}}{C}-O-$$

$$\downarrow etc$$

$$(CH_2)_n-OH \xleftarrow{\overset{OH-(CH_2)_n-OH}{-H_2O}}$$

这类缩聚反应可以提供高相对分子质量的聚合物,不过也总有一些副反应发生。这些副反应生成不利的并导致链终止的单官能基化合物。且单官能基化合物不能进一步反应。在许多缩聚反应中,聚合速度是一个复杂的问题,但主要的还是决定于移除反应中所生成的少量低分子物的速度。在这类反应中,常用催化剂来促使反应完全进行。

第二节 聚合物分类

聚合物的形成有几种方法:最简单的方法是单体按 X—M—M—M—Y 方式,相互连接形成线型聚合物。这种结构也可以写成 $X-(M)_a-Y$,式中 M 称为结构单元或链节,a 代表聚合度。聚合物的相对分子质量取决于聚合度。高相对分子质量的聚合物,特别是合成聚合物,即使是同一反应釜的聚合物中,也具有各种不同的聚合度。线型链的终端不是 X 就是 Y。为了形成线型链,单体 M 必须至少是二价的(两个键位或基团)端基 X 和 Y 可以是一价的,而且这两个端基可以相同,也可以不同。

在支化聚合物中,单体链节可以是三价或多价的,由这种单体链节不断重复所形成的聚合物都具有网状结构。它们不是平面网状结构,就是三维网状结构,如:

$$\begin{array}{c}
| \\
M \\
| \\
X-M-M-M-T-M-M-M-T-M-M-Y \\
| \\
M \\
| \\
M-M-X
\end{array}$$

更为一般的概念是,当含 n 个官能团的分子与含 p 个官能团的分子反应时,所得产品应是含 n+p-2 个官能团的分子。因此,为了得到线型聚合物,反应物分子应当是二价的,即 n 和 p 的值各等于 2。如果一种单体的官能团大于 2,就会发生链的支化。通常,有意识地用双官能团的单体来合成时,即使其中含有少量的支化物,也被认为是线型的聚合物。因此,可以把聚合物分成三类,即线型聚合物、支化聚合物和交联聚合物。

线型聚合物的典型例子是从乙烯或乙烯基衍生物制备的聚合物,如聚氯乙烯和聚苯乙烯等。这些聚合物一般都溶于某一种有机溶剂中,加热时,它们会丧失机械强度。因此,可以把它们归类为热塑性聚合物。

在线型聚合物中,如果只含一种循环链节,例如聚乙烯或聚苯乙烯,它们可表示为:

$$+CH_2—CH_2\frac{}{n}$$

$$+CH_2—CH\frac{}{n}$$

这些聚合物称为均聚物,因为它们是由一种单体构成的,而且在性质上也是均匀的。线型链也可以由几种单体链节交替的重复而成。如:

$$\cdots—M_1—M_2—M_1—M_2—\cdots$$

如按无规的方式组合,则可写成:

$$\cdots—M_1—M_2—M_1—M_1—M_2—M_2—M_2—M_1—M_2—\cdots$$

这些都称为共聚物。许多常用的聚合物都是由共聚作用制备的。例如苯乙烯与甲基丙烯酸甲酯共聚或丁二烯与丙烯腈共聚等。

酚醛树脂是枝化聚合物的典型例子,它是由双官能团的甲醛和苯酚制备的。在此反应中,苯酚在部分时间内,作为双官能团单体参与反应,此时,甲醛在两个邻位上或者一个邻位、一个对位上与苯酚进行缩合反应。苯酚也可以作为三官能团分子参与反应,在这种反应中,甲醛在三个位置上与苯酚进行缩合反应,所得的酚醛聚合物可以表示为:

在许多情况下,要想对支化聚合物作精确的描述是不可能的。

第三类聚合物,即在大多数有机溶剂或水中都不溶解的交联聚合物。它由线型链交联而成,结果形成巨大的三维网状聚合链。例如,由乙二醇、邻苯二酸酐和马来酸酐反应生成的聚酯线型链,可以用苯乙烯交联生成交联聚合物。它可表示为:

聚合物结构的刚度取决于交联的程度。一般说来,这些聚合物都不是热塑性的,即加热时,它们不是熔融而是碳化。它们在许多工业中都有特殊的用途。但由于它们在多数溶剂中都不溶解,因而不适于作为流动研究的材料。

聚合物典型的线型链和交联链示意如图1-4-1所示,由图可知,随着线型链被交联,大大降低了聚合链从一种构型转变到另一种构型的能力。交联的结果或多或少会永久性地固定聚合物的宏观结构。

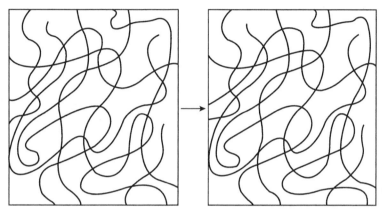

图 1-4-1　线型和交联聚合物示意图

第三节　聚合物黏度与尺寸

聚合物稀溶液黏度的测定很早被用来研究聚合物的性质,这是由于聚合物溶液的黏度与聚合物的相对分子质量、分子大小甚至分子结构有直接的关系,聚合物溶液黏度测定和计算依然是研究聚合物相对分子质量和分子大小的重要方法。

一、溶液黏度

爱因斯坦在1906年就提出了溶有球形粒子的溶液黏度与粒子大小的黏度定律:

$$\mu_{sp} = k\frac{NV_m}{V_s} \tag{1-4-1}$$

其中
$$\mu_{sp} = (\mu_s - \mu)/\mu$$

式中　μ_{sp}——增比黏度,量纲1;

　　　N——粒子个数;

　　　V_m——单个粒子体积,L;

　　　V_s——溶液的体积,L;

　　　μ_s——溶液黏度,Pa·s;

　　　μ——溶剂黏度,Pa·s;

　　　k——常数,量纲1。

现代高分子溶液理论认为,线形柔性高分子在其良溶液(对高分子溶质具有较强溶解能力)中为似球状态,因此对于高分子水溶液的黏度可表示为:

$$\mu_p = \mu_w + k\mu_w \frac{NV_m}{V_s} \qquad (1-4-2)$$

式中 μ_p——高分子水溶液黏度，Pa·s；

μ_w——水的黏度，Pa·s。

此式表明，溶液中的高分子体积越大，聚合物溶液的黏度越大。

1. 表观黏度

流体黏度是分子内摩擦力的度量参数。根据牛顿内摩擦力定律，流体黏度 μ 定义为剪切应力 τ 于剪切速率 $\dot{\gamma}$ 的比值，即：

$$\mu = \frac{\tau}{\dot{\gamma}} \qquad (1-4-3)$$

如果流体黏度为常数，则称为牛顿流体，否则称为非牛顿流体，即黏度值在不同剪切速率下并不恒定。因此，聚合物溶液的这种非牛顿流体的黏度称为表观黏度或视黏度，用 η 表示，即：

$$\eta = \eta(\dot{\gamma}) = \frac{\tau}{\dot{\gamma}} \qquad (1-4-3a)$$

表观黏度是随剪切速率而变的黏度函数。

Delshad 等人根据岩心驱替实验结果并结合早期文献数据，提出了包括达西条件的聚合物表观黏度模型：

$$\mu = \mu_\infty + (\mu_p^0 - \mu_\infty)\left[1 + (\lambda\gamma_{eff})^\alpha\right]^{(n-1)/\alpha} + \mu_{max}\left[1 - \exp(-(\lambda_2\,\tau_r\gamma_{eff})^{n_2-1})\right] \qquad (1-4-4)$$

式中 μ——在多孔介质中的表观黏度，Pa·s；

μ_p^0——在低速极限时聚合物的牛顿黏度，Pa·s；

μ_∞——在高速极限时聚合物的牛顿黏度，Pa·s；

γ_{eff}——有效剪切速率，s^{-1}，参见式（1-4-50）；

λ——流变性转变参数，s；

n——流变指数，量纲1；

μ_{max}——聚合物溶液增稠最大黏度，Pa·s；

τ_r——特征弛豫时间，s。

λ_2、n_2——聚合物经验常数，量纲1；

α——常数，取值为2。

方程（1-4-4）等式右端项的第一部分 $\mu_\infty + (\mu_p^0 - \mu_\infty)\left[1 + (\lambda\gamma_{eff})^\alpha\right]^{(n-1)/\alpha}$ 表示的是表观黏度剪切稀释特性，第二部分 $\mu_{max}\left[1 - \exp(-(\lambda_2\,\tau_r\gamma_{eff})^{n_2-1})\right]$ 表示的是表观黏度的剪切增稠特性。

由于从实验室岩心驱替中获得方程（1-4-4）中的模型参数费时较多，因此 Wreath 等人于 1990 年、Delshad 等人于 2008 年进行了大量研究，以便从聚合溶液流变学测量中能得到这些参数。事实上，1988 年，Cannella 等人认为，Carreau 模型是获得方程（1-4-4）中剪切稀释部分参数而广泛应用的流变模型之一，它可描述整个剪切速率范围内的黏度计测定黏度，包括低剪切速率牛顿区、剪切稀释"幂律区"和高剪切速率牛顿平台区。Carreau 模型可表示为：

$$\eta = \eta_\infty + \frac{\eta_0 - \eta_\infty}{\left[1 + (\lambda\gamma)^2\right]^{\frac{n-1}{2}}} \qquad (1-4-5)$$

式中　η——稳定流动黏度,Pa·s;

　　η_0——低剪切力时牛顿黏度,Pa·s;

　　η_∞——高剪切力时牛顿黏度,Pa·s;

　　n——幂律指数,量纲1;

　　λ——流变性转变参数,也称时间参数,s。

当 $\mu_p^0 = \eta_0$ 时,$\mu_\infty = \eta_\infty$,方程(1-4-4)用于剪切稀释部分,方程(1-4-5)参数与黏度计测定的黏度数据相匹配。

方程(1-4-5)中剪切稀释部分的模型参数可以按照 Delshad 等人于 2008 年和 Magbagbeola 于 2008 年的步骤获得。最关键的参数是弛豫时间 τ_p,它可以通过聚合物溶液存储量 G' 和内耗 G'' 来估算,用流变计进行动态连续测试得到。由对振荡应变的应力响应,可得混合溶液黏度为

$$\mu^* = \mu_V - i\,\mu_E \qquad\qquad (1\text{-}4\text{-}6)$$

其中　　　　　　　　　　$\mu_E = G'/\omega,\quad \mu_V = G''/\omega$

$$G' = \frac{c_p R T}{M} \sum_{p=1}^{n} \frac{\omega^2 \tau_p^2}{(1 + \omega^2 \tau_p^2)} \qquad\qquad (1\text{-}4\text{-}7)$$

$$G'' = \frac{c_p R T}{M} \sum_{p=1}^{n} \frac{\omega \tau_p}{(1 + \omega^2 \tau_p^2)} \qquad\qquad (1\text{-}4\text{-}7a)$$

$$\tau_p = \frac{6[\eta]\mu_s M}{\pi^2 p^2 R T} \qquad\qquad (1\text{-}4\text{-}8)$$

式中　μ_E、μ_V——黏度,Pa·s;

　　G'——聚合物储存模量,Pa;

　　G''——聚合物损失模量,Pa;

　　μ^*——溶液的混合黏度,Pa·s;

　　ω——角频率,rad/s;

　　i——虚数单位,$i = \sqrt{-1}$;

　　c_p——聚合物浓度,mg/L;

　　τ_p——松弛时间,s;

　　$[\eta]$——溶液的特性黏度,L/mg;

　　μ_s——溶液的黏度,Pa·s;

　　M——聚合物的摩尔质量,mg/mol;

　　R——摩尔气体常数,$R = 8.314\text{J}/(\text{mol·K})$;

　　T——热力学温度,K;

　　p——聚合物链的数量。

对于大块储层体积的表观黏度描述来说,方程(1-4-4)中剪切稀释部分的贡献通常很小。注入井附近流速将会非常高。剪切稀释部分的特征是最重要的。

2. 特性黏度

当高分子聚合物溶剂水中形成溶液时,溶液的黏度往往大于溶剂水的黏度,通常用特性黏数 $[\eta]$ 来表示聚合物分子对溶液黏度的贡献。

特性黏度是一种测量溶液中分子大小的黏度,提供了聚合物分子的平均大小与溶液流变学的关系。定义是聚合物浓度趋近于零时比黏度与溶液浓度的比值。其表达式为:

$$[\eta] = \lim_{C \to 0} \frac{\eta_0 - \eta_s}{C\eta_s} = \lim_{C \to 0} \eta_R \qquad (1-4-9)$$

或

$$[\eta] = \lim_{C \to 0} \frac{\ln \eta_R}{C} = \lim_{C \to 0} \frac{\ln(\eta_0/\eta_s)}{C} \qquad (1-4-10)$$

$$\eta_R = \frac{\eta_0 - \eta_s}{C\eta_s} = \frac{\eta_r - 1}{C} = \frac{\eta_{sp}}{C} \qquad (1-4-11)$$

式中　η_0——在非常低的黏度下测定的聚合物溶液黏度,Pa·s;

　　　η_s——溶剂黏度,Pa·s;

　　　C——聚合物浓度,mg/L;

　　　η_R——对比黏度,L/mg;

　　　$[\eta]$——聚合物特性黏度,L/mg;

　　　η_r——相对黏度,量纲1。

相对黏度 η_r 等于溶液黏度与溶剂黏度之比,即

$$\eta_r = \frac{\eta_0}{\eta_s} \qquad (1-4-12)$$

特性黏数是表示单位聚合物分子在溶液中所占流体力学体积的相对大小,也是量度聚合物分子尺寸的一个重要参数。因此,测定聚合物的特性黏数对评价聚合物在盐水中的增黏性能及分子尺寸有着非常重要的意义。

对于聚合物稀溶液来说,聚合物/溶剂体系的比黏度与聚合物溶液浓度 C 之间的关系满足 Huggins 方程:

$$\frac{\eta_{sp}}{C} = [\eta] + K'[\eta]^2 C \qquad (1-4-13)$$

式中　K'——Huggins 常数,对于线性柔性高分子(如 HPAM)在良溶剂中,$K' = 0.3 \sim 0.45$。

此外,Kraemer 提出了相对黏度 η_r 与聚合物浓度的关系:

$$\frac{\ln \eta_r}{C} = [\eta] - K''[\eta]^2 C \qquad (1-4-14)$$

式中　K''——常数,对于聚合物良溶剂来说,$K'' = 0.05 \pm 0.005$。

根据 Huggins 方程,在给定的盐水中,通过测定不同的溶液黏度,作出 μ_{sp}/C 或 $\ln\mu_r/C$ 与浓度 C 之间的关系(图 1-4-2)。将 $\eta_R(\eta_{sp})/C$—C 或 $\ln\mu_r/C$—C 的直线外推至浓度为 0 处,交点所对应的值就等于特性黏数。

Martin 方程表示了零剪切速率下黏度与聚合物浓度、聚合物溶液的特性黏度之间的关系:

$$\eta_0 = \eta_s + \eta_s C[\eta] \exp(k''C[\eta]) \qquad (1-4-15)$$

式中　k''——聚合物特定常数；

　　　η_s——溶剂黏度，$Pa·s$。

特性黏度是一种测量溶液中分子大小的黏度，提供了聚合物分子的平均大小与溶液流变学的关系。为了更方便地进行数据拟合，对 Martin 方程（1-4-15）两边取对数得到线性化方程：

$$Y = Ax + B \qquad (1-4-16)$$

其中

$$Y = \ln\left(\frac{\eta_0 - \eta_s}{\eta C}\right), A = k''[\eta], B = \ln[\eta], x = C$$

k''和$[\eta]$通过回归拟合得到。

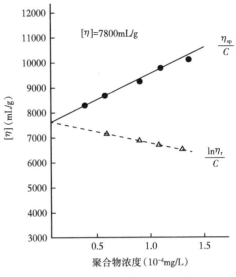

图 1-4-2　聚合物溶液的比浓黏度
与浓度的关系

二、分子的末端均方回旋半径

1. 高分子溶液的几个重要概念

在讨论高分子溶液的表征参数之前，定义几个基本概念，意义非常重大。

1）无规线团

无规线团是指一种理想的高分子柔性链，高分子主链由无数个不占体积的很小的键自由结合而成，长度为l，键的数目为n，每个相连接的键热运动时没有键角的限制，旋转没有位垒的障碍，每个键在任何方向取向的概率都相等，这种理想的链，由于每个键的取向是无规则的，所以称为无规链和无规线团。

2）均方末端距

均方末端距是线性高分子链的一端到另一端的直线距离，是一个矢量，末端距越小，高分子链越柔顺，卷曲越厉害。均方末端距是指末端距平方的平均值，表征无规线团尺寸用均方末端距的平均值，由于柔性高分子链在不断地产生热运动变化，它的形态瞬息万变，数值可以为正数、0和负数，所以，用均方末端距h^2来表示，而不用h表示。

3）均方回旋半径

将柔性高分子链中每个链段的质量中心看作为质点，整个分子链也具有质心，其定义式为，这里m_i是第i个质点的质量，r_i是由第i个质点到高分子链质心的矢量（图1-4-3）。均方半径则定义为高分子链中的链段数n，对于高斯线团，均方末端距与均方半径可为

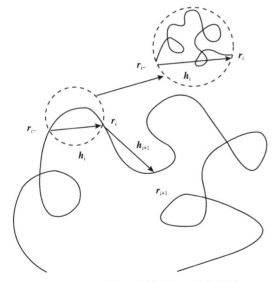

图 1-4-3　高斯统计链段组成的高斯链

$$h^2 = \frac{\sum m_i r_i^2}{\sum m_i} \tag{1-4-17}$$

4）θ 溶剂

高分子 θ 溶液是指高分子稀溶液在 θ 温度下，分子链段间相互吸引力与溶剂分子间的相斥力相等，恰好相互抵消，形成无扰状态的溶液。θ 溶液的混合热和混合熵并不满足真正的理想溶液的规律，但自由能和化学位可以按理想溶液处理。该溶液的行为符合理想溶液行为，此时溶剂的过量化学位等于 0 时的温度即为 θ 温度。Flory 将这种条件定义为 θ 条件，或 θ 状态。θ 状态下的溶剂称为 θ 溶剂，θ 状态下的温度称为 θ 温度，又称 Flory 温度。θ 溶剂与 θ 温度密切相关，对于某种聚合物选定以后，可以改变温度以满足 θ 条件。也可选定某一温度，然后改变溶剂的品种，或利用混合溶剂，调节溶剂的成分已达到 θ 条件。

5）支化高分子

一般高分子都是线性的，如果在缩聚过程中有官能度 $f>3$ 的单体存在，或在加聚过程中，有自由基的链转移反应发生；或双烯类单体中第二双键的活化等，都能生成支化的或交联的高分子。支化高分子有星形、梳形、无规支化及树枝状聚合物之分，它们的性能也有差异，图 1-4-4 表示高分子链的支化与交联情况。一般说来，支化对于高分子材料的使用性能是有影响的。支化程度越高，支链结构越高，支链结构越复杂，则影响越大。例如，无规支化往往降低高聚物薄膜的拉伸度，以无规支化高分子制成的橡胶，其抗张强度及伸长率均不及线型分子制成的橡胶。对支化的高分子可以采用支化参数和支化点的官能度来表征支化高分子构型。

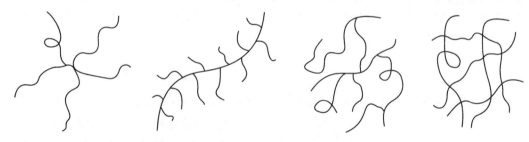

图 1-4-4 高分子的支化和交联

2. 均方末端距的分布函数

如果将高分子链的一端固定在球坐标的原点而另一端出现在离原点距离为 $h \to h+\mathrm{d}h$ 的球壳 $4\pi h^2 \mathrm{d}h$ 内的概率，以及末端距的径向分布函数 $W(h)$，它在数学上类似于三维空间的无规则飞行问题，它符合高斯概率分布函数，又称为高斯链，高斯链是典型的柔性链。它的表达式为

$$\begin{cases} W(h)\,\mathrm{d}h = \left(\dfrac{\beta_0}{\sqrt{\pi}}\right)^2 \mathrm{e}^{\beta_0^2 h^2} 4\pi h^2 \mathrm{d}h \\ \beta_0^2 = \dfrac{3}{2nl^2} \end{cases} \tag{1-4-18}$$

均方末端距可表示为

$$\langle h^2 \rangle = \int_0^\infty h^2 W(h) \, \mathrm{d}h = nl^2 \qquad (1\text{-}4\text{-}19)$$

假设自由链由 n 个 l 长的链段组成,在元素 i 和 j 的均方根长度为 $\langle h_{ij}^2 \rangle$

$$\langle h^2 \rangle = \frac{1}{n} \sum_{i=1}^n h_i^2 = \frac{1}{n^2} \sum_{j=1}^n \sum_{i=1}^{j-1} h_{ij}^2 \quad (i<j) \qquad (1\text{-}4\text{-}20)$$

与式(1-4-19)相类似,给出 $(j-i)l^2$,式(1-4-20)得

$$\langle h^2 \rangle = \left(\frac{l^2}{n^2}\right) \sum_{j=1}^n \sum_{i=1}^{j-1} (j-i) = \left(\frac{l^2}{n^2}\right) \sum_{j=1}^n \sum_{i=1}^{j-1} i \qquad (1\text{-}4\text{-}21)$$

假设 $\sum_{i=1}^{j=1} i = j(j-1)/2 \approx j^2/2$,$\sum_{j=1}^n j^2 = n(n+1)(2n+1)/6 \approx n^3/3$,则

$$\langle h^2 \rangle = nl^2/6 \qquad (1\text{-}4\text{-}22)$$

3. 特性黏度的分子理论

根据 Flory 的理论,聚合物分子在稀溶液中的作用就好像一个半径 $\langle h^2 \rangle^{\frac{1}{2}}$ 正比于的圆球,服从 Einstein 方程:

$$\eta_{np} = 2.5\phi = 2.5(n_2 V_2 / V) \qquad (1\text{-}4\text{-}23)$$

式中　V_2——每个球的体积,m^3;

　　　n_2——圆球在溶液体积 V 中的数目。

如果用浓度来表示,将式(1-4-23)表示为

$$[\eta] = n_2/V_2 = 2.5 N_A V_2 / M \qquad (1\text{-}4\text{-}24)$$

式中　N_A——阿伏加德罗常数,$6.022 \times 10^{23} \, mol^{-1}$;

　　　M——摩尔质量,kg/mol。

如果假定分子相当于半径正比于 $\langle h^2 \rangle^{\frac{1}{2}}$ 的球,那么其体积正比于 $\langle h^2 \rangle^{\frac{3}{2}}$,上式可改写成

$$[\eta] = \Phi \langle h^2 \rangle^{\frac{3}{2}} / M \qquad (1\text{-}4\text{-}25)$$

式中　$\langle h^2 \rangle^{\frac{1}{2}}$——分子链两端点的均方根距离,$m$;

　　　M——聚合物性对摩尔质量,kg/mol;

　　　Φ——Flory 摩尔气体常数,$3.62 \times 10^{21} \, mol^{-1}$;

　　　$[\eta]$——特性黏度,m^3/kg。

在多孔介质的流动试验中,计算溶液中聚合物分子有效尺寸,而不是相对分子质量。弗洛利认为:聚合物分子具有以各种空间构型出现的能力。每一个链段都悬挂在一个键的周围,呈现任何一种构型的概率都与给定位置后,分子的自由能有关。最简单描述聚合物分子的方法是把它设想成为一串珍珠,其构型不断地在变化。而且,他还提出了一个半经验的关系式来确定两个端基(头—头)间的均方根距离。这个距离常常叫作不带电聚合物分子的直径,可由关系式(1-4-25)表示:

$$\langle h^2 \rangle = \left(\frac{[\eta][M]}{\Phi}\right)^{\frac{2}{3}} \tag{1-4-26}$$

在 θ 溶剂中，将式(1-4-26)变形得

$$[\eta]_\theta = \Phi\left(\frac{\langle h^2 \rangle_\theta}{M}\right)^{\frac{3}{2}} M^{\frac{1}{2}} \tag{1-4-27}$$

其中，$\dfrac{\langle h^2 \rangle}{M}$ 表示高分子链的柔性参数，令

$$K_\theta = \Phi\left(\frac{\langle h^2 \rangle_\theta}{M}\right)^{\frac{3}{2}} \tag{1-4-28}$$

式(1-4-27)可表示为

$$[\eta]_\theta = K_\theta M^{\frac{1}{2}} \tag{1-4-29}$$

式(1-4-29)即为著名的马克—侯温科(Mark-Houwink)方程的特殊形式。不同的聚合物/溶剂体系中，马克—侯温科广义公式为

$$[\eta] = KM^\alpha \tag{1-4-30}$$

K 和 α 的值在不同的聚合物/溶剂体系中也不同，有许多方法可以测定溶剂中聚合物的相对分子质量。

对非 θ 溶剂，式(1-4-27)可表示为

$$[\eta] = \Phi\left(\frac{\langle h^2 \rangle}{M}\right)^{\frac{3}{2}} M^{\frac{1}{2}} \tag{1-4-31}$$

由式(1-4-27)和式(1-4-31)得

$$\frac{[\eta]}{[\eta]_\theta} = \frac{(\langle h^2 \rangle)^{\frac{3}{2}}}{(\langle h^2 \rangle_\theta)^{\frac{3}{2}}} = \alpha^3 \tag{1-4-32}$$

将式(1-4-32)结合式(1-4-29)得

$$[\eta] = K_\theta M^{\frac{1}{2}} \alpha^3 \tag{1-4-33}$$

α 与相对分子质量有关，随相对分子质量增大而增大，这可解释马克—侯温科式(1-4-30)中的指数 α。Flory 从热力学理论证明 α^3 不可能正比于 M 的大于 0.3 以上的幂。因此，实验中得到的式(1-4-30)中 α 的范围为 $0.5 < \alpha < 0.8$。表 1-4-1 列出了某些聚合物稀溶液系统的 K 值和 α 值。也可以由式(1-4-33)计算聚合物的相对分子质量。

高曼君推导了分子的均方根回转距离 $\sqrt{\langle h^2 \rangle}$ 与分子链两端间的均方根距离的关系如下：

$$\sqrt{\langle h^2 \rangle} = \sqrt{\frac{r^2}{6}} \tag{1-4-34}$$

聚合物溶液的许多性质依赖于 $\sqrt{h^2}$ 而不是 $\sqrt{r^2}$，但由于习惯，仍然经常计算 $\sqrt{r^2}$ 值。托马

斯(Thomas)采用部分水解聚丙烯酰胺通过一束玻璃毛细管流动试验,用$\sqrt{h^2}$值计算了聚合物吸附特性。

表1-4-1 各种聚合物的 K、α 值(浓度单位:g/mL)

高聚物	溶剂	温度 (℃)	M 范围 (10^3)	测定 K、α 的方法	K (10^2)	α
尼龙66	90%甲酸	25	6.526	端基滴定	11	0.72
聚丙烯脂	二甲基	25	4.8~270	渗透压	1.66	0.81
	甲酰胺	25	30~260	光散射	2.43	0.75
聚丙烯	十氢萘	135	100~1000	光散射	1.00	0.80
聚氯乙烯(乳液)	环己酮	25	19~150	渗透压	0.204	0.50
聚氯乙烯(转化率80%)		20	80~125	渗透压	0.143	1.00
聚苯乙烯	丁酮	25	3~170	光散射	3.9	0.57
	甲苯	25	3~170	光散射	1.7	0.69
	苯	25	1~11	渗透压	4.17	0.60
天然橡胶	甲苯	25	1.4~1500	渗透压	5.07	0.76
聚丁二烯	甲苯	25	70~400	渗透压	11.0	0.62
二醋酸纤维素	二氯甲烷比乙醇80/20	25	20~300	渗透压	1.39	0.834
	氯仿	30	30~180		4.5	0.9

4. 支化聚合物的特性黏度

支化聚合物在稀溶液中的分子比具有同样相对分子质量的线型聚合物分子小。由于聚合物特性黏度与分子大小直接相关。因此,可以利用测定聚合物特性黏度来检定支化的存在及其支化的程度。对于聚合物特性黏度影响支化结构,是星形支化还是梳状支化,统称为长链支化。通常用支化系数来表征支化度,它的物理意义是某元素离非线型聚合物重心的均方回转距离与具有相同相对分子质量的相应线型聚合物均方回转距离的比值,定义为

$$g = \frac{(\langle h^2 \rangle)_b}{(\langle h^2 \rangle)_L} \tag{1-4-35}$$

式中 g——非线性聚合物的支化度,量纲1;

$\langle h^2 \rangle_b$——支化聚合物的均方回转半径,μm^2;

$\langle h^2 \rangle_L$——线型聚合物的均方回转半径,μm^2。

由式(1-4-31)有

$$\frac{[\eta]_b}{[\eta]_L} = \left(\frac{\langle h^2 \rangle_b}{\langle h^2 \rangle_L}\right)^{\frac{3}{2}} = g^{\frac{3}{2}} \tag{1-4-36}$$

从聚合物的特性黏度测定可以了解支化聚合物的支化度。

式(1-4-36)适用于无规构型的线型聚合物,对于非线型聚合物,将式(1-4-35)代入式(1-4-22),其回转半径可表示为

$$\sqrt{\langle h^2 \rangle_b} = \sqrt{g \frac{l^2}{6} n} \tag{1-4-37}$$

式中 l——由 n 个键自由连接所构成链段的等效长度,μm。

根据上述公式,很容易近似估算聚合物在溶液中的尺寸。其他一些因素,如与溶剂的相互作用的键角等,也在相当大的程度上影响到聚合物分子的尺寸。

5. 聚合物动力学链长度

为了弄清聚合物通过多孔介质的流动行为,最基本的是要知道聚合物分子的大小或尺寸,聚合物分子的尺寸决定于聚合度。在自由基聚合中,动力学链的长度取决于链增长反应的速度。事实上,动力学链长度代表了从活性基的引发到终止整个过程中所消耗的单体分子数(参与链增长反应的单体数)。在理论上,动力学链的长度可以由下式计算:

$$L = \frac{K_p[M]}{2(fK_dK_t)^{1/2}[I]^{1/2}} \qquad (1-4-38)$$

式中 L——动力学链的长度,量纲 1;

K_p——聚合速率常数,L/(mol·s);

K_t——链终止速率常数,L/(mol·s);

K_d——链引发速率常数,s^{-1};

$[I]$——引发剂浓度,mol/L;

$[M]$——单体浓度 mol/L;

f——所形成的能起引发作用的初级自由基的百分率。

按式(1-4-38)计算所得 L 的准确度,取决于速率常数测定的准确度。一般取 $f=1$,即假定全部生成的初级自由基都参与引发反应。

第四节　驱油用聚合物

一、聚丙烯酰胺

1. 化学结构

聚丙烯酰胺(PAM)是由丙烯酰胺(单体)引发聚合而成的水溶性链状聚合物。它不溶于汽油、煤油、苯等有机溶剂。由于聚丙烯酰胺在水中不离解,所以它的链节在水中不带离子,是一种非离子型聚合物。其结构式为

$$\underset{\quad\quad\;|\atop\quad\quad\;CONH_2}{\left(CH_2-CH\right)_n}$$

由于聚丙烯酰胺链节上不带电荷,分子在溶液中易卷曲,增黏能力差。链节中—$CONH_2$ 基团又具有孤电子对,在地层中被孔隙表面吸附量较大。因此,它不是一种很好的流度控制剂。

聚丙烯酰胺(PAM)与碱反应即生成部分水解聚丙烯酰胺(HPAM):

$$\left(CH_2-CH\right)_n \;\xrightarrow[OH^-]{H_2O}\; \left(CH_2-CH\right)_x - \left(CH_2-CH\right)_{n-x}$$

部分水解聚丙烯酰胺在水中发生解离,产生—COO^- 离子,使整个分子带负电荷,所以部

40

分水解聚丙烯酰胺为阴离子型聚合物。由于部分水解聚丙烯酰胺分子链上有—COO⁻,链节上有静电斥力,在水中分子链较伸展,故增黏性好。它在带负电的砂岩表面上吸附量较少,因此,是目前最适合用于流度控制的聚合物。

2. HPAM 在水溶液中的分子形态

HPAM 分子是柔性链结构,在高分子化学中有的被称为无规线团。实际上,聚丙烯酰胺不像黄原胶的螺旋结构那样具有刚性结构。但像黄原胶一样,HPAM 是聚电解质,因此它与溶液中的离子会发生强烈反应。然而,由于聚丙烯酰胺链是柔性的,它可能更加容易受到水溶剂的离子强度的影响,因此,其溶液性质对盐度/硬度比黄原胶更加敏感。

3. 聚丙烯酰胺的合成

从石油裂解得到的丙烯出发制造聚丙烯酰胺的过程包括合成丙烯酰胺、合成丙烯腈、合成丙烯酸、聚合等。

1)丙烯腈的合成

目前工业上普遍采用氨氧化法,此法对丙烯的纯度要求不高,反应生成乙腈、丙烯醛、氢胺酸等易分离和可综合利用的副产品。基本化学反应如下:

$$CH_2=CH-CH_2+NH_3+\frac{1}{2}O_2 \xrightarrow{420\sim450℃} CH_2=CH-CN+3H_2O$$

2)丙烯酰胺的合成

作为丙烯酰胺早期合成技术的硫酸水合工艺已基本淘汰,现在工业上广泛采用了骨架铜催化水合法,化学反应列于下式:

$$CH_2=CH-CN+H_2O \xrightarrow{Al,Cu} CH_2-CH$$

3)丙烯酸的合成

尽管有些工厂仍然沿用丙烯腈水解之类的工艺生产丙烯酸,但是从 20 世纪 80 年代开始建立的新工厂都采用丙烯氧化工艺。丙烯氧化生产丙烯酸包括如下步骤:

$$CH_2=CH-CH_2+O_2 \xrightarrow{325℃,0.2\sim0.3MPa} CH_2=CH-CHO+H_2O$$

$$2CH_2=CH-CHO+O_2 \xrightarrow{270℃,0.2MPa} 2CH_2=CHCOOH$$

4)聚合

丙烯酸与丙烯酰胺可以通过热、引发剂、射线辐射等引发聚合。部分水解聚丙烯酰胺也可以通过共聚制得:

$$XCH_2=CH_{\underset{CONH_2}{|}} + YCH_2=CH_{\underset{COOH}{|}} \longrightarrow \left(CH_2-CH\underset{CONH_2}{|}\right)_x-\left(CH_2-CH\underset{COOH}{|}\right)_y$$

4. 聚丙烯酰胺的形态

聚丙烯酰胺在不同的生产工艺条件下,可制成三种物理形态:干粉、乳液和水溶液。不同产品形态有着不同的物性指标及储运和使用条件,在实际使用中,不同形态的产品各有利弊。表 1-4-2 为不同形态的聚丙烯酰胺产品应用性能对比结果,从表中可得如下结论:

(1)水溶液产品的聚合物固含量低,适用于就地生产就地使用。它可以免除干燥和造粒工艺,降低成本。

（2）乳液产品为外观黏稠的白色液体，表观黏度约为250mPa·s，在显微镜下观测到聚丙烯酰胺以固体微粒分散于轻质矿物油中，粒径为1~2μm。就分散体系的分类而言，它是一种悬浮液，属于不稳定体系，当环境温度高于30℃，易于发生沉淀结块而无法使用。体系的凝固点为−10℃，凝固后为冰糕状，再次溶为液体后，仍能呈现出均匀的悬浮液，对产品质量没有影响。乳液状产品的突出优点是溶解速度快，不需要专门配液装置，可直接用高压计量泵加入注水管线经混合器与水混合，并在流动过程中充分溶解，但其有效含量不高，低于50%。

（3）干粉状产品是矿场目前最常用的聚合物，聚合物固含量高，便于储存和运输，并且有成熟的配液工艺。为了便于聚合物溶液的配制，要求粒径在0.2~1mm之间。

表1-4-2　不同形态的聚丙烯酰胺产品应用性能对比结果

产品形式	优点	缺点	应用场合
水溶液聚丙烯酰胺	产品支化及交联产物少，注入性能好；不需溶解，可直接应用，减少了地面溶解设备的投资，价格低	运输困难，费用高，不易长期贮存，大气环境下保质期短，相对分子质量较低，有效物含量低	原地或就近马上应用
聚丙烯酰胺干粉	相对分子质量高，有效含量高，运输、储存容易，保质期长	溶解困难，地面溶解设备投资较大，价格较高	应用广泛
乳液聚丙烯酰胺	相对分子质量高，易溶解，不需溶解设备，保质期较长（6~9个月）	运输较困难，费用高、价格高	应用较广

二、生物聚合物黄胞胶

黄胞胶（xanthan）是由黄单胞菌属野茹菌（*xanthomonas campestris*）微生物接种到碳水化合物中经发酵而产生的生物聚合物，又称黄原胶。

1. 黄胞胶的化学结构

黄胞胶的化学结构如图1-4-5所示。其主链为纤维素骨架，其支链比HPAM更多。黄胞胶掺氧的环形碳键（砒喃糖环）不能充分旋转。因此黄胞胶靠分子内相互阻绊作用，在溶液中形成较大的刚性结构，从而增加水的黏度。

从黄胞胶的化学结构可以看出，黄胞胶每个链节上有长的侧链，由于侧链对分子卷曲的阻碍，所以它的主链呈现较伸展的构象，从而使黄胞胶有许多特性，如增黏性、抗剪切性和耐盐性。

2. 黄胞胶的生产

生产黄胞胶采用发酵工艺，经过仔细筛选的能够产生需要的黄胞胶的菌种在营养液中发酵。培养液的体积逐步扩大，直到细菌的数目达到可在50m³的发酵罐中到处生长为止。其养料基本是糖及一些盐类。

发酵过程中的主要问题是要保持发酵罐无菌，从而确保没有其他的菌类生长。停止发酵罐的通风就等于终止了发酵。发酵得到的产品是高黏的淡黄色肉汤状液体，其有效聚合物含量因发酵条件和菌的活性而异，一般在2%~4%之间。对发酵液的电镜观察发现在溶液中的死菌彼此分离，其平均长度在0.8μm左右。这些死菌是堵塞油层的潜在因素。

可以通过有机溶剂沉淀或蒸发的方法将其制成粉末，也可以用过滤的方法将其浓缩至10%~12%。这种发酵产品由于浓度较低，所以提浓和制成固体耗能大，而且运输费用也较大。但在应用这种胶的油田或现场附近生产可以减少上述费用。

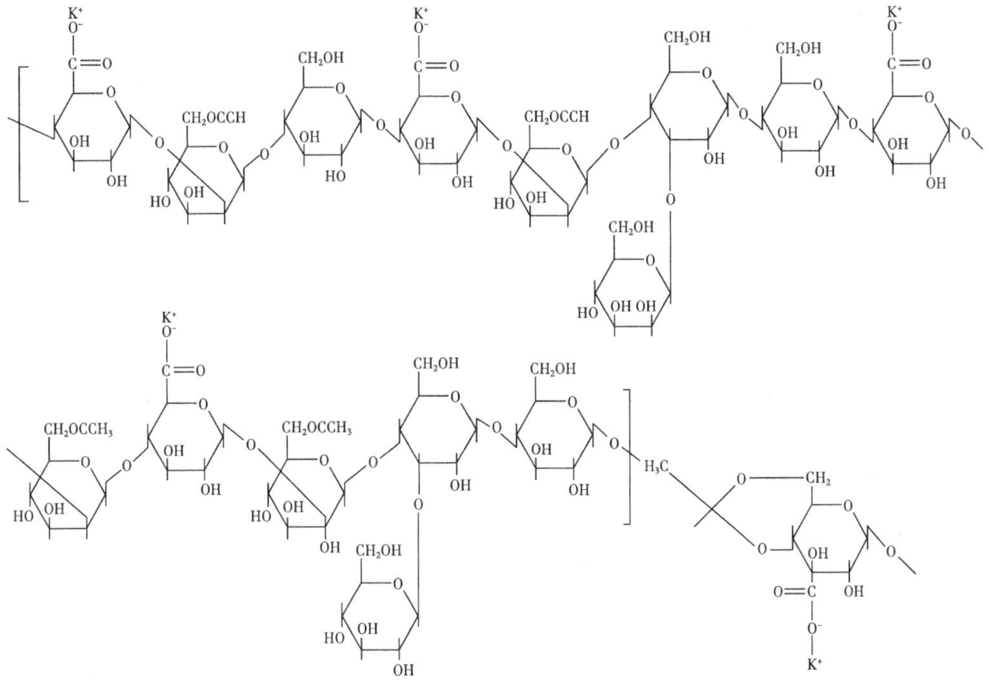

图 1-4-5　生物聚合物黄胞胶结构

三、控制流度用聚合物

对于提高原油采收率应用的聚合物,其性能要求是具有良好的热稳定性、剪切稳定性、抗盐性、溶解性和注入性、较低的吸附滞留量。而目前广泛使用的 HPAM 和 Xanthan 在高温、高矿化度时会降解或沉淀。而且 HPAM 对盐和温度相当敏感,在温度大于85℃时会严重降解。

为了拓展聚合物驱的应用范围,提高恶劣条件油藏(高温、高矿化度)的采收率,人们对新型耐温、耐盐聚合物一直进行着努力研究,研制出的耐温、耐盐的驱油用的聚合物主要有如下几种。

1. 丙烯酰胺共聚物

丙烯酰胺共聚物研制是国内外研究最集中、最活跃的一个方面,而且已取得了一定的进展。主要有:

(1)丙烯酰胺—3—丙烯酰胺基—3—甲基丁酸钠(AM/NaAMB)共聚物。由于 NaAMB 基团对 Ca^{2+} 有很强的螯合作用,AM/NaAMB 二元共聚物在高温(100℃)饱和 $CaCl_2$ 盐水中不发生相分离,保留黏度比 PAM 高得多。

(2)丙烯酰胺—2—丙烯酰胺基—2—甲基丙烯磺酸盐(AM/AMPS)。

(3)丙烯酰胺—2—磺化乙基甲基丙烯酸盐(AM/SEMA)。

(4)丙烯酰胺—乙烯基吡咯烷酮(AM/VP)。杂环的引进增加了它的剪切稳定性。

(5)丙烯酰胺—二甲基二烯丙基氯化铵共聚物(阳离子聚合物)。

(6)丙烯酰胺—丙烯酸钠—甲基丙烯酸钠三元共聚物。

2. 疏水缔合共聚物

在聚合物中引入疏水基团可生成疏水缔合共聚物。在水介质中,共聚物的疏水部分以

43

类似于表面活性剂的方式聚集或缔合,大分子线团的有效流体力学尺寸增大,溶液的黏度提高。较大尺寸的疏水基团对邻近的丙烯酰胺基团的水解反应有一定的抑制作用,从而增加其耐盐、耐温性。用于合成疏水缔合共聚物的疏水缔合单体主要有:不饱和高级烷基酯、烷基乙烯醚、烷基酸乙烯酯等。

3. 天然高分子接枝共聚物

以天然高分子如纤维素、淀粉、木质素等为骨架,与乙烯基单体接枝共聚,制备兼具合成天然高分子特点的新型聚合物方面,人们也进行了有益的探索。

第五节　聚合物的流变学特性

20 世纪 20 年代,美国物理化学家宾汉(E. C. Bingham)研究了各种胶体物质分散体系的流动之后,建立了一门综合各种不同物质的流动与形变的应用科学,1929 年创立了流变学会。从此,流变学成为一门独立的学科。由于流变学是一门综合性强的交叉学科,其种类繁多,很难进行严格分类。从研究方法来看,流变学可分为实验流变学和理论流变学两大类。实验流变学是通过现代实验技术手段来揭示物质的流变规律,其研究内容大致有三方面:建立物质的经验或半经验流变模型,用以直接解决工业生产中的流变学问题;揭示物质在不同的应力条件、变形历程、温度、辐射、湿度、压力等因素影响下其流变性的物理本质;研究测量原理和测试技术,用以研制或改进测试仪器和测试手段。理论流变学应用数学、力学等基本理论与方法,研究物质的流变现象及材料内部结构与物质力学特性之间关系的流变模型,揭示物质流动与形变的本质与规律性。

从研究物质流变性的不同层次上,流变学可分为宏观流变学与结构流变学两大类。宏观流变学将材料作为连续介质处理,用连续介质力学方法来研究物质的流变性,所以又被称之为连续介质流变学。由于这种研究方法的目的在于探索作为整体运动的流体或者包含大量分子的流体微团的统计平均流变特性,而不考虑物质的内部结构,因此又被称之为唯象流变学。结构流变学从分子、微观等不同层次出发,研究材料流变性与物质结构(包括化学结构、物理结构和形态结构)的关系。结构流变学还常被称为分子流变学或微观流变学。

一、聚合物流变模型

聚合物驱油过程中,聚合物溶液从注入井到油层深部的流动为径向流,其流速越来越小。通常,聚合物溶液为非牛顿流体,其黏度随剪切速率变化而变化。为了预测油藏中聚合物溶液流动能力的改善,有必要了解聚合物溶液的流变性。流变学参数是聚合物驱油中最重要的参数之一,直接影响着聚合物驱的在油藏中的波及系数。聚合物溶液是非牛顿流体,在简单剪切流动中,一般表现出假塑性流体的流变特性,其表观黏度随剪切速率增加而降低,即剪切稀释。流变性通常可以用黏度与剪切速率的双对数关系(流变曲线)来表示。在整个剪切速率范围内,聚合物溶液的流变特征如图 1-4-6 所示。

（1）第一牛顿区,具有较低剪切速率,表现

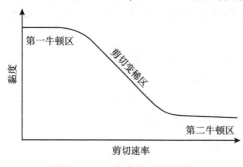

图 1-4-6　聚合物流变曲线

出牛顿流体的流变性。

（2）剪切变稀区，具有中等剪切速率，表现出假塑性流体的流变性。

（3）第二牛顿区，具有较高剪切速率下，表现出牛顿流体的流变性。

聚合物溶液的这种流变特性与聚合物分子在溶液中的形态与结构有关。在很小剪切速率下，大分子构象分布不改变，流动对结构没有影响，其黏度不变；当剪切速率较大时，在切应力作用下，高分子构象发生变化，长链分子偏离平衡态构象，而沿流动方向，使聚合物分子解缠，分子链彼此分离，从而降低了相对运动阻力，表现为黏度随剪切速率的增大而降低；当剪切速率增大到一定程度后，大分子趋向达到极限状态，不随剪切速率变化，表观黏度又为常数，即第二牛顿区。

为了描述聚合物溶液的表观黏度随剪切速率的变化规律，人们从结构流变学角度出发，对聚合物溶液的流变性进行了系统和深入的研究，建立了若干个理论模型或半经验模型来描述聚合物溶液这种复杂流变行为。较为成熟而且可以用于聚合物驱油油藏数值模拟中的模型有幂律（Power-law）模型、Ellis 模型、Carreau 模型、Carreau A 模型、Cross 模型和 Meter 模型，各模型的表达式及说明见表 1-4-3。其中最常用的有 Power-law 模型和 Carreau 模型。

表 1-4-3　聚合物溶液的流变性模型

模型	表达式	参数意义	备注
Power-law	$\eta = K\dot\gamma^{n-1}$	K——稠度系数，$mPa \cdot s^n$； n——流变指数，量纲 1，假塑流体，$0.4 \leqslant n \leqslant 1.0$	为最简单的 $\eta(\dot\gamma)$ 模型，不能适应极高的极低的 $\dot\gamma$ 情况，$n<1$ 描述假塑性
Ellis	$\eta = \dfrac{\eta_0}{1+\left(\dfrac{\tau}{\tau_{1/2}}\right)^{\alpha-1}}$	α——流变指数，等效于幂率模型中指数 n 的倒数； η_0——零剪切黏度，$mPa \cdot s$； $\tau_{1/2}$——$\eta=\eta_0/2$ 时的剪切应力	唯一用剪切应力描述的模型，α 等于幂率模型中的 $1/n$
Carreau	$\eta = \eta_\infty + \dfrac{\eta_0-\eta_\infty}{\left[1+(\lambda\gamma)^2\right]^{\frac{n-1}{2}}}$	η_∞——极限剪切黏度； $n-1$——剪切变稀区直线斜率； λ——流变性转变参数，第一牛顿区向剪切变稀区转变时对应的剪切速率的倒数	应用于较宽 γ 范围内的 η，η_∞ 通常取溶剂黏度为 4 参模型
Carreau A	$\eta = \eta_\infty + \dfrac{\eta_0}{\left[1+(\lambda\gamma)^2\right]^{\frac{n-1}{2}}}$		在 Carreau 中 $\eta \gg \eta_\infty$，$\eta_0 \gg \eta_\infty$ 时的极限情况应用于较宽范围内的 η，η_∞ 通常取溶剂黏度为 4 参模型
Cross	$\eta = \eta_\infty + \dfrac{\eta_0-\eta_\infty}{1+(\lambda\gamma)^N}$	N——流变行为指数	应用于较宽范围内的 η，η_∞ 通常取溶剂黏度为 4 参模型
Meter	$\eta = \eta_\infty + \dfrac{\eta_0-\eta_\infty}{1+\left(\dfrac{\gamma}{\gamma_{1/2}}\right)^{\alpha-1}}$	$\gamma_{1/2}$——$(\eta_0+\eta_\infty)/2$ 处对应的剪切速率	应用于较宽范围内的 η，η_∞ 通常取溶剂黏度为 4 参模型

二、非牛顿效应

许多研究者对聚合物溶液流过多孔介质时的非牛顿流体行为都做过详尽评述。事实上,当聚合物溶液通过多孔介质时,在流速和压差间有一个适当的关系式,为了从这个关系式计算压差,应当有一个合理的黏度值。众所周知,非牛顿流体的黏度是剪切速率的函数。为此,需要一个恰当的公式,来计算剪切速率,而且,这个公式在聚合物溶液流过多孔介质时是适用的。

研究者们使用过多种类型的多孔介质,如砂子填充、均匀装填的聚四氟乙烯球、烧结玻璃球、砂岩岩心以及多孔金属隔膜等。经验证明:使用任何一种给定的多孔介质模型来确定它的流动条件都是很困难的。因为每一种多孔介质之间彼此不同。普遍认为:波伊塞尤尔细毛细管束简化模型较为有用,它可以近似地描述复杂流体在稳定流动时的状态。

Savins 用多孔介质的渗透率和孔隙度将剪切速率表示为

$$F(\tau) = \frac{v_0}{2^{\frac{3}{2}} \sqrt{C'K/\phi}} \tag{1-4-39}$$

式中 $F(\tau)$ ——流体在多孔介质中的剪切速率,$(m/s)/m$ 或 s^{-1};

  v_0——表面速度($= \phi v, v$ 是平均孔隙速度),m/s;

  K——渗透率,m^2;

  C'——与毛细管迂曲度相关的系数,其变化范围为 $25/12 \sim 2.5$。

戈格蒂把平均剪切速率与表面速度 v 关联起来,得到下列关系式:

$$F(\tau) = \left[\frac{Bv}{f(K) \sqrt{K/\phi}} \right]^{\lambda} \tag{1-4-40}$$

其中

$$v = \frac{q}{A\phi}$$

式中 B——常数;

  λ——偏差系数,说明用毛细管黏度计测得的视黏度—剪切速率曲线的斜率和由多孔介质对同一流体进行实验,所测得斜率之间的偏差;

  $f(K)$——渗透率函数,说明流动的非牛顿流体和多孔介质之间的剪切场的类型。

$f(K)$ 可由下式表示:

$$f(K) = A_1 \lg \frac{K}{K_r} + A_2 \tag{1-4-41}$$

式中 K_r——标准渗透率,mD;

  A_1、A_2——某一流体通过给定多孔介质中的常数。

Jennings 等用下式计算剪切速率:

$$F(\tau) = \frac{v}{[1/2(K/\phi)]^{1/2}} \tag{1-4-42}$$

值得注意的是:Nouri 研究过由 12 种不同聚合物配成 88 种聚合物溶液的流变性能,并认为:所得数据符合指数定律,因此,如果已知平均剪切速率,则可通过计算溶液的有效黏度来求出压差。

非牛顿流体有两类：一类叫假塑性流体，即聚合物溶液在稳态流动条件下，其黏度随剪切速率增高而降低。这种类型的流动称为假塑性流动。其标准动态如图1-4-7所示。另一类是黏弹性流体，即聚合物溶液流经多孔介质时，其黏度随剪切速率的增加而增高。这种类型的流动称为胀型流体流动，实际上，它是由聚合物溶液的黏弹性引起的。聚丙烯酰胺和聚氧乙烯在高剪切速率条件下，就会显示这种流变行为。

描述黏弹体性质的参数经常用到松弛时间(弛豫时间)，它指黏弹体内部结构重新排列引起流量和压力变化达到稳定时间时所需要的时间，Bird 和 Durst 等人以哑铃分子型描述聚合物溶液在多孔介质中的流变性为，将弛豫时间表示为

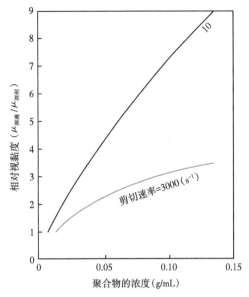

图1-4-7 相对黏度随剪切速率和浓度变化的曲线(20℃,20%的 NaCl 盐水中)

$$\theta_f = \frac{[\eta]\mu_s M}{AkT} \tag{1-4-43}$$

式中 θ_f——流体弛豫时间，s；

$[\eta]$——溶液的特性黏度，m^3/kg；

μ_s——溶液的黏度，$Pa \cdot s$；

M——聚合物的摩尔质量，kg/mol；

A——阿伏加德罗常数，mol^{-1}，$A = 6.022 \times 10^{23} mol^{-1}$；

k——玻耳兹曼常数，$k = 1.38 \times 10^{-23} J/K$；

T——热力学温度，K。

弛豫时间将液体缓慢变形与快速变形分开，如果形变速度 $\dot{\gamma} \ll \theta_f$，则大分子处于松弛状态，且不改变现状；液体的性能像黏度为 μ 的黏性液体一样。如果 $\dot{\gamma} \gg \theta_f$，大分子和液体一起变形。表现出弹性，而且形变很大，表现出有限的延展性。当发生单向中心拉伸性流动的变形很大时，甚至在稀释溶液中也能呈现出相当大的的弹性应力，并且溶液的有效黏度急剧增加。在快速剪切流动中，大分子结构形态的重新排列导致溶液的水动力阻力和有效黏度下降。在简单剪切条件下，首先出现明显的黏度下降，对于足够浓的溶液，有效黏度的下降可以达到几个数量级。另一方面，溶液的松弛时间增加，在越来越慢的流动中出现黏弹效应。在伸长性流动中可以观察到溶液出现明显的硬化(有效黏度增加)。

表征流体黏弹性的流变参数可采用威森博格数 W_e，来表示聚合物流体弹性与黏性的比例关系。威森博格数定义为第一法向应力差与2倍的黏性剪切应力的比值：

$$W_e = \frac{\sigma_{11} - \sigma_{22}}{2\tau} = \frac{N_1}{2\tau} \tag{1-4-44}$$

其中
$$N_1 = 2G'\left[1 + (G'/G'')^2\right]^{0.7}\Big|_{\omega \to 0} \qquad (1-4-44a)$$

式中　W_e——黏弹体溶液的威森博格数,量纲1;

　　　σ_{11}——液体流动方向的应力,Pa;

　　　σ_{22}——速度梯度方向的应力,Pa;

　　　τ——黏性剪切压力,Pa;

　　　N_1——第一法向应力,Pa;

　　　G'——聚合物储存模量,Pa;

　　　G''——聚合物损失模量,Pa。

当 W_e 很大时,则流动特征主要由第一法向应力决定,即弹性起主要作用;当 W_e 很小时,流动特征主要由黏性力所决定。这样,通过威森博格数可以清楚地知道黏弹性流体在流动过程中弹性和黏性所起的作用。可见,威森博格数主要反映黏弹性流体黏弹性的相对大小。聚合物溶液流变学数学描述方面的研究中,一般多采用简单流动。而对于复杂的流动,威森博格数往往难以确定,多采用 Deborah 数(德博拉,原为底波拉,是圣经中的一位女先知,她说:"在上帝面前,大山可以流动",说明一切物质都是流动的。)来表示流体的黏弹性。由于多孔介质中聚合物溶液的黏弹性是由聚合物分子的松弛现象引起的。这种效应由以色列学者 Marcus Reiner 定义为

$$N_{Deb} = \frac{t_f}{T} \qquad (1-4-45)$$

式中　N_{Deb}——黏性流体的德博拉数,量纲1;

　　　T——所观察形变过程的特征时间,s;

　　　t_f——材料的特征时间,s。

对于胡克弹性固体时间,t_f 为无穷大;对于牛顿黏性液体则为零。Deborah 数表示为

$$N_{Deb} = \tau_f \frac{v_0}{d_p} \qquad (1-4-46)$$

式中　d_p——多孔介质岩石颗粒的平均直径,m;

　　　τ_f——聚合物分子的松弛时间,s;

　　　v_0——聚合物在孔隙中的流动速度,m/s。

Deborah 数把固体和流体带进了一般化的概念中,借此可以判断某个力学条件下材料力学响应是固体还是流体。弛豫时间表示一种材料反映施力或形变时所需要的时间,观测时间尺度是指探索材料反映的实验(电脑模拟)时间尺度。德博拉数中整合了材料的弹性及黏滞度。

$N_{Deb} \gg 1$,材料对应于似固体,材料表现出似固体的力学响应。所以,把固体定义为:当受到给定应力时,它不能连续改变其形状;即对于给定应力,将会有固定的最终形变,这种形变可以或不可以在施加应力的瞬时达到。看似固体的材料,可能是因为它有非常长的特征时间,或者是因为所观察的形变过程变化非常快。

$N_{Deb} \ll 1$,材料对应于似液体。材料表现出似流体的力学响应。所以,把液体定义为:当施加给定应力时,不管这种应力多么小,将连续改变其形状(即流动)的材料。

$N_{\text{Deb}} \to 1$，材料呈黏弹性，黏弹性是指材料在外力作用下具有黏性和弹性的双重力学响应，从大于 1 的方向趋近于 1 材料呈弹黏性；从小于 1 的方向趋近于 1 呈黏弹性。

Laufer 等已注意到：聚丙烯腈溶液流过填充床时，德博拉数越高，黏弹性效应越大。因此，对于聚合物稀溶液，在很高的流速下，黏弹性效应可能变得非常显著。当松弛时间较长时，可出现弹性效应。对于均匀砂粒充满床层中流动的非牛顿流体，Marshall 和 Metzner 将 N_{Deb} 表示为

$$N_{\text{Deb}} = 2.3\theta_{\text{f}} \frac{v}{d_{\text{p}}} \qquad (1\text{-}4\text{-}47)$$

其中

$$v = v_0/\phi$$

式中　v——聚合物在孔隙中的平均流动速度，m/s；

　　　v_0——聚合物表观流动速度，m/s；

　　　d_{p}——砂粒直径，m。

由 Marshall 和 Metzner 对德博拉数的定义及 Wanner 对聚合物溶液松弛时间的估计方法，聚合物溶液在多孔介质中流动的 N_{Deb} 也可表示为

$$N_{\text{Deb}} = \frac{[\eta]\mu_{\text{s}} M v_0}{AkT(1-\phi)\sqrt{150K_{\text{w}}/\phi}} \qquad (1\text{-}4\text{-}48)$$

式中　$[\eta]$——溶液的特性黏度，m^3/kg；

　　　μ_{s}——溶液的黏度，Pa·s；

　　　M——聚合物的摩尔质量，kg/mol；

　　　A——阿伏加德罗常数，mol^{-1}，$A = 6.022 \times 10^{23} mol^{-1}$；

　　　k——玻耳兹曼常数，$k = 1.38 \times 10^{-23} J/K$；

　　　T——热力学温度，K；

　　　K_{w}——水相渗透率，m^2。

Masuda 于 1992 年将 N_{Deb} 定义为

$$N_{\text{Deb}} = \frac{\tau_{\text{r}}}{\tau_{\text{E}}} = \tau_{\text{r}} \gamma_{\text{eff}} \qquad (1\text{-}4\text{-}49)$$

其中

$$\gamma_{\text{eff}} = C \left(\frac{3n+1}{4n} \right)^{\frac{n}{n-1}} \frac{v_{\text{w}}}{\sqrt{KK_{\text{rw}} S_{\text{w}} \phi}} \qquad (1\text{-}4\text{-}50)$$

$$\frac{1}{\tau_{\text{E}}} = \varepsilon = \frac{v}{d} = \frac{v_{\text{w}}}{(1-\phi S_{\text{w}})\sqrt{150KK_{\text{rw}} S_{\text{w}} \phi}} \qquad (1\text{-}4\text{-}51)$$

式中　τ_{r}——流体的特征弛豫时间，s；

　　　τ_{E}——流体在孔隙喉道中的拉伸和收缩率，s^{-1}；

　　　γ_{eff}——流体在孔隙中的有效剪切速率，s^{-1}；

　　　v_{w}——含有聚合物的水相流动速度，m/s；

　　　K——岩石的绝对渗透率，m^2；

　　　K_{rw}——岩石的水相相对渗透率，量纲 1；

ϕ——岩石的有效孔隙度，%；

n——溶液的流变指数，量纲1；

S_w——含水饱和度，%；

d——平均孔道直径，m；

v——多孔介质中的流动速度，m/s；

ϕ——孔隙度，%；

C——与孔隙度和渗透率相关的常数，量纲1。

1988年，Cannella等人认为：通常，C为渗透率和孔隙度的函数。式(1-4-50)中$C=6.0$适用各种岩心驱替。然而Wreath等人1990年对以前关于剪切速率的不同表达式做了一个完整归纳。

马歇尔和梅茨纳从理论上计算出，当N_{Deb}接近于0.25时，流体的黏弹性并不遵守布拉克—柯兹尼(Blake-Kozeney)关系式，但从实验中，他们观察到在$N_{Deb}=0.05\sim0.06$时就出现了偏差。布拉克—柯兹尼的关系式可表示为：

$$\frac{\Delta p}{L}=150\frac{(1-\phi)^2}{\phi^3}\cdot\frac{\mu v_o}{d_p^2} \qquad (1-4-52)$$

式中　μ——流体黏度，Pa·s。

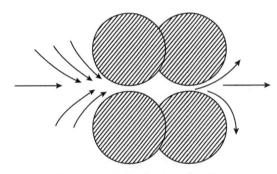

图1-4-8　多孔介质中的流动模型

假设这个模型流动是层流，并且流动是通过一组具有均匀切面的平行通道。对上述关系式的偏离表明黏弹效应的开始。萨多斯基和伯德注意到当$N_{Deb}=0.10$时，就出现偏差。事实上，马歇尔和梅茨纳的多孔介质模型与布拉克—科泽尼方程所描述的模型稍有不同。他们都假定流体流动是通过带有收敛和发散断面的圆锥形通道而进行的。这种流动如图1-4-8所示。

当聚合物被迫通过这种收缩通道时，它必定沿流动方向伸展和拉长，因此，黏弹性是松弛时间的函数。

稀溶液中聚合物分子一般呈无规线团结构，还可能彼此相互缠结。缠结的程度取决于聚合物的浓度。只有当聚合物分子的浓度超过某一临界值，类似通心面条型的结构才能出现。当在假塑性流动范围内提高剪切速率，聚合物分子就会发生变形和解缠。这两种效应都是剪切力作用的结果，剪切力使无规线团状聚合物分子伸展和拉直。随着剪切速率迅速增高，分子的直线排列便立即发生，因而时间效应小到可以忽略不计。但由聚合物分子变形而产生的黏弹性是可逆的。它与聚合物链偏离平衡构形的变形，包括聚合物链缠绕化学键的旋转有关。因此，在应力作用下，聚合物分子一般从圆球状被拉长成为椭球状。当应力消除时，又恢复到它原来的形状。流动着的聚合物，发生这种迅速的收缩和膨胀就造成了溶液的剪切增稠。

通常，在采油过程中所用的聚合物，假塑性和黏弹性行为都存在。它们的流动行为是剪切速率和聚合物所流过的流动通道性质的函数。

一般说来，聚合物溶液在低剪切速率下是假塑性的，随着剪切速率的提高，黏弹性就变得越来越重要。在高剪切速率下,如果流动通道是非线型的,则黏度随剪切速率增加而增大。因此,在迂曲的流动细通道中聚合物溶液呈黏弹性。

戈格蒂已观察到,当流速低于或等于3m/d时,聚合物溶液显示假塑性,高于此流速时,则主要呈黏弹性。由于在实际使用过程中,很少超过3m/d以上的流速,因而,可以得出结论:黏弹性效应的实际意义很小或者说,以聚合物在假塑性范围内的流动为主。其次,天然多孔介质中流体呈假塑性中所起的作用必须考虑,流动通道存在着随机的扩张和收缩。因而,在收缩部分剪切速率相对地提高,而在扩大部分又相应地变低。因此,在假塑性范围内,其黏度将随着通道的收缩而降低,随通道的扩大而增高。由此可见:要在非均质的多孔介质中计算聚合物溶液的有效黏度是颇为困难的,因为它在体系中的不同位置而有所不同。

除孔隙结构外,其他一些因素如离子浓度,聚合物溶液浓度,聚合物的相对分子质量等,都有助于黏弹性流体呈现非牛顿流体性质。

溶液中离子浓度和聚合物浓度对有效黏度的影响是互相关联的,聚合物浓度和相对分子质量较高,则黏弹性更为显著,因而黏度将随之而提高(图1-4-9)电解质对有效黏度的影响取决于聚合物的性质。如果在聚合物线型链的主链上,连接的离子化基团很少,则黏度与电解浓度无关,例如黄杆菌肢生物聚合物或称生物聚多糖(图1-4-10)。

但如线型链上所连接基团是可离子化的,如在部分水解聚丙烯酰胺中的羧基(—COOH),则黏度随电解质浓度增加而降低(图1-4-11)。

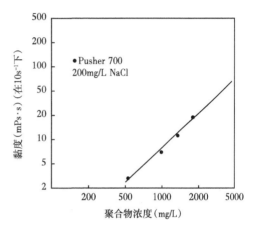

图1-4-9 黏度与聚合物浓度曲线

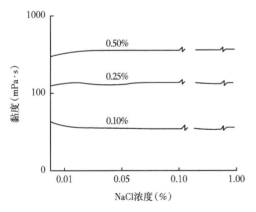

图1-4-10 溶液中离子浓度与生物聚多糖黏度的关系(剪切速率为常数,7.35s⁻¹)

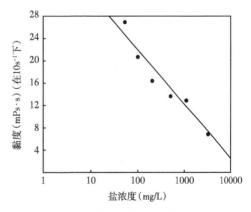

图1-4-11 溶液中矿化度对聚合物黏度的影响

三、类橡胶弹性体的热力学性质

根据聚合链在未受应力的条件下,最可能出现的构象,用几个概念定义该体系状态的变量来描述它的变形。例如:如果假定链只在一个方向伸长,所增加的长度为 dl,则可以通过 Gibbs 自由能 G 来表示链的收缩力。即

$$f = \left(\frac{\partial G}{\partial l}\right)_{pT} \tag{1-4-53}$$

而 $G = H - TS$,则

$$f = \left(\frac{\partial G}{\partial l}\right)_{pT} - T\left(\frac{\partial G}{\partial l}\right)_{Tp} \tag{1-4-54}$$

式中　H、S、p 和 T——体系的焓、熵、压力和温度。

和理想气体相比拟,即

$$\left(\frac{\partial E}{\partial V}\right)_T = 0 \tag{1-4-55}$$

式中　E——体系的内能。

而

$$p = T\left(\frac{\partial S}{\partial V}\right)_T \tag{1-4-56}$$

当 $\left(\frac{\partial H}{\partial l}\right)_{Tp} = 0$ 时,理想的弹性体可以定义为

$$f = -T\left(\frac{\partial S}{\partial l}\right)_{Tp} \tag{1-4-57}$$

式中,"-"号表示要改变体系的长度时,需要对弹性体做功。

各种构象的分布符合高斯(Gaussian)分布。因此,可以把由直角坐标系 (x,y,z) 定义的单位空间体积中,距链一端 r 处出现另一端点的概率表达为:

$$W(x,y,z) = \left(\frac{l}{\sqrt{\pi}}\right)^3 e^{-\beta^2 r^2} \tag{1-4-58}$$

$$\beta^2 = 3/2nl^2 \tag{1-4-59}$$

式中　β——常数,m^{-1};

l——聚合物链长,m;

n——聚合物链节数,量纲1。

β 除取决于长度 l、链节数 n 外,还和相邻两个链节间的夹角有关。

由于体系的熵与其所能具有的构型数目的对数成正比,可以写成

$$S = k\beta^2 r^2 \tag{1-4-60}$$

式中　S——聚合物体系的熵,J/K;

k——玻耳兹曼(Boltzmann)常数,$k = 1.38 \times 10^{-23}$ J/K。

对于一条单链,当伸长值为 Δr 时,对式(1-4-60)微分,并代入式(1-4-57)求得收缩力 f,即

$$f = - T \frac{\partial S}{\partial r} = 2kT\beta^2 r \qquad (1-4-61)$$

整个聚合物的收缩力等于各个聚合链收缩力之和。不过这是一个相当粗略的假定,它的前提是假定宏观样品中,各个链的弹性具有加合性且相互不发生作用。若有关链的数目为 N,则总的收缩力可写成:

$$f = 2NkT\beta^2 r \qquad (1-4-62)$$

四、聚合物分子扩散

小分子化合物的扩散系数 D_m 可定义为

$$D_m = v_j d_j^2 / 6 \qquad (1-4-63)$$

式中　D_m——化合物的扩散系数,m^2/s;

　　　v_j——跃迁频率,s^{-1};

　　　d_j——跃迁距离,m。

式(1-4-63)是一个可适用于许多情况的非常普遍的关系。如小分子在由相似分子组成的液体中的扩散,或小分子通过由聚合物分子构成的液体中的扩散等。对于聚合物分子扩散,可以推导出一个类似方程。聚合物分子扩散与小分子扩散的唯一区别是它只有一小部分链节能从一个位置跃迁到另一个位置,而不包括其他链段。假若聚合物没有缠结,且具有 N 个自由转向的链段长度,则其扩散系数可写成

$$D_p = v_{nj} d_{nj}^2 / 6N \qquad (1-4-64)$$

式中　v_{nj}——链段的一小部分的跃迁频率,s^{-1};

　　　d_{nj}——当一部分链段跃迁后,其移动位置与聚合物质心间的距离,m。

一般情况下,聚合物分子都是彼此互相缠结的。因此,它们的扩散速度将取决于分子间相互缠结的程度。正因如此,很难采用准确的数学公式表示,弗洛利(Flory)将聚合物分子扩散表示为

$$D_p = kT(1 + d\ln\gamma / d\ln C) / f \qquad (1-4-65)$$

式中　k——玻耳兹曼常数,$k = 1.38 \times 10^{-23} J/K$;

　　　T——热力学温度,K;

　　　d——聚合物分子链段的跃迁距离,m;

　　　C——聚合物分子的浓度,kg/mol;

　　　γ——溶质的活度系数,kg/mol;

　　　f——分子的摩擦因数,$N/(m/s)$。

分子摩擦因数就是以单位速度把一个不完整的聚合物分子从周围分子中拉出来所需之力。因此,对于无限稀的溶液,D_p 为

$$D_p = kT / f_0 \qquad (1-4-66)$$

式中　f_0——一个未受其他分子扰动的孤立分子的摩擦因数,$N/(m/s)$。

如果式(1-4-66)和式(1-4-64)相等,即可得

$$kT/f_0N = v_{nj}d_{nj}^2/6N \qquad (1\text{-}4\text{-}67)$$

$$f_0 = 6kT/v_{nj}d_{nj}^2 \qquad (1\text{-}4\text{-}68)$$

由于式(1-4-68)不含 N ，所以缠结效应可以忽略不计。这个公式把摩擦因数与跃迁频率和跃迁距离关联起来了。

五、聚合物的降解

大多数天然和合成的聚合物，当加热或施以机械应力，或者在某种化学物质存在下，都会断裂成较小的单元。事实上，聚合物降解是一种与聚合物分子的相对分子质量降低有关的现象。它通过固态时，机械性能的降低；液态时，黏度的下降而显示出来。聚合物的降解作用大致可分成三类：化学降解、机械降解和热降解。

所有这三类主要的降解作用都存在两种过程，在这些过程中，聚合物链碎裂成较小的链段。我们把这两种过程称为从两端拉开聚合链直到形成单体的过程和聚合链无规断裂的过程。

在第一种降解过程中，聚合链从一端到另一端有规则的断裂，不断地生成单体。这类降解作用，在乙烯基聚合物及其衍生物中是很普遍的，例如甲基丙烯酸甲酯的热降解。在这个降解过程中，90%以上的单体是由聚合链拉开的过程形成的。在这种方法中，首先生成一个自由基，如：

$$A\text{——}M_1\text{——}M_2\cdots M_x$$

然后，—C—C—链连续断裂，生成一个自由基和一个单体。实际上，这是一个聚合作用的逆过程，称为解聚作用。这个过程可以被终止，如

$$A\text{—}M_1\text{—}M_2\text{—}M_x + A\text{—}M_1\text{—}M_2\text{—}M_y \rightarrow A\text{—}M_1\text{—}M_2\text{—}M_x\text{—}M_y\text{—}M_1\text{—}M_2\text{—}A$$

在链的无规断裂过程中，键随机的碎裂成单体、二聚物、三聚物、四聚物等。这在聚合物的化学和机械降解中是主要的因素。许多聚合物降解时，上述两种过程可能同时存在。首先，由于化学剂的侵袭或机械应力的作用，聚合链先断成较小的链段，然后这些链段再拉开成单体。在聚合物主链上的变形键，由于空间位阻或交联，比其他的键更容易断裂。

聚合物分子在溶液内的降解过程中，由于聚合物相对分子质量降低，总是伴随着黏度、流动阻力和筛网系数的下降。聚合物分子的尺寸也逐渐减小。为了有效地把聚合物用作流度控制剂，最基本的要求就是在它流过多孔介质时，尽可能地不降解。

一般说来，化学的、热的、剪切的或者机械的降解作用，都会使聚合物分子无规地降解或断链。

聚合物在溶液中发生降解是因为某种分子的存在或温度的改变，而使聚合物分子中的碳—碳键断裂。氧是一种很普通的物质，但它对许多聚合物溶液的稳定性都有很大的影响。Knight 考察过有氧存在时，部分水解聚丙烯酰胺的降解。他得出结论：溶液中的溶解氧会加剧聚合物分子的降解。他还观察到温度升高（140°F）以及水的矿化度，对聚丙烯酰胺溶液的稳定性，没有显著地影响。

Spitzl 发现：高相对分子质量的聚丙烯酰胺比低相对分子质量的聚丙烯酰胺对剪切和热更为敏感。他还注意到低浓度聚合物溶液的降解程度，大大低于高浓度的聚合物溶液。

当聚合物溶液流过狭窄弯曲的孔隙通道时，特别是当聚合物分子的大小与孔径相同时，

将会发生降解现象。因为,此时聚合物分子必须在短时间(相当于松弛时间的数量级)内有足够的伸展。从而在分子链上产生很大的应力,于是聚合物链就会在与其他链的缠结点上发生断裂,或者在相对分子质量分布中,最长的分子链段端点处发生断裂。可以预测,在低渗透的多孔介质中,高速流动的聚合物溶液,其降解程度必然更高。

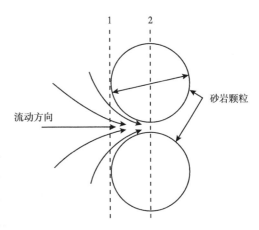

图1-4-12 流动模型和近似伸长速率

梅尔克曾用测量流过砂岩岩心前后的剪切黏度和筛网系数的方法,广泛地研究过部分水解聚丙烯酰胺的降解。他假定聚合物分子通过多孔介质时,从收缩段到发散段(图1-4-12),并在数学上计算了聚合物分子的伸长速率。从实际应用出发,聚合物的伸长速率可表示为

$$\varepsilon = \frac{2q}{A\phi d_p} = \frac{2\bar{v}}{d_p} \tag{1-4-69}$$

其中

$$d_p = \frac{1-\phi}{\phi}\sqrt{\frac{150}{\phi}K}$$

式中　ε——试验伸长速率,s^{-1};

　　　d_p——砂岩颗粒平均直径,m;

　　　ϕ——岩石的有效孔隙度,%;

　　　K——注聚合物前盐水渗透率,m^2;

　　　q——流速,m/s;

　　　A——横截面积,m^2。

综上所述:黏弹性聚合物的剪切降解受三个重要因素的影响,即渗透率、流速和电解质浓度。在低渗透率和高流速下,会产生较大的黏弹性法向应力。因此,降解的程度较高,电解质对降解作用的影响与聚合物分子尺寸随电解质浓度而改变有关。当一价或二价离子的浓度提高而使聚合物分子的尺寸减小时,就不容易消除与其他链节的缠结。结果,在伸长变形中,在缠结点处聚合链断裂的可能性增大。

梅尔克也观察到无因次流动距离越长,降解的程度也越大。这个无因次距离等于岩心长度与砂岩颗粒平均直径之比。如果岩心颗粒尺寸一定,则降解程度取决于多孔介质的长度。

六、聚合物溶液黏度的影响因素

1. 相对分子质量

由方程(1-4-28)可以看出:相对分子质量增加,它在溶液中的体积增大,分子运动的内摩擦加剧,溶液的黏度增加。

2. 聚合物浓度

聚合物溶液浓度增加,其溶液的黏度增加,并且增加的幅度越来越大,假塑性区域拓宽。

这是由于随聚合物浓度的增加,高分子的近程作用和远程作用都增加,高分子相互缠绕的概率明显增加,分子运动的内摩擦增加,从而引起流动阻力的增加,聚合物溶液黏度增加。

图1-4-13为不同聚合物浓度下的黏度与剪切速率关系曲线,图中结果显示,随着聚合物浓度的增加,聚合物溶液黏度大幅度上升。

3. 黏度与矿化度关系

聚合物溶液矿化度对溶液黏度存在较大影响,聚合物溶液的黏度随矿化度的变化通常称为盐敏性。一般情况下,矿化度越高溶液黏度越低。这是由于无机盐中的阳离子比偶极水分子有更强的亲电性,因而它能优先或取代了水分子,与聚合物链上的阴离子基团形成反离子对,从而屏蔽了高分子链上的负电荷,产生去水化作用,聚合物的分子由伸展构想逐渐趋于卷曲构象,分子的有效体积缩小,引起溶液黏度下降。并且在同一矿化度下,较低相对分子质量聚合物溶液的黏度损失小于较高相对分子质量的,说明低相对分子质量聚合物具有较为优良的耐盐性。对于最常用的聚合物驱油用聚合物——部分水解聚丙烯酰胺(HPAM)来说,黏度的盐敏性强。如图1-4-14所示,当溶液中NaCl含量从0.01%增加到0.1%时,溶液的黏度大幅度地下降,因此HPAM不适于高盐油藏。而黄原胶的耐盐性明显强于HPAM。

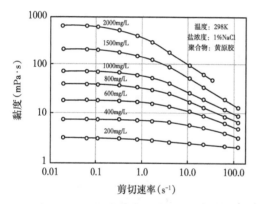

图1-4-13 聚合物浓度对黏度的影响

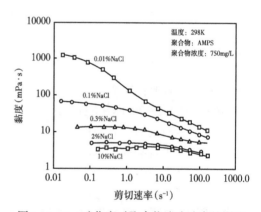

图1-4-14 矿化度对聚合物溶液浓度的影响

高价阳离子的降黏作用比低价离子的降黏作用更强,而且,在高价阳离子含量过高时会引起聚合物的交联,从而使聚合物从溶液中沉淀出来,这就是所谓的聚合物与油田水不配伍。因此,在进行聚合物驱油过程时,必须进行聚合物与油田水的配伍性研究。

4. 水解度

聚合物的水解度增加,就是聚合物中阴离子的含量增加,使整个高分子所带的电荷量和电荷密度增加,基团间的静电斥力增加,从而使得高分子链更趋伸展,溶液中的高分子的体积增大,溶液的黏度增加。另外,高分子之间的斥力也阻碍了分子间的相对运动,使得溶液黏度增加。尤其在低水解时,黏度随水解度的增加而增加的速度更快,当水解度达到一定程度后,黏度增加变得非常缓慢。但另一方面,聚合物水解度过高时,其耐盐性下降。

5. 温度和pH值

温度对聚合物溶液黏度的影响又称为聚合物的热稳定性。聚合物溶液的黏度随温度的上升而下降,但在聚合物降解温度以下时,其黏度可以恢复。随温度的增加,低相对分子质量聚合物溶液的黏度损失百分数大于较高相对分子质量的聚合物溶液黏度的损失。

许多研究表明：在油田应用范围内，pH 值对聚合物溶液的黏度影响不大。但对于 HPAM 来说，pH 的增大，有利于分子中的—COOH 基团电离，生成—COO⁻，从而使高分子带有更多的负电荷，分子在溶液中更舒展，溶液黏度增大；另一方面，pH 的升高，会促进 HPAM 进一步水解，使其增稠能力增强，聚合物溶液黏度增加。

6. 溶剂

溶剂分为良溶剂和不良溶剂。在良溶剂中，高分子处于舒展状态，分子与溶剂的接触面大，分子间摩擦增大，溶液黏度增加。而在不良溶剂中，聚合物分子处于紧缩直至不溶状态，因而，其黏度也降低。聚合物分子在其溶剂中的状态如图 1-4-15 所示。

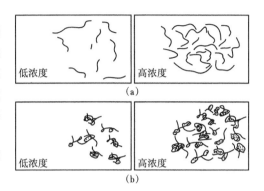

图 1-4-15　聚合物分子在溶液中的图形态

水是水溶性聚合物的良溶剂，油是不良溶剂，因而聚合物几乎对油相黏度无影响。

聚合物的溶解不同于低分子物质的溶解，由于聚合物一般具有较大的相对分子质量，它的溶解速度要比低分子物质慢得多。由于聚合物分子的尺寸与溶剂分子的尺寸相差悬殊。因此，二者分子的运动速度也相差较大，溶剂分子能很快地渗入聚合物，而聚合物分子向溶剂中的扩散速度却非常慢。因而，溶解物的溶解过程就要经历两个阶段：首先是溶剂分子渗入聚合物内部，使聚合物体积膨胀，即溶胀过程；第二个阶段是聚合物分子在渗入的溶剂分子作用下发生高分子集合体松动而均匀地分散在溶剂中，形成完全溶解的聚合物—溶剂分子分散体系。

在室内配制聚合物溶液的过程中，向溶剂中加入聚合物粉末时，必须均匀而快速。快速的目的是由于聚合物的吸湿性非常强，在空气中暴露过久会吸收空气中的水分而潮解，使聚合物的溶解性变差。均匀的目的是避免聚合物被成团加入水中，会使团状的聚合物的表面的粉末发生溶胀而阻碍了内部的聚合物的溶解，形成"鱼眼"，影响溶解效果。

在现场应用中配制聚合的溶液时，要有分散装置和熟化装置。聚合物粉末的溶解过程中，搅拌时间最好控制在半小时之内以免过度剪切而降解，搅拌后溶胀大约 2h 即溶解。在溶液中，偶极水分子通过吸附或氢键作用而在高分子周围形成溶剂化层或成为束缚水，同时因带电基团间的静电斥力而使聚合物分子更加舒展，无规线团体积增大，这都使分子运动的内摩擦增大，流动阻力增大，从而增加了水的黏度。

七、聚合物溶液的稳定性

在聚合物驱机理中，聚合物通过增加水相黏度，同时降低水相渗透率，改善流度比，提高波及系数。聚合物分子的任何降解都会导致流度控制的失败。因此，保持聚合物溶液在地下的黏度至关重要，这也是聚合物驱成功的最重要的条件。保证聚合物溶液的稳定性，也就是要防止聚合物降解。

聚合物降解是指聚合物主链断裂，或主链保持不变而改变了取代基的过程。聚合物降解主要取决于聚合物本身的化学结构（尤其是化学键键能）。外界因素如应力、温度、含氧量、残余杂质都对聚合物降解有很大影响。在聚合物驱油中，通常将聚合物的降解分为机械降解、化学降解和微生物降解三个大类。下面将分别介绍三种降解的原因,影响因素以及保持聚合物溶液黏度所采取的措施。

1. 机械稳定性

在聚合物驱过程中,聚合物溶液经地面注入(搅拌罐、静混器及阀门)和射孔孔眼进入地层,其黏度损失主要是由聚合物的机械降解作用引起的。机械降解是指聚合物分子受到的拉伸应力超过了聚合物分子内化学键所承受的能力时,聚合物分子链断裂的现象。在常用的聚合物中,部分水解聚丙烯酰胺(HPAM)的机械稳定性较差,而黄胞胶却具有较好的抗剪切性,因此,下面将主要对 HPAM 机械稳定性进行讨论。

1)聚合物驱中的机械降解过程

在所有聚合物驱应用中,聚合物都会存在机械降解的可能性。

(1)地面设备中流速变化处如阀门、喷嘴、静混器、泵、管线等部位中都有可能降解。

(2)在搅拌中,聚合物的降解不仅与转速有关,而且还与搅拌器形状及叶片分布有关。

(3)聚合物溶在地层中尤其是在井筒附近区域的机械降解最为严重。由于岩石孔隙很小,流速很高,拉伸应力很大,因此降解非常严重。如果射孔密度不大,射孔炮眼中机械降解也比较严重。

2)影响剪切降解因素

影响剪切降解的因素有流速、流场应力分布、聚合物相对分子质量、水解度以及地层水矿化度。流速越高,拉伸应力和拉伸速率越大,分子越容易断链。拉伸速率由式(1-4-69)可知:聚合物相对分子质量越高,越容易被剪切降解。因为相对分子质量大的聚合物分子的水动力学尺寸较大,引起的摩擦力较大,所受张力也较大,因而易于发生降解。水解度越大,地层水中矿化度越低,聚合物分子越趋舒展,分子链越易被剪断。

3)机械降解描述方法

描述聚合物机械降解程度的参数有黏度损失率和筛网系数损失率。黏度损失率定义为:

$$\Delta \eta = \frac{\eta_o - \eta}{\eta_o} \times 100\% = \left(1 - \frac{\eta}{\eta_o}\right) \times 100\% \qquad (1-4-70)$$

式中 η_o——聚合物溶液降解前初始黏度,mPa·s;

η——聚合物溶液降解后黏度,mPa·s。

类似于黏度损失率,筛网系数损失率定义为

$$\Delta SF = \frac{SF_o - SF}{SF_o} \times 100\% \qquad (1-4-71)$$

式中 SF_o——聚合物降解前筛网系数,量纲1;

SF——聚合物降解后筛网系数,量纲1。

聚合物溶液降解后,筛网系数变化要比黏度变化敏感得多。

4)机械降解防治措施

(1)采用低速搅拌器,低剪切柱塞式注液泵,避免使用针形阀。

(2)对于套管射孔完井,增大射孔密度和孔径,从而降低聚合物在炮眼处的流速。

(3)对渗透率较低的油藏,注聚合物前对井筒附近地层采用小型酸化,增大孔隙尺寸。

（4）采用单井单泵方式注聚合物,避免使用油嘴或阀门来控制调节注入量。

2. 聚合物的生物稳定性

生物降解是聚合物驱中的一个主要问题。部分水解聚丙烯酰胺和生物聚合物都有可能存在生物降解问题,只是生物聚合物的生物降解问题更为严重。如果聚合物在地面被生物降解可能导致聚合物的注入问题。因为微生物会堵塞地层,影响注入能力,如果聚合物在地层被微生物降解,可能导致聚合物溶液的黏度损失,甚至丧失流动控制能力。因此,了解聚合物的生物降解特性,及时采用相应对策,对于提高聚合物驱效果十分必要。

对于生物聚合物黄胞胶而言,聚合物的生物降解是发酵细菌产生的水解酶攻击聚多糖分子单元的结果。其降解机理:在低温、低矿化度下,由于酶是生物聚合物降解的催化剂,可以大大加速黄胞胶中聚多糖水解进程,厌氧的发酵细菌产生的水解酶攻击黄胞胶分子链,导致生物聚合物分子链的断裂,降低其溶液的黏度。

当这类聚合物被注入油藏后,这些厌氧菌常常附着在油藏岩石孔隙壁面,由于细菌被其生物膜所保护,具有很强的抗杀菌剂能力。因此,在处理油层时,要确保杀菌剂能有效地杀伤所有有害的细菌。常用的杀菌剂有甲醛、丙烯醛、二氯苯酚钠、五氯苯酚钠等。杀菌剂的油藏配伍性、化学稳定性及经济因素是选择杀菌剂的关键。目前认为甲醛是良好的杀菌剂,因为它既有杀菌作用,又有抗氧化作用,而且价格便宜,但甲醛对人的健康有害。室内和矿场试验表明:甲醛的使用浓度为 $500 \sim 2000 \text{mg/L}$。

部分水解的聚丙烯酰胺受到细菌作用而发生降解,特别是硫酸还原菌的存在,会使其溶液的黏度大大降低。

3. 聚合物的化学降解

化学降解是指在化学因素(氧、金属离子等)作用下,发生氧化还原反应或水解反应,使分子链断裂或改变聚合物结构,导致聚合物相对分子质量降低和其溶液黏度损失的过程。由于化学反应速率与温度紧密相关,因此又有热氧化学降解之称。

1）聚丙烯酰胺

（1）有氧环境:通常,氧化和自由基化学反应被认为是造成聚合物降解的最重要的因素。聚合物氧化降解是游离基反应过程。首先氧或游离基进攻聚合物主链上的薄弱环节,生成氧化物或过氧化物,进一步使主链断裂,发生进一步降解。上述降解程度还取决于温度、pH值等因素。温度升高和 pH 值降低都会使聚合物降解程度加快,尤其是存在 Fe^{2+}、H_2S 等还原物质时,聚合物将发生剧烈降解。这种降解还与聚合物本身的水解度有关。水解度越高,聚合物分子线团越舒展,越易受热和氧的作用而降解,因此,在高温情况下,应尽量选用非水解或水解度低的聚合物。

（2）油层环境:尽管油层为缺氧环境,但在注入过程中有部分氧进入油层。因此,油藏环境是一个有限量氧到无氧环境。在有限氧时,油层中的 Fe^{2+} 或其他还原物会使降解加剧。当氧耗尽时,聚合物不再发生降解。但地层中含有的 Ca^{2+} 会引起部分水解聚丙烯酰胺降解,使溶液黏度下降。如果油藏温度较高,Ca^{2+} 含量较大时,Ca^{2+} 与部分水解聚丙烯酰胺反应形成沉淀,使溶液中的聚合物分子数目大大减少,黏度急剧下降。

为了防止聚合物在油层中降解,通常在配制聚合物溶液中加入一定量的添加剂。甲醛能增加部分水解聚丙烯酰胺的热稳定性,而且温度越高,效果越好,但浓度过高对部分水解聚丙烯酰胺的稳定不利。主要原因在于高浓度的甲醛可能与部分水解聚丙烯酰胺交联形成胶团;三乙醇胺和低分子醇对部分水解聚丙烯酰胺溶液有一定的稳定作用;硫脲也是部分水解聚丙烯酰胺的稳定剂。

2）生物聚合物黄胞胶

（1）有氧环境：在聚合物驱的现场配制中通常是有氧环境，在该环境下，氧化还原反应在黄胞胶的降解中起主导作用。如果不添加除氧剂，黄胞胶的稳定性极差。氧化还原反应分为离子型、游离基型和自动氧化型三种。离子型反应取决于糖类的预氧化状态，如果糖环上某个羟基已氧化成羧基，则羧基的诱导效应促使黄胞胶中醚键的离子型断裂。因此在配制溶液前就应该防止其氧化。游离基型反应可以通过加入硫脲、异丙醇来抑制。自动氧化型（聚合物直接与空气中的氧接触）可用除氧剂如亚硫酸钠进行脱氧。在有氧环境中，Fe^{2+} 变为 Fe^{3+}，产生游离基，会导致黄胞胶迅速降解。

（2）油藏环境：黄胞胶在油藏环境中，化学稳定性取决于许多因素，注入溶液中氧的含量、地层水 pH 值、油藏温度等都会影响黄胞胶的稳定性。当 pH 值小于 7 时，黄胞胶发生酸性催化水解，随着 pH 值再降低，酸性水解使其降解更严重；当 pH 值大于 7 时，将发生碱性催化水解，随着碱性增大，溶液黏度急剧下降或产生沉淀。黄胞胶的热降解随温度增加而增加，当温度达到 90℃ 时将产生严重的降解。此外，黄胞胶的杂质含量也影响其化学稳定性。如果能保证黄胞胶的纯度和注入过程隔氧，黄胞胶在 70℃ 温度以下，pH 值为中等，地层水矿化度中高的油藏，其化学稳定性能相当稳定。

八、聚合物溶液的过滤性

聚合物溶液过滤性是通过微孔渗透膜能力大小进行度量，是反映聚合物溶液注入能力的参数，也是反映聚合物溶液通过孔隙能力的度量参数，下面介绍过滤因子和筛网系数两个参数。

1. 过滤因子

过滤性实验是测定聚合物溶液注入性能的重要方法之一。注入水质量、聚合物性能、细菌含量、表面活性剂及其他化学剂与溶液的配伍性、溶液的混配条件和剪切条件等因素都会影响聚合物溶液的注入质量。通过过滤性实验可以控制聚合物溶液的质量，研究聚合物溶液与其他化学剂的配伍性。但过滤性实验不能作为油藏注入性能的预测。

聚合物产品中存在着不同粒径的不溶物。聚合物溶液中的较大的不溶物可以用 $125\mu m$ 或 $74\mu m$（120 目或 200 目）的筛网滤掉，而较小粒径的或称微胶不溶物能通过这类较大孔径的筛网继续留在溶液中。矿场如果使用含大量微胶的聚合物溶液，会造成井底壁面的堵塞。微胶是几个和几十个分子通过键合形成的分子聚合体。在充分搅拌助溶下，微胶只能有限溶胀，因而它的存在直接影响聚合物的注入性能。聚合物中含不含微胶与聚合物的合成工艺有关。鉴别聚合物溶液可注性的一项简便方法是测定聚合物溶液的过滤因子。

聚合物溶液的过滤性能系指聚合物溶液在恒压下通过一定孔径的滤膜后的过滤量的变化。用滤膜过滤器测定溶液过滤因子可以了解聚合物的性质。这项参数能对聚合物生产中的质量控制和筛选提供依据，过滤因子定义为

$$FR_{500} = \frac{t_{500} - t_{400}}{t_{200} - t_{100}} \tag{1-4-72}$$

式中　t_{500}、t_{400}、t_{200}、t_{100}——累计过滤 500mL、400mL、200mL、100mL 聚合物溶液所需的时间，s。

2. 过滤曲线

以累计过滤量为横坐标,累计过滤时间为纵坐标,绘制过滤曲线,如图1-4-16所示。实验表明:聚合物溶液在一定压力下通过一定孔径滤膜的累计时间和累计流量的关系可用二次方程表征:

$$T = a + bQ + cQ^2 \qquad (1-4-73)$$

式中 t——累计时间,s;

      Q——累计流量,mL;

      a、b、c——过滤曲线的系数。

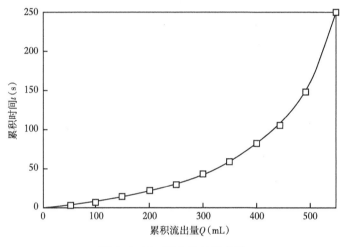

图1-4-16 聚合物过滤曲线

选择这样的坐标容易计算出设定流量下的时间,再由式(1-4-73)便可求出过滤因子。采用上述方法求过滤因子,虽然繁琐些,但比用普通量筒直接计量求出的过滤因子精确。

3. 筛网系数

筛网系数由于容易测定并可直接与溶液的阻力系数相关联,因而十分重要。它可用筛网黏度计测定。筛网黏度计是一个类似球管的装置(图1-4-17),管的下部有一个用5层,100目不锈钢丝网,重叠起来的填充层,直径为0.25in。使聚合物溶液在一个迂回曲折的通道中流过。筛网系数就是聚合物溶液和溶剂流过两个刻度间的体积所需时间的比值。可表示为

$$SF = \frac{t_p}{t_s} \qquad (1-4-74)$$

式中 SF——筛网系数,量纲1;

      t_p——聚合物溶液流经黏度计的时间,s;

      t_s——溶剂(盐水)流经黏度计的时间,s。

聚合物溶液的简单剪切流动性质可以用毛细管黏度计或旋转黏度计测量。但是,当聚合物溶液流经多孔介质时,除了简单剪切外,由于受到拉伸或自身形变而产生黏弹性。筛网黏度计就可以测定聚合物溶液流经多孔介质时的这种流动特性。孔隙黏度计测定的不是剪切黏度,因此,筛网系数反映的是聚合物溶液在具有拉伸和剪切流动环境下的性质,筛网系数比黏度更能有效地反映聚合物在油藏岩石中的流动特征。聚合物大分子结构、浓度以及

添加剂对筛网系数的影响十分敏感。

筛网系数受温度的影响,大约是 1.7%/℃,典型的筛网系数—浓度曲线如图 1-4-18 所示。

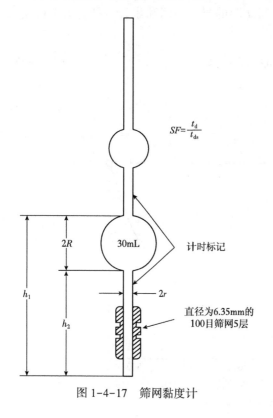

$$SF = \frac{t_d}{t_{ds}}$$

30mL

计时标记

2R

2r

直径为6.35mm的
100目筛5层

h_1

h_2

图 1-4-17 筛网黏度计

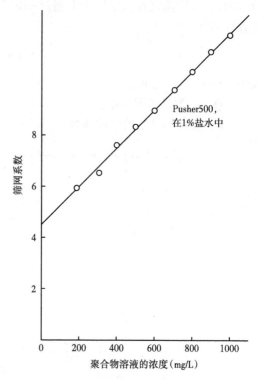

Pusher500,
在1%盐水中

聚合物溶液的浓度(mg/L)

图 1-4-18 聚丙烯酰胺浓度与筛网系数的关系

第五章 聚合物溶液黏弹性
效应及数学模型

一定浓度的聚合物溶液具有黏性和弹性双重特性,是一种黏弹性流体,在剪切流动中,不仅其黏度函数与剪切持续时间有关,而且还存在法向应力差。黏弹性流体由于法向应力差的存在产生许多特殊的流动现象,本章列举一些典型的非牛顿流体流动实验,进一步说明黏弹性流体的流动现象,聚合物的黏弹性是在聚合物溶液通过多孔介质时产生的一种剪切增稠特性,聚合物在通过多孔介质孔喉时,表观黏度增长,近年来,学者们认为:聚合物的黏弹性对聚合物驱油产生影响,主要的观点是聚合物驱油效率的提高与聚合物的黏弹性密切相关。

第一节 聚合物黏弹性效应

一、稳态剪切流中的法向应力效应

在稳态剪切流动中,法向应力产生许多具有实验价值和工业意义的效应,最著名的是引人注目的爬杆现象,通常称为威森伯格(Weissenberg)效应。圆盘在杯中旋转时,流体二次流谱的逆转;开渠流中液体表面略为凸起等。

取两个烧杯,一个盛放低分子流体,另一个盛放某种高分子流体。将转动的轴棒置于低分子流体中,则轴棒附近的流体因受离心力将被向外推,杯中心临近的液面下降[图1-5-1(a)]。若将转轴置于高分子流体中,则情况相反——流体趋向中心,攀轴而上[图1-5-1(b)]。即使在很低的转速下,爬杆现象也十分显著。轴旋转越快,流体上爬越高。这一现象是威森伯格于1944年在英国伦敦帝国学院发现的,并于1946年首先进行了解释,所以这种现象被称为威森伯格效应。

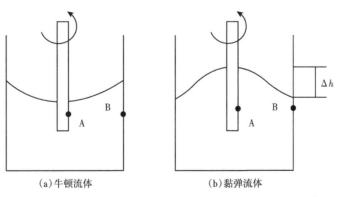

(a)牛顿流体　　　　　　　　(b)黏弹流体

图1-5-1　威森伯格效应

聚丙烯酰胺水溶液、聚异丁烯萘烷溶液均可发生爬杆现象,而低相对分子质量的聚丁烯则不能。以下的分析将证明爬杆现象是由第一法向应力差造成的。

现考虑两同心圆筒之间作层流运动的流体,假设圆筒为无限长,外筒固定,内筒旋转,取柱面坐标,流体的速度分布为

$$v_\theta = v_\theta(r) ; v_r = v_z = 0 \tag{1-5-1}$$

这种切向环流其流线是圆周,应力沿 0 和 2 方向没有变化。

根据以上条件,由径向方向的运动方程式可简化为

$$\frac{\rho v_\theta^2}{r} = -\frac{\partial p}{\partial r} + \frac{1}{r}\frac{\partial}{\partial r}(r \tau_{rr}) - \frac{\tau_{\theta\theta}}{r} \tag{1-5-2}$$

展开并整理后得

$$\frac{\partial}{\partial r}(-p + \tau_{rr}) = \frac{\rho v_\theta^2}{r} + \frac{\tau_{\theta\theta} - \tau_{rr}}{r} \tag{1-5-3}$$

由 r_A 到 r_B 积分得

$$(-p + \tau_{rr})_B - (-p + \tau_{rr})_A = \int_{r_A}^{r_B}\frac{\rho v_\theta^2}{r}dr + \int_{r_A}^{r_B}\frac{\tau_{\theta\theta} - \tau_{rr}}{r}dr \tag{1-5-4}$$

式中,$(-p + \tau_{rr})$表示作用在壁面外法线方向法向应力,而内外筒液面的高差是由于液体作用在内外筒壁面上的方向为指向受压面的压力差造成的。

若以 $\bar{p}_A$ 和 $\bar{p}_B$ 分别代表 B 点和 A 点的对壁面的压力,即

$$\bar{p}_A = (-p + \tau_{rr})_A ; \bar{p}_B = (-p + \tau_{rr})_B \tag{1-5-5}$$

则

$$\bar{p}_A - \bar{p}_B = \gamma\Delta H = -\int_{r_A}^{r_B}\frac{\rho v_\theta^2}{r}dr + \int_{r_A}^{r_B}\frac{\tau_{\theta\theta} - \tau_{rr}}{r}dr \tag{1-5-6}$$

式中,$\tau_{\theta\theta} - \tau_{rr}$是第一法向应力差。这里 θ 是流动方向,r 方向是流速变化的方向。式(1-5-6)的右端第一项是离心力的作用,而第二项是法向应力差 N_1 的作用。爬杆现象说明$\tau_{\theta\theta} - \tau_{rr} > 0$,且 N_1 的作用大于离心力的作用,这样才使 $\bar{p}_A > \bar{p}_B$ 液面呈现内高外低。若为黏性流体,$N_1 = 0$ 而 $\frac{\rho v_\theta^2}{r} > 0$,因此,$\bar{p}_A < \bar{p}_B$,这就是牛顿流体由于离心力的作用使自由液面内低外高的原因。

二、同心环空轴向流

流体在两同心圆柱体之间的环形空间作轴向层流时,若介质为牛顿流体,则在环隙间同一断面上的压力相等,即 $p_A = p_B$。而黏弹流体沿套管垂直流动时,其内壁压力高于外壁压力,即 $p_A > p_B$ 造成这一现象的原因是由于法向应力差所致(图 1-5-2)。

取柱面坐标,其速度分量为

$$v_\theta = v_r = 0, v_z = v_z(r) \tag{1-5-7}$$

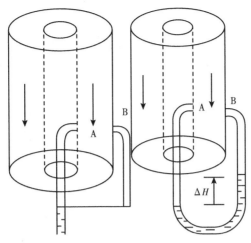

图 1-5-2　同心环空轴向流效应

应力沿 θ 和 z 方向没有变化。根据以上条件,由径向运动方程式可简化为

$$0 = -\frac{\partial p}{\partial r} + \frac{1}{r}\frac{\partial}{\partial r}(r\,\tau_{rr}) - \frac{\tau_{\theta\theta}}{r} \tag{1-5-8}$$

展开并整理后得

$$\frac{\partial}{\partial r}(-p + \tau_{rr}) = -\frac{\tau_{rr} - \tau_{\theta\theta}}{r} \tag{1-5-9}$$

由 r_A 到 r_B 积分

$$(-p + \tau_{rr})_B - (-p + \tau_{rr})_A = -\int_{r_A}^{r_B}\frac{\tau_{rr} - \tau_{\theta\theta}}{r}\,\mathrm{d}r \tag{1-5-10}$$

流体作用在内外壁面上的壁压为

$$\bar{p}_B = -(-p + \tau_{rr})_B; \quad \bar{p}_A = -(-p + \tau_{rr})_A \tag{1-5-11}$$

则

$$\bar{p}_A - \bar{p}_B = \gamma\Delta H = \int_{r_A}^{r_B}\frac{\tau_{rr} - \tau_{\theta\theta}}{r}\,\mathrm{d}r \tag{1-5-12}$$

　　这里 r 方向是流速变化的方向,因此,$\tau_{\theta\theta} - \tau_{rr}$ 相当于第二法向应力差。对于黏性流体,$\tau_{rr} - \tau_{\theta\theta} = 0$,因此 $\bar{p}_A = \bar{p}_B$ 而对于黏弹流体 $\tau_{rr} - \tau_{\theta\theta} < 0$,因此,$\bar{p}_A > \bar{p}_B$。

三、射流胀大和弹性回复

　　射流胀大也称挤出胀大。当牛顿流体和黏弹流体分别从一个大容器通过圆管流出时,将会出现如图 1-5-3 所示的现象。牛顿流体的射流直径 D_e 与圆管直径 D 几乎相等;而黏弹流体的射流直径却大于 D,呈胀大形状。射流直径与圆管直径之比 D_e/D 称为胀大比,它是流速和管长的函数。某些高分子聚合物溶液的胀大比可达 3~4。当突然停止挤出,并剪断挤出物,挤出物发生回缩,可称为弹性回复。其实即使挤出毛细管很长,挤出物脱离喷口后也会变粗,这是未松弛的法向应力促使流线收缩的结果。由此也看出法向应力差效应是一种弹性效应。

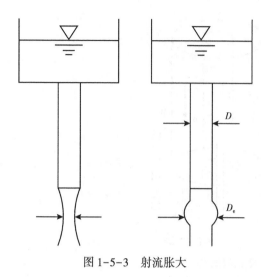

上述射流胀大现象可以用黏弹性流体所具有的记忆性加以解释。黏弹性流体在进入圆管之前是盛在一个大容器里,当它被迫流经较细的圆管之后,将趋于恢复它的原始状态,从而出现胀大。这类流体的记忆性随时间的增大而逐渐衰减,因此,圆管越长,流体在管中的时间越长,它对其原始状态的记忆就越"模糊",胀大程度也就越小。

如上所述,牛顿流体的自由射流是不稳定的,由于表面波的发展,液流很容易变成小滴。但对高分子稀溶液,例如 100mg/L 的 PAAM 水溶液,即使喷口加以震动,小滴之间也有液

图 1-5-3　射流胀大

流小杆相连,杆中液体逐步进入滴中,杆变细。该现象被用来测定高分子稀溶液的拉伸黏度,这种效应称为"连滴效应"。

四、无管虹吸

众所周知,在虹吸实验中,当虹吸管提离液面,虹吸就停止了。但对高分子液体,如聚异丁烯的汽油溶液和 1% POX 水溶液或聚糖在水中的轻微凝胶体系等很容易表演无管虹吸实验,即把虹吸管提起很高,液体还是源源不断地从杯上抽起(图 1-5-4)。更简单地,连虹吸管也不要,将装满该流体的烧杯微倾,使流体流下,这个过程一旦开始,就不会中止,直至杯中流体都流光。试想水为什么不行呢?因为水流自由表面是不稳定的。而高分子流体使其拉伸液流自由表面稳定下来的性质。这说明高分子液体具有可纺丝性,正是由于这种性质使尼龙等成为重要的合成纤维。

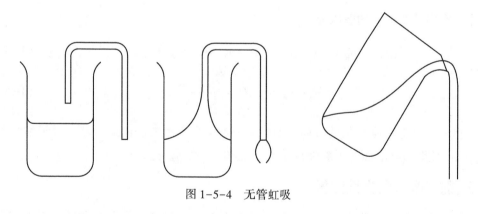

图 1-5-4　无管虹吸

五、汤姆斯减阻效应

在牛顿流体中加入少量高分子物质,流体就有可能成为黏弹性流体,使其紊流时的阻力大幅度降低,产生所谓减阻现象。这一现象是汤姆斯在 1948 年首先发现的。他将 10mg/L 的聚甲基丙烯酸甲酯加入作紊流运动的氯苯中发现在一定流率下,压降显著降低。此后,又

有许多减阻的例子被发现,例如聚异丁烯在萘烷中,羧甲基纤维素在水中等。试验结果表明:层流时无减阻效应,紊流时效果明显。添加 5mg/L 的聚氧化乙烯于水中,$Re = 1.0 \times 10^5$ 时,摩擦阻力系数减小 40%,而这时黏度仅比纯水增加 1%。目前,国内外已对减阻现象进行了广泛的研究,公认是这种效应与分子的拉伸特性相联系,聚合物的长主链和柔性是良好减阻剂的重要特征。例如,相同相对分子质量和相同结构单元的聚合物,线型结构比高度支化的减阻效果更好。还有,具有相似构型及相同相对分子质量的两种不同聚合物,若采用相同重量浓度,则带有低相对分子质量单体者有较好的减阻效果。

在水中加入减阻剂可降低消防水龙带中的流动阻力,增加喷水距离。石油工业中用长距离管道输送油品,加入适当的减阻剂,可减少运输费用,这是一个很有吸引力的研究领域。

六、收缩口流动和渗流

牛顿流体通过锥形收缩口流线是径向的,而许多高分子浓溶液和部分熔体流过收缩口时,存在靠壁环流或在中轴线上形成蛋状环流。这可能是弹性效应和惯性效应的共同贡献,而且随速率提高,在收缩口处的压力降可比相应黏度的牛顿流体大数十倍,同剪切场中完全不同。入口处既有流线的收敛,就必有拉伸流动,因此这种特性是与反常的拉伸流动行为相联系。类似地,在多孔介质中有许多收缩喉道,当黏弹流体渗过多孔介质时会产生比同黏度的牛顿流体高得多的压力降。在收缩口处还有一个有趣的现象,即所谓 Uebler 效应,即高分子流体(如 0.5%PAAM 水溶液)中含有一小气泡,在入口处会停顿,虽然周围流体的线速度极大。

七、液流反弹

5% 的聚异丁烯的正庚烷液细流倒在自身上面时,会发生液流回弹起来形成弯曲形状的周期性现象。这些奇特的现象还可举出一些,还有一些新现象会不断被发现。应该强调并非某种物质只表现出某种确定的特性,取决于外界条件,尤其是时间和温度的变化,同种物质可以表现出迥异的特性。最常见的是可称为"顽皮泥"(silly putty)的儿童玩物,它是一种主要以碳酸钙加填的硅橡胶。当快速拉伸时它发生脆性断裂,慢慢拉伸则可成丝,掷之于地弹起如皮球,置之不动,则渐渐流为一滩液体。也就是它在时间坐标上依次展现出脆、弹、塑、黏各种特性。

八、孔眼压力误差

孔眼误差于 1968 年才被人们认识,在管流或狭缝流道中安置两个压力传感器,如图 1-5-5 所示。对牛顿流体,$p = p_H$,对黏弹流则有 $p < p_H$。该效应使得传统流体力学中所采用的在流道中从测点引出管子测压的方法有显著误差,故称为孔眼误差。该效应可理解为:由于孔上方流线下凹,黏弹流体有流线收缩从孔中拉出的倾向而产生向上的合力,该力与液体压力相抵消,使 p_H 值减小,因此这也是法向应力效应的结果。

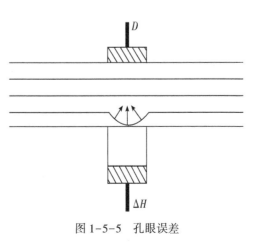

图 1-5-5 孔眼误差

九、弹性不稳定流动

在层流范围内，牛顿流体自毛细管挤出后的表面是光滑的。聚合物熔体却在远低于层流转变成湍流的临界雷诺数范围就会出现不稳定流动，呈现出各种形式的不稳定流动，例如在聚丙烯中随挤出速率增高，从表面出现鱼皮状横纹到拧成麻花状的螺旋丝。在低密度聚乙烯熔体中常易观察到竹节丝式挤出物，在更高速率下，熔体成为无规则的破碎挤出物。

第二节　聚合物黏弹性数学模型

黏弹性是指聚合物溶液同时具有黏性和弹性的性质。对于黏性流体来说，流动和形变是能量消耗过程，应力对流体所做的机械功全部转换为热能散失掉。因此应力消除后黏性流体不会恢复至原来的状态。而对于弹性流体，拉应力所做的功转变为弹性能储存起来，当拉应力解除后，能量释放出来，材料恢复原始状态。

聚合物溶液具有假塑性流体的特征，其视黏度随剪切速率增加而降低；但在特高剪切速率下，聚合物溶液将失去其假塑性特征，显示出黏度随剪切速率提高而增大，同时具有黏性和弹性。聚合物溶液黏弹性是因为在外力作用下，其分子构象可以改变，即蜷曲的高分子链可以拉伸，当拉伸力去掉后，它又能恢复其自然蜷曲状。但链段在外力作用下调整其构象缓慢，所以分子的形变滞后于应力而表现出黏弹性。溶液的黏弹性决定于分子链的柔曲性，链的柔曲性越大，黏弹性越显著。刚性分子不存在黏弹性，因其在外力作用下，分子不改变构象。

黏弹性聚合物溶液可以提高驱油效率。黏弹性聚合物溶液具有黏性和弹性双重特性，在剪切流动中，不仅其黏度函数与剪切持续时间有关，而且还存在法向应力差。随着流速的增大，聚合物溶液的表观黏度也增大，其黏弹性效应也增大。油田中聚合物溶液驱油就是利用聚合物溶液的增黏作用来驱油。从一些微观实验中发现，黏弹性流体和黏性流体在同样条件下驱替水驱后残余油，前者的驱油量大大超过了后者的驱油量。所以聚合物黏弹性的研究对聚合物驱油有着重要的意义。

一、线性黏弹性本构方程

黏弹性表示在材料中黏性和弹性同时存在。线性黏弹性数学理论的发展以叠加原理为基础，即在任一时刻的响应（如应变）与引发信号（如应力）数值成正比。在黏弹性的线性理论中，微分方程都是线性的，且时间导数的系数是常数。这些常数是材料的参数，如黏度系数和刚性模量。随着变量（如应变或应变速率）的变化，它们不会改变。而且时间导数是常偏导数。这个限制的结果是，线性理论仅适用于变量微小变化。现在，可将线性黏弹性的一般微分方程写为

$$\left(1 + \alpha_1 \frac{\partial}{\partial t} + \alpha_2 \frac{\partial^2}{\partial t^2} + \cdots + \alpha_n \frac{\partial^n}{\partial t^n}\right)\sigma = \left(\beta_0 + \beta_1 \frac{\partial}{\partial t} + \beta_2 \frac{\partial^2}{\partial t^2} + \cdots + \beta_n \frac{\partial^m}{\partial t^m}\right)\gamma$$

$$(1-5-13)$$

式中，$n = m$ 或者 $n = m-1$，σ 和 γ 是时间 t 的函数，可用张量的普遍形式代替标量变量 σ 和 γ。

式(1-5-13)中,如果是β_0唯一的非零参量,则有

$$\sigma = \beta_0 \gamma \qquad (1-5-14)$$

这是胡克弹性公式,β_0为弹性模量。若β_1是唯一的非零参量,则由式(1-5-13)有

$$\sigma = \beta_1 \frac{\partial \gamma}{\partial t} = \beta_1 \dot{\gamma} \qquad (1-5-15)$$

式中　β_1——黏性系数,Pa·s。

假若$\beta_0 = G$和$\beta_1 = \eta$两个参数皆不是零,而其他常数为零,则由式(1-5-13)有

$$\sigma = G\gamma + \eta\dot{\gamma} \qquad (1-5-16)$$

式(1-5-15)是简单的黏弹性模型,称为"开尔文"模型。

另一种简单的模型是麦克斯韦模型。只引入α_1和β_1两个非零的材料参数,可得出此模型的微分方程为

$$\sigma + \tau_m \dot{\sigma} = \eta \dot{\gamma} \qquad (1-5-17)$$

其中　　　　　　　　　　　$\tau_m = \eta / G$

式中　τ_m——时间常数,称为弛豫时间,s。

所以,式(1-5-17)可写成

$$\dot{\gamma} = \frac{\dot{\gamma}}{G} + \frac{\sigma}{\eta} \qquad (1-5-18)$$

开尔文模型和麦克斯韦模型是线性黏弹性体系中最为简单的两种情况,在对式(1-5-13)作进一步简化后,还可得到 Jeffreys 模型(使α_1、β_1和β_2为非零)、Burgers 模型等等。

一维流变学模型由弹簧和黏壶组成,可并联或串联排列,整个体系行为类似于实际材料,但元件本身与实际材料没有直接的类似性。在流变学行为模拟中,胡克变形由弹簧(力与伸长成正比的元件)模拟,牛顿流动由黏壶(力与伸长速率成正比的元件)模拟,如图1-5-6所示。对于弹簧和黏壶有相似的流变学方程式,分别为式(1-5-14)(令$\beta_0 = G$)和式(1-5-15)(令$\beta_1 = \eta$)。通过基本元件串联或并联可描述更复杂材料的流变学行为。

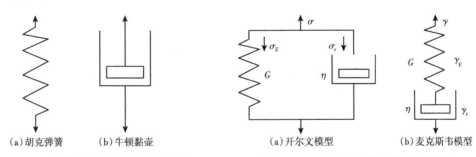

(a)胡克弹簧　　　(b)牛顿黏壶　　　　　　　(a)开尔文模型　　　(b)麦克斯韦模型

图1-5-6　理想流变学行为的图解表示　　　图1-5-7　最简单的线性黏弹性模型

开尔文模型是弹簧和黏壶并联的结果,如图1-5-7(a)所示。要求水平连接线在所有时刻保持平行。因此,在所有时刻弹簧上的伸长(应变)等于黏壶中的伸长(应变)。于是,就可对作用在连接线上的力(应力)和应变写出平衡方程式。开尔文模型的总应力σ等于各

单元应力之和,即

$$\sigma = \sigma_E + \sigma_V \tag{1-5-19}$$

将式(1-5-14)(令 $\beta_0 = G$)和式(1-5-15)(令 $\beta_1 = \eta$)代入上式有

$$\sigma = G_\gamma + \eta\dot{\gamma} \tag{1-5-20}$$

这等同于式(1-5-16),是一般线性微分方程式(1-5-13)的一种简单形式。从开尔文模型的图1-5-7(a)可以看出,在突然施加剪切应力 $\bar{\sigma}$ 以后,弹簧将最终达到由 $\bar{\sigma}/G$ 给定的应变,但是黏壶会推迟应变的增长;而且黏度越高,响应越慢。

当引入 α_1 和 β_1 两个非零的材料参数,可得出麦克斯韦模型的微分方程为

$$\sigma + \tau_M\dot{\sigma} = \eta\dot{\gamma} \tag{1-5-21}$$

其中 $\alpha_1 = \tau_M$, $\beta_1 = \eta$。麦克斯韦模型是黏壶与弹簧的串联,图1-5-7(b)为麦克斯韦模型是黏壶与弹簧的串联,在这种情况下,应变或应变速率是可叠加的。因此,总剪切数率 $\dot{\gamma}$ 是两个元件剪切速率之和:

$$\dot{\gamma} = \dot{\gamma}_E + \dot{\gamma}_v \tag{1-5-22}$$

可导出:

$$\dot{\gamma} = \frac{\dot{\sigma}}{G} + \frac{\sigma}{\eta} \tag{1-5-23}$$

或写成:

$$\sigma + \tau_m\dot{\sigma} = \eta\dot{\gamma} \tag{1-5-24}$$

式(1-5-22)与式(1-5-19)相同,为一般微分方程的特殊情况。

开尔文模型和麦克斯韦模型是线性黏弹性体系中最为简单两种情况。

通过一般微分方程可以引入更加复杂的模型,但是 Roscoe 指出:所有模型,无论他们的复杂性如何,都可以归纳为两种规范的形式,即广义开尔文模型和广义麦克斯韦模型。广义的开尔文模型为多个开尔文模型的串联,广义的麦克斯韦模型为多个麦克斯韦模型的并联。广义麦克斯韦模型可以有有限数量或无限多个麦克斯韦元件,每个元件都有不同的弛豫时间。

弛豫谱即弛豫时间 τ 分布函数。对于简单的麦克斯韦模型,其行为以微分方程式(1-5-19)表征,相当于:

$$\sigma(t) = \frac{\eta}{\tau}\int_{-\infty}^{t} \exp\left(-\frac{t-t'}{\tau}\right)\dot{\gamma}(t')\,dt' \tag{1-5-25}$$

考虑并联连接的 n 个离散麦克斯韦单元,借助于玻耳兹曼叠加原理可将式(1-5-23)推广得出:

$$\sigma(t) = \sum_{i=1}^{n} \frac{\eta_i}{\tau_i}\int_{-\infty}^{t} \exp\left(-\frac{t-t'}{\tau}\right)\dot{\gamma}(t')\,dt' \tag{1-5-26}$$

式中 η_i 和 τ_i——对应于第 i 个麦克斯韦元件。

弛豫时间分布函数 $N(\tau)$,定义为 $N(\tau)d\tau$ 代表弛豫时间在 τ 和 $\tau+d\tau$ 之间所有麦克斯韦元件对总黏度的贡献。公式(1-5-26)变为:

70

$$\sigma(t) = \int_0^\infty \frac{N(\tau)}{\tau} \int_{-\infty}^t \exp\left(-\frac{t-t'}{\tau}\right) \dot{\gamma}(t') \mathrm{d}t' \mathrm{d}\tau \tag{1-5-27}$$

引入下式定义的"弛豫函数"：

$$\phi(t-t') = \int_0^\infty \frac{N(\tau)}{\tau} \exp\left(\frac{t-t'}{\tau}\right) \mathrm{d}\tau \tag{1-5-28}$$

式(1-5-27)变成：

$$\sigma(t) = \int_{-\infty}^t \phi(t-t') \dot{\gamma}(t') \mathrm{d}t' \tag{1-5-29}$$

从式(1-5-26)开始引入分布函数 $H(\tau)$，使其 $H(\tau)\mathrm{d}\tau$ 代表弛豫时间处于 τ 和 $\tau+\mathrm{d}\tau$ 之间的过程对弹性模量的贡献。进而，还可采用弛豫频谱 $H(\log F)$ 表示 $F = 1/(2\pi\tau)$，这些函数的关系是

$$\left[\frac{N(\tau)}{\tau}\right]\mathrm{d}\tau = H(\tau)\mathrm{d}\tau = H(\log F)\mathrm{d}(\log F) \tag{1-5-29a}$$

在无限期存在的缓慢稳态运动中，即 $\dot{\gamma}$ 很小，且与时间无关，式(1-5-29)约化为：

$$\sigma = \eta_0 \dot{\gamma} \tag{1-5-30}$$

其中

$$\eta_0 = \int_{-\infty}^t \phi(t-t') \mathrm{d}t' = \int_0^\infty \phi(\xi)\mathrm{d}\xi \tag{1-5-31}$$

式中的时间标度 $(t-t')$ 写成 ξ，代表流变学时间标度。从式(1-5-27)、式(1-5-28)和式(1-5-29a)还可以证明：

$$\eta_0 = \int_0^\infty N(\tau)\mathrm{d}\tau = \int_0^\infty \tau H(\tau)\mathrm{d}\tau \tag{1-5-32}$$

从式(1-5-30)可见，η_0 等同于稳态实验中观察到的小剪切速率下的极限黏度。这样，式(1-5-32)对各种弛豫谱提供了有效归一化条件。η_0 等同于 $N(\tau)$ 谱线下边的面积，同时它等同于 $N(\tau)$ 谱的一次矩。

二、振荡剪切

讨论黏弹性材料对小振幅振荡剪切的响应是很有意义的，因为这是研究黏弹性行为的普通变形模式。令

$$\gamma(t') = \gamma_0 \exp(\mathrm{i}\omega t') \tag{1-5-33}$$

式中 i——虚数单位，$\mathrm{i} = \sqrt{-1}$；

   ω——频率，Hz；

   γ_0——应变振幅，其值应满足线性约束的要求。

响应的应变速率由下式给出 $\dot{\gamma}(t') = \mathrm{i}\omega\gamma_0\exp(\mathrm{i}\omega t')$，将其代入麦克斯韦方程的一般式(1-5-29)中，得到：

$$\sigma(t) = \mathrm{i}\omega\gamma_0\exp(\mathrm{i}\omega t)\int_0^\infty \phi(\xi)\exp(-\mathrm{i}\omega\xi)\mathrm{d}\xi \tag{1-5-34}$$

在振荡剪切中，通过下式定义"复数剪切模量" G^*：

$$\sigma(t) = G^*(\omega)\gamma(t) \tag{1-5-35}$$

由式(1-5-33)、式(1-5-34)和式(1-5-35),可得到:

$$G^*(\omega) = i\omega\int_0^\infty \phi(\xi)\exp(-i\omega\xi)\,d\xi \tag{1-5-36}$$

习惯上写成:

$$G^* = G' + G'' \tag{1-5-37}$$

式中　G' 和 G''——储能模量和耗能模量,Pa;

　　　G'——动态刚度,Pa。

小振幅振荡剪切条件下,耗能模量 G'' 表示在应力作用下,流体变形过程中能量的消耗,体现了流体的黏性;储能模量 G' 表示流体变形过程中能量的储存,体现了流体的弹性特性。

对于下式给出的稳态简单剪切流动:

$$v_x = \dot\gamma y, v_y = v_z = 0 \tag{1-5-38}$$

与非牛顿液体相关的应力分布可表示为如下形式:

$$\begin{cases} \sigma_{xy} = \sigma = \dot\gamma\,\eta(\dot\gamma), \sigma_{xz} = \sigma_{yz} = 0 \\ \sigma_{xy} = \sigma_{yy} = N_1(\dot\gamma), \sigma_{yy} = \sigma_{zz} = N_2(\dot\gamma) \end{cases} \tag{1-5-39}$$

变量 σ、N_1 和 N_2 有时称为测黏函数。Lodge 对这些函数的重要性提出过有意义的讨论。其中 N_1 和 N_2 分别称为第一法向应力差和第二法向应力差,它们与法向应力系数 ψ_1 和 ψ_2 的关系为:

$$N_1 = \dot\gamma^2\psi_1, N_2 = \dot\gamma^2\psi_2 \tag{1-5-40}$$

原则上讲,在稳态简单剪切流动中,非弹性非牛顿的模型液体可能显示出法向应力效应。例如 Reiner-Rivlin 流体,便可用于说明这一效应的非弹性流体的一般数学模型。然而,所有可利用的实验数据表明,此种模型预示的理论法向应力分布,即 $N_1 = 0$ 和 $N_2 \neq 0$,在任何已知的非牛顿液体中都未观察到。实际上,无论是数学模型或是物理模型,法向应力行为总是从黏弹性模型推测出来的。

法向应力差与非线性效应有关。在表征线黏弹性和测定参数的小振幅振荡剪切实验条件下,法向应力三个分量具有相等数值,都等于大气压力,是各向同性的。相应地,在稳态流动条件下,只要流动速度足够慢,$\dot\gamma$ 的二阶项就可以忽略不计,法向应力仍等于大气压力。当剪切速率增加时,法向应力首先表现为二阶效应,可以写作:

$$\begin{cases} N_1 = A_2\dot\gamma^2 + O(\dot\gamma^4) \\ N_2 = B_2\dot\gamma^2 + O(\dot\gamma^4) \end{cases} \tag{1-5-41}$$

式中,A_2 和 B_2 为常数,所以法向应力差是剪切速率 $\dot\gamma$ 的偶函数。

从物理学观点来看,非等值法向应力分量产生(N_1 和 N_2 为非零值),都是因为流动过程中液体微结构变为各向异性所致。例如,在稀的高分子溶液体系中,链状分子在静态下占据近似圆球形的包络体积,在流场中形变成椭球型。形变前和形变中的分子包络线的形态如图 1-5-8 所示。乳液中的液滴以一种相似的方式改变形状。在静态高分子体系中,熵力

72

（自由能的导数）决定了圆球的形状，而乳液液滴和周围液体间界面自由能极小这一必要条件实际上能保证在静态的乳液中得到圆球形液滴。由此可见，在这些形变了的微结构中会产生恢复力。由于这些结构是各向异性的，所产生的恢复力也是各向异性的。圆球结构单元形变成椭球，其主轴倾向于流动方向。因而，在该方向上的恢复力于其他两个垂直方向上的恢复力。这些恢复力产生了式（1-5-37）的法向应力分量。

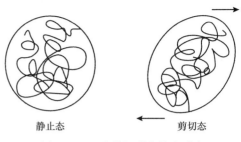

图 1-5-8　在剪切形变前和形变中的分子包络线

静止态　　　剪切态

三、N_1 和 N_2 的典型行为

从上一节法向应力热力学起源的讨论可知，第一法向应力差 N_1 是剪切速率 $\dot{\gamma}$ 的正函数。弹性流体的实验数据都与此结论一致，并证明所有剪切速率下 N_1 均为正值。已往关于第一法向应力差 N_1 的测量数据表明，N_1 与 $\dot{\gamma}$ 具有如下关系：

$$N_1 = A\dot{\gamma}^m \tag{1-5-42}$$

式中，A 和 m 是常数，且 m 一般处于 $1<m<2$ 的范围内。在剪切速率较低（小于 $10^2\,\mathrm{s}^{-1}$）的情况下 $N_1/(2\sigma)$，称为可恢复剪切。利用 $\ln N_1$ 对 $\ln\sigma$ 作图会得斜率接近 2 的一条直线。

随着测量仪器及测试手段的不断进步，研究显示，当剪切速率在一定范围内时，第一法向应力差 N_1 与剪切速率 $\dot{\gamma}$ 呈线性上升的关系。如该研究中测试的所有黏弹性聚合物体系在剪切速率小于 $1500\,\mathrm{s}^{-1}$ 范围内均符合这一规律。

通常认为，第二法向应力差 N_2 与第一法向应力 N_1 相比非常小。例如对于 Boger 流体，已发现第二法向应力差 N_2 实际上为 0。早期的法向应力测定中，$N_2=0$ 被称为威森伯格（Weissenberg）假设。由于早期流变仪的限制，发现许多体系的实验结果与该假设相当一致；这一假设同时也与某些较简单的微观流变模型的预测结果相符合。根据这一结果（$N_1>0$，$N_2=0$）所得的法向应力分布相当于沿流线的附加张力，而在流线垂直平面上则处于应力各向同性状态。

现代流变仪能以相当好的精确度测定 N_2，尽管允许限度不如测量 N_1 和 σ 高。现在可以测量到许多非牛顿体系中非零的 N_2 值。但第二法向应力差 N_2 的实际意义通常远低于第一法向应力差 N_1，非牛顿流体力学中的大多数人也都倾向于将研究注意力集中于 N_1。

现在最常见的测量第一法向应力差 N_1 的流变仪多采用锥板的几何结构，实验液体保持在旋转锥体和静止平板之间。用锥板几何结构进行实验时，必然会产生各种潜在的误差，这些误差从另一个方面反映了黏弹性流体的特点。

第三节　聚合物溶液流变性实验

本章通过对动态剪切流动和稳态剪切流动实验数据进行分析，孙玉学 2009 年、姜海峰 2008 年从实验角度得出了稳态条件下，流变模型中的各参数和第一法向应力差 N_1 与质量浓度、相对分子质量之间的关系,以及在动态条件下,耗能模量和储能模量与质量浓度、相对分子质量之间的关系。

一、聚合物溶液黏性实验研究

表 1-5-1 中数据是在温度为 45℃ 条件下,用相对分子质量为 750 万、1200 万、1800 万、2100 万的聚合物配制成质量浓度为 0.3g/L、0.5g/L、0.7g/L、0.9g/L、1.1g/L、1.3g/L、1.5g/L 的聚合物溶液,用 HAAKE RS150 流变仪,测得不同质量浓度、不同相对分子质量的聚合物溶液的流变曲线。

在剪切速率 $10 \sim 500s^{-1}$ 范围内,溶液的非牛顿性满足表 1-4-2 中幂律模式与凯瑞模式。选用幂律模式和凯瑞模式,利用 RS150 流变仪所配备的软件对不同质量浓度、不同相对分子质量的流变性实验数据进行回归。其结果列于表 1-5-1 至表 1-5-4。

表 1-5-1　相对分子质量为 750 万的回归数据

质量浓度 (g/L)	凯瑞模式			幂律模式	
	$\eta_0(Pa \cdot s)$	松弛时间 λ	N	K	n
1.5	0.5567	2.916	0.5033	0.3294	0.4849
1.3	0.5469	2.752	0.4854	0.3252	0.484
1.1	0.4586	2.600	0.4945	0.2679	0.515
0.9	0.3583	2.060	0.4970	0.2174	0.500
0.7	0.2977	2.090	0.4863	0.1820	0.498
0.5	0.1697	1.800	0.5580	0.1166	0.569
0.3	0.0499	1.021	0.5756	0.0447	0.627

表 1-5-2　相对分子质量为 1200 万的回归数据

质量浓度 (g/L)	凯瑞模式			幂律模式	
	$\eta_0(Pa \cdot s)$	松弛时间 λ	N	K	n
1.5	3.450	3.480	0.2388	1.2270	0.2735
1.3	2.476	3.319	0.2546	0.9780	0.2799
1.1	2.124	2.870	0.2312	0.7972	0.2764
0.9	1.201	2.550	0.2882	0.5545	0.3103
0.7	1.108	2.380	0.2530	0.4782	0.2982
0.5	0.455	2.230	0.2985	0.2273	0.3518
0.3	0.152	2.000	0.3739	0.08672	0.4328

表 1-5-3　相对分子质量为 1800 万的回归数据

质量浓度 (g/L)	凯瑞模式			幂律模式	
	$\eta_0(Pa \cdot s)$	松弛时间 λ	N	K	n
1.5	4.392	3.690	0.1287	1.4910	0.2303
1.3	3.460	3.488	0.1347	1.1050	0.2003
1.1	2.550	2.962	0.1421	0.9399	0.2070

质量浓度 （g/L）	凯瑞模式			幂律模式	
	η_0(Pa·s)	松弛时间 λ	N	K	n
0.9	1.530	2.700	0.1435	0.6589	0.2262
0.7	0.850	2.368	0.1427	0.3616	0.2399
0.5	0.450	2.284	0.1425	0.1938	0.2593
0.3	0.079	2.035	0.3734	0.0456	0.4478

表 1-5-4　相对分子质量为 2100 万的回归数据

质量浓度 （g/L）	凯瑞模式			幂律模式	
	η_0(Pa·s)	松弛时间 λ	N	K	n
1.5	8.49	4.069	0.02569	1.988	0.0985
1.3	5.00	3.720	0.03625	1.504	0.1409
1.1	3.97	3.230	0.04686	1.236	0.1410
0.9	2.79	2.940	0.04945	0.9362	0.1371
0.7	2.160	2.677	0.05415	0.7798	0.1440
0.5	1.360	2.507	0.04840	0.5120	0.1527
0.3	0.880	2.871	0.05371	0.2899	0.1760

根据回归结果分别绘制了图 1-5-9 至图 1-5-13 的关系曲线图。从这些曲线可以看出,在凯瑞模式下:

(1)相对分子质量越大,零剪切黏度、松弛时间和幂律指数也越大;

(2)零剪切黏度、松弛时间和幂律指数皆随质量浓度呈线形变化,随着质量浓度的增加,零剪切黏度、松弛时间增加,而幂律指数 n 略呈下降趋势;

(3)随着质量浓度的增加,高相对分子质量的零剪切黏度、松弛时间比低相对分子质量的零剪切黏度、松弛时间增加得快。

在幂律模式下:

(1)相对分子质量越大,稠度系数 K 和幂律指数 n 越大;

(2)稠度系数 K、幂律指数 n 皆随质量浓度呈线形变化——稠度系数 K 随质量浓度的增加而增加,幂律指数 n 随质量浓度的增加略呈下降趋势;

(3)随着质量浓度的增加,高相对分子质量的稠度系数 K 比低相对分子质量的稠度系数 K 增加的快。

对上述 5 个图中的曲线进行回归,建立了各参数与质量浓度的关系,其回归数据见表 1-5-5。

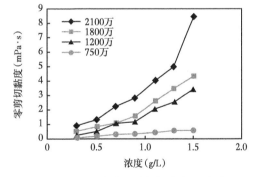

图 1-5-9　零剪切黏度与浓度的关系

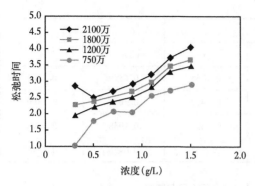

图 1-5-10　松弛时间与浓度的关系

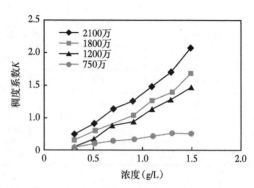

图 1-5-11　稠度系数与浓度的关系

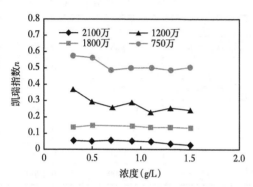

图 1-5-12　稠度系数与浓度的关系

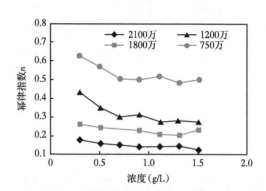

图 1-5-13　稠度系数与浓度的关系

表 1-5-5　各参数与质量浓度的关系

系数	模式	凯宾模式			幂律模式	
		$\eta_0 = AC_p + B$	$\lambda = A_1 C_p + B_1$	$n = A_2 C_p + B_2$	$K = A_3 C_p + B_3$	$n = A_4 C_p + B_4$
750 万	A	0.4349	1.1580	−0.0632	0.2423	−0.0959
	B	−0.0432	1.2117	0.5712	−0.0062	0.6138
1200 万	A	2.6703	1.2693	−0.0919	0.9359	−0.1149
	B	−0.8368	1.5475	0.3596	−0.2211	0.4210
1800 万	A	3.2405	1.2120	−0.0101	1.0298	−0.0347
	B	−0.8191	1.7841	0.1485	−0.1694	0.2596
2100 万	A	5.7000	1.1738	−0.0207	1.3454	−0.0463
	B	−1.6086	2.0885	0.0635	−0.1758	0.1837

对于凯瑞模式中的各参数，其回归方程如下：

$$\eta_0 = AC_p + B \tag{1-5-43}$$

$$\lambda_0 = A_1 C_p + B_1 \tag{1-5-44}$$

$$n = A_2 C_p + B_2 \tag{1-5-45}$$

对于幂律模型中的各参数,其回归方程如下:

$$K = A_3 C_p + B_3 \qquad (1-5-46)$$

$$n = A_4 C_p + B_4 \qquad (1-5-47)$$

根据各参数与质量浓度的数据,绘制出相对分子质量与上述各回归方程中系数的关系曲线,并对曲线进行回归,其回归方程如下,回归数据见表1-5-6。

$$A = \alpha_0 M^2 + a_1 M + a_2 \qquad (1-5-48)$$

$$B = a_1 M^2 + a_1 M + a_2 \qquad (1-5-49)$$

表1-5-6 各参数与相对分子质量的关系

模式 系数		$A = a_0 M^2 + a_1 M + a_2$			$B = a_0 M^2 + a_1 M + a_2$		
		a_0	a_1	a_2	a_0	a_1	a_2
凯瑞模式	$\eta_o = A C_p + B$	5×10^{-7}	0.002	−1.0774	1×10^{-8}	−0.001	0.5952
	$\lambda = A_1 C_p + B_1$	-2×10^{-7}	0.0006	0.8173	4×10^{-8}	0.0005	0.8382
	$n = A_2 C_p + B_2$	5×10^{-8}	−0.0001	−0.0254	1×10^{-7}	−0.0007	1.0079
幂律模式	$K = A_3 C_p + B_3$	-5×10^{-7}	0.0021	−0.9989	3×10^{-7}	−0.0009	0.5226
	$n = A_4 C_p + B_4$	1×10^{-7}	−0.0006	1.008	4×10^{-8}	-5×10^{-5}	−0.0844

二、聚合物溶液黏弹性实验研究

1. 动态剪切实验研究

测定材料黏弹性的常用实验技术是动态剪切流动。动态剪切流动(又称小振幅振荡实验)是对材料施加正旋剪切应变,而应力作为动态响应加以测定,主要是测定溶液的耗能模量(G'')和储能模量(G');耗能模量的大小反映了黏弹流体的黏性的大小,而储能模量则反映了黏弹流体的弹性大小。

图1-5-14至图1-5-21分别绘制了聚合物相对分子质量为750万、1200万、1800万和2100万,不同质量浓度的聚合物溶液的耗能模量和储能模量与角频率的关系。由图可见,聚合物溶液的耗能模量和储能模量的变化趋势是一致的:随着角频率的增大,耗能模量和储能

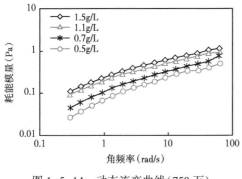

图1-5-14 动态流变曲线(750万)

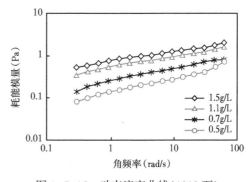

图1-5-15 动态流变曲线(1200万)

模量都是增大的,且增加的幅度是一致的;在同一相对分子质量下,质量浓度越大,耗能模量和储能模量也越大。

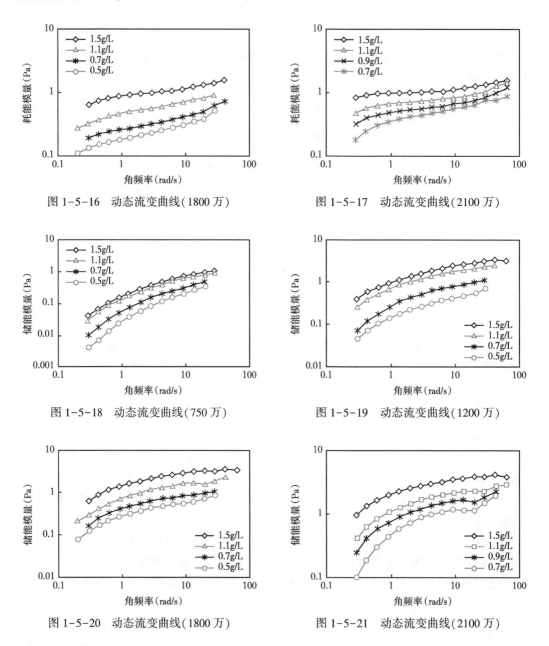

图 1-5-16 动态流变曲线(1800 万)

图 1-5-17 动态流变曲线(2100 万)

图 1-5-18 动态流变曲线(750 万)

图 1-5-19 动态流变曲线(1200 万)

图 1-5-20 动态流变曲线(1800 万)

图 1-5-21 动态流变曲线(2100 万)

图 1-5-22 至图 1-5-25 分别绘制了质量浓度为 1.5g/L、1.1g/L,在不同相对分子质量下的聚合物溶液的耗能模量和储能模量与角频率的关系。由图可见,聚合物溶液的耗能模量和储能模量的变化趋势是一致的:在同一质量浓度下,相对分子质量越大,耗能模量和储能模量也越大。随着角频率的增大,耗能模量和储能模量都是增大的,且增加的幅度是一致的。

图 1-5-26、图 1-5-27 绘制了质量浓度为 1.5g/L、1.3g/L 的不同相对分子质量的聚合物溶液的黏弹性曲线。由图可见,同一质量浓度下,相对分子质量增大,其相应的耗能模量和储能模量均增大;不同相对分子质量的聚合物溶液,其耗能量模量和储能模量都有一个交

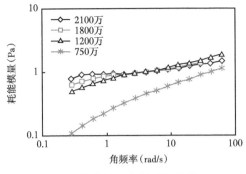

图 1-5-22 耗能模量与角频率的关系(1.5g/L)

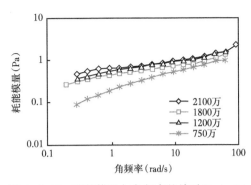

图 1-5-23 耗能模量与角频率的关系(1.1g/L)

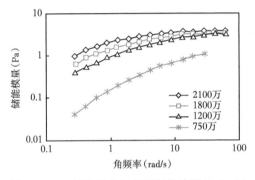

图 1-5-24 储能模量与角频率的关系(1.5g/L)

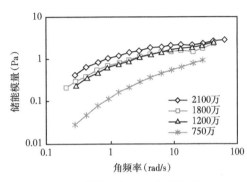

图 1-5-25 储能模量与角频率的关系(1.1g/L)

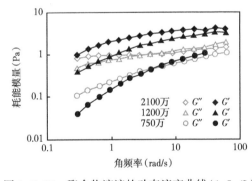

图 1-5-26 聚合物溶液的动态流变曲线(1.5g/L)

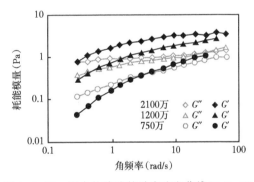

图 1-5-27 聚合物溶液的动态流变曲线(1.3g/L)

点,当频率低于该交点处的频率时,耗能模量大于储能模量,反正,储能模量大于耗能模量;随着相对分子质量的降低,交点处的角频率逐渐增大。说明相对分子质量越大,溶液越呈现出弹性。也就是说,在低频率下,聚合物溶液以黏性流动为主,在中高频率下,以弹性流动为主。图 1-5-28、图 1-5-29 绘制了相对分子质量为 2100 万、1800 万,不同质量浓度的聚合物溶液的黏弹性曲线。由图可见,同一相对分子质量下,耗能模量和储能模量随质量浓度也呈现上述的规律变化。

2. 稳态剪切实验研究

当聚合物溶液受到剪切时,通常在垂直于剪切力的方向上产生法向力。第一法向应力差有使剪切面分离的倾向。第一法向应力虽然是在稳态剪切流动试验下测定的,但是由

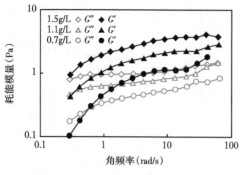

图 1-5-28　聚合物溶液的动态流变
曲线（2100 万）

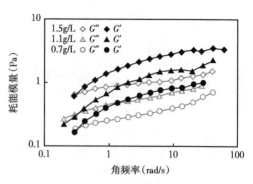

图 1-5-29　聚合物溶液的动态流变
曲线（1800 万）

于在低剪切速率范围内,实验过程中的第一法向应力差难以测定,再加上实验条件和仪器等客观因素的限制,致使测得的部分法向应力差不准确,是不可取的。为此,孙玉学 2009 年提出了如下的数据处理方法:利用动态剪切实验测得的储能模量和耗能模量数据,通过公式(1-5-48)计算出低剪切速率下的第一法向应力差,取代实测中第一法向应力差不准确的部分数据,然后结合实测中第一法向应力差为正数的可用数据,将剪切速率相重叠的数据及相应的第一法向应力差数据去掉,再回归出第一法向应力差与剪切速率之间的关系。

在低剪切速率下,计算第一法向应力的公式如下:

$$N_1 = 2G'_\omega \left[1 + (G'/G'')^2 \right]^{0.7} \Big|_{\omega = \dot{\gamma}} \qquad (1-5-50)$$

式中　N_1——第一法向应力差, Pa;
　　　G'——储能模量,Pa;
　　　G''——耗能模量,Pa。

由于耗能模量和储能模量是在动态剪切的条件下测定的,而第一法向应力是在稳态剪切条件下测出的,因此把这种处理方法称之为动静相结合的方法。这里指出,在稳态条件下,测定的是剪切速率,而在动态条件下测定的是角频率,在低剪切速率的条件下,二者通常是相等的。

图 1-5-30 和图 1-5-31 分别绘制了不同相对分子质量不同质量浓度的剪切速率和第一法向应力差的关系曲线。

对于第一法向应力差和剪切速率的关系曲线,可写为下列关系式:

$$N_1 = \varphi(\dot{\gamma})\dot{\gamma}^2 \qquad (1-5-51)$$

式中　$\phi(\dot{\gamma})$——第一法向应力差系数,是剪切速率的函数。

图 1-5-32 和图 1-5-33 分别绘制了相对分子质量 2100 万、1200 万,不同质量浓度的第一法向应力差系数与剪切速率的关系曲线。由图可以看出:在同一相对分子质量下,随着剪切速率的增大,第一法向应力差系数呈下降趋势;相同剪切速率下,质量浓度越高,第一法向应力差系数越大。

图 1-5-34 和图 1-5-35 分别绘制了 1.5g/L、1.1g/L 质量浓度下,不同相对分子质量的第一法向应力差系数与剪切速率的关系曲线。由图可以看出:同一质量浓度下,随着剪切速率的

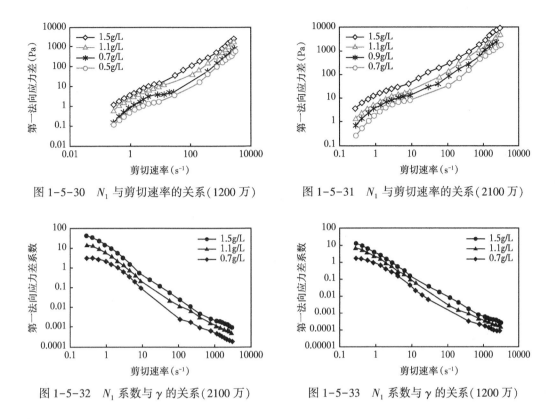

图 1-5-30　N_1 与剪切速率的关系（1200 万）　　　图 1-5-31　N_1 与剪切速率的关系（2100 万）

图 1-5-32　N_1 系数与 γ 的关系（2100 万）　　　图 1-5-33　N_1 系数与 γ 的关系（1200 万）

增大,第一法向应力差系数呈下降趋势;相同剪切速率下,相对分子质量越高,第一法向应力差系数越大。

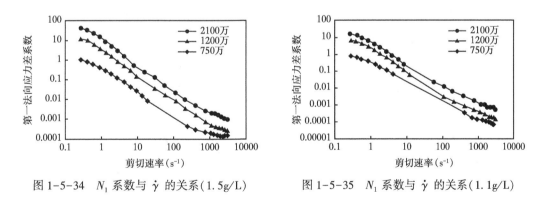

图 1-5-34　N_1 系数与 $\dot{\gamma}$ 的关系（1.5g/L）　　　图 1-5-35　N_1 系数与 $\dot{\gamma}$ 的关系（1.1g/L）

相对分子质量 750 万、1200 万、1800 万和 2100 万下,不同质量浓度的第一法向应力差系数与剪切速率的关系曲线进行回归,其回归方程如下:

$$\phi(\dot{\gamma}) = A\dot{\gamma}^n \qquad (1-5-52)$$

式中　A、n——回归系数,列于表 1-5-7 中。

根据回归出的不同相对分子质量的上式系数的数据,绘制出系数与质量浓度的关系曲线,并对曲线进行回归,其回归方程如下:

$$A = \alpha C_{\mathrm{p}} + b \qquad (1-5-53)$$

$$n = \bar{n} \tag{1-5-54}$$

其回归数据列于表 1-5-8 中。

表 1-5-7　第一法向应力差系数的回归数据表

质量浓度 (g/L)	相对分子质量 750 万		相对分子质量 1200 万		相对分子质量 1800 万		相对分子质量 2100 万	
	A	n	A	n	A	n	A	n
1.5	9.6302	-1.1979	5.8314	-1.106	3.032	-1.2039	0.3097	-1.0365
1.3	7.3826	-1.2135	4.6301	-1.1292	2.3595	-1.222	0.3744	-1.0828
1.1	4.2043	-1.1577	2.5942	-1.1013	1.9912	-1.2206	0.284	-1.0559
0.9	2.7035	-1.186	2.5912	-1.1364	0.8806	-1.1674	0.1673	-1.0546
0.7	1.3854	-1.1459	1.455	-1.1017	0.6459	-1.1676	0.1101	-1.0606
0.5	0.0977	-0.735	1.02	-1.0768	0.3594	-1.1423		

表 1-5-8　第一法向应力差系数与质量浓度的关系

系数	$A = aC_p + b$		$n = \bar{n}$
相对分子质量	A	b	n
2100 万	9.5940	-5.3599	-1.1060
1800 万	3.8887	-0.7169	-1.12513
1200 万	2.5466	-0.9593	-1.15689
750 万	0.3031	-0.0844	-1.05808

至此,建立了第一法向应力差系数与质量浓度的关系式。

三、驱油用的聚合物溶液的黏弹性

描述聚合物溶液黏弹性的主要参数有:第一法向应力差(N_1)、储能模量(G')、弹性黏度、松弛时间(θ)、韦森伯格数(W_e)等。在流动特性计算中,经常用到第一法向应力差(N_1)和韦森伯格数(W_e)。利用 HAAKE RS150 型流变仪测得不同浓度聚合物溶液的各个参数变化情况见表 1-5-9。

表 1-5-9　不同浓度聚合物溶液的黏度第一法向应力差和松弛时间的关系

浓度(g/L)	0.50	1.00	1.50	2.000	2.500
$\mu(\mathrm{mPa \cdot s})(\dot{\gamma} = 14.6\mathrm{s}^{-1})$	22.5	49.6	83.0	122.0	191.0
$\mu(\mathrm{mPa \cdot s})(\dot{\gamma} = 9.5\mathrm{s}^{-1})$	29.3	65.4	111.0	162.0	258.0
$N_1(\mathrm{Pa})(\omega = 13.51\mathrm{s}^{-1})$	2.79	5.53	9.35	22.95	31.20
$N_1(\mathrm{Pa})(\omega = 9.24\mathrm{s}^{-1})$	1.42	3.68	6.93	17.63	26.28
$\theta(\mathrm{s})(\omega = 13.51\mathrm{s}^{-1})$	—	0.09	0.128	0.132	0.213
$\theta(\mathrm{s})(\omega = 9.24\mathrm{s}^{-1})$	—	0.118	0.172	0.178	0.294

孙玉学于 2009 年利用 HAAKE RS150 型流变仪对流体的流变性进行了实验。聚丙烯酰胺溶液的稳态剪切流变曲线如图 1-5-36 所示,随着剪切速率的增加,质量浓度增加,黏度增加,第一法向应力差也增加,这说明 HPAM 溶液的黏性和弹性均随质量浓度的增加而增加。

由图1-5-37可见,反映HPAM溶液弹性的储存模量随质量浓度的增加而增加,说明HPAM溶液的弹性增加。

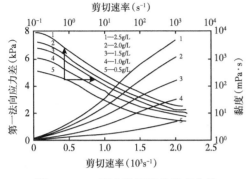

图1-5-36 聚合物溶液的流变曲线

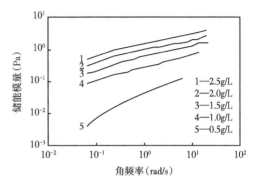

图1-5-37 溶液的动态剪切流变曲线

第一法向应力差测试中发现,在低剪切速率下,溶液的第一法向应力差数据不稳定,这是由于受到仪器测量精度的限制。为此,利用动态剪切试验测得的储能模量和耗能模量数据,孙玉学于2009年通过公式(1-5-48)计算出低剪切速率下的第一法向应力差,取代实测中第一法向应力差不准确的部分数据,然后结合实测中第一法向应力差为正数的可用数据,将剪切速率相重叠的数据及相应的第一法向应力差数据去掉,再回归出第一法向应力差与剪切速率之间的关系。

根据式(1-5-48)计算的第一法向应力差如图1-5-38所示,图1-5-39给出了相应的对数坐标图。对于图中的第一法向应力差和剪切速率的关系曲线,可表示为式(1-5-49)。

应用式(1-5-49)对图1-5-38中数据的处理,得到了第一法向应力差系数与剪切速率的关系曲线,如图1-5-40所示。从上述图中可以看出,用动态数据计算的第一法向应力差数据可以较好地弥补测量仪器所带来的偏差,其数据可以用于描述地层渗流条

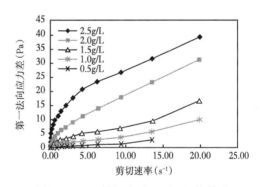

图1-5-38 低切速下N_1和$\dot{\gamma}$的关系

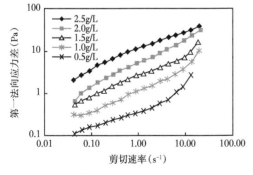

图1-5-39 低切速下N_1和$\dot{\gamma}$的关系

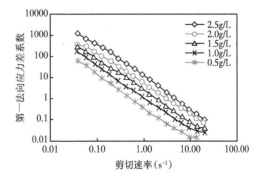

图1-5-40 N_1系数与剪切速率的关系曲线

件下的驱油过程。

聚合物溶液的视黏度与质量浓度、相对分子质量有关,质量浓度越大,溶液的视黏度越高,相对分子质量越大,溶液的视黏度越高。

凯瑞模型、幂律模型中各参数与质量浓度、相对分子质量有关。凯瑞模型中,相对分子质量越大,零剪切黏度、弛豫时间和指数也越大;随着质量浓度的增加,零剪切黏度、弛豫时间增加,指数 n 略呈下降趋势。幂律模型中,相对分子质量越大,稠度系数 K 和幂律指数 n 越大;稠度系数 K 随质量浓度的增加而增加,幂律指数 n 随质量百分数的增加略呈下降趋势。

同一相对分子质量下,质量浓度越大的聚合物溶液,储能模量越大,溶液的弹性越大;同一质量浓度下,相对分子质量越大的聚合物溶液,储能模量也越大,溶液的弹性越大。

同一质量浓度不同相对分子质量和同一相对分子质量不同质量浓度的聚合物溶液,其耗能模量和储能模量都有一个交点,当频率低于该交点处的频率时,耗能模量大于储能模量;反之,储能模量大于耗能模量。

利用动静态数据项结合的处理方法,可以得到更宽范围剪切速率下的第一法向应力差的数值,并得出了第一法向应力差系数与质量浓度、相对分子质量关系;质量浓度越高,第一法向应力差系数越大;相对分子质量越高,第一法向应力差系数越大。

相对分子质量为 3500 万的聚丙烯酰胺溶液中应用的表面活性剂 BS2#的含量为 0.1%,加入表面活性剂后溶液的黏弹性变化如图 1-5-43 所示。

从图 1-5-41 至图 1-5-43 可以发现:几种表面活性剂都会对聚合物溶液的黏弹性产生一定的影响,有的使溶液的黏弹性上升,有的使黏弹性下降。这里分析的都是高质量浓度聚合物溶液黏弹性受表面活性剂的影响,低浓度时黏弹性变化的幅度更小。总体来看,在聚合物驱的剪切速率范围内($10s^{-1}$)时,表面活性剂对溶液黏弹性的影响是微乎其微的,所以聚合物驱的研究及相关计算中可忽略表面活性剂影响,以未加入表面活性剂时聚合物溶液的黏弹性进行计算。

四、表面活性剂对聚合物溶液黏弹性影响

聚合物溶液中加入表面活性剂后,黏弹性会发生变化,变化的趋势和幅度受表面活性剂类型和浓度的影响。姜海峰于 2008 年采用表面活性剂包括 ORS-41、新型无碱表面活性剂 BS1#、BS2#进行了表面活性剂对聚合物溶液黏弹性影响研究,由于表面活性剂对高浓度聚合物溶液的黏弹性影响的幅度相对较大,通过聚合物浓度 2500mg/L 的各种聚合物溶液加入表面活性剂前后黏弹性曲线的对比说明表面活性剂对驱油体系黏弹性的影响。

1. ORS-41 对聚合物溶液黏弹性影响

研究中采用 ORS-41 表面活性剂的用量为 0.3%(质量分数),聚合物包括相对分子质量 2300 万的聚丙烯酰胺和缔合型聚合物 AP-P4 两种。加入表面活性剂后,两种聚合物溶液的黏弹性都有一定程度下降。对比结果如图 1-5-41 所示。

2. BS1#对聚合物溶液黏弹性的影响

采用新型无碱表面活性剂 BS1#对聚合物溶液黏弹性的影响进行研究。其中相对分子质量 2300 万的聚丙烯酰胺溶液中表面活性剂用量为 0.03%(质量分数),相对分子质量 2300 万的梳形 KYPAM 溶液中表面的黏弹性呈小幅度的下降;KYPAM 中加入 0.01%表面活性剂时,溶液的黏弹性也呈小幅下降,表面活性剂含量达到 0.03%后溶液的黏弹性又有一定的恢复,具体结果如图 1-5-42 所示。

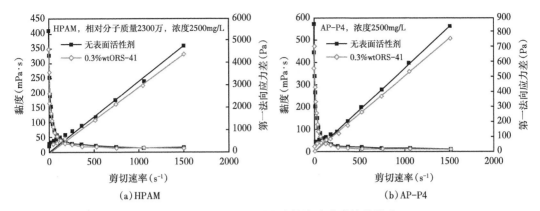

（a）HPAM

（b）AP-P4

图 1-5-41　ORS-41 对聚合物溶液黏弹性的影响

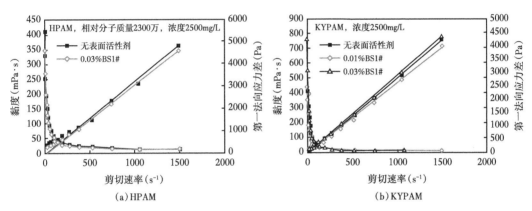

（a）HPAM

（b）KYPAM

图 1-5-42　BS1#对聚合物溶液黏弹性的影响

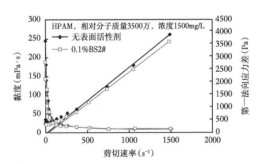

图 1-5-43　BS2#对聚合物溶液黏弹性的影响

第六章　聚合物驱油过程中的流动特性

聚合物注入油层后,将会产生两方面的重要作用:一是增加水相黏度,二是因聚合物的滞留引起超油层渗透率下降。上述两项作用的共同结果导致油层中聚合物驱的流度明显降低。因此,聚合物注入油层后将产生两项基本机理:一方面是控制水淹层段中水相流度,改善水油流度比,提高水淹层段的层内波及效率;另一方面是控制水淹层段中流体总流度,缩小高、低渗透率层段间水线推进速度差,调整吸水剖面,提高层间波及系数。

第一节　流　动　参　数

众所周知,聚合物一般都具有复杂的分子结构。在溶液中,当受到应力作用时,聚合物很容易经历不同的几何变形。因为多孔介质一般又都具有随机的几何孔隙空间结构,聚合物这样复杂的分子通过多孔介质流动时,人们借助几个重要的参数评价聚合物在多孔介质中的流动行为。

一、黏度

黏度是液体最重要的流动参数,它趋向于阻止流体的相对运动,最普遍的表达式是泊肃叶(Poiseuille)方程:

$$\mu = \frac{\pi r^4 \Delta p}{8Vl} t \tag{1-6-1}$$

式中　μ——液体的黏度,Pa·s;

V——液体的体积,m³;

Δp——流体入口端到出口端的压差,Pa;

l——流体通过的距离,m;

r——液体所流过的毛细管的半径,m;

t——压差为Δp条件下,液体流过长度为1m的毛细管所需的时间,s。

通常,可用毛细管黏度计(图1-6-1)来测定,并按下式计算聚合物稀溶液的黏度μ_p:

$$\mu_p = \mu_w \frac{t_p}{t_w} \tag{1-6-2}$$

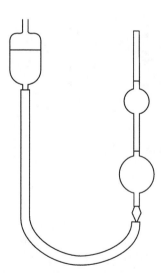

图1-6-1　毛细管黏度计示意图

式中　μ_w——水的黏度,Pa·s;

t_w—— 一定体积水流过毛细管黏度计所需的时间,s;

t_p—— 一定体积聚合物溶液流过毛细管黏度计所需的时间,s。

聚合溶液流过多孔介质时,不是一个常数0。因为聚合物溶液是非牛顿流体,其视黏度是剪切速率的函数。即使在稀溶液中,也只有在很低的剪切速率下,才存在牛顿流体的行为。在高剪切速率下,一般服从幂律的关系。根据幂律,液体的黏度可表示为

$$\mu e^{1/n} = 常数 \tag{1-6-3}$$

式中　μ——黏度,Pa·s;

　　　n——流变指数,常数,量纲1。

在这些条件中,Gogarty 曾提出如下的黏度方程

$$\mu = \cfrac{\mu_0}{f(v') + \cfrac{\mu_0}{K'(v')^n f_1(v')}} \tag{1-6-4}$$

其中　　　　　$f(v') = \dfrac{1}{1 + (av')^s}, \ f_1(v') = \dfrac{1}{1 + (b/v')^s}$

式中　μ_0——牛顿黏度,Pa·s;

　　　$f(v')$——流变模型中的剪切速率函数;

　　　$f_1(v')$——流变模型中的剪切速率函数;

　　　v'——剪切速率,s^{-1};

　　　K——稠度系数,Pa·s^n;

　　　a、b、s——流变模型中的常数。

实验结果表明:当剪切速率变小时,$f(v')$和$f_1(v')$的值一定分别接近于 1 和 0。当剪切速率变大时,$f(v')$和$f_1(v')$的值必然分别趋于 0 和 1。根据这个方程,可以确定应用于达西公式中的黏度。

二、流度

溶液的流度 λ 可定义为多孔介质对该溶液的渗透率和溶液黏度之比。在流速一定时,聚合物溶液的流度可以按下式计算:

$$\lambda = \frac{K}{\mu} = \frac{qL}{A\Delta p} \tag{1-6-5}$$

式中　K——多孔介质通过聚合物溶液的渗透率,m^2;

　　　μ——聚合物溶液的黏度,Pa·s;

　　　q——通过多孔介质的聚合物流量,m^3/s;

　　　L——通过多孔介质的长度,m;

　　　A——聚合物溶液通过的面积,m^2;

　　　Δp——流体多孔介质两端的压差,Pa。

理论上体系两端的压差 Δp 是该体系中黏滞能、动能和弹性力之和。它可以写成

$$\Delta p = \alpha \mu L \bar{v} + b\rho \bar{v}^2 + \Delta p_s \tag{1-6-6}$$

其中　　　　　$a = \dfrac{\phi}{K}, \ b = \dfrac{D}{\delta \phi^2}$

式中 $\bar{v}$——溶液或流体推进速率的平均速度，m/s；

ρ——溶液的密度，kg/m³；

Δp_s——由溶液弹性所产生的压降，Pa。

a、b——常数。

黏弹性流体一般显示出第一法向应力差，即 $N_1 = \sigma_{11} - \sigma_{22}$。第一法向应力差定义为流动方向(方向1)与速度梯度方向(方向2)上应力的差值。Mashall 和 Metzner 把它与剪切速率 $v' = \dfrac{\mathrm{d}v}{\mathrm{d}y}$ 相关联，其关系式是

$$\sigma_{11} - \sigma_{22} = 2\mu\theta_f(v')^2 \qquad (1\text{-}6\text{-}7)$$

式中 θ_f——流体的松弛时间，s；

v'——管壁上的平均剪切速率，s⁻¹。

对于一根毛细管来说

$$v' = \frac{8\bar{v}}{d} \qquad (1\text{-}6\text{-}8)$$

假设弹性压力降与法向应力差成正比，可以将 Δp_s 写成：

$$\Delta p_s = 2n\mu\theta_f\left(\frac{8\bar{v}}{d}\right)^2 c = 128n\mu\theta_f\left(\frac{\bar{v}}{d}\right)^2 c \qquad (1\text{-}6\text{-}9)$$

式中 $\bar{v}$——在缩径处(喉道)流体的平均速度，s⁻¹；

d——喉道直径，m；

c——体系常数，量纲1；

n——喉道数量，量纲1。

合并式(1-6-6)和式(1-6-9)得到以阻力表示的压差，即

$$\Delta p = a\mu L\bar{v} + b\rho\bar{v}^2 + 128n\mu\theta_f c\frac{\bar{v}^2}{d^2} \qquad (1\text{-}6\text{-}10)$$

采用毛细管束等效渗流原则有

$$d^2 = \frac{32K}{\phi} \qquad (1\text{-}6\text{-}11)$$

式(1-6-10)表示为

$$\frac{\Delta p}{L} = \frac{\mu}{K}\bar{v} + b\rho\bar{v}^2 + \frac{\mu}{K}\theta_f c_1\bar{v}^2 \qquad (1\text{-}6\text{-}12)$$

式(1-6-12)中 $c_1 = 4\phi nc$。在实际测定溶液的流度时，动能和弹性力两项忽略不计。

第二节　阻力系数和残余阻力系数

阻力系数和残余阻力系数是描述聚合物溶液流度控制和降低渗透能力的重要指标。

一、阻力系数

把选定的聚合物加到淡水和盐水中,可以提高其黏度,同时这种稀溶液流过多孔介质时,也会降低其渗透性。Pye 提出用阻力系数来表征流度的降低,它是在相同的含油饱和度下,水的流度与聚合物溶液的流度的比值,是指聚合物降低流度比的能力,表示为

$$R_F = \lambda_w / \lambda_p = \left(\frac{K_w}{\mu_w}\right) \bigg/ \left(\frac{K_p}{\mu_p}\right) \tag{1-6-13}$$

式中 R_F——阻力系数,量纲 1;

    λ_w、λ_p——水和聚合物的流度,mD/(Pa·s);

    K_w、K_p——水相和聚合物溶液渗透率,mD;

    μ_w、μ_p——水相和聚合物溶液工作黏度,Pa·s。

如果把方程(1-6-12)中的动能项忽略不计,则 R_F 可表示为:

$$R_F = \left(\frac{K_w / \mu_w}{K_p / \mu_p}\right)(1 + \theta_f c_1 \bar{v}) \tag{1-6-14}$$

不存在黏弹性影响时,则 R_F 只是水的流度与聚合物溶液流度之比。实际工作中,阻力系数 R_F 按下式计算:

$$R_F = \left(\frac{\Delta p}{L \bar{v}}\right)_p \bigg/ \left(\frac{\Delta p}{L \bar{v}}\right)_w \tag{1-6-15}$$

当聚合物通过多孔介质的长度一定,且聚合物溶液和溶剂的流速保持恒定时,则方程(1-6-15)简化为

$$R_F = (\Delta p)_p / (\Delta p)_w \tag{1-6-16}$$

在恒定的聚合物溶液和溶剂流速下,记录下多孔介质两端的压差,很容易求得阻力系数。压差记录可在固定点上安装压差计或压力传感器,并用有条带记录纸的记录仪连续的测量和记录压差。图 1-6-2 是一个典型的试验装置。典型的阻力系数与聚合物浓度的关系曲线,如图 1-6-3 所示。

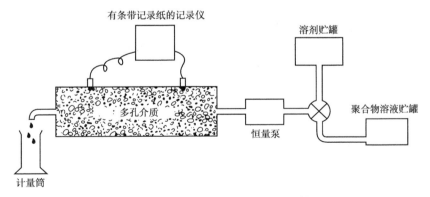

图 1-6-2   测量阻力系数的典型试验装置

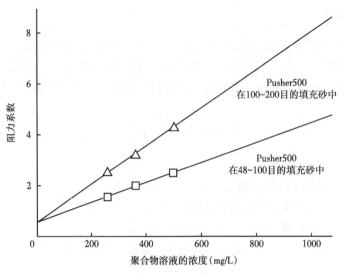

图 1-6-3　聚丙烯酰胺浓度与阻力系数的关系

二、残余阻力系数

残余阻力系数是聚合物驱前后岩石的水相渗透率的比值,它描述聚合物降低渗透率的能力,表示渗透率下降系数:

$$R_R = K_{wb}/K_{wa} \qquad (1-6-17)$$

式中　R_R——残余阻力系数,量纲 1;

　　　K_{wb}、K_{wa}——注聚合物前后的水相渗透率,mD。

由于

$$K_p = K_{wa}, K_w = K_{wb}$$

所以,阻力系数可以表示为

$$R_F = \left(\frac{\mu_p}{\mu_w}\right) R_R \qquad (1-6-18)$$

式中　μ_w、μ_p——水相和聚合物溶液工作黏度,Pa·s。

实际上,残余阻力系数是当聚合物溶液流过多孔介质后,对其渗透率降低的一种量度。根据这个参数,可以推测渗透率降低的机理。试验上,残余阻力系数可由下式确定:

$$R_R = \frac{(\Delta p/q)_w (聚合物流过后)}{(\Delta p/q)_w (聚合物流过前)} \qquad (1-6-19)$$

如果两种条件下的注入速率保持恒定,则有

$$R_R = \frac{(\Delta p)_w (聚合物流过后)}{(\Delta p)_w (聚合物流过前)} \qquad (1-6-20)$$

试验方法测定 R_R 可用如图 1-6-2 所示的装置进行。应当测取排出物中已没有聚合物分子时的压差值。如果残余阻力系数大于 1,则表明将阻碍盐水或溶剂流动,且聚合物溶液流过多孔介质后,渗透率有所降低。可采用筛网黏度计来测定筛网系数并可直接与溶液的阻力系数相关联。典型的残余阻力系数与聚合物溶液浓度的关系曲线如图1-6-4所示。

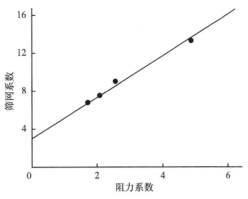

图1-6-4 筛网系数与阻力系数关系曲线
(Pusher500,48~100目填充砂)

三、阻力系数和残余阻力系数影响因素

物理模拟和数值模拟研究结果表明,聚合物驱油效果与聚合物溶液改善流度比和降低渗透率能力有关,即与阻力系数和残余阻力系数有关。影响聚合物溶液阻力系数和残余阻力系数的因素很多,主要包括聚合物的相对分子质量、聚合物溶液的浓度、岩心的渗透率,地层水的矿化度以及聚合物溶液的注入速度和其他因素。

1. 相对分子质量

在相同的条件(聚合物浓度、剪切速率和注入速度相同)下,聚合物的相对分子质量越高,其分子在溶液中的有效体积越大,它的增黏能力越强,控制水油流度比的能力越强,即它的阻力系数 R_f 越大。另一方面,由于高相对分子质量的聚合物分子具有较大的水动力半径,同时在相同的孔隙介质内具有较大的机械捕集,故高相对分子质量聚合物在多孔介质中有较大的滞留,因此,其残余阻力系数 R_k 也更大。

2. 聚合物溶液的浓度

注入地层中的聚合物在岩石表面吸附和在孔隙中的机械捕集即聚合物在多孔介质中滞留而使其渗透率降低,滞留量越大,R_k 越大。吸附量随聚合物溶液的浓度的增加而增加,渐趋于稳定,捕集量一般随聚合物溶液的浓度变化不大,但聚合物溶液浓度高,高分子间的物理交联点增多,相互缠绕的机会,从而可能使捕集量略有增加,所以,随着聚合物溶液浓度的增加,R_R 逐渐增大并趋于稳定。

由公式(1-6-18)以及 μ_p、R_R 随聚合物溶液浓度的增加而增加的特性,很容易理解,随着聚合物溶液浓度的增加,其阻力系数也增加。因为,随着聚合物溶液浓度的增加,其黏度也随着增加,它控制水油流度比的能力也增强,故 R_R 增加。

3. 渗透率

低渗透率的岩心比较致密,孔隙较窄,岩心的比表面大,吸附量增大,另一方面,由于聚合物分子聚集体的有效尺寸与岩心的孔道尺寸的均值也增大,从而聚合物分子在多孔介质内的捕集也较大,聚合物水动力学体积将发挥更大作用,聚合物的滞留量增大,即随着岩心渗透率的降低,残余阻力系数 R_R 增大,如图1-6-4所示。

渗透率对聚合物溶液的阻力系数的影响是十分复杂的,如前所述,由公式(1-6-13)知道,阻力系数取决于水的黏度、聚合物溶液的黏度和残余阻力系数的大小。渗透率越高,R_R 越低,而流体在岩心中流动的剪切速率越低。在实验范围内,聚合物溶液的黏度 μ_p 随剪切速率的降低而升高,且当聚合物溶液的浓度越大,μ_p 对剪切速率的依赖性越强。由于聚合物溶液的黏度和残余阻力系数随渗透率变化而变化,因此岩心渗透率对聚合物溶液的阻力系数的影响变得比较复杂。随着聚合物溶液浓度的增加,阻力系数随岩心渗透率的增加而下降,随着聚合物溶液浓度的不断增加,阻力系数的下降速度越来越小,最后,达到一定的浓度后,阻力系数随岩心渗透率的增加而增加。

4. 矿化度

随着矿化度的增加,聚合物在多孔介质的表面上吸附量增加,从而增大了聚合物在多孔介质内的滞留量,因此,增加了聚合物溶液的残余阻力;另一方面,由于矿化度的增加,聚合物分子在溶液中的有效尺寸缩小,聚合物溶液的黏度大幅度降低,其控制水油流度比的能力减弱,阻力系数下降。聚合物的水动力学体积变小,从而减小由于机器不起作用而滞留在多孔介质的作用,因此,随着矿化度的增加,聚合物在多孔介质内的滞留量减少,聚合物的阻力系数和残余阻力系数降低,并且二价离子的影响比一价离子的影响更强烈。

5. 注入速度

随着注入速度的增加,聚合物分子所受的剪切力增加,沿流动方向取向,使聚合物溶液的黏度降低,阻力系数随之降低。另一方面,由于聚合物分子沿流动方向取向,使得聚合物分子更容易进入小孔隙,从而增加了聚合物分子在多孔介质中的滞留,更进一步降低了岩心的渗透率,因此,残余阻力系数增加。但一些研究人员发现:当注入速度超过一定值时,聚合物溶液就会出现黏弹效应,从而使阻系数上升。

6. 其他因素

包括温度、聚合物的类型、阴离子的含量以及溶液的 pH 值等对聚合物的黏度和聚合物分子在多孔介质中的滞留都有一定的影响,因此,它们的存在也会影响聚合物溶液的阻力系数和残余阻力系数。但是,由于各因素的复杂性,这方面的研究工作的报道也较少。

第三节　聚合物的滞留机理

聚合物在岩石表面上滞留取决于许多因素,聚合物注入地层后,在岩石表面的吸附造成聚合物损失,同时,降低了溶液中聚合物的浓度,形成静态滞留。溶液经多孔介质时,聚合物分子中较大尺寸的分子未能通过窄小的流动通道,形成机械捕集与水动力学滞留。所以,滞留可分为聚合物吸附,机械捕集和水动力学滞留三类。聚合物在多孔介质中滞留量的大小取决于多孔介质的性质即结构,聚合物本身的性质,以及地层水性质。吸附是聚合物—岩石表面—溶剂体系最基本的特征,因此,对于某个给定的聚合物驱来说,吸附应当是进行研究的最重要的机理。机械捕集滞留应看成是过滤作用所致,应尽量避免。通常水动力滞留作用很小,在大多数实际应用时可忽略不计。

一、岩石吸附

静态吸附是指当聚合物溶液与岩石颗粒长期接触达到吸附平衡后,单位岩石颗粒表面积或单位岩石颗粒质量所吸附聚合物的质量,单位用 g/g 表示。在岩石静态吸附量的大小与聚合物的类型、相对分子质量、水解度、溶剂的盐度、离子硬度、岩石颗粒的成分和表面性质及环境温度等因素均有关。但是,适当的吸附有利于油藏岩石渗透率的降低。

朗缪尔(Langmuir)等温吸附定律常用于定量描述聚合物的吸附特征,朗缪尔方程参见式(1-3-22)。

当聚合物浓度较低时,聚合物在岩石表面的吸附量随着浓度的增加而上升,在较高的浓度下吸附逐渐达到平衡,最终吸附量不依赖于聚合物浓度。朗缪尔等温吸附线如图1-6-5所示。

图 1-6-6(a)为朗缪尔定律中 K_a、K_b（为研究方便，下面 K_a 用 a 代替，K_b 用 b 代替）为常数条件下的等温吸附规律，随着系数 b 的增加，达到吸附平衡的浓度减小。图 1-6-6(b)是 b 为常数条件下的等温吸附规律，随着系数 a 的增加，吸附平衡浓度降低。当聚合物浓度很小时，Langmuir 等温吸附模型可以简化为线性，方程(1-3-22)变为

$$F = K_a C \qquad (1-6-21)$$

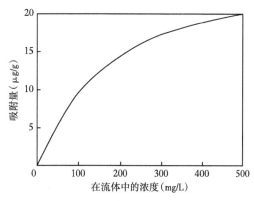

图 1-6-5　高聚物吸附等温线

测定吸附量时，在聚合物溶液与岩石颗粒充分接触并达到吸附平衡后，首先测定聚合物浓度降低值，然后利用物质平衡方程求出聚合物吸附量，计算公式为

$$F = \frac{(C_o - C)V}{M} \qquad (1-6-22)$$

式中　F——吸附量，表示每克岩石吸附聚合物的毫克数，mg/g；

　　　C_0——聚合物溶液的初始浓度，mg/L；

　　　C——吸附平衡后聚合的溶液的最终浓度，mg/L；

　　　V——聚合物溶液的体积，L；

　　　M——岩石颗粒的质量，g。

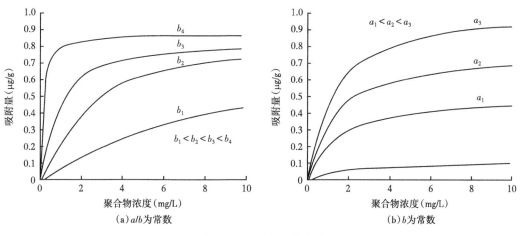

图 1-6-6　等温吸附曲线

在静态吸附测定过程中，大多数油藏岩石为胶结好的砂岩，因此实验时需将其破碎，以便聚合物溶液与岩石颗粒表面充分接触。此外，为了提高测定精度，所用聚合物溶液的体积不能太大。当注入的聚合物溶液，通过多孔介质时，离注入端很短距离内聚合物分子迅速地被滞留。聚合物分子在注入溶剂前后的滞流程度的典型曲线如图 1-6-7 所示。

虽然聚合物在多孔介质上的静态吸附，用简单的吸附试验即可明确地证明。但人们关心的是动态吸附。一般而言，聚合物分子在岩石表面上的吸附程度，取决于两个基本因素：

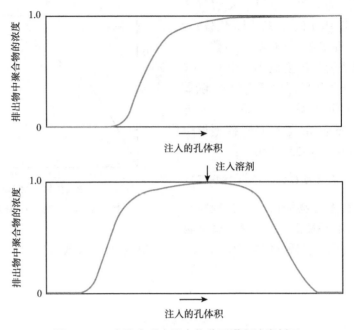

图 1-6-7　多孔介质中聚合物分子滞留浓度剖面

即聚合物分子和岩石表面的化学性质以及分子与表面的接近程度。图 1-6-7 中的曲线显示:聚合物浓度越高,吸附程度越大。如果把这一概念应用于流动状态,则吸附程度将取决于聚合物和多孔介质的化学性质,以及被吸附的聚合物分子尺寸。所以,人们设法知道岩石孔隙大小的分布和溶液中聚合物分子的尺寸就非常重要。最简单的多孔介质模型是一个毛细管束,根据这个模型就可以简单计算平均孔隙直径。聚合物分子的平均尺寸,可以用弗洛利(Flory)公式(1-4-65)计算。不过聚合物分子的尺寸易受电解质影响。电解质的存在也会影响原始岩石的化学特性。许多岩石在原始状态下,表面带负电荷,于是,溶液中的阳离子将在这些岩石表面上形成一个吸附层,并为阳离子和阴离子组成的扩散层所围绕。萨博(Szabo)研究了无机盐在聚合物吸附过程中所起的作用,水在溶解聚电解质时,由于水和聚合物偶极子间的相互作用和聚合链上带电基团的相互排斥作用,使聚合物分子链伸展。然而,把电解质加入水中后,由于电解质所形成的双电层的屏蔽效应,聚合物主链电荷间的排斥作用受到阻碍。由此,在达到某一限度以前,聚合物分子的伸展都取决于水中电解质浓度。二价阳离子,如 Ca^{2+} 和 Mg^{2+} 对带负电的离子型聚合物的影响,比一价离子更为显著。例如:把部分水解聚丙烯酰胺溶于水中,水分子与聚合物的极性基团便会发生相互作用。萨博用图 1-6-8 图形描述了这种作用。

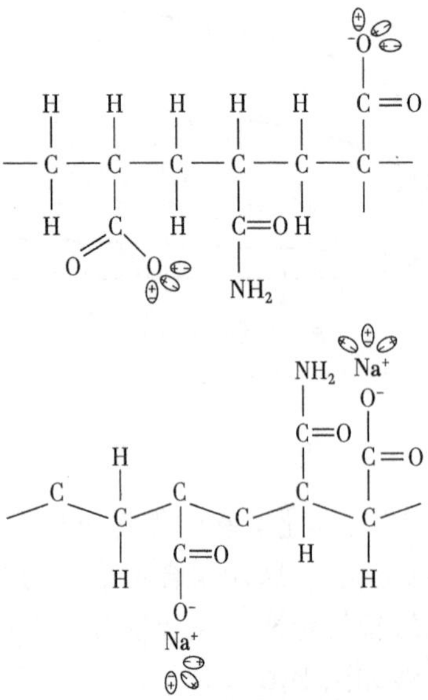

图 1-6-8　部分水解聚丙烯酰胺
在蒸馏水和盐水中的示意

如果考虑上述化学特性,一般来说,良溶剂中聚合物不易被吸附,溶液中含盐量增加有利于吸附,聚合物分子在碳酸盐岩表面比砂岩表面更易被吸附;部分水解聚丙烯酰胺在岩石表面的吸附量要比黄原胶大得多;部分水解聚丙烯酰胺在砂岩和碳酸盐岩表面上的吸附程度比生物聚多糖(XC)在聚四氟乙烯岩心上的吸附程度要大得多。实验已经证明,聚丙烯酰胺在聚四氟乙烯岩心上的吸附作用比天然岩心要低得多。温度升高有利于吸附。

托马斯(Thomas)在研究聚丙烯酰胺和生物聚合物水溶液,通过直径分别为 2.5μm 和 25μm 的熔融玻璃毛细管束的吸吸附作用时,曾观察到几个有趣的现象。这些毛细管是用外层耐腐蚀,而中心为可腐蚀的复合玻璃管拉制成的。尽管毛细管的直径比聚合物分子大 3~4倍,聚合物分子仍然被毛细管表面所吸附。

所吸附聚合物的厚度略小于溶液中聚合物分子直径。聚丙烯酰胺和生物聚多糖吸附层的厚度略有不同,这种差别可用生物聚多糖分子的刚度较大来解释。同时还观察到吸附无需弯曲的通路,而且吸附程度与流速无关。

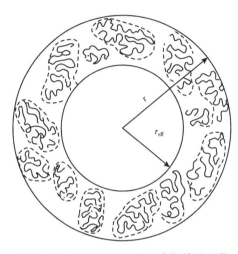

要对在动态条件下的吸附作用进行精确地数学描述是相当困难的。萨博用部分水解聚丙烯酰胺所做的实验证明,聚合物是单分子层吸附。罗兰德(Rowland)和埃里奇(Eirich)根据流过烧结的硅硼酸玻璃圆盘两端流动阻力的增加,计算了吸附层厚度,所得数据证明:吸附层的厚度等于溶液中聚合物线团直径。在毛细管壁上单分子层吸附如图1-6-9所示。

图 1-6-9　毛细管壁上的聚合物单层吸附

海雷斯基(Hirasald)和波普(Pope)提出了下列吸附程度的方程式:

$$A_d = \frac{SM\sigma}{A_m A\rho_b} \qquad (1-6-23)$$

式中　A_d——聚合物的吸附量,mol/kg;

　　　S——单位体积吸附剂中的表面积,m^2/m^3;

　　　A_m——聚合物分子覆盖的面积,m^2;

　　　M——聚合物的相对分子质量,量纲1;

　　　A——阿伏加德罗常数,$A = 6.022×10^{23}\ mol^{-1}$;

　　　ρ_b——岩石的整体密度,kg/m^3;

　　　σ——多孔介质对聚合物分子的化学亲合性常数,量纲1。

海雷斯和波普在水解聚丙烯酰胺的计算中,σ 值取为 2~8。

任何一种天然岩石表面积的精确值都是很难得到的,不过用柯兹尼—卡尔曼公式可以估算出较为令人满意的数值。A_m 约等于 $3.5r_m^2$(r_m 是溶液中聚合物分子螺旋线团的半径)。

海雷斯和波普认为:由于横向的压缩作用,单分子吸附层所占据的空间比按溶液中分子直径的计算值小。这可由因子 σ 加以说明,σ 值取决于多孔介质对聚合物分子的化学亲合性。同时还发现,在流动条件下,只有一部分聚合物分子被吸附在基质岩石表面上,其余部分仍留在溶剂中。如果情况确实如此,那么当它在狭窄的通道中被吸附后,就可能缠结随后流过的其他聚合物分子。不过缠结起来的分子较容易地被注入的溶剂分子所解缠。这种观点可用来解释图 1-6-7 中当注入溶剂后曲线变化的趋势。

二、机械捕集滞留

聚合物机械捕集滞留类似于孔隙很小的低渗透率岩心的重要机理。残余油条件下的机械捕集滞留是要比完全饱和水时的高。它随聚合物通过多孔介质体系的改变而变化。聚合物分子流动时,分子有效尺寸相对于孔隙大小分布来说是机械捕集滞留非常重要的机理。

机械捕集与水动力学滞留是相互影响的,只有在溶液经多孔介质时才能发生,而在静态中不可能存在这两个机理,机械捕集是指聚合物分子中较大尺寸的分子未能通过窄小的流动通道,而留在窄小孔隙处,造成堵塞的现象。换句话说,聚合物分子流过天然岩心,机械滞留主要是由于岩石孔隙尺寸分布不均而引起的,多孔介质中有许多通道,其入口孔径较大,而出口则较狭窄,萨博用图 1-6-10 表示。

机械捕集现象在岩石中有三种情况:

(1)注入浓度大于产出浓度,直到滞留达到平衡为止;

(2)沿注入方向捕集的聚合物分子数目急剧下降;

(3)深部过滤作用,如果注入足够量聚合物溶液,最终在岩心所有位置都可滞留,即滞留现象可以传递。

聚合物溶液注入时,若聚合物分子直径小于入口而大于出口,则将在多孔介质中产生机械滞留。因此机械滞留与聚合物的尺寸、孔隙分布、聚合物分子在溶液中的浓度以及流速有关。

前两个因素是相互关联的,如溶液中聚合物的尺寸与岩石孔隙的平均直径相比较小时,机械滞留的可能性较低。因此,聚合物滞留作用中,机械捕集主要发生在致密地层中。萨博实验证实:低渗透储层中,机械捕集效应比中渗透及高渗透储层更为突出(图 1-6-11)。由图可知,距入口 1cm 和 6cm 处的滞留程度可明显看出:机械捕集效应是滞留机理的主要因素,直线的斜率证实了孔隙尺寸的影响。在一个用低渗透(86mD)的聚四氟乙烯岩心试验中,证实机械滞留作用是主要因素,因为这种岩心的表面与聚合物分子间的化学亲合性差,

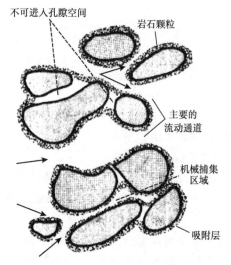

图 1-6-10　多孔介质中不同的滞留机制

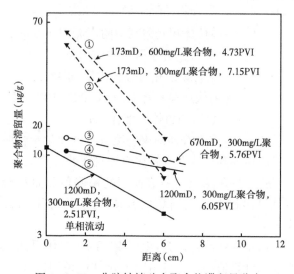

图 1-6-11　非胶结填砂中聚合物滞留量分布

吸附作用应当很弱。

聚合物浓度的影响近似线性关系,浓度越高,机械捕集作用越易发生。它就像细颗粒通过填充砂层所进行的过滤作用一样。开始由于机械捕集,过滤作用较大,当达到稳定后,不管有多少溶液通过,细颗粒的机械滞留量仅略有增加。流速对机械滞留的影响,不能用同样的比拟方法进行推论。因为聚合物分子的松弛性质各异,因而流动行为也不尽相同。威尔海特(Willhite)和多米杰兹(Dominguez)研究指出:流速越高,聚合物的滞留量也越大,从而阻力系数也增大,如图1-6-12和图1-6-13所示。

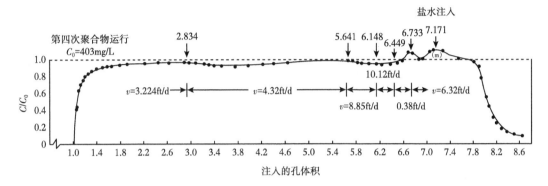

图1-6-12　流速对排出液中聚合物浓度的影响(Pusher700, 2%NaCl 溶液;聚四氟乙烯岩心)

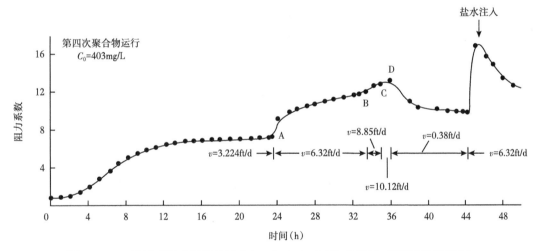

图1-6-13　流速对阻力系数的影响(Pusher700, 2%NaCl 溶液;聚四氟乙烯岩心)

在吸附作用很低的聚四氟乙烯岩心中,阻力系数随流速提高而增大。其原因是聚合物分子在滞留位置上压紧,而使渗透率降低所致。看来渗透率降低对阻力系数的影响,比在不同剪切速率下,黏度变化所产生的影响大。当流速从 3.09m/d 降到 0.12m/d 时,阻力系数也相应降低。这是聚合物的滞留作用具有可逆性的现象。

梅尔克(Maerker)采用渗透率为121mD 的贝雷岩心,用含 2%NaCl 浓度为500mg/L 的生物聚多糖溶液进行驱替试验,用聚合物分子的松弛性质,解释了流速的影响。观察到当流动在 16h 后重新开始时,排出液的聚合物浓度会突然大大提高,结果如图1-6-14所示。

在正压力梯度下,聚合物分子在孔隙结构内发生变形。当压力减小时,聚合物分子呈现出

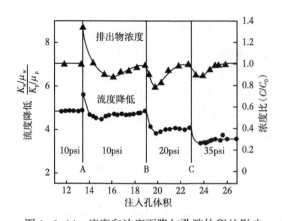

图 1-6-14　流度和浓度下降与孔隙体积的影响
（生物聚多糖 XC,500mg/L,2%NaCl 溶液）

更为松弛构型,然后运移到较大的通道中。如果流动重新开始,这些聚合物分子就会被驱替出去,如果由于浓度梯度而使流动停止过久,则聚合物分子就会扩散到更大的孔隙区域中。此时,如恢复流动,聚合物的流量也会增大,从而使溶液黏度提高,造成流度进一步降低。接着,聚合物分子又再次被捕集滞留,直至达到稳定状态为止。在图 1-6-14中的 B 点和 C 点,增加流速而不停止聚合物溶液的流动,使更多的聚合物被捕集,于是排出物中的聚合物浓度和流度都降低。这就进一步证实了机械滞留存在某种可逆性,或者如威尔海特和多米杰兹称之为准可逆性。特别是在捕获的分子尚未让溶剂进一步流动压得更紧的那些地方。

聚合物分子流动时,应尽量避免预过滤或预剪切而使分子尺寸变小。所有对聚合物溶液进行旨在降低机械捕集滞留的处理,最重要的目的就是要使溶液保持其实用的黏度。

三、水动力学滞留

水动力学滞留是指由于流动方向或流速改变而引起的滞留,当机械捕集促使一些小孔隙或颗粒夹角处被大分子堵住,迫使流线方向改变,在局部位置进一步滞留聚合物大分子,流速增加也可使大分子聚合物进一步滞留。

静态吸附实验所获得的结果并不代表油藏实际的吸附规律,原因之一是在捣碎固结岩石时出现了新的表面,其表面特性与岩石孔隙表面的特性不同。当然,如果油藏岩石就是非固结的油砂,那么这种效应就很小。其次,在静态吸附实验中不能测出聚合物分子在岩石孔隙中的机械捕捉和水动力学滞留作用所导致的滞留量。然而,静态吸附的实验结果可以与动态滞留的结果相比较,用于研究吸附和滞留机理。聚合物在液/固界面上的吸附是很容易观察的,多孔介质机械捕集时的滞留作用,也是很容易观察的。水动力滞留作用受流速的影响,但这种滞留机理并不是引起聚合物在多孔介质上吸附的主要因素,尽管在油田上进行大规模聚合物时,水动力滞留可能不是主要的影响因素。必须完全充分掌握室内驱替实验结果,但是正确解释聚合物吸附和捕集滞留机理。

第四节　聚合物滞留及不可进入孔隙体积

当向储层注入聚合物驱油时,并不是所有聚合物都全部能够进入多孔介质的孔隙及喉道,只有一部分较大孔隙尺寸多孔介质中聚合物才能进入。这一部分孔隙相对注入的聚合物来说是可以进入的,而剩余部分孔隙相对于注入聚合物分子来说是不可进入的,即"不可入"。因此,不可入孔隙体积(Inaccessible Pore Volume,IPV)的定义是聚合物分子不能进入的那一部分孔隙体积所占岩石总孔隙体积的百分数,用 IPV 表示,通常 IPV 为 0.15～0.35 孔隙体积 V_p,不可注入体积模型如图 1-6-15 所示,图中阴影部分相当于岩石骨架,而其他部分为孔隙 ϕ,当聚合物溶液流经这一部分岩石孔隙时,由于分子尺寸与孔隙尺寸差异,有一些孔隙不能被聚合物分子流过(例如图中的Q_{in}),这一部分孔隙体积为不可入孔隙体积。

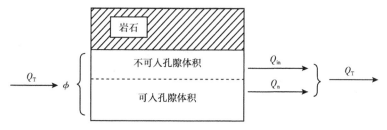

图 1-6-15　聚合物不可入孔隙体积

　　如果聚合物在岩心中仅存在不可入孔隙体积效应,那么在相同的注入环境中聚合物分子通过岩石的流速要比水的流速快,假设体积流量为Q,岩心截面积为A,岩心孔隙度为ϕ,聚合物分子不可入孔隙度为ϕ_{in},那么水和聚合物分子的流速分别为:

$$v_w = \frac{Q}{A\phi} \tag{1-6-24}$$

$$v_p = \frac{Q}{A(\phi - \phi_{in})} \tag{1-6-25}$$

式中　v_w——水的流速,m/s;
　　　v_p——聚合物分子的流速,m/s。
　　由式(1-6-24)和式(1-6-25)得

$$\frac{v_w}{v_p} = 1 - \frac{\phi_{in}}{\phi} \tag{1-6-26}$$

　　由于ϕ_{in}总是小于ϕ,所以$v_w > v_p$。
　　如果聚合物分子在岩石中同时存在吸附/滞留和不可入孔隙体积,那么,聚合物分子比水的流速是大还是小呢? 它取决于吸附/滞留和不可入孔隙体积各自的贡献大小。由于存在吸附/滞留有部分聚合物分子就会损失在岩石中,如果在岩石中因吸附/滞留而损失的聚合物分子数目大于因不可入孔隙体积效应提前产出的聚合物分子数目,那么聚合物分子的流速小于水的流速;反之就会大于水的流速,如果二者正好相等,即聚合物分子的流速与水流速相同。
　　聚合物不可入孔隙体积大小主要取决于聚合物相对分子质量及其分布,岩石渗透率大小和孔隙大小及其分布。当岩石渗透率较大时,聚合物相对分子质量较低时,聚合物分子可以通过绝大多数孔隙,这样聚合物分子的不可入孔隙体积就比较小,而当岩石渗透率较小,聚合物相对分子质量较大时,只有少数可允许聚合物分子通过,这样聚合物的不可入孔隙体积相对较大。
　　关于聚合物流过多孔介质期间滞留问题的讨论,如果不定义下述两个术语,则是不完整的。即聚合物在多孔介质中的滞留形式和不可进入孔隙体积。流动通道中的许多不均匀之处,都是聚合物滞留的主要目标。赫齐格(Herzig)已经描绘了图1-6-16中的这些位置。当看了上述滞留位置图后,从直观上看,裂缝和收缩部位将起主要作用。实际上与这些部位尺寸相关的溶液中聚合物分子的尺寸,在机械滞留中才是重要的因素。一个理想的裂缝位置,应是两个球粒的接触点,如图 1-6-17 所示。只有当 $d/d_g \geq 0.05$ 时,对机械滞留才是重要的。此处 d 是把聚合物分子线团视为圆球的当量直径。d_g 是颗粒直径。

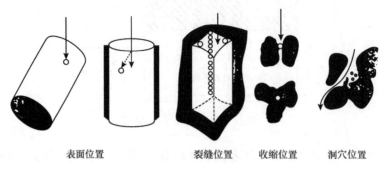

表面位置   裂缝位置   收缩位置   洞穴位置

图 1-6-16　聚合物在多孔介质中的滞留形式

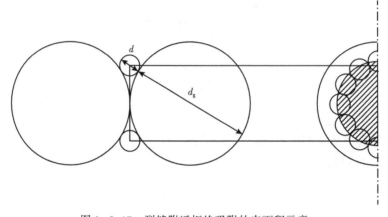

图 1-6-17　裂缝附近拒绝吸附的表面积示意

多桑(Dawson)和兰茨(Lantz)从实验中观察到:聚丙烯酰胺溶液流过贝雷(Berea)砂岩岩心时,聚合物过早地突破。他们用不可进入孔隙体积来解释这种现象。因而根据与溶液中聚合物分子尺寸的关系,所谓不可进入孔隙体积是指:第一,由于孔隙本身太小,以致不允许聚合物分子进入的那些孔隙体积;第二,被聚合物分子堵塞了的体积;第三,在多孔介质表面上吸附或在孔隙空间滞留的聚合物分子所占有的水动力学体积。根据上述定义可知,并不是多孔介质的全部孔隙体积对聚合物分子的流动都是有效的。

托马斯用水银孔隙仪,测定了贝雷砂岩中孔隙尺寸的分布。他算出对于半径为 $1\mu m$ 的聚合物分子,约有 14% 的孔隙体积为不可进入孔隙体积,即图 1-6-18 中用影线表示的那部分。萨博用 C^{14} 标记的水解聚丙烯基化合物,在胶结和非胶结的石英砂(孔隙率 43%~46%)中进行试验,也注意到存在不可进入孔隙体积。

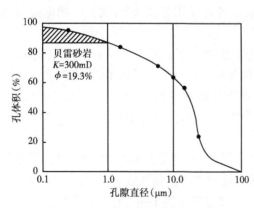

图 1-6-18　孔隙度仪测定的贝雷
岩心孔隙尺寸分布

威尔海特(Willhite)和多米杰兹(Dominguez)对不可进入孔隙体积,已推导出下列比拟关系式:

$$\frac{d}{d_g} \bigg/ \frac{d_{pore}}{d_g} = \frac{d}{d_{pore}} > 0.678 \qquad (1-6-27)$$

式中 d_{pore} 与缩径处的面积的尺寸有关。根据式(1-6-27)的关系,可以预测,直径为 d(假定它是刚性圆球)的聚合物分子不可能通过狭窄的部位。不过在必要的聚合物分子和孔隙尺寸的限制条件下,聚合物分子却可能通过,因为聚合物分子是一种柔性的无规线团,而不是刚性圆球。

第五节　聚合物分子间和聚合物—基质间的相互作用

聚合物流过多孔介质时将产生两类相互作用,即聚合物分子之间和聚合物分子与岩石表面之间的相互作用。这种作用对渗透率影响不能忽略,特别当聚合物分子流过微细孔隙百分比很低的多孔介质时,尤其如此。聚合物分子与基质间相互作用就是指聚合物分子之间或者聚合物与多孔介质表面间的化学亲合性。这是由介质表面的化学特性和聚合物分子线性链上所带各种基团的性质决定的。

在正常情况和中等浓度条件下,聚合物呈无规线团(Spaghetti-like)结构并相互缠结。在稀溶液中,可以估计到聚合物的相互缠结程度是相当低的。正如沃尔默特(Vollmert)所指出:如果在线团(Coils)间具有相当大的应力阻隔,聚合链可以作为完全分离的实体而存在。

在流动试验中,通常使用的聚合物相对分子质量为 200 万~600 万,浓度范围是 200~600mg/L。聚合物在溶液中的状态,即使采用弗洛利模型,线团间的缠结程度也不是很高的。特别是在 200~300mg/L 的低浓度范围内。如果在这种浓度下,出现渗透率降低现象,而多孔介质的平均孔径和聚合物分子的尺寸又相差很大。那么,这种渗透率降低戴伊(Dey)和拜耶尔(Baijal)通过非胶结石英砂进行的聚合物流动试验,结果如图 1-6-19 所示。在这个试验中考虑到上述第一节中的聚合物分子间和聚合物—基质间相互作用,解释了渗透率降低现象。岩石孔隙表面与聚合物分子间的相互作用,可能是由于岩石表面上的残余电荷与聚合物分子相互作用而引起的。只要聚合物分子的部分链段附着在岩石表面上,悬在孔隙空间中的剩余链段,便可与其他流过孔隙的聚合物分子通过分子间的相互作用粘连在一起,这种相互作用是偶极子间的相互作用,如图 1-6-20 所示。

威尔海特(Willhite)和多米杰兹(Domingnez)利用分子间相互作用的原理,解释了帕默尔(Palmer)关于部分水解聚丙烯酰胺(相对分子质量 = 500 万,浓度 = 150~200mg/L)在聚四氟乙烯岩心中的试验结果。看来由于聚四氟乙烯表面和聚合物之间的化学亲合性很低,他们没有考虑聚合物与岩石表面间的相互作用。在这种情况下,聚合物首先滞留在某些方便位置,接着聚合物分子间发生相互作用。

伯西克(Burcik)等人用微凝胶理论解释过当流动通道的直径是无规线团状聚合物分子直径的 20 倍时,渗透率的降低现象。他们提出这些微凝胶是在制备部分水解聚丙烯酰胺过程中,一些聚合物分子通过酸酐化或亚胺化交联聚集而成。这些聚集体的交联度取决于干燥过程中,聚合物母液的 pH 值。其稳定性可能取决于交联点的数目和空间构型,典型的结

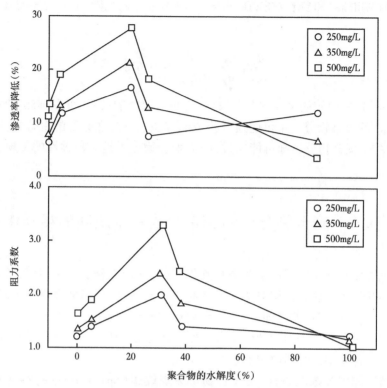

图 1-6-19　渗透率降低和阻力系数与聚丙烯酰胺度和
水解度的关系（预处理过的充填砂，100～200 目）

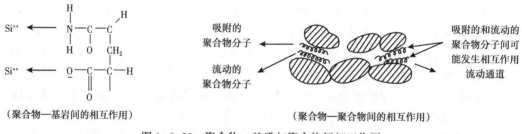

（聚合物—基岩间的相互作用）　　　　　（聚合物—聚合物间的相互作用）

图 1-6-20　聚合物—基质与聚合物间相互作用

构如图 1-6-21 和图 1-6-22 所示。

　　这些微凝胶用可水解交联物的试剂再水化即可碎裂。这个过程也取决于溶液的 pH 值。当用过滤的方法把微凝胶从溶液中滤去后，溶液的阻力系数将会大大降低。因此，按照伯西克等人的观点，渗透率的降低主要是由于那些聚集的聚合物分子，在多孔介质的孔隙中滞留而引起的。

　　微凝胶即聚合物分子的聚集体，往往在离注入端的很短距离内，已被岩心过滤而除去（一般小于 25.4mm）。同时，如果试验在长岩心中进行，残留在溶液中的微凝胶极少，因而它对渗透率的影响可以忽略不计。伯西克所注意到的这些微凝胶对阻力系数的影响，主要是由于使用了长度小于 25.4mm 的小孔岩心才发生的。

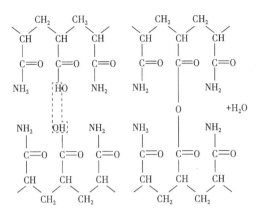

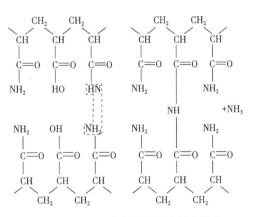

图 1-6-21 酸酐化胶链的微凝胶结构式 图 1-6-22 亚胺化胶联的微凝胶结构

第六节 聚合物的流度控制作用

通常,对于均质油层,在水驱油条件下,由于注入水的黏度往往低于原油黏度,驱油过程中水、油流度比不合理,导致产出液中含水率上升很快。向油层注入聚合物,可使驱油过程的水、油流度比大大改善,从而延缓了来出液中的含水率上升速度,使实际驱油效率更加接近极限驱油效率,甚至达到极限驱油效率(图 1-6-23)。

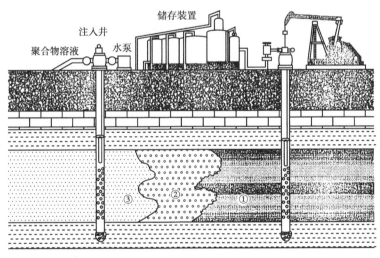

图 1-6-23 聚合物驱示意图

聚合物的流度控制作用是聚合物驱油的两大重要机理之一,在水驱油条件下,水突破后采出液中油的分流量为

$$f_{o} = \frac{\lambda_{o}}{\lambda_{w} + \lambda_{o}} = \frac{K_{ro}/\mu_{o}}{K_{rw}/\mu_{w} + K_{ro}/\mu_{o}} \quad (1-6-28)$$

式中 f_{o}——采出液中油分流量,%;

λ_{o}——原油流度,mD/(Pa·s);

103

λ_w——水流度，$mD/(Pa \cdot s)$；

K_{rw}——水相相对渗透率，量纲1；

K_{ro}——油相相对渗透率，量纲1；

μ_w——水相黏度，$Pa \cdot s$；

μ_o——油相黏度，$Pa \cdot s$。

式(1-6-28)简化得

$$f_o = \frac{1}{1 + \dfrac{\mu_o}{\mu_w} \dfrac{K_{rw}}{K_{ro}}} \qquad (1-6-29)$$

众所周知，油、水两相的相对渗透率(K_{rw}和K_{ro})是含水饱和度的函数，K_{rw}随含水饱和度增加而增加，K_{ro}则随含水饱和度增加而降低。因为在向油层注水的整个过程中，含水饱和度始终是增加的，最终趋向极限值。因而，均质油层注水采油过程中，比值K_{rw}/K_{ro}随注水时间的延续始终是增大的，最终趋于无限大(因$K_{ro}\rightarrow0$)。可见，采出液中油分流量始终是减少的，最终也趋于零。换言之，采出液中含水率始终是上升的，最终趋向100%。式(1-6-29)表明：油水黏度比μ_o/μ_w的大小控制采出液中含水率上升速度，当油水黏度比很大时，采出液中含水率上升速度快(图1-6-24)。如果当油层平均含水饱和度达到30%时。对于油水黏度比等于10的水驱油体系，生产井含水就会达到80%；相反，如果油水黏度比等于1时，含水仅有30%。就是说，在油层中含水饱和度并不很高的情况下，就不得不因采出液中含水率已达到经济开采允许的极限含水率而终止开采。因而，实际获得的驱油效率远远未达到油层的极限驱油效率。相反，在油、水黏度比很小时，采出液中含水率上升速度将大大减缓，当它达到经济采油允许的极限含水率时，油层中的含水饱和度可能已经很高，因而获得较高的实际驱油效率。

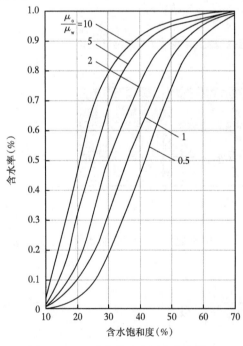

图1-6-24　油井黏度比对产水率影响

图1-6-25为一个1/4的五点法井网中不同流度比下水驱平面波及效果图，从图中可以看出：流度比越高，注入流体突破时波及面积越少，随着流度比的降低，注入流体前缘推进较均匀，突破时波及面积增大。聚合物驱是通过增加水相黏度和降低水相渗透率来降低流度比，因此，可以较大地提高面积波及系数。

聚合物用以调整吸水剖面，扩大水淹体积，是聚合物提高采收率的一项主要机理。因为在聚合物的调剖作用下，油层注入水的波及体积扩大，在油层的未见水层段中采出无水原油。这就是说，油层水淹体积扩大多少，采出油的体积也就增加多少。

聚合物的调剖作用只有在油层剖面上存在渗透率的非均质状态时才能发生。在通常水驱条件下，往往发生注入水沿不同渗透率层段推进不均匀的现象。高渗透率层段注入水推进快，低渗透率层段注入水推进慢。加上注入的

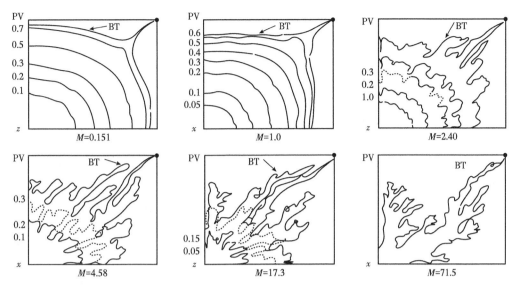

图 1-6-25 突破前不同流度比和注入孔隙体积波及效率

黏度往往低于原油黏度,水驱过程中高流度流体取代低流度流体的结果,导致注入水推进不均匀的程度加剧,甚至在很多情况下会出现高渗透率层段早已被注入水所突破,而低渗透率层段注入水推进距离仍然很小的情况,致使低渗透率层段原油不能得到有效的开采。

在注入聚合物的情况下,由于注入水的黏度增加,油水黏度比得到了改善,不同渗透率层段间水线推进的不均匀程度缩小。因此,向油层中注入高黏度的聚合物溶液时,可以加大高渗透率层水突破时低渗透率层段的水线推进距离,调整吸水剖面。在图 1-6-26 中,由于 $K_2>K_3>K_1$,水驱时注入水沿 K_2 层位舌进,当注入水从 K_2 层到达生产井后,K_1 和 K_3 层还留有大量的原油未被波及。但是当注聚合物后,聚合物段塞首先进入高渗透的 K_2 层,由于黏度增加以及吸附滞留,导致 K_2 层中流动阻力增大,迫使后续注入水进入 K_1 和 K_3 层,从而启动低渗透率层位的剩余原油,提高垂向波及效率。扩大油层的水淹体积,提高油层的采收率。

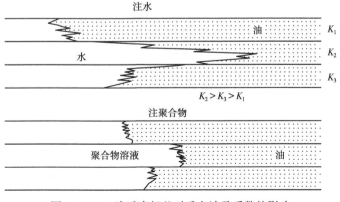

图 1-6-26 渗透率级差对垂向波及系数的影响

假设有一油藏有两个储集层段,渗透率分别为 K_1 和 K_2,并且 $K_1/K_2=5$。在不考虑重力影响的前提下,高渗透率层段水突破之前任一注水阶段时两层段间吸水量之比:

$$\frac{q_1}{q_2} = \frac{\lambda_1}{\lambda_2} = \frac{K_1 K_{rw1}/\mu_w + K_1 K_{ro1}/\mu_o}{K_2 K_{rw2}/\mu_w + K_1 R_{ro2}/\mu_o} = \frac{K_1}{K_2} \frac{(\mu_o/\mu_w)K_{rw1} + K_{ro1}}{(\mu_o/\mu_w)K_{rw2} + K_{ro2}} \tag{1-6-30}$$

式中　q_1、q_2——层段 1 及层段 2 中阶段瞬时吸水量，m^3/s；

λ_1、λ_2——层段 1 及层段 2 中阶段瞬时流体总流度，$mD/Pa \cdot s$；

K_{rw1}、K_{ro1}——层段 1 中阶段瞬时水、油相对渗透率，量纲 1；

K_{rw2}、K_{ro2}——层段 2 中阶段顺时水、油相对渗透率，量纲 1；

μ_o、μ_w——水、油黏度，$Pa \cdot s$。

根据水驱油的相对渗透率曲线及油水黏度可计算出不同含水饱和度下两个层段的吸水量比值（表 1-6-1）。

表 1-6-1　典型的油水相对渗透率数据的计算结果

含水饱和度	0.20	0.30	0.35	0.40	0.45	0.52	备注
q_1/q_2	5.0	5.22	7.29	10.43	14.33	21.58	水驱（$\mu_o/\mu_w = 15$）
q_1/q_2	5.0	3.57	3.29	3.25	3.29	3.42	聚合物驱（$\mu_o/\mu_w = 1$）

表 1-6-1 给出了典型的油水相对渗透率数据的计算结果，可以看出：突破时 $\mu_o/\mu_w = 15$ 情况下（水驱）高渗透层吸入的本量为低渗透层的 21.58 倍；而在 $\mu_o/\mu_w = 1$ 情况下（聚合物驱）高渗透层吸入的水量仅为低渗透层的 3.42 倍。这一结果显示：聚合物驱能明显地改善吸水剖面，提高纵向波及效率。

第七章 聚合物溶液在储层中的渗流特性

聚合物溶液流变特性不仅直接影响驱油效果,而且也影响原油在储层中的渗流特性。所以,聚合物驱油无论是对于驱油效果的评价,还是对油井产能的预测,都需要首先研究聚合物溶液在储层岩石中渗流过程中的流变特性。但是,黏弹性流体和多孔介质内部结构的双重复杂性使人们对这一问题的深入讨论受到限制。针对黏弹性流体复杂的流变性和多孔介质复杂的内部结构,人们对黏弹流体和多孔介质进行了大量的研究,对黏弹流体模型已在第四章中作了介绍,本章主要讨论聚合物在多孔介质中几种常见模型中的流变性对渗流的影响。

本章讨论非牛顿聚合物溶液在多孔介质中的流变性,并与第六章聚合物溶液的流变性进行比较。聚合物溶液的流变性与其分子结构有关,柔性链的部分水解聚丙烯酰胺溶液即使在浓度较低的情况下,也表现出黏弹流体的特性,同样聚合物溶液在多孔介质中的流变性也受分子结构的影响。另外,聚合物溶液在多孔介质中渗流时,多孔介质本身的微观结构和几何形状也是影响聚合物溶液流变性的重要因素之一。显然,聚合物溶液在多孔介质中的流动比在流变仪中的流动要复杂得多。

聚合物溶液在多孔介质中流变性,宏观上体现出的现象是压差/流速或表观速度/流速的变化特点。因此,以渗流实验为基础来研究聚合物溶液在多孔介质中的流变性,首先讨论聚合物溶液通过岩心后的视黏度变化,然后研究聚合物溶液在岩心中的渗流特性,最后研究聚合物溶液在网络模型及复杂孔隙介质中的流变特性及其变化。

第一节 多孔介质模型

描述多孔介质的关键是对各种不同的多孔介质进行微观分析,最直接的做法是通过电子显微观察,了解多孔介质的孔隙结构。但由于孔隙结构几何形状的不规则性和连通方式的随机性,很难用数学模型对其复杂结构进行准确的描述。一般来说,为了便于进行实验与理论对比分析,多孔介质通常采用几何方法进行简化,其基本思想:将场的某些典型特征归纳成容易描述的几何模型,用这种在理论上可以把握的模型流动体系来推测真实流动体系的整体流动特性。几何模型主要包括两类模型:通道流模型和绕流模型。

一、通道流模型

通道流模型亦称内流模型,其简化原理是将流体孔隙介质中的流动视为流体在流道内的流动,从而得到多孔介质的一些简化模型,如毛细管束模型、网络模型、波纹管模型、扩张—收缩通道模型、深孔模型等。在这几种模型中,毛细管束模型是最早把一般管道的水力学运动规律引入到渗流力学中的一种最简单的模型,它广泛用来解决牛顿流体在多孔介质中的流动问题。但是因为该模型将岩石中连通的孔道看成是等径平行的一束毛细管,没有考虑多孔介质复杂的拓扑结构及孔隙介质内部流道的收缩和扩张,所以很难解释黏弹性流体流过多孔介质迂曲的孔道流动时而造成的朗缪尔意义下的不稳定流动。所以波纹管模型、网络模型和收缩—扩张通道模型是近年来研究较多的模型。

波纹管模型,广义上称周期收缩管模型,最早由 Petersen 1958 年和 Houpeurt 1959 年提出。人们早期只研究牛顿流体和气体在这种周期收缩管中的流动问题,而且多采用实验方法。Konobeev、Zhavoronkov 于 1962 年实验研究了气体通过周期收缩管时的紊流运动,在条件严格限定的情况下,得到了摩擦系数的近似表达式。Batra 1969 年借助实验手段研究了牛顿流体在自由波纹管和固定的波状流道中层流运动时摩擦系数与雷诺数的关系。直到 20 世纪 70 年代以后,随着计算机技术在计算流体力学中的应用,人们才开始广泛采用数值方法研究黏弹性流体在复杂流道内的流动问题。波纹毛细管模型抓住了拉伸、剪切并存的相继收缩和扩张的周期过程,同时又具有几何上的简单性,在某种程度上成功地解释了黏弹性流体流过多孔介质时的阻力特性,是进行理论分析的较好模型。但由于该模型的渐变性及圆滑的壁面过渡,很难明显地描述因截面突变引起的拉伸效应及旋涡的发展变化。

网络模型是指以毛细管束为基本单元,以某一有效配位数构成的晶体格式的网络结构,配位数的大小,决定了网络的维数。若配位数是 4,则为二维网络。在网络模型中,假设网络结构上的结点不占体积,其结点不会产生附加压降。Cornelia 等人研究了幂律流体流经网络毛细管束模型的研究上。Sorbie 等人于 1989 年首次提出用网络模型代替多孔介质,用有效孔隙尺寸分布函数来确定网络模型中毫无规律的毛细管直径,成功地研究了 Carreau 流体的黏度/剪切速率性质。

收缩—扩张通道模型,它由 Marshall 和 Metzner 在 1967 年首先提出,用来模拟渗流问题。因为该模型具有截面突变特点,所以克服了波纹管模型的缺点。许多研究学者根据问题的需要,采用不同截面收缩—扩张通道模型进行研究,如方形截面、锥形截面、楔形截面等,深孔模型(或横槽模型)是该通道模型的一个特例。

二、绕流模型

亦称外流模型。该模型的基本思想是将筑成孔隙介质的固体骨架视为置于自由流中的固体障碍。其中典型的模型有 Brinkman 模型、自由面单元模型等。绕流模型的应用也十分广泛,而且常常与通道流模型结合起来使用。如 Shchter 1899 年最早用球状颗粒填充介质作为研究土壤复杂结构的理想模型,他在绕流模型的基础上导出了土壤的孔隙度分布,又假定流体通道截面为三角形得到了渗透率方程,在此他应用了通道流模型的理论。

第二节　黏弹流体在孔隙介质中的网络模型

聚合物溶液在孔隙介质中的流变特性是极其复杂的,它不仅取决于聚合物本身的性质、多孔介质的孔隙结构,而且还取决于多孔介质与聚合物分子之间的相互作用。这是因为孔隙介质为不规则的三维孔隙网络结构,其流动横截面积不断发生变化,从而产生在流动方向上的流速变化。另外,聚合物溶液与多孔介质的相互作用,如吸附、滞留、降解以及不可进入孔隙体积等都使聚合物溶液在多孔介质中的流变性更加复杂。

一、聚合物溶液流变性的研究方法

目前,研究聚合物溶液在多孔介质中的流变性主要有以下几种方法。

(1)理论方法:从运动学和流体力学理论研究溶液在复杂孔隙介质中的流变特性。

目前,从极其复杂的多孔介质的几何结构和聚合物溶液的基本运动方程和变形方程开始,然后从数学上解出这些基本的流动方程,对具有复杂特性的聚合物溶液来说几乎是不可能的。因此人们将孔隙介质简化为各种简单流道(毛细管束模型),对牛顿流体来说要解出上述方程是可能的,而想从数学上解出非牛顿流体流动的结果,存在着一个难题,就是计算的稳定性和收敛性问题。现在,对多数槽式结构的孔隙来说,可能都能从数学上直接解出非牛顿流动方程,且比多孔介质的简单得多。但是,对黏弹流体仍然存在着与黏弹流动有关的若干难以解决的数学问题,特别是在高流速条件下。弹性效应在流动过程中占主导作用的更是如此。

(2)实验方法:将聚合物溶液在孔隙介质中表现出的流动现象用具有某些特殊意义的无因次量或描述溶液特性的特征量进行描述。

研究聚合物溶液在孔隙介质中的流变性,还可以从研究与流动有关的各参数之间的经验关系式入手。自 Scwins 1969 年开始这项研究工作以来,这种方法一直用于聚合物在多孔介质中流变性的模拟研究。对于单纯的剪切稀释流体来说,主要还是采用了具有幂律模型特征的流体在简化的多孔介质模型即毛细管束模型中的流动来进行研究,由该方法可得到流体在多孔介质中的有效剪切速率表达式。

许多学者用近似于毛细管束模型的经验方法来研究聚合物溶液表现黏度与多孔介质的雷诺数或德博拉数等参数的关系。得到了实验结果与这些参数的相关关系和整个过程的物理性质,如 Hass、Durst 等人 1981 年的研究结果。这些方法的最大的优点就是能得到剪切速率或德博拉数等在实验上适用的参数的宏观表达式,同时还能简单地描述整个物理过程的现象。因此,经验近似方法只是简单地给出了可用于油田数值模拟的宏观表达式,没有深刻理解和掌握这些表达式的意义,或未完全掌握流体在多孔介质中发生剪切流动时,微观流动究竟出现了什么现象。

Teeuw 和 Qiauveteau 研究了固结多孔介质中黄胞胶溶液的流变性,导出了多孔介质中的视剪切速率模型,并将多孔介质中黄胞胶溶液的流变性与黏度计测定的结果进行了对比。Mhirasaki 发现,只有在低浓度下,有修正的布拉克—柯兹尼(Blake-Kozeny)模型所预测的有效黏度与流变仪测定的结果一致性较好。但是,对于像聚丙烯酰胺一类具有黏弹性聚合物溶液来说,上述模型不能较好地描述黏弹性聚合物溶液在多孔介质中的流变性。

陈铁龙等、张玉亮、佟曼丽等人实验研究认为聚丙烯酰胺溶液在孔隙介质中具有剪切变稀和剪切增稠双重流变特性,对剪切增稠区的流变特性,用 $n>1$ 的幂律指数进行描述。

(3)统计平均方法:用有效介质理论,导出具有平均意义下的溶液的流变特征量。

有效中介理论是研究具有某些平均意义的流动特性的方法,给出了当前普通理论在计算理想多孔介质模型——通常是简单的网络模型上具有平均意义的参数的方法。Carmella等人于 1988 年已将这种方法用在了幂律流体流经网络毛细管模型的研究上,他们还用这种方法,导出了聚合物溶液在多孔介质中表观黏度的表达式。它与毛细管束模型的表达式完全相同。然后与特殊的毛细管束模型公式进行比较,并修正了公式中的某些参数。从物理意义上,可以解释这些参数值,由此得出幂律流体流动的有效半径比牛顿流体要大。这表明:绝大多数聚合物溶液的流动几乎没有聚合物从大流动孔道进入小孔道。他们认为:通常聚合物会绕过小孔道而进入大孔道。微观结构重要性不大。一般说来,这些结果与精细的网络模型的计算结果是相同的。但是,尽管目前这种普通的近似方法比简单的毛细管束模型在理论上要完善些,但仍可得到上述各参数表达式,这些表达式的参数可用来解释某些基本微观网络特征。但是,他们给不出有关微观流动方面完整的分析结果。只有网络模型能够在一定程度上从微观上描述流体由牛顿流体转变为非牛顿流体的详细变化特征。

模拟非牛顿流体在多孔介质中流动采用的方程是以毛细管束模型表达式为基础经修正得到的,用来描述多孔介质的微观性质,表示黏弹流体特性。多孔介质的网络模型既能得到宏观的又能得到微观数据,这有助于理解和掌握某个宏观与微观流动性质之间的关系。

Sorbie 利用毛细管网络模型,计算了黄胞胶溶液在网络中的流变曲线,认为多孔介质中聚合物溶液的有效黏度总是小于溶液本身的黏度值。Sorbie 等人提出的网络模型是由相互连通的毛细管系统组成的二维网络模型,用这种模型来代替多孔介质,这是在实际工作中模拟单相流或两相流多孔介质流动特征的常用模型。尽管直到现在,这种模型还没有用于模拟非牛顿黏弹流体。采用这种方法,对给定的不规则网络系统来说,可计算出类似于有效黏度这样的宏观性质随流动速度变化而改变的结果。此外,根据流体的流动特性以及网络模型中的各种关系式,还能够分析研究这些宏观结果。

二、多孔介质模型

确定岩石性质最主要的两个参数,就是孔隙度和绝对(单相)渗透率。宏观上,流体在多孔介质中的渗流体现出的现象是压差与流速或表观黏度与流速的变化特点,因此由达西定律有

$$q = \frac{KA}{\mu} \frac{\Delta p}{L} \tag{1-7-1}$$

式中　A——岩样的横截面积,m^2;

　　　L——岩样沿流体流动方向的长度,m;

　　　μ——流体黏度,$Pa \cdot s$;

　　　K——模型渗透率,m^2;

　　　Δp——流体入口端到出口端的压差,Pa。

当流体在多孔介质中渗流时,若已知流量和压差,则岩心中渗流流体的宏观表观黏度为

$$\mu_{app} = \frac{KA}{q} \frac{\Delta p}{L} \tag{1-7-2}$$

对于牛顿流体,Δp 与流速 q 呈线性关系,对聚合物溶液,由于弹性效应和聚合物溶液的吸附、滞留,导致渗透率下降,使得 Δp 与流速 q 呈非线性关系。实际上,对于稳定渗流过程,压力降是流体黏度作用的结果。因此,可以直接建立 μ_{app} 值与 q 或表观剪切速度的关系。

1. 毛细管束模型

毛细管束模型是假设多孔介质由一系列毛细管束组成,其中最简单的是等半径线性毛细管束模型,如图 1-7-1(a)所示。该模型的孔隙度和渗透率与孔隙半径之间的关系可用下述公式表示出来:

$$K = \frac{\phi R^2}{8} \tag{1-7-3}$$

式中 ϕ——等效毛细管的孔隙度,%;

R——等效毛细管半径,m。

该简单模型有一个缺点,就是只有沿流动方向有渗透率,而大多数岩石的渗透率都具有各向异性。因此,第一个改进的模型就是假设在三维空间方向各有三分之一的毛细管。因此,渗透率只有原来的 1/3,则

$$K = \frac{\phi R^2}{24} \tag{1-7-4}$$

这个模型的另一个缺点是没有考虑到孔隙大小分布。因此,第二个改进的模型就是使流体只能沿某个指定方向流动的所有毛细管,都平行于流体流动方向,但各毛细管的直径不同。孔隙大小分布 $\alpha(R)$ 与真正的多孔介质可通过数学式来表示。对平均孔隙半径修正后的方程为

$$K = \frac{\phi}{24} \int_0^\infty R^2 \alpha(R) \, \mathrm{d}R \tag{1-7-5}$$

修正后的模型采用直径大小不同的孔隙,按大小顺序排列的一级毛细管来代表每个孔隙,称为串联模型,如图 1-7-1(b)所示。

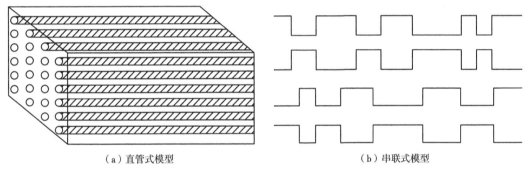

（a）直管式模型　　　　　　　　　　　　（b）串联式模型

图 1-7-1　两种孔隙介质的毛细管束模型

上述各模型的数学式均可用下式表示:

$$K = \frac{\phi R^2}{8\xi} \tag{1-7-6}$$

式中 ξ——孔隙结构形状特征的常数,它反映了孔隙介质的结构及流道半径与等径毛细管的偏离程度。

2. 网络模型

所有的毛细管束模型都未考虑多孔介质复杂的拓扑结构,而多孔介质中常常有横向连通的孔隙,孔隙的几何形状非常不规则,并且毛细管孔隙和喉道部分的形状和大小各异,以不规则方式分布。实际上,多孔介质是一个复杂的网络系统,流体在多孔介质中的流动是在复杂网络系统中的流动。因此,用网状模型来模拟流体在多孔介质中流动。网状模型的毛细管以规则的或非规则的方式排列。随着计算机技术发展,为了研究牛顿流体的流动性质,建立了各式不同的网状模型,如图 1-7-2 所示。

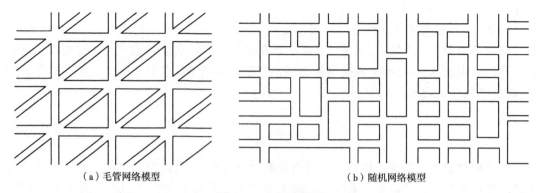

（a）毛管网络模型   （b）随机网络模型

图 1-7-2　网络模型

三、拟塑性流体在网络模型中的流变性

网络模型较毛细管束模型能更好地反映流体在多孔介质中的流动,下面介绍用互相连通的毛细管形成的网络模型来模拟拟塑性流体在多孔介质中的流动,研究非牛顿流体在网络模型中的流变性。根据网络模型中的孔隙大小分布函数,将网络模型分为两类:一类是孔隙大小分布服从 Haring-Greenkon 概率分布函数形成的模型,并且网络中每根毛细管中的流体满足非牛顿流体流动,用 Carreau 方程描述。第二类是双峰分布模型,单根毛孔中的流动采用幂律模型,用有效介质理论描述。

对聚合物溶液在多孔介质中的流变特性人们已经进行了大量的研究,得出了聚合物溶液在多孔介质中流动的视剪切速率,常用的公式有如下两种。

$$\dot{\gamma} = C \left(\frac{3n+1}{4n} \right)^{\frac{n}{n-1}} \frac{v}{\sqrt{K\phi}} \tag{1-7-7}$$

式中　$\dot{\gamma}$——聚合物溶液在多孔介质中的视剪切速率,s^{-1};

　　　n——流变指数,量纲 1;

　　　v——聚合物溶液在多孔介质中的流速,m/s;

　　　C——不同流动模型常数,量纲 1,是渗透率和孔隙度的函数;

　　　K——渗透率,m^2;

　　　ϕ——孔隙度,%。

式(1-7-7)与式(1-4-50)相似,所不同的是式(1-4-50)采用了校正系数,称为"有效剪切速率"。

式(1-7-7)还可表示为

$$\dot{\gamma} = \alpha \frac{4v}{\sqrt{K\phi}} \tag{1-7-8}$$

当 $n=1$ 时,式(1-7-7)简化为牛顿流体得等效剪切速率公式为

$$\dot{\gamma} = C' \frac{v}{\sqrt{K\phi}} \tag{1-7-9}$$

式中　K——渗透率,m^2;

ϕ——孔隙度,%;

C'、α——孔隙结构特征参数,对毛细管束模型 $C'=4$,$\alpha=1$。

1. Haring-Greenkom 网络模型

1)模型的建立

用二维毛细管网络来模拟多孔介质,如图 1-7-3 所示。毛细管分布在一规则矩形网格上,其方向与流动主方向一致,每根毛细管的长度相同且为常数,但管径及该管在网络中的位置是随机确定的。管径概率分布函数采用 Haring-Greenkom 模式,即

$$p(r) = K(R_{\max} - r)(r - r_{\min}) \exp\left(-\frac{r^2 - \overline{R}^2}{2\sigma^2}\right) \qquad (1-7-10)$$

式中　K——常数;

　　　$R_{\max}$、$r_{\min}$——最大、最小毛细管管径,μm;

　　　r——任意毛细管管径,μm;

　　　$\overline{R}$——平均半径,μm;

　　　σ——概率分布宽度,μm。

根据式(1-7-10)的函数关系,研究两种概率分布:宽分布、窄分布且最大概率对应的管径较小(图 1-7-4)。方程(1-7-10)中所用参数见表 1-7-1。

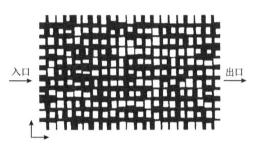

图 1-7-3　二维网络模型

表 1-7-1　网络模型参数

网络	$R_{\min}(\mu m)$	$R_{\max}(\mu m)$	$\overline{R}(\mu m)$	$\sigma(\mu m)$	$K(10^{-9})$	网络分布
1	1	24	6.69	5.0	1.369	宽
2	2	20	4.00	3.0	2.993	窄

根据这些分布函数可随机确定管径,然后用随机函数可求得某一毛细管所在网络中的位置。图 1-7-4 采用的是 20×10 网络,且每根毛细管长度均为 40μm。

2)理论计算

(1)数学模型建立。

当沿 x 方向在网络两端加上 Δp 的压差时,毛细管中产生流动。流动主要发生在 x 轴正方向及正、负 y 轴方向,但偶尔也会沿 x 轴负方向发生回流。近似认为结点体积为零,且每根毛细管长度均等(40μm)根据体积守恒定律,对网络中每一个结点,流入、流出的液体体积相等。对各个流体方向定义合适的符号,应用泊肃叶方程可以建立起该结点的压力方程(图 1-7-5):

$$\sum_{R=1}^{4} Q_{ijk} = 0 \qquad (1-7-11)$$

其中 Q_{ijk} 设为结点(i,j)周围某一毛细管 k 中流体流量,流经的毛细管长度为 L,毛细管半径为 R,流体的入口和出口压差为 Δp。例如,对于 x 方向,结点$(i+1)$,即图 1-7-5 中,$k=3$ 时

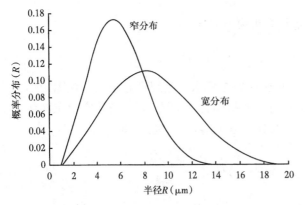

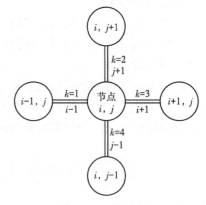

图 1-7-4　毛细管尺寸的概率分布　　　　图 1-7-5　网络模型中的压力方程各项符号

的毛细管的流速表达式为

$$Q_{ij3} = \frac{\pi R_{i+1}^4 \Delta p_{i+1}}{8\mu_{\text{eff},i+1} L_{i+1}} = \frac{\pi R_3^4 \Delta p_3}{8\mu_{\text{eff},3} L_3} \tag{1-7-12}$$

其中 μ_{eff} 为毛细管中 $k=3$ 压降为 Δp_3 时流体有效黏度。对于 Carreau 流体, μ_{eff} 必须用数值解法进行求解。

（2）有效黏度 μ_{eff} 的计算。

对于 Carreau 流体,其黏度为剪切速率的函数。在毛细管中,剪切速率沿管径变化。因而,为了在压力方程中应用泊肃叶方程,定义毛细管中有效黏度如下,若毛细管中压差为 Δp,流量为 Q_n,则 μ_{eff} 为

$$\mu_{\text{eff}} = \frac{\pi \Delta p R^4}{8 L_b Q_n} \tag{1-7-13}$$

式中　R——毛细管半径, μm;

　　　L_b——毛细管长度, 40μm。

将 Δp、R、Q_n、L_b 代入式（1-7-13）,可求得 μ_{eff},对 Carreau 流体,由应力平衡得

$$\tau_{rz} = \frac{\Delta p}{\tau L_b} r = \mu(\dot{\gamma}) \dot{\gamma} \tag{1-7-14}$$

其中

$$\dot{\gamma} = -\frac{\mathrm{d} v_z(r)}{\mathrm{d} r} = \frac{\Delta p r}{2 L_b \mu(\dot{\gamma})} \tag{1-7-15}$$

式中　τ_{rz}——剪切应力,Pa;

　　　$\dot{\gamma}$——剪切速率,为径向速度梯度, s^{-1};

　　　$v_z(r)$——速度,m/s。

半径为 r 的毛细管中的平均速度 $\bar{v}$,可由 $v_z(r)$ 求得

$$\bar{v} = \frac{\displaystyle\int_0^R r v_z(r) \mathrm{d} r}{\displaystyle\int_0^R r \mathrm{d} r} = \frac{2}{R^2} \int_0^R r v_z(r) \mathrm{d} r \tag{1-7-16}$$

114

则管中 Q_n 为

$$Q_n = \pi R^2 \bar{v} = 2\pi \int_0^R v_z(r) r \mathrm{d}r \qquad (1\text{-}7\text{-}17)$$

对于 Carreau 流体, $v_z(r)$ 由下列非线性偏微分方程求得

$$\frac{\mathrm{d}v_z}{\mathrm{d}r} = -\frac{\Delta pr}{2L_b} \left\{ \mu_o + \frac{\mu_o - \mu_\infty}{\left[1 + \left(\lambda \dfrac{\mathrm{d}v_z}{\mathrm{d}r} \right)^2 \right]^{\frac{1-n}{2}}} \right\}^{-1} \qquad (1\text{-}7\text{-}18)$$

采用数值解法求 $v_z(r)$,由式(1-7-16)求 $\bar{v}$,然后可由式(1-7-17)求 Q_n,再由式(1-7-13)求出 μ_{eff}。

(3)压力方程求解。

用图 1-7-5 的毛细管及结点符号,产生的结点压降方程为

$$\xi_1(p_{i-1,j} - p_{i,j}) + \xi_2(p_{i,j+1} - p_{i,j}) + \xi_3(p_{i+1,j} - p_{i,j}) + \xi_4(p_{i,j-1} - p_{i,j}) = 0 \qquad (1\text{-}7\text{-}19)$$

其中,对于 $N_x \times N_y$ 个结点,共有 $N_x \times N_y$ 个压力方程。显然,给定出口、入口压力后,方程数与未知结点压力数相同。方程中系数 ξ 均为正值,根据管径管长及流体有效黏度给出,如 ξ_3:

$$\xi_3 = \frac{\pi R_3^4}{8L_3 \mu_{\mathrm{eff}}} \qquad (1\text{-}7\text{-}20)$$

对于牛顿流体,有效黏度为常数,因而 ξ 为常数,方程(1-7-19)形成一个线性方程组。对于非牛顿流体,μ_{eff} 为压降的函数,而压力未知,所以就产生一组结点压力的非线性方程组,必须用迭代方法求解。给定各结点压力初值,根据式(1-7-16)求得 $\bar{v}$,由式(1-7-17)和式(1-7-13)求得 Q_n 和 μ_{eff},再由式(1-7-20)求 ξ,可解得各结点的压力值,进行迭代,直到满足精度要求。

(4)μ_{eff} 及 $\dot{\gamma}_{\mathrm{app}}$ 的计算。

本书在较大的压差范围内,用表 1-7-1 中两种网络模型对表 1-7-2 中的两种流体模型进行了计算。

表 1-7-2 Carreau A 及 Carreau B 的参数表

模型	μ_o(mPa·s)	μ_∞(mPa·s)	λ(s)	n
Carreau A	10.0	0.0	0.15	0.53
Carreau B	10.0	1.0	0.15	0.53

所选择的压差跨越低流速时的牛顿流区及大部分剪切稀释区。由于不同网络渗透率不同,得到某一剪切速率时所需的压差也不同。给定网络两端压差、流体黏度及流体在网络中总流量 Q_T,则网络模型的渗透率 K 依然从达西定律得到:

$$K = \mu \frac{Q_T}{A_n} \frac{L_n}{\Delta p} \qquad (1\text{-}7\text{-}21)$$

式中 A_n、L_n——网络横截面面积及总长度,m^2、m。

所用二维网络,A_n 定义为

$$A_n = N_x N_y \tag{1-7-22}$$

其中,N_x 为 x 方向毛细管数,N_y 为 y 方向毛细管数,L_b 为毛细管长度($40\mu m$)。对于每个网络 A_n 均相等,这就可以在不同网络之间进行比较。网络孔隙度 ϕ 定义为孔隙总体积 V_ϕ 与网络总体积 V_t 之比。其中 V_ϕ 及 V_t 分别为

$$V_\phi = \sum_{j=1}^{N_y} \left(\sum_{i=1}^{N_x} \pi R_{ij}^2 L_b \right) \tag{1-7-23}$$

$$V_t = A_n L_b = A_y N_x L_b \tag{1-7-24}$$

表 1-7-3 给出了所用两个网络 A_n、K、ϕ 的值。

表 1-7-3 网络模型的特性参数

网络模型	横截面积 A_n ($10^{-6} m^2$)	渗透率 K (D)	孔隙度 ϕ (%)
1	1.6	0.889	0.315
2	1.6	0.202	0.147

此时,达西流速为

$$v = \frac{Q_T}{A_n} \tag{1-7-25}$$

对 Carreau 流体,给定压差 Δp 求出总流量后,对毛细管束模型,公式(1-7-8)中 $\alpha = 1$,$\dot{\gamma}$ 为

$$\dot{\gamma} = \frac{4v}{\sqrt{K\phi}} \tag{1-7-26}$$

根据达西公式,μ_{app} 为

$$\mu_{app} = \frac{K\Delta p}{\mu L_b} \tag{1-7-27}$$

求出 $\dot{\gamma}_{app}$ 及相应的 μ_{app} 后,以 $\dot{\gamma}_{app}$ 为横坐标,μ_{app} 为纵坐标,可做出 Carreau 流体在网络中的流变曲线,在同一坐标系中做出本体溶液流变曲线,从而进行比较。

（5）实例计算。

对于 H-G 网络 1,以平均流速为纵坐标,管径为横坐标绘制柱状图 1-7-6。由柱状图可以看出：中间管中的流速最大,而对于毛细管束模型来说,管径最大的毛细管中流速始终最大,所以总的来看,流体在网络模型和毛细管束模型中的流动特点是不同的。这对于

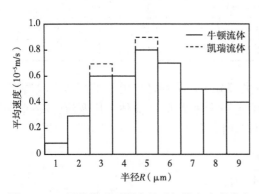

图 1-7-6 网络模型不同半径毛细管内速度分布

研究非牛顿流体的流变性具有重要的意义,因为对非牛顿流体,其黏度取决于流动速度。这也说明,网络模型比毛细管束模型更适合于研究非牛顿流体的流变性。

毛细管束模型与网络模型的区别在于网络模型在微观上反映了管径及孔隙连通性影响,网络模型中,流体在每根毛细管中的流动都受周围毛细管中流动的影响,这即是产生上述现象的原因。

分析计算 μ_{app} 及 $\dot\gamma_{app}$ 的关系。由式(1-7-26)及式(1-7-27)可求出宏观 μ_{app} 及 $\dot\gamma_{app}$ 的值。图 1-7-7 和图 1-7-8 分别为 Carreau A 和 Carreau B 流体在两种网络模型中的流变曲线 μ_{app} / $\dot\gamma_{app}$。这两个图的特点非常相似,对任一流体,用两种网络算得的 μ_{app} / $\dot\gamma_{app}$ 曲线均在其本体溶液曲线的下方,且其斜率与本体溶液曲线的斜率非常接近。这说明,用毛细管模型算得的值接近实际值,而对式(1-7-8)取 $\alpha=1$ 求得的比实际值要低,即用毛细管束模型得到的 $\dot\gamma_{app}$ 公式中的 $\alpha>1$。为了使算得的曲线与本体溶液的流变曲线尽量重合,求得 α 值分别为 1.45 和 1.5。图 1-7-9 和图 1-7-10 分别为两种流体经 $\dot\gamma_{app}$ 修正后的曲线,基本上与本体溶液曲线重合。所以,式(1-7-8)定义了流体在多孔介质的剪切速率,但需乘一修正系数 α。

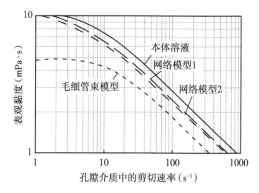

图 1-7-7 Carreau A 在网络模型中的流变曲线

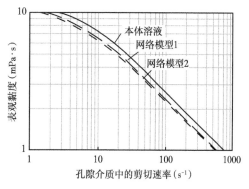

图 1-7-8 Carreau B 在网络模型中的流变曲线

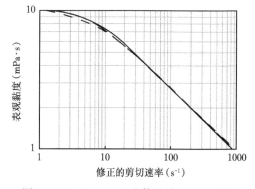

图 1-7-9 Carreau A 流体的修正流变曲线

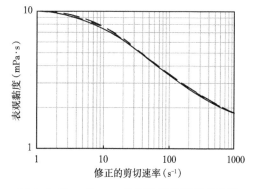

图 1-7-10 Carreau B 流体的修正流变曲线

2. 双峰网络模型

将孔隙大小分布呈双峰概率分布的网络模型应用于有效介质理论,从而研究幂律流体在多孔介质中的流变性。

1)有效介质理论

有效介质理论最初用来计算电阻网络的电导率,若 g 为某一电阻的电导率,$p(g)$ 为其概率。则整个电阻网络的有效电导率 g_m 可由下式计算:

$$\int_0^\infty \frac{(g_m - g)p(g)\,\mathrm{d}g}{g + \left(\frac{z}{2} - 1\right)g_m} = 0 \tag{1-7-28}$$

式中 z——网络配位数。

把有效介质理论应用于毛细管网络,如图 1-7-2(a)所示。其中主管管径由给定的概率分布确定,则配位数 z 就表示一孔隙与周围孔隙的连通性。若水在该网络中流动,则半径为 r 的毛细管中流量为

$$q = \frac{\pi r^4}{8\mu_w}\left(\frac{\Delta p}{L}\right) \tag{1-7-29}$$

式中 μ_w——水的黏度,$Pa \cdot s$;

L——沿流体流动方向的网络长度,m;

r——网络毛细管半径,m;

Δp——流体入口端到出口端的压差,Pa。

则流体在该管中的导流率为

$$g(r) = \frac{\pi r^4}{8\mu_w} \tag{1-7-30}$$

以毛细管管径分布函数 $p(r)$ 代入式(1-7-28)中的 $p(g)$,以 $g(r)$ 代 g,可求得 g_m,则网络中的平均流量为

$$q_m = \frac{\pi r_m^4}{8\mu_m}\left(\frac{\Delta p}{L}\right) \tag{1-7-31}$$

式中 r_m——有效管径,m。

由式(1-7-30)可得

$$r_m^4 = \frac{8\mu_w g_m}{\pi} \tag{1-7-32}$$

则该网络中的达西流速为

$$v = \frac{\phi q_m}{\pi a^2} = \frac{\phi r_m^2}{8\mu_w \varepsilon^2}\left(\frac{\Delta p}{L}\right) \tag{1-7-33}$$

其中

$$\pi a^2 = \pi \int_0^\infty r^2 p(r)\,\mathrm{d}r \tag{1-7-34}$$

式中 πa^2——网络总毛细管平均横截面面积,m^2。

令

$$\varepsilon = \frac{a}{r_m}$$

由达西定律及式(1-7-33)得

$$K = \frac{\phi r_{\mathrm{m}}^2}{8\varepsilon^2} \qquad (1-7-35)$$

与方程(1-7-6)对比,当 $R = r_{\mathrm{m}}$ 时,有 $\zeta = \varepsilon^2$。由此可见,用网络模型求得的有效半径与等径毛细管束模型所求得的毛细管半径具有相同的形式,只是网络结构因子与孔隙结构因子不同。

2)幂律流体在网络模型中的流变性

假设幂律流体在网络模型中流动,管径为 r 的毛细管中的 q 与 $\Delta p/L$ 的关系为

$$q = \frac{\pi r^{3 + \frac{1}{n}}}{\left(3 + \frac{1}{n}\right)(2H)^{1/n}} \left(\frac{\Delta p}{L}\right)^{1/n} \qquad (1-7-36)$$

式中　q——幂律流体的流量,$\mathrm{m^3/s}$;

　　　n——流变指数,量纲1;

　　　L——流体流动方向的网络长度,m;

　　　r——网络毛细管半径,m;

　　　H——溶液的稠度系数,$\mathrm{Pa \cdot s^n}$;

　　　Δp——流体入口端到出口端的压差,Pa。

幂律流体导流率 G 定义为

$$G = \frac{\pi r^{3 + \frac{1}{n}}}{\left(3 + \frac{1}{n}\right)(2H)^{1/n}} \qquad (1-7-37)$$

式中　G——流体在毛细管中的导流率,$\mathrm{m^3 \cdot s^{-1}/(Pa^{1/n} \cdot m^{-1/n})}$。

导流率为 G 的毛细管中的压力梯度 $\Delta p/L$ 可表示为平均压降 $(\Delta p/L)_{\mathrm{m}}$ 有效导流率的 G_{m} 函数:

$$\frac{\Delta p}{L} = \left[\frac{\frac{z}{2}G_{\mathrm{m}}}{G + \left(\frac{z}{2} - 1\right)G_{\mathrm{m}}}\right]^n \left(\frac{\Delta p}{L}\right)_{\mathrm{m}} \qquad (1-7-38)$$

式中　z——网络配位数。

根据有效介质理论

$$\int_0^{\infty} \left[\left(\frac{\Delta p}{L}\right) - \left(\frac{\Delta p}{L}\right)_{\mathrm{m}}\right] p(r)\,\mathrm{d}r = 0 \qquad (1-7-39)$$

将式(1-7-38)代入式(1-7-39)得

$$\int_0^{\infty} \left\{\left[\frac{\frac{z}{2}G_{\mathrm{m}}}{G + \left(\frac{z}{2} - 1\right)G_{\mathrm{m}}}\right]^n - 1\right\} p(r)\,\mathrm{d}r = 0 \qquad (1-7-40)$$

由式(1-7-40),给定$p(r)$可得出G_m,则

$$q_m = G_m \left(\frac{\Delta p}{L}\right)^{\frac{1}{n}} \tag{1-7-41}$$

则网络中达西速度为

$$v = \frac{\phi q_m}{\pi a^2} = \frac{\phi(\lambda r_m)^{3+\frac{1}{n}}}{\left(3 + \frac{1}{n}\right)(\varepsilon r_m)^2 (2H)^{\frac{1}{n}}} \left(\frac{\Delta p}{L}\right)^{\frac{1}{n}} \tag{1-7-42}$$

$$\lambda r_m = \left[\frac{3 + \frac{1}{n}}{\pi}(2H)^{\frac{1}{n}} G_m\right]^{\frac{n}{3n+1}} \tag{1-7-43}$$

式中,λr_m——幂律流体在网络中流动的视有效管径,m。

将式(1-7-43)及式(1-7-35)的$K = \frac{\phi r_m^2}{8\varepsilon^2}$代入式(1-7-42)中,整理得到

$$v^n = \left[\frac{(8K)^{\frac{n+1}{2}} \phi^{\frac{n-1}{2}} \lambda^{3n+1}}{\left(3 + \frac{1}{n}\right)^n \varepsilon^{n-1} (2H)}\right] \left(\frac{\Delta p}{L}\right) \tag{1-7-44}$$

则由达西定律得

$$\mu_{app} = \frac{H}{\lambda^{3n+1}} \left(\frac{3n+1}{4n}\right)^n \left(\sqrt{\frac{2}{K\phi}} \varepsilon v\right)^{n-1} \tag{1-7-45}$$

则

$$\dot{\gamma}_{app} = \sqrt{2} \varepsilon \lambda^{\frac{3n+1}{1-n}} \left(\frac{3n+1}{4n}\right)^{\frac{n}{n-1}} \frac{v}{\sqrt{K\phi}} \tag{1-7-46}$$

由方程式(1-7-7)得

$$C = \sqrt{2} \varepsilon \lambda^{\frac{3n+1}{n-1}} \tag{1-7-47}$$

对于网络模型,C定义为网络结构因子。所以,对于随机网络,与达西速度、渗透率、孔隙度的关系和毛细管模型得出的结论相符,而网络结构因子C则取决于网络物性参数ε和λ。下面对双峰分布模型及其两种简化模型分别进行研究。

3)网络结构因子的确定

为研究流道的连通性及其管径的变化对幂律流体视黏度的影响,根据双峰概率分布建立模型

$$p(r) = \theta\delta(r-1) + (1-\theta)\delta(r-\alpha) \tag{1-7-48}$$

式中　θ——毛细管管径为1的毛细管占总毛细管数的百分数,%;

　　$1-\theta$——毛细管管径为α的毛细管占总毛细管数的百分比,%。

λ 的确定:为了求得牛顿流体流动时的有效 r_{m},将式(1-7-30)、式(1-7-48)代入式(1-7-28)得

$$\theta\,\frac{r_{\mathrm{m}}^4-1}{1+\left(\dfrac{z}{2}-1\right)r_{\mathrm{m}}^4}+\frac{r_{\mathrm{m}}^4-\alpha^4}{\alpha^4+\left(\dfrac{z}{2}-1\right)r_{\mathrm{m}}^4}(1-\theta)=0 \qquad (1-7-49)$$

则

$$r_{\mathrm{m}}^4=\left[\,B+\sqrt{B^2+2\alpha^4(z-2)}\,\right]/(z-2) \qquad (1-7-50)$$

其中

$$B=\frac{z\theta}{2}(1-\alpha^4)+\left(\frac{z}{2}-1\right)\alpha^4-1$$

对于幂律流体,将式(1-7-50)、式(1-7-48)代入式(1-7-28)可得

$$\frac{\theta}{\left[1+\left(\dfrac{z}{2}-1\right)(\lambda r_{\mathrm{m}})^{3+\frac1n}\right]^n}+\frac{1-\theta}{\left[\alpha^{3+\frac1n}+\left(\dfrac{z}{2}-1\right)(\lambda r_{\mathrm{m}})^{3+\frac1n}\right]^n}=\frac{1}{\left[\dfrac{z}{2}(\lambda r_{\mathrm{m}})^{3+\frac1n}\right]^n} \qquad (1-7-51)$$

因式(1-7-51)为隐函数,需用数值解法求 λr_{m}。由式(1-7-50)、式(1-7-51)求得有效管径之比。

ε 的确定:由式(1-7-34)及式(1-7-48),有

$$a^2=\int_0^\infty r^2 p(r)\,\mathrm{d}r=\theta+(1-\theta)\alpha^2$$

$$\varepsilon=\frac{\alpha}{r_{\mathrm{m}}} \qquad (1-7-52)$$

将上述公式求得的 λ 及 ε 代入式(1-7-47),可计算网络结构因子,从而研究网络模型中的视黏度。为了进一步了解该网络,下面对两种简化网络分别进行研究:网络由一束互不连通的毛细管组成,毛细管半径沿轴向变化,形成一系列收缩、扩张管段,网络配位数位为 $z=0$ 网络中 $\alpha=0$,即网络中管径均相等,但有一部分毛细管被随机堵塞。

(1)收缩、扩张毛细管:为避免毛细管束模型的某些缺点,用一束具有收缩扩张的毛细管来模拟多收缩、扩张管中视黏度计算多孔介质。在本章所用的模型中,令 $z=2$,即可得此模型,如图1-7-1(b)所示。

当 $z=2$ 时,由方程(1-7-49)、方程(1-7-51)可求得 r_{m} 及 λr_{m} 分别为

$$r_{\mathrm{m}}=\left[\,\theta+(1-\theta)/\alpha^4\,\right]^{-1/4} \qquad (1-7-53)$$

$$\lambda r_{\mathrm{m}}=\left[\,\theta+(1-\theta)/\alpha^{3n+1}\,\right]^{-1/(3n+1)} \qquad (1-7-54)$$

将式(1-7-52)、式(1-7-53)、式(1-7-54)代入式(1-7-47),可得网络结构因子 C 为

$$C=\sqrt{2}\sqrt{\theta+(1-\theta)\alpha^2}\left[\frac{(\theta+(1-\theta)/\alpha^4)^{\frac{n+1}{2}}}{\theta+(1-\theta)/\alpha^{3n+1}}\right]^{\frac{1}{1-n}} \qquad (1-7-55)$$

从而根据式(1-7-7)求得剪切速率。再由 $\mu_{\mathrm{app}}=H\dot{\gamma}_{\mathrm{app}}^{n-1}$ 可得 μ_{app},从而研究管径比变化对 μ_{app}

的影响。

（2）随机连通的等径网络模型中 C 的确定：为了研究网络连通性对 μ_{app} 的影响，令 $\alpha=0$，即 θ 部分毛细管管径均为 1，而 $1-\theta$ 部分管径均为 0，这样形成一系列连通、封闭的流通，且连通管管径均为 1，如图 1-7-2(b) 所示。

对牛顿流体，由式（1-7-49）得

$$\theta \frac{r_m^4-1}{1+\left(\frac{z}{2}-1\right)r_m^4}+\frac{1-\theta}{\frac{z}{2}-1}=0 \tag{1-7-56}$$

可解得

$$r_m=\left(\frac{\theta z-2}{z-2}\right)^{1/4} \tag{1-7-57}$$

对幂律流体，由式（1-7-51）得

$$\theta\left[\frac{(\lambda r_m)^{3+\frac{1}{n}}}{2+(z-2)(\lambda r_m)^{3+\frac{1}{n}}}\right]^n+(1-\theta)\left(\frac{z}{z-2}\right)^n-1=0 \tag{1-7-58}$$

可求得

$$\lambda r_m=\left[\frac{2A}{z-(z-2)A}\right]^{\frac{n}{3n+1}} \tag{1-7-59}$$

其中

$$A=\left[\frac{1}{\theta}-\frac{1-\theta}{\theta}\left(\frac{z}{z-2}\right)^n\right]^{\frac{1}{n}} \tag{1-7-60}$$

可由式（1-7-57）及式（1-7-59）求得 λ，由式（1-7-52）得

$$\alpha=\sqrt{\theta} \tag{1-7-61}$$

将式（1-7-57）、式（1-7-59）、式（1-7-60）代入式（1-7-47）可得

$$C=\sqrt{2\theta}\left[\frac{\left(\frac{2A}{z(z-2)A}\right)^n}{\left(\frac{z\theta-2}{z-2}\right)^{\frac{n+1}{2}}}\right]^{\frac{1}{1-n}} \tag{1-7-62}$$

应用式（1-7-7）求得剪切速率。

图 1-7-11 反映了管径变化对 C 的影响，且取 $n=0.8$，由图可见，管径收缩及扩张可使 C 值高于毛细管束模型的 $\sqrt{2}$。

图 1-7-12 反映了毛细管连通性对 C 的影响，图中 $z=6$。由图可见：求得的 C 值大于 2.0。随着 θ 减小，流道更加弯曲，则系数 C 值增加更为显著。

上述分析表明，网络介质模型的孔隙介质结构参数 $C=2.0\sim6.0$。

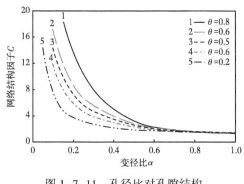

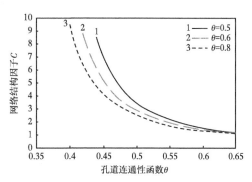

图 1-7-11　孔径比对孔隙结构
因子的影响($n=0.8$)

图 1-7-12　孔隙连通性对孔隙结构
因子的影响($z=6$)

四、部分水解聚丙烯酰胺水溶液渗流过程中黏弹性本构方程

HPAM 水溶液在渗流过程中的有效黏度 μ_{eff} 可分解为两部分：描述其黏性效应的剪切黏度和描述其拉伸效应的弹性黏度。当聚合物溶液通过狭窄弯曲的孔隙流道时，特别是聚合物溶液通过收缩—发散的流道(图 1-7-13)，即从大截面流道进入小截面流道时，聚合物分子必然受到拉伸，流动截面会自然收缩通过该流道。这样使得流体的流线不平行而形成一个锥状边界，此既为收敛流线。设入口收敛流的边界流线如图 1-7-13(b)所示。

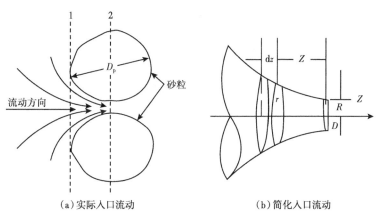

(a)实际入口流动　　　　　　　　　　(b)简化入口流动

图 1-7-13　流体在多孔介质中的流动

设 $z=0$ 处的半径为 R，以 σ_{12w}、γ_w 和 μ_a 分别表示多孔介质壁面处的切应力、切变速率和表观黏度，在其他位置，则以 σ_v、$\dot{\gamma}$ 和 μ_v 表示相应的剪切分量，而以 σ_e、$\dot{\varepsilon}$ 和 μ_e 分别表示拉伸应力、拉伸应变速率和拉伸黏度。

假设流体流动服从幂律定律，拉伸黏度与形变速率无关，对于任意半径处的截面有

$$\dot{\gamma}=\frac{1}{4}\left(\frac{3n+1}{n}\right)\frac{4Q}{\pi r^3}=\left(\frac{3n+1}{n}\right)\frac{Q}{\pi r^3} \qquad (1-7-63)$$

适用于计算收敛边界的切变速率。式中 n 为流变指数，Q 为体积流量。从式(1-7-63)可推出

$$\dot{\gamma} = \dot{\gamma}_w (R/r)^3 \qquad (1-7-64)$$

定义拉伸应变速率 $\dot{\varepsilon}$ 是平均速度 $\bar{v}$ 在 z 方向上的梯度:

$$\dot{\varepsilon} = -\frac{\mathrm{d}\bar{v}}{\mathrm{d}z} = -\frac{\mathrm{d}(Q/\pi r^2)}{\mathrm{d}z} = \frac{n}{3n+1}\dot{\gamma}\frac{\mathrm{d}r}{\mathrm{d}z} \qquad (1-7-65)$$

考察任意 z 处半径为 r,厚度为 $\mathrm{d}z$ 的微元流体,在外力的作用下,流体克服流动阻力而向前流动。因此,可建立下列力的平衡关系:

$$\pi r^2 \mathrm{d}p = \sigma_v 2\pi r\mathrm{d}z + \sigma_e \mathrm{d}(\pi r^2) \qquad (1-7-66)$$

整理后得

$$\mathrm{d}p = \frac{2\mu_v \dot{\gamma}}{r}\mathrm{d}z + \frac{\mu_e \dot{\varepsilon}\mathrm{d}r}{r} \qquad (1-7-67)$$

将式(1-7-64)和式(1-7-65)代入式(1-7-67)中得

$$\mathrm{d}p = \frac{2\mu_v \dot{\gamma}_w}{R}\left(\frac{R}{r}\right)^4 \frac{\mathrm{d}r}{\mathrm{d}r/\mathrm{d}z} + \frac{2\mu_e \dot{\gamma}_w}{R}\frac{n}{3n+1}\left(\frac{R}{r}\right)^4 \mathrm{d}r\frac{\mathrm{d}r}{\mathrm{d}z} \qquad (1-7-68)$$

令

$$\begin{cases} A_1 = \dfrac{2\mu_v \dot{\gamma}_w}{R}\left(\dfrac{R}{r}\right)^4 \mathrm{d}r \\[2mm] B_1 = \dfrac{2\mu_e \dot{\gamma}_w}{R}\dfrac{n}{3n+1}\left(\dfrac{R}{r}\right)^4 \mathrm{d}r\dfrac{\mathrm{d}r}{\mathrm{d}z} \\[2mm] K_1 = \mathrm{d}r/\mathrm{d}z \end{cases} \qquad (1-7-69)$$

则式(1-7-68)为

$$\mathrm{d}p = \frac{A_1}{K_1} + B_1 K_1 = \left[(A_1/K_1)^{0.5} - (B_1 K_1)^{0.5}\right]^2 + 2(A_1 B_1)^{0.5} \qquad (1-7-70)$$

K 表示在点 (z,r) 外流线的方向。式(1-7-70)表明,在一定条件下,维持流动所需的压力降随着流线方向的不同而变化,即式(1-7-70)属于一泛函问题。根据最小能量原理,流体总沿着保持最小压力降的方向流动。由式(1-7-67)可知取最小值的条件是

$$\frac{A_1}{K_1} = B_1 K_1 \qquad (1-7-71)$$

联立解式(1-7-69)和式(1-7-71)得到

$$\frac{\mathrm{d}r}{\mathrm{d}z} = 2\left(\frac{\mu_v}{\mu_e}\right)^{0.5}\left(\frac{3n+1}{4n}\right)^{0.5} \qquad (1-7-72)$$

把式(1-7-72)代入式(1-7-65)中,得到拉伸速率的表达式如下

$$\dot{\varepsilon} = \frac{\dot{\gamma}}{2}\left(\frac{4n}{3n+1}\right)^{0.5}\left(\frac{\mu_v}{\mu_e}\right)^{0.5} \qquad (1-7-73)$$

聚合物溶液的弹性效应表现为法向应力差的存在,而法向应力差与拉伸速率的关系为

124

$$\tau_{22} - \tau_{11} = -\mu_e \dot{\varepsilon} \qquad (1-7-74)$$

聚合物溶液的威森博格数 W_e 定义为聚合物溶液的弹性力与黏性力的比值,即

$$W_e = \frac{\tau_{11} - \tau_{22}}{2\sigma_{12}} \qquad (1-7-75)$$

渗流过程中,德博拉数 D_e 定义为溶液的特征时间与过程时间的比

$$D_e = \frac{\theta_f}{\theta_p} = \frac{\theta_f}{1/\dot{\varepsilon}} = \theta_f \dot{\varepsilon} \qquad (1-7-76)$$

对黏弹性的聚合物溶液,可近视认为满足一维 M-W 模型,从而有

$$\theta_f = \frac{1}{\dot{\varepsilon}} \frac{\tau_{11} - \tau_{22}}{2\sigma_{12}} \qquad (1-7-77)$$

把式(1-7-64)、式(1-7-73)代入式(1-7-77)中,整理得

$$\mu_e = 2\dot{\gamma}\theta_f \mu_v \qquad (1-7-78)$$

由式(1-7-6)式(1-7-8)得

$$\dot{\gamma} = \alpha \frac{4v}{\sqrt{K\phi}} = A \frac{v}{R} \qquad (1-7-79)$$

其中 $A = \dfrac{8\sqrt{2\zeta}\,\alpha}{\phi}$,将式(1-7-79)代入式(1-7-78)中得到

$$\mu_e = 2A\mu_v \frac{\theta_f v}{R} = BD\mu_v \qquad (1-7-80)$$

其中
$$D = \frac{\theta_f v}{R}$$

式中　B—— 一个与孔隙结构有关的量,与 A 具有相同的量级;

　　　D——与流体和岩石物性及渗流特性有关的无因次量。

因此聚合物溶液在多孔介质中渗流时的本构方程为

$$\mu_{eff} = \mu_v + BD\mu_v = (1+BD)\mu_v \qquad (1-7-81)$$

$$\frac{\mu_{eff}}{\mu_v} = 1 + BD \qquad (1-7-82)$$

方程(1-7-82)表明:黏弹性流体在多孔介质中的黏度增加取决于流体物性和孔隙介质物性及流体流动特征参数。

五、不同流体在渗流过程中的流变特性

实验的岩心参数与聚合物溶液的物性参数见表1-7-4。渗流实验数据见表1-7-5。利用实验1数据计算的剪切黏度与视黏度见表1-7-6,如图1-7-14所示。

表 1-7-4　实验所用岩心参数及溶液参数

实验序号	岩心参数				聚合物溶液参数			
	长度 L (cm)	面积 A (cm²)	渗透率 K (mD)	孔隙度 ϕ (%)	浓度 (g/L)	NaCl (%)	μ (mPa·s)	n
1	9.74	4.97	2.55	29.5	1.0	3	2.4	0.946
2	9.82	4.97	2.89	29.3	0.75	3	1.88	0.958
3	9.86	4.97	2.78	25.6	1.0	1	4.68	0.902
4	9.95	4.97	3.14	27.7	0.75	1	2.75	0.932

表 1-7-5　压差与流量实验数据

流量 (mL/h)	实验压差 (kPa)			
	实验 1	实验 2	实验 3	实验 4
0.5	0.031	0.018	0.049	0.024
1	0.057	0.035	0.085	0.039
2	0.106	0.078	0.130	0.108
4	0.201	0.163	0.312	0.173
8	0.357	0.343	0.702	0.417
16	0.961	0.703	1.419	0.966
32	2.000	1.493	3.144	2.130
64	4.500	3.523	8.019	4.710
128	10.000	8.500	18.750	12.690
256	32.000	25.670	57.000	35.430
512	137.000	100.000	218.100	136.200

表 1-7-6　实验 1 的计算黏度与表观黏度

流量 (mL/h)	压力 (kPa)	达西流速 (10^{-2} m/s)	等效黏度速率 (s⁻¹)	剪切黏度 (mPa·s)	表观黏度 (mPa·s)	弛豫时间 (s)
0.5	0.031	0.2794545	0.4832544	2.4961217	2.6402139	0.0010653
1	0.057	0.558909	0.9665088	2.4044189	2.4272934	0.0010262
2	0.106	1.117818	1.9330176	2.3160851	2.2569571	0.0009885
4	0.201	2.235636	3.8660352	2.2309965	2.1398508	0.0009522
8	0.357	4.4712721	7.7320705	2.1490339	1.9003153	0.0009172
16	0.961	8.9425442	15.464141	2.0700825	2.5577072	0.0008835
32	2	17.885088	30.928282	1.9940316	2.661506	0.000851
64	4.5	35.770177	61.856564	1.9207746	2.9941942	0.0008198
128	10	71.540353	123.71313	1.850209	3.3268825	0.0007896
256	32	143.08071	247.42626	1.7822358	5.3230119	0.0007606
512	137	286.16141	494.85251	1.7167599	11.394572	0.0007327

实验 3、实验 4 的 HPAM 溶液在多孔介质中的视黏度与等效剪切速率的关系曲线如图 1-7-15、图 1-7-16 所示。由图可见,在剪切速率为 $1 \sim 10s^{-1}$ 范围内,流体渗流时均可出现黏弹效应。其临界剪切速率的大小取决于孔隙介质的物性参数。

图 1-7-17、图 1-7-18 是根据黄原胶溶液渗流时的压降数据计算的视黏度与剪切速率的关系曲线。由图可见,黄原胶溶液在岩心中渗流时,随着流量的增加,黄原胶溶液的视黏度都是呈现出下降的趋势。这是因为黄原胶溶液在多孔介质中渗流时,由于剪切降解而使溶液变稀,黏度降低。在双对数坐标图中,曲线成线性下降,这种实验结果可以说明黄原胶溶液在多孔介质中渗流时,其渗流特点符合幂律模式。

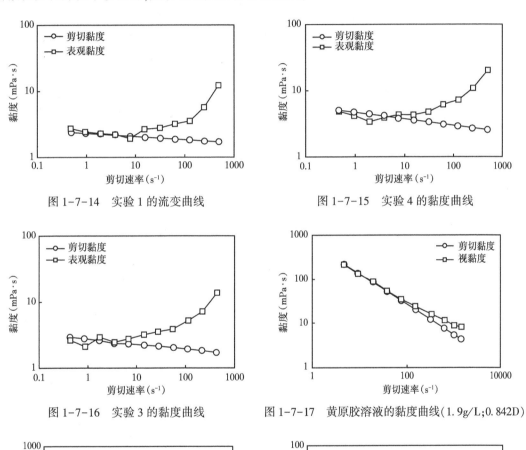

图 1-7-14　实验 1 的流变曲线

图 1-7-15　实验 4 的黏度曲线

图 1-7-16　实验 3 的黏度曲线

图 1-7-17　黄原胶溶液的黏度曲线(1.9g/L;0.842D)

图 1-7-18　黄原胶溶液的黏度曲线
(3.0g/L;168D)

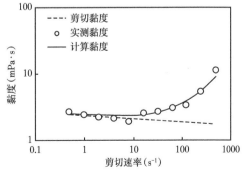

图 1-7-19　实验 1 的黏度与剪切速率
的关系曲线

另外,当剪切速率小于$100s^{-1}$时,流体在孔隙介质中的视黏度与流变仪中测得的剪切黏度基本是一致的,即视黏度和剪切黏度基本上呈现为重合的直线。当剪切速率大于$100s^{-1}$时,黄原胶溶液的视黏度稍稍偏离了剪切黏度曲线。

图1-7-19至图1-7-21为聚合物溶液在多孔介质渗流时,根据压降曲线计算的表观黏度μ_a、剪切黏度μ_v及有效黏度μ_{eff}与等效剪切速率的关系曲线,渗流数据与图1-7-14和图1-7-16中的数据相同。从图中可以看出,在较低的剪切速率下,聚合物溶液的表观黏度随等效剪切速率的增加而下降,其关系遵循幂律模式;而在高剪切速率下,其表观黏度随等效剪切速率的增加而增加,偏离幂律模式。图中实线是用本书建立的本构模型计算的聚合物溶液在渗流过程中的黏度变化,可以看出:有效(计算)黏度与实际孔隙介质中渗流时的表观黏度是一致的。这充分证明了模型是正确的,并且从另一个角度证实了聚合物溶液在多孔介质中所表现的弹性效应。

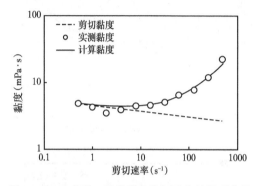

图1-7-20 实验3的黏度与剪切速率的关系曲线

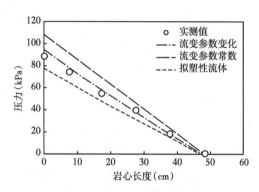

图1-7-21 压力损失变化

六、弹性临界流速

由图1-7-19至图1-7-20均可见,HPAM水溶液在渗流过程中的有效黏度曲线存在一个极值点(μ_{eff},v_c),当渗流速度$v \leqslant v_c$时,黏性起主导作用,弹性效应可忽略不计,其流变性可用纯黏性的拟塑性幂律模式描述;当渗流速度$v \geqslant v_c$时,弹性效应逐渐增大。此时,流体弹性效应对其渗流特性的影响不能忽略。在此,将v_c定义为弹性临界流速。

对方程(1-7-82)求导有

$$\mu'_{eff}=\mu'_v+(BD\mu_v)'=\mu'_v+B\frac{\theta_f}{R}\mu_v v'+BD\mu'_v \qquad (1-7-83)$$

即

$$\mu'_{eff}=2BD\mu_v\frac{v'}{v}+(1+BD^2)\mu'_v \qquad (1-7-84)$$

又因为

$$\mu'_v=(H\dot{\gamma}^{n-1})'=\mu_v(n-1)\frac{v'}{v} \qquad (1-7-85)$$

代入式(1-7-84)整理得

$$\mu'_{eff}=\mu_v\frac{v'}{v}[2BD+(1+BD)(n-1)] \qquad (1-7-86)$$

令 $u'_{\text{eff}} = 0$，得

$$2BD + (1+BD)(n-1) = 0 \qquad (1-7-87)$$

解此方程得

$$v_c = \frac{1-n}{B} \frac{R}{\theta_f} \qquad (1-7-88)$$

此式即为聚合物溶液在多孔介质中渗流时的弹性临界流速表达式。将 v_c 代入式 $(1-7-79)$ 即可求得相应的弹性临界等效剪切速率。

分析式 $(1-7-88)$ 并结合式 $(1-7-81)$ 可知，在渗流过程中，弹性临界流速与流体的幂律指数和弛豫时间有关，与油层的渗透率、孔隙度、迂曲度有关，是流体物性和孔隙介质物性的综合反映。流体弹性越大，流道越弯曲，非均质性越严重，临界弹性流速越小。

第三节　非线性变参数黏弹流体一维渗流型

现场取样分析表明，聚合物驱油井产出液明显表现出非牛顿特性，其黏性符合幂律型流变模式，且在高流速下，流体表现出弹性效应。首先根据已建立的聚合物溶液在渗流过程中流变性本构方程，运用多孔介质中流体的连续性方程和状态方程，并考虑流体流变性的沿程变化，建立了变参数非线性黏弹流体的渗流方程。

一、基本假设条件

设渗流介质均质，各向同性，不可压缩，不考虑重力影响；在高流速下流体表现出黏弹性效应；流体沿一维方向渗流，微可压缩；流体渗流符合非牛顿黏弹特征，流变参数在沿程方向变化。

二、基本微分方程的建立

1. 有效黏度模型

由前面讨论可知，聚合物溶液在渗流过程中，表现出黏弹流体的特性，其本构方程为

$$\mu_{\text{eff}} = \mu_v + BD\mu_v = (1+BD)\mu_v \qquad (1-7-89)$$

考虑渗流过程中流变参数的变化，上式表示为

$$\mu_{\text{eff}} = (1+BD)\mu_v = (1+BD)H(x)\dot{\gamma}^{n(x)-1} \qquad (1-7-90)$$

其中　　　　　　$H(x) = H_0 e^{\frac{\alpha x}{L}}, \quad \alpha = \ln\frac{H_1}{H_0}, \quad n(x) = n_0 + \beta\frac{x}{L}, \quad \beta = n_1 - n_0$

式中　H_0、H_1——注入端和采出端的稠度系数，$Pa \cdot s^n$；

　　　n_0、n_1——注入端和采出端的幂律指数，量纲 1；

　　　α、β——待定常数，由注入端和采出端注入液流体参数确定；

　　　L——流体流过的距离，m；

　　　x——流体距注入端的距离，m；

　　　$H(x)$——任一点 x 处的稠度系数，$Pa \cdot s^n$；

　　　$n(x)$——任一点 x 处的幂律指标，s^n。

式(1-7-90)中的 a 可以根据注入液和采出液的稠度系数来确定,参见式(1-7-101)至式(1-7-102)。

2. 运动方程

非牛顿流体广义达西方程为

$$v = -\frac{K}{\mu_{\text{eff}}}\frac{\partial p}{\partial x} \tag{1-7-91}$$

3. 连续性方程

当流体作一维渗流时,其连续性方程为

$$\rho\frac{\partial v}{\partial x} + v\frac{\partial \rho}{\partial x} = -\frac{\partial(\phi\rho)}{\partial t} \tag{1-7-92}$$

由基本假设条件(渗流介质均质,各向异性,不可压缩,不考虑重力影响)可知,介质的孔隙度不随时间而变化,因此可将上式进一步简化成如下形式:

$$\rho\frac{\partial v}{\partial x} + v\frac{\partial \rho}{\partial x} = -\phi\frac{\partial \rho}{\partial t} \tag{1-7-93}$$

4. 流体状态方程

流体的密度与压力之间满足如下关系:

$$\rho = \rho_0 e^{c(p-p_0)} \tag{1-7-94}$$

5. 基本微分方程

把状态方程式(1-7-94)及运动方程式(1-7-91)代入连续性方程(1-7-92)中,整理化简得

$$\frac{\partial^2 p}{\partial x^2} + \frac{v'_{\text{eff}}}{\mu_{\text{eff}}}\frac{\partial p}{\partial x} = \frac{\mu_{\text{eff}}}{k}\phi C_{\text{t}}\frac{\partial p}{\partial t} \tag{1-7-95}$$

把方程(1-7-86)代入式(1-7-95)中,整理得

$$\frac{\partial^2 p}{\partial x^2} + E_i\frac{\partial p}{\partial x} = G_i\frac{\partial p}{\partial t} \tag{1-7-96}$$

其中

$$E_i = \frac{\mu_{\text{v}}}{\mu_{\text{eff}}}\frac{v'}{v}\left[2BD+(1+BD)(n-1)\right]$$

$$= \frac{\mu_{\text{v}}}{\mu_{\text{eff}}}\frac{v'}{v}\left[(n-1)+(n+1)BD\right]$$

$$G_i = \frac{\mu_{\text{eff}}}{K}\phi C_{\text{t}}$$

方程(1-7-96)即为聚合物驱过程中一维渗流的基本微分方程。式中所有参数均可由多孔介质和流体性质确定。求解该式,可以得到不同流速下的压力沿渗流方向的变化规律。

6. 定解条件

初始条件:　　　　　　　　　$p(x,0) = p_0$

边界压力条件：

$$\begin{cases} p(0,t)=p_1 \\ p(L,t)=p_t \end{cases}$$ (1-7-97)

三、基本微分方程的求解

1. 差分方程的建立

因为是一维渗流情况，所以计算中采用均匀网格，对时间的微分用向前差分，对空间的微分用中心差分，得差分方程如下：

$$\frac{p_{i+1}^k-2p_i^k+p_{i-1}^k}{\Delta x^2}+E_i\frac{p_{i+1}^k-p_{i-1}^k}{2\Delta x}=G_i\frac{p_i^k-p_i^{k-1}}{\Delta t}$$

进一步化简得

$$p_{i+1}^k-2p_i^k+p_{i-1}^k+\frac{E_i}{2}\Delta x(p_{i+1}^k-p_{i-1}^k)=G_i\Delta x^2\frac{p_i^k-p_i^{k-1}}{\Delta t}$$ (1-7-98)

令 $\phi=\frac{E_i}{2}\Delta x$，$\sigma=\frac{G_i}{\Delta t}\Delta x^2$，则可将上式变化为

$$(1+\phi)p_{i+1}^k+(-2-\sigma)p_i^k+(1-\phi)p_{i-1}^k=-\sigma p_i^{k-1}$$ (1-7-99)

令 $a_i=1+\phi$，$b_i=-2-\sigma$，$c_i=1-\phi$，$d_i=-\sigma p_i^{R-1}$，则式（1-7-99）可化简成

$$c_i p_{i-1}^k+b_i p_i^k+a_i p_{i+1}^k=d_i$$ (1-7-100)

2. 差分方程的求解

差分方程（1-7-100）结合定解条件（1-7-97），可得一三对角矩阵方程组，用 LU 分解法求解即可得到不同时刻对应的不同流量下。

第四节　聚合物溶液通过岩心后的视黏度变化

油藏作为一种多孔介质，其流道的结构与形状十分复杂。聚合物溶液在这样的孔隙介质中流动时所表现出的流变性要比缓变流动复杂得多。而且在整个渗流过程中，聚合物分子在孔隙中的吸附、滞留及降解都会引起聚合物溶液流变性的变化。

一、聚合物溶液通过岩心后黏度的变化

图 1-7-22 给出了聚合物溶液流经不同渗透率岩心后其采出液的流变曲线。由图可见，聚合物溶液注入岩心后，其采出液的视速率关

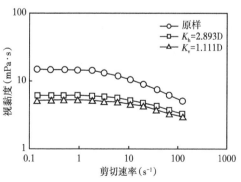

图 1-7-22　聚合物溶液通过不同渗透率岩心后视黏度与剪切速率的变化

系曲线(1100×10⁴g/mol,0.5g/L)黏度明显下降。同时还可看出,渗透率越小,视黏度下降幅度越大。这说明由于低渗透岩心的比表面较大,聚合物溶液在其中吸附、滞留量较大,同时,聚合物溶液在低渗透岩心中的流速较大,在其中的剪切降解也较为严重,从而导致聚合物溶液的黏度下降较大。

二、聚合物溶液以不同的注入速度通过岩心后的黏度变化

图 1-7-23 和图 1-7-24 是聚合物溶液以不同的速度注入岩心后其出口端采出液的流变曲线。由图可见:聚合物溶液注入岩心后的采出液的黏度小于原液的黏度,速度越大,采出液的黏度下降越大,说明高速注入的流体在岩心中的降解较为严重。

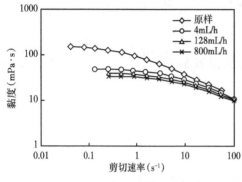

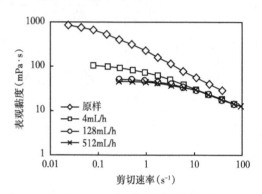

图 1-7-23　聚合物溶液在不同速度
通过岩心后的流变曲线
(1100×10⁴g/mol,1.0g/L,K=0.897D)

图 1-7-24　聚合物溶液以不同速度通过
岩心后的流变曲线

第五节　聚合物溶液在渗流过程中的流变特性

聚合物溶液在渗流过程中,由于吸附、滞留及剪切降解等因素引起的流变性变化是非常复杂的,很难用一个数学模型准确地描述这些变化的微观机理。然而,在聚合物驱数值模拟、油藏动态预测研究中,希望能够找到一个既能描述聚合物溶液的流变性在地层中的变化特征,又简单实用的数学模型。但是,黏弹性流体和多孔介质内结构的双重复杂性一直限制了这一问题的深入研究。下面针对黏弹性流体在复杂的多孔介质中的流动,首先对多孔介质进行模型化,其次,设计了实验液循环回注实验、串联岩心实验和长岩心渗流实验。根据渗流实验结果,研究聚合物溶液在多孔介质中流变性及其沿渗流方向上的变化。

一、聚合物溶液在多孔介质中的流变性

1. 实验方案

1) 实验物料

实验中采用的部分水解聚丙烯酰胺(HPAM),摩尔质量分别为 1860×10⁴g/mol、1100×10⁴g/mol,溶液浓度分别为 1.5g/L、1.0g/L、0.5g/L。实验配置聚合物溶液用水的矿化度为0.91834g/L。实验所用岩心是用石英砂经环氧树脂胶结而成,短岩心长度为 8~10cm,直径为 2.475cm。长岩心长度为 75cm,横截面积为 25cm²。

2）实验装置

实验装置：用于岩心驱替实验的恒温箱；称量药品的电子天平；溶解聚合物粉末的控温磁力搅拌器；用于施加环压的手动高压计量泵；用于读取压力数据的压力传感器；LS-30 流变仪；RS150 流变仪；RUSKA 泵；标准数字压力计，用于校验压力表；真空泵。实验流程图如图 1-7-25 所示。

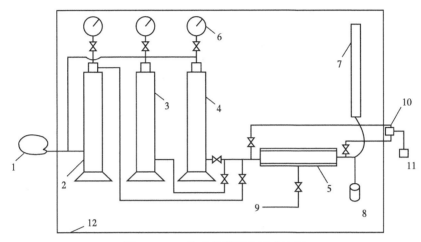

图 1-7-25　聚合物驱岩心试验流程

1—注入泵；2、3、4—中间容器；分别装有盐水、聚合物溶液、模拟油；5—岩心夹持器；6—压力表；
7—油气分离装置；8—计量器；9—环压；10—压力传感器；11—数据采集系统；12—恒温箱

3）实验方法

（1）岩心渗流实验：将聚合物溶液以不同的注入速度注入岩心中，同时记录压力和测溶液的流变性。

（2）循环回注实验：将岩心出口流出液再以不同的注入速度循环回注到岩心中，并测取流出液的流变曲线。

（3）串联岩心实验：将若干个岩性相近的柱状岩心串联进行渗流模拟实验，在每一个岩心夹持器出口端取样，测其流变性。

（4）长岩心渗流实验：在长岩心夹持器的不同位置预置多个测压孔和取样孔，将聚合物溶液以不同的注入速度注入岩心中，记录流动稳定时每个流量对应的各测压点的压力值，同时在相应的位置处取样，测其流变性。

2. 循环回注实验

作为一种定性研究方法，将岩心出口采出液再以不同的注入速度循环回注到岩心中，并测取采出液的流变曲线，如图 1-7-26 所示。图中曲线 b 是聚合物溶液注入岩心前的流变曲线，图中曲线 a 是聚合物溶液以 $128cm^3/h$ 的速度注入岩心后采出液的流变曲线，然后将此采出液再以不同流速注入该岩心中，测其采出液的流变曲线。

由图可见，聚合物溶液注入岩心后的采出液的黏度大大低于原液的黏度，说明该流体在岩心中的降解较为严重，通过该预降解后的聚合物溶液，再以不同的速度注入岩心后的黏度下降幅度较小。这就说明通过预降解后的聚合物溶液，注入速度对其视黏度的影响较小。由此可见，聚合物大分子剪切降解后，其黏度下降幅度较小；反映在聚驱过程中，聚合物溶液的流变性在注入井附近变化较大，而远离注入井底地区变化平缓。

3. 串联岩心实验

同理,将多块柱状岩心串联进行渗流模拟实验。分别测注入液和每一岩心夹持器出口端采出液的流变性,其结果如图1-7-27所示。聚合物溶液通过第一块岩心后的黏度损失较大,通过随后的岩心的视黏度的下降幅度逐渐变小。这说明在其渗流过程中,在注入端,聚合物溶液降解较严重,聚合物的高分子被剪切降解后,溶液的非牛顿性逐渐减弱。

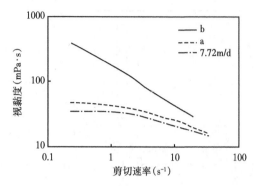

图1-7-26 聚合物溶液以不同流速注入岩心
对其视黏度影响(1275~1.0g/L;K_w=1192D;
1.2L/h回注液)

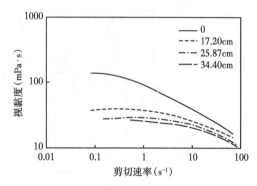

图1-7-27 在不同岩心长度下聚合物溶液视
黏度与剪切速率关系曲线(1255~1.0g/L;
K_w=0.897D;v=9.66m/d)

4. 长岩心渗流实验

两种实验均可以推述聚合物溶液在渗流过程中的流变性,但为了消除中间管线和阀门的影响,更好地研究聚合物溶液各点取样,用LS-30流变仪测各出口采出液的流变性。图1-7-28给出了聚合物溶液通过长岩心时沿程各位置处的流变曲线,结果表明,聚合物溶液的视黏度在岩心入口端附近下降较大,随着渗流距离的增加,视黏度逐渐下降。在中等剪切速率范围内,聚合物溶液及其采出液的非牛顿黏性可用幂律模式来描述。

图1-7-29给出了聚合物溶液以不同速度通过长岩心时的压力与长度的系曲线。由图可见,聚合物溶液在岩心入口端的压力较大,在岩心入口端产生入口压降,注入速度越大,入口压降也越大,随着渗流距离的增加,压力沿渗流距离的变化趋于平缓。由此说明,聚合物

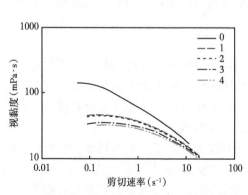

图1-7-28 聚合物溶液通过多孔介质其不同出口
采出液的流变曲线(1255~1.0g/L,42mL/h)

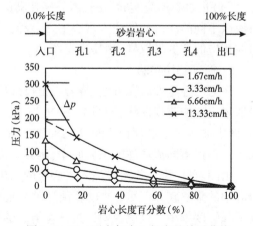

图1-7-29 压力与岩心长度的关系曲线

溶液在岩心入口处的降解较大,而通过预剪切后的聚合物溶液在渗流过程中,其降解程度变小。这与图1-7-28所观察到的结果是一致的。

二、聚合物溶液的流变参数沿渗流方向的变化

稠度系数和幂律指数沿渗流方向变化的实测结果分别如图1-7-30和图1-7-31所示。由图可见,稠度系数沿渗流方向逐渐减少。在岩心入口端附近,其下降幅度较大,远离岩心入口端处,其下降幅度变缓,并趋于某一确定值。幂指数沿渗流方向逐渐增加,即溶液的非牛顿性逐渐减弱。这些定性结果与聚合物实验驱观测井取样测试结果相符。

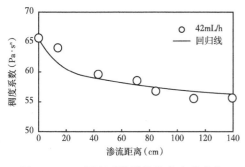

图1-7-30 稠度系数沿渗流方向的变化 图1-7-31 幂律指数沿渗流方向的变化

由图1-7-30可见,在直角坐标系中,稠度系数沿渗流方向下降。稠度系数沿渗流方向的变化满足e指数关系。由图1-7-31可见,在直角坐标系中,幂律指数沿渗流方向呈直线关系。对大量的实验数据进行统计分析,可以建立描述流变参数沿渗流方向(一维渗流)变化规律的数学模型如下:

$$\begin{cases} H(x) = H_0 e^{\alpha x/L} \\ n(x) = n_0 + \beta x/L \end{cases} \tag{1-7-101}$$

$$\begin{cases} \alpha = \ln \dfrac{H_1}{H_0} \\ \beta = n_1 - n_0 \end{cases} \tag{1-7-102}$$

式中　$H(x)$——任一点x处流体的稠度系数,Pa·s^n;

　　　$n(x)$——任一点x处流体的幂律指数,量纲1;

　　　H_0——注入液的稠度系数,Pa·s^n;

　　　n_0——幂律指数,量纲1;

　　　H_1——岩心出口端采出液的稠度系数,Pa·s^n;

　　　n_1——岩心出口端采出液的幂律指数,量纲1;

　　　x——距注入点的距离,m;

　　　L——岩心总长度,m;

　　　α、β——待定常数,在实际应用时,该常数可由岩心入口端注入液和岩心末端采出液流参数来确定。

三、HPAM水溶液在渗流过程中的弹性效应

为了观测HPAM(部分水解聚丙烯酰胺)水溶液在渗流过程中的弹性效应并定量地分析

弹性效应对渗流特性的影响,设计了一组对比实验:配制具有相同黏性的 HPAM 和黄原胶水溶液,选择物性相近的两块岩心,分别作出两种溶液的渗流曲线(图 1-7-32)。由图 1-7-32 可见,水溶液的渗流曲线在低流速范围内基本上为一直线,随着渗流速度的增大,渗流曲线开始出现明显的上翘;而黄原胶水溶液在整个流速区域内为一减速递增的曲线。黄原胶分子为一种刚性分子结构,其溶液的弹性可忽略不计,一般将其认为是一种纯黏性流体。而作为对比的水溶液又与黄原胶水溶液具有相近的黏性,所以,完全有理由认为 HPAM 水溶液渗流曲线的上翘是因其弹性效应所致。

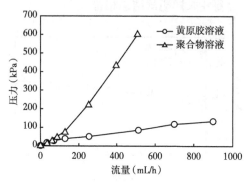

图 1-7-32　黄原胶溶液与聚合物
溶液的渗流曲线

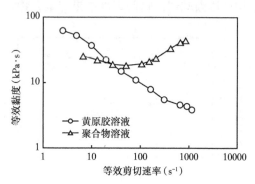

图 1-7-33　有效黏度与等效剪切
速率的关系

图 1-7-33 是图 1-7-32 所示数据计算的黄原胶和 HPAM 水溶液在渗流过程中的等效黏度曲线。由图可见,聚合物水溶液在低剪切速率(或低速)区域内,等效黏度随等效剪切速率(或流速)的增大而减小,其规律可用拟塑性幂律模式来推述。在高剪切速率(或高速)区域内,有效黏度随等效剪切速率(流速)的增大而明显增大,与黄原胶水溶液有效黏度相比,HPAM 的有效黏度明显急剧增加。

第六节　聚合物溶液在多孔介质中的渗流特性

一、实验方案及结果

为了全面分析研究聚合物溶液在多孔介质中的渗流特性,同时为了对比牛顿流体、非牛顿流体在多孔介质中渗流特性的差异,实验设计以下方案:
(1)同摩尔质量、不同浓度聚合物溶液在不同渗透率岩心的渗流特性;
(2)同浓度、不同摩尔质量聚合物溶液在不同渗透率岩心中的渗流特性;
(3)同摩尔质量、同浓度聚合物溶液在不同渗透率岩心中的渗流特性;
(4)甘油在不同渗透率岩心中的渗流特性;
(5)黄原胶溶液在不同渗透率岩心中的渗流特性。
按照上述实验方案及实验过程进行了室内实验研究,对实验所得数据进行处理分析,其结果如下。
图 1-7-34、图 1-7-35 绘制了直角坐标和对数坐标下的甘油溶液、黄原胶溶液和聚合物溶液在中等渗透率岩心中渗流时的流量和压差曲线。图 1-7-36、图 1-7-37 绘制了直角坐标和

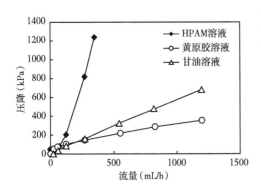

图 1-7-34　HPAM 溶液、黄原胶溶液、
甘油溶液的渗流曲线（直角坐标）

对数坐标下的甘油溶液、黄原胶溶液和聚合物溶液在另一组岩心中渗流时的流量和压差曲线。由图 1-7-34 可以看出：随着流量的增加，甘油的压降呈现出直线上升的趋势，完全符合达西定律，符合牛顿流体的流动特征；黄原胶溶液随着流量的增加压降增加，但增加幅度逐渐变缓，这是由于黄原胶溶液剪切降稀，黏度下降而造成的；而聚合物溶液的压降随着流量的增加表现出上升而后上翘的趋势。在对数坐标下，甘油溶液为一条斜率为 1 的直线，说明其幂指数为 1；黄原胶溶液近视为一条直线，其斜率小于 1，满足幂率流体模式；HPAM 溶液在低流量下近视为一条直线，随着流量的增加，出现上翘趋势，偏离幂律流体模式。

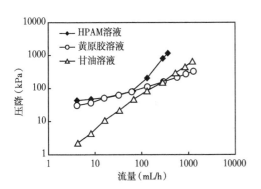

图 1-7-35　HPAM 溶液、黄原胶溶液、
甘油溶液的渗流曲线（对数坐标）

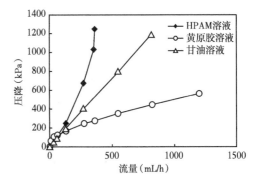

图 1-7-36　HPAM 溶液、黄原胶溶液、
甘油溶液的渗流曲线（直角坐标）

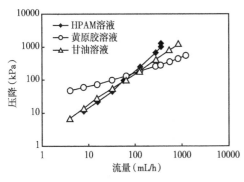

图 1-3-37　HPAM 溶液、黄原胶溶液、甘油
溶液的渗流曲线（对数坐标）

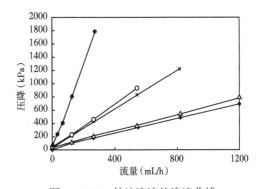

图 1-7-38　甘油溶液的渗流曲线

图 1-7-38 为牛顿流体（甘油溶液）在不同渗率岩心中的渗流曲线。由图可见：对于牛顿流体，在多孔介质中流动时，其流量和压差满足线性关系。如果应用 Ergun 公式

$$Re = \frac{vD_p\rho}{\mu(1-\phi)} \tag{1-7-103}$$

计算牛顿流体在多孔介质中渗流时的雷诺数 Re，以水在中等渗透率岩心中渗流为例，取 $K_w = 0.5D$、$\phi = 0.25$、$A = 4.906\text{cm}^2$，则在 $4 \sim 1200\text{mL/h}$ 的流量范围内，Re 的变化范围为 $7.7 \times 10^{-5} \sim 2.3 \times 10^{-3}$。水在该级别渗透率岩心中的渗流时，是不存在惯性效应的。这就说明只要黏度高于水的流体，在多孔介质中渗流时，此流量范围内都不存在惯性渗流。

1. 黄原胶溶液在多孔介质中的渗流特性

1）渗透率对黄原胶溶液渗流特性的影响

图 1-7-39、图 1-7-40 分别在直角坐标系下绘制了浓度为 3.0g/L 和 2.0g/L 的黄原胶溶液在不同渗透率岩心中的渗流特性曲线。由图可见，随着流量的增加，黄原胶溶液的渗流压降的增加幅度减少，这是因为，流量增加，剪切速率增加，黄原胶溶液剪切变稀，从而使压降的增加幅度减少。

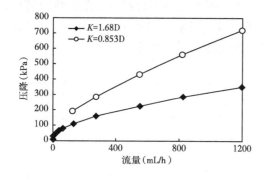

图 1-7-39　黄原胶溶液的渗流曲线（3.0g/L）

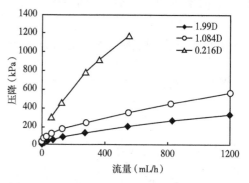

图 1-7-40　黄原胶溶液的渗流曲线（2.0g/L）

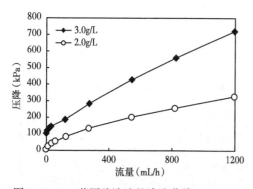

图 1-7-41　黄原胶溶液的渗流曲线（0.853D）

2）浓度对黄原胶溶液渗流特性的影响

图 1-7-41 为不同浓度的黄原胶溶液在相近渗透率岩心中的压降曲线。可以看出：高浓度溶液的压降增加幅度大于低浓度溶液的，这是因为一方面浓度越高，流体渗流所需克服的阻力越大。另一方面，浓度越高，黄原胶分子的吸附滞留越严重，渗透率下降越大，从而使渗流阻力增加越大。这两方面的综合作用而导致压降增加。

2. 聚丙烯酰胺在多孔介质中的渗流特性

图 1-7-42 给出了 HPAM 溶液的渗流曲线，从图中可以看出，在较高的流量下，曲线明显发生了上翘现象。分析其原因，可能有两种：其一是惯性非达西流动造成的，其二可能是弹性效应造成的。如果根据 Evgun 公式计算雷诺数 Re，可以得出 Re 在 10^{-5} 至 10^{-3} 之间，流体渗流时不存在惯性效应，那么导致聚合物溶液偏离的原因是流体的弹性效应。

1）渗透率对聚合物溶液渗流特性的影响

图 1-7-42、图 1-7-43 也是 HPAM 溶液在不同渗透率级别岩心中的渗流特性曲线。由图可知：相同浓度、相同摩尔质量的聚合物溶液通过不同渗透率岩心时，通过低渗透率岩心的渗流压降随注入量增加的幅度比高渗透率岩心大。这是因为捕集吸附量随渗透率降低而

138

增加,聚合物分子通过架桥作用,使得滞留量增加,从而增加流体在孔隙介质中的流动阻力。同时流体在低渗透岩心中的真实流速高于高渗透岩心中的流速,因而增加流体在孔隙结构中的流动阻力。另外,在高速渗流情况下,聚合物溶液表现出黏弹性效应也是导致压降增加的原因之一。

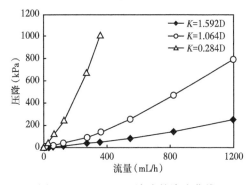

图 1-7-42　HPAM 溶液的渗流曲线
($750×10^4$ g/mol, 1.5g/L)

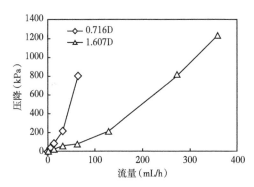

图 1-7-43　聚合物溶液的渗流曲线
($1600×10^4$ g/mol, 1.5g/L)

2)摩尔质量对聚合物溶液渗流特性的影响(表1-7-7)

图1-7-44、图1-7-45分别绘制了浓度为1.0g/L的三种不同摩尔质量的聚合物溶液在中、高渗透率岩心中的渗流特性曲线。由图可见,相同浓度、不同摩尔质量的聚合物溶液在相同渗透率岩心中渗流时,高摩尔质量聚合物溶液的渗流压降随注入量增加幅度比低摩尔质量聚合物溶液的大。这主要由于高摩尔质量聚合物溶液的分子回旋半径大,重复链节多,且由于吸附、滞留,使渗透率下降,从而使渗流阻力增加,渗流特性变差。

表1-7-7　研究摩尔质量对渗流特性的影响的实验方案表

岩心号	L (cm)	ϕ (%)	K_g (mD)	K_w (mD)	浓度 (mg/L)	摩尔质量 (g/mol)	HPAM 型号
51-1	9.94	27.3	692	499	1.0	$1860×10^4$	1275
52-14	10.04	25.8	716	445	1.0	$1100×10^4$	1255
52-3	10.00	22.9	713	438	1.0	$750×10^4$	1115
58-4	9.80	32.4	3851	1960	1.0	$110×10^4$	1275
58-3	9.89	30.4	3928	2048	1.0	$750×10^4$	1115

3)聚合物溶液浓度对渗流特性的影响(表1-7-8)

图1-7-46、图1-7-47绘制了两种摩尔质量、不同浓度的 HAPM 溶液在不同渗透率岩心中的渗流特性曲线。由图可知:相同摩尔质量的聚合物溶液通过相同渗透率级别岩心时,高浓度的聚合物溶液的渗流压降随注入量增加的幅度比低浓度聚合物溶液大。这主要由于随浓度增大,聚合物分子的缠结能力增强,使得渗流阻力增加;在高速渗流情况下,流量与压降的关系明显上翘,使得双对数坐标下的曲线(图1-7-35、图1-7-37)偏离线形关系,这正是具有弹性的流体在高流速下的表现。

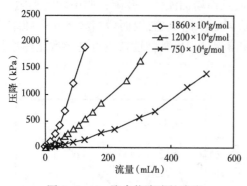

图 1-7-44 聚合物溶液的渗流
曲线(0.7D；1.0mg/L)

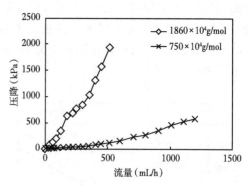

图 1-7-45 聚合物溶液的渗流
曲线(3.9D；1.0mg/L)

表 1-7-8 聚合物溶液浓度对渗流特性的影响的实验方案表

岩心号	L （cm）	ϕ （%）	K_g （mD）	K （mD）	浓度 （mg/L）	摩尔质量 （g/mol）	HPAM 型号
51-1	9.94	27.3	692	499	1.0	1860×10⁴	1275
51-5	9.9	24.5	579	400.6	1.5	1860×10⁴	1275
51-16	9.72	23.8	563	426	0.5	1860×10⁴	1275
52-14	10.04	25.8	716	445	1.0	1200×10⁴	1255
51-4	9.88	28.5	584	363	0.5	1200×10⁴	1255

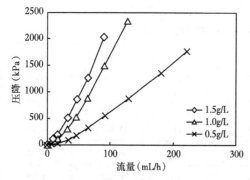

图 1-7-46 聚合物溶液的渗流曲线
（0.6D；1860×10⁴g/mol）

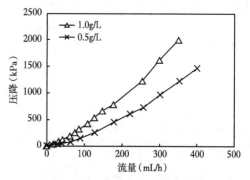

图 1-7-47 聚合物溶液的渗流曲线
（0.6D；1200×10⁴g/mol）

第八章　聚合物驱及化学驱技术的应用

储层中的原油通过一次、二次采油之后,可采出原油约在 40%~60%,但还是有近 50% 的原油不能被采出。20 世纪 20 年代,就有专利提出采用向地层注入聚合物和其他的化学剂来采出存在地下不能被其他手段可采出的剩余原油,后来人们将其称为聚合物驱和化学驱。

第一节　不同驱替方式后的剩余油分布

一、水驱剩余油分布规律

水驱剩余油的形成主要取决于油藏纵向及横向上的非均质性,因而注入水在面积上和厚度上的波及效率较低。剩余油分布一般具有连续性。

井网控制不住型。剩余油主要分布在原井网未钻遇或虽钻遇但未射孔的油层中。

成片分布差油层型。含有这类剩余油的油层虽然分布面积较大,原井网注采较完善,但由于油层薄、物性差,再加上原井网井距较大,动用差或不动用,因面形成剩余油。

注采不完善型。形成这类剩余油的原因是原井网虽然有井点钻遇,但由于隔层、固井质量等方面的原因不能射孔,造成有注无采或者有采无注,或者无注无采形成剩余油。

二线受效型。这类剩余油是加密井钻在原采油井注水受效的二线位置,因原采油井截流形成剩余油。

单向受效型。这类剩余油产生在只有一个注水受效方向,而其他方向油层尖来或油层弯差,或者钻遇油层但未射孔而形成剩余油。

滞留区型。这类剩余油主要分布在相邻两三口油井或注水井之间,在厚层和薄层中都有一定的比例存在,但这类剩余油面积相对较小。

层间干扰型。这类剩余油存在于纵向上物性相对较差的油层中,在原井网条件下虽已经射孔,注采关系也相对比较完善,但由于这部分油层在纵向上同其他的油层相比,在岩性、物性、渗透性的差得多,因而不吸水,不出油,造成油层不动用,形成剩余油。

层内未水淹型。这类剩余油存在于厚油层中,由于厚油层层内非均质性,一般底部水淹严重,如果层内有稳定的物性夹层,其顶部未水驱部分存在剩余油。

隔层损失型。这类剩余油的成因是在原井网射孔时,考虑到工艺水平,为防止窜槽,作为未射孔的层段,因而形成的剩余油。

二、聚驱后不同微观剩余油与残余油分布类型

从剩余油荧光分析实验图片看,水驱替过的岩心,剩余油多是水包油型,油水混合;聚驱后的岩心,剩余油量大为减少,岩石骨架较为清晰,零星分布的剩余油较多。

1. 聚驱后不同微观剩余油分布规律

1) 高水淹部位微观剩余油分布

这种剩余油可分为两种,一种是注聚前水驱阶段孔隙已达到强水洗,另一种是孔隙经过高注入倍数聚合物溶液的驱替,剩余油饱和度已很低。经荧光分析图片统计(图 1-8-1、表 1-8-1),聚合物驱后,剩余油饱和度在 0.2 以下的孔隙中,角隅剩余油所占的比例最大,其次是簇状剩余油;饱和度 0.2 以下的孔隙中膜状剩余油最少。在图 1-8-1 所示的微观剩余油饱和度分布构成图上,强水淹孔隙中膜状加簇状残余油饱和度占 0.0402,而盲端加角隅残余油占 0.1097。

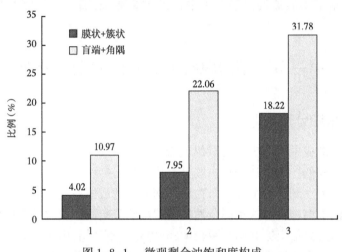

图 1-8-1　微观剩余油饱和度构成

表 1-8-1　荧光分析聚驱后剩余油类型

含油饱和度	膜状(%)	簇状(%)	盲端(%)	角隅(%)	合计(%)
0.2 以下	4.91	21.93	19.31	53.85	100
0.2~0.4	5.24	21.25	13.04	60.47	100
0.4 以上	9.94	26.51	14.23	49.32	100

2) 中水淹部位微观剩余油分布

在剩余油饱和度中等的岩心荧光图片中,从表 1-8-1 可以看出,饱和度 0.2~0.4 的孔隙中,角隅剩余油所占的比例仍然最大,其次是簇状剩余油,膜状剩余油最少。与高水淹情况比较,膜状和角隅剩余油比例增加,簇状和盲端剩余油比例降低。从图 1-8-1 来看,在剩余油饱和度增加的份额中,膜状加簇状剩余油饱和度增加了 0.0393,而盲端加角隅剩余油饱和度却增加了 0.1109,说明中水淹与强水淹孔隙比较,摩擦力难以作用或主要受聚合物推力作用的剩余油增多,而受聚合物摩擦力作用的剩余油仍然较少。

3) 低水淹部位微观剩余油分布

从表 1-8-1 可以看出,剩余油饱和度大于 0.4 的孔隙中,簇状和膜状剩余油相对比例增加,而难于动用的盲端和角隅剩余油相对比例减小,这是由于低强度聚合物驱微观剩余油形成的原因主要是孔道狭窄、不可及孔隙、聚合物的吸附、捕集以及压力梯度低、毛细管力作用等,使得可动用的膜状和簇状剩余油也难以动用。

从图 1-8-1 可以看出,在低水淹孔隙的剩余油饱和度构成中,膜状加簇状剩余油饱和度增加幅度较大,与中、强水淹孔隙剩余油构成比较,这部分剩余油可通过扩大微观波及体积、增加聚合物驱注入孔隙体积倍数来挖潜,可使剩余油饱和度进一步降低,而盲端加角隅剩余油则用聚合物驱难于进一步动用。需要指出的是,图 1-8-1 和表 1-8-1 所示是室内天然岩心驱油实验的结果,由于实际油层与其在几何尺寸上的巨大差异,总体上不可能达到这样的驱油效果,其驱油效率在空间分布上有严重的非均匀性,而且,注聚合物区块停注聚合物并后续水驱到含水率 98% 时结束,而不是室内实验的含水率 100% 时的结束。因此,实际油藏中,处于中、低强度驱替的孔隙比例要高于室内天然岩心实验的比例。

4) 聚驱未动用的微观剩余油分布

这类剩余油可分为两类,一类是水驱未动用,聚驱后仍未动用的剩余油;另一类是水驱已动用但聚驱未动用的剩余油。

第一类剩余油为次生胶结、死孔隙中自生原油或水驱未波及的区域存在的剩余油,不采取其他措施,无论是水驱还是聚合物驱都无法采出。两组荧光分析实验得到水驱后平均死孔隙残余油占孔隙面积的 5.96% 和 4.78%。而聚驱后分别为 5.79% 和 11.44%;水未波及的区域,是由于注采井网、沉积微相、油层非均质、低渗透等方面的原因,而使注采关系不完善,压力场在此处的压力梯度不足以克服毛细管力,无法将油驱出。

第二类聚驱未动用的剩余油是由于聚合物不可及孔隙体积造成的,由于孔道狭窄,虽然水能够进入,但聚合物难以进入。在室内渗透率较高的岩心实验中,这类剩余油虽然很少,但实际油藏中却大量存在。

2. 微观残余油分布

1) 簇状残余油

水驱时,这种微观残余油残留在被通畅的大孔道所包围的小喉道孔隙簇中。聚合物溶液可形成稳定的油丝通道,将这类残余油驱替出来。虽然聚合物可使大部分这类残余油被驱替出,但仍不彻底,而且由于油层局部的低渗透等原因,这类残余油数量还较大。

2) 盲端残余油

水驱残余油呈孤立的塞状或柱状残留在连通孔隙的喉道处,由于聚合物的黏弹效应,聚合物可拉拽出一部分这类残余油。但在足够小的喉道,聚合物溶液难以通过,残余油仍然被"卡"在喉道处。另一种情况是孔隙中的残余油两端的液—油界面平行于聚合物驱替液的流线方向,受毛细管力的作用,残余油无法流动。

3) 角隅残余油

这种残余油在水驱时,呈孤立的滴状残存在注入水驱的孔隙死角处,聚合物驱后,这种残余油受聚合物分子的拉拽和剥离,有一部分被驱替出来,但仍然有一定量的残余。

4) 亲油岩石表面的油膜状残余油

由于岩石亲油,水的剪切应力难以将这类残余油驱替出来,由于聚合物溶液的"剥离"作用,经过聚合物驱,这种剩余油将大大减少,而且聚驱后,岩石表面由亲油变为亲水,驱油效果进一步增强,因此这种剩余油残存量较少。

三、油田现场的聚驱后剩余油和残余油分布

聚合物驱油目的层油层发育状况是影响聚驱后剩余油的主要因素,从大庆油田萨中、萨北和喇嘛甸油田的典型聚合物驱区块剩余油分析结果来看,聚合物驱后宏观剩余油形成机

理及分布如下。

1. 聚驱未受效或受效差的低渗透层,存在剩余油

注聚后,大量聚合物溶液进入高渗透层,由于聚合物的不可及孔隙体积以及吸附、滞留的影响,使得同时注聚的低渗层难以受到聚驱效果,从取心井资料来年,葡Ⅰ7单元属于这种情况。从吸水剖面资料也可看出,聚驱后吸水层数明显减少,断东东块吸水层数由39.2%降到了21.6%,而不吸水层位相应地由60.8%增加到78.4%,不吸水层位增加了17.6%,北一区中块聚驱前后不吸水的层数由67.9%上升到77.2%,不吸水层数增加了9.3%。北一、北二排西三次加密井水淹层解释结果表明,聚驱后,葡Ⅰ4、葡Ⅰ5和葡Ⅰ6单元剩余油饱和度较高,测点平均剩余油饱和度分别是0.589、0.605和0.571,葡Ⅰ4~葡Ⅰ7四个单元非河道砂测点的平均剩余油饱和度则均在0.60以上。这些水驱不吸水、聚驱也不吸水或水驱吸水、聚驱不吸水的层,存在较多的剩余油。特别是表外储层,聚驱后剩余油基本没有动用。

2. 受韵律性的影响,正韵律油层上部低渗透部位存在剩余油

聚驱后,由于底部渗透率高,在注入压力和重力作用下,注入的聚合物溶液趋向于向渗透率高的低部位流动,在通过压力下降快的近水井地带后,与低部位渗透率高的油层存在较大的压力梯度,而渗透率低的上部油层压力梯度很小,不能驱替上部剩余油。油层底部渗透率特高而上部渗透率低时,聚合物不但起不到调剖、扩大吸水厚度的作用,反而使渗透率低的上部吸水量和吸水厚度更小,拉大顶部和下部剩余油饱和度的差异。

3. 受沉积微相控制的剩余油

从北一、北二排西三次加密测井水淹层解释和数值模拟结果来看,聚驱后剩余油分布明显地受沉积微相的控制。平面上同一相带内聚驱效果相对均匀,特别是大面积发育的河道砂内,聚驱后剩余油饱和度低,剩余油饱和度在0.65以上的测点极少,绝大多数区域已达到0.60以下,但在相带变化幅度较大、相带尖灭和两相分界处仍有一定的剩余油分布。发育面积大的非河道砂处于中、弱水洗状态,仍有一定的剩余油潜力,非河道砂大于0.55的测点达61.52%。在同一微相内,特别是低渗透层,聚驱后剩余油分布不均匀。聚合物驱虽然大幅度地降低了河道砂内的剩余油饱和度,但由于受厚度、渗透率和注采完善程度的影响,剩余油分布并不均匀,剩余油以微观类型为主。低渗透的非河道砂单元内,非均匀性更为明显,有一定量的剩余油。

4. 注采关系影响剩余油的分布

1)注采系统不完善造成的剩余油

在断层、尖灭附近,油井单向或两向受效,存在聚合物驱替不到的区域,或打开程度不完善、分步射孔,使得部分区域聚驱孔隙体积倍数较低,剩余油驱替不充分,形成剩余油。

2)注采分流线上存在剩余油

由于注采主流线注采压差高,聚合物溶液主要沿着主流线流动,因此分流线上聚合物溶液的波及体积远小于主流线,从而造成分流线上的剩余油饱和度高于主流线(表1-8-2)。

相渗曲线上的残余油是室内岩心驱油实验到出口端含水率达到100%时的剩余油。对于实际油藏,某一处宏观上的残余油,可以理解为该处水相分流量为1,即只有水相渗流时的剩余油。理论计算表明,聚合物溶液累积注入倍数达到9.949且水相平均黏度为10mPa·s时,剩余油饱和度才能达到残余油饱和度,对于局部高渗透、油水井连通好的条带,注入倍数高,剩余油饱和度达到了残余油饱和度,但对于大部分区域,剩余油饱和度仍在残余油饱和度以上。从实际取心井资料来看,聚合物驱很难降低残余油饱和度。

表 1-8-2　主流线分流线剩余油饱和度表

水洗程度	目前含油饱和度(%)		
	分流线(2 口井)	主流线(3 口井)	差值
强水洗	27.0	28.8	-1.8
中水洗	44.6	44.0	0.6
弱水洗	53.9	52.9	1.0
未水洗	73.7	62.3	11.4
合计	44.2	39.8	4.4

5. 复合驱能够驱替水驱后残余油

从大庆油田杏二西三元复合驱试验来看,在区块水驱中心井含水率长期 100%的情况下,仍然取得中心井提高采收率 19.46%的好效果。水驱残余油有重质成分含量高、凝点高、闪点低、动力黏度大的特点。通过三元复合驱后的原油物性分析结果来看,原油物性发生了较大变化:原油黏度由 13.7mPa·s 升到 17.8mPa·s,凝点由 17℃升到 33℃,闪点由 64℃降到 52℃。原油组分变化也较大,产出原油的总烃由 85.8%降到 82.0%,非烃和沥青质储量由 14.2%升到 18.1%。这说明三元复合驱采出了水驱难以驱动的原油,提高了驱油效率。

从微观驱油实验来看,水驱残余油在复合驱的作用下,表面补软化,再经驱替、切割、乳化等过程而被采出。由图 1-8-2 可以看出,随着体系中聚合物浓度、表活性剂浓度的增大,盲端残余油含量下降明显,乳化油滴数量增多。这是由于减少盲端残余油主要依靠复合体系中聚合物黏弹性,而三元体系中由于碱的加入降低了体系的黏弹性,使得三元体系扩大波及体积、驱油效率的能力下降,而二元体系充分地利用了聚合物的黏弹性物表面活性剂降低油水界面张力、乳化原油的特性(表 1-8-3),使得在相同聚合物浓度下,二元驱后盲端残余油少于三元体系,而乳化油滴数量大于三元体系。

表 1-8-3　不同体系界面张力值及黏度

驱替液	界面张力(mN/m)		体系黏度 (mPa·s)
	ASP	SP	
体系 1	10.6820	5.6820	13.0
体系 2	3.4060	1.4060	14.0
体系 3	0.8420	0.8420	16.5
体系 4	0.4080	0.2958	21.0
体系 5	0.1520	0.0542	28.0
体系 6	0.0982	0.0152	35.0
体系 7	0.0585	0.0085	37.0

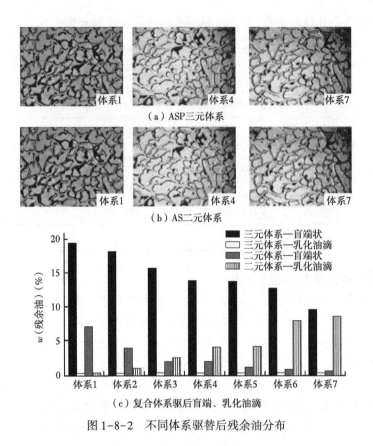

（a）ASP三元体系

（b）AS二元体系

（c）复合体系驱后盲端、乳化油滴

图 1-8-2　不同体系驱替后残余油分布

第二节　化学驱油适应性及筛选条件

储层物性、油层温度、渗透率变异系数、水矿化度、原油黏度均对聚合物驱油效果有很大的影响，因此在注聚合物、注化学复合驱注剂前要对油层的上述性质进行分析，以及聚合物及其他注剂与油层进行匹配实验。

一、聚合物驱适应性及筛选条件

1. 以砂岩油藏开展聚合物驱为好

聚合物驱油，由于提高了注入液的黏度，因此需要油层的连通状况较好，油层的厚度较大。对于砂岩油藏，聚合物驱一般都在连片性较好的河流三角洲泛滥平原相砂、席状砂体中进行，一般为扇三角洲前缘亚相、前扇三角洲亚相沉积，粒度序列为复合韵律、正韵律的特点。我国陆相油田多为正韵律油藏，聚合物驱具有较大潜力，而反韵律油层一般具有含水率上升慢，见水厚度大但无明显的水洗层段，驱油效率低等特点，且适合聚合物驱的砂体中少含或不含泥岩夹层。对于那些支离破碎的或呈狭长条带状的油砂体，由于难以保证驱替流体不会渗流到井网以外部位，并可能使驱油效果的评价复杂化，一般不宜实施聚合物驱或其他化学驱。

2. 油层的温度要适中，小于 70℃

聚合物溶液的黏度随温度的升高而降低，在降解温度之前，其黏度是可以恢复的，即温度降至原来的温度,黏度可以恢复到原来的值。不同聚合物溶液随着油层温度的升高,溶液黏度的下降比例增大。如果油层温度过高会大大降低聚合物溶液的有效性,因此聚合物驱油效果也会降低。注入油层中的聚合物会进一步水解,水解的程度受油层温度的影响,如果油层温度较高,有可能产生絮凝而堵塞油层。国外研究结果认为,对于大多数未经软化的注入水,可使用聚合物驱的油层安全温度为93℃。根据国内研究结果,温度达到70℃后,聚合物热降解变得严重,黏度损失达50%(表1-8-4)。

表1-8-4 温度对聚合物溶液黏度的影响

样品	模拟水编号	聚合物溶液黏度下降率(%)				
		30	40	50	60	70
PDA-1020	3	0	11.32	20.78	28.74	35.53
	2	0	12.34	22.52	30.20	38.17
	1	0	13.57	24.62	33.72	41.30
AC-530	3	0	15.81	28.37	38.46	46.71
	2	0	12.95	23.56	32.36	39.37
	1	0	13.14	23.90	32.79	40.22
AC-430	3	0	15.13	27.24	37.05	45.05
	2	0	14.17	25.64	35.01	42.74
	1	0	13.99	25.34	34.63	42.34
南中-02	3	0	11.64	21.23	29.45	36.36
	2	0	15.20	27.35	37.18	45.26
	1	0	12.75	23.22	31.92	39.21
Pusher-700	3	0	17.11	30.49	41.09	49.59
	2	0	15.70	28.19	38.23	46.40
	1	0	20.66	36.15	47.94	57.04
黑技-05	3	0	19.69	34.62	46.11	55.18
	2	0	14.14	25.59	34.95	42.66
	1	0	18.97	33.48	44.74	53.69
南中-03	3	0	16.50	29.50	39.86	48.23
	2	0	17.69	31.43	42.25	50.87
	1	0	19.86	34.89	46.44	55.43
同德-08	33	0	16.05	28.75	38.94	47.19
	2	0	15.74	28.24	38.30	46.48
	1	0	17.99	31.91	42.84	51.52

3. 渗透率变异系数以0.72为最好

油层的层间非均质性或者油层内部的非均质性,在聚合物驱情况下都会得到改善(图1-8-3)。聚合物驱提高采收率幅度与正韵律油层渗透率变异系数的关系由图可以看到,渗透率变异系数在0.72时采收率增值最大;小于0.72时,采收率增值随渗透率变异系数的增加而增加;大于0.72时,采收率增值随之而减小。这是由于渗透率差异过大,聚合物溶液调节沿高渗透率突进的作用减小。

4. 地层水矿化度影响

水的矿化度对部分水解聚丙烯酰胺的水溶液黏度有较大的影响,溶液黏度随矿化度的增加而降低,矿化度越高聚合物溶液的黏度越低。溶液黏度对水中金属阳离子的含量十分敏感,Ca^{2+}、Mg^{2+}、Fe^{3+} 等高价阳离子对聚合物溶液黏度的影响比 K^+、Na^+ 更严重,如果高价金属离子超过一定浓度会使聚合物沉淀,在低水解度的情况下,这种影响会减弱,但聚合物的增黏能力将减小。由于黏度降低、流度控制能力减弱,导致聚合物驱采收率降低。数值模拟研究表明,正韵律油层,地层水矿化度由 2500mg/L 增加到 $(5~10)×10^4$mg/L 时,采收率提高幅度将降低 30%~50%。大庆油田原始地层水矿化度 7000mg/L,经长期注水冲洗,目前地层水矿化度为 2000~4000mg/L,如此低的矿化度非常有利于聚合物驱。

5. 原油黏度适中

水驱油田,原油黏度的高低决定着油水流度比的大小,油水流度比小于 1 或大于 50 的油层都不宜采用聚合物驱技术。油水流度比在 1.0~4.2 范围内已进行了成功的试验。图 1-8-4 描述了大庆油田不同原油黏度与聚合物驱提高采收率的关系。

由图 1-8-4 可看出:原油黏度在 30~50mPa·s 范围内采收率增幅最高,大于此范围,采收率随着原油黏度的增加而增加。对于高黏度的原油需要高浓度的聚合物溶液来改善流度控制,这不仅影响聚合物溶液的注入能力,且降低了经济效益。大庆油田聚合物驱目的层的原油黏度在 20mPa·s 左右,是较适合聚合物驱的。

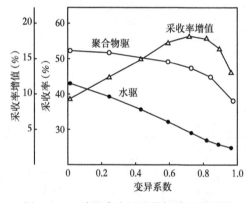

图 1-8-3 渗透率变异系数与采收率关系

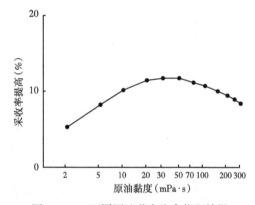

图 1-8-4 不同原油黏度聚合物驱效果

二、复合驱筛选条件

复合驱中的主要成分都包含聚合物,因此在进行区块筛选时也同样遵循聚合物驱的筛选条件,油层温度、水矿化度的要求相同,主要考虑储层非均质、复合驱控制程度、体系性能三个方面。

1. 储层非均质性

当三元复合体系黏度较低,驱替黏度比(地下工作黏度与地层原油黏度之比)低于 2 时,随 0.8 渗透率变异系数随着油层非均质增强,复合驱效果逐渐变差,且驱替黏度比越小,非均质程度对驱油效果的影响越大。当三元复合体系黏度较高,驱替黏度比达到 3 及以上时,则表现出与低黏体系条件下不同的情形:随着渗透率变异系数的增大,非均质性增强,驱油效果先变好再变差,出现驱替黏度比与渗透率变异系数最佳匹配点;非均质程度越强,所需的最佳匹配黏度比越高。当渗透率变异系数为 0.60 时,最佳驱替黏度比为 3;当渗透率变异系数为 0.65 时,最佳驱替黏度比为 4;若渗透率变异系数继续增大,最佳驱替黏度比也随之增大(图 1-8-5)。这种情形近似于聚合物驱的特点,实际上是当三元复合体系黏度较高时,不但提高了驱油效率,也发挥了较强的调剖作用;而当三元复合体系黏度较低时,其驱油效果以提高驱油效率为主,调剖作用较弱,便不显现近似于聚合物驱的特点。对于非均质较强的油层,必须提高黏度比,在充分扩大波及体积的前提下,提高驱油效率,因此复合驱适合油层渗透率变异系数小于 0.7,与聚合物相同。

2. 复合驱控制程度

大庆油田三元复合驱的潜力油层主要集中在纵向和平面非均质较严重的二类油层,特别是由于二类油层河道窄、低渗透薄差层和尖灭区发育,造成井网对油层的控制程度降低;又由于三元复合体系中具有较大几何尺寸聚合物分子的存在,使那些低渗透小孔隙的油层难以进入,从而降低了三元复合体系对目的油层的控制程度。控制程度是综合性指标,与聚合物相对分子质量、孔隙度、油层连通厚度、井网可控面积有关。从数值模拟结果(图 1-8-6)来看,复合驱控制程度越高,驱油效果越好。复合驱控制程度在 80% 以下时,控制程度的变化对驱油效果影响较大,控制程度从 60% 增加到 80%,复合驱提高采收率值从 15.0 个百分点增加到 20.4 个百分点,增加了 5.4 个百分点。控制程度达到 80% 以上后,对驱油效果影响变小,控制程度从 80% 增加到 100%,复合驱控制程度同样是提高了 20 个百分点,采收率提高值仅增加了 1.7 个百分点。要使复合驱提高采收率达到 20% 以上,复合驱控制程度必须达到 80% 以上。

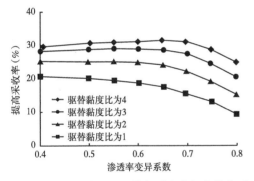

图 1-8-5 渗透率变异系数与采收率提高值关系

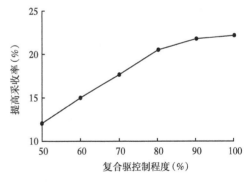

图 1-8-6 复合驱控制程度与采收率关系

3. 复合驱体系性能

三元复合驱提高采收率的最重要机理就是依靠体系界面张力达到 10^{-3} mN/m 数量级超低范围,从而增加毛细管数提高驱油效率,因此体系的界面张力是否达到超低对三元复合驱的效果起着至关重要的作用。采用气测渗透率相近的天然岩心进行了不同界面张力三元复合体系的物理模拟实验,结果表明:体系界面张力达到 10^{-3} mN/m 数量级的实验,平均提高采收率 20.4 个百分点;体系界面张力在 10^{-2} mN/m 数量级的实验,平均提高采收率 16.3 个百分点;体系界面张力在 10^{-1} mN/m 数量级的实验,平均提高采收率仅 12.8 个百分点。这组实验说明要使三元复合驱提高采收率达到 20 个百分点以上,三元复合体系的界面张力必须达到 10^{-3} mN/m 数量级超低范围。

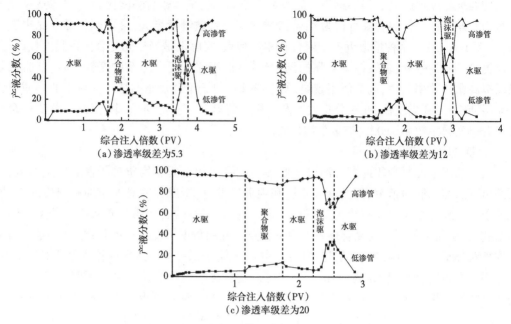

图 1-8-7　不同驱替体系高低渗透层产液分数

三、泡沫驱筛选条件

泡沫驱适应性较广,而且泡沫驱油体系也较多,有空气泡沫驱、氮气泡沫驱、复合泡沫驱,原则上空气泡沫驱、氮气泡沫驱对储层的岩性没有特殊要求。但对于空气驱最有利的条件是:(1)油藏岩石中最好含有黏土矿物和金属,有利于催化氧化反应;(2)地层条件中垂向变化和地层倾角能对重力驱油起到双驱作用;(3)注空气泡沫驱油技术适用于进入注水开发后期的各类油藏;(4)油藏原油的相对密度要小于0.9340;油层深度越深,温度越高,实施条件越好,高温高压能,提高氧气的利用率和混相能力。但复合驱对储层层物性、油层的温度、水矿化度有一定的要求,也就是受泡沫驱体系的成分的影响,有加入聚合物成分的,就要受聚合物的限制。

1. 泡沫驱油层间渗透率级差不易过高

非均质储层的渗透率级差小于12时,泡沫可大大降低高低渗透层中的流度差异,使驱替流体在高低渗透层中以近似等流度状态驱替;当级差大于12时,高低渗透层中的流度差异调整不明显。

2. 泡沫驱高渗透层的含水饱和度要低

由于原油的消泡作用,泡沫处在较少剩余油的高渗透层时具有较大的封堵压差,处在较多剩余油的低渗透层时流动阻力较小。因此调整高低渗透层中的流度差异,在含油饱和度分布合适时,泡沫在高低渗透层中的流动近似等流度驱替。也就是说在泡沫驱前应先进行其他方式采油。

3. 要针对不同油层条件优选适合的表活剂

(1)表面张力是评价表面活性剂活性高低的一个重要指标,尽可能选择表面张力值低的表活剂。

（2）表面活性剂要在能在二元体系（加入聚合物）时达到超低界面张力，化学驱提高采收率最需关注的是油水界面张力。通常一些表活剂可以在有碱的情况下才能达到超低界面张力，在加入碱又会削弱聚合物的黏弹性。因此要筛选出在油层条件下及无碱条件下仍能达到超低界面张力的表活剂。

（3）还要研究泡沫稳定性，以确保其发挥效率。

第三节　聚合物驱数学模型

目前经大庆油田研究院研究建立了具有弥散和扩散模拟功能的三维三相聚合物驱油数学模型，能够满足聚合物驱油实验和生产实际的需要。

目前经大庆油田研究院研究建立了具有弥散和扩散模拟功能的三维三相聚合物驱油数学模型，能够满足聚合物驱油实验和生产实际的需要。

一、油气水三相连续性方程

$$-\mathrm{div}\left(\frac{1}{B_o}v_o\right)=\frac{\partial}{\partial t}\left(\frac{1}{B_o}\phi S_o\right)+q_o \tag{1-8-1}$$

$$-\mathrm{div}\left(\frac{1}{B_w}v_w\right)=\frac{\partial}{\partial t}\left(\frac{1}{B_w}\phi S_w\right)+q_w \tag{1-8-2}$$

$$-\mathrm{div}\left(\frac{R_s}{B_o}+\frac{1}{B_g}v_g\right)=\frac{\partial}{\partial t}\left[\phi\left(\frac{R_s}{B_o}S_o+\frac{S_g}{B_g}\right)\right]+q_{fg}+q_o+q_oR_s \tag{1-8-3}$$

利用达西定律表示为

$$v_i=\frac{KK_{ri}}{\mu_i}(\mathrm{grad}p_i-\rho_ig\,\mathrm{grad}z)\,,\,i=w,o,g \tag{1-8-4}$$

$$p_o-p_w=p_{cow} \tag{1-8-5}$$

$$p_g-p_o=p_{cog} \tag{1-8-6}$$

式中　v_i——i 相流速，m/s；

　　　B_i——i 相的体积系数，量纲1；

　　　ϕ——油藏孔隙度，%；

　　　p_i——i 相压力，Pa；

　　　S_i——i 相的饱和度，%；

　　　K——绝对渗透率，m^2；

　　　K_{ri}——i 相的相对渗透率，量纲1；

　　　μ_i——i 相的黏度，Pa·s；

　　　ρ_i——i 相的密度，kg/m^3；

　　　R——溶解气油比，m^3/m^3；

　　　q_i——i 相的源汇项，m^3/s；

　　　p_{cow}、p_{cog}——油、水相间毛细管力和油、气相间毛细管力，Pa；

z——距离，m；

w、o、g——下标，分别表示水、油和气相。

二、化学组分物质方程

化学组分包括聚合物、阴离子和阳离子，全部存在于水相中，化学物质组分的物质守恒方程为

$$\frac{\partial}{\partial t}(\phi\rho_i\widetilde{w}_i)+\mathrm{div}[\rho_i(w_{iw}v_w-\widetilde{D}_{iw})]=R_i \tag{1-8-7}$$

其中

$$\widetilde{w}_i=S_w w_{iw}+\widetilde{w}_i,\ i=1,2\cdots,n_c \tag{1-8-8}$$

式中 $\widetilde{w}_i$——化学物质组分的总质量分数，%；

w_{iw}——水相中第 i 种化学物质组分的质量分数，%；

ρ_i——化学物质组分 i 的密度，kg/m³；

R_i——化学物质组分 i 的源汇项，kg/(m³·s)；

n——化学物质组分总数，量纲 1；

S_w——含水饱和度，%；

$\widetilde{w}_i$——化学物质组分 i 的吸附质量分数，%。

流体分子的弥散流量流率 $\widetilde{D}_{iw}$（单位为 m/s）：

$$\widetilde{D}_{iw}=\phi S_1\begin{pmatrix} F_{xx,jw} & F_{xy,iw} & F_{xz,iw} \\ F_{yx,iw} & F_{yy,iw} & F_{yz,iw} \\ F_{zx,iw} & F_{zy,iw} & F_{zz,iw} \end{pmatrix}\begin{pmatrix} \dfrac{\partial w_{iw}}{\partial x} \\ \dfrac{\partial w_{iw}}{\partial y} \\ \dfrac{\partial w_{iw}}{\partial z} \end{pmatrix} \tag{1-8-9}$$

包含分子扩散（$\widetilde{D}_{k1}$）的弥散张量 $F_{mn,iw}$（单位为 m²/s）表达式为

$$F_{mn,iw}=\frac{D_{iw}}{\tau}\delta_{mn}+\frac{\alpha_{Tw}}{\phi S_w}|v_w|\delta_{mn}+\frac{(\alpha_{Lw}-\alpha_{Tw})}{\phi S_w}\frac{v_{wm}v_{wn}}{|v_w|} \tag{1-8-10}$$

式中 α_{Lw}、α_{Tw}——水相的纵向和横向弥散长度，m；

τ——迂曲度，量纲 1；

v_{wm}、v_{wn}——水相空间 m、n 方向流速，m/s；

δ_{mn}——克罗内克（Kronecher delta）函数。

每相向量流量表达式为

$$|v_w|=\sqrt{(v_{wx})^2+(v_{wy})^2+(v_{wz})^2} \tag{1-8-11}$$

三、聚合物引起水相黏度增加

表征黏度与剪切速率的关系方程：

152

$$\mu_p = \mu_w + \frac{\mu_p^o - \mu_w}{1 + (\gamma / \gamma_{ref})^{\theta-1}} \qquad (1-8-12)$$

式中　μ_p—— 聚合物溶液黏度，Pa·s；

γ——剪切速率，s^{-1}；

γ_{erf}——参考剪切速率，s^{-1}；

θ——由实验资料确定的参数，量纲1。

μ_p^o 是剪切速率为零时的聚合物溶液黏度，它是聚合物质量分数和有效含盐质量分数的函数，即

$$\mu_p^o = \mu_w \left[1 + (A_{p1} w_{pw} + A_{p2} w_{pw}^2 + A_{p3} w_{pw}^3) \right] w_{SEP}^{S_p} \qquad (1-8-13)$$

式中　w_{pw}——水相中聚合物的质量分数，量纲1；

A_{p1}、A_{p2}、A_{p3}——由实验资料确定的常数，量纲1；

w_{SEP}——水相中有效含盐质量分数，量纲1；

S_p——由实验资料确定的参数，量纲1。

水相渗透率下降系数方程：

$$R_k = 1 + \frac{(R_{kmax} - 1) b_{rk} w_{pw}}{1 + b_{rk} w_{pw}} \qquad (1-8-14)$$

式中　R_k——渗透率下降系数，量纲1；

b_{rk}、w_{pw}—— 由实验资料确定的常数，量纲1；

R_{kmax}——最大渗透率下降系数，它与聚合物本征黏度以及油藏孔隙度和渗透率有关。

四、聚合物弹性驱油数学模型

根据室内研究认为聚合物的黏弹性可以降低水驱残余油饱和度，提高微观驱油效率。在聚合物驱油过程中，残余油饱和度受到第一法向应力和毛细管数双重影响。

$$S_{or} = S_{or}^h + \frac{S_{or}^w - S_{or}^h}{1 + T_1 N_{p1} + T_2 N_c} \qquad (1-8-15)$$

其中

$$N_{p1} = C_1(M_r) w_{pw} + C_2(M_r) w_{pw}^2 \qquad (1-8-16)$$

式中　S_{or}—— 聚合物驱残余油饱和度，%；

N_c——毛细管数，量纲1；

S_{or}^w——水驱残余油饱和度，%；

S_{or}^h——极限高毛细管数和弹性条件下的残余油饱和度，%；

T_1、T_2——由实验数据确定的常数，量纲1；

N_{p1}——聚合物溶液第一法向应力差，Pa，表征聚合物溶液弹性大小，它是聚合物相对分子质量和质量分数的函数；

$C_1(M_r)$、$C_2(M_r)$——由实验数据确定的与聚合物相对分子质量有关的压力参数，Pa。

相对渗透率与残余油饱和度关系：

$$K_{ro} = K_{ro}^w + (K_{ro}^h - K_{ro}^w) \left(\frac{S_o - S_w}{1 - S_{or} - S_{wr}} \right)^\beta \qquad (1-8-17)$$

式中　K_{ro}——黏弹性聚合物溶液驱油过程的油相相对渗透率,量纲1;

S_{wr}——束缚水饱和度,%;

β——常数,量纲1;

K_{ro}^{w}——水驱过程油相相对渗透率,量纲1;

K_{ro}^{h}——极限高毛细管数和弹性条件下的油相相对渗透率,量纲1。

五、聚合物吸附

聚合物吸附满足朗缪尔(Langmuir)等温吸附过程,即

$$\hat{w}_{p} = \frac{aw_{pw}}{1+bw_{pw}} \tag{1-8-18}$$

$$a = (a_1 + a_2 w_{sep})K^{-0.5} \tag{1-8-19}$$

式中　$\hat{w}_{p}$——聚合物的吸附质量分数,量纲1;

a_1、a_2、b——常数,量纲1。

第四节　聚驱及化学驱油影响因素

聚合物是由大量的简单分子(单体)聚合而成的高相对分子质量的天然或合成的物质。这种物质因其相对分子质量大(以百万计),所以又称高聚物。在油田注聚合物过程中,聚合物主要有人工合成聚合物、天然聚合物和耐温、抗盐的新型聚合物等几种。大庆油田驱油用聚合物主要为阴离子部分水解聚丙烯酰胺,简称HPAM。国内生产的HPAM主要通过丙烯酰胺单体(AM)聚合并水解得到,结构单元为丙烯酰胺和丙烯酸钠。当向油层注入聚合物时,油水流度比大大改善,从而调整吸水剖面,扩大波及体积,同时聚合物所具有的黏弹性能够提高驱油效率,从而大幅度提高采收率。

一、流度控制作用

对于均质油层,在通常水驱油条件下,由于注入水的黏度往往低于原油黏度,驱油过程中水、油流度比不合理,导致采出液中含水率上升很快,过早地达到采油经济所允许的极限含水率的结果,使注入水出现黏滞性窜流,导致驱油效率降低。而当向油层注入聚合物时,可使驱油过程的水、油流度比大大改善,从而延缓了采出液中的含水率上升速度,使驱油效率提高,甚至达到极限驱油效率。图1-8-8给出了不同油水黏度比时,采出液中含水率随油层平均含水饱和度的变化关系曲线。图中虚线为假定的采油经济允许的极限含水率96%。由图1-8-8看到,在油水黏度比为15的条件下,油层刚一见水,含水率就已达到93.9%;而含水率采油经济允许的极限含水率98%时,油层平均含水饱和度也只上升至大约0.6,实际获得的驱油效率只

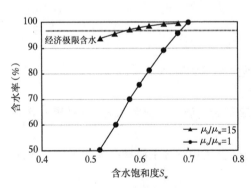

图1-8-8　不同油、水黏度比时采出液
含水率随水饱和度变化关系曲线

有 50%,较该油层的极限驱油效率低 12.5%。而在油水黏度比为 1 的条件,油层刚一见水时的含水率只有 50.6%,当油层含水饱和度为 0.6 时,含水率也只有大约 75%;达到经济允许的极限含水率 98% 时,油层均含水饱和度已上升至 0.69,实际驱油效率高达 61%,比极限驱油效率只低 1.5%,而比油水黏度比为 15 时的实际驱油效率却高出 11%。

二、调剖作用

调整吸水剖面,扩大水淹体积,是聚合物提高采收率的另一项主要机理。因为在聚合物的调剖作用下,油层水淹体积的扩大,将在油层未见水层段中采出无水原油。这就是说,油层水淹体积扩大多少,采出油的体积也就增加多少。

聚合物的调剖作用只有在油层剖面上存在渗透率的非均质状态时才能发生。如前所述,对于这类油层,在通常水驱条件下往往发生注入水沿不同渗透率层段推进不均匀现象。高渗透率层段注入水推进快,低渗透层段注入水推进慢。加上注入水的黏度往往低于原油黏度,水驱油过程中高流度流体取代低流度流体的结果,导致注入水推进不均匀的程度加剧,甚至在很多情况下会出现高渗透率层段早已被注入水所突破,而低渗透层段注入水推进距离仍然很小的情况,致使低渗透层段原油不能得到有效的开采。

在注入聚合物的情况下,由于注入水的黏度增加,油水流度比得到了改善,不同渗透率层段间水线推进的不均匀程度缩小。因此,向油层中注入高黏度的聚合物溶液时,可以加大高渗透率层段水突破时低渗透率层段的水线推进距离,调整吸水剖面,扩大油层的水淹体积,提高油层的采收率。

三、滞留(吸附捕集)

吸附、捕集是滞流的两种主要形式。吸附是指聚合物通过弥散力、氢键等作用力而紧贴在岩石孔隙结构表面上的现象。

捕集是指半径小于孔隙喉道半径的无规线团通过"架桥"而留在喉道外的现象。聚合物分子虽被捕集于孔隙的喉道外,但水仍可部分通过此喉道,因此捕集不同于物理堵塞,在聚合物分子的旋回半径大于孔隙的喉道半径时发生物理堵塞。物理堵塞后,水就不能从喉道通过。由于聚合物在孔隙中滞流,增加了流体在孔隙结构中的流动阻力,所以水相渗透率降低。

聚合物的滞留量(吸附捕集量)是聚合物驱过程设计的重要依据和油藏数值模拟的基础参数,适当的滞留量可以改善注入流体的水动力学场,达到分流作用。使得后续驱油剂的扫及效率得到提高。如滞留量太大,聚合物损失量太多,则会降低了水相黏度,同时延迟聚合物和富油带的推进速度。

聚合物在多孔介质中滞留量的大小取决于多孔介质的性质即结构,聚合物本身的性质,以及地层水性质。

在出水层中,部分水解聚丙烯酰胺的酰胺基和羧基可通过氢键吸附在砂岩表面,而不吸附部分留在空间引起出水层的堵塞,进入油层的部分水解聚丙烯酰胺,由于砂岩表面被油所覆盖,所以油层不发生吸附,因此不堵塞油层。还有在油水走同一孔道的情况下,也能只堵水不堵油,因为部分水解聚丙烯酰胺上的亲水基团离解,使链节带负电产生静电斥力,所以留在空间的不吸附部分向水中伸展,因而对水有较大的流动阻力,起到堵水作用,当油通过有吸附部分水解聚丙烯酰胺的孔道时,由于它不亲油,分子不能在油中伸展,因而对油的流动阻力很小。

四、不可及孔隙体积

聚合物分子是具有一定水力直径的柔性分子团,当储层孔隙半径较小,喉道狭窄时,就容易造成聚合物分子的捕集和滞留,有些孔道聚合物则无法进入,形成不可及孔隙体积。聚合物不可及孔隙体积对于聚合物驱既有正面影响,也有负面影响。一方面,不可及孔隙体积的存在减少了聚合物的吸附量,而且不可及的那部分小孔隙往往被束缚水充填,对聚合物驱是有利的;另一方面,若不可及孔隙体积过大,就等于缩小了聚合物驱的波及体积,对聚合物驱油不利。因此,在进行聚合物相对分子质量优选和预测聚驱效果时必须加以考虑,以最大限度地减小不利影响。不可及孔隙体积的大小不仅与孔隙介质有关,即与孔隙结构、孔隙大小分布有关,而且与聚合物的分子尺寸有关。而聚合物分子在水溶液中的有效尺寸又受聚合物类型、相对分子质量、水解度、矿化度、流速等诸多因素的影响。

五、聚合物的黏弹性

HPAM 溶液在流动过程中表现出的性质介于理想黏性体和理想弹性体之间,因此 HPAM 溶液又被称为黏弹性流体。对于黏性流体来说,流动和形变是能量损耗过程,应力对流体所做的机械功全部转换为热能散失掉。因此,当应力消除后黏性流体不会恢复至原来的状态。而对弹性体,它有一个"自然状态",拉应力做的功变为弹性能储藏起来,当拉应力解除后,能量释放出来,使体系恢复这一状态。HPAM 溶液在流动中除了发生永久形变外,还有部分的弹性形变。黏弹性与分子的柔曲性直接有关,链的柔曲性越大,黏弹性越显著,HPAM 便是具有黏弹性的分子。这种弹性效应使得剪切流动时的法向应力分量不像牛顿流体那样彼此相等,可以用法向应力差来评价弹性效应。第一法向应力差一般为正值,随剪切速率增加而增加,第二法向应力差一般为较小的负值,随剪切速率增加而下降。对于相同浓度相同体系黏度的不同聚合物,通常黏弹性较强的聚合物其岩心驱油实验效果较好[图 1-8-9(a)]。

从图 1-8-9(b)实验结果中可以看到:在毛细管数一定的条件下,随着第一法向应力差的增加,驱油效率增加、残余油饱和度降低。第一法相应力差越大,弹性越高,在高弹性条件下,由于溶液产生的微观力增加(即"可变直径活塞"作用更强),剩余油可以在比较低的毛细管数(也就是比较低的驱动力与滞留力之比)条件下移动和富集。因此,聚合物溶液的弹

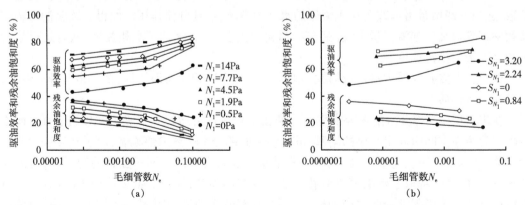

图 1-8-9　HPAM 黏弹性及毛细管数对驱油效率的影响

性是影响其提高驱油效率、降低残余油饱和度的重要因素。

在毛细管数一定的情况下，随着 S_{N_1} 值(弹性)的增加，驱油效率逐渐增加，残余油饱和度逐渐降低。由此可知，弹性的增加能提高驱油效率、降低残余油饱和度。

威森伯格数定义为第一法向应力差与切应力的比值：$W_e = N_1/(2\tau)$。式中法向应力差 N_1 为弹性量，切应力 τ 为黏性量，因此威森伯格数反映了溶液弹性的相对值。实验结果(剪切速率为 8.115s) 表明，当聚合物质量浓度分别为 0.50g/L、1.0g/L、1.50g/L、2.00g/L、2.50g/L 时，其黏度分别为 12.5mPa·s、41.5mPa·s、65.3mPa·s、126.9mPa·s、191.9mPa·s，对应的威森伯格数分别为 0.88、1.10、1.87、2.20、2.64，从图1-8-10可以看出聚合物质量浓度对威森伯格数的影响规律：在相同的剪切速率下，聚合物溶液质量浓度越高，威森伯格数越大，聚合物的弹性越大。由此可知，聚合物的弹性随着聚合物浓度的增加而增加。

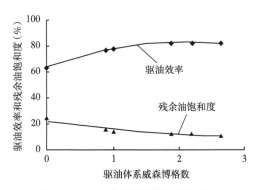

图1-8-10　威森博格数与驱油效率

为了研究聚合物溶液的黏弹性对采收率的影响，进行了相同黏度的甘油驱油与聚合物驱油对比实验。表1-8-5是用几组渗透率相近的人造岩样进行的直接驱油实验结果。直接甘油驱时，采收率平均为 57.81%；直接聚合物驱时，采收率平均为 63.95%，比甘油驱提高6.14%。而甘油驱后再用聚合物驱，还可提高采收率 5.32%。

表1-8-5　人造岩样甘油、聚合物驱油对比实验结果

样品号	渗透率 （mD）	孔隙度 （%）	驱替方式	采收率 （%）
16-6	700	20.7	直接聚合物驱	61.41
16-12	710	21.5	直接甘油驱	55.85
C3	838	23.8	直接聚合物驱	65.48
C1	824	23.9	直接甘油驱，甘油驱后聚合物驱	58.32,63.85
16-4	810	21.6	直接聚合物驱	64.96
16-2	798	21.7	直接甘油驱，甘油驱后聚合物驱	59.27,64.38

第五节　聚合物驱注入参数设计

一、聚合物相对分子质量确定

聚合物驱过程中，以聚合物相对分子质量的设计为重，相对分子质量越高提高采收率也越大，在确定聚合物相对分子质量时，应着重考虑两方面的因素：一方面要考虑选择尽可能高的聚合物相对分子质量，从而获得更好的聚合物驱油性能，改善聚驱效果，降低聚合物用量；另一方面要考虑聚合物分子与不同渗透率油层的匹配关系，尽可能增加聚合物溶液可进

入的油层孔隙空间,提高聚驱控制程度,获得更好的聚驱效果(图1-8-11)。

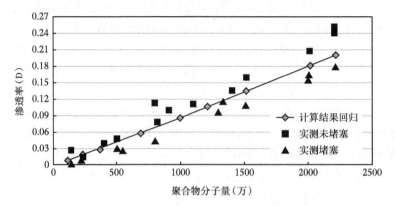

图1-8-11　聚合物相对分子质量与油层渗透率的关系

优选具体层系的聚合物相对分子质量,应以室内研究与地质分析为基础,从以下几个方面开展优选工作:一是确定聚合物相对分子质量与不同渗透率油层的匹配关系,从而确定各油层所适应的聚合物相对分子质量上限;二是确定聚合物相对分子质量的变化对区块最终采收率的影响;三是确定不同聚合物相对分子质量所对应的区块聚驱控制程度;四是综合考虑聚驱控制程度和不同相对分子质量聚合物对驱油效果的影响,优选适合该区块油层条件的聚合物相对分子质量。

二、聚合物溶液浓度、黏度确定

在确定聚合物相对分子质量之后,要确定聚合物溶液的浓度,同样注入的浓度越高采收率也越高。但也要根据实际油层发育的条件,要与油层匹配,浓度过高会造成注入困难,油层破裂压力是注入压力的上限。浓度在聚合驱过程中,可以根据实际注采情况进行综合调整。

聚合物的黏度是改善油层中油水流度比和调整吸水剖面的重要参数。注入黏度越高驱油效果越好,因此聚合物溶液的黏度达到注入方案的要求是保证聚合物驱获得好效果的关键。聚合物溶液的黏度受多种因素的影响(图1-8-12),在相同条件下,相对分子质量越高,黏度越大;聚合物溶液浓度增加其溶液黏度增加,并且增加的幅度越来越大;水解度越高,聚合物溶液的黏度越大,当水解度达到一定程度后,黏度的增加变得缓慢;聚合物溶液的温度越高,其黏度越低,但在降解温度之前,其黏度是可以恢复的;水中的矿化度越高,聚合物溶液的黏度越低。

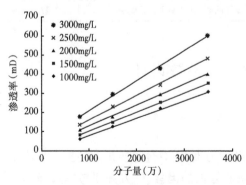

图1-8-12　聚合物相对分子质量、浓度与油层渗透率关系

此外,聚合物溶液黏度的高低直接影响着驱油效果的好坏,在聚合物产品确定之后,溶液的配制黏度取决于配制水的水质。水质的变化直接影响到所配制的聚合物溶液黏度。由于水质在一年四季中因降雨量、地面温度、湿度等的变化而变化,而水源水中 Ca^{2+}、Mg^{2+} 的含量一般在一年的夏季比较低,而在冬季比较高,因此水质变化将会使所配制的聚合物溶液黏度在夏季较高、冬季相对较低。在进行方

案设计时,各区块应根据水质变化情况,按照不同区块聚合物溶液黏浓关系曲线调整注入浓度,对于高相对分子质量聚合物的调整要求为溶液黏度大于 50mPa·s,普通聚合物溶液黏度大于 40mPa·s 以上。

三、注入速度确定

聚合物驱溶液的注入速度是聚合物驱方案编制过程中的一项重要设计参数,它设计的高低直接影响到油田聚合物驱油区块的逐年产油量,同时也将影响到聚合物驱的总体技术效果和经济效益。因此针对油田的实际情况和需要,应该确定合理的聚合物溶液注入速度(表1-8-6)。

表1-8-6 注入速度对聚合物驱效果的影响

注入速度 (PV/a)	聚合物驱采收率 (%)	采收率提高值 (%)	产聚率 (%)	开采时间 (a)	注入PV
0.08	51.51	12.32	48.36	9.54	0.763
0.10	51.36	12.17	48.46	7.62	0.762
0.12	51.22	12.03	48.57	6.34	0.761
0.14	51.07	11.88	48.68	5.43	0.760
0.16	50.94	11.78	48.81	4.75	0.760
0.18	50.81	11.62	48.93	4.22	0.760
0.20	50.68	11.49	49.06	3.79	0.758

由表可以看出,(1)注入速度的高低对最终采收率影响不大,主要是对注入压力有影响(见后面论述);(2)注入速度对累计注入PV数影响是较大,因此注入速度越低,相应的开采时间越长,因此注入速度又不能选得过低。由于注入速度的高低不同,从而导致聚合物驱生产井综合含水随时间的变化情况也有所不同(图1-8-13)。注入速度的高低对含水随时间变化的形态影响是比较大的。注入速度越低,含水的变化越缓慢,最低含水出现时间也就越晚,低含水期稳定的时间也就越长。聚合物溶液的注入速度还影响"拿油"的早晚。图1-8-14是不同注入速度条件下的阶段产油速度变化曲线,该图直观地反映了不同注入速度条件下,区块稳产期限的变化情况。为了保证区块有较长的稳产期和相对较高的产量,聚合物溶液的注入速度应控制在0.16PV/a以下,也有利于油田的可持续发展。聚合物驱与水驱一样,地层压力应保持在合理的范围内,图1-8-15给出了不同注入速度条件下,在注完聚合物溶液后,注入井地层压力和生产井地层压力随注入速度的变化情况。从中可以看出两点,一是随着注入速度的增加,注入井的平均地层压力增加,生产井的平均地层压力下降。二是注入速度越高,注采压差越大。

综上所述,聚合物驱注入速度对聚合物驱整体效果存在一定的影响,为了保证较长的稳产期和较好的聚合物驱技术效果,通常状况下,方案设计时针对不同区块(包括纯油区和过渡带)的实际地质情况,聚合物的注入速度为0.10~0.16PV/a。为了确定一个在不超过油层破裂压力下而允许的注入速度,根据井口最高注入压力与注入速度的关系,应计算不同区块在油层的平均视吸水指数下,不同的聚合物溶液注入速度所对应的最高井口注入压力以及平均单井日注入量。

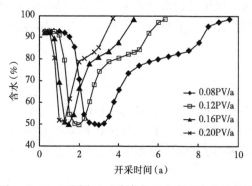

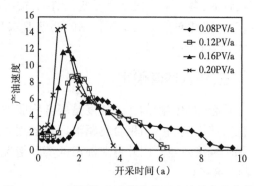

图 1-8-13　不同注入速度条件下含水变化关系曲线　　图 1-8-14　不同注入速度条件下产液量变化曲线

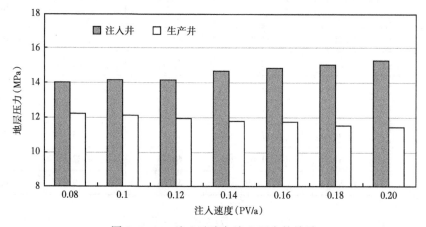

图 1-8-15　注入速度与注入压力的关系

四、聚合物用量

聚合物用量的大小,直接影响聚合物驱开采效果和经济效益(图 1-8-16),通常聚合物用量均是通过数值模拟不同用量条件下的采收率提高值和投入产出比。在目前较高油价的前提下可提高聚合物的用量。

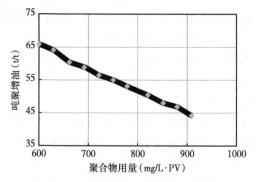

图 1-8-16　聚合物用量与吨聚增油关系

160

第六节　聚合物驱动态特征

聚合物驱油开发过程中,首先利用数值模拟先对区块开发进行方案设计,对含水变化、采出程度进行预测。在注聚过程中,严格对注采井进行监测。常规注入井监测包括:注入压力、注入量、注入水质分析、注入聚合物溶液浓度、注入聚合物溶液黏度、吸水剖面。采油井监测包括:采液量、采油量、含水、流静压、采出液浓度、氯离子含量、产液剖面。这些是聚合物驱研究最基础的数据。砂岩油田高含水期聚合物驱的基本规律包括几个方面:一是含水变化规律;二是产液变化规律;三是注入能力变化规律;四是注入剖面的变化规律。含水变化和产液变化是聚合物驱开采的主要变化规律。

一、含水变化特征

含水变化规律可以用"两升、一降和一稳"来描述。两升是指空白水驱和注聚初期含水继续上升,聚驱中后期的含水回升;一降是指聚驱见效后的含水下降;一稳是指生产井含水在低含水值稳定。聚合物驱含水变化规律可以用见效时间、含水下降幅度、最低含水点时间和含水回升点时间等以下几个关键点描述。

1. 含水变化的几个关键点

注聚见效时间:注聚见效时间主要受注聚时的含水、油层河道砂比例、渗透率变异系数、单元间渗透率级差、注聚前的井网密度和注聚前的采出程度等几个因素的影响。

含水下降幅度:聚驱含水下降幅度主要受初含水、注聚前采出程度、河道砂比例、聚驱控制程度和注入参数等因素的影响。

最低含水点时间:影响聚驱达到最低含水时间的因素包括注聚前的采出程度、油层河道砂比例、单元间渗透率级差、合采井比例、注聚初含水、注聚前的井网密度、渗透率变异系数、深调剖比例和分注井比例等。

含水回升点时间:注聚区块经过低值期后含水开始回升,而含水开始回升的时间与油层厚度、河道砂比例及油层的非均质性等有关。油层厚度大,河道砂比例大,有接替层,低值期时间长,含水开始回升得晚,否则含水开始回升早。

2. 含水变化类型划分

由于生产井所处的位置不同,油层发育状况不同及周围注入井的注入参数不同,导致生产井的含水变化形态不同。根据聚驱单井的含水变化形态,可以将其划分为 4 种类型,即:U 型、V 型、√型和不见效型。U 型主要位于油层发育均衡、剩余油较多、聚驱控制程度高、聚合物驱动用均衡的部位,这类井占见效井的 20% 左右;V 型主要位于油层发育相对较差,聚驱控制程度较低,聚合物驱受效方向相对单一的部位,含水下降速度和上升速度均较快,这类井占见效井的比例在 30% 左右;√型主要为多段多韵律油层,表现为含水下降较快,聚驱见效有接替层,含水的回升速度低于下降速度,这类井所占的比例较大,一般在 50% 左右;不见效型主要处在原层系的老注水井附近,断层附近,或者是处在聚驱区块的边部,受聚驱的影响较小。

U 型和 V 型聚驱效果较好,对于 V 型应该采取相应的跟踪调整措施,延缓 V 型的含水上升速度,使其向√型转化;对于不见效型应分析原因,通过调剖、完善注采关系等措施,促其见效。

二、注入能力变化特征

注入能力变化规律可以用三个方面的因素来描述,一是注入压力的变化情况;二是注入井霍尔曲线的变化情况;三是注入井吸水能力的变化。

1. 注入压力的变化规律

聚合物驱开始时,注入井的注入压力上升较快,这主要是因为聚合物在注入井附近吸附捕集,增加了近井地带的渗流阻力,导致注入压力迅速上升,随着注入井附近的吸附捕集的平衡,注入压力趋于平缓。

注入井注入压力的升高幅度与聚合物溶液的注入速度、聚合物溶液的黏度和油层的渗透率等因素有关,注入速度越大、聚合物黏度越高、油层的渗透率越低,注入井的注入压力上升幅度越大。

统计分析最早注聚的六个区块注入数据可以看出,注聚初期注入压力上升较快,由7.6MPa上升到11.7MPa,之后缓慢上升,当注入聚合物0.38PV左右时,全区注入压力上升到最高值12.9MPa,到后续水驱时降至11.7MPa。

注入压力上升幅度的高低可以反映聚合物溶液对注入井剖面调整作用的大小,注入压力上升过快或升幅过大,说明聚合物溶液注入困难;注入压力升幅过小,说明剖面调整的作用较小。因此注入压力升幅和注入压力应该控制在一个合理的范围内。

2. 注入井霍尔曲线的变化规律

注聚过程中的注入压力上升,可以用霍尔曲线斜率的变化来描述。根据曲线的形态分成正常注聚和超破裂压力注聚两种类型。正常注聚型在注聚过程中霍尔曲线斜率增加较小,而超压注入型是斜率增加较大。

正常注聚的注入井视阻力系数较小,而那些在注聚过程中注入困难的注入井,其视阻力系数在2~6之间,视残余阻力系数在1.7~2.7之间。通过分析注入井周围生产井的聚驱增油情况,井组的增油效果与井组的视阻力系数存在一定的关系(表1-8-7)。

表1-8-7 周围油井效果与视阻力系数关系

视阻力系数	水井井数(口)	周围油井连通方向数(个)	见效时间(月)	低值期时间(月)	含水下降幅度(%)	单井单位厚度增油(t)
<1.3	9	2.6	6.8	16	34.76	2345
1.3~1.5	16	3.5	6.8	13.8	35.94	2525
1.5~1.8	5	3.2	6.8	16.8	41.80	3450
1.8~2.0	6	3.3	7.3	17.2	40.38	2813
>2.0	11	3.0	7.4	13.2	31.14	2121

从表1-8-7可以看出,视阻力系数在1.5~1.8时,周围油井效果最好,其次是视阻力系数1.8~2.0和视阻力系数1.3~1.5。即聚驱过程中视阻力系数的合理范围为1.3~2.0,因此在聚合物驱跟踪调整过程中,在保证聚合物溶液正常注入的情况下,应尽量使注入井的视阻力系数向合理范围靠近。一是可以通过解堵的方式降低视阻力系数;二是调整注入井的浓度,注入量等增加视阻力系数。

3. 采液能力变化特征

由于聚合物溶液具有一定的黏度,因此与水驱相比较,注入井的注入能力降低,从而也反映到油井采出能力随之降低。从喇南试验区的吸水、采液指数来看,采液指数的下降趋势滞后。吸水指数在聚合物用量 140PV·mg/L 时下降到最低值,而采液指数在聚合物用量 400PV·mg/L 时下降到最低值。从喇南一区、喇南二区、北一区断西采液指数来看,注聚后均大幅度下降,下降幅度分别为 66.2%、68.7%、41.4%(图1-8-17)。

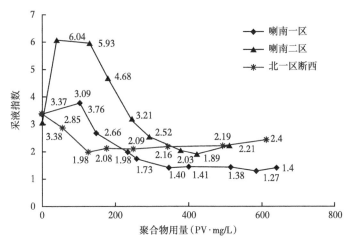

图 1-8-17　喇南试验区与北一区断西采液指数曲线

随着生产井中产出水中聚合物浓度和油井产油量的增加,油井端的渗流阻力也随之增加,表现为生产井的产液指数随之下降,其下降的幅度与含水的下降幅度,见聚浓度和油层性质有关。在进入聚合物驱后期和后续水驱阶段,由于油层中渗流阻力的减少,油井的产液指数又有所回升,但是还要低于空白水驱时的水平,这主要是聚合物残余阻力存在造成的。

产液指数的下降,将直接导致产液量的下降,虽然可以通过放大生产压差来保持产液的稳定,但是由于生产井流压的下降空间有限,因此聚驱产液量下降是不可避免的。统计投注较早的工业化区块产液量变化数据,产液量的下降幅度为 10%~20%(图1-8-18)。

为了取得较好的聚驱增油效果,应尽量保持相对较高的产液量,可以通过提高生产井附近的导流能力、完善注采关系和提高聚驱控制程度等措施保持聚驱的产液量。

4. 注采剖面变化特征

聚合物驱过程中,初期吸水剖面与水驱基本相同,聚合物溶液主要进入高渗透层,随着高渗透层渗流阻力的增加,聚合物溶液开始进入低渗透层,注入剖面得到改善。随着低渗透层聚合物溶液的不断进入,其渗流阻力增加,导致吸水比例逐渐下降,此时称吸水剖面发生了返转。

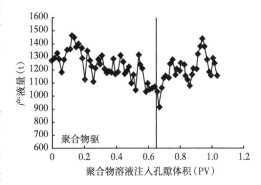

图 1-8-18　喇南一区中心井采液量曲线

低渗透油层相对吸水量开始下降的点称为返转点。返转点所对应的注入孔隙体积倍数为返转时机。在某些情况下,随着注聚量的增加,低渗透层的相对吸水量达到某一低值后,又会呈增加趋势,两个开始增加点之间的过程称为一个返转周期(图1-8-19)。

通过对现场实际资料的研究,对剖面返转规律有以下几点认识。

1)渗透率级差及有效厚度的影响

（1）渗透率级差越大，剖面返转时机越提前。

从数值模拟、室内物理模拟均可看出，渗透率级差越大，剖面返转时机越提前。模型设计为9m×9m×44.5m，四注一采，注采井距250m，纵向为三层（层内），单层有效厚度2m，渗透率变异系数为0.65，注入高分子聚合物0.78PV，注入浓度1000mg/L，注入速度0.14PV/a。中、低渗透层与高渗透层渗透率级差为5.25倍、2.1倍。低渗透层在注聚0.1PV时吸水剖面发生返转，而中渗透层在0.43PV时吸水剖面发生返转（图1-8-20）。

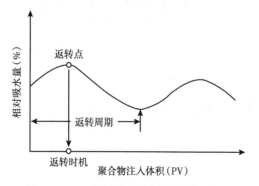

图1-8-19 中低渗透层剖面返转示意图

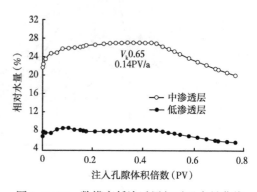

图1-8-20 数模高低渗透层相对吸水量曲线

同样室内物理模拟实验也是这样，实验设计岩心高、低渗透率级差分别为1.8倍、5.8倍、7.4倍、12倍时，剖面返转时机分别为0.223PV、0.164PV、0.117PV、0.109PV，聚驱过程中低渗透层累积吸液比例分别为37.9%、17.5%、15.0%、9.8%（图1-8-21）。

（2）渗透率级差越小，剖面返转周期越多，且第二次返转时相对吸水量的峰值低于第一个周期时的峰值数值模拟结果表明：随着渗透率级差的增大，低渗透层相对吸水量依次减少，剖面返转次数减少（图1-8-22），且第二次返转时，相对吸水量的峰值低于第一个周期时的峰值。也就是说随着渗透率级差的增大，聚合物溶液对单元间的调整能力减弱，这是因为低渗透层进入一定量的聚合物溶液后，阻力系数明显增大，当阻力系数大于高渗透层时，大量的聚合物溶液又进入到高渗透层，当渗透率级差很大时，没有足够的注入压差使聚合物溶液再进入到低渗透层。

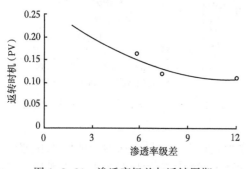

图1-8-21 渗透率级差与返转周期

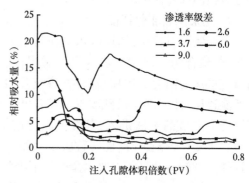

图1-8-22 不同渗透率级差下低渗透层相对吸水量

由此可以看到,为了使注入剖面更加均匀,增加低渗透油层的动用程度,在聚驱层系组合时,应减少层系内的渗透率级差。

(3)渗透率级差越小,聚驱低渗透层累积吸液量越大,最终采收率越大。从室内物理模拟可以看出,渗透率级差2.7倍时,低渗透层的累积相对吸水量为43.9%,最终采收率为55.8%;当渗透率级差增到12.0倍时,低渗透层的累积相对吸水量为9.8%,最终采收率为46.6%,但当渗透率级差在6倍时,其聚驱采收率最大(图1-8-23)。

(4)高渗透层有效厚度比例越大,返转时机越提前,聚合物调整低渗透层吸水剖面的能力越差。

数值模拟表明:在渗透率级差一定的条件下,随着有效厚度比例的增大,低渗透层的相对吸水量减少,返转时机提前,有效厚度差异大的低渗透层几乎不吸水(图1-8-24)。也就是说低渗透层厚度越小,进入低渗透层的聚合物溶液量很少时,低渗透层的阻力系数就增加到很大值,当超过高渗层时,低渗透层的相对吸水量就大幅度减少。因此在聚驱层系组合时,对于那些厚度比例较小的低渗透层,不应组合到聚驱层系中。

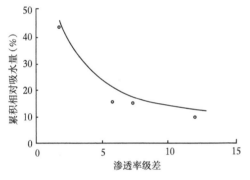

图1-8-23 物模渗透率级差与累积
相对吸水量关系

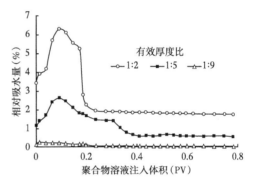

图1-8-24 不同有效厚度比例下低渗
透层相对吸水量

2)聚合物相对分子质量影响

(1)注入聚合物相对分子质量越高,低渗层返转时机越提前。

室内双管物理模拟实验表明,在渗透率级差2.7倍、7倍,相对分子质量不同对驱油效果以及对剖面的变化有影响[图1-8-25(a)(b)]。随着注入聚合物相对分子质量的提高,低渗层返转时机提前,吸液比例峰值提高,低渗层累积吸液比例先上升后下降,曲线形态由倒"U"字形向倒"V"字形转变。

在渗透率级差2.7倍时,注入相对分子质量分别为1300万、1900万、2500万、3800万,其剖面返转时机分别为0.28PV、0.22PV、0.16PV、0.13PV。

在渗透率级差7倍时,注入相对分子质量分别为1500万、2500万、3800万,其剖面返转时机分别为0.5PV、0.32PV、0.15PV。

(2)注入聚合物相对分子质量越高,低渗层返转相对吸水量下降得越快,但相对吸水量峰值高。

由室内物理模拟实验可以看出,无论是渗透率级差是2.7倍还是7倍,注入聚合物相对分子质量越高,低渗透层的相对吸水量的峰值越高。这是由于相对分子质量越高,在相同浓度的情况下,相对分子质量越高其注入时的阻力系数越大,因此低渗透层的吸水量增加越大。

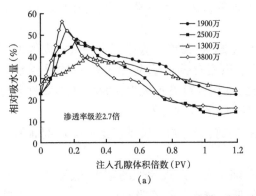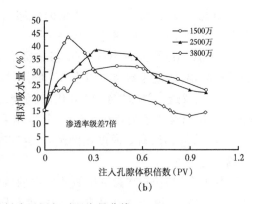

图 1-8-25 不同相对分子质量低渗透层相对吸水量曲线

（3）聚合物浓度的影响。

①聚合物浓度越高，剖面返转时机越提前。

从室内物理模拟实验来看，渗透率级差 2.7 倍、7 倍时，注入聚合物溶液的浓度越高，低渗透层的剖面返转时机越提前。

渗透率级差 2.7 倍时［图 1-8-26（a）］，注聚浓度 3000mg/L、2000mg/L、1500mg/L、800mg/L，剖面返转时机分别为 0.137PV、0.183PV、0.238PV、0.28PV。

渗透率级差 7 倍时［图 1-8-26（b）］，注聚浓度 3000mg/L、2000mg/L、1500mg/L、1000mg/L，剖面返转时机 0.193PV、0.23PV、0.25PV、0.26PV。

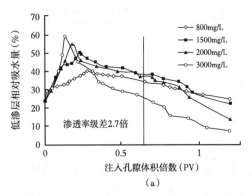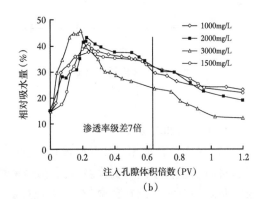

图 1-8-26 不同注聚浓度低渗透层吸液比例变化

②聚合物浓度越高，低渗层返转后相对吸水量下降得越快，但其峰值高。

从室内物理模拟实验来看，注聚浓度低，低渗透层相对吸水量曲线越平缓，注聚浓度越高，曲线越陡峭、低渗透层相对吸水量曲线下降越快。但如果在注入聚合物浓度合理的情况下，剖面返转后相对吸水量值仍高于注入低浓度时的值。

第七节　聚合物驱跟踪调整技术

一、聚合物驱存在的问题

几年来聚合物驱实践表明，由于油层非均质性和井网完善程度等多种因素影响，早期注聚区块主要存在以下问题。

(1)初期含水上升阶段:注入压力上升幅度小,产液量低。

(2)含水下降和稳定阶段:油层连通差,注入难度大;产液量下降幅度大,生产压差大;采油井流压高,供液充足;合采井、边角井见效差。

(3)含水回升阶段:聚合物用量和含水存在差异;采油井见效不均衡;部分采油井含水上升速度较快。

(4)后续水驱阶段:聚合物用量存在差异;采油井见效不均衡。

由上述这些问题可以看出,"三大矛盾"仍比较突出,主要表现在三个方面。

第一,层间干扰严重,差油层动用程度低。

通过大庆油田萨中注聚区块59口井连续同位素资料均证明,厚油层动用比例为53.3%～96.2%,薄差油层动用比例只有13.2%～45.1%,见表1-8-8。

表1-8-8 1996年注聚区块吸水状况统计

项目区块	1999年						2000年					
	吸水厚度比例(%)						吸水厚度比例(%)					
	葡Ⅰ1-4		葡Ⅰ5-7		全井		葡Ⅰ1-4		葡Ⅰ5-7		全井	
	厚层	薄层	厚层	薄层	厚层	薄层	厚层	薄层	厚层	薄层	厚层	薄层
北一、二排西	82.1	38.5	65.5	34.2	77.4	36.8	60.0	19.5	30.8	6.8	53.3	13.2
北一区中块	68.2	21.1	70.4	41.7	69.0	28.2	76.8	36.7	73.8	42.3	76.0	39.3
断东中块	94.0	46.7	60.9	40.0	78.2	45.3	94.4	43.9	100	47.7	96.2	45.1

第二,厚油层内部,高渗透部位动用程度高,层内矛盾突出。

由北二西东块6口连续资料井统计结果可以看出:厚油层内部,单元间干扰影响了聚驱动用状况,表现在注采井相对都比较发育的河道砂体主产层,吸入、产出状况都比较好,其他单元油层则动用状况较差,见表1-8-9。

表1-8-9 北二西聚合物驱吸入剖面对比表

年份	射开		吸水状况				
	砂岩厚度(m)	有效厚度(m)	层位	有效厚度(m)	吸水厚度(m)	绝对吸水(m³/d)	相对吸水(%)
1996	24.1	18.6	PⅠ1-4	13.1	8.8	143	53.6
			PⅠ5-7	5.5	4.1	124	46.4
1997	24.1	18.6	PⅠ1-4	13.1	7.4	151	64.8
			PⅠ5-7	5.5	3.4	82	35.2
1998	24.1	18.6	PⅠ1-4	13.1	9.4	148	76.3
			PⅠ5-7	5.5	2.9	46	23.7
1999	24.1	18.6	PⅠ1-4	13.1	11.8	158	81.8
			PⅠ5-7	5.5	4.4	35	18.2
2000	24.1	18.6	PⅠ1-4	13.1	7.4	135	66.4
			PⅠ5-7	5.5	3.8	68	33.6

第三,注聚后期井间含水率存在较大差异,平面矛盾突出。

对 1996 年注聚区块的 215 口采出井目前含水分级统计表明,有 26.98% 井的含水率小于 80.0%(表 1-8-10)。

表 1-8-10　1996 年注聚区块聚合物用量与含水分级统计

含水 (%)	井 数 (口)	采出井聚合物用量分级(mg/L·PV)								含水占总 井数含水 的百分比 (%)
		>570		450~570		350~450		<350		
		井数	百分比 (%)	井数	百分比 (%)	井数	百分比 (%)	井数	百分比 (%)	
>90	61	26	42.62	13	21.31	13	21.31	9	14.75	28.37
90~85	49	20	40.82	10	20.41	10	20.41	9	18.37	22.79
85~60	47	19	40.43	10	21.28	6	12.77	12	25.53	21.86
<60	58	14	24.14	14	24.14	5	8.62	25	43.10	26.98
小计	215	79	36.74	47	21.86	34	15.81	55	25.58	/

根据聚驱过程中存在的问题,应采取以下调整措施进一步提高聚驱效果,注聚过程中的跟踪调整措施见表 1-8-11。

表 1-8-11　注聚过程的跟踪调整措施表

措施阶段	存在主要问题	调整措施
注聚前期	油层渗透率级差大 存在高渗透层或高水淹层段 注入井注入压力低 油井含水高	分层注聚 高分子聚合物前置段塞 深度调剖
注聚中期	注入井压力低 低渗透部位注水剖面改善差 生产井产液量下降幅度大 油井见效差 水驱层位对聚驱层位干扰	注采参数调整 注采系统调整 采油井压裂 合采井封堵 注入井压裂解堵
注聚后期	注入剖面改善差 注入压力高 注入井含水回升速度快 采聚浓度高 井组聚合物用量差异大	注采参数调整 注采系统调整 注采井压裂解堵 封堵高渗透层
后续水驱	井组之间含水差别大 采聚浓度差别大 含水上升速度存在差异	封堵油水井高含水层 调整井组注水速度 特高含水井关井 周期注水 分批转注水

168

二、分层注入技术

在聚合物驱过程中,依然存在层间矛盾,分层注聚是缓解层间矛盾的有效措施。现场实施效果表明,分层注聚可以调整油层纵向矛盾,使各类油层都得到较好动用。如北二西东块3口分层注聚井组油井的综合含水下降幅度达到19.8~41.5个百分点,产油由32t/d增加到236t/d,相应笼统注聚井组油井的综合含水下降幅度在13.0~26.8个百分点,产油由35t/d增加到162t/d,取得了较好的增油降水效果。在含水回升期分层注聚可以降低后期综合含水的回升速度。根据断西聚合物驱后期含水上升速度数据可以看出,采取分层注聚井周围生产井的月含水上升速度为0.335个百分点,而相同条件下,笼统注聚井周围生产井的月含水上升速度为0.554个百分点。某些区块的分注率已经达到40%,聚合物分层注入措施已经成为大庆油田改善聚合物驱效果的重要手段之一。

根据分层注入实践经验和数模研究结果,适合分层注入工艺的注入井的条件是:

(1)主要油层段间的渗透率级差≥2;

(2)低渗透油层段的厚度占总厚度的30%以上;

(3)隔层厚度≥1m且分布较稳定。

分层注入的作用具体表现在如下几个方面:

(1)能够提高较差层段的注入强度,控制较好层段的注入量;

(2)在油层性质相近的条件下,分注井组油井的聚驱效果好于笼统注聚井组;

(3)控制了注聚后期综合含水的回升速度;

(4)合理确定分注时机,提高聚合物利用率。

聚驱深度调剖是进一步改善油层动用状况,提高聚驱开发效果,降低聚合物无效循环的重要措施。聚驱深度调剖可以提高注入压力,封堵高渗透层,扩大油层的吸水厚度,调整吸水剖面,在生产井见到明显的驱油效果。数值模拟和矿场实践表明,注聚前深度调剖可取得比常规聚驱多提高采收率2~4个百分点的好效果,而且是注聚前期调剖效果好于中后期的调剖效果(图1-8-27)。

随着聚合物驱技术在油田上推广和应用,出现了注聚区块中少部分井存在油层非均质严重、注聚压力低、生产井见聚合物早、采聚浓度上升快等问题。因此,为了进一步改善聚合物驱推广应用效果,开展了聚合物驱深度调剖技术研究和试验。主要有复合离子深度调剖技术、阴阳离子聚合物深度调剖技术、铝体系低浓度交联聚合物深度调剖技术、铬体系低浓度交联聚合物深度调剖技术、阴阳离子聚合物+铝体系低浓度交联聚合物深度调剖技术和预交联体膨颗粒深度调剖技术。其中,复合离子

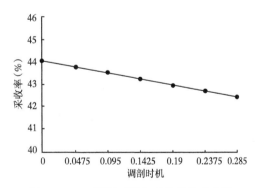

图1-8-27 调剖时机与采收率关系曲线

深度调剖技术较为成熟,规模最大,截至2002年底,先后在采油一、二、三、六厂18个区块207口注入井开展了复合离子聚合物深度调剖试验,相关油井435口。其中注聚前调剖162口井,占调剖总井数的78.26%,平均单井用量7567m³;注聚中调剖35口井,占调剖总井数的16.91%,平均单井用量5732m³;注聚后调剖10口井,占调剖总井数的4.83%,平均单井

用量 2318m^3。

三、现阶段发展情况

目前大庆油田三次采油开采仍以聚合物驱为主,聚合物驱产量已连续 11 年超过 1000×10^{4}t(图 1-8-28)。在一类油层聚合物驱油后期,为了提高聚合物的开采效果,降低聚合物溶液无效循环,发展了聚合物分子尺寸表征理论,建立不同地区聚合物匹配图版;通过交替注入方式可再提高采收 3 个百分点,聚合物用量下降 25%;二类油层进行层系、井距的优化,保证了聚驱"控制程度、驱动压差和注采能力",为确保聚驱效果奠定了基础。

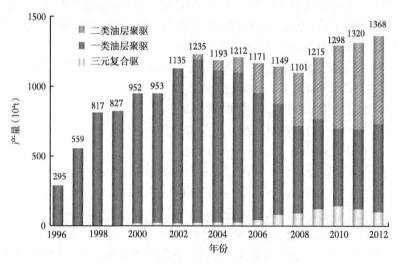

图 1-8-28 大庆油田历年三次采油产量

1. 优化聚驱注入参数,改善聚驱驱油效果

发展了聚合物分子尺寸表征理论,建立了水动力学半径与聚合物相对分子质量、浓度和矿化度的函数关系,突破了分子回旋半径表征分子尺寸的局限性。

以前用分子回旋半径表征聚合物静态分子尺寸,未体现浓度和矿化度的影响,其中公式 1 为:

$$R_g = 0.0034 X_m^{0.5534} \quad\quad\quad (1-8-20)$$

式中 R_g——分子旋回半径,μm;

X_m——相对分子质量,量纲 1。

大庆油田新的研究是利用水动力学半径表征聚合物分子动态分子尺寸,可体现溶液浓度、矿化度的影响。

公式 2 为:

$$R_h = A X_m^{0.5} + (0.068 X_m + B) \left[e^{0.0007(X_c - C)} - 1 \right] + D X_m e^{-0.0003 X_k} \quad (1-8-21)$$

式中 A、B、C、D——回归常数;

R_h——水动力学半径,μm;

X_m——聚合物相对分子质量,量纲 1;

X_c——聚合物溶液浓度,mg/L;

X_k——聚合物溶液矿化度,mg/L。

170

（1）通过天然岩心实验，给出了聚合物相对分子质量、浓度、矿化度与渗透率的匹配关系，建立了不同地区注入参数优选图版，为注入参数个性化设计提供了重要手段（图1-8-29）。

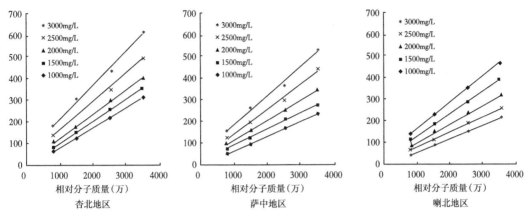

图1-8-29　大庆油田不同地区相对分子质量、浓度与渗透率关系图

K_w—有效渗透率；X_m—聚合物相对分子质量；X_c—聚合物浓度

（2）应用匹配关系图版，评价了聚合物体系与油层的匹配性。其中，杏四区西部注入相对分子质量由2500万调整为1900万，注入浓度由1900mg/L调整到1490mg/L，调整后低渗透层吸水层数和厚度比例分别增加23.8个百分点、39.7个百分点（图1-8-30）。

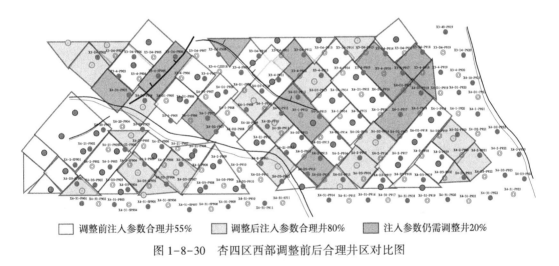

□ 调整前注入参数合理井55%　　▨ 调整后注入参数合理井80%　　▨ 注入参数仍需调整井20%

图1-8-30　杏四区西部调整前后合理井区对比图

（3）六个提效示范区通过优化注入参数，见到了较好效果。动用层数和有效厚度比例相对于2011年分别提高3.45个百分点、5.62个百分点。试验区对标曲线向提高采收率轴偏转，两个区块提高了分类级别（图1-8-31、图1-8-32）。

2. 优化聚驱注入方式，提高聚驱驱油效率

（1）通过剖面测试发现，聚驱单一段塞注入易发生剖面返转，导致薄差层吸液能力低；室内研究表明，交替注入方式可抑制剖面返转（图1-8-33）。

（2）室内实验优化结果表明，在3~5个交替周期可取得最佳驱油效果，可进一步提高采收率2.9个百分点，降低聚合物用量25%。

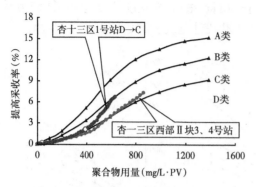

图 1-8-31　一类油层试验区对标分类
评价（2012 年 12 月）

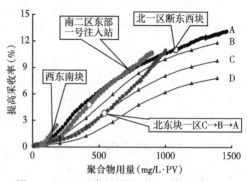

图 1-8-32　二类油层试验区对标分类评价

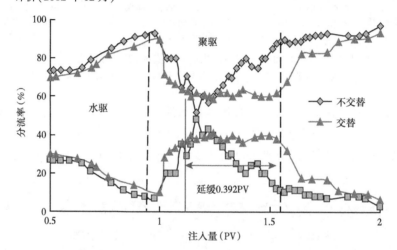

图 1-8-33　不同注入方式分流率随注入量变化曲

（3）开展了四个交替注入现场试验，与单一段塞注入对比，有效厚度吸液比例提高 10 个百分点以上。全年多产油 1.57×10⁴t，节约干粉 2130t，降低用量 24.5%（图 1-8-34）。

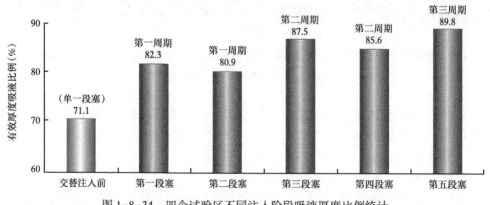

图 1-8-34　四个试验区不同注入阶段吸液厚度比例统计

通过依次交替注入不同黏度的聚合物段塞，可以在高渗透层建立封堵段塞，迫使后续注入的低黏度段塞进入低渗透层，实现其在高、低渗透层的同步运移，增加了低渗透层的相对吸液量。室内实验结果表明,交替注入改善了聚合物驱油效果,在节省聚合物用量约25%的前提下,采收率提高值高于单一段塞注入方式。开展多段塞交替注入现场试验后,控制了含水率上升速度,增加了产油量,降低了聚合物用量,取得了明显的技术经济效果。多段塞交替注入方式是水动力学采油技术在化学驱方面的有益尝试。

3. 优化层系二类油层井网设计,提高聚驱控制程度

目前,一类油层聚驱动用储量比例已达84.5%,聚驱开发调整对象向二类油层转移,2012年二类油层聚驱产量占聚驱年产油的比例达到49.9%。二类油层成为大庆油田聚驱开发重点。然而由于二类油层相对于一类油层发育较差,油层连通状况差。针对上述情况,对二类油层聚驱开发层系、井网进行了调整。聚驱控制程度提高10个百分点,达到70%以上。提高了二类油层的注入能力,使注入速度下降,采液速度高于一类油层,吸水、产液指数下降幅度与一类油层相当(图1-8-35、图1-8-36)。

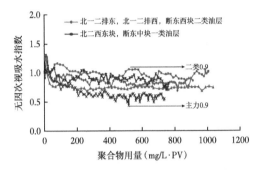

图1-8-35 一类、二类油层聚驱视吸水指数对比

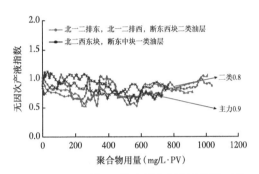

图1-8-36 一类、二类油层聚驱产液指数对比

四、聚驱后采油技术

1. 聚合物驱后蒸气驱取得好效果

聚合物驱后蒸汽驱开发试验区位于萨北开发区北二西东块,试验区面积为0.186km²,石油地质储量为36.8×10t,孔隙体积为64.398×10m³,平均单井钻遇砂岩厚度为15.2m,有效厚度为13.2m。试验区包括13口油水井,B2-D4-P39为中心井,采用五点法面积井网,平均注采井距为150m,注入井分别为B2-341-SP50井、B2-342-SP49井、B2-342-SP51井、B2-350-P50井。试验注汽强度为210t/m,井底蒸汽干度为0.4,采注比为1.3,间歇周期为3个月,1年后转连续驱;间歇汽驱注汽速度为蒸汽驱注汽速度的1.5倍。

截至目前,试验区累计注入蒸汽2377t,见效高峰期日增油191t/d,综合含水率下降80.8个百分点,累计产油3161t,累计增油3085t,现场实施效果显著。蒸汽驱不仅可在聚合物驱的基础上提高驱油效率,而且还能提高纵向上的波及体积,蒸汽驱使上部油层的残余油饱和度从59.8%降至15.4%。聚合物驱后转200℃蒸汽驱时,采收率在聚合物驱基础上又提高32.2%,水驱+聚合物驱+蒸汽驱的采收率高达78.2%(图1-8-37)。

2. 聚表剂驱室内提高采收率11.1个百分点,现场试验也取得了阶段采出程度9.4%的好效果

聚表剂又称活性聚合物,是近期开发并投入矿场应用的一种新型驱油剂,聚表剂溶液具有较强的增黏性、抗盐性和耐温性,它还含有一定浓度的表面活性物质。聚表剂中含有起交联作用的物质,在水中不同聚表剂分子间或同一分子内会发生交联,形成"区域性"或"局部性"网状分子结构,其分子线团尺寸远大于具有相同相对分子质量的普通"中分"聚合物。聚表剂溶液存在一个临界浓度,当聚表剂浓度低于临界浓度时,聚表剂溶液黏度增加相对平缓,反之,聚表剂溶液黏度急剧增加。大庆油二类油层聚表剂试验区中心井比水驱提高采收27.5%的效果,比试验最初目标高出10%(图1-8-38)。

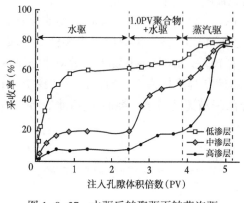

图1-8-37 水驱后转聚驱再转蒸汽驱各层动用程度变化

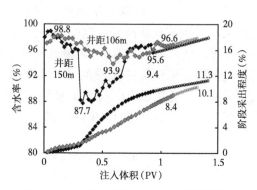

图1-8-38 聚表剂驱中心井开采效果曲线

五、三元复合驱油技术

三元复合驱技术是20世纪80年代中后期在碱水驱、表面活性剂驱和聚合物驱基础上发展起来的新型驱油技术。三元复合驱由于综合发挥了碱、聚合物和表面活性剂等化学剂的作用,可降低界面张力,增大毛细管数,提高微观驱油效率,改善流度比,提高宏观波及效率,大幅度提高石油采收率。

从1994年到2008年,大庆油田在不同类型油层(一类、二类油层)、不同注采井距(75~250m)条件下,先后开展了4个先导性矿场试验和4个工业性矿场试验,均取得比水驱提高采收率20个百分点的好效果。

(1)烷基苯磺酸盐强碱三元复合驱先导性及工业性矿场试验均可提高采收率20个百分点以上,已具备了规模推广条件。

矿场试验对比验证,强碱三元复合驱在南部Ⅰ类、北部Ⅱ类油层最终提高采收率是聚驱的1.5~2.2倍(表1-8-12)。

表1-8-12 相同注入体积下复合驱与聚驱提高采收率对比

区块	目的层	井距(m)	化学驱控制程度(%)	注入化学剂(PV)	初始含水(%)	采出程度(%)	采收率(%)	提高采收率(%)	提高采收率三元/聚驱倍数
南五区三元	葡Ⅰ1-2	175	83.8	0.827	96.3	45.6	19.25	21.20	2.2
南五区聚驱	葡Ⅰ1-4	175	78.9	0.95	95.8	42.6	8.36	9.50	
北一区断东三元	萨Ⅱ1-9	120	82.5	0.937	95.1	36.9	28.18	29.12	2.0
北一区断东聚驱	萨Ⅱ10-萨Ⅲ10	150	86.7	1.100	93.6	36.2	13.07	14.50	
喇北东三元	萨Ⅲ4-10	120	83.7	0.723	96.5	36.5	18.76	21.0	1.5
北北块聚驱	萨Ⅲ4-10	150	90.0	0.740	95.0	36.3	10.32	14.30	

（2）石油磺酸盐弱碱三元复合驱在萨北二类油层取得较好阶段开发效果，具有较好的推广前景。在油田北部北二西二类油层开展的现场试验提高采收率已达 25.2 个百分点，取得较好试验效果（图 1-8-39）。在南部一类油层陆续开展两个矿场试验，进一步验证石油磺酸盐弱碱三元复合驱效果，逐步完善配套。北二西弱碱复合驱矿场试验具有较高的注采能力，采油速度高，采出端结垢轻（图 1-8-40、图 1-8-41）。

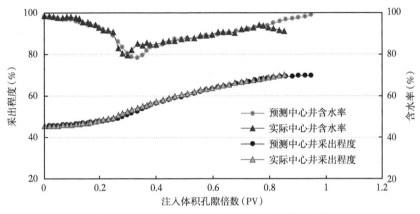

图 1-8-39　北二西中心井含水及采出程度曲线

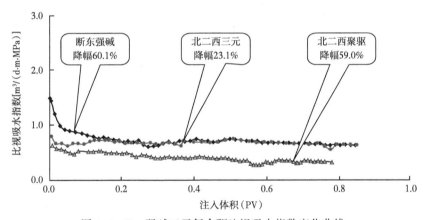

图 1-8-40　弱碱三元复合驱比视吸水指数变化曲线

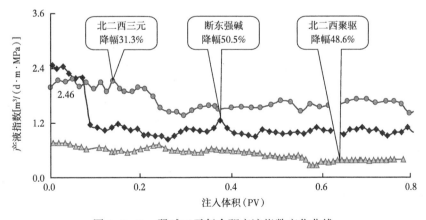

图 1-8-41　弱碱三元复合驱产液指数变化曲线

从大庆油田杏二西三元复合驱试验来看,在区块水驱中心井含水率长期100%的情况下,仍然取得中心井提高采收率19.46%的好效果。水驱残余油有重质成分含量高、凝点高、闪点低、动力黏度大的特点。通过三元复合驱后的原油物性分析结果来看,原油物性发生了较大变化:原油黏度由13.7mPa·s升到17.8mPa·s,凝点由17℃升到33℃,闪点由64℃降到52℃。原油组分变化也较大,产出原油的总烃由85.8%降到82.0%,非烃和沥青质储量由14.2%升到18.1%。这说明三元复合驱采出了水驱难以驱动的原油,提高了驱油效率。

六、泡沫复合驱油技术

泡沫复合驱是在三元复合驱(碱、表面活性剂、聚合物)及天然气驱基上发展起来的新的三次采油技术。泡沫复合体系由碱、表面活性剂、聚合物及天然气组成气体(天然气,氮气等)侵入充满三元复合体系(碱、表面活性剂、聚合物)的孔隙介质中,挤压孔隙中的液体形成液膜,或孔隙喉道处的液相截断气体,形成分离气泡。泡沫的生成使气相渗透率降低而形成较高的视黏度;同时,泡沫液膜的组分是由三元复合体系组成的,液膜可以随着泡沫进入储层较差的部分降低油水界面张力,驱替剩余油。所以,它既能大幅度降低油水界面张力,提高驱替效率,又能降低油水流度比,提高波及效率。

大庆油田北二东从1997年2月24日开始实施泡沫复合驱,到2002年4月,试验区累计注气0.19PV(由于设备问题气液比仅为0.34:1),其他均按计划完成。全区10口生产井中有7口井见到试验效果,见效高峰期日产原油由27t增加到82t,日增油55t,综合含水由95.6%下降到71.7%,下降23.9%。两口中心井日产油由5t增加到27t,日增产原油22t,综合含水由97.4%下降到49.1%,下降了48.3%。到2002年5月,全区累计产油78501t,阶段采出程度21.85%。矿场试验表明,泡沫复合驱可在天然气驱基础上提高采收率25%以上,比水驱采收率提高30%左右。

泡沫驱油技术还存在一些问题,泡沫流动特性的理论研究尚未成熟。泡沫在非均质多孔介质中、高温高压条件下流动特性的研究尚未成熟,缺乏完整的理论体系。泡沫驱油数学模型仍需完善,现场应用安全是空气泡沫驱油需要解决的首要问题以及泡沫在油层的稳定性有待研究和解决。

用水湿、中性、油湿微观模型,进行的水驱→甘油驱→聚合物驱(甘油与聚合物溶液的黏度相同)的驱油实验结果也有类似结论。由于平面仿真模型,水驱时存在明显的指进现象,水驱后存在着较多的成片残余油和驱替不到的死角,所以,水驱后用黏性甘油驱也能明显提高原油采收率。而甘油驱后,再用聚合物驱,驱油效率能进一步提高,分别提高7.0%、6.4%、5.9%。表明黏弹性聚合物溶液能够驱出黏性甘油水溶液驱后的部分残余油。但驱替顺序若改为水驱→聚合物驱→甘油驱,则聚合物驱后的甘油驱,不能进一步提高采收率。微观驱油实验图片对比表明,聚合物驱能比甘油驱驱替更多的簇状残余油,而且聚合物驱对甘油驱替不出来的细喉道中的残余油(图1-8-42、图1-8-43),也有一定的驱替效果。

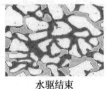 

水驱结束　　　　　　　甘油驱结束　　　　　　聚合物驱结束

图1-8-42　水驱后的残余油被甘油和聚合物驱替后的图像对比

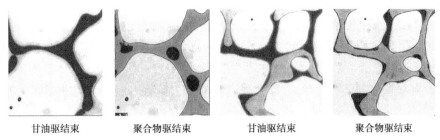

| 甘油驱结束 | 聚合物驱结束 | 甘油驱结束 | 聚合物驱结束 |

图 1-8-43　聚合物驱替甘油驱后细喉道中的残余油

七、复合驱驱油机理

复合驱油技术是在毛细管数概念提出的基础上发展起来的,由 Moore 和 Slobod 完成的毛细管数与残余油饱和度的实验曲线来看,当毛细管数增加,残余油饱和度会大幅度降低。复合驱就是利用表活剂与碱或表活剂自身达到超低界面张力来增加毛细管数,从而降低残余油饱和度(图 1-8-44)。

复合驱包括强碱三元复合驱、弱碱三元复合驱、二元复合驱。其中聚合物的作用是提高注入水的黏度扩大油层的波及体积,从而充分发挥表活剂的作用。表面活性剂的作用是降低油水界面张力和提高洗油效率。碱(NaOH)的作用是与原油中酸性组分反应生成表活剂,

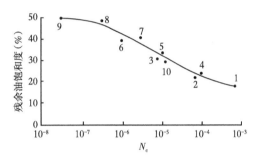

图 1-8-44　残余油饱和度和毛细管数曲线

与外加表面活性剂协同效应更大幅度地降低油水界面张力,同时作为活性剂改变岩石表面的电性,以降低地层对表面活性剂的吸附量。

随着研究的深入,发现强碱会使施工工艺复杂,采油系统结垢,生产井产液能力下降,检泵周期缩短,采出液破乳脱水困难,聚合物黏性降低,以及因地层黏土分散运移导致地层渗透率下降等剖,从而目前弱碱($NaHCO_3$、Na_2CO_3)、无碱复合驱油技术逐渐发展起来。弱碱复合体系同样能使油水界面张力降到 $10^{-3}\,mN/m$,并且扩大波及体积能力优于强碱复合体系,同时也能生成石油皂,充分利用石油酸,降低外加表面活性剂的浓度,又可使地层 SiO_2 反应,防止硅垢的生成,也不会与二价阳离子反应生成沉淀。

随着两性表面活性剂的出现,使得聚表二元体系与油的界面张力达到超低 $10^{-3}\,N/m$。避免了三元复合驱中注入的碱能引起地层黏土分散和运移,导致地层渗透率下降,碱也与油层流体及岩石矿物反应,形成碱垢,对地层造成伤害并影响油井正常生产,碱造成采出液处理困难、碱还会大幅度降低聚合物的黏弹性,从而降低波及效率等。并且室内实验采收率提高值也达到 20%。

微观水驱油实验表明,水驱以后,大约还有 50% 以上的油作为"残余油"滞留在模型内。在注入驱油机理大庆油田水波及的范围内,这些油主要以柱状、簇状、膜状、孤岛状等几种形式,被束缚于孔隙网络中。三元复合驱对这几种残余油均有比较显著的驱替效果,但驱替机理却不同。

当三元复合驱时,由于界面张力由水驱时的 36mN/m 降低到了 10mN/m,因此引起了毛细管力和黏附力降低到 1/36000。由于三元复合体系还具有使油湿介质改变为水湿分质的

作用,也会使毛细管力和黏附力改变大小,甚至改变方向。当三元复合体系中的表面活性剂与油湿介质表面吸附的原油中天然表面活性剂接触时,就会按极性相近原则排列在岩石表面,从而使岩石表面由油润湿反转为水润湿表面。润湿接触角变小,将减小原油在岩石表面的黏附力。当由于三元复合驱使 θ(水相润湿接触角)由 135°~45°时,黏附力还可减小71.4%。在湿润性改变这一过程中,变化更大的还是毛细管力。随着润湿接触角的减小,就会使毛细管力逐渐减小。当将柱状残余油孔道的入口端油湿表面改变为水湿表面,即 $\theta <$ 90°时,毛细管力就会改变方向,变成驱动力了。因此,在相同压力梯度的条件下,三元复合体系可进入比水驱半径更小的喉道,从而将柱状残余油驱替出来。

簇状残余油是水驱后被细小喉道包围起来、包含数个孔隙喉道在内的大油块。实际上,簇状残余油的周围都为细小喉道内的柱状残余油所包围。因此,三元复合驱驱替柱状残余油的机理也将成为驱替簇状残余油的机理。膜状残余油位于孔隙、喉道的随壁,具有相当高的流动阻力。当三元复合体系沿油膜表面流动时,在油膜的上游端使油膜逐渐减薄、剥离,在下游端表面形成分散油滴,最终将油膜全部驱走,使油湿表面改变为水湿表面。由于三元复合体系能使原油分子间的内聚力降低到1/36000,因此,当三元复合体系流过油珠表面时,在四周切向驱动力的作用下,很容易将大油珠在下游端拉出细长的油丝、拉断、逐渐分散成较小油滴,此过程即为原油的乳化。因此,内聚力减小是三元复合驱过程中原油乳化严重的原因之一。变小后的油珠很容易被驱替相携带运移,而且三元复合体系使油珠容易通过细小的孔喉。

八、泡沫驱驱油机理

泡沫驱有广泛的应用范围,在蒸汽开采稠油、注气驱油、注水驱油、化学驱油过程中都可以应用泡沫驱技术,其机理如下:(1)泡沫降低水(气)相的相对渗透率。油藏中的泡沫也能降低水相的相对渗透率,因而也能改善或提高水驱或强化水驱的原油采收率,同时泡沫能减少气相相对渗透率,因而能改善或提高注气(汽)驱油的采收率。(2)泡沫的调剖作用。由于油层的非均质性,驱油剂是优先流过高渗通道,绕过或封闭了相邻较低渗透率层带中的原油,驱油剂洗油效率差,泡沫能够改善驱油剂波及效率,同时在油层中渗透率越高的地方越有利于泡沫的生成和存在,阻力系数或阻力因子也越大调剖效果越好,是一种"堵高不堵低"的选择调堵,对低渗透富油带的渗透率不会造成较大伤害。

泡沫复合驱是在三元复合驱的基础上发展起来的,由于泡沫驱加入聚合物后,泡沫的稳定性大幅度提高,随着聚合物溶液浓度的增加,起泡体积逐渐增加,泡沫的排液半衰期延长,稳定性增强(表1-8-13)。它除了具有常规泡沫驱油的特征之外,还能够生成比普通泡沫更多、更细小、更稳定的泡沫,具有更强的抗变形能力,能够进入更细小的喉道,驱替出更多的剩余油,较常规泡沫更为有效。复合泡沫在多孔介质中的渗流过程与单一泡沫基本相似。由于复合泡沫驱油过程中生成大量的小气泡,其在多孔介质中的流动具有以下特点。

表 1-8-13　聚合物浓度对泡沫性能的影响

聚合物浓度(mg/L)	起泡体积(mL)	排液半衰期(s)
0	500	220
100	520	240
500	550	350

续表

聚合物浓度(mg/L)	起泡体积(mL)	排液半衰期(s)
1000	650	630
1800	800	7800
2500	750	18000
5000	700	72000

（1）小气泡可以进入到被细喉道所包围、大气泡所无法进入的孔隙空间。多个小气泡在一个孔隙中的聚集可以起到与大气泡等效的封堵作用，同时，还可以利用气泡的进入，驱替出孔隙中的剩余油。水驱时，由于与孔隙相连的喉道细而少，水无法进入到孔隙中，随着复合泡沫体系的进入，气泡占据原来被水占据的通道，堵塞了部分通道，复合体系则通过细小的喉道，进入孔隙，并驱替出部分剩余油。

（2）细小的泡沫能够深入到孔隙的末端深处，将其中的剩余油驱出。大气泡首先占据部分流动通道，迫使由聚合物和表面活性剂组成的水溶液通过末端的上部流动，驱出部分剩余油，随着驱替过程的推移，一个或多个小气泡进入末端中，小气泡的进入不仅挤出部分剩余油，而且进入到盲端的气泡充当"临时颗粒"，它的存在使盲端形成一种新的孔隙结构，迫使复合水溶液通过盲端更深处绕流，从而驱出更多的剩余油。

（3）复合泡沫在水湿介质中的驱油效果也要明显好于油湿介质。水湿介质经过复合泡沫驱替之后，原油几乎被全部驱出，而油湿介质经复合泡沫驱替之后，仍有部分原油附着在孔隙壁面，而且驱替结束之后水湿介质中仍有大量的复合泡沫稳定地存在于孔隙中，而油湿介质中仅有少量泡沫存在。

参 考 文 献

[1] Sandiford B B. Laboratory and field studies of water floods using polymer solutions to increase oil recoveries [J]. JPT,1964:917-922.

[2] W. 利特马恩. 石油科学进展24:聚合物驱油[M]. 北京:石油工业出版社,1991.

[3] Barnes A L. The use of a viscous slug to improve waterflood efficiency in a reservoir partially invaded by bottom water[J]. JPT, 1962:1147-1153.

[4] David J P. Improved secondary recovery by control of water mobility[J]. JPT, 1964.

[5] 王新海. 聚合物驱数值模拟主要参数的确定[J]. 石油勘探与开发,1990,17(3):69-76.

[6] 宋考平,王雷,等. 非牛顿—牛顿复合油藏渗流试井解释方法[J]. 石油学报,1996,17(1):82-85.

[7] Dauben D L, Menzie D E. Flow of polymer solutions through porous media[J]. JPT, 1967:1065-1073.

[8] Hester R D, Flesher L M, McCormick C L. Polymer solution extension viscosity effects during reservoir flooding[J]. SPE/DOE 27823, 1994.

[9] Szabo M T. A Comparative Evaluation of Polymers for Oil Recovery-Rheological Properties. Presented at 1977 SPE-AIME Symposium on Oilfield & Geothermal Chem Symp Proc Retrieved from http://search. ebscohost. com/login. aspx? direct=true&db=pta&AN=238703&site=ehost-live.

[10] Savins J G. Non-Newtonian flow through porus media[J]. Industrial and Engineering Chemistry,1969,61(10):18-47.

[11] Gogarty W B. Mobility control with polymer solutions[J]. SPE Journal, 1967:161-178.

[12] Jennings R R,Rogers J H,West T J. Factors influencing mobility control by polymer solutions[J]. Journal of petroleum Technology,1971,23(3):391-401.

［13］ Nouri H. Ph D thesis. Norman：University of Oklahoma,1971.

［14］ Marshall R J,Metzner A B. Flow of viscoelastic fluids through porous media［J］. 1967：393−400.

［15］ Jennings R R, Rogers J H, West T J. Factors influencing mobility control by polymer solution［J］. Journal of Petroleum Technology, 1971：391−401.

［16］ Gogarty W B. Rheological properties of pseudoplastic fluids in porous media［J］. SPE Journal,1967：149−159.

［17］ Mezner A B. Flow of non-newtonian fluids, in handbook of fluid dynamics. New York：McGraw-Hill, 1961.

［18］ Christopher W Macosko. Rheology principles, Measurements and Applications［M］.New York：Wiley-VCH, Inc, 1994.

［19］ Pye D J. Improved secondary recovery by control of water mobility,Journal of Petroleum Technology［J］. 1964：911−916.

［20］ Foshee W C, Jennings R R, West T J. Preparation and testing of partially hydrolyzed polyacrylamide solutions, SPE paper 6202, 51st Annual Fall Technical Conference, New Orleans ,October 1976.

［21］ Habermann B. The Efficiency of Miscible Displacement as a Function of Mobility Ratio. SPE 1540−G, AIME, 1960,219(1)：12.

［22］ Paul J Flory. Principles of Polymer Chemistry［M］. New York：Cornell University Press, 1953.

［23］ Sun S F. Physical Chemistry of Macromolecules［M］.2rd ed. New Jersey：John Wiley & Sons, Inc, 2004.

［24］ Michael Rubinstein, Ralph H Colby. Polymer Physics［M］. London：Oxford University Press, 2003.

［25］ 姜海峰.粘弹性聚合物驱提高驱油效率机理的实验研究［D］.大庆：东北石油大学,2008.

［26］ 孙玉学.粘弹性聚合物溶液提高驱油效率的机理研究［D］.大庆：东北石油大学,2009.

［27］ 叶仲斌,等.提高采收率原理［M］.北京：石油工业出版社,2007.

［28］ 夏慧芬.粘弹性聚合物溶液的渗流理论及其应用［M］.北京：石油工业出版社,2002.

［29］ 何曼君,等.高分子物理 ［M］. 修订版.上海：复旦大学出版社,2000.

［30］ 何曼君,等.高分子物理. ［M］. 3 版.上海：复旦大学出版社,2006.

［31］ 潘祖仁.高分子化学［M］. 5 版.北京,化学工业出版社,2011.

［32］ 陈文芳.非牛顿流体［M］.北京：北京大学出版社,1982.

［33］ S K 拜佳.聚合物在多孔介质中的流动［M］.北京：石油工业出版社,1986.

［34］ 顾国芳,等.聚合物流变学基础［M］.上海：同济大学出版社,2000.

［35］ H.A.巴勒斯,等.流变学导引［M］.北京：中国石化出版社,1992.

第二篇　水平井开发技术

20世纪,水平井技术被广泛地应用于世界石油工业,已经发展为分支水平井、多底井和极大储层接触井技术,极大地接触储层,因此水平井技术已成为除了化学驱等三次采油技术以外的一项行之有效的提高采收率技术。

技术发展一直都伴随着人们的观念和认识的转变而转变,40年前,水平井技术发展初期,人们研究了水平井究竟适合什么样的油藏,水平井最优长度的优化等。这两个问题长期以来备受争议。先说水平井的适应性问题,假如人们在早期油田开采中一直都钻水平井,而不是直井,那么水平井适合什么样的油藏?再假设外星人来到地球开采石油,只会钻水平井,而不是直井,地球上的石油不都可以采用水平井来开发吗?还有目前国内外油气田水平井水平段长度最长已达万米以上,水平井的最优长度远远超越了20世纪90年代末期研究者们推荐给业界的350~500m的最优长度,如果一直认为这个所谓的最优长度是牢不可破的真理的话,那么目前普遍钻成的千米以上的水平井水平段永远不可能出现,水平井技术也不会快速发展。

第一章　水平井技术发展及应用概述

第一节　水平井技术发展简史

公元前,波斯在垂直水井中打水平井,从致密地层获得水源。200 年前,英国在施普希尔铁桥附近的煤层中钻 1 口水平井找油。1929 年美国得克萨斯州,从直井侧钻水平井,直井深1000m,横向延伸 8m。1950—1960 年苏联钻成 43 口水平井。1960 年美国在 50 口直井侧钻水平井。1965—1966 年中国四川钻成磨-3 井和巴 24 井。20 世纪 70 年代初,美国阿科公司(Arco)从 4 口直井钻水平井,减少产水;加拿大埃索(ESSO)钻 1 口重油水平井。1979 年法国埃尔夫阿奎坦(Elf Aquitaihn)公司和法国石油研究院(IFP)在井深 1000~2800m 钻成 4 口水平井,水平段长 300~700m。到 1980 年美国已完钻水平井 100 多口。1982 年美国阿科公司在法国使用特殊造斜工具,钻成垂深 1906m,水平段 53m 的短曲率半径水平井。德士古(Texaco)公司使用自动造斜工具钻成垂深 1260m,水平段 334m 的水平井。1982 年法国埃夫奎坦公司和法国石油研究院钻成垂深 1373m,水平段 351m 的水平井。同年在罗斯坡莫尔油田钻成水平段长达 608m 的水平井,日产油量 635.6m³(4000bbl),比直井高 5 倍。1984 年苏联在萨拉托夫的依利诺斯基钻成 41 口水平井。1986 年到 1987 年加拿大钻成水平井段长1223m 的 K-50X 水平井。美国 1987 年在北部完钻 35 口短曲率半径水平井和 28 口中曲率半径水平井。截至 1989 年,钻水平井的国家已有 20 多个。

1989 年 8 月,美国在得克萨斯南部奥斯汀白垩地层布置工作钻机 8 台,1990 年底增至100 台,完钻水平井 650 口,多为中曲率半径水平井。该区的皮尔索尔油田,单井产油从0.79m³/d 增加到 12.7m³/d。威廉斯盆地为开发页岩油藏,在 1987—1990 年间钻成 150 口中曲率半径水平井。阿拉斯加和加利福尼亚油田用水平井解决水锥,提高原油生产量和采收率。科罗拉多州、新墨西哥州和宾夕法尼亚州用水平井开采薄煤层中的甲烷。

据美国《油气》杂志 1997 年统计的水平井数量见表 2-1-1。

表 2-1-1　全球水平井数量

年份	数量(口)
1988	700
1989	1000
1990	2000
1991	4000
1993	6500
1994	9000
1995	11590
1996	15000

到 1997 年底,我国共完钻水平井 159 口,全国油田水平井分布情况见表 2-1-2。

表 2-1-2　全国水平井分布

油田	稠油油藏	砂岩油藏	低渗油藏	底水油藏	裂缝油藏	天然气藏	勘探	总数
大庆		1	4					5
胜利	34	21					6	61
吉林			2					2
塔里木				9			6	15
长庆			8					8
辽河	10	6						16
大港		10	6		3			19
四川					3	1		4
中原		2						2
华北					2			2
新疆	11	5		5	2			23
吐哈				1				1
江苏		1						1
总计	55	46	20	15	10	1	12	159

第二节　水平井钻井分类

水平井钻井的主要分类标准为曲率半径,按曲率半径(直井过渡到水平井的半径)的大小分为四类。

(1)超短曲率半径水平井:半径 0.3~0.6m,造斜率(45°~60°)/0.3m,用水力喷射钻井技术在直井为 0.6m 的扩大的直井眼向外喷射钻成水平段 30~60m。在侧向斜井段下 62mm 油管,水平段裸眼砾石充填完井。

(2)短曲率半径水平井,曲率半径为 6~12m,造斜率为(2°~5°)/0.3m。可在裸眼井中直接外钻,也可以在下套管井中侧钻。水平段最长达 271m。用井下水力电动机钻井可在409.58mm 的直井眼中钻成 120.65m 的水平井,在 123.83mm 的直井中可钻 95.25m 的水平井。采用裸眼或割缝管完井,水平段最长可钻 304.8m。

(3)中曲率半径水平井曲率半径为 9.144~243.84m,造斜率(6°~20°)/30m。可用于各种油田,为目前钻水平井的主要方法。用井下水力电动机钻井,旋转钻井水平段最长可达609.6~1219.2m。可以用裸眼,割缝衬管,衬管加管外封隔器或下套管固井射孔等方法完井。

(4)长曲率半径水平井:曲率半径为 304.8~914.4m,造斜率为(2°~6°)/30m。使用旋转钻或井下水力马达钻井。

第三节　水平井技术在油田开采中的应用

一、用于老井的后期挖潜

荷兰 Helder 油田含油构造埋深 1402m（4600ft），储量为 $1144 \times 10^4 m^3$（$72 \times 10^6 bbl$），原油密度 22°API（$0.92g/cm^3$）。由于原油黏度高、油田构造平坦、Vieland 砂岩的高垂直渗透率而导致油田在开发初期就见水，含水率迅猛增加。为了减少产水量而获得高的油井产量，在荷兰大陆架少量断层的背斜构造上，UNCAL 公司通过老井侧钻钻成了几口水平井，最终采收率预计可提高 7%，而另外 7 口水平井在其控制面积范围内使采收率也提高了 17%。因此，水平井在重新开发 Helder 油田中的应用既提高采了收率，同时降低了开采成本。

美国密歇根州 Trendwell 油公司，在不产油的枯竭油井侧钻水平段长 76.51m 的水平井，使干井变为日产油 186.84m³ 的活井。犹他州 Skyline 油公司，对不出油的井侧钻水平段长 67.06m 和 145.09m 的水平井，使 6 口死井变活，日产 13.51m³。

法国的拉克油田西南部的陆上油田，其油层埋深 600m，油藏由两个互不相同而相互连通的地层组成。一个是裂缝高度发育的白云岩，采油指数为 10000m³/（d·MPa）；另一个是几乎无裂缝的石灰岩透镜体，采油指数是 10m³/（d·MPa）。到 1985 年 9 月，该油田已开采 25 年，产液中含水不断增加，综合含水高达 98%，油田几乎完全被水淹。1980 年 5 月埃佛尔夫—阿奎坦公司开始在该油田打了 32 口水平井，总成本为邻近直井的 3 倍多，但是其投产后产量为邻近直井的 3 倍。

印度尼西亚毕玛（Bima）油田位于印度尼西亚爪哇海，距雅加达 85km，该油田产层为松散胶结的 Batu Raja 石灰岩，平均厚度为 10.7m，有些区域该产层被 6.1m 厚的低渗透石灰岩隔成两层，在产层上方是含气砂岩，而下方距油水界面很近。1986 年大西洋里奇菲尔德印度尼西亚公司（简称 Apll）在该油田钻了一口水平井，该井在 427m 垂直深度开始造斜，最大倾角超过 85°。到 1988 年 2 月为止，该油田共建七座平台，钻井 48 口，其中有 16 口水平井、7 口直井和 25 斜井。这个油田的水平井成本比常规直井多 12.5%，但是采油指数一般为直井的 4 倍以上，产量也比直井和斜井高。

意大利曾在 Trecate Villa fortuna 油田侧钻水平井使一口高温枯竭井恢复生产。这个油田是欧洲大陆架最深的油田，1987 年开始钻开完井，1988 年投产。至今已钻 24 口井，现在油田 16 口井每天产油 10000m³，井平均测深是 6300m。高温枯竭井名为 Trecate14 井，于 1993 年初完井，井深 6398m，开井产量低于 50m³/d（315bbl/d），1993 年和 1994 年曾两次整体酸化作业，开采效果没有改观。为了改善开采效果，在该井中进行侧钻水平井：在 177.8mm（7ft）套管 5498m 处磨铣一个窗口，泄油孔眼钻到 5743m，水平段长 64m。钻成水平井后，该井日产原油 1250m³，井口温度 120℃，油藏原始压力 100.935MPa（14500psi），井底温度 170~180℃，是这个油田效果最好的生产井。

二、裂缝性油藏应用

许多油藏是由很细的低渗透基岩组成，这些基岩中发育着几乎平行的垂直天然裂缝。生产井若获得高产，与这些裂缝相连是很重要的。当裂缝垂向或近乎垂向分布时，直井与它们产生交汇很困难。相反，水平井的长度特别是当水平井钻进方向与裂缝表面垂直正交时，能提供与多组裂缝的连通,使油井获得较大的产能。

最近已经发现,如果平行于裂缝走向钻水平井,油井性能就会改善。垂直裂缝和平行裂缝两种钻井情况在油井性能上存在着巨大的差异,一种情况是可以在低于临界产量情况下生产,另一种情况是由于与垂直裂缝系统接触导致出水。

在裂缝性石灰岩油藏中,ARCO公司钻了几口61~91m(200~300ft)长的水平井。尽管水平井比周围的垂直井更靠近油气界面,但水平井的气油比仍小于垂直井,并且在6年的时间中,水平井的产油量是周围直井的1.6倍。

三、减轻底水油藏的水锥

由于水平井扩大了与油藏的接触,在给定的采油速度下,水平井比直井的压力降要小。压降的降低减缓了底水或气顶的锥进。因此,在水平井生产速度与常规井相同时,其锥进速度远远小于常规井,即存在良好的水油比或气油比或两者同时存在。在一些情况下,利用水平井可以在没有锥进的情况下经济地进行开采。

由于经济原因,不可能在低于临界产量下采油时,水平井仍具有一大优势。这种情况在底水层之上开采黏稠常规重油是很普遍的,例如加拿大萨斯喀彻地区。原油的高黏度及与水之间的低密度差会引起锥进,甚至是在很低的采油速度下亦如此。在这种情况下,产出油体积与水指进时驱替的体积近似成比例(图2-1-1),水平井比直井具有优势,因为其脊进就像沿水平井段形成的"屋脊"驱替了更大的体积,这种较大的"屋脊"驱替出更多的原油。

水平井减缓了底水油藏的水脊,使含水量减少和油藏压力下降幅度较缓慢。对于给定的采油速度来说,水平井中的压力降比直井小得多,从而使底水、气顶锥进速度大大降低。

我国流花11-1构造位于中国南海珠江口盆地29/04区块,该油田水深、油层浅、油稠、底水锥进快。南海东部石油公司于1988年11月22日至12月12日,仅用20d时间在该构造上钻成第一口水平井流花11-1-6井。在这个油田用直井、斜井和水平井开采进行采油对比,直井LH11-1-3井累计生产48d,平均日产油467m³,采油指数由13.4m³/(d·0.01MPa)下降到8m³/(d·0.01MPa);斜井LH-1-5井累计生

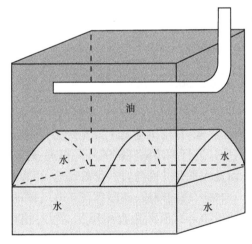

图2-1-1 水平井水脊

产57d,平均日产1032m³,采油指数由19.1m³/(d·0.01MPa)降到12m³/(d·0.01MPa);水平井LH11-1-3累计生产117d,平均日产1216m³,采油指数由28m³/(d·0.01MPa)下降到13.2m³/(d·0.01MPa)。

澳大利亚以西印度洋上的North Herald油田和South Pepper油田,20世纪80年代初因钻的直井出水,认为无开采价值而搁置起来。油层厚度分别为11.9m和10m,分别有气顶和底水,80年代末期钻了2口水平井,累计产油1501m³(9500bbl),而且气、水锥进缓慢,使这两个小油田形成了工业性开采。

挪威大陆架上的Troll油田是个储量可观的薄油层油田,储量9×10⁸m³(5.7×10⁹bbl),油层厚度28m,上有气顶,下有底水,渗透率为9~10mD,孔隙度为30%,常规垂直井2~3d就会

出现气或水锥进,经济效益很低。1989 年成功完钻了 31-2-16 水平井,日产原油 41.16t,为邻近直井的 10 倍多。

阿拉斯加(Alaska)、普鲁德霍湾油田(Prudhoe Bay)气顶,底水油藏平均油柱高 60.96m,储层岩性为砂岩,平均渗透率为 100~200mD,水平井水平段长 640.08m。

钻了大量的大斜率井和水平井,成功地避免或推迟了水锥、气锥的形成,提高了产油量和采收率。水平井 E-25、E-28 与直井 E-18、E-20、E-24 相比在相同的累积产油量的情况下,产气量大幅度下降。

我国塔里木盆地,塔中 4-油田所钻 5 口水平井,投入生产取得良好效果。该油田 402 高点为块状构造边底水油藏,含油丰度高,地层流动系数大,根据数值计算结果,直井日产油 200m³,稳产 1 年,生产 4 年,日产油降为 110m³。该井初期试油,实际最高日产油可达 1000t 以上。

四、薄油层和低渗层用水平井开采

对于薄层均质油气藏,垂直井的采油长度就是地层的厚度,产量有限,有些区块无开采价值。

Meridian 公司在北达科他州钻了 36 口水平井,开发厚度仅为 0.3~3.7m 的 Bakkan 破碎页岩油层,平均单井产量 3.5~90.2m³/d。

AEC 油气公司在加拿大艾伯塔省南部 South Jenner 油田钻成了水平位移为 420m 的中半径水平井和水平位移为 1042m 的长半径水平井,开发有底水锥进的薄层油藏,储集岩为已固结的砂岩,控制生产量 20~40m³/d,其中高产量达 83~401m³/d,而该油田直井的最高产量仅为 23m³/d。

五、重油油田水平井开采

水平井尤其是在蒸汽热采领域存在着巨大的潜力,通常用直井注蒸汽吞吐和蒸汽驱进行稠油热采,作用机理是主要是热力降黏和储层与井之间的压力差下的流体驱替作用。利用水平井进行稠油蒸汽驱的开采机理,除了热力降黏和液力驱替外,还可以增强重力排替作用,而且水平井井网与直井很好结合,可以增加稠油产量。

加拿大重油油藏,油藏埋深 780m,原油密度 0.99g/cm³,脱气原油黏度 10000mPa·s,从 20 世纪 70 年代开始用直井开发,单井初期日产仅 5~8m³,而且出水出砂严重。1991 年 6 月开始用水平井开发,到 1992 年底,共有 14 口水平井投产,产量大幅度增加,并长期稳产。单井日产 40~50m³,目前全油藏日产水平超过 600m³ 原油含水小于 10%,说明水平井在开采重油油藏上非常有优势。

第四节　多分支井和复杂结构井的新进展

一、多分支井的类型

随着水平井的发展和普及,目前世界上出现了一种复合结构井提高采收率和开采重油的新趋势。过去几年中已钻成了一些裸眼的多分支井。现在是要把主井眼和分支井眼全下套管完井。对完井目前复杂结构井有下列几种作业已现成系统,更有利于生产和操作,有效地开发油藏提高采收率。

（1）叠式多分支井（Stacked multibranch well），如图 2-1-2 所示。

（2）对称双分支井（Dual opposing laterals well），如图 2-1-3 所示。

图 2-1-2　叠式多分支井

图 2-1-3　对称双分支井

（3）同垂直井眼侧钻多分支井（Re-entry laterals from vertical well），如图 2-1-4 所示。

（4）丛式多分支井（Cluster multibranch well），如图 2-1-5 所示。

图 2-1-4　同垂直井眼侧钻多分支井

图 2-1-5　丛式多分支井

（5）多泄油面或多分支井（Multidrain or multilateral well），如图 2-1-6 所示。

（6）三维井（3D well），如图 2-1-7 所示。

图 2-1-6　多泄油面或多分支井

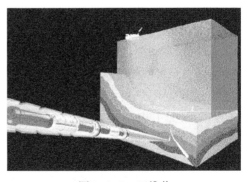

图 2-1-7　三维井

二、完井系统

复合结构井发展很快,1997 年就已发展形成几个类别的完井系统,见表 2-1-3。

表 2-1-3　多分支井钻井完井系统

公司名称	多分支井系统 (Multilateral system)
贝克休斯 (Baker Hughes)	封闭源系统™ (Seal root system™)
哈里伯顿能源服务公司 (Halliburton Energy Services)	多分支系统 300™ (Multilateral system 300™)
斯伦贝谢侧钻公司 (Schlumberger-Anadrill)	侧钻和生产改善钻井(RAPID™) (Re-entry and production improvement drilling)
斯拜雷—圣钻井公司 (Sperry-Sun Drilling services)	LTBS™ RMLS™

三、开采效果

1. 加拿大佩利肯湖油田

加拿大艾伯塔省佩利肯湖油田应用复合结构水平井开采取得良好效果。

1)油田概况

油田位于加拿大艾伯塔省沃巴斯卡(Wabasca)区的艾德蒙顿(Edmouton)以北 300km。面积为 230km^2。

一次开采的目的层是 Wabis-Kaw 薄层,埋深 409m(TVD),油层厚 4~6m,疏松砂岩,孔隙度 26%,地下平均水平渗透率 3D,油层条件下原油黏度 600~1000mPa·s。溶解气驱开采。

2)钻采技术

CS 资源公司操作,1988—1996 年采用长曲率半径钻井,共钻了 36 口水平井,裸眼多分支井已完成 3 口,其中主分支井的水平段长度为 448~1560m。采用侧向回接系统 LTBS™ 和衬管完井,使衬管完整地充满整个钻成井眼的网络,这样几乎打开了 2800m 地层投入生产。IB$_3$ 井分支水平段总长 5340m,各分支段长度为 1064m、1048m、1200m 和 826m。

3)开采效果和效益

(1)通过生产实践在佩利肯湖油区已经建立起垂直井、多分支井与水平井间的开采动态关系曲线。这类油藏采用溶解气驱开采,对相应的井间距离和供油面积良好的水平井段越长,产油能力和控制储量越多。

(2)钻井成本随着井数的增加而明显下降。前 8 口井,每口井钻进时间需 9d,平均成本 62.1 万美元,而 1996 年主水平段长 1500m 钻一口井平均钻进时间为 7d,平均成本 50 万美元。每米水平段钻井成本 1988 年为 1240 美元,而 1996 年为 340 美元。而钻直井的成本每米为 14 万美元。

2. 利用 1 口水平井钻开两个层或多个层

美国莫比尔公司用 1 口水平井钻穿了相距 805m 的两个气藏,水平井钻穿第 1 个气层后,水平井段上斜,又打开了 60m 长的第二个气层,两个气层厚约 30m。在每个储层中水平井钻进约 305m,用一口水平井钻二个气层,成本约 200 万元,是钻两口直井成本的三分之二。目前下层日产天然气 $33×10^4m^3$,该层枯竭后,将回堵开采上层,预期的天然气日产量可达 $31×10^4 \sim 33.9×10^4m^3$,由此可见用一口水平井钻开两个气藏可大大节省钻井成本。

3. 三分支水平井

UNACAL 公司在美国加利福尼亚州的 Dos Cuadras 油田钻成 4 口三分支水平井,这 4 口井是从一个海上平台上钻成的。由于目的层太浅,无法用常规水平井进行商业开采。钻一口三分支水平井,产量与钻三口常规水平井相当,一口三分支水平井总成本为 200 万美元。而钻三口常规水平井钻井费用 300 万美元,由此可见,对埋藏浅的边际油田,采用分支水平井开采可取得好的效益。

4. 反向双水平井段和反向双叠加四分支水平井

在美国得克萨斯州的白垩系奥斯汀石灰岩中钻成双水平井段,油井 Mc Dermadl,从一个垂直井眼里以相反方向钻两个水平井段,两个水平井眼总长为 1739m,产量油 $698.50m^3/d$,气 $46695m^3/d$,另一口双井筒水平井总水平位移达 2494m,这口双井筒水平井估计比分别钻两口水平井节省时间 $11 \sim 13d$,节约费用 30 万美元以上。另外环境影响仅为钻两口常规井的一半。反向双叠加四分支水平井——Gersdof Carter 号井,用于开发老井眼中的新层。由此可见,这类水平井可有效地开采一个单独的油层或多个油层。能减少地面井位数量,减少环境影响,降低整个工程成本。它能利用裸眼井侧钻完成,也可采用"侧向回接系统(LTBS)"重钻水平井眼。

第二章 水平井开采底水(气顶) 油藏物理模拟

水平井开采底水油藏人们普遍认为可以减缓底水锥进,但现场生产中底水如何向井中突破,其突破形态和突破时的条件是什么? 实验设计完成了二维可视物理模型,就是为了较真实地模拟水平井开采底水驱动油藏的流动状态,观察水平井开采底水油藏过程中底水脊进的整个发展过程,在油藏参数基本不变的情况下,研究水平井开采底水油藏几何因素和外部生产可控参数对采收率的影响,从而探索延缓底水脊进的途径和处理方法,为水平井科学地开采底水油藏提供依据。

第一节 实验装置设计

二维可视物理模型是由两块相同尺寸的透明有机玻璃板中间隔一不锈钢支架,形成一个矩形槽,支架上下都用耐油橡胶垫密封,外部用两块网状钢框用螺栓夹持,模型顶底部都能均匀保持接触,模型四周设计有灵活的布井孔眼,可在四周灵活地布置直井、水平井,且其直径、长度均可调节,在不锈钢支架形成的矩形槽中装入模拟砂体介质。模型本体两端靠一个矩轴固定在一个支架上,模型可绕轴转任意角度。

有机玻璃板耐压程度主要取决于板的厚度,当然最关键的问题是有机玻璃板的受压弯曲变形,侯纯毅在 1995 年曾用 Imperial Chemical Industry Imitated 提出的下面计算有机玻璃板的变形。

$$y = \frac{0.14pb^4}{Et^3(1+2.2\alpha^3)} \qquad (2-2-1)$$

其中
$$\alpha = a/b$$

式中　　y——变形尺寸,mm;

　　　　α——b/a 的值;

　　　　b——板的长度,mm;

　　　　a——板的宽度,mm;

　　　　E——压强初值,kPa;

　　　　p——板的承受压强,kPa;

　　　　t——板的厚度,mm。

上述公式是针对四周自然支撑时的情况,若四周固定则变形要更小一些。

第二节 模型的参数及流程

一、模型参数

模型尺寸:70cm×30cm×1.4cm(长×宽×高)。

支撑网框:长 $L = 80$cm,宽 $W = 43$cm。

两板间隔:$\delta = 1.4$cm。

玻璃板长度:$L_1 = 80$cm。

玻璃板宽度:$W_1 = 43$cm。

密封垫尺寸:80cm×2.5cm(长×宽)、43cm×2.5cm(长×宽)。

水平井半径:$\phi = 6$mm 紫铜管模型水平井。

模拟水平井段长度:分别为 0cm、10cm 、20cm、30cm、40cm、55cm。

射孔孔眼直径:$\phi = 0.8$mm。

二、实验流程

采用现代电子摄像监视手段和流动试验测试手段,建立水平井二维模型装置流程和装置图分别如图 2-2-1 和图 2-2-2 所示。

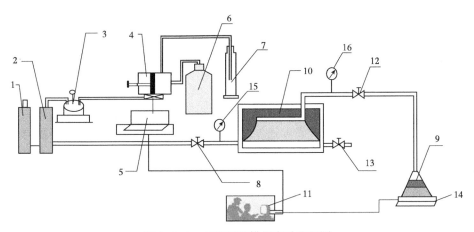

图 2-2-1　二维物理模拟实验流程图

1、2—储液罐;3、8、12、13—阀门;4—加压泵;5—数显压力记录仪;6—氮气瓶;7—吸液罐;9—计量桶;

10—二维可视模型;11—摄像记录仪;14—电子秤;15—进口端压力表;16—出口端压力表

图 2-2-2　二维物理模拟实验装置

第三节　实验方法

该实验采用了玻璃珠和石英砂两种不同的砂体介质,氮气压力和 ISCO 泵两种不同加压设备在二维可视模型下完成,用黏度为 1.961~1.8068mPa·s 的煤油作为模拟油,用染成红色的水作水体介质进行驱替。

全过程用摄像机记录试验中的水锥或水脊推进、形成和发展过程。

一、模型的填砂方法

该实验分别采用了干装法和湿装法两种填砂方法。

(1)干装法:将经过筛分合格的玻璃珠或石英砂少许倒入模型,用橡胶榔头敲击,使其振动均匀,然后再倒入少许,重复上述方法直至模型装完为止。

(2)湿装法:将模型打开水平放置将筛分好的玻璃珠或石英砂用煤油少量混匀装入模型中的矩形槽中用平板压紧,重复上方法至模型装满为止。

二、模型参数的确定

1. 模型渗透率的确定

经过筛选的玻璃珠用 $\phi = 0.05 \sim 0.15$mm 和 $\phi = 0.15 \sim 0.25$mm 按不同比例混合填充,形成多孔介质,对其水平渗透率和垂直渗透率均进行测定,测定时采用圆筒岩心夹持器,其岩心筒的基本参数为内径 $\phi = 3.91$cm,长度 $L = 9.85$cm,截面积 $A = 12.01$cm^2,测定介质用清水。

玻璃珠的水平渗透率 $K = 2.320 \sim 2.906$D;

石英砂的渗透率 $K = 580 \sim 860$mD。

2. 射孔段射孔计算

射孔管采用 6mm 紫铜管,壁厚 0.8mm,某油田某井用 139.7mm 套管完井,每米 16 孔,孔径 $\phi = 12$mm,套管壁厚 9.17mm。

计算方法:采用现场与实验室相似法则,设现场实验室用套管(1m 长的表面积分别为 A_{cf}、A_{ce}),现场每米射孔和实验每米射孔的面积分别为 A_{hf}、A_{he} 有如下相似关系

$$\frac{A_{hf}}{A_{cf}} = \frac{A_{he}}{A_{ce}} \qquad (2-2-2)$$

其中

$$A_{hf} = \pi r_{hf}^2 n_{cf} \qquad (2-2-3)$$

$$A_{he} = \pi r_{he}^2 n_{ce} \qquad (2-2-4)$$

$$A_{cf} = 2\pi R_{cf} L \qquad (2-2-5)$$

$$A_{ce} = 2\pi R_{ce} L \qquad (2-2-6)$$

式中　r_{hf}、r_{he}——现场套管的射孔半径和实验套管射孔半径,mm;

　　　R_{cf}、R_{ce}——实际套管半径和实验室套管半径,mm;

　　　L——单位为 1m 的井管长度,m;

　　　n_{cf}、n_{ce}——实际套管和实验室套管上的每米射孔数,孔/m。

将式(2-2-2)至式(2-2-6)代入式(2-2-1)求得

$$n_{ce} = \frac{R_{ce} r_{hf}^2}{R_{cf} \cdot r_{he}^2} \cdot n_{cf} \qquad (2-2-7)$$

当 $R_{hf}=6mm$, $R_{ce}=3mm$, $n=16/m$, $r_{he}=0.5mm$, $R_{cf}=79.02$ 时, $n_{ce}=87$ 孔/m = 1 孔/cm。

孔的位置:根据 TZ4 油田射孔位置在水平段下方 180°,以 30°间隔定孔,见表 2-2-1。

表 2-2-1 射孔段计算表

水平段长(m)	孔间距10°孔数	孔间距20°孔数
700	69	34
600	59	29
500	49	24
400	39	19
300	29	14

3. 饱和油方法

模拟油藏模型首先在试验前饱和模拟油,使模型油藏砂体完全充满油,流程如图 1-2-1 所示,连接一台真空泵到试验模型,然后检查管路是否畅通,打开 6 通阀上的阀门与模型联通,启动真空泵开始抽真空,当真空度达到 -0.1MPa 后,再抽若干时间,打开模型下部进液阀门 8,模拟油被吸入到模型中,待到模型中完全充满模拟油,真空泵排出口排出一定量模拟油时关闭模型出口阀门 12,并停止真空泵工作,缓慢释放负压回零。然后再采取提高液位办法向模型中再次灌注模拟油,直至模型不进油为止,关闭出口阀门,停止注油。根据吸入量的多少记录模型饱和油量。

三、实验步骤

在实验开始时,按上述饱和油方法饱和模拟油进入模型 10 中,然后给容器 1 和容器 2 中分别加入染成红色的自来作为水驱替介质,打开阀门 8,启动 ISCO 泵并调整到一定流量,排空管路中的气体后,启动 ISCO 泵开始驱替,打开阀门 13,先驱出水体管中的油,使模拟油藏底部形成底水,关阀门 13。然后不断驱替,吸入的蒸馏水进入容器 2 中,使染成红色的液体进入模型驱替开始。这时进口端和出口端压力分别由压力表 15 和 16 记录,流出的流量通过电子秤 14 计量,实验过程中的压力、流量均可通过 ISCO 泵进行控制。

在整个实验过程中,每隔一定时间间隔记录试验压差和流量,其时间长短视驱替参数大小而定。在该实验过程中,时间间隔为 3min、5min 和 10min。该实验曾采用玻璃珠和石英砂两种不同的砂体介质作为模拟用多孔介质,在采用玻璃珠作油藏模型砂体时整个试验过程采用摄像机录像及照相相结合的方法,完整地记录了整个试验过程中的每一时刻底水推进过程与其水脊形成发展变化情况。从而获得了完整的图像和试验数据。

该试验模型采用了不同粒径的玻璃珠,水平井距底水的距离可调,进行了 33 组试验,对每种射孔长度的水平井,均采用 2~4 种不同流量产油,记录饱和油量,试验压差,相对应的驱出液体流量,计算出试验所得的无水采油量、无水采收率、水平井见水时间、见水后含水率及水上升速度、累计采油量、采液量及总采出程度。

第四节　模拟实验研究

一、直井模拟实验

为了研究底水油藏水平井与直井在开采过程中的水锥与水脊的形成和发展差异、采油压差对无水采油时间和无水采收率的影响,下面首先给出两组用直井开采底水油藏的模拟实验。

1. No. Z1 实验

No. Z1 实验垂直井距离底水 260mm 处,直井段射孔为 40mm,射孔 12 个,模拟砂体装入 0.05~0.15mm 的玻璃珠,试验压差饱和油量 658mL,试验压差 $\Delta p = 34.2 \sim 44.2$kPa。

No. Z1 实验无水采出时间只有 30min,无水采出油量 40mL,累计采出油量 467mL,无水采出程度 6.08%,最终采出程度 71.3%。实验曲线如图 2-2-3、图 2-2-4 所示。观察实验全过程,驱替开始 1min,出现明显水脊,水锥沿着 40mm 的射孔长度向上发展,在较短的时间内模拟井见水。

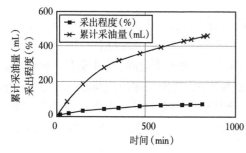

图 2-2-3　采出程度累计采油量与时间的关系

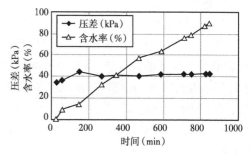

图 2-2-4　压差含水率与时间关系

2. No. Z2 实验

No. Z2 实验垂直井距离底水 260mm 处,直井段射孔为 40mm,射孔 12 个,模拟砂体装入 0.05~0.15mm 的玻璃珠,试验压差饱和油量 748mL,试验压差 $\Delta p = 45.42 \sim 50.9$kPa。

No. Z2 实验无水采出时间 50min,无水采出油量 126mL,累计采出油量 495mL,无水采出程度 17.75%,最终采出程度 61.9%。实验曲线如图 2-2-5、图 2-2-6 所示。观察实验全过程,驱替开始 1min,出现明显水脊,水锥沿着 40mm 的射孔长度向上发展,在较短的时间内模拟井见水。

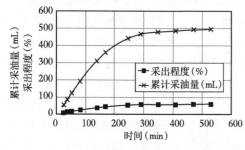

图 2-2-5　采出程度累计采油量与时间关系

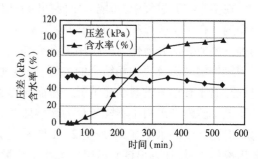

图 2-2-6　压差含水率与时间关系

二、水平井模拟实验

1. No.1 实验

No.1 实验水平井距离调整至距底水 240mm 处，水平井段射孔为 100mm，射孔 12 个，模拟砂体装入 $\phi=0.05\sim0.15$mm 的玻璃珠。试验压差 $\Delta p=7.9\sim10.5$kPa，饱和油量 598mL，水平井在压差 $\Delta p=7.9\sim10.5$kPa 的情况下进行实验。

No.1 实验无水采出时间只有 18min，无水采出油量 236mL，累计采出油量 499mL，无水采出程度 39.5%，最终采出程度 83.4%。实验曲线如图 2-2-7 至图 2-2-9 所示。观察实验全过程，驱替开始 2min，出现明显水脊，水脊沿着 100mm 水平井长度向上发展，在较短的时间内模拟井见水。

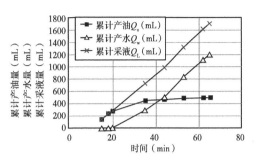

图 2-2-7　No.1 实验

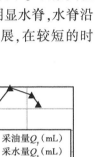

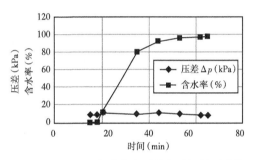

图 2-2-8　No.1 实验产油产水与时间关系曲线　　图 2-2-9　No.1 实验含水压差与时间关系曲线

2. No.2 实验

No.2 实验水平井射孔段长度为 200mm，射孔 21 孔，饱和模拟油 688mL，在 $\Delta p=8.75\sim9.25$kPa 条件下进行实验。

No.2 实验无水采出时间只有 9min，无水采出油量 264mL，累计采出油量 488mL，无水采出程度 38.4%，最终采出程度 70.9%。实验曲线如图 2-2-10 至图 2-2-12 所示。No.2 实验与 No.1 实验相比水平井长度是 No.1 实验的 2 倍，但驱替压差比 No.1 实验平均高 0.75kPa，水脊向上发展的速度比 No.1 实验更快。

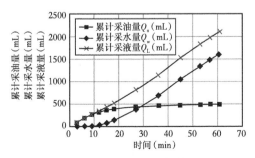

图 2-2-10　No.2 实验

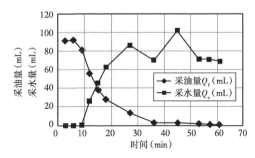

图 2-2-11　No.2 实验产油产水与时间关系曲线

3. No. 3 实验

No. 3 实验的其他几何参数不变,驱替压差范围 $\Delta p = 3.3 \sim 5.8\text{kPa}$,饱和模拟油 682mL。

No. 3 实验无水采出时间是 72min,无水采出油量 522mL,累计采出油量 639mL,无水采出程度 76.5%,最终采出程度 93.7%。实验曲线如图 2-2-13 至图 2-2-15 所示。与 No. 2 实验比较,No. 3 实验压差比低,水脊形成与发展都较缓慢。

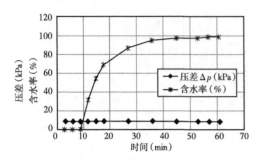

图 2-2-12 No. 2 实验含水压差与时间关系曲线

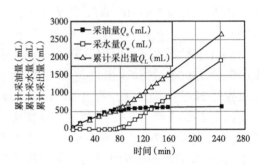

图 2-2-13 No. 3 实验

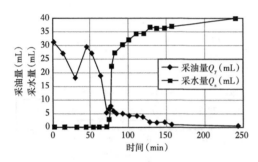

图 2-2-14 No. 3 实验产油产水与时间关系曲线

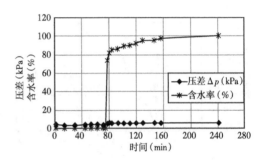

图 2-2-15 No. 3 实验

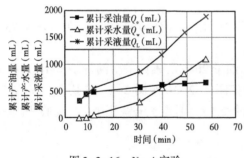

图 2-2-16 No. 4 实验

4. No. 4 实验

重新充填砂体,装入射孔段 300mm 长的水平井,距底水水体 240mm,射孔数 29,饱和模拟油 777mL,压差 $\Delta p = 6.18 \sim 7.4\text{kPa}$ 范围进行实验。

No. 4 实验无水采油时间 9min,无水采油量 449mL,累计采油量 665mL,无水采出程度为 57.8%,最终采出程度 85.6%。实验曲线如图 2-2-16 至图 2-2-18 所示。No. 4 实验随着水平井长度的增加,虽然驱替压差比 No. 3 实验高,但水脊发展和推进相对较平缓。

5. No. 5 实验

重新填充模拟模型,水平井段用射孔长度为 400mm,仍装在距底水水体 240mm 处,射孔 41 个。饱和油量 746mL,实验压差范围 $\Delta p = 6.6 \sim 7.15\text{kPa}$。

No. 5 实验无水采油时间 28min,无水采油量 708mL,累计采油量 708mL,无水采出程度 32.5%,最终采出程度 81.5%。实验曲线如图 2-2-19 至图 2-2-21 所示。No. 5 实验驱替压差比 No. 4 实验高 0.42kPa,水脊形成和发展与 No. 1—No. 4 实验相比较平缓。

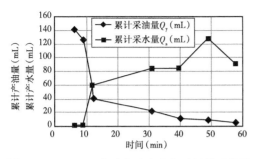

图 2-2-17　No. 4 实验产油产水与时间关系曲线

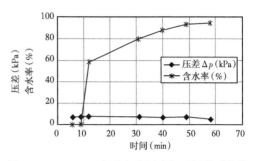

图 2-2-18　No. 4 实验含水压力与时间关系曲线

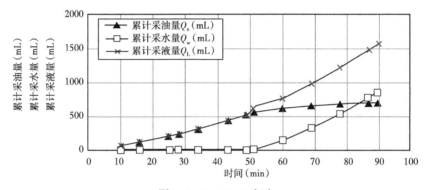

图 2-2-19　No. 5 实验

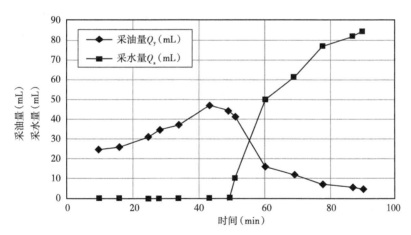

图 2-2-20　No. 5 实验产油产水与时间关系曲线

6. No. 6 实验

No. 5 实验在几何参数均不变的情况下,重新饱和模拟油 657mL,在压差范围 $\Delta p = 7.33 \sim$ 7.67kPa 情况下进行实验。

No. 6 实验无水采油时间 10min,无水采油量 384mL,累计采油量 587mL,无水采出程度 58.5%,最终采出程度 88.0%。实验曲线如图 2-2-22 至图 2-2-24 所示。No. 6 实验在 No. 5 实验其他参数不变的基础上,驱替压差增加了 0.73kPa。水脊形成与发展相对较 No. 5 上升速度加快。

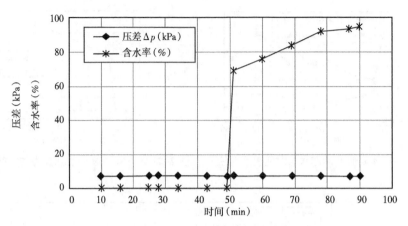

图 2-2-21　No. 5 实验含水压力与时间关系曲线

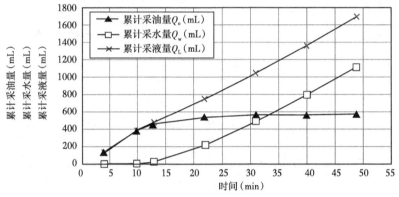

图 2-2-22　No. 6 实验

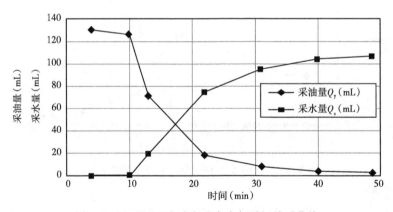

图 2-2-23　No. 6 实验产油产水与时间关系曲线

7. No. 7 实验

No. 7 实验模拟砂体采用 $\phi = 0.15 \sim 0.25\text{mm}$ 玻璃珠,水平井距底水层距离 250mm,水平井段射开长度 $L = 550\text{mm}$,射孔 74 孔。

No. 7 实验无水采油时间 98min,无水采油量 567mL,累计采油量 751mL,无水采出程度 69.5%,最终采出程度 92.1%。实验曲线如图 2-2-25 至图 2-2-27 所示。No. 7 实验驱替压

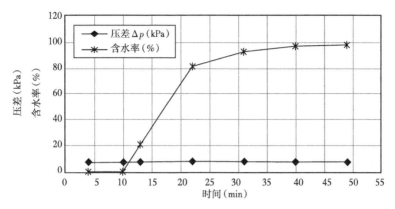

图 2-2-24　No.6 实验含水压力与时间的关系

差比 No.1—No.6 都低,随着水平井长度的增加,水脊形状变得更平缓,驱替结束后模型两侧死油区面积较小。

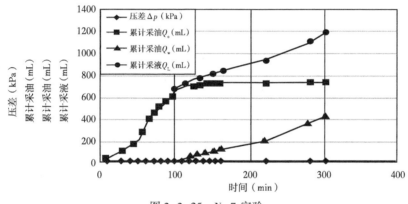

图 2-2-25　No.7 实验

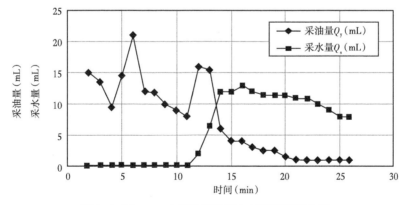

图 2-2-26　No.7 实验产油产水与时间关系曲线

8. No.8 实验

实验 No.8 在上述实验几何参数都不变的情况下将模型内砂体直径换成 $\phi = 0.05 \sim 0.15mm$ 细玻璃珠,饱和油量 1052mL,实验压差 $\Delta p = 2.44 \sim 3.97kPa$。

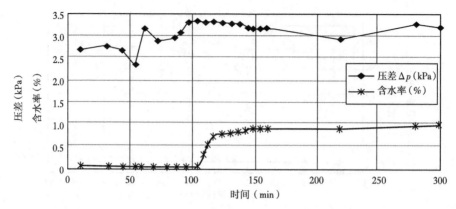

图 2-2-27　No.7 实验含水压差与时间关系曲线

No.8 实验无水采油时间 74min，无水采油量 848mL，累计采油量 995mL，采出程度 94.5% 无水采出程度 80.61%。实验曲线如图 2-2-28 至图 2-2-30 所示。No.8 实验驱替压差比 No.1—No.6 都低，随着水平井长度的增加，水脊形状变得更平缓，驱替结束后模型两侧死油区面积较小。

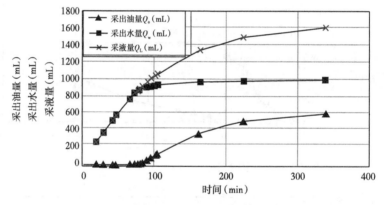

图 2-2-28　No.8 实验

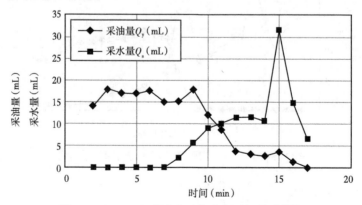

图 2-2-29　No.8 实验产油产水与时间关系曲线

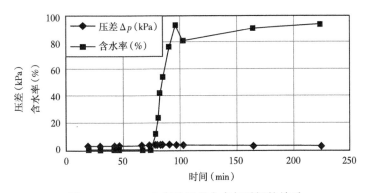

图 2-2-30　No.8 实验压差含水与时间的关系

第五节　实验结果分析

水平井几何参数、油藏本身性质及生产外控参数都影响着水平井的驱替效果,下面将从以上三个方面讨论 29 组常规水平井实验中具有代表性的 8 组实验数据。

水平井的几何参数主要包括水平井的长度、水平井完井套管直径、射孔型式和射孔数量等。

一、水平井的水平段长度对水脊形态的影响

水平井的水平段长度影响水脊形态,水平井段长,则水脊的界面平缓,变形缓慢。而水平井段较短时,脊进变形边界较陡。在产生水脊的两翼靠模拟油藏边界处变成死油区。随着水平井段长度的增加,水脊形成的时间延长,水脊的两翼逐渐变缓,且对称分布,在其两翼靠模拟油藏边界处形成的死油区变小。当水平井段长度进一步增加时,水脊现象在远离底水界面的初始驱替阶段,油水界面推进将以线状均匀推进。当接近水平井井筒时,油水界面才出现上锥或上脊变形,然后油井见水。水脊的高点将是水平井的位置。水平井段长度相同时,水脊的发展速度随实验压差增大而加快。

二、水平井长度变化对无水采油量与无水采收率的影响

从实验 No.1、No.4 可知,直井时即水平段长度为 0mm,无水采出程度 6.08%,最终采出程度 71.3%。100mm 水平井段长度对应的无水采油量是 236mL,无水采收率为 39.5%;300mm 水平井段长度对应的无水采油量是 449mL,无水采收率为 57.8%;因此可见,水平井长度增加,在一定的实验范围内,见水时间延缓,无水采油量、无水采收率和累计采出程度都不断增加(图 2-2-31)。

三、水平井段长度变化对含水率的变化的影响

从 No.1 至 No.8 实验中可以看到油井无水期受水平井段长度的影响较大,当水平井段较长时,无水期明显增长。但当水平井见水后,含水率上升速度很快,其变化几乎是呈直

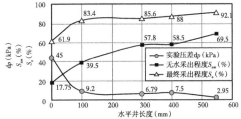

图 2-2-31　水平井长度与无水采出程度
最终采出程度关系曲线

线上升,到达90%后,含水上升速度减缓。但实验数据(表2-2-2)表明,水平井段越长,含水率到达90%和95%所需要的时间越短。这说明,对于长水平井段而言,一旦被水突破,水的黏度比油小,沿着水平井井筒渗流阻力减小,含水率上升速度加快。可见,水平井段越长,则无水期越长,见水后的含水率上升越快。

表2-2-2 含水率上升时间

序号	射孔井段长度(mm)	含水达90%时间(min)	含水达95%时间(min)	备注
1	10	84	114	
2	20	57	84	
3	30	23	35	增大压差
4	30	27	47	
5	40	24	40	
6	40	15	30	增大压差

四、外控参数(生产特性)

水平井开采中另外一个敏感参数是生产压差,以水平井段长度相同的 No. 2 实验、No. 3 实验(图2-2-17、图2-2-18、图2-2-19 和图2-2-20、图2-2-21、图2-2-22)为例进行分析,水平井段长度为 200m,压差提高不到 2 倍,其采出程度降低38%,由此可见,当水平井段长度相同,随着驱替压差增大,流速加大水脊的形成,无水采油期减短。

从上述 8 组实验和分析可知,水平井开采延长了突破时间,提高了累计采油量,因此,提高了原油采收率。从水平井增大了与油藏的接触面积的角度来分析,水平井提高采收率也是无疑的。这是因为水驱油的采收率 E_R 是体积波及系数 E_V 与驱油效率 E_D 的乘积,用下式表示

$$E_R = E_D E_V \qquad\qquad (2-2-8)$$

在垂向波及系数 E_Z 不变的情况下,由于水平井增大了与油藏的接触面积,这也就意味着增大了面积波及系数 E_A,因此说明利用水平井开采能提高原油采收率。

第六节　水平井流动与提高采收率分析

油藏开采过程中,油藏经历不同的阶段,通常可分为两类:(1)无限作用或瞬态;(2)拟稳态或稳态,这些流动取决于边界条件。油田开采中,在一定排泄面积内,当一口井投入生产时,引起的压力扰动呈径向流动向外传播出去。井筒远处的流体由于压力梯度开始流向井筒,从井筒压力向外传播出去的速度取决于油藏渗透率:渗透率越高,压力传播出去的速度越快。随着时间推移,圆形地层的压力扰动向外传播出去最终达到泄油边界,这时,流体从排泄边界开始流向井筒,压力扰动传到圆形面积边界的时间周期称为无限作用时间。一旦压力扰动达到扰动圆面积的边界,则随着时间的推移,越来越多的流体从油藏中流出来,在整个时间内平均油藏压力开始下降,这种情况发生在具有不流动边界的油藏条件。亦即在流动没有越过排泄边界的油藏中,这种流动称之为拟稳态流,亦称为衰竭状态或半稳态。如果边界条件在边界上有一固定的压力,那么这口井将达到稳态。

一、水平井流动的几个特征

1. 早期径向流

对于上下封闭边界的地层而言,水平井压力迅速达到上下边界。在垂直于井的垂直平面内流动是径向的。当油藏较大时,水平井相当于厚度为水平井长度的无限大油藏中所钻的一口直井。整个油藏是水平方向流动,垂直的流动可以忽略,这种情形达到横向边界需要较长时间(图 2-2-32)。

2. 线性流动

水平井长度相对于油层厚度是足够长时,一旦压力达到上下边界,水平井开始了线性流动,这个阶段水平井末端流动影响可以忽略。通常认为这一流动期很短(图 2-2-33)。

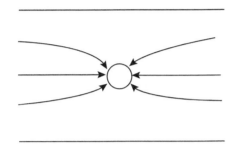

图 2-2-32　径向流动

图 2-2-33　线性流动

3. 拟径向流动

在顶底边界达到稳定以后,这一流动才发生。对于存在气顶和底水的水平井不存在这一流动。如果水平井相对于油藏尺寸足够短时,在后期将发生拟径向流动(图 2-2-34)。

4. 后期线性流动

对于有限宽度的油藏,可能存在第二线性流阶段,当压力不稳定状态达到侧向边界,并且在这个方向上的流动变成拟稳态时,这一流动变成了拟稳态流动。

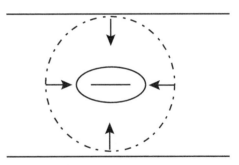

图 2-2-34　拟径向流

5. 稳定流动

对于一个边界存在气顶或底水层的常压边界来说,不存在中期线性流和径向流动期,而是变成了稳定流动态。

二、水平井渗流域是椭圆的数学证明

以 $z=x+\mathrm{i}y$ 为变量的复变解析函数 $w=f(z)=\phi(x,y)+\mathrm{i}\psi(x,y)$,其实部变量 $\phi=\phi(x,y)$ 和虚部变量 $\psi=\psi(x,y)$ 都满足 Laplace 方程。在 $\phi+\mathrm{i}\psi$ 平面上,$\phi=$ 常数和 $\psi=$ 常数的曲线彼此正交。通常地层中的流体向井中渗流时,其中 ϕ 是渗流场中的等势线族,而 ψ 是流体流动线(简称流线)。容易证明,在 z 平面 (x,y) 坐标下,标量函数 $\Phi(x,y)$ 在区域 D 中满足 Laplace 方程,通过保角变换到 w 平面 (ϕ,ψ) 坐标下的 $\Phi(\phi,\psi)$ 依然满足 Laplace 方程,即为

$$\frac{\partial^2 \Phi}{\partial^2 \phi} + \frac{\partial^2 \Phi}{\partial^2 \psi} = 0 \qquad\qquad (2\text{-}2\text{-}9)$$

相应地, z 平面的区域 D 变为 w 平面的区域 D', 故可在变换了边界条件下, 解区域 D' 中的 Laplace 方程(2-2-9), 求出 $\Phi(\phi,\psi)$ 后, 可通过逆变换求出原问题的解 $\Phi[\phi(x,y),\psi(x,y)]$, 对反余弦变换

$$w = \operatorname{arccosh} \frac{z}{l} \qquad\qquad (2\text{-}2\text{-}10)$$

将 $z=x+iy$、$w=\phi+i\psi$ 代入式(2-2-10)得

$$x = l \cosh\phi \cos\psi \qquad\qquad (2\text{-}2\text{-}11)$$

$$y = l \sinh\phi \sin\psi \qquad\qquad (2\text{-}2\text{-}12)$$

式(2-2-11)和式(2-2-12)分别消去 ϕ 和 ψ 得到平面 ϕ=常数和 ψ=常数的曲线方程为

$$\frac{x^2}{l^2 \cosh^2\phi} + \frac{y^2}{l^2 \sinh^2\phi} = 1 \qquad\qquad (2\text{-}2\text{-}13)$$

$$\frac{x^2}{l^2 \cos^2\psi} - \frac{y^2}{l^2 \sin^2\psi} = 1 \qquad\qquad (2\text{-}2\text{-}14)$$

当 ϕ 等于不同的常数时, 式(2-2-14)表示一族中心在 z 平面原点的共焦椭圆。椭圆的半长轴 a、半短轴 b 和半焦距 C 分别可表示为

$$a = l \cosh\phi, \ b = l \sinh\phi \qquad\qquad (2\text{-}2\text{-}15)$$

$$C^2 = a^2 - b^2 = l^2(\cosh^2\phi - \sinh^2\phi) = \left(\frac{L}{2}\right)^2 \qquad\qquad (2\text{-}2\text{-}16)$$

式中　a、b——椭圆长短半轴, m;

　　　C——半焦距, m;

　　　L——水平井长度, m。

当 ϕ 等于不同的常数时, 式(2-2-14)表示对称中心在 z 平面原点的共焦双曲线族。由此可见, ψ 等于常数代表一族与 ϕ 等于常数的椭圆有相同焦点的共焦双曲线, 换言之, 反余弦变换把 w 平面上 ϕ 等于常数的直线变成了平面上的椭圆, 把 w 平面上 ψ 等于常数的直线变成了 z 平面上的双曲线。显然, ϕ 为势函数, 则它描述了两共焦椭圆柱流动场的压力场分布, 其等势线与共焦椭圆重合, 流线则与共焦双曲线族重合, 若取 ψ 作势函数, 则它可代表两共焦双曲线柱面流动场的压力场分布, 其等势线与共焦双曲线族重合, 流线则与共焦椭圆族重合(图2-2-35)。

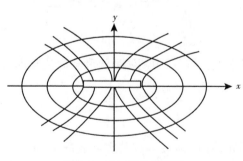

图 2-2-35　势线与流线

利用变换 $\sinh^2\phi = \cosh^2\phi - 1$ 可由式(2-2-13)得

$$\phi = \operatorname{arccosh}\left[\frac{(x^2+y^2+L^2) + \sqrt{(x^2+y^2+L^2)^2 - 4y^2L^2}}{2L^2}\right]^{1/2} \qquad (2\text{-}2\text{-}17)$$

三、水平井水平段长度

在上述实验中由于模型长度限制,在模型研究范围内,采油量和采收率随着水平段长度增加而增加。水平井段长度究竟选多长合适?下面将给出理论分析。自 Dikken 于 1990 年发表第一篇较有影响的文章以来,引起了国内外许多学者的兴趣,把水平井段长度与井筒压降及生产量联系起来考虑,试图确定水平段的最优长度,由于所给的假设条件和模型未必真正反映复杂的水平井井下流态,得出的结论与实际有一定差距。水平井的长度究竟多长为宜呢? 实际上这是一个复杂的多元问题。在水平井井筒中的流动是一种与地层渗透率的各向异性和地层非均质性有关的复杂函数关系。因此,沿水平井段油藏向井筒的渗流不是均匀的,是非均匀的变质量流。对于各类不同的油藏,其水平段长度的选择没有一个准确的定量表达式。Dikken 的结论是在某些情况下水平井流动可能变成紊流,进而对压力梯度有明显影响,认为高产量层流的压降与产量成正比。如果是紊流,压降快速增加,它给出的资料是延长井的长度和增加井的直径。而 Novy 于 1992 年发展了 Dikken 的研究,他指出 Dikken 所用管内摩阻相关系数过高估计了轴向压降影响,认为计算的轴向井筒压降小于油层压降的 10%,则井筒压降可以忽略不计。因此,下面从井筒压降和完井压降来分析水平井段的长度对水平井产量的影响。

1. 水平井水平段长度选择的一般原则

国内外学者都曾发表文章定性说明了水平段长度是影响产量的主要因素。在水平井渗流场中,学者们普遍接受的渗流域是椭圆泄流。根据椭圆性质有

$$a^2 - b^2 = (L/2)^2 \qquad (2-2-18)$$

式中 a——椭圆长半轴,m;

　　　 b——椭圆短半轴,m;

　　　 L——水平井段长度,m。

根据椭圆域与圆域的面积等效原则有

$$\pi ab = \pi R_e^2 \qquad (2-2-19)$$

式中 R_e——供油半径,m。

由式(2-2-18)、式(2-2-19)得

$$2\sqrt{2}\sqrt{R_e^2 - b^2} \leqslant L \leqslant 2\sqrt{2}\sqrt{a^2 - R_e^2} \qquad (2-2-20)$$

因此

$$L_{max} = 2\sqrt{2} R_e \qquad (2-2-21)$$

根据椭圆域泄油,水平段长度受供油半径和椭圆域半长轴和半短轴尺寸的影响,其中 $b < R_e < a$ 之间。水平井段的范围值应在 $R_e \leqslant L \leqslant 2\sqrt{2} R_e$ 之间选取较为合理。不合理的水平井段长度不仅增加了钻井工程难度,也是水平井采油效果变差。

2. 水平井管摩擦压降

Lien 和 Selnes 于 1991 年给出的水平井测井结果显示,在 Troll 油田水平井产量为 2000m³/d 的点测得到的压降损失为 0.02MPa。我国研究者也在水平井井筒压降损失的计算模型方面做了不少研究工作,但考虑压降损失后的一些模型所得的水平井压降值结果偏

高。计算得到的水平井段长度大约只有 400~500m,被认为是合理水平井段长度,实际上这些结果无形中对我国水平井段长度的确定也起到了一定的引导。但国际上大的油公司及服务公司设计和施工水平井段长度,不论是中高渗透油藏,还是低渗透油藏,一般都在 1000~2000m 之间。由刘想平 2000 年给出的计算结果,当水平井长度 450m 时,计算得出压降为 0.156MPa,井筒压降损失高于测试值的数倍以上。而我国水平井产量一般高于 2000m³/d 的油井很少,在水平井段长度及产量预测中是否考虑压降影响值得探讨。因此,本书在分析水平井井筒摩擦压降与生产压差关系的同时,还采取分段计算压降损失的方法,进一步探讨了新的水平井稳态产能方程。

1）水平井渗流井筒压降分析

如果要计算水平井井筒压力损失的话,也不能沿着水平井全长计算,因为在水平井井筒中距离指端较远处流动速度较低,所以,采用水平井全长进行水平井井筒压力损失,所得结果都偏高。在什么位置开始计算水平井井筒压降损失更有效,本章将在下面进行初步探讨。

根据质量守恒定律,得到

$$p_1A_1 - p_2A_2 - R_f = \rho q_2 v_2 - \rho q_1 v_1 \qquad (2-2-22)$$

式中　p_1——断面 1 处的压力,Pa;

　　　p_2——断面 2 处的压力,Pa;

　　　R_f——油藏向井渗流对水平井流动产生的反作用力,N;

　　　v_1——断面 1 处的流速,m/s;

　　　A_1——断面 1 处的井筒横截面积,m²;

　　　v_2——断面 2 处的流速,m/s;

　　　A_2——断面 2 处的井筒横截面积,m²;

　　　q_1——断面 1 处的向井渗流流量,m³/s;

　　　q_2——断面 2 处的向井渗流流量,m³/s。

这里 R_f 的处理方法有两种,第一种是将油藏向井渗流对水平井管壁将产生一个反作用力(流体作用于管壁上的力与这个反作用力大小相等,方向相反)。R_f 可以由下式求得:

$$R_f = -\rho q_i v_i \cos\alpha \qquad (2-2-23)$$

式中　q_i——断面 1-2 之间油藏段的向井渗流流量,m³/s;

　　　v_i——油藏向井渗流速度,m/s;

　　　R_f——油藏向井渗流对水平井流动产生的反作用力,N;

　　　ρ——流入井筒的液体密度,kg/m³;

　　　α——流体入口角,(°)。

第二种是根据剪切摩擦定律,得到

$$R_f = \frac{1}{8}\rho f v^2 = \frac{1}{8}\rho f\left(\frac{v_1+v_2}{2}\right)^2 \qquad (2-2-24)$$

式中　f——井筒中的流动阻力系数,量纲 1;

　　　v——井筒断面 1-2 中的平均流速,m/s。

根据连续性方程,得到

$$v_1A + q_i = v_2A \qquad (2-2-25)$$

$$q_1 + q_i = q_2 \qquad (2-2-26)$$

式中 q_1——断面 1-1 处的流量，$\mathrm{m^3/s}$；

q_2——断面 2-2 处的流量，$\mathrm{m^3/s}$。

根据伯努利方程，得到

$$\frac{p_1}{\rho g} + \frac{\alpha_1 v_1^2}{2g} = \frac{p_2}{\rho g} + \frac{\alpha_2 v_2^2}{2g} + \Delta e \qquad (2-2-27)$$

式中 α_1、α_2——断面 1 和断面 2 处的动量系数，这里分别取 1。

当阻力公式采用式(2-3-23)时，由式(2-2-22)、式(2-2-25)至式(2-2-27)得到

$$\Delta p = \rho \left(\frac{q_i}{A}\right)^2 \left(1 - \frac{D}{4\Delta L} + 2\frac{q_1}{q_i}\right) \qquad (2-2-28)$$

式中 D——水平井井筒直径，m。

当阻力公式采用式(2-2-24)时，由式(2-2-22)、式(2-2-25)至式(2-2-27)得到

$$\Delta p = \frac{\Delta L}{2D}\rho f \left(q_1 + \frac{q_i}{2}\right)^2 + \frac{\rho q_i^2}{A^2}\left(2\frac{q_1}{q_i} + 1\right) \qquad (2-2-29)$$

当雷诺数 $Re < 2000$ 时，水平井井筒流动为层流，阻力系数 f 为

$$f = 64(Re)^{-1} = 64\left(\frac{\rho D v}{\mu}\right)^{-1} \qquad (2-2-30)$$

当雷诺数 $Re > 2000$ 时，水平井井筒流动为紊流，阻力系数 f 为

$$f = 0.3164(Re)^{-0.25} = 64\left(\frac{\rho D v}{\mu}\right)^{-0.25} \qquad (2-2-31)$$

如何求得式(2-2-29)和式(2-2-30)中的 q_i 和 q_1，这里给出稳态解求得的几个重要模型。

(1)修正的 Joshi 1986 年提出的模型。

$$q_i = \frac{5.526 \times 10^2 \sqrt{K_h K_v}\, h\Delta L}{\mu B}\left(\frac{\Delta p}{\Delta L A + c}\right) \qquad (2-2-32)$$

其中

$$A = \ln\left\{\left\{\frac{1}{2} + \left[\frac{1}{4} + \left(\frac{2R_{eh}}{L}\right)^4\right]^{0.5}\right\}^{0.5} + \left\{\frac{1}{2}\left[1 + 4\left(\frac{2R_{eh}}{L}\right)^4\right]^{0.5} - 1\right\}^{0.5}\right\}$$

$$c = h\,\ln\frac{h}{2r_w}$$

式中 K_h、K_v——水平井断面 1-2 处的水平井渗透率和垂直渗透率，mD；

Δp——水平井断面 1-2 处的生产压差，MPa；

B——原油体积系数，$\mathrm{m^3/m^3}$；

R_{eh}——水平井泄流半径，m；

h——油层厚度，m；

r_w——水平井井筒半径,m。

水平井单位长度的采油指数 J_h 可以表示为

$$\frac{J_h}{\Delta L} = \frac{q}{\Delta p} / \Delta L = \frac{5.526 \times 10^2 \sqrt{K_h K_v} \, h}{\mu B} \frac{1}{\Delta LA + c} \qquad (2-2-33)$$

(2)窦宏恩 1996 年提出的模型。

$$q_i = \frac{5.526 \times 10^2 \sqrt{K_h K_v} \, h \Delta L}{\mu B} \frac{\Delta p}{\Delta LA_1 + B_1} \qquad (2-2-34)$$

其中

$$A_1 = \frac{\pi R_{eh}}{\Delta L}; B_1 = h \ln \frac{R_{eh}}{2\pi r_w}$$

$$\frac{J_h}{\Delta L} = \frac{q}{\Delta p} / \Delta L = \frac{5.526 \times 10^2 \sqrt{K_h K_v} \, h}{\mu B} \frac{1}{\Delta LA_1 + B_1} \qquad (2-2-35)$$

由上式可以看出:不同形状的泄油区域,其泄油面积不同,单位长度采油指数不同,并且可以认为在油藏参数一定时,单位长度的采油指数是一个常数。另外,所采用的计算模型不同,其采油指数也不同。

由上述测试结果分析可知,用水平井全长 L 计算水平井井筒水力阻力是不合理的。这主要因为水平井井筒流动井口的流量总量是沿着水平井井筒长度由油藏向水平井井筒流入流量的累计量,这个累计量不是从水平井指端流动开始就是这个量,在指端的流量最小,跟端流量达到的流量最大,也是累计量的最大值。通常称这种流动为变质量流。但水平井井筒中的较高产量段距离水平井的跟端距离较近,因此,采用水平井全长和井筒各段渗流的累计量来计算水平井井筒水力压降是不合理的。

根据式(2-2-28)和式(2-2-29)可知,考虑水平井井筒压降的水平井长度要比不考虑压降损失的水平井长度值要大。如果水平井产量较高,水平井长度就应长一些。

2)井筒压降

在研究中考虑了油藏向井筒渗流时水平井井筒流动阻力的影响。为研究问题方便,将井筒分为若干段,取一断面,1-1 到 2-2,根据图 2-2-36,下式成立:

$$\Delta p_{wf1} = p_R - p_1 \qquad (2-2-36)$$

$$\Delta p_{wf2} = p_R - p_2 \qquad (2-2-37)$$

$$p_1 = p_2 + \Delta p_{f1} \qquad (2-2-38)$$

式中　p_R——水平井油层静止压力,MPa;

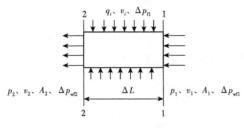

图 2-2-36　水平井井筒流动图

p_1——断面 1 处的流动压力,MPa;

p_2——断面 2 处的流动压力,MPa;

Δp_{wf1}——断面 1 处的生产压差,MPa;

Δp_{wf2}——断面 2 处的生产压差,MPa;

Δp_{f1}——断面 1 到 2 处的损失压力降,MPa。

由式(2-2-36)至式(2-2-38)得

$$\Delta p_{f1} = \Delta p_{wf2} - \Delta p_{wf1} \qquad (2-2-39)$$

通过式(2-2-38)和式(2-2-39)发现,水平井井筒中的摩擦压力损失不仅等于水平井趾端流动压力与水平井跟端流动压力之差,而且等于水平井跟端生产压差与水平井趾端生产压差之差。

Lien 和 Selnes 在 1991 年对水平井井筒中分段进行降压(图 2-2-37)及流量(图 2-2-38)测试,结果显示:水平井测试段的流速、井筒压力损失不同。其测试井属于砂岩油藏,渗透率在 5~15D,水平段长度为 1460m,水平井测试在 1950~2650m 之间进行。从图 2-2-37 和图 2-2-38 看出:井筒压力损失在测试段为 0.02~0.003MPa,产量为 2000~100m³/d;当测试段长度在 2300m 时,井筒压力损失为 0.007MPa,产量为 800m³/d;当测试段长度在 2650m 时,井筒压力损失为 0.003MPa,产量为 100m³/d。水平井井筒中从跟部到趾部的油藏向井流动压力差由大逐渐变小。水平井井筒中的产量分布也是从大逐渐变小。而这时,水平井中井筒中的水平井井筒流动压力损失压降也由大到小变化,而水平井趾端的油藏压降和井筒压降都相对较小。水平井的排出端,即跟端产量贡献最大,趾端产量贡献较低。因为在水平井中,油藏向井流动和水平井井筒中从趾端向跟端流动是同步进行的,然而,水平井井筒排出端的流量是油藏向井渗流的累积流量。通过上述测试结果可以看出:即使油井产量高达 2000m³/d,其水平井井筒中的流动压力损失压降只有 0.02MPa,也可以忽略。但通常,井筒中摩擦压降主要是加速度压降起主导作用,Lien 和 Selnes 于 1991 年指出:50%的压降损失是由于流体流动的加速度项而引起的。

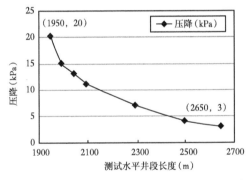 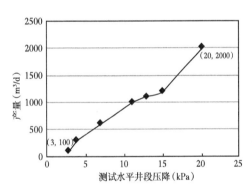

图 2-2-37　水平井测试段长度与其对应的压降　　图 2-2-38　水平井段测试压降与其对应的井向产量

从油藏节点分析的角度而言,在水平井生产过程中,有下式成立:

$$p_{wh} = p_{wr} - p_{wf} - p_{wp} - p_f \qquad (2-2-40)$$

变形有:

$$p_{wr} - p_{wf} = p_{wh} + p_{wp} + p_f \qquad (2-2-41)$$

式中　p_{wp}——井筒完井压降,MPa;

　　　p_{wh}——井口压力,MPa;

　　　p_{wr}——油藏压力,MPa;

　　　p_f——水平井以外的流动压降,MPa;

　　　p_{wf}——水平段中部的流动压力,MPa。

实际上

$$p_{wr} - p_{wf} = \Delta p$$

由此可见，当 Δp 本身很小时，计算出的 p_f 如果很大时这显然是错误的。例塔中水平 3 井，$\Delta p = 0.5\text{MPa}$ 就不能计算出一个 $p_f = 0.5\text{MPa}$ 或大于 0.5MPa 的井筒压降。

然而，最近斯坦福大学水平井项目组 R. Penmatcha 等人的研究认为：高渗透率油层中长的水平井中的压降较低，如果忽略压力降影响，估计的生产量过高。在底水气顶油藏中，为了阻止水气突入油井，需要维持一个较低的压降。但低的压降导致高的摩擦压降，工程师们认为沿着井筒均匀流摩擦压降是可以忽略的，但真正的情况被歪曲，流体在井根部的突破比井筒任何部位都快。他们宣称他们考虑了井筒的摩擦压降、加速度压降、井筒中的流入动态影响和沿着井长变化的表皮系数的影响，提出了一个综合非稳定流下的模型。

笔者认为 R. Penmatcha 等人的研究是客观存在的问题，但也过高地估计了井筒压降。另外，实际上 R. Penmatcha 等人的描述"低的压降导致了高的摩擦压降"是不恰当的，实际上在水平井段中每处的流动压力是不相等的，假设在 i 段流压力是 p_{wfi} 而在第 $i+1$ 段处流动压力是 $p_{\text{wfi+1}}$，在 i 段和 $i+1$ 段上的压力降是不相等的，可得下式成立：

$$\Delta p_i = p_{\text{wR}} - p_{\text{wfi}} \qquad\qquad (2\text{-}2\text{-}42)$$

$$\Delta p_{i+1} = p_{\text{wR}} - p_{\text{wfi+1}} \qquad\qquad (2\text{-}2\text{-}43)$$

$$\Delta p_i - \Delta p_{i+1} = p_{\text{wfi+1}} - p_{\text{wfi}} \qquad\qquad (2\text{-}2\text{-}44)$$

令

$$\Delta p_f = \Delta p_i - \Delta p_{i+1} = p_{\text{wfi+1}} - p_{\text{wfi}} \qquad\qquad (2\text{-}2\text{-}45)$$

摩擦压降 Δp_f 实际上是 i 段压降与 $i+1$ 段压力降之差。如果 $\Delta p_i = \Delta p_{i+1}$，既 $\Delta p_f = 0$。实际上还可以从另一个角度来分析，这里为分析方便，假设流动是单相流，则

$$q = \text{PI} \cdot \Delta p \qquad\qquad (2\text{-}2\text{-}46)$$

成立。

由 $\Delta p_f = \lambda \dfrac{8q^2}{\pi} \dfrac{\Delta L}{D^5} \rho$ 得

$$\Delta p_f = \lambda \frac{8(\text{PI})^2 \Delta p^2 \cdot \Delta L}{\pi D^5} \rho \qquad\qquad (2\text{-}2\text{-}47)$$

式中　q——产液量，m^3/s；

　　　L——水平井长度，m；

　　　D——套管直径，m；

　　　ρ——液体密度，kg/m^3；

　　　PI——单相流的产液指数，$\text{m}^3/(\text{s} \cdot \text{Pa})$。

分析上式，Δp 越大，则 Δp_f 摩擦压降较高，得出："低压降导致高摩擦压降"的结论欠妥当。

从上式分析可知，在水平井中，理论上根部的压降 Δp_f 最大，而尖部压降损失最小。但实际上在水平井较短，在 $500 \sim 1000\text{m}$ 内。$Re \geqslant 2300$ 时，压降范围 $0.00477 \sim 0.0107\text{MPa}$。

从挪威现场 A、B 两井测试结果可知，理论计算出的井筒完井压降远远高出实际值。但挪威 Norsk Hydro 公司在 Troll 油田，根据实际现场测试发现 $2000\text{m}^3/\text{d}$ 产量在水平井段的压力降仅为 0.02MPa。由此可见，可忽略水平井段 2000m 左右的井筒压降。

我国塔里木油田JF26-3井、ST-2井和ST-5井三口水平井的水平段压力实测曲线分别如图2-2-39、图2-2-40、图2-2-41所示。分析这三口井的实测数据得到,平均300m长水平井从根部到尖部的最大压降为90kPa(300m),而最小压降为17kPa(325.83m)。

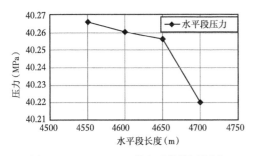

图2-2-39　JF26-3井水平段测试压力

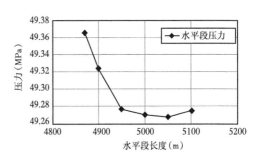

图2-2-40　ST-2井水平段压力变化曲线

因此,分析上述的测试数据可以发现在井筒中的压降不单纯受水平井长度、完井方式、完井的完善程度和钻井伤害等影响。从上述三口井的实验数据可以看出,三口井在水平段的压力变化只有ST-5井符合跟部压力小而尖部压力大的特征。其他两口井压力变化,一口井线性呈凹性,而另一口呈凸性,基本没有什么规律性,分析认为这主要是地层的非均质性、渗透率的各向异性和水平井井眼轨迹的上下波动所致。因此说,不要只强调井筒中的摩擦压降而忽视地层的非均质性、渗透率的各向异性和水平井井眼轨迹所造成的压降变化。

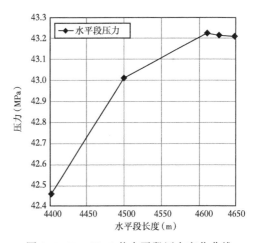

图2-2-41　ST-5井水平段压力变化曲线

3. 水平井长度与完井压力降

由于地层渗流与井筒中的流动互相作用及完成方式等影响,在水平井中有非常复杂的流动特性,塔尔萨大学水平井项目组(TUFFP)的H. Jasmine于1993年做了物理模拟实验,她采用25.4mm的模拟井管,射孔孔密为16孔/m和65孔/m,并宣称她的研究找出了单相流条件井筒广义摩擦系数表达式。但这个广义模型没有见到公开报道。

此外,还可以考虑水平井长度与完井方式的综合压力损失,在常用的射孔完井中,射孔密度是完井的一个关键问题,若改变射孔密度,将对产液量造成很大影响。对于水平井而言,如果考虑采用 n 孔/m,每天流量为 $q\text{m}^3/\text{d}$,每个孔眼的流量用下式表示:

$$\bar{q} = \frac{q}{Ln} \tag{2-2-48}$$

可以把水平段按射孔开孔眼设为 i 个段,可用下式表达第 i 段上的平均流速

$$\bar{v}_i = \frac{4\bar{q}(2i-1)}{2\pi D^2} = \frac{4q(2i-1)}{2\pi D^2 nL} \tag{2-2-49}$$

211

由于在水平段流动中

$$Re = \frac{\rho D \bar{v}_i}{\mu_o} \qquad (2-2-50)$$

因此可以导出下式：

$$Re = \frac{2q\rho(2i-1)}{\pi D \mu_o nL} \qquad (2-2-51)$$

从式(2-2-51)可以看出，在第 i 个孔眼段，其雷诺数与孔眼数成反比，与水平井长度 L 成反比，而与产液量成正比。因此水平井完井射孔压密 n 和水平井长度 L 越大时，其 Re 越小。其流态趋于层流，压力损失为

$$\Delta p_i = \lambda \frac{8q_i^2}{\pi} \frac{\Delta L_i}{D^5} \rho \qquad (2-2-52)$$

其中

$$q_i = i\bar{q} = \frac{iq}{Ln} \qquad (2-2-53)$$

层流：

$$Re \leqslant 2300, \lambda = \frac{64}{Re} \qquad (2-2-54)$$

紊流：

$$2300 \leqslant Re \leqslant 1 \times 10^5, \lambda = \frac{0.3164}{Re^{0.25}} \qquad (2-2-55)$$

$$\Delta p_i = \lambda \frac{8q^2 i^2}{\pi L^2 n^2} \frac{\Delta L_i}{D^5} \rho \qquad (2-2-56)$$

式中　　q——产液量，m^3/s；

L——水平井长度，m；

D——套管直径，m；

ρ——液体密度，kg/m^3。

从式(2-2-56)中可看出，压力降 Δp_i 与 $n^2 L^2$ 成反比，所以从水平井完井角度而言，裸眼完井最为理想，水平段越长完井压降越低。因此说水平井射孔完井孔密的增加能降低完井压差。如在原射孔密度增加一倍的话，当保持产量不变时，其完井压降在 ΔL_i 上将降低原压降 0.25 倍，可见，水平井沿水平井井筒的流动是一种变质量流动。

射孔的孔径与孔密和水平井长度相互关联，对水平井产能产生影响，从式(2-2-56)中可以看出，射孔密度的平方与摩擦压力损失成反比，这就相应地从另一个侧面反映出，射孔的多少是影响油井完善程度的主要指标。下面将进一步分析"水平井射孔密度多少为宜"这一问题。

实际上，孔密是影响油井产能的一个完井重要参数。众所周知，孔密越大，产能应越高，油井接近完善的程度也越高。苏联学者 H. Г. 格理戈良 1991 年认为增加孔密可以改善 K_c，将射孔密度提高 2 倍相当于孔总长度增加 2 倍。夏继荣 1993 年也指出，射孔密度增加

212

能降低完井压差,例如,某井由原来 13 孔/m 增射到 26 孔/m 后,保持产量不变,用同一压力计测压力证实完井压力降减小 0.082MPa。

上述两个方面都说明射孔密度能对油井产能带来很大影响,但上述认识是学者在直井条件下得到的结论,但就基本概念而言对于水平井也是如此,但究竟孔密选择多少呢?为了研究问题方便,定义射孔射开面积总和与整个射孔井段的表面积之比为射孔有效裸露率 R。

设套管直径为 D mm,长度为 L m,射孔孔径为 d mm,孔密 n 为 12 孔/m,则

$$R = \frac{\text{射开面积总和}}{\text{射孔井段的表面积}} \frac{\pi d^2 nL}{\pi DL} = \frac{nd^2}{D} \qquad (2-2-57)$$

若射孔套管直径 $D = 40mm$,$L = 1m$,射孔密度为 16 孔/m,射孔直径 $d = 5mm$,那么 $R = 0.28\%$。

若射孔套管等其他参数不变,提高 $n = 20 \sim 28$ 孔/m,那么 $R = 0.357\% \sim 0.5\%$。

从式(2-2-57)计算可知,如果射孔密度在 $n = 20 \sim 28$ 孔/m 的范围,射孔有效裸露率 R 太小。有资料介绍中国最高射孔密度达到 39 孔/m,还略低于国外。究竟能否找到一个最佳的射孔密度?苏联学者 H. Г. 格理戈良 1991 年指出确定最佳射孔密度最常用的方法是实验方法。但生产实践表明,如果固井质量好,在一组地质和工程条件非常类似的相同的井中打开地层并进行测试,在这些井组中,用不同的射孔密度打开地层可以确定采油指数和井的水动力完善程度。

由上面计算可知,采用 16 ~ 28 孔/m 的射孔密度占射孔表面积极小的比例,如果射到 56 孔/m 时才占了射孔总表面积的 1%。

笔者分析了割缝衬管的割缝总面积所占射孔总表面积的情况,如果割缝长 50.8mm,宽 0.562mm,缝密 480 条/m,计算其射孔有效裸露率 R 得 9.78%,这与射孔密度为 56 孔/m 的射孔有效裸露率 R 相比,要高出 8.78%。

对于水平段长度和射孔孔密下面将给出两个典型实例。

1997 年 Bodnar 的论文中给出的普拉德霍湾油田采用水平井注水,水平段套管为 114mm,射孔孔密高达 20 孔/m。

在实际油田开采中,水平井段长度超过 1000m 以上的水平井在北美许多油田已经很普遍,Renard 1997 年给出了 4 个分支水平井段下采油的实例,加拿大艾尔塔省沃巴斯卡地区埃德蒙顿以北的佩利肯湖油田在 1988—1996 年期间,CS 资源公司在 Wabjskaw 层钻了 36 口水平井,其中 3 口裸眼井和 3 口下套管的多分支井,水平段(从主井眼开始)为 448 ~ 1560m 以上 IB3 井有 4 个分支,其中水平段长度分别为 1064m、1048m、1200m 和 826m,总长度为 5340m,并且 1997 年 Renard 给出了产量倍数图。

对于水平井射孔,射孔有效裸露率达到 1% 是可能的,实际上射孔密度越低,相对来说意味着水平井段的变相缩短。

水平井段长度究竟选多长合适?根据挪威 Norsk Hydro 公司在 Troll 油田和中国塔里木油田的测试资料分析可知,不能单纯地依靠计算水平井段的摩擦压降就能得出水平段选多长的结论。水平井长度选多少为宜?建议首先考虑上文给出的与供油半径有关的"水平井水平段长度的选择的一般原则"。然后根据水平井完井状况、近井地带的伤害程度、油藏性质和单井所控制的储量来确定水平井段长度。

物理模拟实验表明,用水平井开采底水油藏,在一定范围内取得如下结论:

（1）水平井段增长，则水脊形成发展减缓，无水采油期增长，但水平井见水后含水率上升速度更快；水平井段增长，则无水期增长，无水采出程度和采收率都增高。

（2）当水平井段相同、驱替压差增大时，水脊的形成发展速度加快，无水采油期缩短，累计采油量降低。

（3）在试验压差相同的情况下，累积采油量和采收率随着水平井段长度和射孔孔数增加。

（4）底水驱替形成水脊受水平井段长度、驱替压差和驱替速度的影响，随射水平井段的增长，驱替压差、驱替速度降低，水脊形成、发展速度减慢，水脊顶端与水平井段相当；水平井段越短，则形成水脊两翼很陡，见水时间越短，无水采收率就越低。

（5）水平井的见水时间受水平井在油藏中位置影响，水平井离底水距离越远，水平井段越长，见水时间越长；开采速度越低，见水时间越长；

（6）根据国外水平井的实践和我国实际油田情况，应该把水平井长度和影响水平井产能的多种因素综合起来考虑水平井段长度。对于 300m 的供油半径，应该考虑水平井长度 1000m，套管 140mm 和 114mm，射孔孔密 20~36 孔/m。如果采用割缝衬管，可推荐选择割缝长 50.8mm，宽 0.562mm，割缝密度 480 条/m。

第三章 水平井开采底水上升机理

从 Muskat 开始,底水的"锥进"或边水的"指进"便成了人们在油藏工程领域所讨论的主要课题之一。但学者们主要把精力放在临界产量和"水锥"形成以后水向油井突破的时间等研究上。近年来,学者们在原来研究直井"水锥"的基础上研究了水平井的"水脊"问题。但依然聚焦在底水"锥进"或"脊进"的预测问题上。对于底水(气顶)油藏来说,水平井技术的合理应用可在一定时期内减缓底水上升速度,并相应地提高原油的采收率。但对于底水、气顶突入油井,仍是不能完全抑制。当油井被水突破以后,油井大量出水,影响正常开采。

实验设计了具有夹层、隔层和双水平井开采(一口井设计在油藏上部,而另一口井设计在油藏下部靠近驱替水体)的三种底水油藏模型,并进行了室内实验,其中具有夹层和隔层的底水油藏物理模拟实验包括:点状驱替水平井开采、不渗透的隔层和弱渗透的夹层水平井开采三种模型;双水平井开采底水油藏采用了两种不同的水平井段长度。以上不同的实验采用了不同的驱替参数,观察水平井开采时其油水界面的推进过程,有无水脊发生,得到采油量和采收率随不同油藏模型和不同的驱替参数的变化规律。

第一节 水脊的形成、发展和底水突入的临界条件

一、水脊的形成

如果在油藏下部有一底水层,当通过油井从油藏中采油时,导致油藏周围产生压力降,油水接触面将出现变形,这个变形通过实验表明,在直井中呈图(图 2-3-1)中锥状,这一形状就叫底水的水锥。

在水平井中,油水界面将以"脊"形上升(图 2-3-2)。水平井中的纵截面形状相似于直井中形成的"锥"。

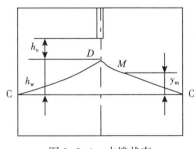

图 2-3-1 水锥状态

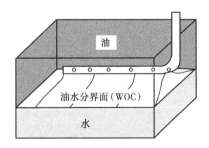

图 2-3-2 水脊状态

当产量增加时,锥体就升高;超过一定采油量后,锥体将上升到井底;在此之后,水就大量涌入井中。

二、水脊的临界条件

苏联学者 N. A. 恰尔内于 1982 年给出水锥(水脊)稳定的条件是:设水锥顶部位于井轴 $r=0$ 的点上,取出一面积为 df,高为 dz 的被水充满的孔隙介质的单元垂直柱面体,并且这一柱体是处于油区中的,设其顶面的压力为 $p(0,z)=p$,底面的压力为 p' 可表示为

$$p'=p(0,z+dz)=p+\frac{\partial p}{\partial z}dz \tag{2-3-1}$$

将列出这一水的质点的条件,此质点牵垂向上的力等于

$$\phi(p'-p)df=\phi\frac{\partial p}{\partial z}dzdf \tag{2-3-2}$$

式中 ϕ——孔隙度,%。

上式中假设液体所占据的不是全部面积 df,而仅仅是部分 ϕdf,水质点本身的重量又将它向下拉。这个力等于 $\rho_w g\phi dfdz$,其中 ρ_w 是水密度。对这两个力进行对比,可知水质点的稳定条件是

$$\rho_w g\phi dfdz\geqslant\phi\frac{\partial p}{\partial z}dzdf \tag{2-3-3}$$

或把压力改写为位势 Φ,则条件可表示为:

$$\Phi=-\frac{K}{\mu_o}(p\pm\rho_o z) \tag{2-3-4}$$

且正号相当于 z 轴垂直向上,负号相当于垂直向下,在实际中,z 轴指向下面,故有

$$\Phi=\frac{K}{\mu_o}(p-\rho_o z) \tag{2-3-5}$$

式中 K——渗透率,m^2;

  μ_o——地下原油黏度,$Pa\cdot s$;

  ρ_o——地下原油密度,kg/m^3。

水锥稳定的条件可写为:

$$\frac{\partial\Phi}{\partial z}\leqslant\frac{K}{\mu_o}(\rho_w-\rho_o) \tag{2-3-6}$$

采油过程中,维持垂直压力梯度 $\frac{\partial\Phi}{\partial z}\leqslant\frac{K}{\mu_o}(\rho_w-\rho_o)$ 就可使得水锥稳定。

第二节 底水突入油井的条件

底水向上脊进主要是由于油井生产时产生的压力降所致,即在开采过程中随着采油速度的增大,h_w 增高,水就侵入油井。水锥将在什么条件下停止运动呢? 图 2-3-1 根据静水力学原理有下式成立

$$9.8\times10^{-3}(h_{o}\rho_{o}+h_{w}\rho_{w}) = p_{woc}-p_{wf} \tag{2-3-7}$$

由式(2-3-7)得

$$h_{w} = 102\frac{p_{woc}-p_{wf}}{\rho_{w}} - h_{o}\frac{\rho_{o}}{\rho_{w}} \tag{2-3-8}$$

式中　h_{o}——井底到锥顶的距离,m;

　　　ρ_{o}——原油密度,g/cm^3;

　　　ρ_{w}——水的密度,g/cm^3;

　　　h_{w}——油水界面到锥顶的距离,m;

　　　p_{woc}——油水界面处压力,MPa;

　　　p_{wf}——开采时的井底压力,MPa。

在开采过程中,由于p_{wf}逐渐降低,而要保持平衡,就不可避免地造成h_{w}升高(图2-3-1)。

如果要防止水脊上升,从式(2-3-8)可知,必须保持h_{w}不增加,这就需要在油水界面之下作用一个相等于h_{w}高度的压力差。来阻止底水上升,也就是说产生一个压力降使其等于采油生产时在井底产生的h_{w}高度的压头,在油水界面之下施加一个可控流量,形成一定压差来平衡采油过程中造成的油水界面处的压降,根据这一压降条件,可设计出消除底水突破油井的工艺方法。这个方法可使得油水界面上的压力相对处于平衡,使油水界面不发生向上脊变形,这就是该技术方法的实质所在。根据这一工艺方法可设计出消除底水、气顶、边水突入油井的工艺方法。在没有设计消除水脊以前,图2-3-3中O—O线上下的凹凸曲线包围的区域都是水,当采用消脊工艺之后,O—O线上下的凹凸曲线包围的区域都变成了油。

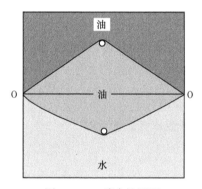

图2-3-3　消水锥原理

第三节　两汇同时生产时平衡点的计算

在上述方法中设计一口采油井,一口抽水井,并同时生产。可设它是无限大地层不等产量的两口生产井 A 和 B,如图2-3-4所示。这样来选取坐标系,使 y 轴通过井点,在这种情况下,地层内任意一点 M 处的势为

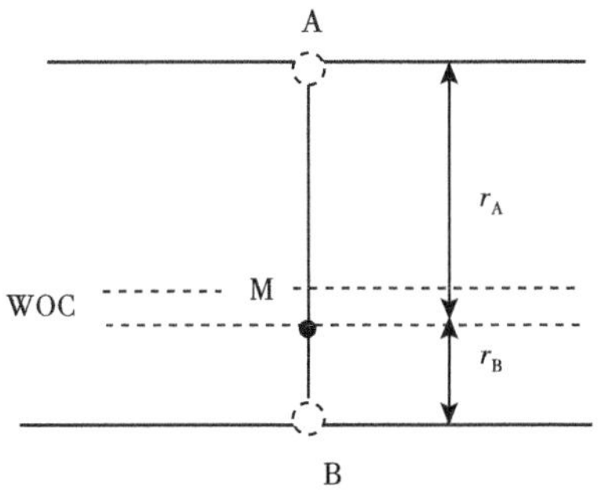

$$\Phi = \frac{1}{2\pi}(q_{A}\ln r_{A}+q_{B}\ln r_{B})+C \tag{2-3-9}$$

式中　q_{A}——生产井 A 的产量;

　　　q_{B}——生产井 B 的产量。

当两井同时工作时,M 点的速度应是上面两个速度的数量和 v_{m}。

若 M 点在 y 轴上,则该点的速度为

图2-3-4　无限大地层上不等产量的两口生产井 A 和 B 的示意图

$$v_{\mathrm{m}} = v_{\mathrm{A}} - v_{\mathrm{B}} = \frac{q_{\mathrm{A}}}{2\pi r_{\mathrm{A}}} - \frac{q_{\mathrm{B}}}{2\pi r_{\mathrm{B}}} \tag{2-3-10}$$

当 M 点为平衡点时,即 $v_{\mathrm{m}} = 0$ 时有

$$\frac{q_{\mathrm{A}}}{q_{\mathrm{B}}} = \frac{r_{\mathrm{A}}}{r_{\mathrm{B}}} \tag{2-3-11}$$

当 $q_{\mathrm{A}} = q_{\mathrm{B}}$ 时,为等产量两汇,即 $r_{\mathrm{A}} = r_{\mathrm{B}}$。

这就表明,当两汇产量相等时,平衡点应在两井连线的中点,在这点处,液流速度为零,这点处于静态。两汇同时生产,必然出现平衡点,平衡点附近形成的不流动区就保持油水界面不发生变形。当两汇产量不相等时,平衡点在两汇连线上发生变化,它总是偏向产量较小的点汇一边。从上式可知,平衡点分割两汇连心线的距离,与这两汇的产量大小成正比。

当渗流服从线性定律且有较多个汇时,合成流动的势将等于两个汇单独存在时所引起的势的代数和,这就是势的迭加原理。这是因为势拉普拉斯方程是线性方程,它的许多解迭加起来仍然是它的解。

$$\frac{\partial^2 \varPhi}{\partial x^2} + \frac{\partial^2 \varPhi}{\partial y^2} + \frac{\partial^2 \varPhi}{\partial z^2} = 0 \tag{2-3-12}$$

上述不等产量的两汇同时工作时,在任意点 M 产生的势 $\varPhi_{\mathrm{m}}$,根据迭加原理有

$$\varPhi_{\mathrm{m}} = \varPhi_1 + \varPhi_2 = \frac{q_{\mathrm{A}}}{2\pi} \ln r_{\mathrm{A}} + C_1 + \frac{q_{\mathrm{B}}}{2\pi} \ln r_{\mathrm{B}} + C_2$$

当 M 点取在井壁上时

$$\frac{K_{\mathrm{o}}}{\mu_{\mathrm{o}}} \Delta p_{\mathrm{o}} = \frac{q_{\mathrm{A}}}{2\pi} \ln \frac{r_{\mathrm{e}}}{r_{\mathrm{w1}}} + \frac{q_{\mathrm{B}}}{2\pi} \ln \frac{r_{\mathrm{e}}}{r_{12}} + C \tag{2-3-13}$$

$$\frac{K_{\mathrm{w}}}{\mu_{\mathrm{w}}} \Delta p_{\mathrm{w}} = \frac{q_{\mathrm{A}}}{2\pi} \ln \frac{r_{\mathrm{e}}}{r_{12}} + \frac{q_{\mathrm{B}}}{2\pi} \ln \frac{r_{\mathrm{e}}}{r_{\mathrm{w2}}} + C \tag{2-3-14}$$

式中　Δp_{o}——油相压力差,Pa;

Δp_{w}——水相压力差,Pa;

K_{o}——油相渗透率,m^2;

K_{w}——水相渗透率,m^2;

μ_{o}——原油黏度,Pa·s;

μ_{w}——水的黏度,Pa·s;

r_{w1}、r_{w2}——两井井径,m;

r_{12}——两井的距离,m。

考虑边界条件

$$\frac{K_{\mathrm{o}}}{\mu_{\mathrm{o}}} \Delta p_{\mathrm{o}} - \frac{K_{\mathrm{w}}}{\mu_{\mathrm{w}}} \Delta p_{\mathrm{w}} = \frac{q_{\mathrm{A}}}{2\pi} \left(\ln \frac{r_{\mathrm{e}}}{r_{\mathrm{w1}}} - \ln \frac{r_{\mathrm{e}}}{r_{12}} \right) + \frac{q_{\mathrm{B}}}{2\pi} \left(\ln \frac{r_{\mathrm{e}}}{r_{12}} - \ln \frac{r_{\mathrm{e}}}{r_{\mathrm{w2}}} \right) \tag{2-3-15}$$

当 $r_{\mathrm{w1}} = r_{\mathrm{w2}} = r_{\mathrm{w}}$ 时有

$$\frac{K_o}{\mu_o}\Delta p_o - \frac{K_w}{\mu_w}\Delta p_w = \frac{q_A - q_B}{2\pi}\left(\ln\frac{r_e}{r_w} - \ln\frac{r_e}{r_{12}}\right) \qquad (2-3-16)$$

$$q_A - q_B = \frac{2\pi\left(\dfrac{K_o}{\mu}\Delta p_o - \dfrac{K_w}{\mu_w}\Delta p_w\right)}{\ln\dfrac{r_e}{r_w} - \ln\dfrac{r_e}{r_{12}}} \qquad (2-3-17)$$

$$q_B = q_A - \frac{2\pi\left(\dfrac{K_o}{\mu_o}\Delta p_o - \dfrac{K_w}{\mu_w}\Delta p_w\right)}{\ln\dfrac{r_e}{r_w} - \ln\dfrac{r_e}{r_{12}}} \qquad (2-3-18)$$

由于平衡条件是 $\dfrac{q_A}{q_B} = \dfrac{r_A}{r_B}$，$r_{12} = r_A + r_B$，$Q_A = q_A L_A$，$Q_B = q_B L_B$，$\dfrac{Q_A}{Q_B} = \dfrac{r_A L_A}{r_B L_B}$，求得平衡点的位置：

$$r_B = \frac{r_{12} Q_B L_A}{Q_B L_A + Q_A L_B}$$

所以

$$Q_B = \frac{2\pi\left(\dfrac{K_o}{\mu_o}\Delta p_o - \dfrac{K_w}{\mu_w}\Delta p_w\right)}{\ln\dfrac{r_e}{r_w} - \ln\dfrac{r_e}{r_{12}}}\,\frac{r_B L_B}{r_A - r_B} \qquad (2-3-19)$$

$$Q_A = \frac{2\pi\left(\dfrac{K_o}{\mu_o}\Delta p_o - \dfrac{K_w}{\mu_w}\Delta p_w\right)}{\ln\dfrac{r_e}{r_w} - \ln\dfrac{r_e}{r_{12}}}\,\frac{r_A L_A}{r_A - r_B} \qquad (2-3-20)$$

式中 L_A、L_B——两水平井的水平段长度，m；

r_A、r_B——两井到平衡点的距离，m。

讨论：

(1)如果 $r_A > r_B$ 时，在布井时油井尽量靠近油水界面顶部附近，采油量大于采水量；

(2)当采水量与采油量一直维持关系 $\dfrac{Q_A}{Q_B} = \dfrac{r_A L_A}{r_B L_B}$ 成立，那么油水界面从理论上讲呈一水平面上升，将不会发生油水界面"突变"，A 井与 B 井在量的关系上由式(2-3-19)和式(2-3-20)求得。改变油井产量平衡点将产生移动。

当两井产量相等，即 $q_A = q_B$ 时，必须设计油井 A 与 B 的关系是 $r_A L_A = r_B L_B$，在油水界面上的流速趋向于零。

第四节 控制底水(气顶)突入油井的技术方法

根据上述研究，提出了用直井或水平井开采底水(气顶)油藏消除水气突入油井的几种技术方法,该方法已申报中国国家发明专利(专利申请号961063408)。它主要包括:用直井或水平井开采气顶、底水、边水油藏时的采气消锥法和采气、气举联合消锥法;采水、注水消锥方法;气顶、底水同时存在时的消除气、水锥的方法以及人造夹层减锥方法等。其作用在于用解决用水平井开采底水(气顶)油藏时延长无水、气采油时间,达到提高原油采收率的目的。

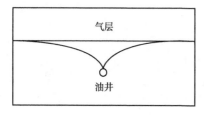

图 2-3-5　气锥示意图

一、消除直井、水平井气锥的技术方法

1. 采气消锥方法

对于气油藏,打水平井可以提高产量,但为避免气顶气突入油井而使油井产量下降,导致最终采收率降低。提出采用下列工艺技术消除气锥。气锥入油井形式如图2-3-5所示。

1)直井消锥法

直井消锥法的实施步骤为:

(1)在具有气顶的油藏中采用常规直井至目的油层完井;

(2)下套管固井射孔完井;

(3)射孔作业时,先射开气层1,再射开油层2,油气层射孔段的顶部和底部要远距油气界面大于0.5m;

(4)射孔结束后,起出射孔管柱,然后采用活性水冲洗炮眼;

(5)下采油、采气消锥管柱进行生产(图2-3-6)。

2)水平井消锥法

水平井消锥法的具体实施步骤:

(1)在具有气顶气的油藏中,采用的常规水平井技术,是其直井段钻穿气层1,而水平段打在油层2中,水平段顶部距油气界面1.5m左右;

(2)完钻后,下生产套管、射孔完井;

(3)首先射开气层1,再射开油层2中的水平段,气层射孔段底部应距油气界面1.5m左右;

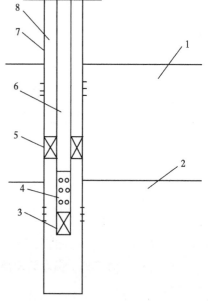

图 2-3-6　直井采气消锥方法
1—油层;2—水层;3—丝堵;4—筛管;
5—封隔器;6—油管;7—套管;8—环套空间

(4)射孔结束后以防造成油气层污染,采用气举方法或泡沫洗井方法清洗炮眼;

(5)下采气消锥管柱进行生产如图2-3-7所示,环形空间采气,油管采油。

2. 采气、气举联合消锥法

1)直井采气、水平井气举采油消锥法

该工艺具体实施步骤是:

(1)在有气顶的油藏中,在气层1中钻一口常规直井;

(2)完钻后下入生产套管、固井射孔完井;

(3)射孔后用泡沫或气举方法冲洗炮眼,并下采气管柱;

(4)在油层2中采用钻一口水平井;

(5)水平井完钻以后,下生产套管固井、射孔完井;

(6)下生产管柱投产,若油层能自喷则自喷生产,不能维持自喷时用气层气进行气举生产,如图2-3-8所示。

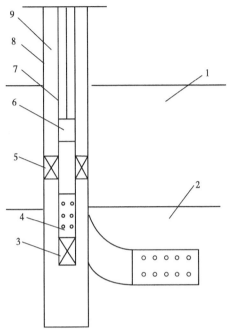

图2-3-7 水平井采气消锥方法

1—气层;2—油层;3—丝堵;4—筛管;

5—封隔器;6—抽油泵;7—油管;

8—套管;9—环套空间

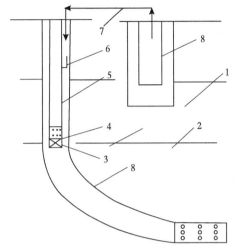

图2-3-8 采气气举工艺

1—气层;2—油层;3—丝堵;4—筛管;

5—油管;6—气举阀;7—供气管线;8—套管

2)水平井采气、气举采油消锥

该工艺的具体实施步骤是:

(1)在具有气顶气的油藏中,在气层和油层中各钻一口水平井;

(2)水平井采用生产套管固井、射孔完井;

(3)射孔后用泡沫冲洗炮眼;

(4)油层水平井下入可气举的生产管柱,若能自喷则自喷生产,不能自喷用气层气气举;

(5)起层水平井下入生产管柱生产。

二、采水消锥方法

1. 直井开采底水油藏消锥方法

该方法(图2-3-9)的具体实施步骤是:

(1)在具有底水的油藏中,采用常规钻井方法钻井,在钻穿油层1后接着钻穿水层2;

(2)下大管固井、射孔完井;

(3)射孔完毕后,用泡沫冲洗炮眼;

(4)下生产管柱进行生产,排水消锥,根据油井生产动态可以调整举升方式和管柱。

2. 水平井开采底水油藏消锥方法

该方法的具体步骤是:

(1)在具有底水的油藏中,采用水平井采油,直井采水消锥;

(2)先钻一口直井,在底水层中完井;

（3）在直井井段向油层侧钻水平井；

（4）采用下套管射孔完井射开油层 1 中的水平段和水层 2 中的直井段的水层，并用泡沫清洗炮眼；

（5）下生产管柱投产（图 2-3-10）。

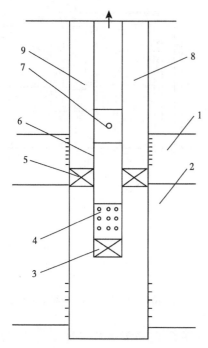

图 2-3-9　底水油藏直井采水消锥

1—油层；2—水层；3—丝堵；4—筛管；5—封隔器；
6—油管；7—抽油泵；8—油套环室；9—套管

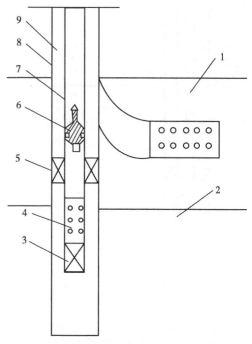

图 2-3-10　水平井采油直井采水消锥工艺

1—油层；2—水层；3—丝堵；4—筛管；5—封隔器；
6—堵塞器；7—油管；8—套管；9—环套空间

3. 多分支水平井采水消锥方法

该方法适用于水体较大的底水油藏开采。其具体实施步骤：

（1）在底水油藏中采有多分枝钻井技术，在同一直井眼中，分别在油层 1 和水层 2 中各钻 2 个平行水平段的水平井；

（2）分别下生产套管固井；

（3）分别射开油层 1 和水层 2 中的水平段；

（4）射孔完后，用泡沫清洗炮眼；

（5）下生产管柱生产方法同方法（3）中的步骤。

管柱结构如图 2-3-11、图 2-3-12 所示。

4. 双井筒水平井消脊方法

该方法适用于油层水层均较厚的底水油藏。工艺管柱如图 2-3-13 所示。

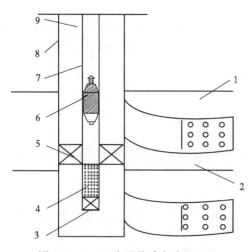

图 2-3-11　双水平井采水消锥工艺

1—油层；2—水层；3—丝堵；4—筛管；5—封隔器；
6—堵塞器；7—油管；8—套管；9—环套

222

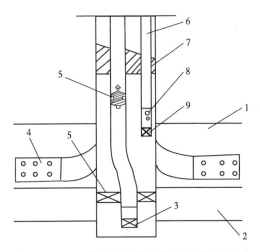

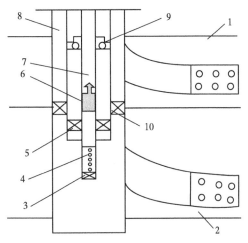

图 2-3-12 双分支水平井单管封隔器消锥工艺
1—油层；2—水层；3—丝堵；4—筛管；5—封隔器；
6—左右侧水平井；7—承托器；8—筛管；9—丝堵

图 2-3-13 双水平井空心抽油泵水消锥工艺
1—油层；2—水层；3—丝堵；4—筛管；5—密封接头；6—堵塞器；
7—空心抽油杆；8—环套空间；9—空心泵阀；10—封隔器

工艺方法：油层 1 中的水平井抽油待油井不能自喷时，下抽油泵抽油。

水层 2 中的水平井采水，在需要采水油时打捞出堵塞器 6，采出水层 2 中的水。消除水层 2 中的水向油层锥井。

三、气顶、底水同时存在时水气同采消脊工艺

本方法适用于气顶、底水油藏条件。其具体实施方法：

根据气顶、底水油藏特征，方法 1 中的几种方法与方法 2、方法 3 中的方法组合，可作为气顶、底水同时存在时的消除气、水锥时的方法。具体管柱工艺安装同前，所组合后的水平井消锥工艺管柱如图 2-3-14 至图 2-3-18 所示。

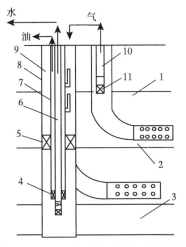

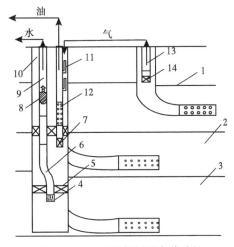

图 2-3-14 空心抽油杆采水气举消锥
1—气层；2—油层；3—水层；4—筛管；
5—密封器；6—封隔器；7—空心杆；
8—抽油泵；9—油管标；10—环空

图 2-3-15 二级封隔器完井消锥
1—气层；2—油层；3—水层；4—丝堵；5—单管封隔器；
6—变径接头；7—双管封隔器；8—堵塞器；9—采水管柱；
10—环空；11—气举阀；12—采油管柱筛管；
13—采气井管柱；14—采气井丝堵

223

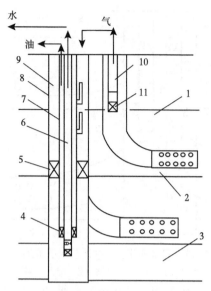

图 2-3-16 两级封隔器空心泵消锥工艺

1—气层；2—油层；3—水层；4—丝堵筛管；
5—密封；6—封隔管；7—空心杆；
8—抽油泵；9—油管；10—环空

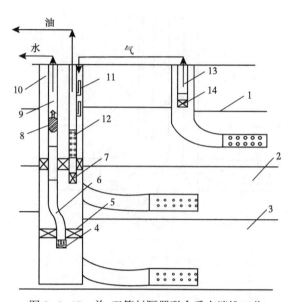

图 2-3-17 单、双管封隔器联合采水消锥工艺

1—气层；2—油层；3—水层；4—丝堵；5—筛管；
6—单管封隔器；7—变径接头；8—双管封隔器；
9—堵塞器；10—采水管柱；11—采油管柱丝堵筛管；
12—采油管柱；13—抽油装置；14—环空

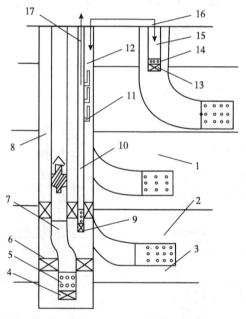

图 2-3-18 联合消除水、气突破油井工艺管柱

1—气层；2—油层；3—水层；4—丝堵；5—筛管；6—封隔器；7—堵塞器；8—采水管柱；9—丝堵；
10—气举管柱；11—气举阀；12—环空；13—丝堵；14—筛管；15—采气管柱；16—气管柱；17—出油管线

四、人造夹层减脊工艺

人造平层技术早在 20 世纪 50 年代前人就已经有在直井中应用例子,在直井压裂和堵水中前人已经做了大量的研究工作和现场施工,都收到了显著的成效。本章所研究的水平井人造夹层减脊工艺是对前人技术的进一步应用。

下面分两种情况说明该方法的实施步骤。

（1）若气顶气向油井突入，可通过产气通道向气层注入堵剂在气油界面处形成遮挡，如图2-3-19所示。

（2）如若底水向井中突入，可通过采水通道向水层中挤入堵塞剂，诸如水泥、胶体、聚合特等在水层中形成"人工夹层"以遮挡水继续向井中窜入，如图2-3-20所示。

（3）图2-3-20中实施挤注堵塞剂，首先打捞出堵塞器6，通过油管7向水层中挤注堵剂，在水层2中建造了"人工夹层"遮挡水向油层1中突入。

（4）若油藏同时存在气顶气、底水均向井中突入可采用方法（3）中的各种方法去实施建

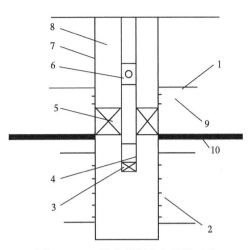

图2-3-19 注入堵剂在气油界面处
形成遮挡示意图

1—气层；2—油层；3—丝堵；4—尾管；5—封隔器；
6—安全阀；7—套管；8—环套；9—气层射孔段；10—夹层

造"人工夹层"，并分别在气、水层中形成遮挡，同样堵塞气窜通过采气通道，堵塞水窜通过采水通道，如图2-3-21所示。

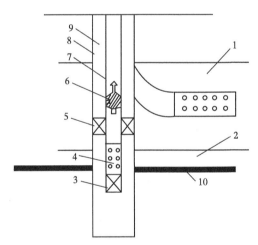

图2-3-20 人工夹层示意图

1—气层；2—油层；3—丝堵；4—筛管；
5—密封器；6—封塞器；7—油管；
8—套管；9—环套；10—夹层

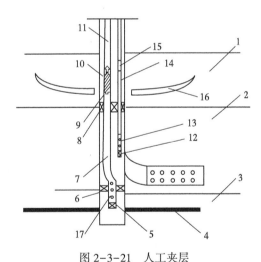

图2-3-21 人工夹层

1—气层；2—油层；3—水层；4—水层隔板；5、12、13、17—筛管；
6—封隔器；7—变径管；8—封隔器；9—堵塞器；10—套管；
11、14—油管；15—抽油泵；16—液体夹层

如果完井方式不属于上述的完井方式，则在原井眼中二次完井实施减锥工艺：

（1）对于底水油藏若原井眼是直井时，利用常规钻井技术从原直井井底钻穿到水层2，其他完井及生产管柱下入均同前；

（2）对于底水油藏若原井眼是水平井时，也可在钻穿水层2后的直井方式完井，也可在水层2中侧钻水平井完井；

（3）对于气顶油层，利用射孔技术射开气层向气层中注入液体遮挡层阻止气体突入油井；

225

（4）对于同时具有气顶和底水的油藏，先钻穿水层完井，后射开上部气层进行建造"人工夹层"。

五、强采水消脊工艺

在上述方法中，如果油井见水，也可在原采水通道不改变的情况下，加大采水压差，以期在水层中形成油锥，减缓水锥井程，提高采油量。

六、边水驱油消除舌进

1. 采边水消除舌进

采边水消除舌进法的具体实施方法：

（1）根据边水驱油藏特征及含油控制面积，在边水内部油藏可设计出水平井与直井配套的井网；

（2）在油藏与边水边界附近打水平井；

（3）在弹性开采期内，从边水油藏边界处水平井中采水消除舌进，如图2-3-22所示。

2. 堵塞边水向井突进

在油井见水后，可通过采水井向地层注入化学堵塞剂在水层与油层间建造"人工夹层"阻止水向油井舌进，如图2-3-23所示。

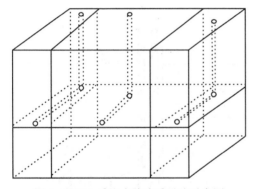

图2-3-22　采边水消除舌进法示意图

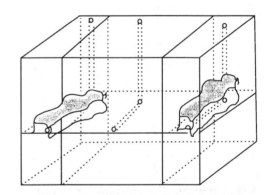

图2-3-23　堵塞边水向井突进法示意图

3. 活塞式驱油消舌

地层压力降低时，可利用该方法通过采水通道向地层中注水，保持压力，或采用活性剂及其他聚合物驱油，采用这种方法可使驱替面积增加，驱油方式为活塞式驱油。这种驱油方式可缓解油层中的非均质性，使地层中残余的原油从孔隙中驱替出来。

小结：

（1）根据水脊突入油井的机理，采用水脊形成的临界条件和静水力学原理导出的水脊高度表达式，分析提出的控制底水（气顶）突入油井的技术方法可行的。

（2）本章提出的在油层中钻一口水平井采水与注水相结合的工艺技术方法，可有效地利用弹性能量驱油，控制底水脊进或边水舌进提高低渗透油藏、特殊油气藏（稠油或高凝油）及中高含水油藏的采油量和采收率。

第四章　人造夹层控制底水的物理模拟实验

不同油层中的分采技术和人造夹层技术,前人早在20世纪50年代就已经有在直井中应用的例子,本章将借助物理模拟实验,研究双水平井(一口井设计在油藏上部,而另一口井设计在油藏下部靠近驱替水体)及人造夹层减脊工艺的开采机理。

第一节　人造夹层控制底水实验

该实验设计了具有人造夹层和隔层的底水油藏模型,实验装置的模型参数及流程仍然与第二章中的模型参数及物理模拟实验装置相同。其夹层位置的示意如图2-4-1所示。

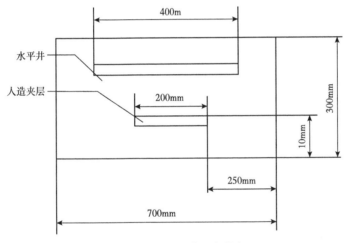

图 2-4-1　夹层在模型中的布置

一、点状驱替水平井开采

No.1A实验:在这个模型中设计了一个长200mm的不渗透隔层,布置在距点状注入井眼中间位置上部100mm处。模型中装入水平井管长400mm,多孔介质以石英砂填充,驱替在定量条件下进行,其压差范围 $\Delta p = 18.3 \sim 87.5$ kPa,饱和模拟油680mL,水平井段射孔49孔。

No.1A实验无水采油时间是155min,无水采油量286mL,累计采油量394.6mL,累计采液量985.45mL,无水采出程度为42%,最终采出程度58.1%。实验曲线如图2-4-2、图2-4-3所示。整个实验中驱替压差变化幅度较大,驱油是以夹层半长为半径向模拟井发展,最后驱油结束夹层两侧留有较大面积的死油区,但整个驱替过程无水脊发生。

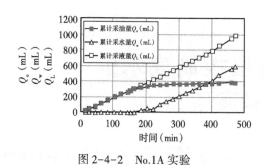

图 2-4-2 No.1A 实验　　　　　图 2-4-3 No.1A 实验含水、压差与时间的关系曲线

二、具有不渗透隔层的底水驱替水平井开采实验

1. No. 1B 实验

重新填充砂体,饱和油量 1280mL,水平井长度 400mm,用长 200mm 胶管装砂作为不渗透隔层添在距水体 100mm 的砂体中部,水平井射孔 49 孔。

No. 1B 实验无水采油时间 340min,无水采油量 987.5mL,无水采出程度为 75.2%,最终采出油量 989.5mL,最终采出程度为 77.3% 。实验曲线如图 2-2-4、图 2-4-5 所示。

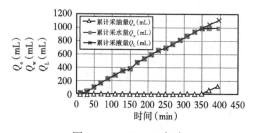

图 2-4-4　No.1B 实验　　　　　图 2-4-5　No.1B 实验含水压力与时间关系曲线

由图 2-4-5 看出,实验中驱替压差随着含水上升而增大,驱油受夹层遮挡影响向夹层两侧推进,在驱替水线越过夹层后向水平井两端收拢,接着以夹层半长为半径向模拟井径向流动,最后驱油结束夹层两侧留有死油区面积较小,且整个驱替过程无水脊发生。

2. No. 2B 实验

保持上组实验其他几何参数不变,重新饱和模拟油 780mL 驱替压差 $\Delta p = 0.57 \sim 1.82\text{kPa}$。

No. 2B 实验无水采油时间 95min,无水采油量 532mL,累计采油量 641.8mL 计算得无水采出程度为 68.2%,最终采出程度为 82.2%。实验曲线如图 2-4-6、图 2-4-7 所示。

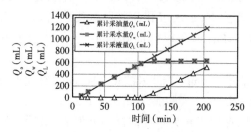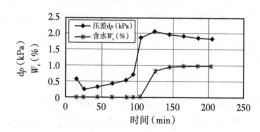

图 2-4-6　No.2B 实验　　　　　图 2-4-7　No.2B 实验含水压力与时间关系曲线

228

由图 2-4-7 看出,实验中含水上升随着驱替压差而变化,驱替压差增大含水上升,驱替压差平稳,含水趋于稳定。驱油受夹层遮挡影响向夹层两侧推进,驱替水线越过夹层后逐渐向水平井收拢,驱油结束后夹层两侧留有死油区面积较小,且整个驱替过程无水脊发生。

3. No.3B 实验

上述实验其他参数不变,饱和模拟油 725mL,$\Delta p = 3.6 \sim 10.34$ kPa。

No.3B 实验无水采油时间 60min,无水采油 439mL,累计采油量 517mL,计算无水采出程度为 60.6%,最终采出程度为 71.3%。实验曲线如图 2-4-8、图 2-4-9 所示。

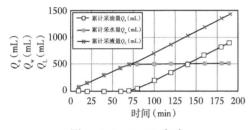

图 2-4-8　No.3B 实验

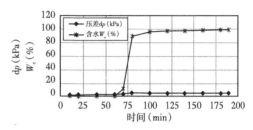

图 2-4-9　No.3B 实验含水压力与时间关系曲线

由图 2-4-9 看出,实验中含水上升随着驱替压差而变化,驱替压差增大含水上升,驱替压差平稳含水趋于稳定,且驱替的全过程无水脊发生。

三、弱渗透夹层水平井开采试验

1. No.1C 实验

取出隔层装入与原模型压实程度不同的砂体,保持上述实验参数不变,形成弱渗透性夹层,饱和模拟油 1200mL,然后进行试验,试验压差 $\Delta p = 1.17 \sim 4.68$ kPa。

No.1C 实验无水采油时间 127min,无水采油量 994.5mL,最终采出油量 1096mL,无水采出程度 82.9%,最终采出程度 91.3%。实验曲线如图 2-4-10、图 2-4-11 所示。

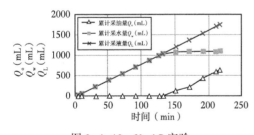

图 2-4-10　No.1C 实验

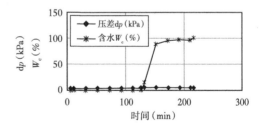

图 2-4-11　No.1C 实验含水、压差与时间关系曲线

由图 2-4-11 看出,实验中含水上升随着驱替压差而变化,驱替压差增大含水上升,驱替压差平稳含水趋于稳定。驱油受夹层遮挡影响向夹层两侧推进,在驱替水线越过夹层向水平井均匀推进,驱替流线型似一个平缓的马鞍状,最后驱油结束夹层两侧留有死油区面积较小,且整个驱替过程无水脊发生。

2. No.2C 实验

重复上述实验,重新饱和模拟油 625mL,其他参数不改变。提出了驱替压力。驱替压差 $\Delta p = 3.6 \sim 10.33$ kPa,射孔数 49 孔。

229

No. 2C 实验无水采油时间为 37min,无水采油量 432.5mL 最终采出量为 551.5mL,无水采出程度为 69.2%,最终采出程度为 88.16%。实验曲线如图 2-4-12、图 2-4-13 所示。

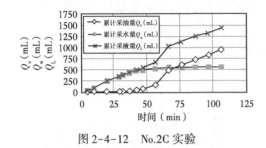

图 2-4-12　No.2C 实验

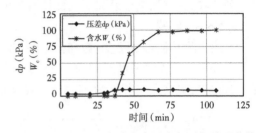

图 2-4-13　No.2C 实验含水压力与时间关系曲线

由图 2-4-13 看出,含水上升随着驱替压差而变化,驱替压差增大含水上升,驱替压差平稳含水趋于稳定。驱替压差较 No.1C 实验小,驱替水线越过夹层向水平井均匀推进,驱替流线图的马鞍状消失,驱油结束后,夹层两侧死油区面积很小,且整个驱替过程无水脊发生。

3. 实验结果分析

该组实验均是在水平井模拟长度为 400mm 的状况下进行底部驱替实验。从整个实验观察到在布置了隔层和夹层后,水平井在开采过程中点状注入驱替和上托底水驱替均无脊进或锥进现象发生,其驱替状态的过程参见图 2-4-14 至图 2-4-27。

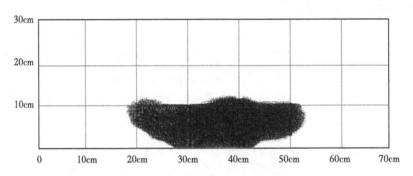

图 2-4-14　点状底部驱替水平井开采过程之一

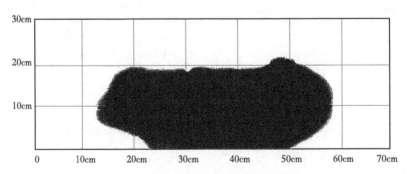

图 2-4-15　点状底部驱替水平井开采过程之二

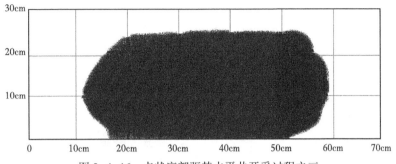

图 2-4-16　点状底部驱替水平井开采过程之三

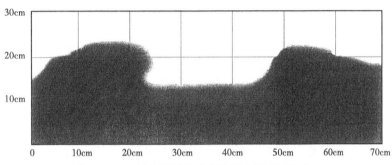

图 2-4-17　具有隔层的底水油藏水平井开采之一

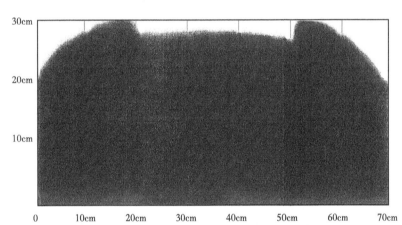

图 2-4-18　具有隔层的底水油藏水平井开采之二

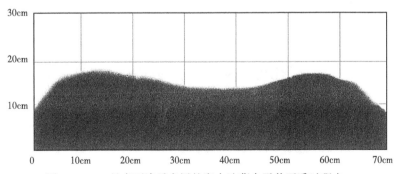

图 2-4-19　具有可渗透夹层的底水油藏水平井开采过程之一

图 2-4-20　具有可渗透夹层的底水油藏水平井开采过程之二

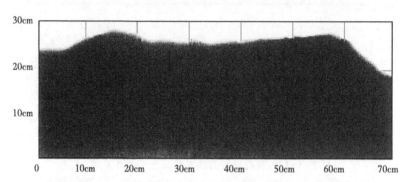

图 2-4-21　具有可渗透夹层的底水油层藏水平井开采过程之三

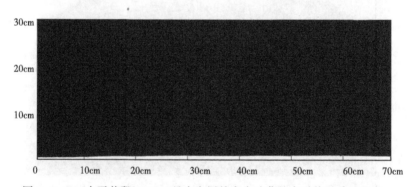

图 2-4-22　水平井段 400mm 具有夹层的底水油藏的水平井开采过程之一

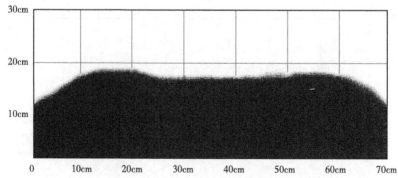

图 2-4-23　水平井段 400mm 具有夹层的底水油藏的水平井开采过程之二

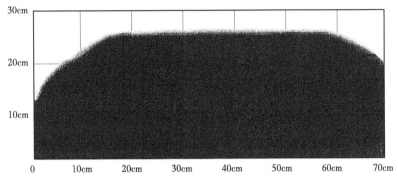

图 2-4-24 水平井段 400mm 具有夹层的底水油藏的水平井开采过程之三

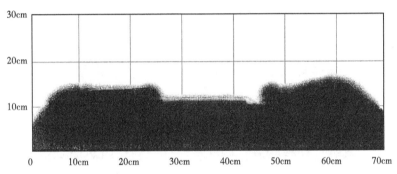

图 2-4-25 水平井段 400mm 具有夹层的底水油藏的水平井开采过程之四

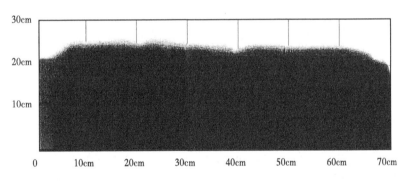

图 2-4-26 水平井段 400mm 具有夹层的底水油藏的水平井开采过程之五

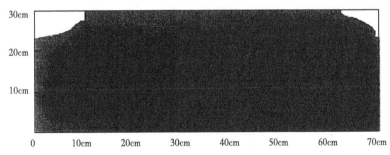

图 2-4-27 水平井段 400mm 具有夹层的底水油藏的水平井开采过程之六

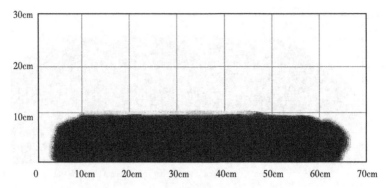

图 2-4-28　水平井段 400mm 具有可渗透夹层的底水油藏的水平井开采过程之七

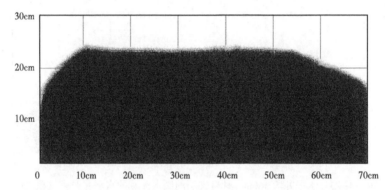

图 2-4-29　水平井段 400mm 具有可渗透夹层的底水油藏的水平井开采过程之八

从实验数据及曲线图 2-4-2 至图 2-4-13 中可以看出:

(1)No.1A 实验点状驱替,无水采出程度在水平井段长度相等和遮挡强度一致的情况下与其他几组底部水上托驱替实验相比要低;

(2)No.2B 与 No.3B 实验比较,在水平井长度相同,遮挡层强度相同的情况下,水平井压差提高 2 倍多,无水采出时间下降了 1.5 倍,无水采出油量下降了 7.6%,最终采出程度下降了 10.9%;

(3)从 No.1C 和 No.2C 与 No.2B 和 No.3B 实验比较,从实验现象观察到弱渗透夹层和不渗透隔层具有不相同的渗流机理,弱渗透夹层的驱替均匀推进,而不渗透隔层的底水上托流动受到遮挡后,向两侧延伸绕过隔层向上推进,因此,No.1C 和 No.2C 的弱渗透夹层比No.2B 和 No.3B 不渗透隔层的无水采出程度最大高出 14.7%,而最终采收率最大高出14%;但同样随着生产压差提高,其无水采出程度和最终采出程度是降低的;

(4)No.1C 实验比 No.2C 实验压力差低大约 2 倍,而其最终采收率比其高 3.14%,无水采出程度为 13.7%。

第二节　两口水平井开采底水油藏的物理模拟

本实验是在底水附近钻一口水平井采水,观察其对上部水平井采油的影响及是否发生水脊,研究用双水平井开采底水油藏的过程中油水界面运动状况,两水平井脊进的形成与发展变化规律(需要说明一下,由于模型受到限制,不能直接设置一口水平井在水体中,只能设

234

置在靠近外供水体,采用储罐高差保持液位作为底水水体)。在开采过程中当水推过底部水平井后,底部水平井出水,而保持上部水平井有较长的无水采油期。

一、实验装置与实验方法

该实验设计了长 300mm、宽 100mm、高 250mm 的立方体盒子,用 ϕ6mm 的有机玻璃管作为模拟井管,进水管、第二、第三根管上分别在整个管的长度方向打孔后内嵌入铜滤网以防砂子进入堵塞井管。每隔 10mm 旋转 90° 打 ϕ0.8mm 孔眼模拟射孔,射孔段长度为 200mm。井管与容器接触处采用"快速黏合剂"密封成一体,实验过程中的驱替动力源采用储罐高差保持液位作为底水水体进行模拟实验(图 2-4-30)。

用石英砂作为模拟砂体,填砂时采用适量原油混一定砂子后加入模型中振动,敲击使其均匀并压实,循环往复,直到模型装满为止。然后采用提高液位向模型中饱和模拟油,直到上面两根

图 2-4-30　方体模型

井管气泡消失,不进饱和油液为止,饱和模拟油结束。孔隙度 25%~37%。

二、物理模拟实验

1. No. D1 实验过程

该实验历时 29 小时 20 分钟,采用 500mm 储液罐保持恒定液位进行驱替试验。实验饱和原油 650mL。

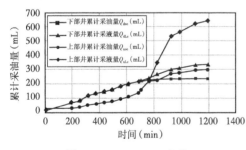

图 2-4-31　No. D1 实验

No. D1 实验总采出油量 532.6mL,无水采出油量 353.3mL,下部井的无水采出时间 695min,无水采油量 214.8mL,无水采出程度是 32.9%,上部井无水采油时间是 765min,无水采油量 157mL,无水采出程度是 24.2%,两口井无水采出程度是 57.8%,最终采出程度 82.5%。实验曲线如图 2-4-29、图 2-4-30 和图 2-4-31 所示。从实验曲线图 2-4-31 可看出,靠近油水界面附近的水平井比上部采油的水平井见水早 70min。油水界面平缓上升,整个驱替过程无水脊发生。

本次实验要说明的是,在实验过程中驱替压差从 4kPa 改变为 27.6kPa,未超过 5min 两井均见水。因此说明,水平井见水时间对于驱替压差相对较为敏感。突破以后水量急剧上升而油量下降。

2. No. D2 实验

方体模型砂体采用石英砂渗透率 580~860mD,水平井长度 200mm,射孔 20 个,饱和模拟油 1960mL,采油驱压差上部水平井 Δp = 3~4.7kPa,下部水平井 Δp = 4.9~5.7kPa。

No. D2 实验上部井的无水采油时间是 335min,下部井的无水采油时间是 165min,而下

部井无水采油量656.1mL,两井累计无水采油量143.2mL,上部水平井无水采出程度38.75%,下部水平井无水采出程度32.81%,两井无水采出程度71.56%,最终采出程度73.975%。实验曲线如图2-4-32、图2-4-33、图2-4-34所示。

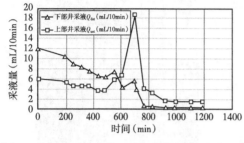 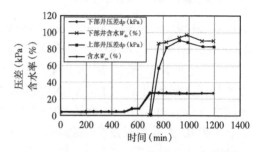

图2-4-32　No.D1实验上下井采液随时间变化曲线　　图2-4-33　No.D1实验上下井压差、含水与时间关系

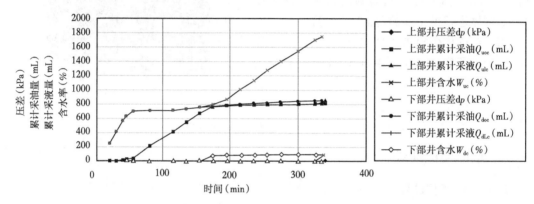

图2-4-34　No.D2实验上下井采液量、含水与时间关系曲线

从实验曲线图2-4-34可看出,靠近油水界面附近的水平井比上部采油的水平井见水早60min。油水界面平缓上升,整个驱替过程无水脊发生。其油水界面的上升变化过程如图2-4-35、图2-4-36所示。

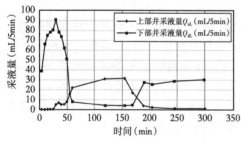 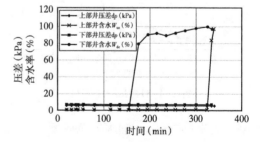

图2-4-35　No.D2实验上下井采液量　　　　图2-4-36　No.D2实验上下井采液量、含水
　　　　　与时间关系曲线　　　　　　　　　　　　与时间关系曲线

3. No.D3实验

No.D3两分支水平井实验,模拟井管长度200mm,射孔20个,饱和模拟油1960mL,仍采用渗透率580～860mD的混合石英砂。

No.D3实验上部水平井无水采油时间230min,下部水平井无水采油时间130min。上部井和下部井无水采油量分别为810.2mL和757.8mL,两井无水采出程度为80%,上下井累计采油量分别为 814.7mL 和 852.5mL,最终采出程度为 85.1%。实验曲线如图 2-4-37、图 2-4-38、图 2-4-39 所示。

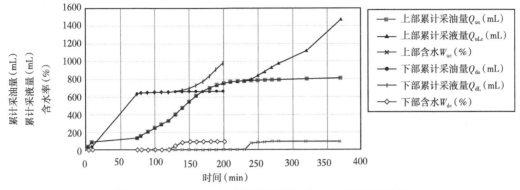

图 2-4-37　No. D3 实验累计采液量、含水与时间关系曲线

图 2-4-38　No. D3 实验上下井采液量与时间曲线

图 2-4-39　No. D3 实验上下井含水与时间的关系曲线

从实验曲线图 2-4-39 可看出,靠近油水界面附近的水平井比上部采油的水平井见水早 100min。油水界面平缓上升,整个驱替过程无水脊发生。油水界面的上升变化过程与图 2-4-35、图 2-4-36 相类似。

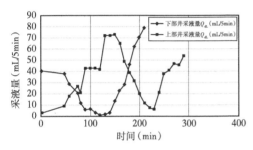

图 2-4-40　双水平井底水油藏开采过程之一

图 2-4-41　双水平井底水油藏开采过程之二

4. 双水平井实验结果分析

从 No. D1 实验 No. D3 实验的两组实验数据可以看出,当水平井 A 和水平井 B 同时生产时,驱替压差接近的情况下,80mm 长的双水平井两口井无水采油量总和为 535.9mL,两井无水采出程度是 57.8%;200mm 长的双水平井两口井无水采油量总和为 1667.2mL,两井无水采出程度是 85.1%。由此可见,双水平井开采时,与常规水平井一样,无水采油量和无水采

出程度随着水平井长度的增加而增加,但无水期随着驱替压差的增大而减短。

从表 2-4-1 可以看出,但底水突破基本上都是在采出程度 70%~80% 之间发生的,后来的驱替仅提高采出程度 2%~5%。

表 2-4-1 双井筒水平井试验数据

序号	井位	水平井段（m）	饱和油量（mL）	压差（kPa）	无水采油量（mL）	累计采油量（mL）	累计采出程度（%）	两井无水采出程度（%）	两井累计采出程度（%）	累计采油时间（min）
1	上部井	80	650	5~18.6	157	297.9	24.2	57.8	82.5	705
	下部井	80		5.9~27.6	214.8	238.0	32.9			695
2	上部井	200	2000	3~4.7	775.1	812.9	38.75	71.56	73.95	230
	下部井	200		4~5.7	656.1	666.6	32.81			120
3	上部井	200	1960	4.8~5.8	810.2	814.7	41.34	80	85.1	330
	下部井	200		5.9~6.9	757.8	852.5	38.66			165

（1）点状驱替与底水上托驱替比较,点状驱替效果比底水上托驱替效果差;具有不渗透隔层的底水油藏用水平井开采时无明显水脊现象,其最终采出程度和无水采出程度都较高。

（2）具有弱渗透带夹层的底水油藏用水平井开采比具有隔层的无水采出程度和最终采出程度高。

（3）通过实验进一步证实水平井先期完井时采用靠近底水附近建造"人工夹层"的技术方法对于控制水平井底水脊进是一种可考虑的方法之一。

（4）采用双水平井生产,保持恒定压差驱替,整个过程无水脊发生;延长了上部水平井见水时间,增加了无水采油量和采收率。

238

第五章　控制底水突入提高采收率的数值模拟

为了从理论计算上进一步证实第三章提出的控制底水突入提高原油采收率技术的可行性,采用加拿大计算机模拟软件集团(CMG)的 STARS 软件的黑油模型,进行常规水平井开采和双水平井开采底水油藏(一口井设计在油藏上部,而另一口井设计在油藏下部靠近驱替水体)两种不同模型的数值模拟,该软件将油藏流动方程与井筒流动方程联合求解。将井筒流动进行了动力学处理,考虑了层流与榛流两种情况,井筒总压降考虑了摩擦力,重力和速度项引起的压降之和。该模拟研究相同水平井段长度、水平井在油藏中所处位置和几种不同的生产制度下双水平井开采底水油藏的产量与采收率的变化问题。

第一节　基本地质模型及假设条件

设有一矩形底水油藏,上下封闭边界,油层厚度为 35m,水层厚度 250m,油藏参数采用表 2-5-1,拟采用水平井开采,如图 2-5-1 所示。

表 2-5-1　模拟用油藏参数

原始油藏压力(MPa)	42.49
饱和压力(MPa)	42.49
地层温度(℃)	107.6
油藏埋深(m)	3660
地下原油黏度(mPa·s)	0.2901
地下原油密度(g/cm^3)	0.656
原油体积系数	1.615
原油压缩系数(1/MPa)	26.71×10^{-4}
地层水黏度(mPa·s)	0.2620
地层水压缩系数(1/MPa)	3.236×10^{-4}
水体积系数	1.038
地下水密度(g/cm^3)	1.0298
岩石压缩系数(1/MPa)	7.066×10^{-4}
孔隙度(%)	0.25
含水饱和度(%)	75

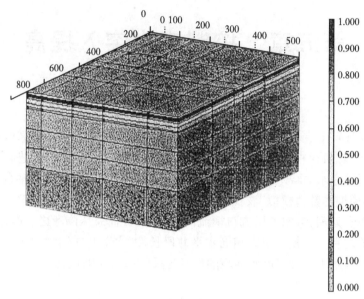

图 2-5-1　矩形底水油藏模型

油水相对渗透率数据见表 2-5-2,曲线如图 2-5-2 所示。

表 2-5-2　油水相对渗透率数据

S_{wi}	K_{ro}	K_{rw}
0. 21000	1. 00000	0. 00000
0. 25667	0. 92138	0. 00074
0. 30333	0. 74937	0. 00148
0. 35000	0. 61539	0. 00165
0. 39667	0. 50540	0. 00841
0. 44333	0. 41155	0. 01878
0. 49000	0. 32933	0. 03277
0. 53667	0. 25593	0. 05039
0. 58333	0. 18947	0. 07162
0. 63000	0. 12863	0. 09648
0. 67667	0. 07245	0. 12495
0. 72333	0. 02019	0. 15705
0. 77000	0. 00000	0. 19760

油气相对渗透率数据见表 2-5-3,曲线如图 2-5-3 所示。

表 2-5-3　油气相对渗透率

液相饱和度($S_{wir}+S_o$)	油相对渗透率(K_{ro})	气相对渗透率(K_{rg})
0.31	0.000	0.789
0.45	0.000	0.477
0.60	0.000	0.277
0.641	0.021	0.215
0.686	0.0435	0.157
0.731	0.087	0.113
0.777	0.159	0.0801
0.822	0.246	0.055
0.868	0.3624	0.0403
0.913	0.551	0.018
0.959	0.729	0.000
1.000	1.000	0.000

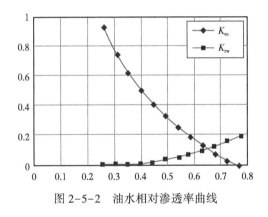

图 2-5-2　油水相对渗透率曲线

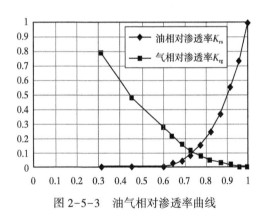

图 2-5-3　油气相对渗透率曲线

油水毛细管压力数据见表 2-5-4,曲线如图 2-5-4 所示。

表 2-5-4　油水毛细管压力

含水饱和度	油水毛细管压力(psi)
0.31	16.800
0.36	3.252
0.4	1.234
0.048	0.356
0.52	0.246
0.56	0.191
0.6	0.161

含水饱和度	油水毛细管压力（psi）
0.064	0.143
0.38	0.131
0.75	0.117
1.00	0.000

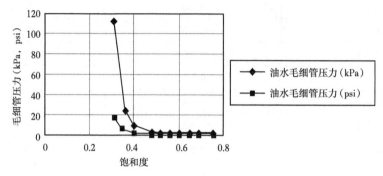

图 2-5-4　毛细管力曲线

第二节　数学模型及数值计算

一、基本方程

通常在油藏中的油气水三相,而水是润湿相,油是中间润湿相,气是非润湿相。在油藏条件下,水相认为是纯水密度 ρ_w,气相认为是纯气密度 ρ_g,油相是油和气两相原油密度 ρ_o:

$$\rho_o = \bar{\rho}_o + \bar{\rho}_{dg} \tag{2-5-1}$$

式中　$\bar{\rho}_o$——油相中的油密度,kg/m^3;

　　　$\bar{\rho}_{dg}$——油相中的溶解气密度,kg/m^3。

可得到下列质量方程:

$$m_w = \phi \rho_w S_w \tag{2-5-2}$$

$$m_o = \phi \bar{\rho}_o S_o \tag{2-5-3}$$

$$m_g = \phi(\rho_g S_g + \bar{\rho}_{dg} S_o) \tag{2-5-4}$$

式中　m_o、m_g、m_w——单位体积油气水三相的质量,kg;

　　　S_o、S_g、S_w——油气水三相的饱和度,%;

　　　ϕ——油藏岩石孔隙度,%。

上面三相质量还可以表示为

$$\bar{m}_w = \rho_w v_w \tag{2-5-5}$$

$$\bar{m}_o = \rho_o v_o \tag{2-5-6}$$

$$\overline{m}_g = \rho_o v_o + \overline{\rho}_{dg} v_o \tag{2-5-7}$$

式中 v_o、v_g、v_w——油气水三相的表观速度，m/s。

于是由质量守恒方程有

$$-\nabla \cdot (\rho_w v_w) = \frac{\partial}{\partial t}(\phi S_w \rho_w) + \overline{q}_w \tag{2-5-8}$$

$$-\nabla \cdot (\rho_o v_o) = \frac{\partial}{\partial t}(\phi S_o \rho_o) + \overline{q}_o \tag{2-5-9}$$

$$-\nabla \cdot (\rho_g v_g) = \frac{\partial}{\partial t}(\varphi S_g \rho_g + \varphi S_o \overline{\rho}_{dg}) + \overline{q}_{fg} + \overline{q}_{dg} \tag{2-5-10}$$

式中 $\overline{q}_w$——水的生产量，kg/($m^3 \cdot$ s)；

$\qquad \overline{q}_o$——油的生产量，kg/($m^3 \cdot$ s)；

$\qquad \overline{q}_{fg}$——自由气产量，kg/($m^3 \cdot$ s)；

$\qquad \overline{q}_{dg}$——溶解气产量，kg/($m^3 \cdot$ s)。

由达西定律描述多相流体的流动如下：

$$v_l = -\frac{KK_{rl}}{\mu_l}(\nabla \overline{p}_l - \rho_l g \nabla \overline{z}) \tag{2-5-11}$$

式中 l——油、水、气三相的任意一相；

$\qquad K_{rl}$——油、水、气三相的任意一相的相对渗透率。

这里，定义任一相的流度如下：

$$\lambda_l = \frac{KK_{rl}}{\mu_l} \tag{2-5-12}$$

因此，上面的方程(2-5-11)简化为

$$\overline{v}_l = -\lambda_l(\nabla \overline{p}_l - \rho_l g \nabla \overline{z}) \tag{2-5-13}$$

式中 $\overline{v}_l$——压力梯度$\nabla \overline{p}_l$下的相速度，m/s。

二、三相黑油模型的建立

将达西定律式(2-5-11)代入上面的质量守恒方程有

$$\nabla \cdot \{\rho_w \lambda_w(\nabla \overline{p}_w - \rho_w \nabla \overline{z})\} = \frac{\partial}{\partial t}(\phi S_w \rho_w) + \overline{q}_w \tag{2-5-14}$$

$$\nabla \cdot \{\overline{\rho}_o \lambda_o(\nabla \overline{p}_o - \rho_w \nabla \overline{z})\} = \frac{\partial}{\partial t}(\phi S_o \overline{\rho}_o) + \overline{q}_o \tag{2-5-15}$$

$$\nabla \cdot \{\rho_g \lambda_g(\nabla \overline{p}_g - \rho_g \nabla \overline{z}) + \overline{\rho}_{dg} \lambda_o(\nabla p_o - \rho_o \nabla \overline{z})\} = \frac{\partial}{\partial t}(\phi S_g \rho_g + \phi S_o \overline{\rho}_{dg}) + \overline{q}_{fg} + \overline{q}_{dg} \tag{2-5-16}$$

p_o、p_g、p_w、S_o、S_g 和 S_w 为 6 个变数,因此补充下面三个方程:

$$S_o + S_w + S_g = 1 \tag{2-5-17}$$

$$p_{cow} = p_o - p_w = f(S_w, S_g) \tag{2-5-18}$$

$$p_{cgo} = p_g - p_o = f(S_w, S_g) \tag{2-5-19}$$

式中　p_{cow}——油水界面张力,N/m;

p_{cog}——油气界面张力,N/m。

黑油模型中 PVT 状态下面的体积系数描述:

$$B_o = \frac{(V_o + V_{dg})_{RC}}{(V_o)_{STC}} = f(p_o) \tag{2-5-20}$$

$$B_w = \frac{(V_w)_{RC}}{(V_w)_{STC}} = f(p_w) \tag{2-5-21}$$

$$B_g = \frac{(V_g)_{RC}}{(V_g)_{STC}} = f(p_g) \tag{2-5-22}$$

式中　$(V_l)_{RC}$——油藏条件下组分 $l(l = o, w, g)$ 的固定质量的占有体积,m^3;

$(V_l)_{STC}$——标准状况下同一组分的占有体积,m^3。

特别是上面方程反应的是油藏条件,而油相包括油和溶解气,但标准状况下,油相是纯油,而且油和气的质量转换可用溶解气油比表示:

$$R_s = \left(\frac{V_{dg}}{V_o}\right)_{STC} = f(p_o) \tag{2-5-23}$$

式中　R_s——溶解气油比。

在油相中气的量与油量的比是相压力的函数。油、水、气三相密度在油藏条件与标准状况下的关系用下式表示:

$$\rho_o = \frac{1}{B_o}(\rho_o + R_s \rho_g)_{STC} \tag{2-5-24}$$

$$\rho_w = \frac{1}{B_w}(\rho_w)_{STC} \tag{2-5-25}$$

$$\rho_g = \frac{1}{B_g}(\rho_g)_{STC} \tag{2-5-26}$$

式中　B_o、B_g、B_w——油气水地下原油体积系数。

油相密度也可用下式表达:

$$\rho_o = \bar{\rho}_o + \bar{\rho}_{dg} \tag{2-5-27}$$

其中

$$\bar{\rho}_o = \frac{1}{B_o}(\rho_g)_{STC} \tag{2-5-28}$$

$$\bar{\rho}_{dg} = \frac{R_s}{B_o}(\rho_g)_{STC} \tag{2-5-29}$$

式中 $\bar{\rho}_o$、$\bar{\rho}_{dg}$——油相和溶解气相组分的密度,kg/m^3。

将上面的密度值代入黑油模型中有

$$\nabla \cdot [T_o K \rho_o (\nabla p_o - \rho_o \nabla z)] = \frac{\partial}{\partial t}\left(\frac{\rho_o \phi S_o}{B_o}\right) + q_o \qquad (2-5-30)$$

$$\nabla \cdot [T_w K \rho_w (\nabla p_w - \rho_w \nabla z)] = \frac{\partial}{\partial t}\left(\frac{\rho_w \phi S_w}{B_w}\right) + q_w \qquad (2-5-31)$$

$$\nabla \cdot [R_s T_o K \rho_g (\nabla p_o - \rho_o \nabla z) + T_g K \rho_g (\nabla p_g - \rho_g \nabla z)] = \frac{\partial}{\partial t}\left[\phi \rho_g \left(\frac{R_s}{B_o} S_o + \frac{S_g}{B_g}\right)\right] + R_s q_o + q_{fg}$$
$$(2-5-32)$$

其中

$$T_l = \frac{K_{rl}}{\mu_l B_l} = \frac{\lambda_l}{B} \qquad (2-5-33)$$

式中 T_l——传导系数,$(Pa \cdot s)^{-1}$。

q_o、q_w、q_{fg}分别表示标准状况下单位时间,单位油藏体积油、水、气的生产体积量:

$$\bar{q}_w = (q_w \rho_w)_{STC} \qquad (2-5-34)$$

$$\bar{q}_o = (q_o \rho_o)_{STC} \qquad (2-5-35)$$

$$\bar{q}_{fg} = (q_{fg} \rho_g)_{STC} \qquad (2-5-36)$$

$$\bar{q}_{fg} = \bar{q}_o \frac{\bar{\rho}_o}{\rho_{dg}} = \bar{q}_o \left(\frac{\rho_g}{\rho_o}\right)_{STC} \qquad (2-5-37)$$

$$R_s = (q_o R_s P_g)_{STC} \qquad (2-5-38)$$

另外,在气相方程中,经常使用气的体积系数的倒数:

$$E_g = \frac{1}{B_g} \qquad (2-5-39)$$

三、井筒流动方程

由机械能守恒可知,井筒中的压降等于摩擦力,重力与动能压降之和。通常情况下,在井筒流动状态下,动能的影响可以忽略不计。因此,压降梯度 $\Delta p / \Delta X$ 可表示为:

$$\frac{\Delta p}{\Delta X} = -\frac{f \bar{\rho} \bar{v}^2}{r_e} + \bar{\rho} g \frac{\Delta z}{\Delta X} \qquad (2-5-40)$$

式中 f——摩擦系数,量纲1;

$\bar{\rho}$——平均混合密度,kg/m^3;

$\bar{v}$——平均混合速度,m/s;

r_e——有效井筒半径,m;

Δz——深度方向的变化量,m。

对于油、气、水三相有

$$\bar{\rho} = \sum_j \rho_j s_j, \; j = \text{o}, \text{g}, \text{w}(\text{油、气、水})$$

式中 s_j——井筒中 j 相的饱和度,%。

摩擦系数 f 通常是雷诺数 Re 的函数:

$$f = \frac{64}{Re} = \frac{32\bar{\mu}}{r_e \bar{v} \bar{\rho}} \tag{2-5-41}$$

其中

$$Re = \frac{d_e \bar{v} \bar{\rho}}{\bar{\mu}}$$

$$\bar{\mu} = \sum_j \mu_j s_j, j = \text{o}, \text{g}, \text{w} \tag{2-5-42}$$

$$\bar{v} = \frac{r_e^2}{8} \frac{1}{\bar{\mu}} \frac{\Delta p}{\Delta X} \tag{2-5-43}$$

式中 $\bar{\mu}$——液体平均黏度,Pa·s。

上式与多孔介质中的达西流动相类似,其中 $K_e = \phi_e\left(\dfrac{r_e^2}{8}\right)$ 为"有效渗透率"。

势梯度 $\dfrac{\Delta \Phi}{\Delta X}$ 为

$$\frac{\Delta \Phi}{\Delta X} = \frac{K}{\mu}\left(\frac{\Delta p}{\Delta X} - \bar{\rho} g \frac{\Delta z}{\Delta X}\right) \tag{2-5-44}$$

这里

$$u = \phi_e \bar{v} = \phi_e \left(\frac{\bar{\mu}}{K} \frac{r_e}{\bar{\rho} f} \cdot \frac{1}{\left|\dfrac{\Delta \Phi}{\Delta X}\right|}\right)^{\frac{1}{2}} \frac{\Delta \Phi}{\Delta X} = -\frac{K_e}{\mu} \frac{\Delta \Phi}{\Delta X} \tag{2-5-45}$$

其中

$$K_e = \phi_e \bar{\mu} \left(\frac{\bar{\mu}}{K} \frac{r_e}{\bar{\rho} f} \cdot \frac{1}{\left|\dfrac{\Delta \Phi}{\Delta X}\right|}\right)^{\frac{1}{2}}$$

式中 K_e——有效渗透率,m^2;

ϕ_e——有效孔隙度,%。

通过上面方程的处理,使得井筒中的流动与油藏中的流动具有相同的形式。其连接方程为

$$v_j = u_j(\phi_e, s_j), \; j = \text{o}, \text{g}, \text{w} \tag{2-5-46}$$

其中

$$u_j = -\frac{K_e K_{rj}}{\bar{\mu}} \frac{\Delta \Phi}{\Delta X}, \; j = \text{o}, \text{g}, \text{w}$$

油藏与井筒间的流动方程:用该流动方程将井间压力与网格块平均压力联合起来,第 i 井单元格的 j 相产量方程表示为

$$g_{ji} = I_{wj,i}(p_{w,i} - p_i^{n+1}) \tag{2-5-47}$$

其中

$$I_{wj} = \frac{K_{rj}}{\mu_j} \frac{2\pi \overline{K} h}{\ln \dfrac{r_{ed}}{r_w} + s}, \quad j = o, g, w$$

$$\overline{K} = (K_x K_y)^{\frac{1}{2}}$$

式中　$\overline{K}$——平均渗透率，m^2；

K_{rj}——i 层 j 相的相对渗透率，量纲 1；

μ_j——i 层 j 相的黏度，$Pa \cdot s$，它对应的压力是 $n+1$ 个时间步；

$p_{w,i}$——i 层的井底流压，Pa；

p_i——第 i 个网格块压力，Pa；

r_{ed}——油井泄油半径，m；

r_w——井筒半径，m。

对于各向同性介质

$$r_{ed} = 0.14 \sqrt{\Delta X^2 + \Delta Y^2} \tag{2-5-48}$$

对于各向异性介质

$$r_{ed} = 0.28 \frac{\sqrt{\left(\dfrac{K_y}{K_x}\right)^{\frac{1}{2}} \Delta X^2 + \left(\dfrac{K_x}{K_y}\right)^{\frac{1}{2}} \Delta Y^2}}{\left(\dfrac{K_y}{K_x}\right)^{\frac{1}{4}} + \left(\dfrac{K_x}{K_y}\right)^{\frac{1}{4}}} \tag{2-5-49}$$

四、数值解法

对每个网格块，STARS 软件油气水三相的质量守恒方程、能量方程、井筒流动方程及约束方程同时联立求解，空间与时间离散化采用有限差分格式，5 点差分或 9 点差分都可选用。由有限差分格式得到了线性方程组

$$Ax = b \tag{2-5-50}$$

采用高斯直接解法。本章在模拟时采用的是该软件具有的自适应隐式格式。

第三节　数值模拟结果及分析

根据油藏基本情况，将网格系统划分为 5×5×13 和 8×5×14 两种，整个水平井长度在 i 方向被射开，水平井布置在网格中心，用两种长度的水平进行模拟。

(1)水平井段长度 500m，日生产量 750m³，水平井网格(1:5,1:3,1:9)，由图 2-5-5、图 2-5-6 可以看出该井见水时间 250 天，累积无水采出程度 8.2%。从 443 天到 650 天平均每天产水 135m³。从 654 天到 844 天平均每天产水 285m³，从 845 天到 1000 天平均每天产水 405m³。累计产水量 141195m³。

(2)水平井段长度 500m，日生产量 750m³，在采油井下部布置一中采水井，采水井完井网格(1:5,1:3,1:11)，由图 2-5-7、图 2-5-8 可以看出该井见水时间 400 天，累计无水采出程度 13.7%，比常见水井多采出 5.5%。

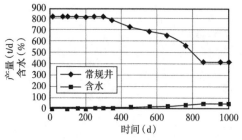

图 2-5-5　常规单水平井

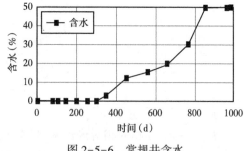

图 2-5-6　常规井含水

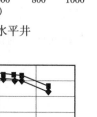

图 2-5-7　常规井和消锥井产量

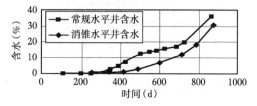

图 2-5-8　常规井和消锥/脊井的含水对比曲线

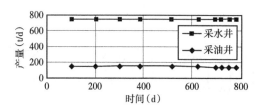

图 2-5-9　水平井消锥采液曲线

（3）水平井段长度 500m，每日生产量 750m³，水平井布置在（1:5,1:3,1:3），而采水井布置在（1:5,1:3,1:11），由图 2-5-9 可以看出在模拟时间段 1000 天油井没有见水，且采水井采出了原油，采出程度为 32.7%。

（4）水平井长度 500m，每日产量 500m³，采油水平井布置在（1:5,1:3,1:9），而采水水井布置在（1:5,1:3,1:11）。由图 2-5-10、图 2-5-11 可以看出该井无水采油时间是 47 天，但在开采到 868 天时，采油量增加，含水降低到 1000 天时，采油量由开始生产时的 500m³/d，增加到 641m³/d。根据我国塔里木的桑塔木油田几口水平井的见水情况来看，底水突入油井的时间都比较快，生产不到两个月就见水，不到一年含水就上升 60% 以上。由此可见，底水油藏水平井开采底水上升速度较快。如果在油水界面附近设计一口采水井，根据第三章导出的平衡点的计算条件，控制一定的采出量控制底水上升。由上述常规水平井的数值模拟可知，水的突破时间是 250 天，若在油水界面附近设计一口消锥井，采水量 150m³/d，采油量 500m³/d，其 1000 天油井未见水突破，累计产水量 15000m³。常规水平井 1000 天的累计采水量比采水消锥井多采水 8805m³。

另外，从模拟结果的井底压力变化曲线图 2-5-12 可知，采油井 1000 天压力衰减

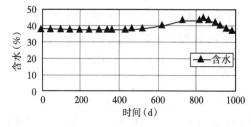

图 2-5-10　采水消锥工艺下的含水变化曲线

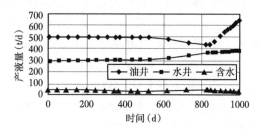

图 2-5-11　采油和采水 2 口水平井产液含水曲线

0.4MPa,采水井的井底压力基本无衰减。因此,从能量损失角度而言,对采油井的正常生产无较大影响。

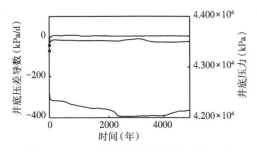

图 2-5-12　采水井和采油井同时生产时
井底压降变化曲线

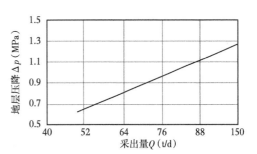

图 2-5-13　弹性储量下随着采出量的
增加地层压降消耗关系

从弹性储量随采出量、时间的变化曲线图 2-5-13 和图 2-5-14 分析地层压力变化。随着采水量的增加和采出时间的延长所消耗的压力差就越大。但压力差的增加幅度较小,因此说,地层能量的损失在一定采出量下能量消耗也量定的。

综合分析上述模拟结果,在靠近油水界面附近设计一口采水井后,其见水时间比单水平井延长 90d,多采出原油 40t/d,并且同一个时间段上,消锥/脊工艺比常规水平井开采工艺

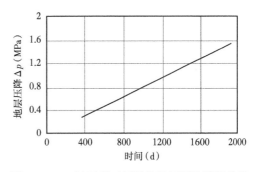

图 2-5-14　随开采时间增长地层压差消耗曲线

含水平均低 9%。水平井的位置在油层中的设计也是非常关键,靠近底水越近,越容易见水,对于底水油藏水平井设计在油藏顶部有利于采出更多的无水原油,且从这个模拟中,可以看到底部采水井在一段时间内可采出一定量的原油,使采出油量增多,这说明第三章中提出的底水层采水消锥/脊设想是成立的。在水域附近形成油的下锥是可能的。

因此,可见采用在底水层设计水汇井形成了油反向脊进,有利于底水油藏抑制底水上升,提高最终采收率。

通过数模可知,水平井在 6 年内水淹,不能正常开采。从钻井成本角度而言,在 1993 年水平井段的钻井成本与直井段基本相当为 340 美元/m,模拟井直井段长 3000m 而水平段长 500m,其钻井总费用 119 万美元。钻 300m 长的多分支水平井将增加费用 10200 美元;如果没有消锥井,将使采油井很快丧失生产能力。

(1)底水油藏采用水平井开采过程中,在油水界面附近设计一口采水井,不仅可减缓水脊形成,而且还可延长上部采油井的见水时间,提高无水采油量和采收率。

(2)油水界面附近的采水井和油层中采油井的位置设计对延长无水采油期至关重要;采水井应尽量靠近油水界面,而采油井则应尽可能靠近油层顶部(约为油层厚度的 2/3)可获得较好的采油效果。

(3)地层能量的损失在一定采出量下消耗也是一定的。随着采水量的增加和采出时间的延长所消耗的压力差就越大,但压力差的增加幅度效小,从能量损失角度而言,采水井所消耗的地层压力在一定时期对采油井的正常生产无明显影响。

第六章　水平井产能预测模型

近年来,水平井技术的发展是世界石油技术史上的革命性技术进步,尤其在美国,加拿大发展迅猛,根据Joshi论文1996年提供的资料可知,美国和加拿大钻水平井15000多口,大大地提高了该地区的原油采收率。

水平井技术已经成为提高原油采收率的主要手段之一,水平井油藏工程研究方面,就水平井产能计算公式发表了10多种。本章采用镜像原理导出了另一种水平井产能计算的表达式,具有较广泛的适应性,建议作为一种产能预测模型供水平井产能预测时参考。

第一节　前人的水平井产能预测模型

自从1986年美籍印度人Joshi发表水平井稳态解产能公式及1991年出版专著《Horizontal Well Technology》(《水平井技术》)以来,我国一些院校、石油研究单位的许多研究者在产能公式的研究方面做了许多工作。目前,在我国已有十几种产能公式诞生。下文将分析几个常用的产能模型。

一、几种产能公式的分析

Joshi公式:

$$Q_h = \frac{2\pi K_h h}{\mu_o B} \frac{\Delta p}{\ln \dfrac{a+\sqrt{a^2-(L/2)^2}}{L/2} + \dfrac{h}{L}\ln\dfrac{h}{2r_w}} \qquad (2-6-1)$$

Borisov公式:

$$Q_h = \frac{2\pi K_h h}{\mu_o B} \frac{\Delta p}{\ln \dfrac{4r_{eh}}{L} + \dfrac{h}{L}\ln\dfrac{h}{2\pi r_w}} \qquad (2-6-2)$$

Giger公式:

$$Q_h = \frac{2\pi K_h h}{\mu_o B} \frac{\Delta p}{\ln \dfrac{1+\sqrt{1-[L/(2r_{eh})]^2}}{L/(2r_{eh})} + \dfrac{h}{L}\ln\dfrac{h}{2\pi r_w}} \qquad (2-6-3)$$

Renard和Dupuy公式:

$$Q_h = \frac{2\pi K_h h}{\mu_o B} \frac{\Delta p}{\ln \dfrac{1+\sqrt{1-[L/(2a)]^2}}{L/(2a)} + \dfrac{h}{L}\ln\dfrac{h}{2\pi r_w}} \qquad (2-6-4)$$

通过式(2-6-1)至式(2-6-4)可以明显看出,Renard和Dupuy公式与Joshi公式区别就

差在 π 项上。另外,Giger 公式与 Joshi 公式的区别也就在于 Giger 认为 $a=r_{eh}$。而 Borisov 公式当 $a=r_{eh}$,并且 $L/(2r_{eh})$ 值很小可忽略不计时,Renard 和 Dupuy 公式就变为 Borisov 公式。

值得说明的是,上面各式适用于各向同性油藏($K_h=K_v$)。另外,上面各方程变换为油藏工程实用单位,用 5.4259×10^2 代替 2π 时,这时式中各符号单位如下:

K_h——水平渗透率,D;

Δp——生产压差,MPa;

μ_o——原油黏度,mPa·s;

B——原油体积系数;

L——水平井段长度,m;

a——排油椭圆长轴的一半,m;

r_w——井筒半径,m;

r_{eh}——泄油半径,m;

h——油层厚度,m。

$$a=\frac{L}{2}\left\{\frac{1}{2}+\sqrt{\frac{1}{4}+\frac{1}{[L/(2r_{eh})]^4}}\right\}^{1/2} \tag{2-6-5}$$

二、对 Joshi 公式的几点认识

(1)Joshi 认为水平井流动是由水平面与垂直面两个平面组成。在式(2-6-1)推导过程中,把流动分为两部分,即水平井水平面椭球体泄油和垂直面呈圆柱体泄油,分别计算两个平面的渗流阻力,最后用欧姆定律和达西定律的相似原理求得产能公式。显然,垂直面的流动阻力包括了水平面的流动阻力,Joshi 公式并没有把这个重叠部分除去,这就造成公式出现误差。

(2)地层渗透率各向异性的水平井产能公式:

$$Q_h=\frac{2\pi K_h h\Delta p}{\mu_o B\left[\ln\dfrac{a+\sqrt{a^2-(L/2)^2}}{L/2}+\dfrac{\beta h}{L}\ln\dfrac{\beta h}{2r_w}\right]} \tag{2-6-6}$$

其中
$$\beta=\sqrt{K_h/K_v}$$

可以看出,产量 Q_h 值与 β 成反比,又与 K_h 成正比。β 值是一个与 K_h 和 K_v 相关的参数,当 β 值变得很小($0<\beta<1$)时,Q_h 值才增大,而 K_h 值的变化对 Q_h 值的大小相当敏感,β 值和 K_h 值相对而言,对 Q_h 值影响最直接、迅速的,还是 K_h 值的变化。要使 β 值较小只有 K_v 较大。但对式(2-6-6)而言,K_v 较大,而 K_h 值较小时,Q_h 值也较小,但这时在此参数下的油田实际生产井 Q_h 值较高。相反,当 K_h 值较大而 K_v 较小时,式(2-6-6)中 Q_h 值成倍增加,而这时油田实际生产井 Q_h 值并没有那么高。因此,采用 K_h 或 K_v 计算 Q_h 值都是不稳定的。这里提出用有效渗透率代替水平渗透率和垂直渗透率,即

$$K=\sqrt{K_h K_v} \tag{2-6-7}$$

在水平井产能计算中采用式(2-6-7)计算渗透率较为合理,故式(2-6-6)可修正为

$$Q_h=\frac{5.4295\times10^2 Kh}{\mu B}\left[\frac{\Delta p}{\ln\dfrac{a+\sqrt{a^2-(L/2)^2}}{L/2}+\dfrac{h}{L}\ln\dfrac{h}{2r_w}}\right] \tag{2-6-8}$$

第二节 水平井产能预测模型

一、上下封闭边界的水平井产能公式

把水平井看成是一个竖直的垂直井,水平段长度似为油层厚度,认为它是无限大地层 1 口采油井(图 2-6-1),根据镜像原理,对于封闭边界油藏,镜像反映后的虚拟井和实际井性质相同,都为采油井或注水井,即为等产量"同号"反映。同时在无限反映时,反映后的镜像井可再次作为实际井再次进行反映,无限反映下去。在图 2-6-1 中,将下边界作为 x 轴,从水平井井眼中心作为坐标原点垂直 x 轴做直线,作为 y 轴,在 x 轴上部实际井的坐标为 $[(2nh+Z_\mathrm{w}),0]$;下部实际井坐标为 $[(-2nh+Z_\mathrm{w}),0]$;x 轴上部虚拟井的坐标为 $[(2nh-Z_\mathrm{w}),0]$;下部虚拟井的坐标为 $[(-2nh-Z_\mathrm{w}),0]$;利用镜像反映原理求出其产能公式。

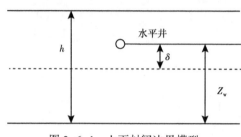

图 2-6-1 上下封闭边界模型

根据复势叠加原理 $\Phi = \dfrac{q}{2\pi}\sum\limits_{n-\infty}^{+\infty}\ln r_n + C$ 有

$$\Phi = \frac{Q}{2\pi}\left[\ln R_1 + \ln R'_1 + \lim_{N\to\infty}\left(\sum_{n=1}^{N}\ln R_n + \sum_{n=1}^{N}\ln R'_n + \sum_{n=1}^{N}R_m + \sum_{n=1}^{N}R'_m\right)\right] + C$$

$$= \frac{Q}{2\pi}\left(\ln R_1 R'_1 + \lim_{N\to\infty}\sum_{n=1}^{N}\ln R_n \cdot R'_n \cdot R_m \cdot R'_m\right) + C \qquad (2-6-9)$$

其中

$$R_1 = \sqrt{x^2 + (y - Z_\mathrm{w})^2} \qquad (2-6-10)$$

$$R'_1 = \sqrt{x^2 + (y + Z_\mathrm{w})^2} \qquad (2-6-11)$$

$$R_n = \sqrt{x^2 + [(y - Z_\mathrm{w}) - 2nh]^2} \qquad (2-6-12)$$

$$R'_n = \sqrt{x^2 + [(y - Z_\mathrm{w}) + 2nh]^2} \qquad (2-6-13)$$

$$R_m = \sqrt{x^2 + [(y + Z_\mathrm{w}) - 2nh]^2} \qquad (2-6-14)$$

$$R'_m = \sqrt{x^2 + [(y + Z_\mathrm{w}) + 2nh]^2} \qquad (2-6-15)$$

式中 R_1、R'_1——任意点 $A(x,y)$ 到实井与映射井的距离;

R_n、R'_n——y 轴上、下实井到 A 井的距离;

R_m、R'_m——y 轴上、下镜像井到 A 点的距离;

R——任意点 A 到实际井的距离;

R'——第一个虚拟井到任意点 P 的距离;

R_n、R_m——虚拟采油井到任意点 P 的距离;

R'_n、R'_w——虚拟注水井到任意点 P 的距离；

h——油层厚度；

Z_w——油井到下边界的距离。

将式(2-6-10)至式(2-6-15)代入式(2-6-9)得：

$$\Phi = \frac{Q}{4\pi}\left\{\ln\left[x^2 + (y - Z_w)^2\right]\left[x^2 + (y + Z_w)^2\right] + \lim_{N\to\infty}\sum_{n=1}^{N}\ln\left(1 - \frac{y - Z_w + ix}{4n^2h^2}\right)\right.$$

$$\left. \times \left(1 - \frac{y - Z_w - ix}{4n^2h^2}\right)\left(1 - \frac{y + Z_w + ix}{4n^2h^2}\right)\left(1 - \frac{y + Z_w - ix}{4n^2h^2}\right) + \lim_{n\to\infty}\sum_{n=1}^{N}\ln(4n^2h^2) + C\right\}$$

$$= \frac{Q}{4\pi}\ln\left\{\ln\left[x^2 + (y - Z_w)^2\right]\left[x^2 + (y + Z_w)^2\right] + \prod_{n=1}^{\infty}\left(1 - \frac{y - Z_w + ix}{4n^2h^2}\right)\right.$$

$$\left. \times \left(1 - \frac{y - Z_w - ix}{4n^2h^2}\right)\left(1 - \frac{y + Z_w + ix}{4n^2h^2}\right)\left(1 - \frac{y + Z_w - ix}{4n^2h^2}\right) + \lim_{n\to\infty}\prod_{n=1}^{\infty}\ln(4n^2h^2) + C\right\} \quad (2-6-16)$$

利用三角函数无穷乘积之间的恒等关系及三角函数和双曲函数之间的关系，当 x 的值为任意值时，正弦函数无穷乘积之间均满足下列恒等式：

$$\sin x = x\prod_{n=1}^{\infty}\left(1 - \frac{x}{n^2\pi^2}\right) \quad (2-6-17)$$

$$\cos ix = \mathrm{ch}\,x \quad (2-6-18)$$

将式(2-6-17)和式(2-6-18)代入式(2-6-16)得

$$\Phi_e = \frac{Q}{4\pi}\ln\left[\mathrm{ch}\,\frac{\pi R_e}{h} - \cos\frac{\pi(y - Z_w)}{h}\right]\left[\mathrm{ch}\,\frac{\pi R_e}{h} - \cos\frac{\pi(y + Z_w)}{h}\right] + \frac{Q}{4\pi}\ln\prod_{n=1}^{\infty}(4n^2h^2) + C$$

$$(2-6-19)$$

当水平井距边界 $x = R_e$，$y = Z_w$ 时有

$$\Phi = \frac{Q}{4\pi}\ln\left(\mathrm{ch}\,\frac{\pi R_e}{h} - 1\right)\left(\mathrm{ch}\,\frac{\pi R_e}{h} - \cos\frac{2\pi Z_w}{h}\right) + \frac{Q}{4\pi}\lim_{n\to\infty}\prod_{n=1}^{\infty}\ln(4n^2h^2) + C$$

$$(2-6-20)$$

当 $y = Z_w$，$x = r_w$ 时，求得井底的势函数分布：

$$\Phi_w = \frac{Q}{4\pi}\ln\left(\mathrm{ch}\,\frac{\pi r_w}{h} - 1\right)\left(\mathrm{ch}\,\frac{\pi r_w}{h} - \cos\frac{2\pi Z_w}{h}\right) + \frac{Q}{4\pi}\prod_{n=1}^{\infty}\ln(4n^2h^2) + C \quad (2-6-21)$$

井底势差 $\Delta\Phi$ 为：

$$\Delta\Phi = \Phi_e - \Phi_w = \frac{Q}{4\pi}\ln\frac{\left(\mathrm{ch}\,\frac{\pi R_e}{h} - 1\right)\left(\mathrm{ch}\,\frac{\pi R_e}{h} - \cos\frac{2\pi Z_w}{h}\right)}{\left(1 - \cos\frac{\pi r_w}{h}\right)\left(1 - \cos\frac{2\pi Z_w}{h}\right)} \quad (2-6-22)$$

当 $r_w \ll h$ 时，$\mathrm{ch}\,\dfrac{\pi r_w}{h} \approx \dfrac{1}{2}\left(\dfrac{\pi r_w}{h}\right)^2$，$\mathrm{ch}\,\dfrac{\pi x}{h} \gg 1$，所以

$$\text{ch} \frac{\pi R_{\text{e}}}{h} - 1 \approx \text{ch} \frac{\pi R_{\text{e}}}{h} \qquad (2-6-23)$$

$$\text{ch} \frac{\pi R_{\text{e}}}{h} - \cos \frac{2\pi Z_{\text{w}}}{h} \approx \text{ch} \frac{\pi R_{\text{e}}}{h} \qquad (2-6-24)$$

当 $R_{\text{e}} \ll h$ 时， $\qquad \text{ch} \frac{\pi R_{\text{e}}}{h} \approx \frac{1}{2} \text{e}^{\frac{\pi R_{\text{e}}}{h}}$

水平井井底的势差整理得

$$\Delta \Phi = \frac{Q}{2\pi} \left(\frac{\pi R_{\text{e}}}{h} + \ln \frac{h}{2\pi r_{\text{w}}} \sin \frac{\pi Z_{\text{w}}}{h} \right) \qquad (2-6-25)$$

由于水平井被认为打在油层中间位置无偏心距，这时 $Z_{\text{w}} = h/2$，故式（2-6-25）可化为

$$\Delta \Phi = \frac{Q}{2\pi} \left(\frac{\pi R_{\text{e}}}{h} + \ln \frac{h}{2\pi r_{\text{w}}} \right) \qquad (2-6-26)$$

因为

$$\Delta \Phi = \frac{K}{\mu} \Delta p \qquad (2-6-27)$$

由式（2-6-26）、式（2-6-27）两式得

$$Q = \frac{2\pi K}{\mu} \frac{\Delta p}{\dfrac{\pi R_{\text{e}}}{h} + \ln \dfrac{h}{2\pi r_{\text{w}}}} \qquad (2-6-28)$$

1. 水平井产量公式

$$Q_{\text{h}} = QL = \frac{2\pi KH}{\mu} \frac{\Delta p}{\dfrac{\pi R_{\text{e}}}{L} + \dfrac{h}{L} \ln \dfrac{h}{2\pi r_{\text{w}}}} \qquad (2-6-29)$$

式（2-6-29）为所求得的垂直面在无限大地层水平段、长度为 L 的水平井的产量，化为地面产量为

$$Q_{\text{h}} = \frac{2\pi Kh}{\mu B} \frac{\Delta p}{\dfrac{\pi R_{\text{e}}}{L} + \dfrac{h}{L} \ln \dfrac{h}{2\pi r_{\text{w}}}} \qquad (2-6-30)$$

水平井的产能公式（2-6-30）化为油藏工程实用单位为

$$Q_{\text{h}} = \frac{5.4259 \times 10^2 Kh}{\mu B} \frac{\Delta p}{\dfrac{\pi R_{\text{e}}}{L} + \dfrac{h}{L} \ln \dfrac{h}{2\pi r_{\text{w}}}} \qquad (2-6-31)$$

2. 水平井相对油层厚度中心具有偏心距产能的产能表达式
由式（2-6-25）得

$$Q_{\text{hp}} = \frac{5.4259 \times 10^2 Kh}{\mu B} \frac{\Delta p}{\dfrac{\pi R_{\text{e}}}{L} + \dfrac{h}{L} \ln \left(\dfrac{h}{2\pi r_{\text{w}}} \cos \dfrac{\pi \delta}{h} \right)} \qquad (2-6-32)$$

3. 多分支井稳态产能方程的导出

多分支水平井大多数都是分布在几个不同的油层中。且具有不同的油层参数和几何参数。考虑油藏工程实际情况提出多分支水平井的产能公式将由下式给出：

$$Q = \sum_{i=1}^{n} q_{hi} \tag{2-6-33}$$

式中　q_{hi}——第 i 口水平井的产能。

根据渗流阻力定律及式(2-6-33)所给的水平井产能公式有

$$q_{hi} = \frac{\alpha_{hi} \Delta p_i}{R_{hi} + S_{hi}} \tag{2-6-34}$$

$$R_{hi} = \frac{\pi R_{ei}}{L_i} + \frac{h_i}{L_i} \ln \frac{h_i}{2\pi r_{wi}} \cos \frac{\pi \delta}{h_i} \tag{2-6-35}$$

$$\alpha_{hi} = \frac{5.4259 \times 10^2 h_i}{\mu_{oi} B_{oi}} \sqrt{K_{hi} K_{vi}} \tag{2-6-36}$$

式中　n——水平井的个数；

i——第 i 个水平井；

S_{hi}——第 i 个水平井的表皮效应；

Δp_{hi}——第 i 个水平井的生产压差，MPa；

R_{hi}——第 i 个水平的阻力；

α_{hi}——第 i 个水平井的导压系数，$m^2/(mPa \cdot s)$；

R_{ei}——第 i 个水平井的供油半径，m；

r_{wi}——第 i 个水平井的生产半径，m；

K_{hi}——第 i 个水平井的水平渗透率，D；

K_{vi}——第 i 个水平井的垂直渗透率，D；

L_i——第 i 个水平井的水平段长度，m；

h_{hi}——第 i 水平井所处的油层厚度，m；

h_i——第 i 个水平井穿透的有层厚度，m；

δ——水平井在油层厚度中心的偏心距，m；

μ_{oi}——油藏原油黏度，$mPa \cdot s$；

B_{oi}——原油体积系数。

特别需要强调的是，在同一油层中 Δp_{hi} 是相等的，单水平井与多分支水平井的产能可按下式比较：

$$I = \frac{\sum_{i=1}^{n} q_{hi}}{q_h} \tag{2-6-37}$$

如果多分支水平井每个分支的产量相等均等于 q_h 时，多分支水平井就是单水平井产量的 n 倍。

4. 裂缝水平井产能公式

在一个复杂的油藏体中，即有岩石孔隙渗流又有裂缝渗流的复杂体系。

在裂缝地层中,引入列宾宗函数:

$$p = \int \frac{\rho}{\mu} K_1^0 \mathrm{e}^{-\alpha(p_0-p)} = \frac{\rho K_1^0}{\mu} \frac{\mathrm{e}^{-\alpha(p_0-p)}}{\alpha} + c \tag{2-6-38}$$

$$p_i = \frac{\rho K_1^0}{\mu} \frac{\mathrm{e}^{-\alpha(p_0-p_i)}}{\alpha} + c \tag{2-6-38a}$$

$$p_{wf} = \frac{\rho K_1^0}{\mu} \frac{\mathrm{e}^{-\alpha(p_0-p_{wf})}}{\alpha} + c \tag{2-6-38b}$$

当 $p_0 = p_i$ 时,

$$\Delta p = p_i - p_{wf} = \frac{\rho K_1^0}{\mu\alpha} \left[1 - \mathrm{e}^{-\alpha(p_i-p_{wf})} \right] \tag{2-6-38c}$$

式中　K_1^0——裂缝岩石在压力等于 p_0 时的渗透率,mD;

　　　p_0——裂缝地层原始压力,MPa;

　　　p_i——裂缝地层压力,MPa;

　　　p_{wf}——裂缝地层流动压力,MPa。

由于 $K_1 = K_1^0 \mathrm{e}^{-\alpha(p_0-p)}$,因此 $\alpha = 3\beta$。综合压缩系数:

$$\beta = \beta_1 \phi_f + \beta_\phi \tag{2-6-38d}$$

式中　β——综合压缩系数,MPa^{-1};

　　　β_1——液体压缩系数,MPa^{-1};

　　　β_ϕ——岩石孔隙压缩系数,MPa^{-1};

　　　ϕ_f——裂缝的孔隙度,%。

裂缝孔隙介质中不稳定渗流的重要特点是两种介质中,即孔隙岩块和裂缝之间的流体要相互频繁交换,这是由于 p_1 和 p_2 不等的缘故,因此这一过程可看作是准稳定的,也就是说与时间无明显关系,显然压缩性流体运动时,在单位时间内,单位体积的岩石中从岩块流入裂缝的液体质量与压差 p_1-p_2、密度 ρ_0 成正比,与黏度 μ 成反比。

通常对于裂缝孔隙,井产量是由两相部分相加而成,一部分是由裂缝流出的流量,另一部分是由孔隙岩块流出的流体产量,这里由于边界条件和地层的几何要素相同,因此,将式(2-6-380)代入式(2-6-31),产量公式可表示为

$$Q = \frac{5.4259\times10^2 K_1 h}{\mu B \alpha} \left[\frac{1-\mathrm{e}^{-\alpha(p_i-p_{wf})}}{\dfrac{\pi R_e}{L} + \dfrac{h}{L}\ln\dfrac{h}{2\pi r_w}} \right] + \frac{5.4249\times10^2 K_2 h(p_i-p_{wf})}{\mu B \ln\dfrac{R_e}{r_w}} \tag{2-6-38e}$$

式中　K_1——裂缝渗透率,mD;

　　　K_2——基质渗透率,mD。

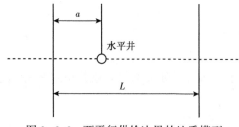

图 2-6-2　两平行供给边界的地质模型

二、两平行供给边界的水平井产量表达式推导

平行供给边界即边水驱油情况(图 2-6-2),考虑两个边界的影响。根据镜像原理,对于供给边界油藏,镜像反映后的虚拟井和实际井性质相反,实际井为采油井,反映后的井就为注水井,实际井为注水井,反映后的井就为

采油井，即为等产量"异号"反映。因此，必须进行无限次映射，无限次映射后得到无限个注水井和采油井。在图 2-6-2 中，将水平井井眼中心垂直方向作为 x 轴，y 轴取在左侧供给边界上，在 x 轴右侧采油井的坐标为 $[2nL+a,0]$；x 轴左侧采油井的坐标为 $[-2nL+a,0]$；x 轴右侧注水井的坐标为 $[2nL-a,0]$；x 轴左侧注水井的坐标为 $[-2nL-a,0]$；根据叠加原理：

$$\Phi = \frac{Q}{2\pi}\left(\ln R + \sum_{n=1}^{N} R_m - \ln R' - \sum_{n=1}^{N} \ln R'_n - \sum_{n=1}^{N} \ln R'_m + \sum_{n=1}^{N} \ln R_n\right) + C \qquad (2-6-39)$$

其中

$$R = \sqrt{(x-a)^2 + y^2}$$

$$R' = \sqrt{(x-a)^2 + y^2}$$

$$R_n = \sqrt{[(x-a)-2nL]^2 + y^2}$$

$$R_m = \sqrt{[(x-a)+2nL]^2 + y^2}$$

$$R'_m = \sqrt{[(x+a)-2nL]^2 + y^2}$$

$$R'_n = \sqrt{[(x+a)+2nL]^2 + y^2}$$

式中　L——两供给边界的距离，m；

　　　a——实际井到左边界的距离，m；

　　　R——任意点 P 到实际井的距离，m；

　　　R'——第一个虚拟井到任意点 P 的距离，m；

　　　R_n、R_m——虚拟采油井到任意点 P 的距离，m；

　　　R'_n、R'_m——虚拟注水井到任意点 P 的距离，m。

化简式(2-6-39)得：

$$\Phi = \frac{Q}{2\pi}\left[\ln R - \ln R' + \lim_{N\to\infty}\left(\sum_{n=1}^{N}\ln R_n - \sum_{n=1}^{N}\ln R'_n + \sum_{n=1}^{N}\ln R_m - \sum_{n=1}^{N}\ln R'_m\right)\right] + C$$

$$= \frac{Q}{2\pi}\left[\ln\frac{R}{R'} + \lim_{N\to\infty}\left(\ln\prod_{n=1}^{N}R_n - \ln\prod_{n=1}^{N}R'_n + \ln\prod_{n=1}^{N}R_m - \ln\prod_{n=1}^{N}R'_m\right)\right] + C$$

$$= \frac{Q}{2\pi}\ln\left(\frac{R}{R'}\lim_{N\to\infty}\prod_{n=1}^{N}\frac{R_n R_m}{R'_n R'_m}\right) + C$$

$$= \frac{Q}{4\pi}\ln\left\{\frac{(x-a)^2+y^2}{(x+a)^2+y^2}\lim_{N\to\infty}\prod_{n=1}^{N}\left[\frac{(x-a-2nL)^2+y^2}{(x+a-2nL)^2+y^2}\right]\left[\frac{(x-a+2nL)^2+y^2}{(x+a+2nL)^2+y^2}\right]\right\} + C$$

$$= \frac{Q}{4\pi}\ln\left\{\frac{(x-a+iy)(x-a-iy)}{(x+a+iy)(x-a-iy)}\lim_{N\to\infty}\prod_{n=1}^{\infty}\frac{\left[1-\dfrac{(x-a+iy)^2}{4n^2L^2}\right]\left[1-\dfrac{(x-a-iy)^2}{4n^2L^2}\right]}{\left[1-\dfrac{(x+a+iy)^2}{4n^2L^2}\right]\left[1-\dfrac{(x+a-iy)^2}{4n^2L^2}\right]}\right\} + C$$

$$(2-6-40)$$

利用三角函数无穷乘积之间的恒等关系及三角函数和双曲函数之间的关系，当 x 的值为任意值时，正弦函数无穷乘积之间均满足下列恒等式：

$$\sin x = x\prod_{n=1}^{\infty}\left(1 - \frac{x^2}{n^2\pi^2}\right)$$

$$\cos ix = \mathrm{ch}\, x$$

$$\Phi = \frac{Q}{4\pi}\ln\left\{\frac{\dfrac{\pi(x-a+iy)}{2L}\prod_{n=1}^{\infty}\left[1-\dfrac{\pi^2(x-a+iy)^2}{4n^2L^2\pi^2}\right]\times\dfrac{\pi(x-a-iy)}{2L}\prod_{n=1}^{\infty}\left[1-\dfrac{\pi^2(x-a-iy)^2}{4n^2L^2\pi^2}\right]}{\dfrac{\pi(x+a+iy)}{2L}\prod_{n=1}^{\infty}\left[1-\dfrac{\pi^2(x+a+iy)^2}{4n^2L^2\pi^2}\right]\times\dfrac{\pi(x+a-iy)}{2L}\prod_{n=1}^{\infty}\left[1-\dfrac{\pi^2(x+a-iy)^2}{4n^2L^2\pi^2}\right]}\right\}+C$$

$$=\frac{Q}{4\pi}\ln\left[\frac{\sin\dfrac{\pi(x-a+iy)}{2L}\sin\dfrac{\pi(x-a-iy)}{2L}}{\sin\dfrac{\pi(x+a+iy)}{2L}\sin\dfrac{\pi(x+a-iy)}{2L}}\right]+C$$

$$=\frac{Q}{4\pi}\ln\left[\frac{\cos\dfrac{i\pi y}{L}-\cos\dfrac{\pi(x-a)}{L}}{\cos\dfrac{i\pi y}{L}-\cos\dfrac{\pi(x+a)}{L}}\right]+C$$

$$=\frac{Q}{4\pi}\ln\left[\frac{\mathrm{ch}\dfrac{\pi y}{L}-\cos\dfrac{\pi(x-a)}{L}}{\mathrm{ch}\dfrac{\pi y}{L}-\cos\dfrac{\pi(x+a)}{L}}\right]+C \tag{2-6-41}$$

当 P 点在边界处，$y=0$，$x=R_e$ 时，$\Phi_e=C$。

当 P 点移在井壁处，$x=a-r_w$，$y=0$ 时

$$\Phi_w=\frac{Q}{4\pi}\ln\left[\frac{1-\cos\dfrac{\pi r_w}{L}}{1-\cos\dfrac{\pi(2a-r_w)}{L}}\right]+C \tag{2-6-42}$$

势差为

$$\Delta\Phi=\Phi_e-\Phi_w=\frac{Q}{4\pi}\ln\left[\frac{1-\cos\dfrac{\pi(2a-r_w)}{L}}{1-\cos\dfrac{\pi r_w}{L}}\right] \tag{2-6-43}$$

$$\Delta\Phi=\frac{K}{\mu}\Delta p$$

$$Q_h=QL_h$$

$$Q_h=\frac{4\pi KL_h}{\mu}\frac{\Delta p}{\ln\left[1-\cos\pi\dfrac{(2a-r_w)}{L}\right]\dfrac{1}{1-\cos\dfrac{\pi r_w}{L}}} \tag{2-6-44}$$

由于 $1-\cos\dfrac{\pi r_w}{L}=\dfrac{1}{2}\left(\dfrac{\pi r_w}{L}\right)^2$，$\cos\dfrac{\pi(2a-r_w)}{L}=2\sin^2\dfrac{\pi a}{L}$，上式化为油藏工程单位：

$$Q=\frac{5.4259\times10^2\sqrt{K_hK_v}\,h\Delta p}{\mu B}\frac{1}{\dfrac{h}{L_h}\ln\left(\dfrac{L}{\pi r_w}\sin\dfrac{2\pi a}{L}\right)} \tag{2-6-45}$$

第三节 水平井有效井筒半径

有效井筒半径概念是用来表示以一定产率生产的井的井筒半径,而不同于以钻井的井筒井径,它是用来拟合产率的理论井径,可以通过计算水平井的有效井筒半径把水平井的采油指数转变成等价的垂直井的采油指数。

为了计算与水平井产油量相同的直井的井筒半径,假设泄油体积相同,产能指数相同,这样就有 $J_v = J_h$ 成立,由式(2-6-31)得

$$\frac{\dfrac{2\pi Kh}{\mu_o B}\dfrac{\Delta p}{\ln\dfrac{r_e}{r'_w}}}{\Delta p} = \frac{\dfrac{2\pi Kh}{\mu_o B}\dfrac{\Delta p}{\dfrac{\pi r_e}{L}+\dfrac{h}{L}\ln\dfrac{h}{2\pi r_w}}}{\Delta p} \tag{2-6-46}$$

式中,$r'_w = \dfrac{r_e}{e^{\pi r_e/L}\left(\dfrac{h}{2\pi r_w}\right)^{h/L}}$。

由下式即可求得水平井与直井的采油指数比:

$$\frac{J_h}{J_v} = \ln\frac{r_{ev}}{r_w}\bigg/\ln\frac{r_{eh}}{r'_w} \tag{2-6-47}$$

将式(2-6-47)代入式(2-6-46)化简得

$$\frac{J_h}{J_v} = \ln\frac{r_{ev}}{r_w}\bigg/\left(\frac{\pi r_{eh}}{L}+\frac{h}{L}\ln\frac{h}{2\pi r_w}\right) \tag{2-6-48}$$

式中 r_{ev}——直井的供油半径,m;
　　　r_{eh}——直井的供油半径,m。

用式(2-6-48)可对单相流的水平井产能进行合理的估算。

第四节 考虑向井渗流与水平井井筒流动时的水平井产能

为研究问题方便,将水平井分为若干段,并分段考虑每段上的压降(图2-6-3),假设每段流动是线性流动。水平井井筒中的流量按照连续性定律可以表示为:

$$Q_1 = Q_2 + Q_{R1} \tag{2-6-49}$$

$$Q_2 = Q_3 + Q_{R2} \tag{2-6-50}$$

$$Q_3 = Q_4 + Q_{R3} \tag{2-6-51}$$

$$\cdots\cdots$$

$$Q_n = Q_{n+1} + Q_{Rn} \tag{2-6-52}$$

式中 $Q_1, Q_2, Q_3, \cdots, Q_n$——通过水平井每段截面的流量,$m^3/s$;
　　　$Q_{R1}, Q_{R2}, Q_{R3}, \cdots, Q_{R(n-1)}$——在每个段上的油藏向井渗流量,$m^3/s$。

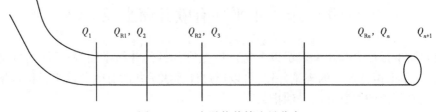

图 2-6-3　水平井井筒流量分布

每段长度上的流动都符合单相流达西渗流方程,下式成立:

$$Q_{R1} = J_1 \Delta p \Delta L_1 \tag{2-6-53}$$

$$Q_{R2} = J_2 \Delta p_2 \Delta L_2 \tag{2-6-54}$$

$$Q_{R3} = J_3 \Delta p_3 \Delta L_3 \tag{2-6-55}$$

$$\cdots\cdots$$

$$Q_{Rn} = J_n \Delta p_n \Delta L_n \tag{2-6-56}$$

式中　$\Delta L_1, \Delta L_2, \Delta L_3, \cdots, \Delta L_n$——划分的水平井段长度,m;

$\quad\quad J_1, J_2, J_3, \cdots, J_n$——每个段上的米采油指数,$\mathrm{m}^3/(\mathrm{s \cdot MPa \cdot m})$;

$\quad\quad \Delta p_1, \Delta p_2, \Delta p_3, \cdots, \Delta p_n$——每段水平井生产压差,MPa。

将式(2-6-53)至式(2-6-56)代入式(2-6-49)至式(2-6-52),得到

$$Q_1 = J_1 \Delta p_1 \Delta L_1 + J_2 \Delta p_2 \Delta L_2 + J_3 \Delta p_3 \Delta L_3 + \cdots + J_n \Delta p_n \Delta L_n + Q_{n+1} \tag{2-6-57}$$

水平井渗流阻力总的表达式为

$$R_{th} = C_h \frac{\mu_o B_o L}{2\pi K h} \tag{2-6-58}$$

式中　C_h——水平井总渗流阻力系数,量纲 1。

采油指数可以表示为

$$J_h = \frac{Q_h}{\Delta p} = \frac{\dfrac{\Delta p}{R_{th}}}{\Delta p} = \frac{1}{R_{th}} \tag{2-6-59}$$

由式(2-6-59)可知,采油指数是总渗流阻力的倒数。

将式(2-6-57)与式(2-6-58)结合得

$$Q_1 = \frac{2K\pi h}{\mu_o B_o L}\left(\frac{\Delta L_1 \Delta p_1}{C_{h1}} + \frac{\Delta L_2 \Delta p_2}{C_{h2}} + \frac{\Delta L_3 \Delta p_3}{C_{h3}} + \cdots + \frac{\Delta L_n \Delta p_n}{C_{hn}}\right) + Q_{n+1} \tag{2-6-60}$$

由于井筒中的摩擦压力损失很小,忽略每一段上的压降,生产压差 $\Delta p_1 = \Delta p_2 = \Delta p_3 = \cdots = \Delta p_n = \Delta p$,MPa,为当水平井等划分为 n 段时,每一段都为 ΔL,$\Delta L_1 = \Delta L_2 = \Delta L_3 = \cdots = \Delta L_n = \Delta L$,公式(2-6-60)可简化为

$$Q_1 = \frac{2K\pi h}{\mu B_o}\frac{\Delta L}{L}\Delta p\left(\frac{1}{C_{h1}} + \frac{1}{C_{h2}} + \frac{1}{C_{h3}} + \cdots + \frac{1}{C_{hn}}\right) + Q_{n+1} \tag{2-6-61}$$

式中　C_{h1}、C_{h2}、C_{h3}、C_{hn}——水平井每段上的渗流阻力系数,令每段上的渗流阻力系数相等,

　　　　　　且 $C_{h1}=C_{h2}=C_{h3}\cdots=C_{hn}$。

式(2-6-61)表示为

$$Q_1=\frac{2K\pi h}{\mu B_o}\Delta p\left(\frac{1}{C_{hn}}\right)+Q_{n+1} \tag{2-6-62}$$

由本章式(2-6-31)模型可导出水平井总的渗流阻力系数 C_{hn} 的计算方法:

$$C_{hn}=\frac{\pi R_{ev}\sqrt{R}}{\Delta L}+\frac{h}{\Delta L}\ln\frac{h}{2\pi r_w} \tag{2-6-63}$$

式中　R——替换比,$R=J_h/J_v$,量纲1;

　　　　R_{ev}——直井泄油半径,m。

由于 Q_1 为水平井跟端流量,即水平井的排出端流量,Q_{n+1} 为水平井的趾端流量,采用球形流动的达西渗流方程求得

$$Q_{n+1}=\frac{2K\pi\sqrt{K_hK_v}}{\mu B_o\left(\frac{1}{r_w}-\frac{1}{\sqrt{R}R_{ev}}\right)}\Delta p \tag{2-6-64}$$

将式(2-6-63)、式(2-6-64)代入式(2-6-62)并化成工程单位,在 $\sqrt{R}R_{ev}\gg r_w$ 时,忽略 $\frac{1}{\sqrt{R}R_{ev}}$,式(2-6-62)可分别简化为

$$Q_1=\frac{5.526\times10^2 h\sqrt{K_hK_v}\Delta p}{\mu_o B}\left(\frac{L}{\pi R_{ev}\sqrt{R}+h\ln\frac{h}{2\pi r_w}}+r_w\right) \tag{2-6-65}$$

将式(2-6-58)变形得到的 C_{hn} 的表达式及式(2-6-64)代入式(2-6-62)得

$$Q_1=\Delta p R J_v+\frac{5.526\times10^2\Delta p\sqrt{K_hK_v}}{\mu B_o}r_w \tag{2-6-66}$$

从上面的推导看出:可以将水平井筒分段考虑不同压降下的产能方程式(2-6-61)在忽略压降损失式,可以简化成为两个新的产能预测方程式(2-6-65)和式(2-6-66)。

实例分析的基础数据采用王家宏 2008 年提供的数据:某油田属砂岩油藏,垂直渗透率为 180mD,水平渗透率为 540mD,油层厚度为 29.9m,体积系数为 1.116m³/m³,地下原油黏度为 5.4mPa·s,地下原油密度为 785kg/m³,直井与水平井的井眼半径均为 0.1m,直井供油半径为 250m,水平井段内径为 0.125m,直井采油指数为 61.5m³/(d·MPa),运动黏度为 9.5×10⁴m²/s,水平井生产压差为 1.0MPa 和 0.8MPa。水平井长度 $L=600$m,$R=4.48$,生产压差 $\Delta p=1.0$MPa,将上述数据代入式(2-6-65)和式(2-6-66)分别得到

$$Q_1=275.5\text{m}^3/\text{d};Q_1=292.6\text{m}^3/\text{d}$$

该计算结果与王家宏 2008 年给出的计算结果 $Q=279.7$m³/d 基本一致。

第五节 水平井产能计算中参数确定方法

水平井产能公式中的参数的确定直接影响水平井的产能预测精度,本节就水平井稳态公式中如何使用渗透率、黏度、油层高度(厚度)等几个参数进行分析,指出这些参数在公式中如何应用。

一、几个重要参数的选用

应用 Joshi 水平井稳态产能公式(2-6-1)为例进行参数分析和定义。如果公式(2-6-1)中所给油藏工程量纲其系数为 0.007808,采用下面符号解释的括号中的英制单位。Joshi 公式中的符号见括号中的单位。

Q_h——产油量,m^3/d(bbl/d);

K_h——水平渗透率,μm^2(D);

h——油藏厚度,m(ft);

Δp——泄油半径到井筒的压力降,MPa(psi);

μ_o——原油黏度,$mPa \cdot s$(cP);

B——地层体积系数,m^3/m^3(bbl/ft^3);

L——水平井长度,m(ft);

r_w——井筒半径,m(ft);

β——非均质性系数,$\beta = \sqrt{K_h/K_v}$。

1. 渗透率的使用

1)Joshi 公式中 β 的含义

1991 年,Joshi 定义 β 的含义为水平渗透率与垂直渗透率比的平方根,而 β 仅仅是对各向异性的一种修正,文章中所用关键词"Influence of Anisotropy"。Joshi 没有言及非均质地层的修正问题,只是渗透率各向异性的修正。而非均质各向异性地层中的渗透率处理是非常复杂的,目前尚无较完美的数学表达式表述。通常工程计算中取平均值。水平井中孔隙度和渗透率在其井段长度上都是变化的,例 TZ4-17-H4(塔中水平 1 井),孔隙度在整个长度上的变化是 16%~20%,渗透率是 0.200~0.6D,井段加权平均处理值为 0.450D。而 TZ4-27-H14(塔中水平 3 井)孔隙度在整个水平段上分布 16%~20%,孔隙度最小值为 10.2%,最大值为 24.8%。渗透率分布最大值为 1250mD,水平段从 3753.5~4180.0m。

2)渗透率的处理方法

渗透率是一个张量。水平钻井过程中,井的方向对井的测试和渗透率解释是非常重要的,尤其是对非均质油藏,渗透率的方向性这个问题对水平井的性能预测和分析更重要。均质各向异性地层,其渗透率 K 只是方向的函数。非均质各向同性地层,渗透率是空间的函数,与各点方向无关。非均质各向异性,渗透率既是油层中某一测点的函数,又是测量方向的函数。均质地层渗透率各向异性的分布规律如图 2-6-4 所示。

$$\frac{1}{K_h} = \frac{\cos^2\theta}{K_x} + \frac{\sin^2\theta}{K_y} \tag{2-6-67}$$

如果用 $K = \sqrt{K_x K_y}$ 将介质简化为各向同性介质,以式 $v_x = \frac{K_x}{\mu}\frac{\partial p}{\partial x}$ 和 $v_y = \frac{K_y}{\mu}\frac{\partial p}{\partial y}$ 为基础,用图

解法解得流速 v。

在均质各向同性介质中流线与压力梯度方向(等压线的法线)即流线与等压线是正交的。如果 $K_x > K_y$ 所以 v 和 v' 不相重合,流线与等压线不正交,流线发生偏转(图 2-6-5)。

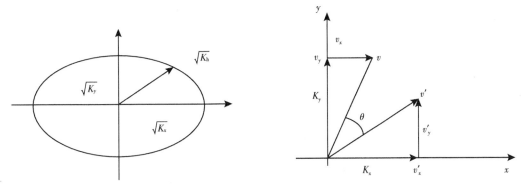

图 2-6-4　渗透率椭圆图　　　　　　　图 2-6-5　流线发生偏转图

均质各向异性地层中平面的渗透率应由下式求得:

$$K_s = \frac{K_y \cos^2\theta + K_y \sin^2\theta}{K_x K_y} \qquad (2-6-68)$$

3) 工程实际处理方法

取水平渗透率是垂直渗透率的 4 倍计算结果见表 2-6-1。

非均质各向同性地层中的水平渗透率 K_h 和垂直渗透率 K_v 由下式求得:

$$K_h = \frac{\sum_{i=1}^{n} K_{hi}}{n}, \qquad K_v = \frac{\sum_{i=1}^{n} K_{vi}}{n} \qquad (2-6-69)$$

或

$$K_h = \sqrt{\prod_{i=1}^{n} K_{hi}}, \qquad K_v = \sqrt{\prod_{i=1}^{n} K_{vi}} \qquad (2-6-70)$$

由表 2-6-1 的计算可知,工程计算中取几何平均计算透率计算结果较接近实际。在具有三轴渗透率(图 2-6-6)的情况下,采用式(2-6-71)来计算有效渗透率。

表 2-6-1　几何平均处理法与加权平均处理之间比较

$K_h(mD)$	$K_v(mD)$	$\sqrt{K_h K_v}(mD)$	$\dfrac{K_h + K_v}{2}(mD)$	误差(%)
100	25	50	62.5	
90	22.5	45	56.25	
80	20	40	50	25
70	17.5	35	43.75	
60	15.0	30	37.5	

$K_h(mD)$	$K_v(mD)$	$\sqrt{K_h \cdot K_v}(mD)$	$\dfrac{K_h+K_v}{2}(mD)$	误差(%)
50	12.5	25	31.25	
40	10	20	25	
30	7.5	15	18.75	25
20	5	10	12.5	
10	2.5	5	6.25	

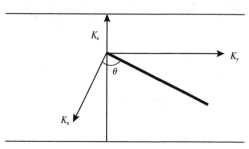

图 2-6-6　水平井任意方向的渗透率

$$K = \sqrt{\frac{K_y\cos^2\theta + K_x\sin^2\theta}{K_xK_y}}\,K_z = \frac{1}{K_xK_y}\sqrt{K_xK_zK_y\left[K_y+(K_x-K_y)\sin^2\theta\right]} \qquad (2-6-71)$$

2. 水平井泄油半径

水平井泄油面积的椭圆泄油两端通常按近似于半圆考虑,中间是长方形和矩形域,这时等效供油面积可由下式求得:

$$\begin{cases} 2X_e = L+2R \\ 2Y_e = R \\ \pi R^2 + 2X_e \cdot 2Y_e = \pi r_{eh}^2 \end{cases} \qquad (2-6-72)$$

近似椭圆域时有

$$r_{eh} = \sqrt{R^2 + 4X_eY_e/\pi} \qquad (2-6-73)$$

矩形域泄油时有

$$r_{eh} = 2\frac{\sqrt{X_e \cdot Y_e}}{\sqrt{\pi}} \qquad (2-6-74)$$

当 $X_e = Y_e$ 时有

$$r_{eh} = 2X_e\sqrt{1/\pi} = 2Y_e\sqrt{\frac{1}{\pi}} \qquad (2-6-75)$$

式中　X_e——平行水平井方向的供油长度,m;

264

Y_e——垂直于水平井方向的供油长度，m；

r_{eh}——等效圆域的供油半径，m。

3. 黏度

在产能计算中从 Joshi 公式中没有对原油黏度 μ 作更准确定义，实际上就 Joshi 公式而言，无疑式中的 μ 是指地下原油黏度，而在实际应用中有许多工程方案设计有的使用地面黏度，有的使用地下黏度。给工程计算值带来的结果各异，结论就大不相同。在产能公式的黏度值选用中应使用地下原油黏度。

4. 油层厚度

在实际工程中，油层厚度也出现了两个概念即油层厚度和有效油层厚度。通常在没有出现有效厚度的提法时，就是指有效厚度。在即有油层厚度又有有效厚度时，在计算油井产能时就应使用有效油层厚度。

第六节　水平井参数设计

水平井应用于油田开发能否达到预期效果，其参数设计直接影响开发效果。近 30 年来，人们对水平井研究已经做了大量的研究工作，中国研究者对水平井开发油气田最主要的参数水平井长度的确定也做了研究，得出的结论是：在一定油藏条件下，水平井最优长度为 $300\sim500\text{m}$。而美国油气田采用水平井开发中，不论是中高渗透油藏，还是低渗透油藏，其水平井长度范围大都在 $1000\sim2000\text{m}$，尤其需要指出的是：近年来，美国在巴肯盆地开发基质渗透率小于 0.005mD 的致密油藏，其水平井段长度超过了 1200m。水平井段长度的设计关乎水平井生产效果及生产寿命等。水平井段长度的确定与水平井诸多重要参数均有相互关系，利用水平井开发油田是一项从地质、油藏到钻采工艺技术的一项系统工程。因此，从水平井提高采收率的角度出发，对水平井与直井相比提高采收率幅度、水平井长度与泄油半径之间的关系、水平井长度确定及水平井井网进行研究，以期对中国今后水平井的设计和应用带来裨益。

一、水平井与直井相比提高采收率的幅度

根据 Giger 1986 年和 Joshi 1991 年文章中采用的面积比采油指数的概念，利用水平井和直井开发油田，其开发井数和油井产量都不相同，对于油井产量和开发井数进行比较，水平井开发的油田相对直井钻井数量大大减少，产量是直井的 $2\sim5$ 倍。采用采收率的概念，研究给出使用水平井比使用直井所提高采收率的幅度值。为研究问题方便，采用 Giger 1986 年提出的水平井与直井的替换比概念，可以表示为：

$$R = \frac{R_{eh}^2}{R_{ev}^2} \tag{2-6-76}$$

式中　R_{eh}——水平井泄油半径，m；

R_{ev}——直井泄油半径，m。

当采用 1 口水平井开发时，其采收率可表示为：

$$E_{HR} = \frac{q_H t}{\pi R_{eh}^2 h \phi (1-S_w)} \tag{2-6-77}$$

式中 E_{HR}——水平井的采收率,%;

　　q_H——水平井的平均产量,m^3/d;

　　t——累计生产时间,d;

　　h——油层厚度,m;

　　ϕ——孔隙度,%;

　　S_w——油藏含水饱和度,%。

当采用 1 口直井开发时,其采收率可表示为:

$$E_{VR} = \frac{q_V t}{\pi R_{ev}^2 h\phi(1-S_w)} \tag{2-6-78}$$

式中 E_{VR}——垂直井的采收率,%;

　　q_V——垂直井的平均产量,m^3/d。

因此,水平井相对直井提高采收率的幅度 ΔE 可表示为:

$$\Delta E = \frac{E_{HR} - E_{VR}}{E_{HR}} \tag{2-6-79}$$

将式(2-6-77)和式(2-6-78)代入式(2-6-79),并令 $\varepsilon = q_H/q_V$,得:

$$\Delta E = 1 - R/\varepsilon \tag{2-6-80}$$

由式(2-6-80)将替换比 R 进一步表示为:

$$R = \varepsilon(1-\Delta E) \tag{2-6-81}$$

在水平井和直井两个不同开发系统中,比面积采油指数相同,但其采油指数和泄油面积可以不同。替换比又可表示为:

$$\frac{J_h}{A_h} = \frac{J_v}{A_v} \tag{2-6-82}$$

式中 J_h——水平井采油指数,$m^3/(d \cdot MPa)$;

　　J_v——直井采油指数,$m^3/(d \cdot MPa)$;

　　A_h、A_v——水平井和直井的泄油面积,m^2。

在两个不同的开发系统中,水平井开发系统中有 n 口水平井,直井开发系统中 n' 口直井。替换比可表示为

$$R = \frac{J_h}{J_v} = \frac{A_h}{A_v} = \frac{R_{eh}^2}{R_{ev}^2} = \frac{\sqrt{n}}{\sqrt{n'}} \tag{2-6-83}$$

从以上分析可以看出,替换比等于水平井与直井的采油指数比、控制面积比、井数方根比和泄油半径平方之比。如果考虑水平井提高原油采收率幅度 ΔE 时,从式(2-6-77)和式(2-6-82)导出水平井单井控制面积的计算式为:

$$A_{eh} = \varepsilon A_{ev}(1-\Delta E) \tag{2-6-84}$$

二、水平井泄油域及水平段长度的确定

Joshi 于 1986 年、1991 年虽然给出了水平井的泄油半径如何确定,但只在算例中提到,尚未看到人们在水平井设计中使用。因此,研究了水平井几种不同渗流域,导出了确定水平井长度的计算式。

1. 方法 1

水平井渗流过程中,人们较为接受的泄油形状近似为椭圆。将长半轴和短半轴近似表示为:

$$\begin{cases} a = \dfrac{L_o}{2} + R_{ev} \\ b = R_{ev} \end{cases} \tag{2-6-85}$$

式中 a——椭圆长半轴,m;

b——椭圆短半轴,m。

由椭圆域等效圆域的泄油半径为:

$$R_{eh} = R_{ev} \left(\frac{L_o}{2} \cdot \frac{1}{R_{ev}} + 1 \right)^{0.5} \tag{2-6-86}$$

式中 L_o——近似椭圆泄油域中的水平井长度,m。

将式(2-6-76)代入式(2-6-86)得到水平井长度为:

$$L_o = 2(R-1)R_{ev} \tag{2-6-87}$$

将式(2-6-81)代入式(2-6-87),可求得水平井长度与水平井增加采收率幅度的表达式为:

$$L_o = 2\varepsilon R_{ev} \left(1 - \Delta E - \frac{1}{\varepsilon} \right) \tag{2-6-88}$$

2. 方法 2

水平井的泄油面积按中间呈矩形状、两端部呈球状计算,其等效泄油半径可表示为:

$$R_{eh} = R_{ev} \left(\frac{2L_p}{\pi R_{ev}} + 1 \right)^{0.5} \tag{2-6-89}$$

式中 L_p——矩形域泄油的水平井长度,m。

将式(2-6-76)代入式(2-6-89),得到水平井长度为:

$$L_p = \frac{\pi}{2}(R-1)R_{ev} = \frac{\pi}{4}L_o = 0.785L_o \tag{2-6-90}$$

3. 方法 3

取前两种泄油面积的平均值,可得到的水平井等效泄油半径为:

$$R_{eh} = R_{ev} \left[\frac{(4+\pi)L_a}{4\pi R_{ev}} + 1 \right]^{0.5} \tag{2-6-91}$$

式中 L_a——2 种平均泄油域中的水平井长度,m。

将式(2-6-76)代入式(2-6-91),得到水平井长度为:

$$L_a = \frac{2\pi}{4+\pi} \cdot 2R_{ev}(R-1) = \frac{2\pi}{4+\pi}L_o = 0.880L_o \qquad (2-6-92)$$

从上面分析可知,泄油域的形状不同,水平井的泄油半径和水平井长度不同,方法 1 与方法 3 所得结果基本相当,而方法 2 计算值略低于方法 1 和方法 3。

三、水平井井网

采用水平井开发油田,在制订开发方案时,设计井网形式和水平井的井网密度至关重要,目前,水平井井网密度与直井的关系,水平井井排与泄油面积及注采井距的定量关系研究甚少,该次研究将由式(2-6-84)中导出替换比与水平井井网及直井井网密度的关系式:

$$R = \frac{D_h}{D_v} \qquad (2-6-93)$$

式中 D_h、D_v——水平井和直井井网密度,口/km²。

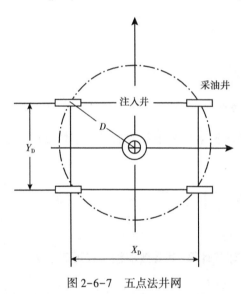

图 2-6-7 五点法井网

该次研究给出了水平井、直井联合五点法井网形式,五点法井网由 4 口直井注水和 1 口水平井采油。设矩形井网的注水井井距为 X_D,注水井排距为 Y_D,注水井到采出井的排距为 $X_D/2$(图 2-6-7)。

五点法井网的泄油面积为:

$$A = X_D Y_D \qquad (2-6-94)$$

式中 X_D——五点法水平井注入井井排距,m;
Y_D——五点法水平井注入井的井距,m。

根据水平井等效泄油面积概念,有下式成立:

$$\pi R_{eh}^2 = \pi R R_{ev}^2 = X_D Y_D \qquad (2-6-95)$$

注采井井距表示为:

$$D = \frac{1}{2}\sqrt{X_D^2 + Y_D^2} \qquad (2-6-96)$$

由式(2-6-95)、式(2-6-96)可得:

$$X_D = \left(2D^2 \pm \sqrt{4D^4 - (\pi R R_{ev}^2)^2}\right)^{\frac{1}{2}} \qquad (2-6-97)$$

$$Y_D = \left(2D^2 \mp \sqrt{4D^4 - (\pi R R_{ev}^2)^2}\right)^{\frac{1}{2}} \qquad (2-6-98)$$

式(2-6-97)和式(2-6-98)给出了五点法井网井距和排距的计算公式。

当五点法井网为矩形井网时,由式(2-6-97)和式(2-6-98)可求得:

$$D \geqslant \frac{\sqrt{2\pi}}{2} R_{\text{eh}} = 1.253 R_{\text{eh}} \qquad (2-6-99)$$

在五点法矩形井网下,必须保证式(2-6-97)和式(2-6-98)成立。当五点法井网的注水井井距和排距相等($X_D = Y_D = d$)时,等效泄油半径为:

$$R_{\text{eh}} = \frac{\sqrt{2\pi}}{\pi} D = 0.798D \qquad (2-6-100)$$

由式(2-6-97)和式(2-6-98)可得到正方形注入井(采出井)井网的井距和排距相等,可表示为:

$$X_D = Y_D = R_{\text{ev}} \sqrt{\pi R} = 1.772 R_{\text{ev}} \sqrt{R} \qquad (2-6-101)$$

可求得采出井(注入井)到注入井(采出井)的井距为:

$$D = \frac{\sqrt{2\pi}}{2} \sqrt{R} R_{\text{ev}} = 1.253 R_{\text{eh}} \qquad (2-6-102)$$

由式(2-6-101)和式(2-6-102)得到注入井(采出井)井排距和注入井(采出井)井距与注入井(采出井)到采出井(注入井)的井距为:

$$D = \frac{\sqrt{2}}{2} X_D = \frac{\sqrt{2}}{2} Y_D = 0.707d \qquad (2-6-103)$$

由式(2-6-94)、式(2-6-102)、式(2-6-103)可导出五点法水平井井网密度与井排距的关系:

$$D_{\text{h}} = \left(\frac{d}{R_{\text{ev}}} \right)^2 \frac{D_{\text{v}}}{\pi} \qquad (2-6-104)$$

五点法井网的产能可根据姚约东等1999年给定的五点法产能公式求得:

$$Q = \frac{5.526 \times 10^2 h \sqrt{K_{\text{h}} K_{\text{v}}} \Delta P}{\mu B} \left(\frac{1}{C_{\text{hn}}} \right) \qquad (2-6-105)$$

其中

$$C_{\text{hn}} = \ln \frac{\sqrt{2} d}{8 r_{\text{w}}} + \ln \frac{4\sqrt{2} d}{L} + \frac{h}{L} \ln \frac{h}{2\pi r_{\text{w}}}$$

式中　C_{hn}——中间参数;

　　　d——注水井井距,m;

　　　h——油层厚度,m;

　　　L——水平井长度,m;

　　　r_{w}——油水井井径,m。

利用王家宏2008年提供的数据作为实例分析的基础数据:某油田属砂岩油藏,垂直渗透率为180mD,水平渗透率为540mD,油层厚度为29.9m,体积系数为1.116m³/m³,地下原油黏度为5.4mPa·s,地下原油密度为785kg/m³,直井与水平井的井眼半径均为0.1m,直井供油半径为 250m, 水平井段内径为 0.125m, 直井采油指数为 48.3t/(d·MPa), 运动黏度为 $9.5 \times 10^4 m^2/s$, 水平井生产压差为 1.0MPa 和 0.8MPa。

（1）求水平井的泄油半径。设 $\varepsilon = 5、4、3、2$, $\Delta E = 5\%$, 根据式(2-6-82)计算得到替换比 $R = 4.75、3.80、2.85、1.90$, 根据式(2-6-76)得到水平井的泄油半径 $R_{eh} = 544.86m$、487.34m、422.05m、344.60m。

（2）求水平井长度。根据三种计算式(2-6-88)、式(2-6-90)和式(2-6-92), 分别得到水平井的长度 $L_o = 1875m、1400m、925m、450m$; $L_p = 1472m、1099m、726m、353m$; $L_a = 1650m$、1232m、814m、396m。

（3）计算五点法矩形井网的井距与排距。如果是矩形井网注采井距, $D = 700m$, $R_{ev} = 250m$, $R = 4.75$。由式(2-6-97)和式(2-6-98)求得井距 $X_D = 1096m$, 排距 $Y_D = 823m$。根据式(2-6-101)和式(2-6-102)求得正方形井网的井距和排距 $X_D = Y_D = 837m$, 注采井距 $D = 682m$。

第七节　实例计算对比

一、算例

表 2-6-2 将给出塔里木油田 5 口水平井的油藏基本数据。

表 2-6-2　塔里木油田 5 口水平井的油藏基本数据

井号	h (m)	L (m)	μ (mPa·s)	B	R_{eh} (m)	K_h (D)	K_v (D)	ρ_o (g/cm³)	ρ_w (g/cm³)	Δp (MPa)	Z_w (m)	Q (m³/d)
TZH1	37.5	450	0.29	1.62	300	0.164	0.049	0.6	1.0	0.39		756
TZH2	50.0	402	0.29	1.62	300	0.164	0.049	5	6	0.83		732
TZH3	33.5	444	0.29	1.62	300	0.164	0.049	0.6	1.0	0.45	22.7	748
TZH4	55.4	600	0.29	1.62	300	0.164	0.049	5	6	0.47		744
TZH5	50.4	327	0.29	1.62	300	0.164	0.049	0.6	1.0	0.72		757

由于上表中只有的 TZH1 和 TZH3 的两组数据有油层的有效厚度, 分别为 37.5m 和 33.5m, 将 TZH1 和 TZH3 的两组数据代入式(2-6-1)、式(2-6-2)、式(2-6-3)、式(2-6-4)、式(2-6-8)和式(2-6-31)与现场的实际生产量 Q 拟合计算值见表 2-6-3。

表 2-6-3　拟合计算表

公式	TZH1		TZH3	
	计算值	误差(%)	计算值	误差(%)
公式(2-6-1)	1491	97	1612	116
公式(2-6-2)	1654	119	1779	138
公式(2-6-3)	1859	146	2001	168
公式(2-6-4)	1645	118	1769	137
公式(2-6-8)	1165	64.8	1077	69.4
公式(2-6-31)	627	17	655	12

根据表 2-6-3 后评估的结果可以看出，6 种计算公式用来拟和产量得出的数据相差很大，但与实际生产值对比误差低于 20% 的只有公式(2-6-31)。

二、小结

(1)运用新的产能预测模型对塔中四油田水平 1 井和水平 3 井的产能后评估的结果显示，实际生产值与计算值相对误差低于 20%，建议作为一种油井产能预测模型；

(2)裂缝水平井产能模型和多分支水平井产能模型有待进一步拟合验证；

(3)产能计算中正确使用概念和确定参数，才能保证工程计算的可靠性。

第七章 底水油藏水平井开采临界产量及水脊突破时间计算

水平井开采底水油藏的突出问题是底水突入油井而导致原油产量降低或无法进行工业性开采。1986 年 Chaperon 和 Karcher 等人把水平井底水突入井中称为"水脊"。国内外学者研究了水平井临界产量公式,但这些公式对给定同样一口井的生产数据得出的计算结果不同,给矿场计算带来一些不便。因此,本章对目前广泛应用的几种临界产量公式做了较详细的分析讨论,阐述了水平井开采过程中临界产量的概念,并对国内外几种常用的临界产量计算公式进行了分析,导出了适合水平井临界产量计算的广义模型和水脊突入油井的水淹时间估算表达式,提供油藏工程设计参考。

第一节 临界产量的定义

在直井生产中,曾经用过"临界产量"的概念,Muskat 1935 年写道:"临界产量是油井生产过程中无水、气的最大采油量。"这个定义 Joshi 1986 年曾引入了水平井。但 Chaperon 和 P. Pemide 等人都认为水平井开采过程中临界产量定义是:水平井生产过程中,油水界面不发生变形时的采油量。笔者认为后者比较符合实际。在实际工作中,有人认为底水油藏开采过程中,地面见到第一滴水的采油量就是临界产量。实际上当地面出现第一滴水时,油层早已被水突破。这个产量显然不能作为"临界产量",更简明地说,临界产量亦即底水欲局部突起越过油水界面但又尚未越过时的产量。

第二节 对几种常用临界产量公式的讨论

随着水平井技术的发展,1986 年道达尔法国石油公司的 Chaperon 发表了水平井底水油藏临界产量的计算公式,后来 Giger、Joshi 等人相继研究了水平井临界产量的计算。下面就国内外普遍应用的几种临界产量计算公式进行分析。

一、对 Chaperon 公式的讨论及修正

1986 年 Chaperon 在恒压边界下采用拉普拉斯方程研究了水平井有底水的临界产量,下面从 Chaperon 的基本方程入手进行分析。

1. Chaperon 导出式的基本方程

$$\begin{cases} \dfrac{\partial^2 \phi}{\partial x^2} + \dfrac{\partial^2 \phi}{\partial z^2} = 0 \\[2mm] \dfrac{\partial \varphi}{\partial z}\bigg|_{z=0,z=h} = 0 \\[2mm] \dfrac{Q}{\pi rL} = -\dfrac{k}{\mu}\,\mathbf{grad}\phi \\[2mm] \phi = (x,z) = \dfrac{Q\mu}{2\pi Lk} \lg\left(\text{ch}\,\dfrac{\pi x}{h} - \cos\dfrac{\pi z}{h}\right) \end{cases} \qquad (2-7-1)$$

2. Chaperon 原导出公式

$$Q_c = 3.486 \times 10^{-5} \frac{\Delta\rho KhL}{\mu} \left[2\frac{1-\cos(\pi Z_{sc}/h)}{\sin(\pi Z_{sc}/h)} \right] \tag{2-7-2}$$

式中　$\Delta\rho$——地下水、油密度差, g/cm^3;

　　　K——渗透率, D;

　　　h——油层厚度, m;

　　　μ——地下原油黏度, $mPa \cdot s$;

　　　L——水平井段长度, m;

　　　Z_{sc}——临界锥进高度, m。

3. Chaperon 推荐使用的公式

$$Q_c = 3.486 \times 10^{-5} \Delta ph \frac{K_h h}{\mu} \frac{LF}{X_A} \tag{2-7-3}$$

式中　X_A——与水平井水平段垂直的供油半径;

　　　F——量纲为 1 的函数;

　　　K_h——水平渗透率, D。

Chaperon 给出了 $F=4$, 后来 Joshi 发现 $F=4$ 最大计算误差达 44%, Joshi 进行了回归处理, F 用下式表示:

$$F = 3.9624955 + 0.0616438(a'') - 0.000540(a'')^2 \tag{2-7-4}$$

$$a'' = (X_A/h)\sqrt{K_v/K_h} \tag{2-7-5}$$

式中　X_A——与水平井水平段垂直的供油半径;

　　　h——油层厚度, m;

　　　K_v——垂直渗透率, D;

　　　K_h——水平渗透率, D。

4. 对 Chaperon 公式的修正

根据三角公式可知

$$\tan\frac{\pi Z_{sc}}{2h} = \frac{1-\cos(\pi Z_{sc}/h)}{\sin(\pi Z_{sc}/h)} \tag{2-7-6}$$

于是式(2-7-2)可表示为

$$Q_c = 3.486 \times 10^{-5} \frac{\Delta\rho KLh}{\mu} \left(2\tan\frac{\pi Z_{sc}}{2h}\right) \tag{2-7-7}$$

当 $Z_{sc}=0$ 时, $Q_c=0$; 当 $Z_{sc}=h$ 时, $Q_c \to \infty$。

由上面讨论可知, 式(2-7-7)的极大值无限大, 显然是不正确的。应该是当 $Z_{sc}=h$ 时, 油井被水全部突破, 产油量为 0。

Chaperon 公式的误差主要来源是处理临界锥进高度不够准确, 给出的无因次临界产量 $q^* = 2\dfrac{1-\sin\dfrac{\pi Z_{sc}}{h}}{\cos\dfrac{\pi Z_{sc}}{h}}$ 的表达式不能够准确地反映水锥的实际情况, 这也是 Chaperon 公式的计算结果与其他学者推荐的公式相比高出几倍甚至数十倍的缘由。早在 1989 年 Dikken 曾经撰文指出 Chaperon 公式推导有误，但没有指出错误所在。

根据 Chaperon 所给基本式可推导得

$$Q_{cx} = \frac{5.317h\sqrt{K_h K_v}}{\mu B} \left\{ \frac{\Delta\rho h(1-Z_w/h)}{h/L\ln[\text{ch}(\pi X_A/h)-\cos(\pi Z_w/h)]} \right\} \qquad (2-7-8)$$

式中　Q_{cx}——修正后的临界产量，m^3/d；

　　　Z_w——井眼到油层底部的距离，m。

5. 实例与讨论

现以塔里木油田塔中四水平 3 井 TZ4-27-H14 为例验证。该井油藏数据见表 2-7-1。

表 2-7-1　塔中四水平 3 井基础数据表

项目	数值	项目	数值	项目	数值
地面原油密度(g/cm^3)	0.84	水平渗透率(D)	0.164	水平井段长度(m)	444.4
地下原油密度(g/cm^3)	0.65	垂直渗透率(D)	0.0492	水平井距心距(m)	6
地下水密度(g/cm^3)	1.06	井筒半径(m)	0.11	井眼到油层底部距离(m)	22.75
地下原油黏度($\text{mPa}\cdot\text{s}$)	0.29	泄油半径(m)	300	生产压差(MPa)	1.26
原油体积系数(m^3/m^3)	1.615	油层厚度(m)	33.5	油井实际产量(t/d)	1056

将表 2-7-1 中有关数据代入式(2-7-7)、式(2-7-8)分别得 $Q_c = 512.99\text{m}^3/\text{d}$，$Q_{cx} = 72.829\text{m}^3/\text{d}$。

由此可见，Chaperon 推荐的公式计算所得的临界产量值是修正的 7.043 倍。出现这种误差的原因是 Chaperon 及 Joshi 没有办法确定临界锥进高度，靠经验给出的经验式与实际相差太大的缘故。

二、其他的临界产量公式

1. Giger 公式

1986 年法国石油研究院 Giger 在三边封闭且不渗透的无流动 Neumen 条件下研究了底水油藏的临界产量公式，其公式表示为

$$Q_c = 1.251\times10^{-3}\frac{K_h \Delta p X_A}{\mu B_o}\left[1 + \frac{16}{3}\left(\frac{h}{X_A}\right)^2\right]L \qquad (2-7-9)$$

将表 2-7-1 中数据代入式(2-7-9)得 $Q_c = 785\text{m}^3/\text{d}$。

由 Giger 公式计算结果看出，数值偏大，并与实际相差太大，该公式很少使用。分析其误差原因本文认为，Giger 所选用的锥进形状函数不能真正描述水平井水脊形状。

2. Joshi 公式

1986 年 Joshi 根据 Muskat 给出的直井临界产量公式推导出了水平井气(油)井临界产量公式：

$$Q_c = q_{ov}\frac{\ln(R_e/R_w)}{\ln(R_e/R'_w)}\frac{h^2-(h-I_h)^2}{h^2-(h-I_v)^2} \qquad (2-7-10)$$

$$q_{ov} = \frac{2.625 \times 10^{-3} \Delta \rho K_h \left[h^2 - (h - I_v)^2 \right]}{\mu B_o \ln(R_e / R'_w)} \tag{2-7-11}$$

$$R'_w = \frac{R_{eh}(L/2a)}{\left[1 + \sqrt{1 - (L/2a)^2} \right] (h/2R_w)^{h/L}} \tag{2-7-12}$$

$$a = \frac{L}{2} \left[\frac{1}{2} + \sqrt{0.25 + (2R_{eh}/L)^4} \right]^{0.5} \tag{2-7-13}$$

式中　　L——水平井长度，m；

　　　　h——油层厚度，m；

　　　　a——中间参数；

　　　　I_v——油（气）水界面到垂直井射孔顶部之间的距离，m；

　　　　I_h——水平井到油气（水）界面的距离，m；

　　　　R_{eh}——水平井泄油半径，m；

　　　　R_w——水平井井眼半径，m。

将式（2-7-11）、式（2-7-12）代入式（2-7-10）得

$$Q_c = \frac{2.625 \times 10^{-3} \Delta \rho K_h \left[h^2 - (h - I_h)^2 \right]}{\mu B_o \left\{ \ln \dfrac{1 + \sqrt{1 - [L/(2a)]^2}}{L/(2a)} + \dfrac{h}{L} \ln \dfrac{h}{2R_w} \right\}} \tag{2-7-14}$$

将表中的数据代入式（2-7-14）得 $Q_c = 292.98 \text{m}^3/\text{d}$。

从式（2-7-14）可以看出 Joshi 给出的临界产量公式，就是其稳态解公式中的生产压差 Δp 采用 Muskat 处理直井时临界条件替换而得。由于 Joshi 公式在处理水平流动时没有设法除去垂直面流动正交重叠的部分，因此 Joshi 公式计算的临界产量也偏大。

3. Boyun Guo 公式

Boyun Guo 在 1992 年采用 Schwarz 和 Christoffel 变换导出了井底水油藏临界产量的计算公式：

$$Q_c = \frac{K'd'L\Delta \rho q_D}{3.0135 \times 10^{-2} \mu B_o} \tag{2-7-15}$$

$$K' = \sqrt{K_v K_h} \tag{2-7-16}$$

$$d' = h\sqrt{K'/K_v} \tag{2-7-17}$$

根据相关式 $L_w = c/d$ 和 $H_D = 0.033(1.18 - 0.00807d')(2.286\Delta \rho + 0.77)(100 - 67L_w)$ $(\lg K' + 8.14) \lg X_e$，查图 2-7-1 可得 q_D。其中 $c/d =$ 油层底部到井筒的距离/油层厚度。

该方法给出了求无因次水脊高度 H_D 的估算公式，然后查图版，最终求得临界产量。代入表中数据进行计算，结果发现此方法使用范围较小，所求数据在查图过程中已超出了图版范围，因此，此方法具有一定局限性。

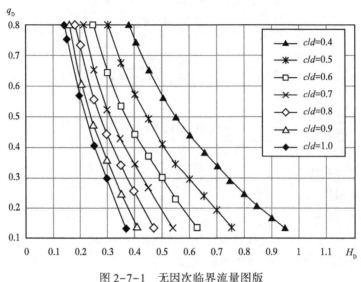

图 2-7-1　无因次临界流量图版

第三节　计算临界产量的新方法

结合水锥稳定的条件,求临界产量表达式为

$$\Delta p = 0.0098(\rho_w - \rho_o) Z_w \qquad (2\text{-}7\text{-}18)$$

将式(2-7-18)代入式(2-6-32)得

$$Q_c = \frac{5.317\sqrt{K_v K_h}\, h(\rho_w - \rho_o) Z_w}{\mu B\left(\dfrac{\pi R_e}{L} + \dfrac{h}{L}\ln\dfrac{h}{2\pi r_w}\cos\dfrac{\pi\delta}{h}\right)} \qquad (2\text{-}7\text{-}19)$$

所以式(2-7-19)可变形为

$$\begin{cases} Q_c = 0.0098(\rho_w - \rho_o) Z_w J_h \\ J_h = Q_h / \Delta p \end{cases} \qquad (2\text{-}7\text{-}20)$$

式中　Q_h——水平井产量,m^3/d;

　　　Δp——水平井生产压差,MPa;

　　　J_h——水平井采油指数,$m^3/(MPa \cdot d)$。

将表中数据代入式(2-7-19)或式(2-7-20)计算,得该井的临界产量 $Q_c = 133.73 m^3/d$。

第四节　水脊突破时间估算

水平井由于有较低的压降,因而在没有锥进的情况下可获得较高的产量。在具有底水和气顶的油藏中,可以控制底水上升和气顶向下运动而获得较高的原油采收率。水平井底水油藏的底水突破时间的计算依然对于水平井底水油藏开采是一个非常需要的参数,了解突破时间对于及时调整工艺参数与实施措施都很有意义。如何较准确地估测水平井底水油藏水脊上升时间仍然是摆在油藏工程师面前的一项任务。本节根据 Muskat 直线井排理论导出了水脊突入油井的水淹时间的估算表达式,提供油藏工程设计参考。

一、前人的估计公式

1988 年 Papatzacos 等人提出了有关水平井气顶或底水油藏中水时间的估计式,他们假设一口无限长的水平井位于油藏的顶部或底部来减小水锥或气锥,并假定底水或气顶保持恒定的压力边界,见水时间的相关式是

$$t = \frac{0.884 h^2 L \sqrt{K_h K_v} \phi}{K_v Q B} \qquad (2\text{-}7\text{-}21)$$

式中 h——油层厚度,m;

  L——水平井水平段长度,m;

  ϕ——孔隙度,%;

  K_h、K_v——水平和垂直渗透率,D;

  Q——生产量,m^3/d;

  B——原油体积系数,m^3/m^3。

二、算例

Papatzacos 等人还考虑了水锥中的重力平衡方法,得出了一个水平井见水时间估算。在 $q_D \geqslant 0.34$ 时,无因次见水时间:

$$t_{DBT} = 1 - (3q_D - 1) \ln \left(\frac{3q_D}{3q_D - 1} \right) \qquad (2\text{-}7\text{-}22)$$

$$q_D = 0.226 \frac{\mu Q B}{L K h (\rho_w - \rho_o)} \qquad (2\text{-}7\text{-}23)$$

图 2-7-2 是塔中四水平 3 井 Papatzacos 模型的预测关系曲线,其中 $L = 444\text{m}$,$Q = 748\text{m}^3/\text{d}$,$h = 54.0\text{m}$,$t = 346\text{d}$。

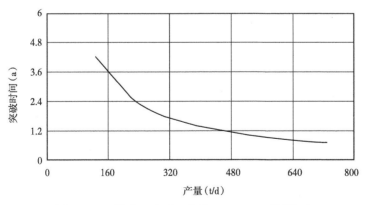

图 2-7-2   塔中四水平 3 井的 Papazacos 预测模型

三、水锥/水脊突破时间的估算式及算例

如果考虑井网情况，可求得在一定供油域内的见水时间，笔者使用 Muskat 的井排公式，并且设油井距底水层的距离是 h，则

$$\phi = \frac{q}{4\pi}\ln\left(\text{ch}\,\frac{\pi z}{a} - \cos\frac{\pi x}{a}\right) + C \qquad (2-7-24)$$

式中　a——井距半长。

可求出 $x=0$ 时 z 方向主流线的压力梯度为

$$\frac{\partial p}{\partial z} = \frac{q\mu}{4ak}\,\text{cth}\,\frac{\pi z}{2a} \qquad (2-7-25)$$

由达西定律有

$$v_z = \frac{K}{\phi\mu}\,\frac{\partial p}{\partial z} \qquad (2-7-26)$$

又因为

$$v_z = \frac{\text{d}z}{\text{d}t} \qquad (2-7-27)$$

结合上面两式得

$$\text{d}t = \frac{2a\phi}{q}\,\text{th}\,\frac{\pi z}{2a}\text{d}z \qquad (2-7-28)$$

积分上式

$$\int_0^t \text{d}t = \int_0^h \frac{2a\phi}{q}\,\text{th}\,\frac{\pi z}{2a}\text{d}z \qquad (2-7-29)$$

得

$$t = \frac{4a^2\phi}{\pi q}\,\text{lnch}\,\frac{\pi h}{2a} \qquad (2-7-30)$$

因为

$$Q = qL \qquad (2-7-31)$$

所以

$$t = \frac{4\phi a^2 L}{\pi Q}\left[\ln\left(\text{e}^{\frac{\pi h}{a}} + 1\right) - \frac{\pi h}{2a} - \ln 2\right] \qquad (2-7-32)$$

采用公式(2-7-32)计算上面算例水平 3 井的见水时间为 745d。水平 3 井单位长度产量与突破时间的关系曲线如图 2-7-3 所示。

水平 3 井(ZT4-27-H14)于 1995 年 9 月 15 日开始采油到 1998 年 4 月 30 日仍未见水显示。而塔中四水平井开发指标计算，预测见水时间是 731 天，但式(2-7-22)的估计见水时间是 346 天，而式(2-7-32)的估计见水时间是 745 天。

(1)Chaperon 给出的基本方程是正确的，只是推荐使用时的经验简化式有错误，经修正的公式与导出的新的临界产量计算式比较，相对误差 33.3%，可用来计算水平井开采底水油

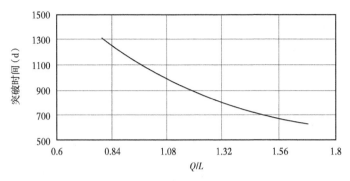

图 2-7-3　单位长度水平井产量

藏的临界产量。

（2）Giger、Joshi 等学者由于导出过程中边界处理各异,致使计算结果有差异,应慎用。

（3）本节导出的临界产量计算式考虑了供油边界、偏心距的影响,可供水平井开采底水油藏确定临界产量时参考。

（4）本节导出的底水突破时间的估算式,可用于水平井油藏工程计算。

第八章 塔中四底水油藏水平井动态分析

塔中四油田是一个具有底水驱动的典型油气藏,第一口水平井 1 井(TZ4-17-H4)于 1995 年 1 月 3 日开始试采,为我国油田采用水平井开采底水油藏提供了一个很好的例证。该地区主体部位设计采用 5 口水平井开采,到 1996 年 2 月 1 日已全部投入开采。但经过近三年的水平井自喷采油,采油量每口井一直保持在 650t/d 无水采油。但是轮南桑塔木油田的水平井 JF26-3 等几口水平井开采不到 1 年含水高达 80% 以上。塔中四油田的 5 口水平井为什么会有如此长的无水采油期这是我国油藏工程和采油工程界共同关注的问题。本章将试图回答这个问题。

第一节 塔中四油藏地质概况

一、储层性质

塔中四油田背斜构造位于塔里木盆地中央隆起带塔中隆起中央断裂背斜带东端,包括 401、402、422 三个高点,高点间以断层或鞍部相连,是一个构造形态相对简单的断背斜。构造形态在石炭系从上至下具有明显的继承性,402 高点的圈闭面积和构造幅度最大,是油田的主体,而 401 和 422 两高点则比较小,石炭地质储量只占全油田的 18.54%。塔中四油田的产层集中分布于石炭系,埋深 3200~3800m,自上而下可划分为 C_I、C_{II}、C_{III} 三个油组。

从沉积环境来看,C_I 油组砂体以辫状河沉积为主,单层厚度薄,分布面积小,联通性较差;而 C_{III} 油组的东河砂岩则是一套以海滩沉积为主,次为潮坪沉积的巨厚砂体,横向稳定性好,砂体大面积分布。二者在储层类型上存在着较大的差异。

C_I、C_{III} 油组在储层流体性质上存在着较大的差异,C_I 油组所有油藏均为低饱和黑油油藏,饱和压力低于 3MPa,地饱压差 30MPa 以上,地下原油黏度 0.89~1.2mPa·s。而 C_{III} 油组的主力油藏则是具有高饱和特征的弱挥发性油藏,其中 402 高点 C_{III} 油组带有原始凝析气定,原油地下黏度仅有 0.29mPa·s。上述特点均说明 C_I、C_{III} 油组不适宜合采。

由于 C_{III} 油组是块状底水油藏,油层内部无良好隔层,不具备划分开发层系的条件。C_I 油组虽然可在纵向上划分出多套油水系统,各系统间也具有良好隔层,但由于 C_I 油组储量丰度降低,402 高点的平均储量丰度也只有 $131.3×10^4 t/km^2$,也已无必要再划分各套开发层系,因而所谓开发层系的划分实际上只是 C_I 与 C_{III} 油组间的关系划分问题。

二、原油物性特征

塔中四油田原油性质好,流度大,具有中—低密度、低黏度、低凝点、低含硫、低含蜡的轻质原油特征。石炭系三个油组原油物性各有差异,但两个高点物性特征显著不同,塔中 401 高点原油性质比 402 高点差得很多。塔中四油田原油物性见表 2-8-1 和表 2-8-2。

表 2-8-1　塔中四油田流体性质

项目/井号	TZ402 井 C_I	TZ402 井 C_{III}	TZ411 井 C_I	TZ411 井 C_{III}
地层温度（℃）	98.0	107.6	99.0	115.0
地层压力（MPa）	33.16	42.49	33.5	43.09
（取样点）饱和压力（MPa）	2.98	42.49	2.69	10.08
地下黏度（mPa·s）	0.89	0.2901	1.20	3.2
地下密度（g/cm³）	0.8155	0.656	0.836	0.8418
气油比（m³/m³）	13.15	235	5.3	29.9
原油体积系数（地层压力下）	1.0426	1.615	1.0235	1.081
原油压缩系数（地层压力下 10^{-4}/MPa）	11.24	26.71	6.174	10.15
原油地面密度（g/cm³）	0.8331	0.8295	0.8510	0.8800
气体地面密度（g/cm³）	1.0539	0.7851	1.0105	0.8188
原油泡点下体积系数	1.099	1.615	1.0504	1.1218

表 2-8-2　TZ402 井 C_{III} 油组 PVT 数据

地层压力（MPa）	原油体积系数	气油比（m³/m³）	气体 Z 因子	液体密度（g/cm³）	气体相对密度	液体黏度（mPa·s）	气体黏度（mPa·s）
42.57	1.6160	135.00	—	0.6573	—	0.2911	—
42.55	1.6156	234.87	1.1119	0.6573	1.1218	0.2912	0.0496
42.46	1.6128	233.96	1.1103	0.6576	1.1198	0.2919	0.0494
41.00	1.5727	220.81	1.0868	0.6617	1.0895	0.3030	0.0464
39.00	1.5241	204.58	1.0577	0.6672	1.0519	0.3185	0.0428
37.98	1.5011	196.85	1.0441	0.6700	1.0343	0.3267	0.0411
29.41	1.3573	145.41	0.9567	0.6923	0.9233	0.4011	0.0302
21.44	1.2529	107.47	0.9115	0.7137	0.8617	0.4916	0.0229
13.55	1.1649	75.77	0.8990	0.7360	0.8353	0.6117	0.0178
5.42	1.0766	45.99	0.9222	0.7622	0.8869	0.7933	0.0146
2.93	1.0476	36.99	0.9351	0.7714	0.9954	0.8683	0.0137
0.10	1.0174	0.00	0.9839	0.8163	2.3532	1.4084	0.0099

地层水：$C_w = 3.236 \times 10^{-4}$。

水的物性参数：$H_w = 0.2620$；$B_w = 1.038$；$\rho_{w(地下)} = 1.0298$。

岩石压缩系数：$C_I = 14998 \times 10^{-4}$；$C_{II} = 7.066 \times 10^{-4}$。

第二节　生产测试分析

刘合年等 1995 年通过水平井 1 系统试井曲线进行线性回归，得出了 9mm、12mm、

14.9mm 和 17.7mm 四个油嘴的产能方程为：

$$Q_0 = -1067.6 + 2336.4\Delta p \tag{2-8-1}$$

相应的采油指数方程为

$$J = 2336.4 - \frac{1067.6}{\Delta p} \tag{2-8-2}$$

用式(2-8-1)和式(2-8-2)分别可以进行水平井不同压差下的产能预测和采油指数计算(表2-8-3)。

表 2-8-3　塔中四油田 TZ4-7-H4 系统试井结果

油嘴 (mm)	产油量		生产压差（实测）
	实际(t/d)	设计(t/d)	TZ4-7-H4(MPa)
6.0	122	122	0.389
9.0	270	268	0.592
12.0	475	462	0.648
14.9	631	697	0.707
17.7	835	967	0.827
21.2	946	>1000	0.857
24.0	1021		1.103

水平 1 井试井指示曲线如图 2-8-1 所示。

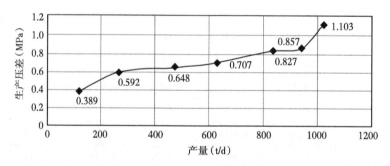

图 2-8-1　水平井 1 试井指示曲线

从图 2-8-1 可以看出,9mm、12mm、14.9mm 和 17.7mm 油嘴生产,其产量基本上呈直线上升;但随着油嘴增大,生产压差增大,产量增加幅度减小,在生产压差为 0.857MPa 这一点出现明显弯曲。这主要因为生产压差增大后,流压低于饱和压力,原油在地层中脱气油气两相流动降低了油相有效渗透率。因此,从指示曲线上看,水平 1 井的合理产能在 600~800t/d。

第三节　塔中四油田水平井合理产量问题

对于底水驱动油藏来说,不仅需要从指示曲线确定合理产能,而且必须考虑控制底水上升速度,延缓油井见水时间。常规的做法是控制油井生产量低于临界产量。窦宏恩 1997 年撰文指出加拿大 Saskatchewan 497 口水平井中有 250 口钻在稠油油藏产量高于临界产量其中几乎都见水,生产期间,水突破相当快,但这个问题同样在轻油油藏也频繁出现。因此说,只要高于临界产量生产,水就可能很快上升到井筒。

黏度小而渗透率较高时,在低于临界产量下开采是切合实际的,特别是水平井。Rospo Mare 油藏的开采是一个成功的例子,即在不采水的情况下采出更多的原油,这个开采策略已应用于中东低黏度原油的开采过程中。

如果塔中田油水平井没有受隔层或夹层遮挡作用的影响,塔中四油田的 5 口水平井为什么没有见水?什么时间见水,下面将作较详细分析论述。

一、塔中四油田 5 口水平井临界产量计算

虽然水平井开发底水油藏的最大特点是能够有效地减缓底水锥进和延长油井的见水时间,在相同油藏条件下,水平井的临界产量大于直井的临界产量。但是无论水平井或者垂直井,超过临界产量生产,都会使底水脊/锥进加快,最后突入井中,造成油井产水,降低油井产量,最终导致降低油层的采收率。因此如何确定合理产能?应综合考虑指示曲线上的合理产能和临界产量两个因素。前面章节已经提到,临界产量就是油井生产一直不发生水脊的生产量。

运用第七章中的式(2-7-2)、式(2-7-8)、式(2-7-9)、式(2-7-14)和式(2-7-19)计算塔中四油田 5 口井水平井的临界产量,其基本油藏数据采用第六章中的数据表 2-6-2 计算,计算塔中四油田 5 口井的临界产量见表 2-8-4。

表 2-8-4 塔中四油田 5 口井临界产量

公式	水平 1 井 （m³/d）	水平 2 井 （m³/d）	水平 3 井 （m³/d）	水平 4 井 （m³/d）	水平 5 井 （m³/d）
Cheperon 式（2-7-2）	1070	1673	849.02	3052	1384
Giger 式（2-7-9）	992.47	1553	785.304	2823	1284
Joshi 式（2-7-14）	359.96	461.465	292.988	5453	384.875
本书式（2-7-19）	165.935	201.491	133.465	397.179	163.342
本书修正式（2-7-8）	222.135	206.955	72.79	336.098	176.013

根据表 2-8-4 可以看出,Cheperon、Giger、Joshi 公式计算临界产量比目前油井的实际生产量高出 2~3 倍。采用本书第七章中建议的表达式(2-7-20)以水平 1 井为例,用生产压差 Δp 替换临界脊进条件:

$$\Delta p = 0.0098(\rho_w - \rho_o)Z_w \qquad (2-8-3)$$

计算所得产量为 627m³/d,接近实际生产量 756m³/d。本书导出的新的表达式和修正的 Cheperon 公式计算的临界生产量基本一致,因此说新的表达式和修正的 Cheperon 公式可作为临界生产量计算。

二、塔中四油田水平 1 井和水平 3 井的底突破时间计算

采用第 7 章的 Papatzacos 公式(2-7-21):

$$t = \frac{0.884h^2L\sqrt{K_\mathrm{h}K_\mathrm{v}}\phi}{K_\mathrm{v}QB}$$

和采用第 7 章公式(2-7-32)

$$t = \frac{4\phi a^2 L}{\pi Q}\left[\ln\left(\mathrm{e}^{\frac{\pi h}{a}}+1\right) - \frac{\pi h}{2a} - \ln 2\right]$$

计算塔中四油田水平 1 井和水平 3 井的水脊突破时间。

算例 1:塔中四油田水平 1 井的油藏基本数据是:$\phi = 0.2, a = 300\mathrm{m}, h = 37.5\mathrm{m}, L = 450\mathrm{m},$ $B = 1.615, K_\mathrm{h} = 0.104\mathrm{D}, K_\mathrm{v} = 0.049\mathrm{D}, Q = 756\mathrm{m}^3/\mathrm{d},$ 代入 Papatzacos 式(2-7-21)得见水时间 $t = 168.9\mathrm{d}$。

算例 2:塔中四油田水平 3 井的油藏基本数据是(未列参数同水平 1 井):$L = 444\mathrm{m}, Q = 748\mathrm{m}^3/\mathrm{d}, h = 54.0\mathrm{m}$。

采用 Papatzacos 式(2-7-21)求得水平 3 井的见水时间为 346d。图 2-8-2 是塔中四油田水平 3 井 Papatzacos 模型的预测关系曲线。

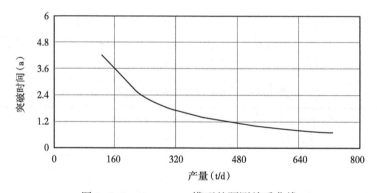

图 2-8-2 Papatzacos 模型的预测关系曲线

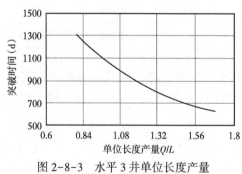

图 2-8-3 水平 3 井单位长度产量
与突破时间关系曲线

采用第 7 章公式(2-7-32)求得水平 1 井和水平 3 井的见水时间分别为 648d 和 745d。水平 3 井单位长度产量与突破时间的关系曲线如图 2-8-3 所示。

将采用塔中四油田底水油藏水平井为例分析估计结果。塔中四油田水平 1 井于 1995 年 1 月 2 日投产到 1997 年 12 月 26 日历经 3 年时间无水生产。从 1998 年 1 月 26 日到 1998 年 4 月 31 日含水一直稳定在 1.4%~1.6%。表 2-8-5 给出塔中四油田水平 1 井和水平 3 井的底水突破时间。

刘合年和方义生等 1995 年采用数值模拟方法对塔中四油田水平井开发指标计算预测结果显示,水平 1 井见水时间是 366d,而水平 3 井见水时间是 731d。

塔中四油田 1 井和水平 3 井从 1995 年开始采油到 1998 年 4 月仍未见水显示。

表 2-8-5　塔中四油田水平 1 井和水平 3 井底水突破时间表

公式	水平 1 井突破时间（d）	水平 3 井突破时间（d）
Papatzacos	168.9	346
刘合年等 1995 年数模结果	366	731
式（2-7-32）	648	745

第四节　塔中四油田底水油藏底水上升状况分析

从表 2-8-4 可以看出，解析解和数值模拟结果显示塔中四油田的几口水平井均应在 1 年到 2 年之间见水。但为什么无水期生产能维持如此之长；而轮南渠东油田几口水平井都不同程度地较早见水，部分井已到 80%，见水很快不到四个月时间含水上升到 60%。

一、塔中四油藏的隔层、夹层的类型及其性质

从王凤国等 1995 年所做的塔中四油田的地质方案可以知道在 $C_{Ⅲ}$ 油组隔层与夹层同时存在，纵向上塔中四油田有两大隔层，一是由第五岩性段组成的 $C_Ⅰ$ 与 $C_Ⅱ$ 油组间隔层，另一是由第七岩性段组成的 $C_Ⅱ$ 与 $C_Ⅲ$ 油组间隔层。塔中四油田上隔层厚度 100.5~110.5m，下隔层厚度 34.0~42.0m，资料表明隔层不具备渗透能力。

夹层情况，根据地质研究资料，$C_Ⅲ$ 油组砂层厚 865.7m，发现夹层 199 个，夹层厚 144.1m，$C_Ⅲ$ 油组 $C_{Ⅲ}1$、$C_{Ⅲ}2$、$C_{Ⅲ}3$ 夹层厚度分别为 9.9m、16.8m、10.8m、37.5m。

其夹层类型，夹层岩性为泥岩和粉砂质泥岩，厚度为 0.3~2.1m。该类夹层为高潮泥坪或局部海进形成的披覆层，定为 Ⅰ 类夹层。Ⅰ 类夹层渗透率为

$$K_{ⅠH} = 1 \times 10^{-3} \mu m^2 \tag{2-8-4}$$

夹层岩性为泥质粉砂岩，厚度 0.2~3.9m，夹层属于中潮坪或砂坝和滩面的底积层，定为 Ⅱ 类夹层。Ⅱ 类夹层渗透率为

$$K_{ⅡH} = (1 \sim 20) \times 10^{-3} \mu m^2 \tag{2-8-5}$$

夹层以碳酸钙胶结形成的低渗透致密砂层厚度为 0.2~1.4m，定义为 Ⅲ 类夹层，其 Ⅲ 类夹层渗透率为

$$K_{ⅢH} = 10 \times 10^{-3} \mu m \tag{2-8-6}$$

夹层分布，夹层在纵向分布极不均匀，$C_{Ⅲ}1$ 夹层发育，$C_{Ⅲ}1$ 砂层厚 14.0~28.8m，平均厚 20.8m，$C_{Ⅲ}1$ 为 Ⅰ 类夹层之窗，占 $C_{Ⅲ}1$ 油组 Ⅰ 类夹层总数的 60.87%，$C_{Ⅲ}2$ 只有 1 个 Ⅰ 类夹层，$C_{Ⅲ}3$ 有 8 个 Ⅰ 类夹层。根据分析，1 类夹层延伸长度 4~5km 以上，宽 1~2km，Ⅱ 类夹层延伸长 2~3000km，宽 500~1500m；Ⅲ 类夹层延伸长度 100~500m，宽 50~100m，$C_{Ⅲ}1$、$C_{Ⅲ}2$ 上部是主要的产层段，$C_{Ⅲ}3$ 只在局部地区含油。

根据资料可知塔中水平 TZ-7-H14（水平 3 井）有一级夹层，而塔中 TZ4-7-H4 有二级夹层。夹层平面分布如图 2-8-4 至图 2-8-9 所示（附本章后）。

$C_{Ⅲ}2$ 测井油水界面 3695.5m，$C_{Ⅲ}3$ 油井界面 3708.5m，油水界面附近均有 Ⅲ 级夹层。

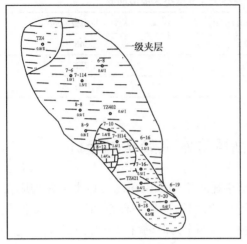

图 2-8-4　夹层分布图 1

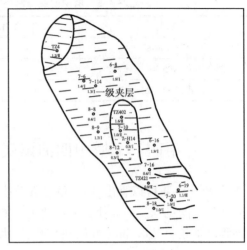

图 2-8-5　夹层分布图 2

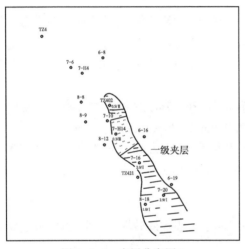

图 2-8-6　夹层分布图 3

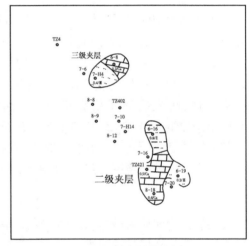

图 2-8-7　夹层分布图 4

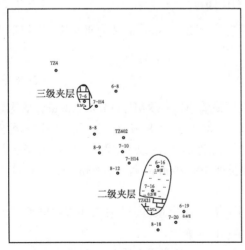

图 2-8-8　夹层分布图 5

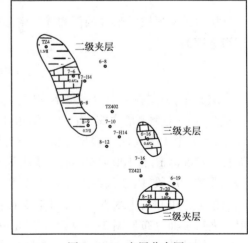

图 2-8-9　夹层分布图 6

根据上述资料可以明显地看到塔中四油田底水油藏不是常规无隔层,无夹层遮挡的油藏。因此采用常规解析解,和一般地质模型进行数模都不能得出于实际相符的结果。因此,许多关于塔中四油田底水油藏忽略隔层影响,而研究与目前实际有差异是正常的。下面初步探讨了隔层和夹层对底水油藏水平井开采的影响,供分析具有夹层底水油藏的水平井动态分析参考。

二、带隔层或夹层的底水油藏特性描述

从第四章的夹层底水油藏水平井开采物理模拟实验观察到,如果底水油藏存在有隔层或夹层时,对于底水向油井推进起到很强的阻挡作用。为了更清楚较准确的描述带隔层或夹层底水油藏的水脊特性,本章将定义下面几个概念。

1. 隔层、夹层形状

可以试图把隔层或夹层按其几何特征分为方体和圆柱体及不规则隔层或夹层。方体和圆柱体隔层或夹层,在复杂的地下底水油气藏中,把在底水与油层之间的岩石性质及其渗流特性与油藏岩石孔隙,渗透率差异性很大的方体或圆柱体叫底水带隔层或夹层(图2-8-10)。

2. 隔层或夹层在油层中的遮挡形式

夹层在油藏中相对油井所处的位置不同,其影响底水上升的速度和驱替效果均不一致,按夹层隔层或在油井中所处的位置可将隔层或夹层将遮挡方式分为:

(1)前后遮挡,假设水平井平行水平井轴的方向为正方面,而隔层或夹层向垂直水平井轴方向延伸,称之为前后遮挡。

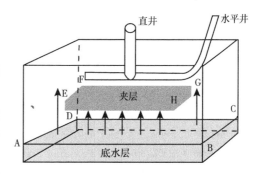

图2-8-10 带夹层的底水油藏

(2)左右遮挡,隔层或夹层平行水平井轴方向延伸,称之为左右遮挡。

(3)中部遮挡,隔层或夹层相对水平井,前后、左右尺寸基本接近也就其平面相对于水平井趋近于一个园时,称为中部遮挡。

(4)参数描述。

要像对待油藏一样对隔层和夹层。如果在底水油藏布井过程中试图把水平井布在隔层或夹层之上,有利于提高原油采收率。因此,定量或半定量描述隔层或夹层对影响油井采油过程中的水锥/水脊突破油井的程度很有意义。可定义:夹层或隔层的遮挡体积与油藏泄油体积之比为遮挡率,写成数学表达式:

$$f=\frac{h_t L_s}{h_o R_e^2} \frac{W_s}{\pi} \times 100\% \qquad (2-8-7)$$

式中 f——隔层或夹层遮挡率,%;

L_s——夹层长度,m;

W_s——夹层宽度,m;

h_t——遮挡油层厚度,m;

h_o——油层厚度,m;

R_e——供油半径,m。

对于圆柱隔体隔层或夹层,其遮挡率用下式表示:

$$f = \frac{h_t R_s^2 \pi}{h_o R_e^2 \pi} \times 100\% \qquad\qquad (2-8-8)$$

式中　R_s——遮挡层半径,m;

　　　h_o——油层厚度,m。

假设有一油藏供油半径 300m,油层厚度 37m,遮挡层厚 2m,夹层半径 300m,求其遮挡率,代入上面式有 f=5.4%,当遮挡率 f 较大时,对于底水油藏而言,实际上油井见水极其缓慢。但对于夹层或层底水油藏的底水上升预测模型还有待进一步研究。

(1)塔中四油田水平井是具有夹层的底水油藏,不同于常规底水油藏,夹层和隔层的存在减缓了底水脊进油井的速度。用常规数模和解析解所得出的底水突破时间只能作为参考。

(2)尽管水平 1 井有夹层遮挡,但已经见水,证明 756m³/d 的采油量已经超过了临界产量。

(3)对具有夹层遮挡的底水油藏所给出特性描述都是很初步的,仅供参考。因此,对具有夹层遮挡的底水油藏的底水上升预测模型还有待进一步研究,做到定量化处理夹层的遮挡作用,有效地进行油田开发。

参 考 文 献

[1] Muskat M, Wycokoff R D. An approximate theory of water-coning in oil production[J]. Transactions of the AIME, 1935, 114(01): 144-163.

[2] Chaney P E, Noble M D, Henson W L, et al. How to perforate your well to prevent water and gas coning[J]. Oil Gas J, 1956, 55(53): 108-114.

[3] Khan A R. A scaled model study of water coning[J]. Journal of Petroleum Technology, 1970, 22(6): 771-776.

[4] Bournazel C, Jeanson B. Fast water-coning evaluation method[C].Fall Meeting of the Society of Petroleum Engineers of AIME. Society of Petroleum Engineers, 1971.

[5] Wheatley M J. An approximate theory of oil/water coning[C].SPE Annual Technical Conference and Exhibition. Society of Petroleum Engineers, 1985.

[6] Chaperon I. Theoretical study of coning toward horizontal and vertical wells in anisotropic formations: subcritical and critical rates[C].SPE annual technical conference and exhibition. Society of Petroleum Engineers, 1986.

[7] Giger F M. Analytic 2-D models of water cresting before breakthrough for horizontal wells[R]. Inst. Francais du Petrole, 1986.

[8] Giger F M. Analytic two-dimensional models of water cresting before breakthrough for horizontal wells[J]. SPE Reservoir Engineering, 1989, 4(4): 409-416.

[9] Yang W, Wattenbarger R A. Water coning calculations for vertical and horizontal wells[C].SPE Annual Technical Conference and Exhibition. Society of Petroleum Engineers, 1991.

[10] Piper L D, Gonzalez Jr F M. Calculation of the critical oil production rate and optimum completion interval [C].SPE production operations symposium. Society of Petroleum Engineers, 1987.

[11] Joshi S D, Ding W. Horizontal well application: reservoir management[C].International Conference on Horizontal Well Technology. Society of Petroleum Engineers, 1996.

[12] Joshi S D. Augmentation of well productivity with slant and horizontal wells. JPT[J]. 1988.

[13] Joshi S D. Horizontal well technology[M]. Tulsa: Pen Well Publishing Company, 1991.

[14] Karcher B J, Giger F M, Combe J. Some practical formulas to predict horizontal well behavior[C].SPE Annual Technical Conference and Exhibition. Society of Petroleum Engineers, 1986.

[15] Papatzacos P, Herring T R, Martinsen R, et al. Cone breakthrough time for horizontal wells[J]. SPE reservoir engineering, 1991, 6(3): 311-318.

[16] Dikken B J. Pressure drop in horizontal wells and its effect on production performance[J]. Journal of Petroleum Technology, 1990, 42(11): 1426-1433.

[17] COLLINS D, NGHIEM L, SHARMA R, et al. Field-scale simulation of horizontal wells[C].Technology in the 90's. Conference. 1990: 121. 1-121. 15.

[18] Guo B, Lee R L. Determination of the maximum water-free production rate of a horizontal well with water/ oil/interface cresting[C].SPE Rocky Mountain Regional Meeting. Society of Petroleum Engineers, 1992.

[19] Wu G, Reynolds K, Markitell B. A field study of horizontal well design in reducing water coning[C].International Meeting on Petroleum Engineering. Society of Petroleum Engineers, 1995.

[20] IMEX95. 00 Technical Guide, Computer Modeling Group,1995

[21] Chang M M, Tomutsa L, Tham M K. Predicting horizontal/slanted well production by mathematical modeling[C].SPE Production Operations Symposium. Society of Petroleum Engineers, 1989.

[22] Folefac A N, Archer J S, Issa R I, et al. Effect of pressure drop along horizontal wellbores on well performance[C].Offshore Europe. Society of Petroleum Engineers, 1991.

[23] Mustad D, Berg K B, Haheim S A. Correction routines for production logs in high productivity wells with open hole completions and screens[C].International Conference on Horizontal Well Technology. Society of Petroleum Engineers, 1996.

[24] Bodnar D A, Clifford P J, Isby J S. First horizontal water injectors in Prudhoe Bay Field[J]. Alaska SPE Reservoir Engineering, 1997, 12 (2): 104-108.

[25] Haug B T, Ferguson W I, Kydland T. Horizontal wells in the water zone: the most effective way of tapping oil from thin oil zones? [C].SPE Annual Technical Conference and Exhibition. Society of Petroleum Engineers, 1991.

[26] Haug B T, Ferguson W I, Kydland T. Horizontal wells in the water zone: the most effective way of tapping oil from thin oil zones? [C].SPE Annual Technical Conference and Exhibition. Society of Petroleum Engineers, 1991.

[27] Giger F M. Analytic two-dimensional models of water cresting before breakthrough for horizontal wells[J]. SPE Reservoir Engineering, 1989, 4(4): 409-416.

[28] Sherrard D W. Prediction and Evaluation of Horizontal Well Performance[C].Middle East Oil Show. Society of Petroleum Engineers, 1993.

[29] Menouar H K, Hakim A A. Water coning and critical rates in vertical and horizontal wells[C].Middle East Oil Show. Society of Petroleum Engineers, 1995.

[30] Hongen D, Yuzhang L, Qiliang B. A new method and theory of improvement oil recovery[C].Annual Technical Meeting. Petroleum Society of Canada, 1998.

[31] Chang M M, Tomutsa L, Tham M K. Predicting horizontal/slanted well production by mathematical modeling[C].SPE Production Operations Symposium. Society of Petroleum Engineers, 1989.

[32] Renard G, Delamaide E, Morgan R, et al. Complex well architecture, IOR and heavy oils[C]. 15th World Petroleum Congress, 1997: 485-494.

[33] Høyland L A, Papatzacos P, Skjaeveland S M. Critical rate for water coning: correlation and analytical solution[J]. SPE Reservoir Engineering, 1989, 4(4): 495-502.

[34] Sherrard D W. Prediction and evaluation of horizontal well performance[C].Middle East Oil Show. Society of Petroleum Engineers, 1993.

[35] Menouar H K, Hakim A A. Water coning and critical rates in vertical and horizontal wells. SPE 29877[J]. The SPE Middle East Oil Show. SPE (Society of Petroleum Engineers), Bahrain, 1995.

[36] Wu G, Reynolds K, Markitell B. A field study of horizontal well design in reducing water coning[C].International Meeting on Petroleum Engineering. Society of Petroleum Engineers, 1995.

[37] 徐景达．关于水平井的产能计算：论乔希公式的应用[J]．石油钻采工艺，1991，13(6)：67-74．

[38] 侯纯毅．巨厚块状油藏注水开发二维物理模拟研究[D]．1995．

[39] 刘翔鹗．水平井的发展及应用概述[M]．石油勘探开发科学研究院，1991．

[40] 张朝琛．水平井配套技术专题调研报告集[R]．石油天然气总公司情报研究所，1992．

[41] 程林松，郎兆新．底水驱油藏水平井锥进的油藏工程研究[J]．石油大学学报(自然科学版)，1994，18(4)：43-47．

[42] 程林松，郎兆新．边水驱油藏水平井开发的油藏工程研究[J]．石油勘探与开发，1993(A00)：121-126．

[43] 吕劲．水平井稳态产油量解析公式及讨论[J]．石油勘探与开发，1993(A00)：135-140．

[44] 吕劲．水平井速度势，产量和表皮因子公式的讨论[J]．油气井测试，1995(4)：22-28．

[45] 刘慈群．水平井的产能及试井分析公式[J]．油气井测试，1995(1)：45-49．

[46] 程林松，郎兆新．底水驱油藏水平井锥进的油藏工程研究[J]．石油大学学报(自然科学版)，1994，18(4)：43-47．

[47] 万仁溥．水平井开采技术[M]．北京:石油工业出版社，1995．

[48] 官长质．塔中四油田水平井开采底水锥进规律研究[R]．石油勘探开发科学研究院，1996．

[49] 王关清，周煜辉．我国陆上石油水平井钻井技术现状和发展方向探讨[J]．中国石油学会水平井钻采技术研讨会，2007：1-8．

[50] 王卫红．分支水平井产能研究[J]．石油钻采工艺，1997，19(4)：53-58．

[51] 李璗，王卫红，王爱华．水平井产量公式分析[J]．石油勘探与开发，1997(5)：21．

[52] 李培，韩大匡．水平井无限井排产能公式：Muskat公式的推广[J]．石油勘探与开发，1997，24(3)：45-48．

[53] 叶芳春．对非均质油藏Joshi公式的修正[J]．新疆石油地质，1997，18(3)：268-270．

[54] 秦同洛，陈元千．实用油藏工程方法[M]．北京:石油工业出版社，1989．

[55] 刘翔鹗．第15届石油大会有关采油工程新技术的综合论述和分析[M]．石油勘探开发科学研究院，1998．

[56] 范子菲，方宏长，俞国凡．水平井水平段最优长度设计方法研究[J]．石油学报，1997，18(1)：55-62．

[57] 董映民．油层渗流力学[M]．东营:石油大学出版社，1989．

[58] 葛家理．油气层渗流力学[M]．北京:石油工业出版社，1982．

[59] [苏] Н.Г格理戈良．用射孔枪打开油气层[M]．孙继康，译．北京:石油工业出版社，1991．

[60] 夏位荣．钻柱测试解释方法与油层评价[M]．北京:石油工业出版社，1993．

[61] [苏] N.A恰尔内．地下水—气动力学[M]．陈钟祥等，译．北京:石油工业出版社，1982．

[62] [苏] K.C巴斯宁耶夫，A.M费拉索夫，H.H科钦娜，等．地下流体力学[M]．张永一等，译．北京:石油工业出版社，1992．

[63] 窦宏恩．中国专利，专利申请号961063408，1996．

[64] 窦宏恩．预测水平井产能的一种新方法[J]．石油钻采工艺，1996，18(1)：76-81．

[65] 窦宏恩．提高原油采收率的一种新理论与新方法[J]．石油学报，1998，19(1)：71-74．

[66] 窦宏恩．水平井开采底水油藏临界产量的计算[J]．石油钻采工艺，1997，19(3)：70-75．

[67] 周生田，张琪．水平井水平段压降的一个分析模型[J]．石油勘探与开发，1997，24(3)：49-52．

[68] 塔里木石油勘探开发指挥部，石油勘探开发科学研究院．塔中4油田开发方案油藏工程研究报告集(上册)[M]．1997．

[69] 刘合年，等．"塔中4油田C_{III}组水平井模拟和开发指标计算"，塔中4油田C_I油组开发井位部署方案评审会材料，塔里木石油勘探开发指挥部，北京石油勘探开发科学研究院，1995．

[70] 王凤国，等．"塔中井田C_{III}油组地质特征及三维储层地质模型"；塔中4油田C_I油组开发井位部署方案评审会材料，塔里木石油勘探开发指挥部，北京石油勘探开发科学研究院，1995．

[71] 方义生，等．"塔中4油田油藏工程研究"，塔中4油田开发方案附件2，塔中4油田C_I油组开发井位部署方案评审会材料，塔里木石油勘探开发指挥部，北京石油勘探开发科学研究院，1995．

第三篇 有杆和无杆抽油技术

技术进步是人类文明和社会文明的主要标志,石油从地下被越来越多地开采到地面,是技术进步的体现。技术进步使人类朝着文明、发展的层面迈进了一大步。

有杆和无杆采油装置是地层不具备自喷能力后将原油举升到地面的工具。有杆抽油装置结构简单、易操作和维护。而无杆抽油装置相对有杆抽油装置而言结构较复杂,常用的是井下水力活塞泵。这是一种水力驱动机构,这种泵运动依靠一个水力引擎,它是该泵的心脏,设计精巧,是各种水动力设备设计的典型模型,利用它可实现无杆抽油泵上下冲程平稳换向。对无杆和无杆抽油系统进行整体特性分析是设计两种抽油系统的理论基础。

油气开采正朝着深层和深海迈进,6000m 以上的深井原油开采采用什么设备开采? 有杆抽油系统进行超深井举升原油挑战巨大。无杆抽油设备预计将在未来的深层原油开发中发挥其他抽油设备不可替代的作用。

第一章　油气井管柱力学

第一节　抽油管柱抽油过程的力学形态

当油井管柱两端铰接,管柱的两端存在反作用力。这些反作用力有垂直分力,也有水平分力。此外,在纵弯曲管柱接触井壁处,这些接触点的井壁存在对管柱的反作用力。

当不存在轴向力时,管柱是垂直的,而这种弹性平衡下的垂直管柱形态是稳定的。即如果施加一个横向力,则会引起管柱的挠曲,当撤除横向力后,此挠曲消失,而管柱再次变直。如果增大轴向力,但使其低于某一临界值,垂直管柱形态仍然稳定。当轴向力达到临界值,则管柱垂直的形态变得不稳定。即施加一个横向力,无论此横向力多小,都引起了管柱的挠曲,当除去此横向力后,挠曲不消失。相反,此挠曲增加一直到弯曲形态的稳定就是通常意义下的纵弯曲。

一、基本方程的建立

选择 X 和 Y 为坐标轴,如图 3-1-1 所示。X 轴是井眼的轴线。原点 N 是中和点。这容易理解,在 X 平面和 Y 轴是抗弯刚度最小的平面发生纵弯曲。在图 3-1-2 中,X 轴方向向下,函数 $Y(X)$ 代表纵弯曲管柱的轴线,可用以下微分方程表示:

$$M = EI \frac{\mathrm{d}^2 Y}{\mathrm{d} X^2} \tag{3-1-1}$$

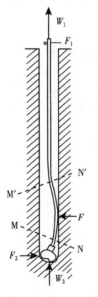

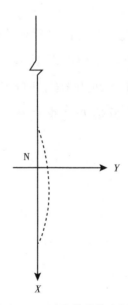

图 3-1-1　井筒钻柱/带有封隔器管柱示意图　　　　图 3-1-2　选取的管柱坐标轴

292

式中　M——弯矩,N·m;

　　　E——钢的杨氏模量,Pa;

　　　I——横断面的惯性矩,m^4。

对方程式(3-1-1)两端取微分得到:

$$A = E \frac{\mathrm{d}^3 Y}{\mathrm{d}X^3} \qquad (3-1-2)$$

式中　A——剪切力,N。

图3-1-3中,MN截面以下部分为隔离体,作用在杆柱上的力如图3-1-3所示,W_2表示的是浮力,表示泵的底部反力,F_2表示泵筒的横向约束力,W_2是油对抽油杆的浮力、阻力的合力,W是抽油杆的自重,I表示抽油杆上下冲程的惯性力,F_r油对抽油杆的黏滞阻力,R_1为MN截面的杆柱作用力,M和Q为NM截面的弯矩和剪力。根据剪力Q方向力的平衡方程可得:

$$Q = \left[W_2 - (W - F_r - I) \right] \sin\alpha - F_2 \cos\alpha \qquad (3-1-3)$$

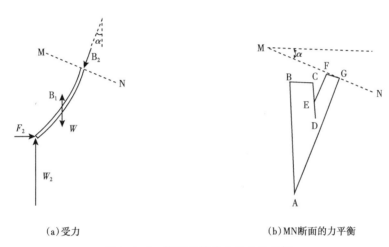

(a)受力　　　　　　　　　　　　　(b)MN断面的力平衡

图3-1-3　作用在管柱上的力及坐标

α很小,可取$\cos\alpha \approx 1$,$\sin\alpha \approx \tan\alpha$,且注意到$W - F_r - I$沿杆均布,集度为$p$,它的单位是N/m,$X_1$和$X_2$分别是管柱两端的$X$值,AA′以下杆柱长为$(X_2 - X_1)$于是有

$$W - F_r - I = p(X_2 - X_1) \qquad (3-1-4)$$

$$X_1 = -\frac{W_1}{p} \qquad (3-1-5)$$

$$X_2 = \frac{W_2}{p} \qquad (3-1-6)$$

因此,上面的平衡方程改写为剪切力:

$$Q = \left[W_2 - p(X_2 - X_1) \right] \tan\alpha - F_2 \qquad (3-1-7)$$

将方程式(3-1-6)代入方程式(3-1-7)并由图3-1-3可知$\tan\alpha = -\mathrm{d}Y/\mathrm{d}X$,可得到:

$$Q = -pX \frac{\mathrm{d}Y}{\mathrm{d}X} - F_2 \qquad (3-1-7a)$$

将此最后一个表达式代入方程式(3-1-2):

$$EI\frac{\mathrm{d}^3Y}{\mathrm{d}X^3} + pX\frac{\mathrm{d}Y}{\mathrm{d}X} + F_2 = 0 \tag{3-1-8}$$

已经获得了纵弯曲管柱的微分方程式。适当选择长度的单位,该方程可化为一个较简单的形式,令:

$$X = mx \tag{3-1-9}$$

以及

$$Y = my \tag{3-1-10}$$

$$\frac{\mathrm{d}Y}{\mathrm{d}X} = \frac{\mathrm{d}y}{\mathrm{d}x} \tag{3-1-11}$$

$$\frac{\mathrm{d}^2Y}{\mathrm{d}X^2} = \frac{1}{m}\frac{\mathrm{d}^2y}{\mathrm{d}x^2} \tag{3-1-12}$$

$$\frac{\mathrm{d}^3Y}{\mathrm{d}X^3} = \frac{1}{m^2}\frac{\mathrm{d}^3y}{\mathrm{d}x^3} \tag{3-1-13}$$

式中 m——无因次单位长度。

将方程式(3-1-9)、式(3-1-10)及式(3-1-12)代入方程(3-1-8),可得到:

$$\frac{\mathrm{d}^3y}{\mathrm{d}x^3} + \frac{p}{EI}m^3x\frac{\mathrm{d}y}{\mathrm{d}x} + \frac{F_2}{EI}m^2 = 0 \tag{3-1-14}$$

此 m 值应当选择使

$$m^3 = \frac{EI}{p} \tag{3-1-15}$$

令

$$c = \frac{F_2}{pm} \tag{3-1-16}$$

将方程(3-1-15)和方程(3-1-16)代入方程(3-1-14),得到:

$$\frac{\mathrm{d}^3y}{\mathrm{d}x^3} + x\frac{\mathrm{d}y}{\mathrm{d}x} + c = 0 \tag{3-1-17}$$

将方程(3-1-12)和方程(3-1-15)代入方程(3-1-1),得到:

$$M = pm^2\frac{\mathrm{d}^2y}{\mathrm{d}x^2} \tag{3-1-18}$$

式中 M——弯矩,N·m。

式(3-1-18)中,x 和 y 的单位是 m;W_1、W_2、F_2、F 单位是 N;p 的单位是 N/m;E 的单位是 Pa;I 的单位是 m^4;M 的单位是 N·m。

方程式(3-1-14)表明 m 以 m 为单位。而方程式(3-1-9)、式(3-1-10)、式(3-1-11)、式(3-1-15)及式(3-1-18)表明 x、y、$\mathrm{d}y/\mathrm{d}x$、$\mathrm{d}^2y/\mathrm{d}x^2$ 及 c 均无因次单位。因此,对那些因素

所做的分析将完全通用,而与管柱的类型及管中井液无关。

二、微分方程的解

当反力 W_2 不断增加,刚好达到一次弯曲的临界压力时,抽油杆弯曲,恰好与油管壁接触,但接触力 F 等于零。当反力 W_2 变大而且超过一次弯曲的临界压力时,则 F 随反力 W_2 的增加而增加。在第二次弯曲前瞬间达到最大值。当达到二次临界压力时,则接触力 F 有降到零。由此可以得出这样的结论:达到任一次弯曲的临界压力时,接触力 F 为零。

令

$$z = \frac{\mathrm{d}y}{\mathrm{d}x} \tag{3-1-19}$$

将方程(3-1-19)代入方程(3-1-17),该微分方程变为:

$$\frac{\mathrm{d}^2 z}{\mathrm{d}x^2} + xz + c = 0 \tag{3-1-20}$$

将可变量 z 表达为幂级数

$$z = \sum_{n=0}^{n=\infty} a_n x^n \tag{3-1-21}$$

将方程(3-1-21)代入方程(3-1-20),可得到:

$$\sum_{n=0}^{n=\infty} n(n+1)(a_n x^{n-2}) + \sum_{n=0}^{n=\infty} (a_n x^{n+1}) + c = 0 \tag{3-1-22}$$

该表达式是一个 x 幂的多项式。要满足方程(3-1-22),x^0、x^1、x^2、x^3、x^4 等的系数必须全部等于零。因而可解得各待定系数 a_n,得到下述表达式:

$$x^0 \text{ 的系数} = 2a_2 + c = 0$$
$$x^1 \text{ 的系数} = a_0 + 2(3a_3) = 0$$
$$x^2 \text{ 的系数} = a_1 + 3(4a_4) = 0$$
$$x^3 \text{ 的系数} = a_2 + 4(5a_5) = 0$$
$$\cdots\cdots$$

因此 a_0、a_1、a_2、a_3、a_4 等完全表达为 a_0、a_1 及 c 的函数。将这些表达式代入方程(3-1-21),可找到该微分方程的通解:

$$
\begin{aligned}
z = {} & a_0 \left(1 - \frac{x^3}{2\cdot 3} + \frac{x^6}{2\cdot 3\cdot 5\cdot 6} - \frac{x^9}{2\cdot 3\cdot 5\cdot 6\cdot 8\cdot 9} + \cdots\right) \\
& + a_1 x \left(1 - \frac{x^3}{3\cdot 4} + \frac{x^6}{3\cdot 4\cdot 6\cdot 7} - \frac{x^9}{3\cdot 4\cdot 6\cdot 7\cdot 9\cdot 10} + \cdots\right) \\
& - \frac{c}{2} x^2 \left(1 - \frac{x^3}{4\cdot 5} + \frac{x^6}{4\cdot 5\cdot 7\cdot 8} - \frac{x^9}{4\cdot 5\cdot 7\cdot 8\cdot 10\cdot 11} + \cdots\right)
\end{aligned} \tag{3-1-23}
$$

在方程(3-1-23)中,令 $a_0 = a$,$a_1 = b$,并用 $\dfrac{\mathrm{d}y}{\mathrm{d}x}$ 表示 z,代入上式得到方程(3-1-24)。分别对方程(3-1-24)求积分并求导数,得到方程(3-1-25)和方程(3-1-26):

$$\frac{dy}{dx} = aF(x) + bG(x) + cH(x) \tag{3-1-24}$$

$$y = aS(x) + bT(x) + cU(x) + g \tag{3-1-25}$$

$$\frac{d^2y}{dx^2} = aP(x) + bQ(x) + cR(x) \tag{3-1-26}$$

在方程式(3-1-24)、式(3-1-25)和式(3-1-26)中，a、b 为待定系数，$c = \dfrac{F_2}{pm}$，g 是一个积分常数，这些参数均由管柱边界条件来定。

$$S(x) = x\left(1 - \frac{x^3}{2 \cdot 3 \cdot 4} + \frac{x^6}{2 \cdot 3 \cdot 5 \cdot 6 \cdot 7} - \frac{x^9}{2 \cdot 3 \cdot 5 \cdot 6 \cdot 8 \cdot 9 \cdot 10} + \cdots\right) \tag{3-1-27}$$

$$T(x) = x^2\left(\frac{1}{2} - \frac{x^3}{3 \cdot 4 \cdot 5} + \frac{x^6}{3 \cdot 4 \cdot 6 \cdot 7 \cdot 8} - \frac{x^9}{3 \cdot 4 \cdot 6 \cdot 7 \cdot 9 \cdot 10 \cdot 11} + \cdots\right) \tag{3-1-28}$$

$$U(x) = -\frac{x^3}{2}\left(\frac{1}{3} - \frac{x^3}{4 \cdot 5 \cdot 6} + \frac{x^6}{4 \cdot 5 \cdot 7 \cdot 8 \cdot 9} - \frac{x^9}{4 \cdot 5 \cdot 7 \cdot 8 \cdot 10 \cdot 11 \cdot 12} + \cdots\right) \tag{3-1-29}$$

$$F(x) = 1 - \frac{x^3}{2 \cdot 3} + \frac{x^6}{2 \cdot 3 \cdot 5 \cdot 6} - \frac{x^9}{2 \cdot 3 \cdot 5 \cdot 6 \cdot 8 \cdot 9} + \cdots \tag{3-1-30}$$

$$G(x) = x\left(1 - \frac{x^3}{3 \cdot 4} + \frac{x^6}{3 \cdot 4 \cdot 6 \cdot 7} - \frac{x^9}{3 \cdot 4 \cdot 6 \cdot 7 \cdot 9 \cdot 10} + \cdots\right) \tag{3-1-31}$$

$$H(x) = -\frac{x^2}{2}\left(1 - \frac{x^3}{4 \cdot 5} + \frac{x^6}{4 \cdot 5 \cdot 7 \cdot 8} - \frac{x^9}{4 \cdot 5 \cdot 7 \cdot 8 \cdot 10 \cdot 11} + \cdots\right) \tag{3-1-32}$$

$$P(x) = -\frac{x^2}{2}\left(1 - \frac{x^3}{3 \cdot 5} + \frac{x^6}{3 \cdot 5 \cdot 6 \cdot 8} - \frac{x^9}{3 \cdot 5 \cdot 6 \cdot 8 \cdot 9 \cdot 11} + \cdots\right) \tag{3-1-33}$$

$$Q(x) = 1 - \frac{x^3}{3} + \frac{x^6}{3 \cdot 4 \cdot 6} - \frac{x^9}{3 \cdot 4 \cdot 6 \cdot 7 \cdot 9} + \cdots \tag{3-1-34}$$

$$R(x) = -x\left(1 - \frac{x^3}{2 \cdot 4} + \frac{x^6}{2 \cdot 4 \cdot 5 \cdot 7} - \frac{x^9}{2 \cdot 4 \cdot 5 \cdot 7 \cdot 8 \cdot 10} + \cdots\right) \tag{3-1-35}$$

函数 $F(x)$、$G(x)$、$P(x)$ 和 $Q(x)$ 可以用贝塞尔函数的形式表达：

$$F(x) = \frac{1}{2}(3^{2/3})\left[\Gamma\left(\frac{5}{3}\right)x^{1/2}J-1/3\left(\frac{2^{3/2}}{3}\right)\right] \tag{3-1-36}$$

$$G(x) = 3^{1/3}\left[\Gamma\left(\frac{4}{3}\right)x^{1/2}J+1/3\left(\frac{2^{3/2}}{3}\right)\right] \tag{3-1-37}$$

$$P(x) = -\frac{1}{2}(3^{2/3})\left[\Gamma\left(\frac{5}{3}\right)xJ+2/3\left(\frac{2}{3}x^{3/2}\right)\right] \tag{3-1-38}$$

$$Q(x) = 3^{1/3}\left[\Gamma\left(\frac{4}{3}\right)xJ-2/3\left(\frac{2^{3/2}}{3}\right)\right] \tag{3-1-39}$$

分数贝塞尔函数可以作出完整的计算图表。对于 x 的负值,必须用相对应的第二类贝塞尔函数。函数 $S(x)$、$T(x)$、$U(x)$、$H(x)$ 和 $R(x)$ 可用级数算出,其收敛性颇令人满意。对函数 $F(x)$、$G(x)$ 和 $H(x)$,x 从 -4 至 $+4.218$ 的范围进行了计算,对另外 6 种函数,x 从 -6 至 $+4.2$ 的范围也可进行计算,将这些结果绘在图 3-1-4 到图 3-1-9 中。

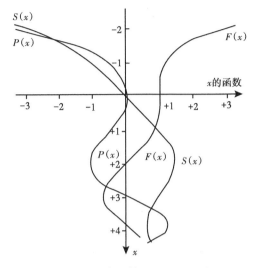

图 3-1-4　无因次函数 $F(x)$、$P(x)$ 和 $S(x)$

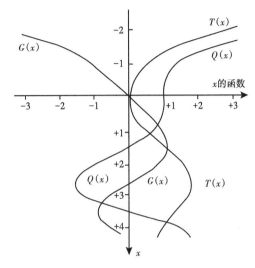

图 3-1-5　无因次函数 $G(x)$、$T(x)$ 和 $Q(x)$

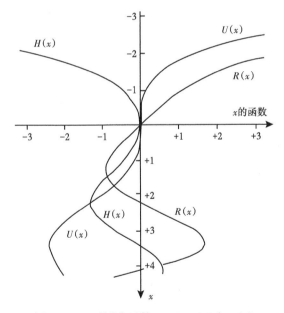

图 3-1-6　无因次函数 $H(x)$、$U(x)$ 和 $R(x)$

三、解的讨论

微分方程(3-1-20)是一个三阶微分方程,它的通解方程(3-1-25)含有 3 个积分常数 a、b、g。除了这几个积分常数外,参数 c 也是未知数,因为 F_2 也是未知力,要考虑附加一个边界条件才能确定此参数。

297

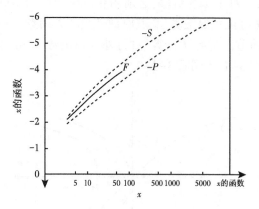

图 3-1-7　函数 $F(x)$、$-P(x)$ 和 $-S(x)$

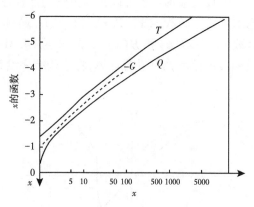

图 3-1-8　函数 $-G(x)$、$Q(x)$ 和 $T(x)$

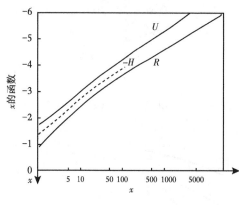

图 3-1-9　函数 $U(x)$、$-H(x)$ 和 $R(x)$

1. 管柱第一次弯曲的临界条件

令 x_1 和 x_2 分别代表管柱上端和下端的 x 的值。令 P_1、Q_1、R_1、S_1 等分别代表 $x=x_1$ 时函数 $P(x)$、$Q(x)$、$R(x)$、$S(x)$ 等的数值,而 P_2、Q_2、R_2、S_2 等分别代表 $x=x_2$ 时同一函数的数值。

若管柱的两端弯矩等于零,管柱两端可认为是铰接。因此从方程(3-1-18)和方程(3-1-26)得到:

$$aP_1+bQ_1+cR_1=0 \qquad (3-1-40)$$

$$aP_2+bQ_2+cR_2=0 \qquad (3-1-41)$$

由于可将两端铰接处的边界条件写成 $y=0$,因此方程(3-1-25)成为:

$$aS_1+bT_1+cU_1+g=0$$

$$aS_2+bT_2+cU_2+g=0$$

在上述两个方程之间消去 g,并改写方程(3-1-40)和方程(3-1-41),得到以下线性齐次方程组,其中 a、b 和 c 均是未知数:

$$\begin{cases} aP_1+bQ_1+cR_1=0 \\ aP_2+bQ_2+cR_2=0 \\ a(S_1-S_2)+b(T_1-T_2)+c(U_1-U_2)=0 \end{cases} \qquad (3-1-42)$$

若要使线性齐次方程组有非零解,必须使其系数行列式等于零:

$$\begin{vmatrix} P_1 & Q_1 & R_1 \\ P_2 & Q_2 & R_2 \\ S_1-S_2 & T_1-T_2 & U_1-U_2 \end{vmatrix}=0 \qquad (3-1-42a)$$

方程(3-1-42a)与 x_1 和 x_2 之间的比例有关,它必须满足纵弯曲发生的条件。用尝试法发现表达式(3-1-42a)可以用一组曲线代表。仅该曲线中属于 x_2 最小值者符合稳定的平稳状态(图3-1-10),纵坐标 x_1 是从中和点至井口顶部的距离,而 x_2 是从中和点至管柱的距离。后者的距离与轴向压力 W_2 成正比。即当井很浅时,为了纵弯曲需要较大轴向压力。当井眼较深时,轴向压力的临界值减小并趋近于渐近线上的某一值。

在实际井眼条件下 x_1 很大,而当 x_2 等于它渐近线的极限。用 $x_1=0$ 和 $x_1=-6$ 之间计算的值绘出图3-1-10临界弯曲曲线。该曲线超出 $x_1=-6$ 的外推法部分用虚线表示,似乎表明该渐近线的极限处 x_2 是1.88。另一方

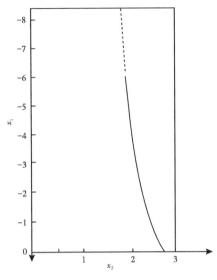

图3-1-10 第一次纵弯曲临界条件

面,当 $x_1=-6$ 时, $x_2=1.94$。因此,可以接受这个微不足道的误差,而认为 $x_2=1.94$ 是第一次纵弯曲的临界条件。因此,可以认为 x_1 点不在管柱的上面末端,而只不过是 $x_1=-6$ 处的一点。在该点挠曲和弯矩实际都等于零。

2. 第一次临界条件的切点

确定切点,横坐标上指定 x_3 以 m 为单位,而 x_3 无因次。因为 $x=x_3$, $dy/dx=0$,从方程(3-1-24)得到:

$$aF_3+bG_3+cH_3=0 \qquad (3-1-43)$$

由方程(3-1-43)、方程(3-1-40)和方程(3-1-41)可得到方程组:

$$\begin{cases} aF_3+bG_3+cH_3=0 \\ aP_1+bQ_1+cR_1=0 \\ aP_2+bQ_2+cR_2=0 \end{cases} \qquad (3-1-44)$$

如果下述行列式等于零,则它有非零解:

$$\begin{vmatrix} F_3 & G_3 & H_3 \\ P_1 & Q_1 & R_1 \\ P_2 & Q_2 & R_2 \end{vmatrix}=0 \qquad (3-1-45)$$

方程(3-1-25)是切点的横坐标 x_3 与临界条件下管柱两端的横坐标 x_1 和 x_2 之间的关系式。如以往所述 $x_1=-6$ 和 $x_2=1.94$ 。

用试算法找到满足方程(3-1-45) x_3 的值,该值为 $x_3=0.145$ 。

为了研究弯曲管柱轴线的形状与弯矩的分布等,必须找到 a 、 b 和 c 的数值,而方程(3-1-40)、方程(3-1-41)和方程(3-1-42)的方程组中这些参数都是不定值。为了消除方程(3-1-40),方程(3-1-41)和方程(3-1-42)中的模糊性,这就应当考虑纵弯曲管柱达到理论平衡状态时,已远远超出了钢材的弹性极限,此时管柱将会弯曲且发生断裂。为此目

的,将研究挠曲的切点等于井眼的表观半径的情况,即由于 $x=x_3,Y=r$,根据方程(3-1-10),$y=r/m$。因此方程(3-1-25)成为:

$$aS_3+bT_3+cU_3+g=\frac{r}{m}$$

管柱的下端挠度等于零,即由于 $x=x_2=1.94,y=0$,所以方程(3-1-25)成为:

$$aS_2+bT_2+cU_2+g=0$$

在最后两方程式之间消去 g,并改写方程(3-1-40)和方程(3-1-41),得到以下方程的组:

$$\begin{cases} a(S_3-S_1)+b(T_3-T_1)+c(U_3-U_1)=\dfrac{r}{m} \\ aP_1+bQ_1+cR_1=0 \\ aP_2+bQ_2+cR_2=0 \end{cases} \qquad (3-1-46)$$

在这些方程中 $x_1=-6,x_2=1.94,x_3=0.145$。

3. 轴向压力超过第一次临界条件的切点

从方程(3-1-42a)推论,管柱第一次弯曲的形状仅在轴向压力为一个固定数值时是稳定的,即相当于 $x_2=1.94$ 的这个数值。现在将研究第一次弯曲已经发生之后,而进一步逐渐加大轴向压力时会发生的情况。显然全井管柱全部弯曲的认识是不正确的。下面在理论上从微分方程(3-1-8)开始研究,对管柱的上面部分,位于切点以上的部分[图3-1-3(a)],必须考虑力 F,它是井壁对管柱的反作用力。方程(3-1-8)写为:

$$EI\frac{\mathrm{d}^3y}{\mathrm{d}x^3}+px\frac{\mathrm{d}y}{\mathrm{d}x}+F_2-F=0 \qquad (3-1-47)$$

方程(3-1-16)和微分方程(3-1-20)各自为被代换为:

$$c_1=\frac{F_2-F}{pm} \qquad (3-1-48)$$

$$\frac{\mathrm{d}^2z}{\mathrm{d}x^2}+xz+c_1=0 \qquad (3-1-49)$$

对微分方程(3-1-19)和方程(3-1-49)的积分可得到同类通解,即方程(3-1-24)、方程(3-1-25)、方程(3-1-26)。然而不仅 c 在管柱的下部和上部不同,而且积分常数 a、b 和 g 在也都不相同。

对应于管柱上部和下部的常数将分别用下标1和下标2来表示,对应管柱上部的方程为:

$$y=a_1S(x)+b_1T(x)+c_1U(x)+g_1 \qquad (3-1-50)$$

$$\frac{\mathrm{d}y}{\mathrm{d}x}=a_1F(x)+b_1G(x)+c_1H(x) \qquad (3-1-51)$$

$$\frac{\mathrm{d}^2y}{\mathrm{d}x^2}=a_1P(x)+b_1Q(x)+c_1R(x) \qquad (3-1-52)$$

$$c_1 = \frac{F_1}{pm} \tag{3-1-53}$$

而对应管柱下部的方程为：

$$y = a_2 S(x) + b_2 T(x) + c_2 U(x) + g_2 \tag{3-1-54}$$

$$\frac{dy}{dx} = a_2 F(x) + b_2 G(x) + c_2 H(x) \tag{3-1-55}$$

$$\frac{d^2 y}{dx^2} = a_2 P(x) + b_2 Q(x) + c_2 R(x) \tag{3-1-56}$$

$$c_2 = \frac{F_2}{pm} \tag{3-1-57}$$

如前所述，令 x_1 相应于管柱的上端，或者更确切地说相当于 $x_1 = -6$ 处的点。令 x_2 相当于管柱的下端，而 x_3 相当于管柱与井壁的切点。对管柱上部的这三个边界条件如下：

（1）在管柱上端弯矩等于零，可列出方程（3-1-58）。

$$a_1 P_1 + b_1 Q_1 + c_1 R_1 = 0 \tag{3-1-58}$$

（2）$dy/dx = 0$，$x = x_3$，可列出方程（3-1-59）。

$$a_1 F_3 + b_1 G_3 + c_1 H_3 = 0 \tag{3-1-59}$$

（3）对 $x = x_1$，$y = 0$。

（4）对 $x = x_3$，$y = r/m$。

当代入方程（3-1-50）时，后面的两个条件从消去 g 后得到两个表达式，给出最终方程式（3-1-60）。

$$a_1(S_3 - S_1) + b_1(T_3 - T_1) + c_1(U_3 - U_1) = \frac{r}{m} \tag{3-1-60}$$

这些边界条件对管柱下部和对管柱上部相同，因此对方程（3-1-61），方程（3-1-62）和方程（3-1-63）无须解释，它们和方程（3-1-58），方程（3-1-59）和方程（3-1-60）相类似。

$$a_2 P_2 + b_2 Q_2 + c_2 R_2 = 0 \tag{3-1-61}$$

$$a_2 F_3 + b_2 G_3 + c_2 H_3 = 0 \tag{3-1-62}$$

$$a_2(S_3 - S_2) + b_2(T_3 - T_2) + c_2(U_3 - U_2) = \frac{r}{m} \tag{3-1-63}$$

一个附加的边界条件表达了在切点 $x = x_3$ 处，按微分方程（3-1-52）和方程（3-1-56）所计算的 $d^2 y/dx^2$ 的数值必须相等，可列出方程（3-1-64）。

$$a_1 P_3 + b_1 Q_3 + c_1 R_3 - a_2 P_3 - b_2 Q_3 - c_2 R_3 = 0 \tag{3-1-64}$$

方程（3-1-58）到方程（3-1-64）7 个方程组成方程组，a_1、b_1、c_1、a_2、b_2 和 c_2 是 6 个待求解的未知数，仅当满足下述条件时，该方程组有解：

$$\begin{vmatrix} P_1 & Q_1 & R_1 & 0 & 0 & 0 & 0 \\ F_3 & G_3 & H_3 & 0 & 0 & 0 & 0 \\ S_3-S_1 & T_3-T_1 & U_3-U_1 & 0 & 0 & 0 & \dfrac{r}{m} \\ 0 & 0 & 0 & P_2 & Q_2 & R_2 & 0 \\ 0 & 0 & 0 & F_3 & G_3 & H_2 & 0 \\ 0 & 0 & 0 & S_3-S_2 & T_3-T_2 & U_3-U_2 & \dfrac{r}{m} \\ P_3 & Q_3 & R_3 & -P_3 & -Q_3 & -R_3 & 0 \end{vmatrix} = 0 \qquad (3-1-65)$$

方程(3-1-65)与 x_2(从中和点至管柱底端的距离)和 x_3(从中和点至切点的距离)之间有关。在该方程中 x_1 是常数并等于-6,对应的 x_2 及 x_3 的值用试错法可从方程(3-1-65)中求得,见表3-1-1。

表3-1-1中第一行给出的各值是前面求得的,他们相当于第一次弯曲的临界条件,第4个数值的特殊含义及表3-1-1中最后一行在后面解释。管柱底端和切点之间的距离 x_2-x_1 与对应的管柱底端和中和点之间的距离 x_2 的关系,如图3-1-11所示。

表3-1-1　x_2 与 x_3 的数字值

x_2	x_3	附注
1. 940	0. 145	第一次弯曲的临界条件
2. 600	0. 942	
3. 200	1. 668	第二次弯曲的临界条件
3. 753	2. 346	
4. 000	2. 672	第二次弯曲接触井壁
4. 218	3. 098	

4. 超过第一次临界条件的轴向力方程系数

将表3-1-1中 x_2 和 x_3 的数值代入方程(3-1-58)至方程(3-1-63)。解方程(3-1-58)、方程(3-1-59)和方程(3-1-60)组得 $a_1(m/r)$、$b_1(m/r)$ 和 $c_1(m/r)$,而解方程(3-1-61)、方程(3-1-62)和方程(3-1-63)组得 $a_2(m/r)$、$b_2(m/r)$ 和 $c_2(m/r)$。表3-1-2中显示了3位小数的计算结果。当 x 值包含大量的负值时,这些计算结果实际用于组成6位小数。

表3-1-2中的第1行相当于第一次临界条件,此时 $a_1=a_2$,$b_1=b_2$,$c_1=c_2$。

表3-1-2　方程系数

x_2	$a_1(m/r)$	$b_1(m/r)$	$c_1(m/r)$	$a_2(m/r)$	$b_2(m/r)$	$c_2(m/r)$	附注
1. 940	+0. 064	−0. 406	+0. 482	+0. 064	−0. 406	+0. 482	第一次弯曲的临界条件
2. 600	+0. 260	−0. 104	+0. 313	−0. 025	+0. 495	+0. 971	
3. 200	+0. 308	+0. 0700	+0. 165	−1. 223	+1. 849	+1. 462	第二次弯曲的临界条件
3. 783	+0. 278	+0. 205	−0. 002	−3. 175	+2. 853	+1. 946	
4. 000	+0. 224	+0. 280	−0. 124	−4. 017	+3. 007	+2. 164	第二次弯曲接触井壁
4. 218	−0. 009	+0. 474	−0. 512	−4. 610	+2. 905	+2. 176	

四、纵弯曲管柱的形状

用表达式确定挠度系数 h：

$$h = y\frac{m}{r} \qquad (3\text{-}1\text{-}66)$$

从方程(3-1-66)和方程(3-1-10)得到：

$$Y = hr \qquad (3\text{-}1\text{-}67)$$

式中 h——挠度 y 的不变系数，它等于井眼的表观半径。

在管柱上端挠度为零，因此方程(3-1-50)成为：

$$0 = a_1 S_1 + b_1 T_1 + c_1 U_1 + g_1$$

在此表达式与方程(3-1-50)之间消去 g_1，可得到位于切点以上管柱部分的方程：

$$y = a_1(S-S_1) + b_1(T-T_1) + c_1(U-U_1) \qquad (3\text{-}1\text{-}68)$$

位于切点以下管柱部分有一个类似的方程：

$$y = a_2(S-S_2) + b_2(T-T_2) + c_2(U-U_2) \qquad (3\text{-}1\text{-}69)$$

将表3-1-2中 a_1、b_1、c_1、a_2、b_2 和 c_2 的数值，以及从图3-1-4至图3-1-9中 S_1、T_1、U_1、S_2、T_2 和 U_2 的数值，代入方程(3-1-68)和方程(3-1-69)中，获得挠度系数 h 对 x 的表达式。h 对 x_2-x 的关系曲线如图3-1-11所示，对应的 x_2 等于1.940和4.218，而在图3-1-12中，对应的 x_2 等于1.940、3.753和4.218，这些图形前文已解释。

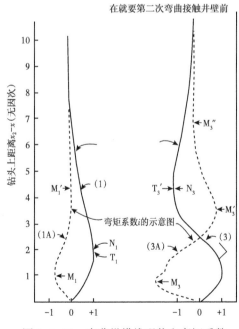

图 3-1-11　弯曲纵横线现状和弯矩系数

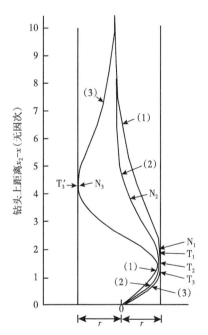

图 3-1-12　弯曲曲线的现状

（1）第一次临界；（2）第二次临界；（3）第三次弯曲即将接触井壁前，r 是井眼半径，即最大可能的变位第二次纵弯曲的挠度已用方程(3-1-68)计算出(图1-3-13),用试算法发现,第二次纵弯曲的挠度在 $x_2=4.218$ 时恰等于井眼的表观半径。

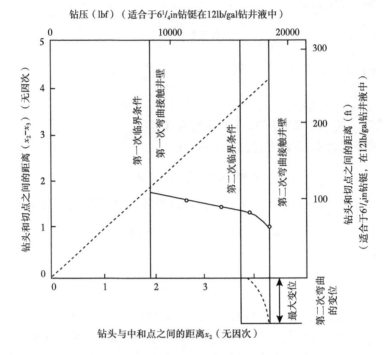

图 3-1-13 第一次切点的位置及第二次弯曲变位

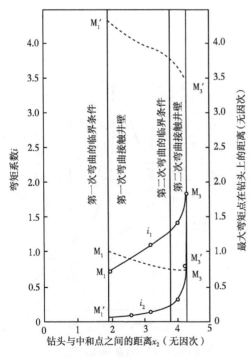

图 3-1-14 挠度系数 i(实线)与最大弯曲的位置(虚线)

五、弯矩

弯矩系数表达式 i 为

$$i=\frac{\mathrm{d}^2y}{\mathrm{d}x^2}\frac{m}{r} \qquad (3-1-70)$$

在方程(3-1-70)和方程(3-1-18)之间消 $\mathrm{d}^2y/\mathrm{d}x^2$,得到方程

$$i=\frac{M}{pm^2}\frac{m}{r} \qquad (3-1-71)$$

将表 3-1-2 中 a_1、b_1、c_1、a_2、b_2 和 c_2 的数值代入方程(3-1-52)和方程(3-1-56)中,获得挠度系数 i 对 x 的表达式,弯曲纵横线现状和弯矩系数如图 3-1-13 和图 3-1-14 所示。

1. 第二次弯曲的临界条件

在管柱上端挠度为零,因此 $y=0$,图 3-1-11 中的曲线 1 和曲线 3 表明,在上端附近范围内第一次纵弯曲时 y 为正值,而第二次纵弯曲时 y 为负值。因此在上端第一次纵弯曲时

304

$\mathrm{d}y/\mathrm{d}x$ 为正,而第二次纵弯曲时 $\mathrm{d}y/\mathrm{d}x$ 为负值;而 $\mathrm{d}y/\mathrm{d}x$ 以零为极限条件,即第二次纵弯曲的临界数值。同样,在管柱上端 $\mathrm{d}^2y/\mathrm{d}x^2$ 为零。而图 3-1-11 中曲线 1A 和曲线 3A 表明:在管柱上端附近对第一次纵弯曲 $\mathrm{d}^2y/\mathrm{d}x^2$ 为正,而对第二次纵弯曲则为负。因此,在管柱上端对第一次和第二次纵弯曲 $\mathrm{d}^3y/\mathrm{d}x^3$ 各自为正或负,而对第二纵弯曲 $\mathrm{d}^3y/\mathrm{d}x^3$ 以零为临界条件。将 $\mathrm{d}y/\mathrm{d}x = \mathrm{d}^3y/\mathrm{d}x^3 = 0$ 代入方程(3-1-17),并用 c_1 代替 c,得 $c_1 = 0$。用试算法已找到在 $x_2 = 3.753$ 处(表 3-1-2) c_1 非常接近于第二次纵弯曲的临界条件。

2. 纵弯曲曲线的长度

横坐标为 x_1 和 x_2 两点之间曲线段的长度 L 等于

$$L = \int_{x_1}^{x_2} \sqrt{1 + \left(\frac{\mathrm{d}y}{\mathrm{d}x}\right)^2}\,\mathrm{d}x \qquad (3-1-72)$$

就管柱来说,对于 x、y 很小,因此,用级数展开此平方根后,得到:

$$L = (x_2 - x_1) + \frac{1}{2}\int_{x_1}^{x_2}\left(\frac{\mathrm{d}y}{\mathrm{d}x}\right)^2\,\mathrm{d}x \qquad (3-1-73)$$

由于 $x_2 - x_1$ 是管柱在井眼轴线的投影长度,则由于纵弯曲,该投影长度的增量 ΔL 等于:

$$\Delta L = \frac{1}{2}\int_{x_1}^{x_2}\left(\frac{\mathrm{d}y}{\mathrm{d}x}\right)^2\,\mathrm{d}x \qquad (3-1-74)$$

将方程(3-1-9)、方程(3-1-10)和方程(3-1-11)代入方程(3-1-74),得到:

$$\Delta L = \frac{r^2}{2m}\int_{x_1}^{x_2} t^2\,\mathrm{d}x \qquad (3-1-75)$$

令

$$q = \frac{1}{2}\int_{x_1}^{x_2} t^2\,\mathrm{d}x \qquad (3-1-76)$$

消除方程(3-1-75)和方程(3-1-76)之间的积分,得到方程

$$q = \frac{m\Delta L}{r^2} \qquad (3-1-77)$$

已解释过对 x_2 的各种数值如何计算 t 与 x 的关系。辛普森方法曾用于此积分[式(3-1-76)],q 与 x_2 的关系曲线如图 3-1-15 所示。

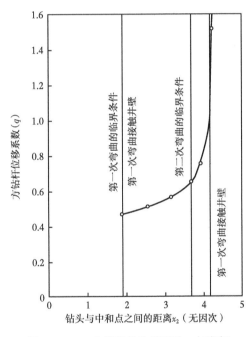

图 3-1-15　上部管柱位置系数 q 与底部铰接处到中和点 x 的距离关系曲线

第二节　油管柱在液体中的受力

众所周知,静液压力的基本原则是管柱内外压力相等。未考虑流动的影响,许多油井作业中管柱内外的压力是不同的。但若采用物理和力学的基本定律来处理纵弯曲现象,已证

明当由于压力而引起的张力未排除管材的纵弯曲时,轴向压力并不意味着纵弯曲的发生。保持管串在油井中处于拉伸状态,不一定能预防纵弯曲的发生,另一方面,管串在油井中处于压力状态,不一定意味着发生纵弯曲。

一、带封隔器的油管柱

1. 管内外无液体

如果带封隔器的油管内外均无液体。如果在管柱的轴向施加压力,则管柱将发生纵向弯曲。因为油管串是一根非常细长的柱状物体,在纵弯曲发生处压力总量很小,而且大致上可以忽略。一般认为,一旦在轴向遭受到压力,管柱即处于纵弯曲状态。空管部分内外均无液体,它与一根两端固定的垂直杆相似。

2. 管外部液体的影响

当一根杆浸在液体中,如图3-1-16所示,P_1和P_2是弯曲杆的弯曲点。作用在位于P_1以下杆的压力,用图3-1-16(b)表示。显然这些力的合力不是零,因为弯曲后弧AD大于弧BC。因而在图3-1-16中这些压力的合力可以用一个力T_1代表。以此类推,作用在杆P_1和P_2之间压力的合力为T_2,而作用在杆P_2以上部分的合力为T_3。显然从图3-1-16的观察中得知力T_1、T_2和T_3有使杆伸直的趋势。因此由于杆周围液体的存在,它可能使轴向受到某一压力而杆不发生纵弯曲。

3. 管柱内部液体的影响

管柱内有液体,而管外无液体。图3-1-17(b)表示P_1以下的管柱。在此情况下,压力的合力不是零,因为弧AD大于弧BC。由于管柱内部的液体,在图3-1-17中压力的合力可以用T_1代表。与图3-1-16中的力T_1相比该力作用方向相反,使管柱弯曲。因而在轴向的零应力,不能阻止纵弯曲的发生。由于管内液体的出现(管内存在液体),该管柱轴向必须受到某一张力,才能希望管柱保持垂直的状态。

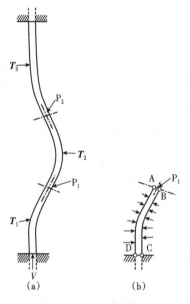

图3-1-16　两端固定的垂直杆杆外有液体

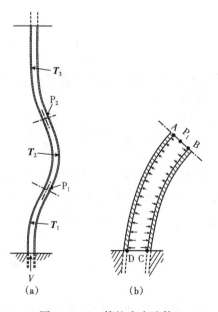

图3-1-17　管柱内有液体

如果管内和管外都存在液体,轴向的压力并不意味着管柱必然发生纵弯曲,而另一方面,在轴向的张力未必能预防纵弯曲的发生。本节在后节将给出在轴向那一个应力范围管柱是直的,或那一个应力范围内管柱将发生纵弯曲。这两个条件之间的极值将称为"轴向临界应力"。

在某些条件下两端固定的管串可能发生纵弯曲——不是靠近其下端,而是靠近其顶部。这种现象,在下端自由的管串中也较易发生。

二、下端自由的管柱

1. 管柱内无液体

考虑管柱受到侧向力发生倾斜,然后假设撤去此侧向力,图 3-1-18 代表这样一根管柱或杆柱。在该杆柱上任取一横截面 MM,作用在杆 MM 以上部分的力只有重力 **W**,如图 3-1-18(b)所示。显然从图 3-1-18(b)可以看出与横截面 MM 的中心 O 有关的重力 **W** 的力矩是一个将杆柱变直的力矩,因而必然使杆柱返回一种静止的垂直状态。

2. 管柱外部液体影响

现在假设同样的杆柱浸没在液体中,由于液体的压力,杆柱的下部承受压力,然而众所周知,该杆柱并不会发生纵弯曲,下面将进行讨论。

在压力的影响下,如图 3-1-18(b)所示。

(1)作用在杆柱表面的侧向力 **T**,类似以往对两端固定的杆柱多研究的力 **T**。

(2)作用在杆柱底部的力 **U**。

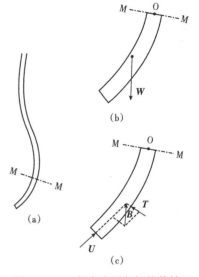

图 3-1-18　侧向力引起杆柱偏转,
再撤去侧向力

力 **U** 对 O 点的力矩试图在 MM 使该杆伸直,而力 **T** 对 O 的点的力矩趋向于在 MM 处使杆柱弯曲。力 **T** 和力 **U** 这两种力共同作用的结果是一个垂直向上的合力 **B**,如图 3-1-18(c)所示,它等于所排开液体的重量,而且与重力 **W** 处在同一条垂直线上。这样作用在 MM 以下杆柱部分与 O 点的唯一力矩为力 **W** 产生的力矩减去力 **B** 产生的力矩,即是杆柱在液体中的重量所产生的力矩。如果液体的密度小于钢杆柱的密度,该力矩起到矫直作用,从而是偏斜的杆柱返回到垂直状态,而纵弯曲不可能出现——不管该杆柱承受的浮力有多大。换句话说,在杆柱周围存在液体的唯一结果是杆柱在液体中重量的减少,而不是由于静液柱压力引起的压力。

假设有一浸没在液体中的杆柱承受有一轴向力,由于液体的浮力使钢杆柱的重量减轻,杆柱发生纵弯曲的轴向力的临界值是在杆柱在液体中比在空气中小。并且此关系与压力无关。如果井中的液体密度相同,液体的存在对管柱纵弯曲的影响在井深 300m 或在井深 3000m 时是相等的,它与静液柱压力的大小无关。因此,可以说,静液柱压力不影响管柱的疲劳。

3. 管柱顶部纵弯曲

假设有一个杆柱浸没在密度比钢大的液体中,则杆柱在液体中的重量变成了负值(即一个向上的力)。这样就会使杆柱伸直的力矩现在使管柱弯曲,导致该杆柱弯曲。然而,该杆下面部分的挠曲是如此小,以至可认为挠曲不存在。另一方面,大的挠曲发生在杆的上部。这个事实也会令人们不解。首先必须了解该杆柱的纵向平衡已经不再稳定,而该杆柱就会有一种翘起的趋势,就好像一种放在水中的垂直木杆试图转动90°而达到稳定的横向平衡。因此,为了保持该杆柱垂直,必须假设在杆柱下端能定向活动,然后比较一端铰接的纵杆和一端可纵向活动的纵杆这两种情况。

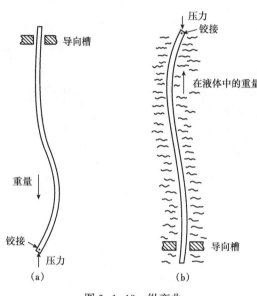

图 3-1-19　纵弯曲
(a)杆柱在空气中,下端铰接而上端
受压缩;(b)杆柱在液体中,上端铰接

(1)图3-1-19(a)的情况,杆柱在空气中,下端铰接而上端受压缩。

(2)图3-1-19(b)的情况,杆柱在液体中,上端铰接,由于上端的反作用力,该杆柱试图漂浮并保持在液体中,上端受压缩。

图3-1-19(a)和图3-1-19(b)两种情况之间存在着相似处,在这两种情况中杆柱端部直接承受着重量或者液体中的重量[图3-1-19(a)中的下端,图3-1-19(b)中的上端]承受压缩。因此,在图3-1-19(b)中杆柱弯曲的位置接近上端,反之,在图3-1-19(a)中杆柱弯曲位置接近下端。因此,存在两种不同类型的纵弯曲,分别称为"底部纵弯曲"和"顶部纵弯曲"。

当液体的密度大于钢的密度才可能发生杆的顶部纵弯曲,但这种情况永远不会出现。然而,如果所排开管外液体的重量超过钢的重量的管内液体重量之和,则在底部封闭的管柱中可能出现顶部弯曲。顶部纵弯曲也可能发生在两端固定的管柱中。对底端自由和两端固定的管柱在顶部纵弯曲的条件二者之间存在差异。就两者而论,所排开管外液体的重量必须超过钢的重量和管内液体重量之和。该条件对底端自由的管柱是充分的,因为在这种情况上端的反作用力必然是压力。另一方面,对两端固定的管柱在此情况下该反作用是不定的。

如果两端固定,"浮力大于重量"此条件对于顶部弯曲的管柱是不充分的。第二次纵弯曲的条件是"管柱的上端处于受压缩状态"。

4. 内部液体影响

前面已经讨论了管柱在井眼中的自由悬挂的受力状况,由于围绕在管柱周围的液体而产生的压力不能引起杆柱的纵弯曲。相反,而由于管柱内的液体存在而引起的张力不能防治管柱的纵弯曲。

考虑这样一根管柱下端封闭并充满液体,该管柱自由悬挂在井眼中。假设由于侧向力使管柱产生偏转,然后去掉此侧向力,此偏转的管柱如图3-1-20所示。压力作用在 MM 线以下管柱部分的效果为下述两种力:

(1)力 T,作用在侧面。

(2)力 U,作用在底部。

这些力与力 T 和力 U 相似,由外部液体引起[图3-1-18(c)],但它们的作用力相反。

这一次 *U* 对于 O 点的力矩试图在 MM 线使管柱弯曲,而 *T* 对于 O 点的力矩试图使管柱伸直,但它们的合力等于液体的重量 *A*。这样作用在 MM 线以下的管柱对 O 点的力矩为力 *W* 加力 *A* 的所产生的力矩。因而管柱内液体存在的唯一结果是由于液体的重量增加了管柱的重量,而不是由于静液压力而产生了张力。

如果有一个引起管柱纵弯曲的轴向力,则张力由于管柱内液体的压力,不能防止纵弯曲。依靠压力来产生的张力维持管柱垂直,张力应大于由轴向力产生的压缩力。

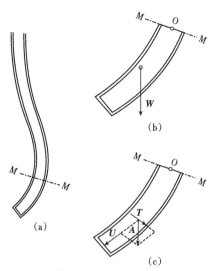

图 3-1-20　侧向力使管柱偏转

三、管柱下端自由

考虑到两端都固定和下端自由的情况,下面矢量式仍适用。两种情况的基本区别是,下端自由,液体接触底部。因此,内外部液体产生的浮力或压力等于 *T* 和 *U* 的合力。代替方程有:

$$T+U=B+(-F) \tag{3-1-78}$$

如前所述,力(-*F*)对弯曲没有作用。因此,外部流体的唯一作用力是 *B*,即等于所驱替的外部流体重力的向上的力,作用在重力中心。

类似的有,可证明内部流体的唯一作用是它的重力,它加到管柱的重力上。假定内外都有流体的管柱由在空气中的管柱所代替,管杆的重力等于管柱的重力减去所排除的外部流体的重力。从前面的论证可推断出,无论管柱实际所承受的张力或压力的大小如何,就弯曲而论,有流体的管柱和在空气中的管杆特点完全相同。

如果在管柱的自由段内,在油管上内流体的密度明显地大于管柱外的流体的密度,为避免弯曲,固定点必须承受张力,张力的大小与自由段长度成正比,有时大些。

在封隔器上的油管内部流体的密度明显小于管柱外部流体的密度,管柱在固定点可能承受压应力,如自由段较长,其值可能很大。

作用在管柱和内部流体的总重量小于所排除的外部流体的重量,如果管柱上端受压,弯曲会出现在管柱上端压力较低处,而管柱下端保持笔直,尽管它可能承受较大的压力。

当排空的管柱下入井筒时,它的下部分绝不会弯曲。另一方面,如果管柱重量小于所排流体和重量,管柱上部弯曲。因管柱外部压力产生的压力对管柱和疲劳不起作用。

四、两端都固定的管柱

1. 垂直管杆两端固定且没有流体存在

假设固定点上部的油管可以认为是两端固定的。管柱内部没有流体。如果管柱下端承受一轴向压力,管柱将弯曲。如图 3-1-16 所示,*V* 代表管柱固定部分的垂直向上反作用力,*V* 的临界值下面将给出推导。

端部铰接的弯曲垂直管柱在其自重力作用下的微分方程在前面已经给出。如果其铰接端由固定端取代,微分方程及其通解,在管柱两端固定时的边界条件变为:

$$\begin{cases} F_1 + G_1 + H_1 = 0 \\ F_2 + G_2 + H_2 = 0 \\ (S_1 - S_2) + (T_1 - T_2) + (U_1 - U_2) = 0 \end{cases} \tag{3-1-79}$$

前两个方程表示管柱两端固定的条件，即 $\dfrac{\mathrm{d}y}{\mathrm{d}x} = 0$。

最后一个方程表示两端同处在一条垂直线上，即：

$$y_1 - y_2 = 0$$

此线性方程组的解只有在其行列式等于零时才有意义。

$$\begin{vmatrix} F_1 & G_1 & H_1 \\ F_2 & G_2 & H_2 \\ S_1 - S_2 & T_1 - T_2 & U_1 - U_2 \end{vmatrix} = 0 \tag{3-1-80}$$

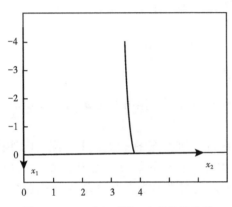

图 3-1-21 对应于第一次弯曲的曲线

方程（3-1-80）表示了 x_1 和 x_2 之间的关系式，如果弯曲发生，必须满足该关系式，对于铰接端的类似表达式是前节的式（3-1-43），前面方程的试算法依然对于方程（3-1-80）也是适用的。同样也可用一系列曲线来表达方程的解，对应于第一次弯曲的曲线。如图 3-1-21 所示，该曲线表明，当 x_1 的值为较大的负值时，x_2 值渐近为 3.5。

因此，从下端到中点最小的距离为 3.5（无因次），弯曲可能会发现，一个无因次单位长度 m 由下式给出：

$$m = \sqrt[3]{\dfrac{EI}{q}} \tag{3-1-81}$$

下端反作用力的垂直分力 V 的临界值等于 3.5 倍的无因次重力：

$$V = 3.5 \sqrt[3]{EIq^2} \tag{3-1-82}$$

式中　E——钢的杨氏模量，Pa；

I——直径上断面的惯性矩，m^4；

q——单位长度的重力，而一般 q 代表沿管柱均匀分布的垂直力，N/m；

V——集中在一端的垂直力，N，V 定为负表示是压力，在方程左边加上负号。

2. 有流体存在时的管柱的临界力

假设管柱相同，且管柱内外都存在流体。当考虑到弯曲时，压力可由垂直分布力和集中在一端的力取代。因此，如果假设 q 为单位长度总垂直分布的力，V 代表一端总的力，在有流体存在时，方程（3-1-82）仍有效。

为避免混淆，把方程（3-1-82）修改为下列形式：

$$V' = -3.5 \sqrt[3]{EIq'^2} \tag{3-1-83}$$

式中 q' ——总的垂直分布力,N;

V' ——集中在一端的总的垂向力,N。

有了这些新的概念,方程(3-1-82)仅用于没有流体存在时。当有流体存在时,采用方程(3-1-83)。

3. 管柱外部有流体存在时的临界力

首先考虑管柱上有流体的作用压力,如果是杆件,假设在任何断面 MM 下的弯曲杆,并有流体围绕。如果杆柱下端不固定,在断面 MM 上面部分不存在,根据阿基米德定律,压力的合力如图 3-1-22(b)所示的段面上的垂直为 B,它等于所取代的流体重力。作用在重力 G 的中心,另一方面,压力的作用有下面 3 个力表示。

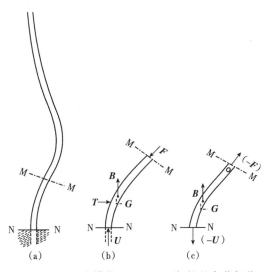

一是作用在侧面的压力合力 T;二是作用在断面 NN 上的压力 U;三是作用在断面 MM 上的压力 F。因此,这些力的关系用矢量式表示为:

$$T+U+F=B \qquad (3-1-84a)$$

图 3-1-22 在横截面 MM 以下杆柱的弯曲部分

实际上流体并没有接触断面 MM 和断面 NN,压力或者浮力的合力为 T,当外部流体压力等于浮力时,它的表达式可从式(3-1-84a)得出:

$$T=B+(-U)+(-F) \qquad (3-1-84b)$$

方程(3-1-84b)右端的 3 个力的合力等于浮力,如图 3-1-22(c)所示。此图解释为:外部有流体存在,即浮力产生的合力作用在任意一端面 MM 之下的合力等于如下 3 个力的合力。

一是垂直向上的压力 B,等于所排液体体积的重力。这里在断面 MM 下面管柱的重心上,与这个部分的自由长度成正比。因此,它是一个分布的力,相当于单位长度的管柱所取代的外部流体的重力 W_e。

二是垂直向下的力 U,集中在管柱自由部分的下端等于 $P_f S$,P_f 代表固定点管柱外部的压力,S 代表相关外径截面面积。

三是向外的力 F,垂直于断面 MM,这个力对断面 MM 中心 O 的力矩为 0。因此,它对于 MM 断面的弯曲力矩亦为 0,这个力对弯曲无作用。

4. 管柱内部流体形成的压力

假设流体完全由一个固体的容器所包围,流体反作用在固体容器上压力的合力是一个垂直向下的力,它等于流体的重力,所有的力都由相等的反作用力替代。

作用在断面 MM 之下管柱的自由部分内压力的合力用前述求外部压力的类比推理法求得。合力可表述为,作用在任一断面的固定点之间管柱内部压力的合力等于如下 3 个力的合力。

等于断面 MM 和固定点之间内部流体重力垂直向下的力。它相当于单位管柱长度内部

流体的重力 W_i，它是均匀分布的力。

集中在管柱自由部分下端垂直向上的力等于 P_fS。其中 P_f 代表管柱内部压力，S 代表套管外截面面积。

垂直断面 MM 的向内的力，这个力对弯曲不起作用。

5. 有流存在时的临界力和应力

q' 定义为总的分布力，由于分布力是垂直的，可表述如下：

$$q' = q - W_e + W_i \tag{3-1-85}$$

式中　q——单位长度管柱重力（向下），N/m；

W_e——单位长度管柱排除的外部流体的重力（向上），N/m；

W_i——单位长度管柱内部流体的重力（向下），N/m。

设浮力 W_e 小于钢管重力 q 和内部流体重力 W_i 之和，q' 为正值，即直接向下。V' 被定义为集中在端部总的垂直力。向着该端导出 q'，即固定点。另一方面，集中在固定点的力都是垂向的，如下所述。

V 为自由端管固定部分垂直反作用力（V 为正表示张力，即垂直向下的力），P_fS 为外压力的分力（向上），p_fs 为内压力的分力（向下），s 为套管内部截面面积，因此：

$$V' = V + P_fS - p_fs \tag{3-1-86}$$

把方程（3-1-85）和方程（3-1-86）代入方程（3-1-83），得：

$$V + P_fS - p_fs = -3.5\sqrt[3]{EI(q - W_e + W_i)^2} \tag{3-1-87}$$

该表达式给出管柱固定部分反作用力 V 的临界值，超过此值时管柱弯曲。

把固定点的压力表达为地面压力、密度和自由长度 L 的函数：

$$P_f = P_t + \delta_e Lg \tag{3-1-88a}$$

$$p_f = p_t + \delta_i Lg \tag{3-1-88b}$$

式中　P_t——管柱外部上端压力，Pa；

P_f——管柱外部压力，Pa；

p_t——管柱内部上端压力，Pa；

p_f——管柱内部压力，Pa；

δ_e——管柱外部流体密度，kg/m³；

δ_i——管柱内部流体密度，kg/m³。

把 q、W_e 和 W_i 表示为管柱尺寸和密度的函数：

$$q = \delta_s(S - s) \tag{3-1-89a}$$

$$W_e = \delta_e S \tag{3-1-89b}$$

$$W_i = \delta_i s \tag{3-1-89c}$$

式中　S——套管外截面面积，m²；

s——套管内截面面积，m²；

δ_s——钢的密度，kg/m³。

312

设 R 代表管柱外径与内径之比:

$$\frac{S}{s} = R^2 \qquad (3-1-90)$$

假设固定点应力代替自由部分固定点的反作用力,这个应力的临界值 σ_f 的表达式为:

$$\sigma_f = \frac{V}{S-s} \qquad (3-1-91)$$

把方程(3-1-88a)至方程(3-1-90)代入方程(3-1-87),经整理得

$$\sigma_f = \frac{p_t}{R^2-1} - \frac{R^2 P_t}{R^2-1} + \left(-\delta_e + \frac{\delta_i - \delta_e}{R^2-1}\right)Lg - \frac{3.5}{S-s}\sqrt[3]{EIq^2\left[1 - \frac{\delta_e R^2 - \delta_i}{\delta_s(R^2-1)}\right]^2} \qquad (3-1-91a)$$

对于各种尺寸的管柱以及实际的流体密度,该表达式的最后一项值较小,可忽略不计,方程(3-1-91a)变为:

$$\sigma_f = \frac{p_t}{R^2-1} - \frac{R^2 P_t}{R^2-1} + \left(-\delta_e + \frac{\delta_i - \delta_e}{R^2-1}\right)Lg \qquad (3-1-92)$$

注意,忽略掉前面提到的一项增加了安全性,因为方程(3-1-92)给出的临界应力值稍大一些,即所要求的张力值稍高一点,或压力值稍小一些。

方程(3-1-91a)和方程(3-1-92)只有在给定的假设范围内为真,即方程(3-1-85)给出的值 q' 值为总的分布力,即直接向下。方程(3-1-85)也可变为:

$$q' = q\left[1 - \frac{\delta_e R^2 - \delta_i}{\delta_s(R^2-1)}\right] \qquad (3-1-93)$$

如满足下列条件,则 q' 为正:

$$\delta_i > \delta_s - R^2(\delta_s - \delta_e) \qquad (3-1-94)$$

6. 顶部弯曲

如果满足方程(3-1-94)的条件,σ_f 小于方程(3-1-92)求出的临界值,则出现底部弯曲。另一方面,如果:

$$\delta_i < \delta_s - R^2(\delta_s - \delta_e) \qquad (3-1-95)$$

则出现上部弯曲是可能的。

为研究顶部弯曲必须考虑到作用在任一断面 MM 之上的管柱的压力。然后,按照求底部弯曲完全相同的步骤,可得到与方程(3-1-91a)相似的下列方程:

$$\sigma_t = \frac{p_t}{R^2-1} - \frac{R^2 P_t}{R^2-1} - \frac{3.5}{S-s}\sqrt[3]{EIq^2\left[1 - \frac{\delta_e R^2 - \delta_i}{\delta_i(R^2-1)}\right]^2} \qquad (3-1-96)$$

式中 σ_t——管柱顶部的临界应力,Pa。

最后一项其值较小,可忽略,得到:

$$\sigma_t = \frac{p_t}{R^2-1} - \frac{R^2 P_t}{R^2-1} \qquad (3-1-97)$$

7. 静水压力分布

在静水压力的分布的情况下，管柱完全承受静水压力。压力 p_t 和管柱上部的压力 P_t 等于 0，方程(3-1-92)和方程(3-1-97)分别为：

底部弯曲：

$$\frac{\sigma_f}{L} = \left(-\delta_e + \frac{\delta_i - \delta_e}{R^2 - 1} \right) g \tag{3-1-98}$$

顶部弯曲：

$$\sigma_t = 0 \tag{3-1-99}$$

方程(3-1-98)给出单位自由长度固定点临界应力值。σ_f 为正时，是拉应力，σ_f 为负时，是压应力。

方程(3-1-99)表明，为防止顶部弯曲，管柱的顶部一定不要处在压力状态。

但只有在不等式(3-1-94)满足时，管柱下部才出现弯曲。因此，在管柱下部和顶部之间弯曲的限制条件为：

$$\delta_i = \delta_s - R^2 (\delta_s - \delta_e) \tag{3-1-100}$$

消去方程(3-1-100)和方程(3-1-98)之间的 δ_i 得：

$$\frac{\sigma_f}{L} = -\delta_s g \tag{3-1-101}$$

上式表明：管柱下部和顶部之间弯曲的限制条件，固定点的临界应力不依赖于管柱的尺寸（即 R）和流体密度，只依赖于钢管的密度 δ_s。把 δ_s 的值代入方程(3-1-101)得出：

$$\frac{\sigma_f}{L} = -\delta_s g = -25 \text{MPa}/305 \text{m} \tag{3-1-102}$$

对于单一尺寸的管柱，上部的应力值 σ_t 可表示为如下显而易见的关系，即为固定点临界应力值 σ_f 的函数：

$$\frac{\sigma_t}{L} = \frac{\sigma_f}{L} = \delta_s g = 24 \text{MPa}/305 \text{m} \tag{3-1-103}$$

五、两端固定管柱压力变化时在固定点产生的应力

承受内压 p 的厚壁筒，径向应力和切向应力之和在各点都不变。即：

$$\sigma_{tb} = 2 \frac{p - R^2 P}{R^2 - 1} \tag{3-1-104}$$

式中　σ_{tb}——经向应力与切向应力之和，Pa。

应变 ε 为

$$\varepsilon = -\frac{\nu}{E} \sigma_{tb} = -\frac{2\nu}{E} \frac{p - R^2 P}{R^2 - 1} \tag{3-1-105}$$

式中　ν——材料的泊松比，量纲 1。

314

P 和 p 可表示为在管柱顶部和深度 x 处 P_t 和 p_t 的函数:

$$p = p_t + \delta_i xg \tag{3-1-106}$$

$$P = P_t + \delta_e xg \tag{3-1-107}$$

把方程(3-1-106)和方程(3-1-107)代入方程(3-1-105)得:

$$\varepsilon = -\frac{2\nu}{E} \frac{\delta_i - R^2 \delta_e}{R^2 - 1} xg - \frac{2\nu}{E} \frac{p_t - R^2 P_t}{R^2 - 1} \tag{3-1-108}$$

考虑到应变,密度和压力的增加,在下部管柱和弯曲次数之间:

$$\Delta\varepsilon = -\frac{2\nu}{E} \frac{\Delta\delta_i - R^2 \Delta\delta_e}{R^2 - 1} xg - \frac{2\nu}{E} \frac{\Delta p_t - R^2 \Delta P_t}{R^2 - 1} \tag{3-1-109}$$

假定管柱外流体密度不变。$\Delta\delta_e = 0$,另一方面,其内部流体由密度为 δ_i 的流体排除,因此,$\Delta\delta_i = \delta_i - \delta_e$,同时假定,当下管柱时,管柱顶部内外压力为零,这些压力分别为 p_t 和 P_t,结果 $\Delta p_t = p_t$ 和 $\Delta P_t = P_t$。

因此,方程(3-1-109)变为:

$$\Delta\varepsilon = -\frac{2\nu}{E} \frac{\delta_i - \delta_e}{R^2 - 1} xg - \frac{2\nu}{E} \frac{p_t - R^2 P_t}{R^2 - 1} \tag{3-1-110}$$

对管柱的自由段长度 L 对方程(3-1-110)积分,得到 ΔL:

$$\Delta L = \int \Delta\varepsilon \, \mathrm{d}x = -\frac{\nu}{E} \frac{\delta_i - \delta_e}{R^2 - 1} L^2 g - \frac{2\nu}{E} \frac{p_t - R^2 P_t}{R^2 - 1} L \tag{3-1-111}$$

实际上这个伸长率并不产生,因为两端都是固定的。因此在管柱中产生的是应力 $\Delta\sigma$,而不是伸长率 ΔL。

$$\Delta\sigma = E \frac{-\Delta L}{L} \tag{3-1-112}$$

把方程(3-1-111)代入方程(3-1-112)得:

$$\Delta\sigma = \nu \frac{\delta_i - \delta_e}{R^2 - 1} Lg + 2\nu \frac{p_t - R^2 P_t}{R^2 - 1} \tag{3-1-113}$$

消去方程(3-1-92)、方程(3-1-88a)和方程(3-1-88b)之间的 p_t 和 P_t 得出最通用的临界应力关系式

$$\sigma_f = \frac{p_t}{R^2 - 1} - \frac{R^2 P_t}{R^2 - 1} \tag{3-1-114}$$

第三节　抽油管柱的力学分析

前面几节中讨论了管柱受轴向力作用产生变形的一般性原理,本节将重点分析油管柱和抽油用抽油杆系统在不同约束下受力变形的力学特性。通常,由于油井中的油管柱和抽油杆柱抽油系统在实际油田现场失效的故障时有发生。所以,正确理解和分析抽油过程中

的油管柱与抽油杆柱系统中采用的油管、锚定器、尾管及抽油杆导向器等辅助工具的力学特性意义就非常重大。

一、抽油井内由悬挂油管的弯曲

设有一管子两端用活塞堵住,如图 3-1-23 所示。在管子内加压。两活塞用一根杆相连,以防被内压挤脱。两端用活塞封堵的管子内部的压力会造成管子弯曲。此弯曲与假设管子承受轴向载荷 f 而不是内压时的弯曲相同,如图 3-1-24 所示。诚然,此轴向载荷并不实际存在,引入它是一种手法,以方便计算管内压的弯曲作用。因此,它被称为"虚力"(fictitious)。虚力等于活塞面积乘上压力。

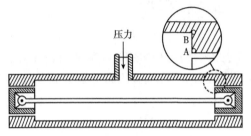

图 3-1-23　两端油活塞封闭加有内压的管子　　　　图 3-1-24　内压的弯曲作用

若此压力足够大,则管子将会弯曲。人们感兴趣的是:尽管压力是作用于图 3-1-23 中 AB 的环形面积上使管子实际承受张力,但它却弯曲了。

设图 3-1-23 中的管子在水平侧向力作用下产生弯曲(图 3-1-25)。取一任意断面 MN,其中心为 O 点。此断面上的弯曲力矩等于此管子中在 MN 左右的所有外力围绕 O 点的力矩之和。重量对围绕 O 点的力矩无影响,这些力是压力和活塞在管子上的反作用力。

因为弧 BC 比弧 DE 长,除有附加力 P_j 作用于管内台肩 AB 上之外,还有纯压力 P_h 作用于管壁上(图 3-1-26)。为清晰起见,用两个矢量表示图 3-1-26 中的力 P_j。

力 P_h 不便计算,因为它取决于弹性线的形状。因此,下列方法可最好地计算出 P_j 和 P_h 的合力。

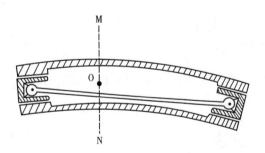
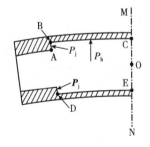

图 3-1-25　水平侧向力弯曲的管子　　　　图 3-1-26　作用于管子上的力

设有一全封闭空腔 BCED(图 3-1-27)与图 3-1-26 的管子内部的 BCED 形状相同,含有压力的液体施加于管子内。作用于空腔壁上的液体水平压力是:前已定义的 P_h 和 P_j,P_j 等于压力乘活塞面积,P_k 等于压力乘管子横截面积。将它们写作矢量,则作用于液体上的水平力是 $-P_h$、$-P_j$、$-P_i$、$-P_k$。因液体总是处于平衡状态,下列矢量方程成立:

$$(-\boldsymbol{P}_h) + (-\boldsymbol{P}_j) + (-\boldsymbol{P}_i) + (-\boldsymbol{P}_k) = 0 \qquad (3-1-115)$$

由此得出:

$$\boldsymbol{P}_h + \boldsymbol{P}_j = (-\boldsymbol{P}_i) + (-\boldsymbol{P}_k) \qquad (3-1-116)$$

为确定活塞在管子上的反作用力,分析活塞的平衡状态。活塞受力如下(图3-1-28):压力 $\boldsymbol{P}_i$,杆拉力 $\boldsymbol{T}$ 和管子在活塞上的全部反作用力的合力 $\boldsymbol{P}_r$,并假设活塞无摩擦,则矢量 $\boldsymbol{P}_r$ 必定垂直于矢量 $\boldsymbol{P}_i$。矢量 $\boldsymbol{P}_i$、$\boldsymbol{T}$ 和 $\boldsymbol{P}_r$ 的平衡示于图3-1-29中。

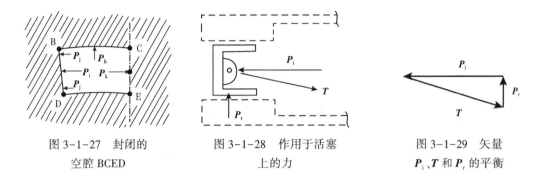

图3-1-27　封闭的空腔BCED　　　　图3-1-28　作用于活塞上的力　　　　图3-1-29　矢量 $\boldsymbol{P}_i$、$\boldsymbol{T}$ 和 $\boldsymbol{P}_r$ 的平衡

自MN向左方作用于管子上的外力是压力 $\boldsymbol{P}_h$ 和 $\boldsymbol{P}_j$ 及活塞对管子的反作用力 $-\boldsymbol{P}_r$。观察方程式(3-1-116),上述各力便可用 $-\boldsymbol{P}_i$、$-\boldsymbol{P}_k$ 和 $-\boldsymbol{P}_r$ 代替。从图3-1-29可知:

$$(-\boldsymbol{P}_i) + (-\boldsymbol{P}_r) = \boldsymbol{T} \qquad (3-1-117)$$

于是,向MN左方作用于管子上的外力合力是 $-\boldsymbol{P}_k$ 和 $\boldsymbol{T}$ 的合力。图MN上的弯曲力矩是力(T)围绕O点的力矩,而 $-\boldsymbol{P}_k$ 的力矩为零。在所研究的弹性稳定范围内,此管子的表现就如同它受有轴向载荷 $\boldsymbol{T}$。因为在弯曲基础上的稳定性是明确无疑的,$\boldsymbol{T}$ 的大小实质上就是 $\boldsymbol{P}_i$,而 $\boldsymbol{P}_i$ 又与虚力 f 相同。

现在考虑图3-1-30(a)和图3-1-30(b)。当泵处在上冲程时[图3-1-30(a)],泵的固定阀打开,游动阀关闭。这意味着柱塞如图3-1-23中的活塞一样,以相同方式起作用。因此,如果压力足够大,油管就会像受有图3-1-31中的虚力或弯曲力 f 一样弯曲,其弯曲力等于:

$$f = a\Delta p \qquad (3-1-118)$$

式中　a——柱塞横截面积,m^2;

　　　Δp——柱塞所受压力差,Pa。

泵在下冲程时[图3-1-30(b)],游动阀打开,固定阀关闭,于是油管不再像端部有活塞那样受作用力而伸直了。

显然,钻柱与图3-1-30(a)的油管柱有相似性,正如图3-1-30(a)中油管柱受虚力弯曲一样,在实际向上作用的轴向载荷(即钻压)作用下,钻柱也要弯曲。这两类管柱均是在中和点下方弯曲,在其上方则是直的。但是中和点不能被定义为轴向既不受压缩又不受拉伸的点,管柱的中和点可认为是其下方管柱发生弯曲的点。在钻柱中,中和点位置是由中和点以下钻柱在钻井液中的重量等于钻压得出的,可表示为:

$$n = w/q \qquad (3-1-119)$$

式中 n——管柱上部到中和点的距离,m;

　　 w——轴向压力,N;

　　 q——每米管柱或钻铤在钻井液中的重力,N/m。

只有管柱或钻铤柱充分长时,方程(3-1-119)才是正确的,即中和点应当在管柱或钻铤柱内才对。

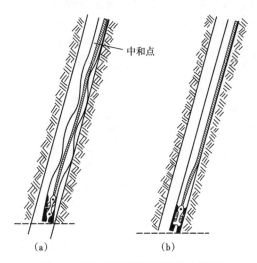

图 3-1-30 泵工作时油管受力情况

　　(a) 泵在上行冲程时油管螺旋弯曲;

　　(b) 泵在下行冲程时,油管受拉伸直

图 3-1-31 油管内压力的弯曲作用

设以虚力 f 代替,w、q 代表在油管液体中的每米重量,则式(3-1-119)也可适用于油管柱。但也只有液面足够高时,此式对于油管才成立,即只有中和点低于液面时它才正确。油管在液体中的每米重量也可以写成:

$$q = q_a + w_i - w_o \qquad (3-1-120)$$

式中 q_a——管在空气中每米重量,N/m;

　　 w_i——油管内液柱的每米重量,N/m;

　　 w_o——油管排出的外部液柱的每米重量,N/m。

式(3-1-119)很容易适用于其他简单情况,即工作液面在泵位置处的情况。此处管柱外面无液体,所以 w_o 是零,式(3-1-120)可以写成:

$$q = q_a + \delta a_i \qquad (3-1-121)$$

式中 δ——管柱内液压梯度,Pa/m;

　　 a_i——油管内径截面积,m^2。

试计算:

$$a = 1.55 \times 10^{-3} m^2 (1\tfrac{3}{4} in\ 柱塞)$$

当工作液面 1524m,梯度 11.31×10^3 Pa/m,即液体相对密度为 1.154,$\Delta p = 17.58 \times 10^6$ Pa。下泵深度 = 1828.8m。

设液面高于中和点:当 $2\tfrac{1}{2}$ in 油管在空气中的每米重量,即 96.8N/m 乘以相对密度为

1.154 的液体浮力系数为 0.853，$q=82.7\text{N/m}$。

将以上各值代入式(3-1-118)和式(3-1-119)，可得出：

虚力 $\qquad f=27215.5(\text{N})$

泵到中和点距离 $\qquad n=329.79(\text{m})$

据条件知，泵到液面的距离是：

$$1828.8-1524=304.8(\text{m})$$

这说明工作液面在泵和中和点之间，但相当接近中和点。

虚弯曲力大于某一临界值则油管弯曲。此临界值，恰好可用求管柱或钻柱中轴向压力压临界值相同的方式来确定。将得到的临界力实际数值与用式(3-1-118)求出的虚力对比，结果表明：除工作液面特别高，泵压差很小的情况外，在所有的井中此虚力较大足以使油管弯曲。在工作液面低的井中，泵的压差大，虚力 f 比临界力大很多，因而弯曲也是多次弯曲的。因此，油管呈螺旋线弯曲，这样中和点以下的管柱或钻柱全长将与抽油管或井壁接触。

值得注意：弯曲发生在泵上冲程，同时油管内的液柱重量作用在柱塞上；因此抽油杆柱受有巨大的张力，尽管螺旋弯曲的油管在抽油杆上施加了作用力，但后者仍维持着基本拉伸状态。由于抽油杆向上移动，它与发生了螺旋弯曲的油管产生摩擦。而且因为在上冲程中，油管弯曲，抽油杆柱却是直的，迫使泵筒内的柱塞有偏斜趋势，如图 3-1-30(a)所示。油管弯曲产生的有害作用：

(1)抽油杆柱和油管间的摩擦造成中和点以下抽油杆在油管上磨损；

(2)这种摩擦也增加光杆载荷和功率；

(3)栓塞在泵筒内的偏斜加重了泵的磨损。

二、防止油管弯曲

抽油泵上冲程中，自由悬挂的油管会产生弯曲变形，如同受向上虚力的作用。因此等于在泵水平面处加上 f 的张力，油管内所增加的张力(或压缩力)的拉伸或缩短作用抵消产生的弯曲作用虚力 f 的话，弯曲将不会发生。于是，当在下冲程时，泵水平面处油管的张力，就正好等于在上冲程时所需的防止弯曲的张力。而且，若在下冲程时，油管被牢固保持在最大拉伸位置处，则此张力也将在上冲程时存在，并将阻止弯曲发生。

油管上安装张力锚、尾管，抽油杆柱上安装导向器，既能防止发生弯曲，又能使弯曲危害最小。

当泵在下冲程时，液体载荷加在油管上，油管柱被拉伸。另一方面，当泵在上冲程时，此液体载荷部分施加到泵的柱塞和抽油杆柱上，导致管柱缩短。这种现象随着抽油泵往复运动，重复油管缩短和拉伸现象，通常称为"油管呼吸作用"。

1. 油管锚

为防止抽油泵上冲程时油管发生弯曲，就必须设法使其在下冲程中能产生自由伸长，但在下冲程中必须防止其压缩变短。当张力锚如果安装在较低位置时，将能固定油管尾端，油管在抽油泵上下冲程中，阻止油管产生弯曲，允许油管伸长，能阻止其缩短的油管锚就叫张力锚；反之，压缩锚或钩壁锚就只允许油管缩短，而不准它伸长。

任一种油管抓持器倒装下井，都能起张力锚的作用。但是，在实用的工具上还必须安装一个或多个可靠的安全回收装置。

因为张力锚允许油管伸长,安装方法是装在油管上随油管柱下井。当泵开始抽吸后,随着油管内逐渐充满液体,由于液柱载荷和温度也逐渐增加,此锚允许油管在下冲程中逐渐伸长,但是在每次上冲程时,此锚都将阻止油管回缩。于是,此锚能把油管锚定在拉伸最长的位置上。

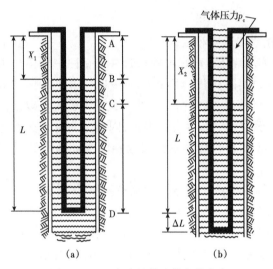

图 3-1-32　自由悬挂油管在静态和
抽吸条件之间的伸长

张力锚的设计和安装都很重要,它的安装,防止了油管在抽油泵上下冲程产生的呼吸作用,削除了管柱弯曲,提高了抽油泵的容积效率,减少了抽油杆与油管的摩擦,减轻了磨损造成的抽油杆断脱和油管受磨损而导致漏失的多种故障,延长了检泵周期。张力锚在安装时通常需要上提油管柱,下面将给出张力锚在安装时油管上提量的公式推导。

1)不考虑温度变化

分析如图 3-1-32(a)和图 3-1-32(b)所示的井中油管柱。因压力作用于油管壁上,油管轴向变形 ε_x 为:

$$\varepsilon_x = -\frac{\nu}{E}(\sigma_r + \sigma_t) \quad (3-1-122)$$

式中　E——材料的弹性模量,Pa;

ν——材料的泊松比,量纲1;

σ_r、σ_t——厚壁圆筒公式给出的径向和切向应力,Pa。

将 σ_r 和 σ_t 代换后可导出:

$$\varepsilon_x = -\frac{2\nu}{E}\frac{p_i d^2 - p_o D^2}{D^2 - d^2} \quad (3-1-123)$$

式中　p_i、p_o——油管内压力和外压力,Pa。

压力作用于油管底部产生的轴向变形 ε_x' 为:

$$\varepsilon_x' = -\frac{1}{E}\frac{p_i' d^2 - p_o' D^2}{D^2 - d^2} \quad (3-1-124)$$

式中　p_i、p_o——作用于油管底部的内压力和外压力,Pa。

ε_x 随油井深度变化,而 ε_x' 则不然。

在图 3-1-32(a)和图 3-1-32(b)状态之间,ε_x 和 ε_x' 变形的变化分别是 $\Delta\varepsilon_x$ 和 $\Delta\varepsilon_x'$:

$$\Delta\varepsilon_x = -\frac{2\nu}{E}\frac{\Delta p_i d^2 - \Delta p_o D^2}{D^2 - d^2} \quad (3-1-125)$$

$$\Delta\varepsilon_x' = \frac{1}{E}\frac{\Delta p_i' d^2 - \Delta p_o' D^2}{D^2 - d^2} \quad (3-1-126)$$

式中 Δp_i、$\Delta p_i'$、Δp_o、$\Delta p_o'$——对应压力的变化量,Pa。

由图 3-1-32(a)和图 3-1-32(b)可发现,$\Delta p_i'$ 等于 δX_i,$\Delta p_o'$ 等于 $p_o - \delta(X_2 - X_1)$,其他变化归纳见表 3-1-3。

表 3-1-3 不同区间压力变化量

区间	Δp_i	Δp_o
AB	δX	p_o
BC	δX_i	$p_o - \delta(X - X_1)$
CD	δX_i	$p_o - \delta(X_2 - X_1)$

注:X 是液面离地面的距离,m。

在图 3-1-32(a)和图 3-1-32(b)的状态之间的油管总伸长是:

$$\Delta L' = \int_0^L (\Delta \varepsilon_x + \Delta \varepsilon_x') \, \mathrm{d}x \tag{3-1-127}$$

式中 $\Delta L'$——温度不变时管柱所需要的上提量,m。

由胡克定律可得相应的上提力 $\Delta T'$ 为:

$$\Delta T' = E a_s \frac{\Delta L'}{L} \tag{3-1-128a}$$

式中 E——杨氏模量,Pa;

a_s——油管壁横截面积,m^2。

将 $a_s = a_0(D^2 - d^2)/D^2$ 代入式(3-1-128a)可得:

$$\Delta T' = E a_0 \frac{D^2 - d^2}{D^2} \frac{\Delta L'}{L} \tag{3-1-128b}$$

把 $\Delta L'$ 的表达式代入式(3-1-128a),可得到 $\Delta T'$ 的表达式。

$$\Delta T' = a_0 \delta \left\{ X_2 \left[\nu \frac{X_2}{L} + (1-2\nu) \right] - \frac{D^2-d^2}{D^2} X_2 \left[\nu \frac{X_1}{L} + (1-2\nu) \right] - a_0(1-2\nu)p_c + E\alpha \frac{\Delta t}{2} a_s \right\} \tag{3-1-129}$$

其中

$$\Delta L = \frac{L' \Delta T}{E a_s} \tag{3-1-130}$$

式中 $\Delta T'$——上提力,N;

α——钢材热膨胀系数,$℃^{-1}$;

Δt——泵出液体的地面温度与年平均温度的差,℃;

L'——锚下入深度,m;

L——泵下入深度,m;

a_0——油管外径横截面积,m^2;

X_1——安装锚时的液面深度,m;

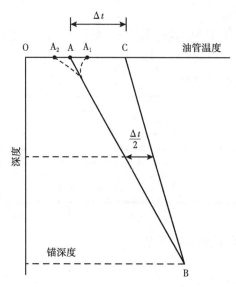

图 3-1-33　温度对油管长度的影响

p_c——抽油过程中环套空间的压力,Pa;

X_2——工作时液面深度,m;

ΔT——上提力,N;

ΔL——上提量,m。

2)温度变化时的上提量

假设下油管锚时油管与周围地层为热平衡态,其温度随深度变化,如图 3-1-33 中的 BA 所示。OA 是年平均温度。季节性的温度变化 BA_1 或 BA_2 对油管长度的影响微不足道。再进一步假设抽油时温度随深度的变化如 BC 所示。则 AC 是接近地表的油管在下泵时和以后抽油时的温度变化为 Δt。这说明油管的平均温度变化是 $\Delta t/2$。

如果管子可以自由伸长,长度为 L'' 的管子平均温度增加了 $\Delta t/2$,则它的伸长量 l 是:

$$l = L''\alpha \frac{\Delta t}{2} \qquad (3\text{-}1\text{-}131)$$

式中　l——管子伸长量,m;

Δt——管子中的温度,℃;

$\Delta L''$——管子的长度,m。

从胡克定律可知,能使管子恢复原有长度的压缩应力为 σ_c:

$$\sigma_c = E\frac{f}{L''} = E\alpha \frac{\Delta t}{2} \qquad (3\text{-}1\text{-}132)$$

3)上提量图解法

上提量图解法是由式(3-1-129)和式(3-1-130)得到的。为方便起见作下列规定:

$$Y_1 = a_0 X_1 \left[\nu \frac{X_1}{L} + (1-2\nu) \right] \frac{D^2-d^2}{D^2} \qquad (3\text{-}1\text{-}133)$$

$$Y_2 = a_0 X_2 \left[\nu \frac{X_2}{L} + (1-2\nu) \right] \qquad (3\text{-}1\text{-}134)$$

忽略 p_c 项,式(3-1-129)可改写为:

$$\Delta T = \delta(Y_2 - Y_1) + E\alpha \frac{\Delta t}{2} a_s \qquad (3\text{-}1\text{-}135)$$

对任何 X_1 值来说,$L=X_1 S$ 时函数 Y_1 最大;而在张力锚数据覆盖的 L 范围内,$L=3657.6$m 时函数 Y_1 最小。对每个 X_1 确定 Y_1 平均值,则张力锚数据可被简化。已确定在 ΔT 为 181.44kg 是最大误差范围的计算结果,可忽略不计。

如图 3-1-34 所示,代表上述内容的诺莫图由 5 部分构成。每个部分表示 3 个变量间的函数关系:2 个变量是坐标轴。第三变量的各常量构成坐标系中的曲线族。每个部分中的变量均已列于表 3-1-4 中。第三部分的纵坐标也是第四部分的横坐标,它们之间的斜参考线用来帮助查图求解。

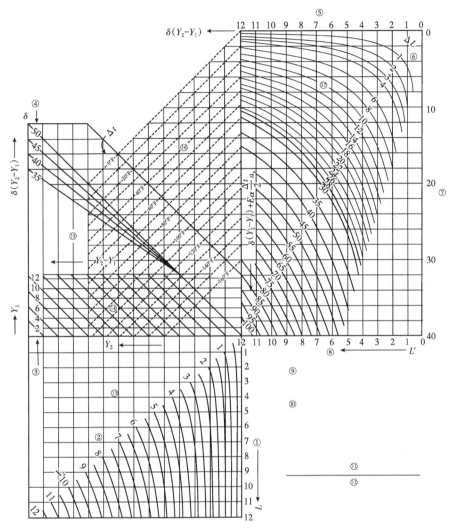

图 3-1-34　下张力锚求 73mm(2½in) 油管上提量的诺谟图(各变量之间的函数关系)

①—泵深度,10^3ft;②—工作液面,10^3ft;③—座锚时液面,10^3ft;④—液压梯度,22.62Pa/m;

⑤—锚深度,10^3ft;⑥—油管上提量,$2.54×10^2$m;⑦—上提力,$4.54×10^2$kg;⑧—锚深度,10^3ft;

⑨Δt—液体地面温度与年平均气温的温差;⑩—年平均近似温度(中大陆 = 60℉,海湾沿岸 = 70℉);

⑪—张力锚;⑫—2in 油管的上提量;⑬~⑰—分别为部分1、部分2、部分3、部分4和部分5

表 3-1-4　图 3-1-33 中五部分 L、Y_2、X_2 变量间关系

部分	纵坐标	横坐标	第三变量
1	L	Y_2	X_2
2	Y_1	Y_2	$Y_2 - Y_1$
3	$\delta(Y_2 - Y_1)$	$Y_2 - Y_1$	δ
4	$\delta(Y_2 - Y_1)$		
5	$E\alpha \dfrac{\Delta t}{2} a_s$	$\delta(Y_2 - Y_1)$	Δt
	$\delta(Y_2 - Y_1)$		
	$E\alpha \dfrac{\Delta t}{2} a_s$	L'	Δt

随着油管上提,油、套管间摩擦也将增大。因此,给定上提量所需的上提力可超过图表的预测力值。而抽油泵抽油时的振动将减少摩擦作用和使摩擦产生的额外张力下降。因此,缓慢上提达到所希望的状态。

人们可能想到摩擦产生的额外张力会在油管和锚上造成过高负载。实际上,此额外张力加不到锚上。但它加大了地面油管负荷,因而抵消了有效的上提量。

图 3-1-35(a)以图解表示了下泵前自由悬挂着的油管柱。图 3-1-35(b)表示了上冲程中的同一油管柱。图 3-1-35(a)和图 3-1-34(b)间的油管缩短是因为外部压力减少和内部压力加大所致。

压缩锚和钩壁锚是允许油管自由上移,而阻止其下行的装置。图 3-1-35(b)中虚线表示下冲程位置。从此图可见,若在开始抽油前[图 3-1-35(a)]就安装压缩锚,则不会像张力锚那样允许油管到达呼吸最低位置。于是在泵上冲程时,装有压缩锚的情况就类似于图 3-1-32(a)中的自由悬挂油管的情况。虽然油管柱的下段发生螺旋弯曲,但油管变形受到承受较大张力的抽油泵所阻止,它仍然基本是直的。

另一方面,当抽油泵在下冲程时,油管柱不能如自由悬挂管柱那样伸长,仍保持弯曲。同样地,抽油杆不再受泵排油受的较大张力,油管弯曲不再受伸直的抽油杆制约,而是受套管限制。这种情况如图 3-1-36(b)所示,图中也表现出受油管弯曲作用,抽油杆也变弯曲了。

泵在下冲程中油管弯曲[图 3-1-36(b)]大于上冲程[图 3-1-36(a)]的事实,可造成疲劳,导致油管在第一弯曲螺距部位频繁发生弯曲损坏。

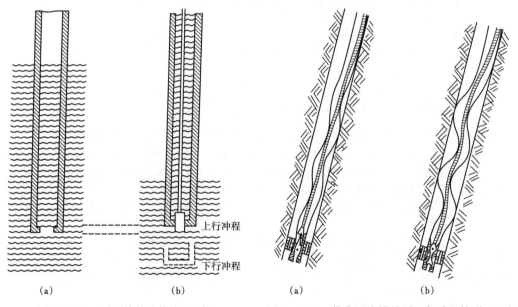

(a)   (b)

图 3-1-35　下泵前的油管柱(a)与
抽油中的油管柱(b)

(a)   (b)

图 3-1-36　装有压缩锚的泵上行冲程情形(a)与
装有压缩锚的泵下行冲程的情形(b)

在上下行程中,如果抽油杆一直在螺旋弯曲着的油管中运动。结果必然造成泵效下降。这种泵效下降足以抵消预期能防止油管呼吸作用的压缩锚的有益作用。毫无疑问这是压缩锚的有益作用很少能体现出来的原因。

2. 尾管

自由悬挂的抽油管柱在抽油泵上行程中会产生弯曲,主要是由于油管上承受了式(3-1-118)给出的虚力。因此,在抽油泵上冲程的压力弯曲效应可采用抽油泵下方加挂尾管重量产生拉伸效应而得到平衡。

图3-1-37(a)是一油管柱的下部,有浮力 M 作用于管柱底部。以图3-1-37(b)的虚线表示在管柱下部增加了更多的油管(尾管)。

当油管柱挂有尾管时,浮力 M 就不再存在了。如图3-1-37(b)所示,有一相等的力 $-M$ 作用在油管上。另一方面,当油管挂有尾管时,增加了两个垂直力:尾管在空气中的重量 W_a 和液体作用于尾管底部的向上压力 N。于是悬挂尾管给油管增加了3个力(W_a、N 和 $-M$)。它们的合力等于尾管在液体中的重量。

为使尾管造成的张力抵消虚力 f 产生的弯曲作用,此尾管在液体中的重量必须等于 f。

如果尾管的重量不足,难以防止油管弯曲,但使用尾管仍可将弯曲的危害减轻,如果在无尾管的油管柱上安装张力锚,按计算得出的油管柱上挂量

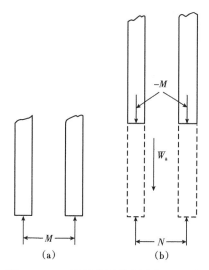

图3-1-37　油管柱尾端有浮力 M(a)与挂有尾管的油管(b)

上提油管柱,则所给出的张力锚,装在有尾管的油管柱中,仍以相同量上提油管柱,所产生的张力将超过防止弯曲所需要的值。因此,似乎可认为上提油管量应当减少,但情况并非如此,因为,当采用张力锚时,油管所受张力不取决于上提量,这是因为张力锚会自动爬一段距离,而这段距离等于实际上挂量与计算上提量的差值。这些认识对于正作用锚就不真实了,因为计算上提量能安全地被液体中的尾管重量所减少。为此,安装尾管时须安装在锚的下面位置。

足够重量的尾管能防止弯曲,但不能阻止呼吸作用。另一方面,无尾管的压缩锚能阻止呼吸作用,却不能防止弯曲。显然同时使用尾管和压缩锚两种手段就能阻止弯曲和呼吸。

安装压缩锚的泵所需尾管重量大于自由悬挂油管时的尾管重量。安装锚时让油管承受高出所需张力很多的张力值,是为安装后避免地层热油加热油管产生热弯曲。

所需的液体中的尾管重量 W_t 定义为

$$W_t = f + E\alpha \frac{\Delta t}{2} a_s \qquad (3-1-136)$$

式中,f 由式(3-1-118)给出,其余变量与式(3-1-129)相同。

讨论下例,油管尺寸是 73mm(2½in),柱塞尺寸是 1¾in,液压梯度是 11.3×10^3 Pa/m;工作液面 1524m,前已定义的 Δt 是 40℉。将这些条件代入式(3-1-136)得:

$$W_t = 6.133 \times 10^3 \text{kg}$$

$$\text{尾管长度} = \frac{W_t}{q} = \frac{6.133 \times 10^3 \text{kg}}{8.27 \text{kg/m}} = 741.60 \text{m}$$

在柱塞直径比油管内径小很多时(插入泵),油管在图3-1-38(a)和图3-1-38(b)的条件之间,可能是伸长而不是缩短。为简明起见,此处略去有关分析。因此实际需要的尾管重量应稍大于按式(3-1-136)的计算值。使用插入泵时,建议对式(3-1-136)的计算结果再附加10%。于是,上述例子的尾管长度是815.76m而不是741.60m。

不装尾管的压缩锚一般安装情况如图3-1-38(a)和图3-1-38(b)所示,锚在油管柱中位于泵的上方。除非锚与泵的距离足够长,锚上方的油管在上下冲程中仍然弯曲,如图3-1-36(a)和图3-1-36(b)所示。但是,若锚安装得足够高,锚上方的油管就是直的,虽然锚以下的部分仍然弯曲,和自由悬挂油管一样。这样安装的压缩锚优于自由悬挂油管的长处是只有锚下方的油管才发生呼吸现象。

图3-1-39(a)是压缩锚位于泵下方和带有足够长的尾管。图3-1-39(b)是压缩锚位于泵上方足够高的位置,但没有尾管。图3-1-39(c)是一种中间用法,既消除了泵上方管柱弯曲,又使呼吸作用最小。

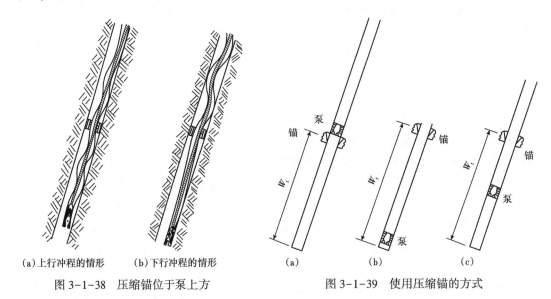

(a)上行冲程的情形　　(b)下行冲程的情形　　　　(a)　　　　(b)　　　　(c)

图3-1-38　压缩锚位于泵上方　　　　图3-1-39　使用压缩锚的方式

相当于近似地,若锚下方油管长度等于式(3-1-136)给的尾管长度,则这三种使用方式均可消除锚上方生弯曲。于是,上面例子中的锚应位于泵上方815.76m处,远大于一般认为的必需长度。欲严格全面确定此长度,必须计算工作液面。事实上,实际热效应也与锚接在泵下方的情况不同,这些情况会涉及更复杂的过程和结果,本章不再讨论。

3. 抽油杆柱扶正器

抽油杆导向器用于将弯井眼有害摩擦作用降为最小。它们也能使油管弯曲影响最小。为有效地将抽油杆弯曲作用减为最小,必须在泵和中和点间的杆柱上适当安装导向器,且抽吸时不在杆上滑动。

把两个抽油杆导向器间的油管看成承受载荷qG的柱体。若此柱体被看成两端是铰接的,从欧拉公式得出临界长度ΔG_c为:

$$\Delta G_c = \pi \sqrt{\dfrac{\dfrac{\pi}{64}(D^4 - d^4)E}{qG}} \tag{3-1-137}$$

若抽油杆柱长度即导向器间的距离 ΔG 等于 $0.8\Delta G_c$，则油管当然不弯曲。式（3-1-137）ΔG_c 乘 0.8 和对惯用单位做修正后得：

$$\Delta G = 2.53 \times 10^5 \sqrt{\frac{D^4 - d^4}{qG}} \tag{3-1-138}$$

式中　ΔG——两相邻导向器所需间距，m；

　　　G——此两只导向器中较低者到中和点的距离，m；

　　　D——油管外径，m；

　　　d——油管内径，m；

　　　q——对于工作液面下方的导向器，q 是油管在液体中的重力，N/m；

　　对于工作液面上方的导向器，q 由式（3-1-121）给出。

图 3-1-40 是式（3-1-138）的代表曲线图。用 2in 和 2½in 油管的导向器间距 ΔG 对应于中和点以下的距离 G 绘制了关系曲线。为简化起见，取 q 为常量且是最大的可能值，即设 $\delta = 11.31 \times 10^3$Pa，由式（3-1-121）得出。

图 3-1-40 表明，泵附近导向器间距最接近。随着接近中和点，此间距逐渐减少。中和点上方不需要用导向器控制弯曲影响，尽管它们在严重狗腿处仍有用处。在工作液面低的井中，导向器必须安装在泵附近。

用下面的例子说明计算泵到中和点的距离和决定导向器间距的方法：

柱塞上的压力差 $\Delta p = 1.724 \times 10^6$Pa（工作液面在 1828.8m，压力梯度 11.31×10^3Pa/m）；

柱塞面积是 1.55×10^{-3}m²（1¾in 柱塞）；

虚力 $f = 7.24 \times 10^6 \times 1.55 \times 10^{-3} = 2677.2$（N）。

单位长度油管在液体中的重量：

$q = 82.7$N/m（2½in 油管，液体相密度 1.154）。

到中和点的距离 $n = \dfrac{2672.2}{82.7} = 323.13$m，然后从图 3-1-40 中可求出导向器间距，见表 3-1-5。

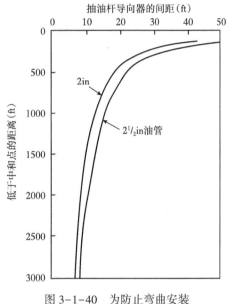

图 3-1-40　为防止弯曲安装
抽油杆导向器的距离
（1ft = 0.3048m，1in = 25.4mm）

表 3-1-5　由图 3-1-40 计算出的导向器间距

在泵上方距离（m）	在中和下方距离（m）	导向器间距（m）
0	329.79	4.57
30.48	299.31	4.57
60.96	268.83	4.88
91.44	283.35	5.18
121.92	207.87	5.49
152.40	177.39	6.10

在泵上方距离(m)	在中和下方距离(m)	导向器间距(m)
182.88	146.91	6.71
213.36	116.43	7.32
243.84	85.95	8.53
274.32	55.47	10.67
304.80	24.99	15.24

例如可用下列间距(m),从泵位向上布置52只导向器:4.57,9.14,13.72,18.29,22.86,27.43,32.00,36.58,41.15,45.72,50.29,54.86,59.44,64.31,69.19,74.07,78.94,83.82,88.70,93.57,98.76,103.94,109.12,114.30,119.48,125.00,130.45,135.94,141.43,146.91,152.4,158.50,164.59,170.69,176.78,182.88,189.59,196.29,203.00,209.70,216.41,223.72,231.04,238.35,245.67,254.20,262.74,271.27,279.81,209.47,301.14,316.38。

第四节　带封隔器的管柱力学特性

许多油气井是通过油管—封隔器系统进行完井和油井增产措施。如果根据产层的液流动态关系确定了油管的合理尺寸后,就必须在选用具体封隔器结构的同时,考虑到封隔器管柱在油气(水)井的整个生产期间可能经受的工作方式。

通常,井的工作方式有以下四种:

(1)生产(产油、产气或混合物);

(2)注入(注热水或冷水,注液体或气体);

(3)处理(压力有高、中、低之分,排量有大、中、小之别)。

(4)关井。

上述工作方式,根据需要四种方式可灵活改变。这种改变,将引起油管内、外的温度和压力发生变化。图3-1-41和图3-1-42分别为油气(水)井在不同工作方式下的温度剖面和压力剖面。

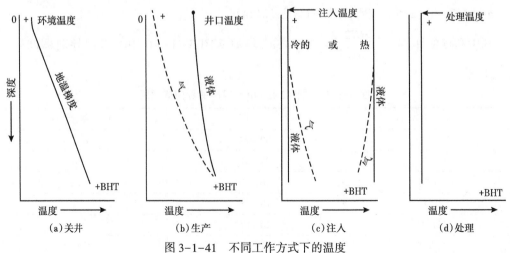

图3-1-41　不同工作方式下的温度

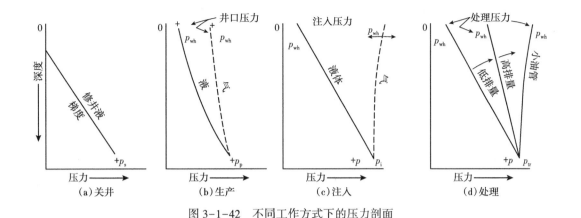

图 3-1-42　不同工作方式下的压力剖面

温度和压力的变化,往往会导致封隔器管柱和长度的改变,进而影响或甚至破坏封隔器系统的井下工作效果,尤其在高温、高压和复杂的深部地层中更是如此。

现场出现的大量问题和发生的故障,促使人们去研究温度、压力如何影响封隔器管柱受力和长度的变化,探求估算这种影响的数学方法。早在 20 世纪 50 年代,美国学者 A. 鲁宾斯基(Lubinski)等人就对带有封隔器的油管柱螺旋弯曲的理论进行了开创性研究工作。1961 年,封隔器管柱受力的第一篇文献公之于世。文章中提出的理论和计算方法,已成功地应用到了美国、加拿大和欧洲 50 口多井况恶劣的井中。此后,D. J. 哈默林德尔(Hammerlindl)等人的研究扩大了鲁宾斯基理论的适用条件和应用范围,进一步奠定了带有封隔器的油井管柱受力的理论基础。

封隔器管柱的受力分析,虽以内部密封为主要研究对象,但其基本理论,同样适用于各种类型的封隔器,因而对从事外部任何管柱密封研究工作的人仍具有参考价值。越来越多的实验表明,掌握这种理论,是选好、用好封隔器的前提;尤其在井越钻越深的情况下,更有必要精确地分析和计算作用在封隔器管柱上愈加增大的压力和温度变化所引起的各种效应产生的附加力,以便提高封隔器系统使用的可靠性,达到施工目的和设计要求。

一、四种基本效应

压力和温度变化,会产生下列四种基本效应,它们会引起带有封隔器管柱受力和长度的变化。

螺旋弯曲效应:由作用在密封管端面和管柱内壁面上的压力引起。

活塞效应:由油管内、外压力作用在管柱直径变化的端面和密封管的端面上而引起的。

鼓胀效应:由作用在管柱的内、外壁面上的压力引起。

温度效应:由作用在管柱的平均温度变化引起。

前三种效应,均由压力变化引起,故可统称为压力效应。在受力分析过程中,重点放在引起管柱受力和长度变化的压力、温度的变化上,而不是压力、温度最初的绝对值。所以,计算时,总是从封隔器最初坐封的条件开始,继而研究施工条件的变化;而封隔器坐封前的管柱自重伸长,下井时管柱随温变化引起的长度变化,则忽略不予考虑。

1. 螺旋弯曲效应

1) 安装封隔器后的油井管柱环境

(1)封隔器安装后,油管可在其中移动。由于温度和压力变化后将会产生这种移动。那么,计算移动后的油管管柱的伸长和缩短,对于设计封隔器的密封长度意义非常重大。

（2）油管柱不能在封隔器安装后在其中移动,温度和压力变化后引起油管对封隔器的作用力和封隔器上方的油管内的作用力,当这两种力太大时,都可引起封隔器和油管破坏。

（3）在较深的大套管井中,油管由于轴向力过大产生螺旋弯曲,或永久性螺旋弯曲。

2）带封隔器管柱安装力学分析的假设条件

（1）在油管与套管件的径向的间隙 r 的定义忽略了接箍的存在。这意味着螺旋弯曲螺距小于接箍就间距离。

（2）无论何时只要管柱受到任意"虚力",虽然此力很小,油管柱也要发生弯曲,实际上只有此力大于某一最小临界值时,油管才开始弯曲。

（3）在斜井中,只有虚力大于某一最低值时,才会发生螺旋弯曲,而且与井斜有关,尤其在钻井过程,钻铤重而具有刚性,只要稍偏离垂直状态,就足以使其弯曲。此外,不考虑螺旋弯曲引起的油管与套管摩擦。

（4）本节分析考虑的永久螺旋弯曲将从最大扭曲能量理论中的屈服准则导出。

（5）本节的讨论的虚力由压力产生。

3）螺旋弯曲

压力不仅沿油管轴线垂直作用于封隔器处的密封管和油管柱上,而且也水平地作用于整个油管柱的壁面上(从井口到封隔器)。如果紧靠封隔器上部的油管内部压力大于该处环形空间的压力,则套管内的油管就会发生螺旋弯曲。

螺旋弯曲分为两种:一种是弹性螺旋弯曲,一种是永久性螺旋弯曲。弹性螺旋弯曲指的是:一旦撤掉使管柱螺旋弯曲的力,管柱就恢复成原来的直线状态。而永久性螺旋弯曲指的是:当撤掉使管柱螺旋弯曲的力后,它仍保持弯曲状态。

通常说的螺旋弯曲是指弹性螺旋弯曲,而当讨论永久性螺旋弯曲时,一定要加以特别说明。

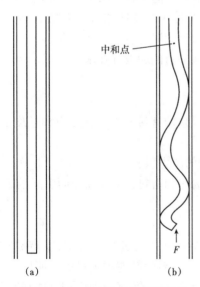

图 3-1-43　自由悬挂油管的弯曲

设有一油管柱,自由地悬挂在没有任何液体的套管中,如图 3-1-43(a)所示。有一向上的力 F 作用在该管柱的下端,这个力压缩管柱。如果这个压缩力很大,管柱下部将会产生螺旋状弯曲,如图 3-1-43(b)所示。

随着压缩力 F 远离底部距离,其力逐渐变小,到中和点处为零(既管柱没有压缩力作用,又没有张力作用)。中和点之上的油管柱处于拉伸状态,管柱仍然是直的。

从油管底部到中和点的距离 n 是:

$$n = \frac{F}{W} \tag{3-1-139}$$

式中　F——管子弯曲后沿螺旋轴线下端压缩力,N;

　　　　W——单位长度油管在流体中的重量,N/m。

（1）应用应变能方法推导螺距公式。

从胡克定律得:

$$L_c = L\left(1 - \frac{\sigma_a}{E}\right) \tag{3-1-140}$$

330

式中 L_c——承受力 F 的管柱长度,m;

　　　　L——油管柱长度,m;

　　　　E——油管弹性模量,Pa;

　　　　σ_a——轴向应力,Pa。

由于管(杆)柱轴线与螺旋轴是斜交的,如图 3-1-43 所示,从等效垂直方向考虑,在直角三角形 OCA 中,θ 是螺旋弯曲后产生的螺旋角有:

$$F_a = F\sin\theta \qquad\qquad (3-1-141)$$

$$\sigma_a = \frac{F\sin\theta}{A_s} \qquad\qquad (3-1-142)$$

将式(3-1-142)代入式(3-1-140),得到:

$$L_c = L\left(1 - \frac{F\sin\theta}{EA_s}\right) \qquad\qquad (3-1-143)$$

式中 A_s——油管横截面积,m^2;

　　　　E——弹性模量,对于钢来说,$E = 2.07\times10^{11}$Pa;

　　　　F_a——沿油管柱轴线方向的压缩力,N。

图 3-1-44 表明的是相当于一个螺距的螺旋部分。从这里可知有:

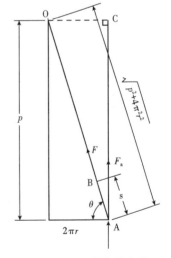

$$\frac{L_c}{L_h} = \frac{\sqrt{p^2+4\pi^2r^2}}{p} \qquad (3-1-144a)$$

$$L_h = \frac{L_c p}{\sqrt{p^2+4\pi^2r^2}} \qquad (3-1-144b)$$

$$\sin\theta = \frac{p}{\sqrt{p^2+4\pi^2r^2}} \qquad (3-1-145)$$

式中 p——螺旋弯曲的螺距,m;

　　　　r——油套管之间的径向间隙,m;

　　　　L_h——承受了力 F 后的螺旋长度,m。

压缩应变能 U_c 是:

图 3-1-44　螺旋的发展

$$U_c = \frac{F_a^2 L}{2A_s E} \qquad\qquad (3-1-146)$$

将式(3-1-141)和式(3-1-145)代入式(3-1-146):

$$U_c = \frac{F^2 L}{2A_s E}\left(\frac{p^2+4\pi^2r^2}{p^2}\right)^{-1} \qquad\qquad (3-1-147)$$

弯曲应变能 U_c 是:

$$U_b = \frac{LEIC^2}{2} \qquad\qquad (3-1-148)$$

式中　C——螺旋的曲率，rad。

观察图 3-1-45 中的螺旋，坐标轴和角参数得螺旋方程式：

$$x = r\cos\gamma \tag{3-1-149}$$

$$y = r\sin\gamma \tag{3-1-150}$$

$$z = \frac{p}{2\pi}\gamma \tag{3-1-151}$$

从图 3-1-44 和图 3-1-45 的螺旋上从 A 点到任意点 B 点的螺旋长度。很明显存在：

$$\frac{s}{\sqrt{p^2+4\pi^2 r^2}} = \frac{\gamma}{2\pi} \tag{3-1-152}$$

将方程式(3-1-152)的 γ 代入式(3-1-149)、式(3-1-150)和式(3-1-151)：

$$x = \gamma\cos\frac{2\pi s}{\sqrt{p^2+4\pi^2 r^2}} \tag{3-1-153}$$

$$y = \gamma\sin\frac{2\pi s}{\sqrt{p^2+4\pi^2 r^2}} \tag{3-1-154}$$

$$z = \frac{ps}{\sqrt{p^2+4\pi^2 r^2}} \tag{3-1-155}$$

而三维曲线曲率的表达式是：

$$C = \sqrt{\left(\frac{\mathrm{d}^2 x}{\mathrm{d}s^2}\right)^2 + \left(\frac{\mathrm{d}^2 y}{\mathrm{d}s^2}\right)^2 + \left(\frac{\mathrm{d}^2 z}{\mathrm{d}s^2}\right)^2} \tag{3-1-156}$$

把式(3-1-153)、式(3-1-154)和式(3-1-155)代入式(3-1-156)，化简后得：

$$C = \frac{4\pi^2 r}{p^2+4\pi^2 r^2} \tag{3-1-157}$$

把式(3-1-157)代入式(3-1-148)，则弯曲的应变能成为：

$$U_{\mathrm{b}} = \frac{8\pi^4 r^2 EIL}{(p^2+4\pi^2 r^2)^2} \tag{3-1-158}$$

由于开始时此管(杆)柱是直的，并假定它仍处于弹性范围内，且没有套管摩擦油管，于是在管(杆)柱内不可能有扭力。因此，不需考虑扭转应变能。

力 F 的势能是 F_z，此处 z 是从力作用点到任选原点的距离。此原点还应位于经过力作用点且与力平行的直线上。令此原点是图 3-1-45 中的 O 点。于是力 F 的势能 U_{f} 是：

$$U_{\mathrm{f}} = FL_{\mathrm{h}} \tag{3-1-159}$$

将式(3-1-143)、式(3-1-144b)和式(3-1-145)代入式(3-1-144a)，并将结果再代入

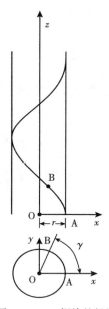

图 3-1-45　螺旋的投影

332

式(3-1-159)得出：

$$U_f = \frac{FpL}{\sqrt{p^2+4\pi^2 r^2}} - \frac{F^2 p^2 L}{A_s E (p^2 + 4\pi^2 r^2)} \tag{3-1-160}$$

此系统的总势能 U 等于式(3-1-147)和式(3-1-158)给出应变能与式(3-1-160)给出的力 F 的势能之和：

$$U = \frac{F^2 L}{2A_s E}\left(\frac{p^2+4\pi^2 r^2}{p^2}\right)^{-1} + \frac{8\pi^2 r^2 EIL}{(p^2+4\pi^2 r^2)^2} + \frac{FpL}{\sqrt{p^2+4\pi^2 r^2}} \tag{3-1-161}$$

通过使系统总势能最小,可获得平衡条件,即：

$$\frac{\mathrm{d}U}{\mathrm{d}p} = 0 \tag{3-1-162}$$

将式(3-1-161)代入式(3-1-162),化简后得：

$$\frac{p^2+4\pi^2 r^2}{A_s E} F^2 - (p^2+4\pi^2 r^2)^{3/2} F + 8\pi^2 EIp = 0 \tag{3-1-163}$$

式(3-1-163)是力 F 的二次方程式,有两个正根。求最小的根(相当于总势能最小的根),得：

$$F = \frac{A_s E \sqrt{p^2+4\pi^2 r^2}}{2p}\left[1 - \sqrt{1 - \frac{32\pi^2 p^2 I}{A_s (p^2+4\pi^2 r^2)^2}}\right] \tag{3-1-164}$$

做下列假设：

①$p^2 \gg 4\pi^2 r^2$；

②令 $a = \dfrac{32\pi^2 p^2 I}{A_s (p^2+4\pi^2 r^2)^2}$,且 $a < 1$。

由于 $\sqrt{1-a} \approx 1 - \dfrac{a}{2}$,式(3-1-164)成为：

$$F = \frac{8\pi^2 EI}{p^2} \tag{3-1-165}$$

由式(3-1-165)得：

$$p = \pi\sqrt{\frac{8EI}{F}} \tag{3-1-166}$$

如果中和点下方任一点的压缩力 F 的大小已知,则式(3-1-166)就可给出该点的螺距,管柱越靠近下端的螺距越小。越接近中和点,螺距越大,甚至无限。

由于第 1 个假设的含义是油管与套管的径向间隙比螺距小。可注意到式(3-1-164)中,当 $p^2 \gg 4\pi^2 r^2$ 时,有 $\dfrac{32\pi^2 I}{A_s p^2} = 2\pi^2 (D^2 + d^2)/p^2 \approx 4\pi^2 D^2/p^2$,$D$ 和 d 是油管的外径和内径。因而第二个假设的意义是油管的外径小于螺距。

将实际问题中遇到的数值代入式(3-1-165),可发现所求出的 p 值总是满足这两项假设的。

众所周知,弯矩 M 表达式和弯曲应力 σ_b 的表达式是:

$$M = EIC \qquad (3-1-167a)$$

和
$$\sigma_b = \frac{MD}{2I} \qquad (3-1-167b)$$

将式(3-1-157)和式(3-1-167a)代入方程式(3-1-167b),由假设①得:

$$\sigma_b = \frac{2\pi^2 EDr}{p^2} \qquad (3-1-168)$$

在式(3-1-165)和式(3-1-168)之间消去 p,得到:

$$\sigma_b = \frac{Dr}{4I}F \qquad (3-1-169)$$

(2)用虚功原理推导螺距公式。

现在研究图 3-1-43,所示的螺旋弯曲管柱,让它在螺旋的一端受压缩力 F 的作用而处于平衡状态,另一端为固定端,螺旋弯曲是沿其轴向发生的。

根据虚功原理,在离开平衡的任一虚位移中,该系统所有力的总功为零。虚功原理实质上就是描述能量守恒原则,其表现形式为:力的势能 U_f 的无穷小变化和总应变能的关系(总应变能等于压缩力的应变能 U_c 和弯曲力的应变能 U_b 之和):

$$\Delta U_f = \Delta(U_c + U_b) \qquad (3-1-170)$$

根据铁摩辛柯的文献资料,当弯曲变化很小时,可把 U_c 看成常数。式(3-1-170)写成:

$$\Delta U_f = \Delta U_b \qquad (3-1-171)$$

由于压缩力造成管柱弯曲而产生的应变能为:

$$U_b = \frac{L_c EIC^2}{2} \qquad (3-1-172)$$

将式(3-1-157)代入式(3-1-172),可得:

$$U_b = \frac{8L_c EI\pi^4 r^2}{(p^2 + 4\pi^2 r^2)^2} \qquad (3-1-173)$$

由于虚位移,管柱弯曲力应变能的变化可写成:

$$\Delta U_b = \frac{\partial U_b}{\partial p}\Delta p = -\frac{32L_c EI\pi^4 r^2 p}{(p^2 + 4\pi^2 r^2)^2}\Delta p \qquad (3-1-174)$$

力的势能 U_f 为:

$$U_f = F(L_c - L_h) = FL_c\left(1 - \frac{L_h}{L_c}\right) \qquad (3-1-175)$$

式中的 L_h 可由下式求出:

$$L_h = \frac{L_c p}{\sqrt{p^2 + 4\pi^2 r^2}} \qquad (3-1-176)$$

将式(3-1-176)代入式(3-1-175)可得由于虚位移而产生的力的势能的变化 ΔU_f 为:

$$\Delta U_f = \frac{\partial U_r}{\partial p}\Delta p = -F\frac{4L_c\pi^2 r^2}{(p^2+4\pi^2 r^2)^{3/2}}\Delta p \tag{3-1-177}$$

将式(3-1-174)、式(3-1-177)代入式(3-1-171),解 F 得:

$$F = \frac{8\pi^2 EIp}{(p^2+4\pi^2 r^2)^{3/2}} \approx \frac{8\pi^2 EI}{p^2} \tag{3-1-178}$$

应当指出:式(3-1-174)和式(3-1-177)为泰勒级数展开式的一次项,该展开式的高次项对于本推导无意义,故可略去。

将式(3-1-178)的近似值用来解决实际的问题,则($p^2 \gg 4\pi^2 r^2$)的假定是有效的。

从式(3-1-178)可求得管柱螺旋弯曲产生的螺距 p 的表达式(3-1-166)。

管柱承受向上的压缩力 F,类似于当井中有液体的活塞力。根据胡克定律,纵向缩短 ΔL_1 表示为:

$$\Delta L_1 = -\frac{LF}{EA_s} \tag{3-1-179}$$

(3)管柱因螺旋弯曲引起的纵向缩短公式推导。

设井中自由悬挂的管柱是有重量的。由于螺旋弯曲引起的管柱相对伸长用 ε 表示,依据图(3-1-43)的参数,这个相对伸长度可表示为:

$$\varepsilon = \frac{p - \sqrt{p^2+4\pi^2 r^2}}{p} = 1 - \sqrt{1+\frac{4\pi^2 r^2}{p^2}}$$

根据前面的假设①,按泰勒公式展开,它就变成:

$$\varepsilon = -\frac{2\pi^2 r^2}{p^2} \tag{3-1-180}$$

对于无重量的管柱,螺距 p 和相应的相对伸长 ε 都是定值;反过来说,如果管柱是有重量的,那么 p 和 ε 都随管柱位置而变。为了表示这种变化,重写公式(3-1-165)和式(3-1-180),其办法是在可变参数下角加上一个下角标 z,意味着是在离中和点(当无流体时该点的纵向力为零)距离为 z 处的情况。

$$F_z = \frac{8\pi^2 EI}{p_z^2} \tag{3-1-181}$$

$$\varepsilon_z = -\frac{2\pi^2 r^2}{p_z^2} \tag{3-1-182}$$

从式(3-1-181)和式(3-1-182)中消去 p_z:

$$\varepsilon_z = -\frac{r^2}{4EI}F_z \tag{3-1-183}$$

设这个油管柱自由悬挂,它的下端承受了一个压缩力 F,如图 3-1-43 所示。很明显可得出下式:

$$F_z = \frac{z}{n}F \tag{3-1-184}$$

首先假定中和点在管柱内。对式(3-1-183)进行积分(从管柱下端到中和点),那么就得到由螺旋弯曲引起的伸长 ΔL_2:

$$\Delta L_2 = \int_0^n \varepsilon_z \mathrm{d}z \tag{3-1-185}$$

将式(3-1-184)代入式(3-1-183),再将结果代入式(3-1-185)中,积分后再将式(3-1-139)代入积分后的结果中,这样就得到管柱因螺旋弯曲引起的纵向缩短的公式:

$$\Delta L_2 = \int_0^n \varepsilon_z \mathrm{d}z = \int_0^n \frac{-r^2}{4EI} \frac{z}{n}F\mathrm{d}z = -\frac{r^2 n}{8EI} = -\frac{r^2 \frac{F}{W}}{8EI} = -\frac{r^2 F^2}{8EIW} \tag{3-1-186}$$

式中　r——油管和套管之间的径向间隙,m;

　　　E——钢管的弹性模量,Pa;

　　　F——压缩力,N;

　　　I——油管横截面积对其直径的惯性矩,m^4;

　　　W——单位长度油管的重量,N/m。

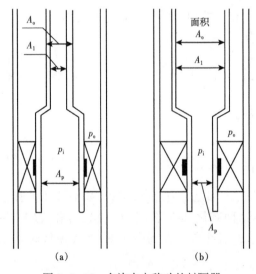

图 3-1-46　允许自由移动的封隔器

现在设同样的油管柱,但它被密封在油管中充满液体的一个允许油管移动的封隔器中(图 3-1-46)。油管中仅有一压力 p_i 作用在封隔器处的油管里面,这个压力给油管底部作用一个压缩力,假定这个压缩力可使油管产生螺旋弯曲。然而,油管将比通常所理解的实际力 $p_i A_s$(A_s 为油管壁的横截面积)所产生的螺旋弯曲严重得多,这个压缩力 F_f 而造成的螺旋弯曲:

$$F_f = A_p p_i \tag{3-1-187}$$

很显然,压力不仅垂直作用于管柱,而且也水平地作用于整个管柱的壁面上。因此,很难将这个使管柱产生弯曲的力具体化。然而,根据理论分析和试验结果表明,管柱因压力作用而产生的螺旋弯曲与管柱承受 $p_i A_p$ 这样的一个垂直压缩力时产生的螺旋弯曲相当。所以,计算时,就把流体压力使管柱产生螺旋弯曲看成是管柱只承受了一个垂直的压缩力而产生的螺旋弯曲,并且,这个压缩力为 $F_f = A_p p_i$。但是,封隔器中的管子是空的,这个压缩力当然不是作用在管柱底部的真实力。所以,称这个压缩力为虚力。

如果封隔器的类型如图 3-1-46(b)所示,则压力 p_i 给油管柱施加了一个张力。因此,一般可以认为管柱是直的。然而事实上,油管仍然会发生螺旋弯曲。这也许是离奇的,但类似的现象在抽油井和其他场合已得到证明。

如果在带有封隔器的油管柱外面作用有一个外压力 p_o,同时在油管内部仍作用一个内压力 p_i,油管同样承受虚构力 F_f 的作用,使油管发生变形。

336

$$F_f = A_p(p_i - p_o) \tag{3-1-188}$$

如果 F_f 是正值(虚力是压缩力),则油管发生螺旋弯曲;如果 F_f 是负值(虚力是张力)或等于零,则油管是直的。

图 3-1-47(a)是一个螺旋弯曲模型示意图。当压力施加于油管中时,这个力向下作用在封隔器以上的油管端面上,使油管呈张力。图 3-1-47(b)显示出在管子内部有压力,而环形空间无压力时,塑料管子弯曲的情况。如果考虑到活塞效应,管子底部则应向下移动,但事实上是向上移动,另一方面,如果封隔器处的环形空间压力增加,那么,封隔器以上的油管端面理应承受一个向上作用的压缩力,使管柱进一步弯曲。然而事实完全相反,管柱却逐步变直。如果环形空间压力等于或大于油管内的压力,则油管柱完全变直。

式(3-1-187)对于如图 3-1-46 所示的两种封隔器都是正确的,对于其他一些类型的封隔器也是正确的。

假定封隔器最初坐封时(即在压力变化 Δp_i 和 Δp_o 之前,$p_i = p_o$。而实际上,几乎就是这种情况,因而最初的虚力为零。而后来出现的虚力 F_f,可认为是虚力的变化,故式(3-1-188)为

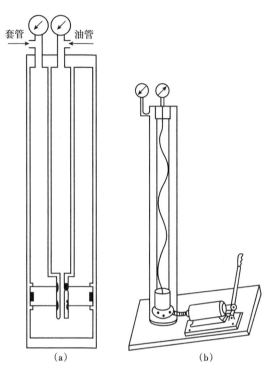

图 3-1-47　螺旋弯曲模型

$$F_f = A_p(\Delta p_i - \Delta p_o) \tag{3-1-189}$$

在有流体存在的情况下,单位长度的油管重量 W 是

$$W = W_s + W_i - W_o \tag{3-1-190}$$

式中　W_s——单位长度油管在空气中的平均重量(包括接箍),N/m;

　　　W_i——单位长度油管中的流体重量,N/m;

　　　W_o——单位长度的油管体积(以外径算)所排开套管中流体的重量,N/m。

在井中有流体存在的情况下,要求管柱的中和点的位置和螺距,就需要将式(3-1-188)得出的虚力 F_f 和式(3-1-190)得出的单位长度油管的重量 W 代入式(3-1-139)和式(3-1-166)。

关于式(3-1-139),在有流体存在的情况下,中和点并不是既没有张力又没有压缩力的点;而是管柱中主要应力(轴向应力、径向应力和切向应力)相等的那一点。当然,在没有流体时(径向应力和切向应力为零),所谓中和点,即轴向应力为零的点。通常定义为:中和点,就是在其下管柱呈螺旋弯曲,其上管柱呈直线状的点。

管柱因螺旋弯曲而引起的缩短 ΔL_2 为

$$\Delta L_2 = -\frac{r^2 A_p^2 (\Delta p_i - \Delta p_o)^2}{8EI(W_s + W_i - W_o)} \tag{3-1-191}$$

式中 ΔL_2——相对于最初条件 $p_i=p_o$ 时的油管柱长度的变化，m。

如果 Δp_o 大于 Δp_i，则不会发生螺旋弯曲。式(3-1-191)不能使用，也就是说 ΔL_2 为零。

从螺旋弯曲公式(3-1-186)或式(3-1-191)中可以看出，螺旋弯曲引起的长度变化 ΔL_2 与油管外径到套管内径之间的径向间隙 r 的平方成正比。因此，小油管在大套管中，比大油管在小套管中弯曲要厉害得多。其次，ΔL_2 还与施加的 F[对于式(3-1-186)]或虚力 F_f[对于式(3-1-191)]的平方成正比，因此，力增加一倍，螺旋弯曲引起的长度变化将增加3倍；而活塞效应中，力增大一倍，引起的长度变化也只增加一倍。由于作用力 F 或 F_f 从下往上逐渐减小(因油管自重而平衡的结果)，因此，管柱弯曲最厉害的地方是靠近封隔器处弯曲力最大的地方。越往管柱上部，螺旋弯曲越减弱。

2. 活塞效应

有一油管柱密封于封隔器中，但能自由移动，如图3-1-46所示。在封隔器水平面处，油管内有压力 p_i。此压力使油管底部受到一个压缩力，估计此压缩力可使油管在套管内弯曲。这种压缩力产生的预期弯曲要远远弱于油管的实际弯曲。油管就像受到下列压缩力 F_f 那样弯曲变形，用式(3-1-187)表示。

因为其中有一部分压缩力并不存在，所以整个压缩力 F_f 被称为虚力。

若封隔器按图3-1-46(b)安装，压力 p_i 使油管承受张力，于是，可假设此管柱是垂直的。但是，尽管此管柱处于张力作用下，但事实上依然要弯曲。这是因为油管上正受了一个式(3-1-187)的压缩性"虚力"F_f 作用后所导致的弯曲。

1)虚力公式推导

假设压力 p_o 在封隔器水平面处加于油管外侧，压力 p_o 使油管受到压缩作用[图3-1-46(b)]，因而似乎可假设油管会弯曲。但实际上此油管仍保持拉伸状态。

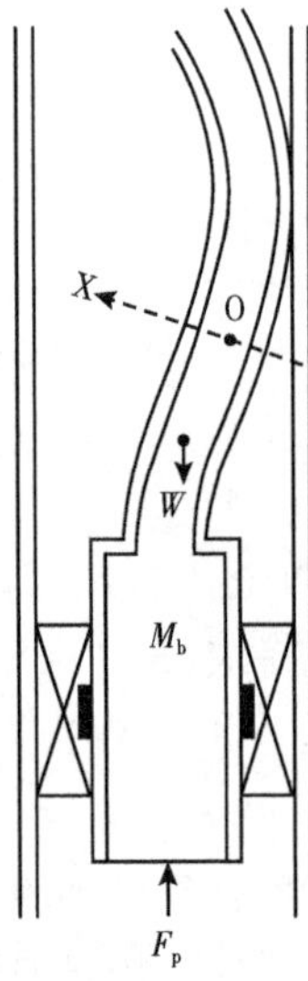

图3-1-48 没有流体时
作用于油管的力

在内压力 p_i 和外压力 p_o 两者同时存在时，油管柱受到虚力 F_f 的状态是弯曲还是伸直，下面分几种情况进行讨论。

(1)油管内外都没有流体。

有一油管柱，其下端承受了一个使之产生螺旋弯曲的压缩力 F_f 如图3-1-48所示，封隔器在下端产生一个弯曲力矩 M_b，管柱的内外都没有流体。

在管柱上取一任意的横截面积 X-X'。为了简化起见，选在管柱没有支撑的部分，即在螺旋弯曲的油管与套管壁接触的下面。对于位置较高的横截面，所导出的公式需要有附加项，但其讨论的要点与最后的结论是相同的。

作用在 X-X' 下面的油管部分的力是端部力 F_p 和重力 W(图3-1-48)。端部力 F_p 不取决于所选择的横截面积，因此，F_p 是一个集中的力。另一方面，W 是横截面积 X-X' 下面管柱部分的重量。因此，W 取决于横截面积的位置，W 是一个分布力。

横截面 X-X' 处的弯曲力矩 M_o 等于：

$$M_o = M_o(\overline{F}_p) + M_o(\overline{W}) + M_b \tag{3-1-192}$$

式中 $M_o(\overline{F}_p)$ 和 $M_o(\overline{W})$——F_p 和 W 相对于横截面 X-X' 的中心点 O 的力矩。

（2）油管内无流体，油管外有流体但不流动。

如果油管和套管环形空间有流体，流体对台阶 bchg 有一个液压作用力 T[图 3-1-49（a）]。人们可能认为，作用在侧面 abih 周围所有方向上的液压作用力互相抵消，其合力为零。然而，情况并非如此。因为弧 ab 和 ih 不相等，因此管子两边的面积就不等，这样作用在侧面的液压作用力就会有一个合力 S，但力 S 的大小和方向都不知道。

下述方法可用来计算液压作用力 T 和合力 S 的复合弯曲效应。假设把封隔器和 X-X' 以上的管柱部分去掉，而且剩下管柱部分的两端又是封死的[图 3-1-49（b）]。这时，除了液压作用力 T 和 S 外，液压作用力 V 和 N 也作用在管柱底的两端。根据阿基米德原理，所有这些力的合力 W_o 是一个向上的力，且等于所排开流体的重量。

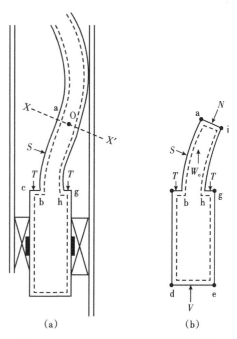

图 3-1-49　流体在油管外部时的液压力

$$\bar{S}+\bar{T}+\bar{V}+\bar{N}=\bar{W}_o \qquad (3-1-193)$$

由此，可得 W_o 对于 O 点的力矩：

$$M_o(\bar{W}_o)=M_o(\bar{S})+M_o(\bar{T})+M_o(\bar{V}) \qquad (3-1-194)$$

因为

$$M_o(\bar{N})=0$$

式（3-1-194）可写成

$$M_o(\bar{S}+\bar{T})=M_o(-\bar{V})+M_o(\bar{W}_o) \qquad (3-1-195)$$

如果没有任何流体，O 点处的弯曲力矩由式（3-1-192）给出。由于流体而形成附加的弯曲力矩由式（3-1-195）给出，那么，在油管外面有流体存在的情况下，O 点处的弯曲力矩为

$$M_o=M_o(\bar{F}_o)+M_o(-\bar{V})+M_o(\bar{W}+\bar{W}_o)+M_o \qquad (3-1-196)$$

比较式（3-1-192）和式（3-1-196），可以得出下面两点关于作用在封隔器上部油管外面的总压力的弯曲效应的结论。

①管柱发生弯曲，是因为不仅是承受了一个集中的作用力 F_f（图 3-1-48），而且还承受了一个集中张力（$-V$）（实际不存在），见图 3-1-49（b）。

$$(-V)=A_p p_o \qquad (3-1-197)$$

②管柱发生弯曲，是因为不仅是承受了一个向下的分布力 W（图 3-1-48），而且还承受了一个向上的分布力 W_o[图 3-1-49（b）]。

（3）油管内有流体，但不流动，油管外无流体。

若油管内的流体对台阶 b'c'h'g' 和侧面 a'b'i'h' 各有一个作用力 T' 和 S'（图 3-1-50）。这些力和前面所考虑的力 T 和 S 是相似的。另外，这里也有作用在面积 j'd'k'e' 上向上的力 U'。

对于想象一个完全封闭的容器[图 3-1-48（b）]，它的形状与 X-X' 以下管柱的螺旋弯曲部分的内部一样。除了 T' 和 S' 外，还有液压作用力 V' 和 N' 作用在这个容器的两端。要满

足平衡条件,所有这些力的合力,必须和容器中的液体的重量 W_i 相等。

$$\overline{S'}+\overline{T'}+\overline{V'}+\overline{N'}=\overline{W}_i \tag{3-1-198}$$

从式(3-1-198)得到

$$M_o(\overline{S'}+\overline{T'})=M_o(-\overline{V'})+M_o(\overline{W}_i) \tag{3-1-199}$$

根据式(3-1-199),可得实际作用在油管上的液压作用力(即 S'、T' 和 U')对于 O 点的力矩:

$$M_o(\overline{S'}+\overline{T'}+\overline{U'})=M_o[(-\overline{V'})+\overline{U'}]+M_o(\overline{W}_i) \tag{3-1-200}$$

如果管柱内部没有任何流体,式(3-1-192)则给出 O 点处的弯曲力矩。由于有流体的附加弯曲力矩由有式(3-1-200)给出,那么,油管里有液体时,O 点处的弯曲力矩为

$$M_o=[M_o(\overline{F}_f)+M_o(-\overline{V'})+\overline{U'}]+M_o(\overline{W}_i+\overline{W})+M_b \tag{3-1-201}$$

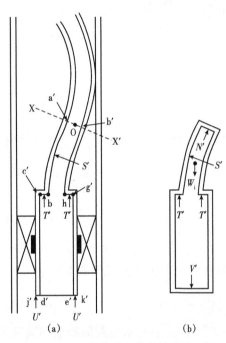

图 3-1-50　流体在油管内部的液压力

比较式(3-1-192)和式(3-1-201),可得出下面关于在封隔器上部的油管压力的弯曲效应的结论:

①油管发生弯曲,不仅是由于承受了一个集中的机械作用力 F_f,见式(3-1-189);而且还承受了一个集中作用的压缩力 $(-V'+U')$,如图 3-1-50 所示,虽然 $(-V')$ 实际上存在,油管却发生了弯曲。

$$-V'+U'=A_p p_i \tag{3-1-202}$$

②油管发生弯曲,不仅是由于承受了一个向下的分布力 W(图 3-1-44),而且还承受一个向上的分布力 W_i[图 3-1-50(b)]。

讨论任何一个油管柱,在没有液体流动时,采用螺旋弯曲或是直线状的公式,都可以从前面的讨论中得出结论。要使该公式适用于油管内外都有流体存在的条件。

①去掉集中作用在管柱下端的机械力,而用这个力和式(3-1-188)给出的虚构力 F_f 的合力来代替;

②用式(3-1-190)给出的 W 来代替单位长度上的分布力(重量)W_s。

这就解释了前面正文中所有的情况(从没有流体的情况到有流体的情况)。

(4)油管内有流体流动。

假设流体在油管内向下流动如图 3-1-50 所示。有一任意的横截面 X-X′,在封隔器和 X-X′横截面之间的流体分别受到下列力的作用。

①垂直管壁的反作用力 $(-\overline{S'})$ 和 $(-\overline{T'})$。

②在封隔器下面和 X-X′横截面上面的流体分别对所研究的那部分流体施加的液压作用力 $(-\overline{V'})$ 和 $(-\overline{N'})$。

③重力 W_i。

④切线（即摩擦）力的合力（管子反作用于流动流体的切线力）。

上述这些力，在图3-1-50中均未画出，现用$(-\bar{Z}')$表示它们的合力。

封隔器与 X–X′ 之间的流动的动量方程：

$$\left[(-\bar{S}')+(-\bar{T}')+(-\bar{V}')+(-\bar{N}')+(-\bar{Z}')+\overline{W}_i\right]\Delta T=(\bar{v}_p-\bar{v}_o)\Delta m \qquad (3-1-203)$$

式中 $\bar{v}_p$、$\bar{v}_o$——封隔器处和 X–X′处的速度，m/s；

ΔT——流体作用在封隔器上的时间，s；

Δm——在时间 ΔT 内流过的流体质量，kg。

根据式（3-1-203），可得到作用在该流体上的液压作用力的合力

$$\bar{S}'+\bar{T}'+\bar{Z}'=(-\bar{V}')+(-\bar{N}')+\overline{W}_i-\frac{\Delta m}{\Delta T}\bar{v}_p+\frac{\Delta m}{\Delta T}\bar{v}_o \qquad (3-1-204)$$

$\Delta m/\Delta T$ 是质量流速，可写成：

$$\frac{\Delta m}{\Delta T}=\frac{B}{g} \qquad (3-1-205)$$

式中 B——重量流速，N/s；

g——重力加速度，m/s^2。

取相对于 O 点的力矩，并使用式（3-1-205），则式（3-1-204）变成

$$M_o(\bar{S}'+\bar{T}'+\bar{Z}')=M_o(-\bar{V}')+\frac{B}{g}M_o(-\bar{v}_p)+M_o(\overline{W}_i) \qquad (3-1-206)$$

比较式（3-1-206）和式（3-1-199），得到下面的结论：

①流动没有引入任何新的分布力，所要考虑的分布力只是那些在没有流动时就存在的分布力。事实上很明显，由于向下流动产生的摩擦力增加了管柱的张力（或减小了压缩力），但这些附加的张力与由于压力作用在图3-1-46（b）中的台阶上而引起的张力相比，不会使螺旋弯曲效应更大。

②流动引起了一个附加虚力 F'_f：

$$F'_f=\frac{Bv}{g} \qquad (3-1-207)$$

式中 v——流体向上流动的速度，m/s。

式（3-1-207）表明：在封隔器处，这个力是一个向上作用的力，即 F'_f 是一个压缩力。在向上流动而不是向下流动的情况下，式（3-1-203）、式（3-1-204）和式（3-1-205）中的 $\bar{v}_p$ 和 $\bar{v}_o$ 的正负号要改变。换言之，流动的方向反过来了，因此 F'_f 仍然是压缩力。

如图3-1-51所示，由下向上作用的力：

$$F'_a=(A_p-A_i)p_i \qquad (3-1-207a)$$

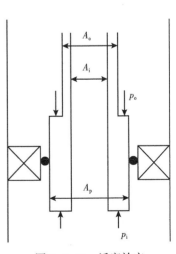

图 3-1-51 活塞效应

341

由上向下作用的力：

$$F''_a = (A_p - A_o) p_o \qquad (3-1-207b)$$

其合力为：

$$F_a = F'_a + F''_a = (A_p - A_i) p_i - (A_p - A_o) p_o \qquad (3-1-207c)$$

式中　p_o——环形空间压力，Pa；

　　　p_i——油管内压力，Pa；

　　　A_i——油管内截面积（以内径算），m^2；

　　　A_o——外截面积（以外径算），m^2；

　　　A_p——封隔器密封腔的横截面积，m^2。

F_a 即为引起活塞效应的力，称为活塞力或实际力。

规定：向上作用的力（即为缩力）为正值，向下作用的力（即张力）为负值。

如果油管内外的流体密度和地面压力发生变化，则会引起油管压力和环形空间压力变化（分别用 Δp_i 和 Δp_o 表示封隔器处油管内的压力变化和环形空间的压力变化）。由于压力发生变化，则会引起活塞力的变化。它向上或向下地作用于封隔器密封腔的密封管上，给油管柱施加压力或张力。

活塞力的变化 ΔF_1 为

$$\Delta F_1 = (A_p - A_i) \Delta p_i - (A_p - A_o) \Delta p_o \qquad (3-1-207d)$$

式中　$(A_p - A_i) \Delta p_i$——由于油管中压力变化而产生的活塞力，N；

　　　$(A_p - A_o) \Delta p_o$——油套环形空间压力变化而产生的活塞力，N。

根据胡克定律，活塞力的变化 ΔF_1 会引起油管柱长度变化，即

$$\Delta L_1 = \frac{L \Delta F_1}{E A_s} \qquad (3-1-208)$$

式中　L——管柱长度，m；

　　　ΔF_1——活塞力的变化，N；

　　　E——杨氏模量（对于钢，$E = 2.07 \times 10^{11}$ Pa）；

　　　A_s——油管壁的横截面积，m^2。

规定：长度的变化，伸长为正，缩短为负，那么

$$\Delta L_1 = -\frac{L}{E A_s} [(A_p - A_i) \Delta p_i - (A_p - A_o) \Delta p_o] \qquad (3-1-209)$$

ΔL_1 的方向，取决于压力变化的方向（增大或减小）以及油管和封隔器封腔的相对尺寸。油管与封隔器密封封腔的相对尺寸只有三种可能：

①封隔器封腔直径大于油管外径（图 3-1-52）；

②封隔器封腔直径小于油管内径（图 3-1-53）；

③封隔器封腔直径大于油管内径（图 3-1-54）。

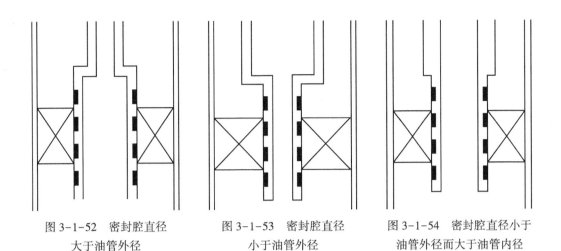

图 3-1-52 密封腔直径
大于油管外径

图 3-1-53 密封腔直径
小于油管外径

图 3-1-54 密封腔直径小于
油管外径而大于油管内径

3. 鼓胀效应

如果向油管柱内施加压力,只要内压大于外压,水平作用于油管内壁的压力就会使管柱的直径有所增大,把这种效应叫正鼓胀效应。反之,如果向油套管环形空间施加压力,只要外压大于内压,则油管柱直径有所减小,把这种效应叫反向鼓胀效应。

如图 3-1-55 所示,当压力作用于油管内时,油管直径增大,而管柱长度变短;当压力作用于环形空间时,油管直径减小,而管柱长度增加,同时管柱的刚度也增加。如果管柱下带有封隔器使管柱不能移动,则正向鼓胀将使管柱承受张力,此力会作用到封隔器上;而反向鼓胀将使管柱承受压缩力,此力也会作用到封隔器上。

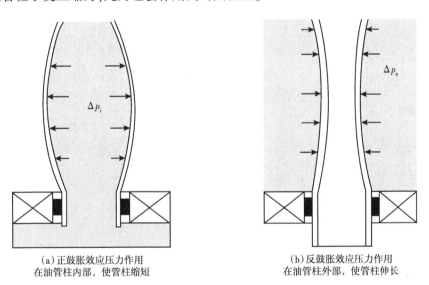

(a)正鼓胀效应压力作用
在油管柱内部,使管柱缩短

(b)反鼓胀效应压力作用
在油管柱外部,使管柱伸长

图 3-1-55 正鼓胀效应压力作用与反鼓胀效应压力作用

鼓胀效应与压力作用的面积有直接关系。由于管外壁面积大于管内壁面积,所以在某一压力条件下,反向鼓胀效应要比正向鼓胀效应稍大一些。

与活塞效应和螺旋弯曲效应不同,由于井口压力与井底压力是不同的,鼓胀效应发生在整个管柱长度上。所以,应考虑的是井口压力与井底压力的平均值。在计算活塞效应及螺旋弯曲效应时,主要考虑井底压力的变化,而在计算鼓胀效应时,则主要考虑油管柱内平均压力的变化。平均压力等于井口压力与井底压力之和除2。

由于油管内、外压力的变化,使油管发生鼓胀效应。若用管柱受力的变化来表示鼓胀效应,其公式为

$$\Delta F_3 \approx 0.6(A_i \Delta p_{ia} - A_o \Delta p_{oa}) \qquad (3-1-210)$$

式中　　Δp_{ia}——管柱内平均压力变化,Pa;

　　　　Δp_{oa}——管柱外平均压力变化,Pa。

上式中的 $0.6 A_i \Delta p_{ia}$ 项代表使油管缩短的正向鼓胀力,而 $0.6 A_o \Delta p_{oa}$ 项代表使油管伸长的反向鼓胀力。

如果油管内的流体流动,它不但会产生压力降和改变径向压力,而且还会给油管壁一个力。同样,在环形空间内也有类似情况。如果油管内、外的流体密度发生变化(例如用一种流体顶替原来的流体,无论是处于静止状态还是处于流动状态),都会改变对管壁的径向压力,以上两种情况都要改变管柱的长度。当油管内流体流动而油套管环形空间的流体不流动时,其管柱长度变化为 ΔL_3,推导过程如下:

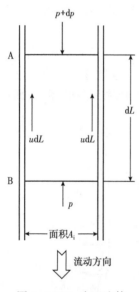

图 3-1-56　由于流体引起的阻力

设流体在 A 和 B 两点之间的油管里,其深度差为 ΔL,如图 3-1-56 所示。向下流动引起压力降 dp,A 点压力为 $p+\Delta p$,B 点压力为 p。用 u 表示单位长度油管对流动流体的阻力。假定整个油管中的速度及其动量都是恒定的,因此,可适用下列平衡条件:

$$u dL = A_i dp \qquad (3-1-211a)$$

用 δ 代替 dp/dL:

$$u = A_i \delta \qquad (3-1-211b)$$

用 F_z 表示在深度为 z 处由于阻力而在油管上所引起的力,很明显有

$$dF_z = -u dz = -A_i \delta dz \qquad (3-1-212)$$

$$F_z = -A_i \delta L \qquad (3-1-213)$$

在深度为 z 处的应变为 ε_z:

$$\varepsilon_z = -\frac{1}{EA_s} F_z \qquad (3-1-214)$$

由于阻力引起管柱的伸长为 $\Delta L'_3$

$$\Delta L'_3 = \int_0^L \varepsilon_z dz \qquad (3-1-215)$$

将式(3-1-214)中的 ε_z 和式(3-1-212)中的 dz 代入式(3-1-215)中得:

$$\Delta L'_3 = \frac{1}{EA_s A_i \delta} \int_0^{F_z} F_z dF_z \qquad (3-1-216)$$

上式积分,将式(3-1-213)中的 F_z 代入,并用 $1/(R^2-1)$ 代替 A_i/A_s,得

344

$$\Delta L_3' = \frac{\delta}{2E(R^2-1)}L^2 \tag{3-1-217}$$

单位长度的压力降 δ 引起的径向液压作用力的改变,同样也引起长度的变化,用 $\Delta L_3''$ 表示。根据式(3-1-221),让 $\Delta\rho_{is}g=\delta$,$\Delta\rho_{os}=0$,$\Delta p_{is}=\Delta p_{os}=0$,就得到它的表达式:

$$\Delta L_3'' = \frac{\mu\delta}{E(R^2-1)}L^2 \tag{3-1-218}$$

由于流动引起的总的长度变化是:

$$\Delta L_3^* = \Delta L_3' + \Delta L_3'' \tag{3-1-219}$$

将式(3-1-217)和式(3-1-218)代入式(3-1-219)中,得:

$$\Delta L_3^* = \frac{(1+2\mu)\delta}{2E(R^2-1)}L^2 \tag{3-1-220}$$

将式(3-1-220)与 1951 年 Lubinski 在第 30 届 API 年会文章中的式(4-40)相结合得到公式:

$$\Delta L_3 = -\frac{\mu}{E} \cdot \frac{(\Delta\rho_s - R^2\Delta\rho_{os})g - \frac{1+2\mu}{2\mu}\delta}{R^2-1}L^2 - \frac{2\mu}{E}\frac{\Delta p_{is} - R^2\Delta p_{os}}{R^2-1}L \tag{3-1-221}$$

式中 μ——材料的泊松比(对于钢,$\mu=0.3$);

       E——材料的弹性模量,Pa;

       $\Delta\rho_s$——油管中流体密度的变化,kg/m³;

       $\Delta\rho_{os}$——环形空间流体密度的变化,kg/m³;

       R——油管外径与内径的比值(外径/内径);

       δ——流动引起的单位长度上的压力降,Pa/m(假定 δ 是常数,当向下流动时,δ 为正,当没有流动时,$\delta=0$);

       L——管柱长度,m;

       g——重力加速度,m/s²;

       Δp_{is}——井口处油压的变化,Pa;

       Δp_{os}——井口处套压的变化,Pa。

式(3-1-221)的前面一项也称为密度效应,后面一项称为地面压力效应。

井中有流体但不流动时,$\delta=0$。此时,压力值达到最大值,ΔL_3 也达最大值。

4. 温度效应

井内静止温度是随井深增加而升高的,管柱下入井中时,温度随之升高,直到与井中流体相等。当井内温度变化时,如向井内注水或蒸气等,管柱温度都会随之变化。管柱受冷会缩短,受热会伸长。

封隔器下井时,管柱受热引起的长度变化一般不予考虑;而且认为,在坐封封隔器时,管柱与井中流体温度一样。因此,总是以井的静止温度作为最初条件,以井中最大的温度变化值作为计算温度效应的参数,来研究封隔器坐封后管柱发生的变化。

温度效应发生在整个管柱长度上。因此,考虑用油管柱的平均温度 $\overline{T}$,即:

$$\overline{T} = \frac{T_s + T_b}{2} \tag{3-1-222}$$

式中　T_s——井口温度,℃;

　　　T_b——井底温度,℃。

但是,井底温度和井口温度均随作业参数而变,一般认为,平均温度等于地面年平均温度与静止井底温度之和除2。而注入流体时,井口温度为注入流体温度,井底温度一般都是推测的。所以井底温度很难准确地测定关于注入液对油管度的影响,可参看 H. J. 雷米的《井温传递》一文。

因管柱平均温度的变化 ΔT 而引起的力 ΔF_4 和长度变化 ΔL_4,分别由下式表示:

$$\Delta F_4 = -2.7 W \Delta T \tag{3-1-223}$$

$$\Delta L_4 = \beta L \Delta T \tag{3-1-224}$$

式中　β——材料的热膨胀系数,℃$^{-1}$;

　　　L——管柱长度,m;

　　　W——单位长度的油管重量,N/m。

图 3-1-57 为作用在封隔器管柱上的四种基本效应同时发生时所引起的管柱移动的示意图。图中四种基本效应,既可以单独地作用在一个管柱上,也可以综合的发生在一个管柱上面。当四种基本效应同时发生时,管柱总的长度变化,即为个单独效应所引起的长度变化的总和。

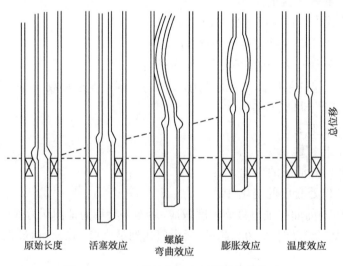

图 3-1-57　四种基本效应引起的管柱移动

二、管柱与封隔器的安装

压力及温度效应可用管柱长度的变化或作用在封隔器上的力的变化来进行计算。为了正确地确定压力及温度对管柱或封隔器的影响,就必须弄清楚管柱与封隔器之间的关系。

管柱与封隔器的关系可分为三类,即自由移动、有限移动和不能移动,现分述如后。

1. 自由移动

所谓自由移动,即管柱下端有密封管,在封隔器的密封腔内可以上下自由移动。这种类型的封隔器叫允许(油管)自由移动的封隔器。

由于管柱下端的密封管可以在封隔器的密封腔内上下自由移动,因此,管柱所发生的压力效应和温度效应,就可按管柱的长度变化来计算。整个管柱的长度变化为:

$$\Delta L = \Delta L_1 + \Delta L_2 + \Delta L_3 + \Delta L_4 \qquad (3-1-225)$$

带有密封管的可钻式封隔器就是这种情况(图 3-1-58)。对于这种类型的封隔器,主要考虑的问题是封隔器坐封后,密闭管应位于封隔器密封腔中的什么位置和密封管上的密封段或密封短节(带有密封圈的管段)长度应是多少,以便在管柱缩短或伸长时,密封段不至于移出密封腔,造成封隔器上下窜通(图 3-1-59)。

当压力很高而且封隔器的密封孔径很大时,必须考虑管柱可能产生永久性螺旋弯曲或因张力过大而损坏的情况。

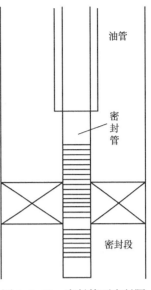

图 3-1-58 密封管可在封隔器中上下自由移动

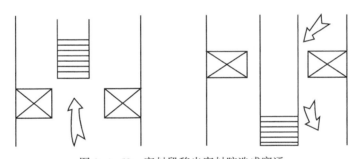

图 3-1-59 密封段移出密封腔造成窜通

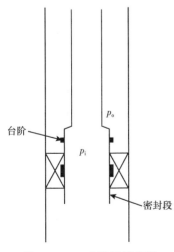

图 3-1-60 允许油管有限移动的封隔器

2. 有限移动

所谓有限移动,是指下端管柱的管柱密封管在封隔器的密封腔内只能往一个方向移动。这种类型的封隔器如图 3-1-60 所示。

管柱发生压力和温度效应时,如果管柱向没有限制的方向移动(图 3-1-60 中是向上移动),那么它就与允许油管自由移动的封隔器管柱相同,即计算其长度的变化。如果管柱向限制运动的方向移动,由于封隔器顶住了管柱上的台阶,则管柱会给封隔器一个向下作用的力。有时在坐封隔器时,将一部分重量放到封隔器上,通常称为作用在封隔器上的"松弛力",有时也叫"压重"。这一般都发生在井中压力和温度变化之前。

怎样计算压力和温度变化后,带有封隔器的管柱移动了多少或作用到封隔器上的力是多少?

假设:在压力和温度变化前,松弛之后,去掉台阶,油管在松弛力作用下,有一个伸长(用 ΔL_5 表示)。这时,可以认为封隔器是允许油管自由移动的。根据前面所讲的方法,用式(3-1-225)就可以计算出因压力和温度变化而引起的油管长度的变化 ΔL,两种长度变化之和为 ΔL_6。

$$\Delta L_6 = \Delta L + \Delta L_5 \tag{3-1-226}$$

因此,如果知道 ΔL_5,则可以解决这个问题。在这种情况下,给出的松弛值最好以力的单位计(不用长度单位计)。根据胡克定律式(3-1-179)和螺旋弯曲公式(3-1-186)即可计算出 ΔL_5。式中的 F 取为松弛力,W 由式(3-1-190)给出。这样便求得长度变化之和。这个长度

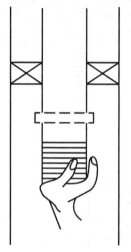

图 3-1-61 将管柱推回原来的位置

变化之和通常是一个负值。人为的松弛力使油管缩短,当假定封隔器处的限制去掉时,它相应就变成了一个伸长量(即一个正的长度变化),ΔL_5 就是这个伸长量。

根据上述方法计算出的 ΔL_6,如果是一个负值(即缩短管柱),那么它就是问题的答案。即在压力和温度变化之后,油管在封隔器中移动的量。反之,如果发现 ΔL_6 是一个正值(即管柱伸长),然而由于台阶存在,这个伸长实际上是不可能发生的。代替这种伸长的则是封隔器对管柱的作用力。这个力的大小,根据下述方法求得:先假定台阶去掉,管柱就有一个正的伸长 ΔL_6,然后计算出管柱推回到原来的位置(台阶顶着封隔器时的位置)所需要的力(图 3-1-61)。在此情况下,封隔器的性能就如同下述不允许油管自由移动的封隔器了。

管柱与封隔器是这种关系的较为普遍,如带有一组卡瓦的悬挂式封隔器(hook Wallpacker),使用定位短节的可钻式封隔器和双管封隔器(图 3-1-62、图 3-1-63)。

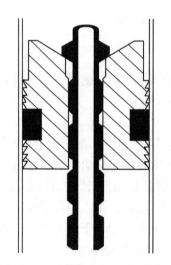

图 3-1-62 油管定位于可钻封隔器上

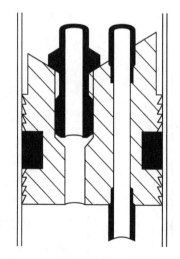

图 3-1-63 短油管定位于多管封隔器上

对于这种类型的封隔器,要考虑:

(1)管柱收缩后,密封段是否会跑出分封隔器的密封腔造成窜通(图 3-1-64);

（2）对管柱的作用力是否会使管柱弯曲,引起绳索作业或解封封隔器困难,或造成永久性螺旋弯曲(图3-1-65)。

3. 不能移动

所谓不能移动,乃是管柱下端的密封段完全限制在封隔器中,不能上下自由移动(图3-1-66)。这种类型的封隔器叫不允许(油管)移动的封隔器。

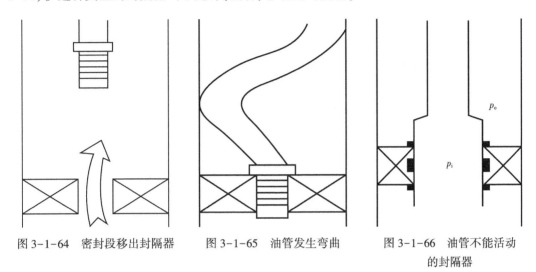

图 3-1-64　密封段移出封隔器　　　图 3-1-65　油管发生弯曲　　　图 3-1-66　油管不能活动
的封隔器

由于封隔器不允许油管向任一方向移动,那么管柱只能处于张力或压缩力状态。如果压力和温度发生变化,封隔器必然会对管柱产生一个力,用 F_p 表示。对于允许自由移动的封隔器和有限移动的封隔器中向无限制的方向移动的情况,其 F_p 等于零。而作用在紧接封隔器上端的油管上的实际力 F_a,仅仅是由压力引起的,可由式(3-1-206)给出。当存在封隔器对油管的力 F_p 时,实际力 F_a^* 就是由液压引起的实际力 F_a 和封隔器对油管的作用力 F_p 两者之和:

$$F_a^* = F_a + F_p \tag{3-1-227}$$

同样,前面所谈的产生螺旋弯曲的虚力 F_f,由式(3-1-188)给出。但在目前考虑的这种情况下,虚力 F_f^* 应为:

$$F_f^* = F_f + F_p \tag{3-1-228}$$

封隔器对油管的力 F_p 很重要,因为它如果太大,就会使封隔器损坏,而且在计算 F_a^* 和 F_f^* 时都需要它。知道了作用在紧接封隔器上端的油管上的实际力 F_a^*,就可以计算出井口处油管的张力 F_t。要确定油管是直的还是弯的以及弯到什么程度,就必须知道虚力 F_f^* 和实际力 F_a^* 两个值。

要确定 F_p,首先就得采用第二种关系(允许有限移动的封隔器)所述的程序(即假设封隔器处的限制去掉了),用式(3-1-226)计算出油管长度变化 ΔL_6;然后再确定 F_p,即作为将油管回复到它原来在封隔器中的位置(也就是移动 ΔL_6 距离,现用 ΔL_p 表示)所需要施加的机械作用力。因此,所要解决的问题,仅仅是知道了 ΔL_p 求 F_p。

为了计算 F_p,假设油管柱在没有任何流体的套管中,有一个力 F 作用在油管柱的下端(图3-1-42)。F 将产生两个长度变化(即胡克定律之长度变化和螺旋弯曲之长度变化),整

个的长度变化(用 $\Delta L'$ 表示)为:

$$\Delta L' = -\frac{L}{EA_s}F - \frac{r^2}{8EIW}F^2 \qquad (3-1-229)$$

在这个式中,F 是正的(即是一个压缩力)。当 F 是负值(即是一个张力)时,整个长度变化将为:

$$\Delta L' = -\frac{L}{EA_s}F \qquad (3-1-230)$$

对于任何 种特定的油管尺寸和长度,以及套管尺寸来说,式(3-1-229)和式(3-1-230)中的数值 F 和 F^2 都是已知的,而且可以绘制出 $\Delta L'$ 和 F 的关系曲线(图 3-1-67)。曲线中的直线部分相当于式(3-1-230);弯曲部分 OW 段相当于式(3-1-229),而弯曲部分 WV 段的意义将在后面讨论。

现在考虑同一管柱,但有流体存在。然而力 F 仍然是一个机械作用力,不是液压作用力。很明显,式(3-1-229)和式(3-1-230)仍然成立。式(3-1-229)中的单位长度的重量 W 由式(3-1-190)给出。

例如,现在 F 是一个压缩力,在图(3-1-67)的曲线上用 A 点表示。要想改变管柱长度一个给定的值 ΔL_p,则要在油管柱的下端作用一个附加力 F_p。现在主要的问题则是计算 F_p 的大小和确定它的符号(正是压缩力,负是张力)。为此,将图 3-1-67 的坐标轴移动一个位置(图 3-1-68),使原点 O 移到 A,此点正好代表在作用 F_p 之前的原始条件。

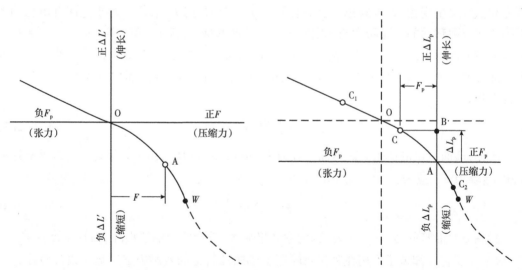

图 3-1-67 力—长度变化的关系曲线　　图 3-1-68 附加的力—长度变化关系曲线

如果所希望的长度变化 ΔL_p 是一个伸长,则相应的力 F_p 将是一个张力。在伸长的方向(向上)取 AB 等于 ΔL_p,于是得到 B 点,则 BC 就是要求的 F_p 值。如果 C 点位于图中的曲线部分(即 O 点的右边,如图 3-1-68 的情况),那么在力 F_p 作用之后,管柱仍处于螺旋弯曲,不过弯曲程度较小。如果 C 点位于图上的直线部分(即 O 点的左边),譬如在 C_1 处,那么在力 F_p 作用之后,管柱将是直的。

如果 ΔL_p 是一个缩短,则相应的力 F_p 是一个压缩力。C 点位于 A 点之下,如图 3-1-68

的 C_2 点。在这种情况下,力 F_p 的作用将使管柱进一步缩短。

最后,考虑有流体存在的类似问题,但是油管密封在一个允许自由移动的封隔器中。封隔器处的油管和环形空间承受的压力一般是不等的。如果 $p_i > p_0$,则发生油管螺旋弯曲;如果 $p_i \leq p_0$,则油管是直的。假如希望通过在油管下端作用一个机械力 F_p 的办法,使油管长度变化一个给定的量 ΔL_p(如同在没有流体的情况一样),其主要问题仍是计算这个力的大小和符号。

根据前面对管柱螺旋弯曲公式的推导,可以证明图 3-1-67、图 3-1-68 是可以用来解决有流体存在时的问题,所需的条件是:

(1)W 要已知,由式(3-1-190)给出;

(2)图 3-1-67 中的机械作用力 F 用式(3-1-188)的虚力 F_f 代替。

图 3-1-67、图 3-1-68 中的 A 点代表油管不受封隔器限制,并承受了一个虚力 F_f 的情况。虚力 F_f 是一个虚构的压缩力,所以管柱螺旋弯曲了。为了弄直它(即把中和点移到管柱下端),就必须机械的作用一个张力($-F_f$)。然后,这种情况就由图 3-1-67 和图 3-1-68 的 O 点来表示。

管柱与封隔器是这种关系的,大部分是使用两组卡瓦的可取式封隔器。带锁栓密封管的可钻式封隔器以及某些情况下的实头式(没有连通阀)的封隔器也属于这一类。

对于使用这一类封隔器的管柱,考虑:

(1)管柱收缩产生过大的张力,有引起管柱或封隔器中心管断裂的可能性(图 3-1-69);

(2)伸长引起的管柱螺旋弯曲对绳索作业及抽油生产会产生有害影响(图 3-1-65)。

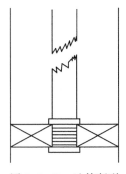

图 3-1-69 油管断裂

三、单一管柱条件实例分析

所谓单一管柱,就是指用同一种尺寸的油管,油管内有一种流体,而套管内径不变,且油套管环形空间也只有一种流体(此时,油套管环形空间中的流体可以相同或不同于油管中的流体)。

为了简便起见,选用一个高压挤注水泥作业的实例说明各种类型的封隔器(单一管柱)安装操作的受力状况下产生的变形。

强调指出:该例封隔器所处的条件未必适合各种类型封隔器的设计要求,关于封隔器的设计可根据封隔器的设计理论与应用要求进行设计。

下面的数据将用于本节所有的例题。

油管:外径 $A_o = 4.19 \times 10^{-3} \text{m}^2$,$A_i = 3.02 \times 10^{-3} \text{m}^2$,$A_s = 1.17 \times 10^{-3} \text{m}^2$,$R = 1.178$,$W_s = 3.75 \times 10^3 \text{Pa}$,$I = 4.16 \times 10^{-7} \text{m}^4$。

油管与套管的径向间隙:$r = 4.09 \times 10^{-2} \text{m}$(相对于 177.8mm、467N/m 的套管)。

封隔器:孔径 $8.26 \times 10^{-2} \text{m}$($A_p = 5.36 \times 10^{-3} \text{m}^2$),即图 3-1-51 的那种类型,深度 $3.05 \times 10^3 \text{m}$。

油管和环形空间都充满相对密度 = 0.876 的原油,油管最初密封于封隔器中,其后在挤注水泥作业时,用 1200kg/m³ 的水泥浆顶替油管中的原油,最后,井口的油压和套压分别是:$p_{is} = 3.45 \times 10^7 \text{Pa}$,$p_{os} = 6.9 \times 10^6 \text{Pa}$。

计算井底压力不考虑流动的影响($\delta = 0$),这是相当于挤水泥作业时的最恶劣条件,即向下没有流动或流动很小。

根据上述条件,得到下列数据。

最初压力:$p_{is}=p_{os}=0$,$p_i=p_o=2.62\times10^7\text{Pa}$。

最终压力:$p_{is}=3.45\times10^7\text{Pa}$,$p_{os}=6.9\times10^6\text{Pa}$;$p_i=8.82\times10^7\text{Pa}$,$p_o=3.31\times10^7\text{Pa}$。

压力变化:$\Delta p_{is}=3.45\times10^7\text{Pa}$,$\Delta p_{os}=6.9\times10^6\text{Pa}$,$\Delta p_i=6.2\times10^7\text{Pa}$,$\Delta p_o=6.9\times10^6\text{Pa}$。

最初密度:$\rho_i=877.55\text{kg/m}^3$,$\rho_o=877.55\text{kg/m}^3$。

最终密度:$\rho_i=1796.63\text{kg/m}^3$,$\rho_o=877.55\text{kg/m}^3$。

密度变化:$\Delta\rho_i=919.08\text{kg/m}^3$,$\Delta\rho_o=0$。

单位长度油管重量从式(3-1-190)得到:最初 $W=84.8\text{N/m}$,最终 $W=112.13\text{N/m}$;

最后,假定评价温度变化 $\Delta t=-11.11℃$(冷却)。

1. 允许油管自由移动(例1)

所选用的封隔器允许油管在它中间自由移动,由于上述的压力、密度和温度发生变化,油管相对于原来封隔器坐入时的长度值有所变化。把上述有关数值分别代入式(3-1-209)、式(3-1-191)、式(3-1-211)、式(3-1-224)进行计算,并将计算的结果相加,即可得到管柱总的长度变化。

1)活塞效应的计算

活塞力:

$$F_a=(A_p-A_i)\Delta p_i-(A_p-A_o)\Delta p_o$$
$$=(5.36\times10^{-3}-3.02\times10^{-3})\times6.2\times10^7-(5.36\times10^{-3}-4.19\times10^{-3})\times6.9\times10^6$$
$$=1.37\times10^5(\text{N})$$

长度变化:

$$\Delta L_1=-\frac{L}{EA_s}F_a$$
$$=-\frac{3.05\times10^3}{2.07\times10^{11}\times1.17\times10^{-3}}\times1.37\times10^5$$
$$=-1.73(\text{m})$$

2)螺旋弯曲效应的计算

虚构力:

$$F_f=A_p(\Delta p_i-\Delta p_o)$$
$$=5.36\times10^{-3}\times(6.2\times10^7-6.9\times10^6)$$
$$=2.95\times10^5(\text{N})$$

长度变化:

$$\Delta L_2=-\frac{r^2F_f^2}{8EIW}$$
$$=-\frac{(4.09\times10^{-2})^2\times(2.95\times10^5)^2}{8\times2.07\times10^{11}\times6.7\times10^{-7}\times112.13}$$
$$=-1.17(\text{m})$$

3)膨胀效应的计算

井口油管压力变化:$\qquad\Delta p_{is}=3.45\times10^7\text{Pa}$

井底油管压力变化： $\Delta p_{\mathrm{j}} = 6.2 \times 10^7 \mathrm{Pa}$

油管平均压力变化：

$$\Delta p_{\mathrm{ia}} = \frac{1}{2}(\Delta p_{\mathrm{is}} + \Delta p_{\mathrm{j}})$$

$$= \frac{1}{2}(3.45 \times 10^7 + 6.2 \times 10^7)$$

$$= 4.83 \times 10^7 (\mathrm{Pa})$$

井口套管压力变化： $\Delta p_{\mathrm{os}} = 6.9 \times 10^6 \mathrm{Pa}$

井底套管压力变化： $\Delta p_{\mathrm{o}} = 6.9 \times 10^6 \mathrm{Pa}$

套管平均压力变化：

$$\Delta p_{\mathrm{a}} = \frac{1}{2}(\Delta p_{\mathrm{os}} + \Delta p_{\mathrm{o}})$$

$$= \frac{1}{2}(6.9 \times 10^6 + 6.9 \times 10^6)$$

$$= 6.9 \times 10^6 (\mathrm{Pa})$$

鼓胀力：

$$F_{\mathrm{b}} = 0.6\Delta p_{\mathrm{ia}}A_{\mathrm{i}} - 0.6\Delta p_{\mathrm{oa}}A_{\mathrm{o}}$$

$$= 0.6 \times 4.83 \times 10^7 \times 3.02 \times 10^{-3} - 0.6 \times 6.9 \times 10^6 \times 4.19 \times 10^{-3}$$

$$= 7.02 \times 10^4 (\mathrm{N})$$

长度变化(因为 $\delta = 0$)：

$$\Delta L_3 = -\frac{\mu}{E}\frac{(\Delta \rho_{\mathrm{is}} - R^2 \Delta \rho_{\mathrm{os}})}{R^2 - 1}gL^2 - \frac{2\mu}{E}\frac{(\Delta p_{\mathrm{is}} - R^2 \Delta p_{\mathrm{os}})}{R^2 - 1}L$$

$$= -\frac{\mu L}{E(R^2 - 1)}[(\Delta \rho_{\mathrm{is}} - R^2 \Delta \rho_{\mathrm{os}})gL + 2(\Delta p_{\mathrm{is}} - R^2 \Delta p_{\mathrm{os}})]$$

$$= -\frac{0.3 \times 3.05 \times 10^3}{2.07 \times 10^{11}[1.178^2 - 1]}\{[919.88 - 1.178^2 \times 0]$$

$$\times 9.8 \times 3.05 \times 10^3 + 2[3.45 \times 10^7 - 1.178^2 \times 6.9 \times 10^6]\}$$

$$= -0.88 (\mathrm{m})$$

4) 温室效应的计算

温度力：

$$F_{\mathrm{t}} = -2.7W\Delta T$$

$$= -2.7 \times 112.13 \times (-11.11)$$

$$= 3367.46 (\mathrm{N})$$

长度变化：

$$\Delta L_4 = \beta L \Delta T$$

$$= 11.7 \times 10^{-6} \times 3.05 \times 10^3 \times (-11.11)$$

$$= -0.40 (\mathrm{m})$$

因为：

$$\Delta L_1 = -1.73\mathrm{m}$$

$$\Delta L_2 = -1.71\mathrm{m}$$

$$\Delta L_3 = -0.88\mathrm{m}$$
$$\Delta L_4 = -0.40\mathrm{m}$$

所以：

$$\Delta L = -4.18\mathrm{m}$$

这样，总的长度变化为4.18m。

应该注意，在所分析的例题中，由于螺旋弯曲引起的长度变化 ΔL_2，常常是总长度变化 ΔL 的一个很可观的部分。如不考虑 ΔL_2，可能导致作业的失败，造成很大的损失。这种情况在实际工作中是存在的。

值得注意的是：由于在螺旋弯曲的管柱与套管之间存在的摩擦未予考虑，故计算出的长度变化值一般偏大，其计算结果应认为是个极限值。

中和点的位置：

虚构力：

$$
\begin{aligned}
F_{\mathrm{f}} &= A_{\mathrm{p}}(p_{\mathrm{i}} - p_{\mathrm{o}}) \\
&= 5.36\times10^{-3}(8.82\times10^{7} - 3.31\times10^{7}) \\
&= 2.95\times10^{5}(\mathrm{N})
\end{aligned}
$$

中和点：

$$n = \frac{F_{\mathrm{f}}}{W} = \frac{2.95\times10^{5}}{112.13} = 2630(\mathrm{m})$$

由于中和点到封隔器的距离是 $n=2630\mathrm{m}$，故管柱大部分发生了螺旋弯曲。

由此可知，允许自由移动的封隔器不适用于例题中的高压注水泥作业。

对其他几种作业，也进行了类似的计算。计算结果列于表3-1-6中。

表3-1-6　几种作业时的计算结果

工作类型		压裂	采油	抽汲
套管尺寸			177.8mm(7in)外径,467N/m	
油管尺寸			73mm(2⅞in)外径	
深度			3048m	
封隔器孔径			82.6mm(3¼in)	
最初的流体		1101.61kg/m³ 盐水	1197.4kg/m³ 钻井液	1197.4kg/m³ 钻井液
最初的流体	油管	1077.66kg/m³ 压裂液	45°API 原油	45°API 原油(到1524m)
	环形空间	6.90×10⁶Pa	0	6.90×10⁶Pa
最终的压力	油管	2.07×10⁷Pa	6.90×10⁶Pa	0
	环形空间	6.90×10⁶Pa	0	6.90×10⁶Pa
温度变化		−5.56℃(−10°F)	+11.11℃(+20°F)	+5.56℃(+10°F)
长度变化	ΔL_1	−0.49m	+0.015m	+0.8m
	ΔL_2	−9.14×10⁻²m	0	0
	ΔL_3	−0.25m	−0.023m	+0.56m
	ΔL_4	0.21m	0.43m	0.21m
	ΔL	1.04m	0.544m	1.57m

354

2. 油管柱有限移动(例2)

如果在动力和温度变化之前,有一个 $9.0×10^4N$ 的松弛力,则因松弛力引起封隔器对管柱的压缩力而造成的长度变化为:

$$\Delta L_1 = -\frac{LF}{EA_s} = -\frac{3.05×10^3×9.0×10^4}{2.07×10^{11}×1.17×10^{-3}} = -1.13(m)$$

$$\Delta L_2 = -\frac{r^2F^2}{8EIW_i} = -\frac{(4.09×10^{-2})^2×(9.0×10^4)^2}{8×2.07×10^{11}×6.7×10^{-7}×84.8} = -0.14(m)$$

所以
$$\Delta L_1 + \Delta L_2 = -1.13 + (-0.14) = -1.27(m)(缩短)$$

若取消封隔器限制后,管柱的长度变化为:

$$\Delta L_5 = 1.27m(伸长)$$

封隔器坐封后,井中温度和压力变化又使管柱产生一个长度变化。根据前面的计算,得知 $\Delta L = 4.18m$ 将它代入式(3-1-226)中,得知管柱总的长度变化为:

$$\Delta L_6 = \Delta L + \Delta L_5 = -4.18 + 1.27 = -2.91(m)(缩短)$$

这就意味着,密封段的长度变化应大于 2.91m,这样才能适应油管的缩短,保证密封。

用几个不同数值的松弛力重复进行类似的计算,即可绘出图 3-1-70。图中所示为最初的松弛力与最小密封长度(或最终油管移动量)的关系曲线。没有考虑摩擦力,所示的这些值是最大可能的长度变化。

从图 3-1-70 看出:

(1)没有松弛力时,密封段长度需要 4.18m,如第一种情况;

(2)要防止油管的任何移动(从理论上说,密封长度为零),就必须在最初给油管一个 $2.47×10^5N$ 的松弛力。假如松弛力大于 $2.47×10^5N$,封隔器的性能则相同于不允许自由移动的封隔器。

对于一个给定的密封段长度,若其松弛力不够,或者对于一个给定的松弛力,若其密封段长度不够,都可能造成作业失败。例如有一口

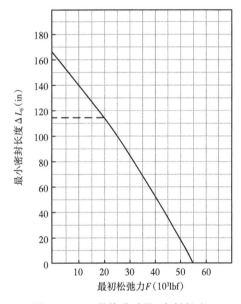

图 3-1-70 最终移动量(密封长度)与最初松弛力的关系(1lbf=4.45N)

井,起先为了采油,将油管的一定重量"放在"封隔器上(松弛)。几个月后,决定对地层进行压裂,而又不想动用起升设备,来满足计算出的所需的附加松弛力。当达到最高破裂压力时,密封段没有移出封隔器。但在几分钟后,注入仍在进行时,封隔器上面一组射孔段却被压开了。可能的解释是:开始时,因为封隔器上面最初几个螺旋的螺线螺距很短,这样使得摩擦力增加很多,于是阻碍了密封段的充分移动;其后,由于温度进一步下降,油管继续缩短,从而对上述螺旋弯曲的油管造成一个提拉力,这样就很有可能使油管的移动量接近于没有考虑摩擦而计算出的数值。当然,任何油管内的振动和流体的脉动都会抵消

摩擦效应。

上面所述的情况是属于压裂的。在生产井中,如果管柱的密封段从封隔器中脱出,很容易因钻井液的侵入二造成地层污染。

如果最初松弛力小于2.47×10^5N,那么在作业的最后,封隔器就限制不了油管。因此,实际力F_a、虚力F_f和封隔器到中和点的距离n都同上述"允许油管自由移动"的情况一样。

应当注意:为了限制油管只移动一个短的距离,就必须在最初借助松弛油管的办法,使封隔器对油管有一个近2.47×10^5N的压缩力。当然,这个压缩力会使管柱发生螺旋弯曲。在压力和温度发生变化之后,这个压缩力就会被抵消一部分。

如果要使管柱完全是直的,就必须把所有使管柱发生螺旋弯曲的虚力F_f抵消掉。这个由压力产生的虚力F_f,只有靠在管柱上施加张力才能完全抵消。这就是为什么在有些注水井采用张力式封隔器的原因。

3. 不允许油管移动(例3)

图3-1-71(类似于图3-1-67)和图3-1-72(类似于图3-1-68),都是按油管中充满$1796kg/m^3$的水泥浆和油套管环形空间充满$20°$API(密度为$876kg/m^3$)原油的情况绘出的。

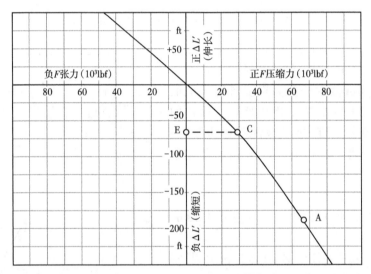

图3-1-71 力—长度变化关系曲线

当允许油管自由移动时,以前所计算的虚构力F_f为2.95×10^5N。根据这个值,如同在图3-1-67中所解释的那样,在图3-1-72中画出A点。

假设如同允许油管有限移动的情况一样,在压力和温度变化之前已有一个9.0×10^4N的松弛力,设想封隔器处的限制去掉了,并且压力和温度发生了变化。按照计算,将缩短2.91m。因此,要让油管恢复到它原来在封隔器中的位置,就必须使它伸长2.91m,即使$\Delta L_p =$2.91m。在图3-1-73中,沿伸长方向取AB等于这个值,BC就是所求的相应的封隔器对油管的力F_p。$F_p = -1.65\times10^5$N,负号意味着F_p是一个张力。同时,也得到相应的虚力F_f^*为EC段(即2.95×10^5N)。

然而,在图3-1-73中,F_f^*的符号有点使人不好分辨。如果EC画在图3-1-72中就很容易看清楚了,因为图3-1-72中的EC是正的(即是一个压缩力)。最后,这个值也可以从式(3-1-228)中得到:

356

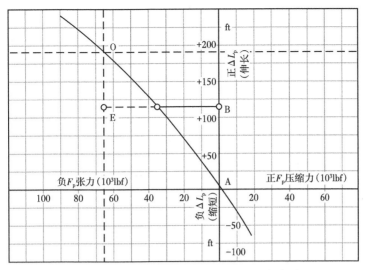

图 3-1-72　附加力—长度变化关系曲线

$$F_f^* = F_f + F_p = 2.95 \times 10^5 - 1.65 \times 10^5 = 1.30 \times 10^5 \text{N}$$

因为 F_f^* 是正值(即是一个压缩力),故在压力和温度变化之后,管柱仍发生了螺旋弯曲。

当封隔器允许油管自由移动时,作用在油管下端的实际力 F_a 已在例1中计算出来:$F_a = 1.37 \times 10^5 \text{N}$。利用式(3-1-227)得到,在现在所考虑的情况下,相应的实际力的值 $F_a^* = F_a + F_p = 1.37 \times 10^5 - 1.65 \times 10^5 = -2.8 \times 10^4 \text{N}$,这是一个不太大的张力。

知道井口处油管所受的力(F_t)常常是重要的。根据 F_a^* 和管柱在空气中的重量,就很容易得到这个力。

重复类似的计算,按照最初松弛力和提拉力的顺序,将计算出的 F_f^*、F_a^*、F_p、F_t 画在图3-1-73中。

图3-1-73上的 D 点,表示最初提拉力大于 $5.78 \times 10^4 \text{N}$。这样,在这个例题中,虚力 F_f 就是一个张力。因此,在压力和温度发生变化之后,管柱不再发生螺旋弯曲。相反,如果提拉力小于此值或是给以任一最初松弛力,在所举的例题中,管柱都会发生螺旋弯曲。在上例挤注水泥的操作题中,管柱是螺旋弯曲还是直的并不重要。然而,对于要用钢丝绳索起下工具时,掌握管柱状态却是非常必要的。

要使封隔器对油管的力 $F_p = 0$,就必须使最初松弛力为 $2.47 \times 10^5 \text{N}$(如图3-1-73中的 H 点所示)。这在所讨论的例题中无法实现。然而,令人感兴趣的却是:$F_p = 0$,油管完全处于与允许自由移动或有限移动的封隔器同样的条件。图3-1-73中的 J 点表示虚力 F_f^* 等于 $2.94 \times 10^5 \text{N}$。另一方面,如果使用不允许移动的封隔器,而且确有一个松弛力 $9.0 \times 10^4 \text{N}$,那么虚力就比较小,即 $F_f^* = 1.33 \times 10^5 \text{N}$,就是图中的 N 点。若松弛力为零(K 点),则虚力 $F_f^* = 5.34 \times 10^4$(压缩力)。

从这个例题可以得出如下结论:使用防止油管移动的封隔器时,油管所产生的螺旋弯曲,远没有使用允许油管移动的封隔器时那样严重。

对于各种不同的封隔器坐封条件(压力、封隔器深度、孔径等),应绘出相似于图3-1-71的曲线图,并得出相似的结论。

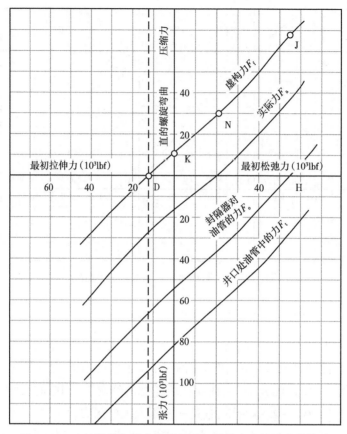

图 3-1-73　油管最终受力情况与最初提拉力或松弛力的关系

四、环形空间压力超过油管压力

在列举的例子中,油管的最终压力都是大于环形空间的最终压力,即 $p_i > p_o$。在抽汲井或生产井中,常常是 $p_i < p_o$。此时,要计算油管的受力或长度的变化,也可用前面所述的公式和图表来解决。如用式 $F_f = A_p(p_i - p_o)$ 算出的虚力是一个张力,则在图 3-1-67 和图 3-1-68 中的 A 点将位于曲线的直线段。

五、最初油管压力不等于最初套管压力

上述的公式和所举的例题都是油管的最初压力 p_i 与环形空间的最初压力 p_o 相同。这是一般的情况。如果以开始 $p_i \neq p_o$,那么,计算分两步。

第一步:开始用 p_i 和 p_o 的实际最初值,末尾的最终值用某一任意选择的 $p_i = p_o$ 的值。不同的只是,在末尾所取的压力 $p_i = p_o$ 代替了操作开始时的情况。

第二步:开始用第一步末尾所取的压力值 $p_i = p_o$,末尾用实际的最终压力 $p_i \neq p_o$,这就完全与前面处理的问题一样了。

六、中和点超过管柱上端

所有上述的情况,都是中和点位于管柱之内,即 $n < L$。如在例 1 和例 2 中,得到 $n = 2630m$,而 $L = 3048m$。在单管完井的井中,中和点很少超过管柱的上端。然而,在多管完井

的井中,常常有这种情况:在两个底部封隔器之间(如图3-1-74的封隔器 A 和 B)有一段长管柱。计算时,以封隔器 A 作为管柱的上端,两个封隔器之间的距离为 L。封隔器 A 以下的整个长度 L 经常可能发生螺旋弯曲,这意味着中和点超过上端。

当中和点超过管柱上端时,式(3-1-185)仍然成立,只是积分下限是 $n-L$ 而已。按式(3-1-185)计算就得到中和点超过管柱上端,即 $n>L$ 时,由于螺旋弯曲所产生的长度变化 $\Delta L'_2$ 的表达式

$$\Delta L'_2 = \Delta L_2 j(2 - j) \qquad (3-1-231)$$

其中

$$j = \frac{L}{n}$$

$$n = \frac{F}{W}$$

$$j = \frac{LW}{F} \qquad (3-1-232)$$

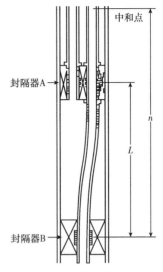

图 3-1-74　双管完井的封隔器

故:

$$\Delta L'_2 = \Delta L_2 \frac{LW}{F}\left(2 - \frac{LW}{F}\right) = -\frac{r^2 F^2}{8EIW}\left[\frac{LW}{F}\left(2 - \frac{LW}{F}\right)\right] \qquad (3-1-233)$$

当 $n>L$ 时,作用于管柱下端的力 F 将使管柱长度变化 $\Delta L'$,类似于式(3-1-229)。

$$\Delta L' = -\frac{L}{EA_s}F - \frac{r^2}{8EIW}F^2\left[\frac{LW}{F}\left(2 - \frac{LW}{F}\right)\right] \qquad (3-1-234)$$

图 3-1-67 和图 3-1-68 中的曲线段 WV 就是表示中和点超过管柱上端时的力与长度变化的关系曲线。

请记住,图 3-1-67 中的曲线中的直线段是由式(3-1-226)画出的,即 F 为负值(张力);曲线中的曲线段 OW 是由式(3-1-229)画出的,即 F 为正值(压缩力),这也就是中和点在管柱以内的情况。也就是说,实际上式(3-1-229)仅仅到 $F=LW$(W)点,即中和点在管柱以内,才是有效的。而曲线段 WV 则是由式(3-1-234)画出的,它表示中和点超过管柱上端的情况。

七、永久性螺旋弯曲

管柱发生螺旋弯曲后,尽管去掉产生螺旋弯曲的力,仍不能恢复成原来的直线状态,这就称为永久性螺旋弯曲。

众所周知,横梁弯曲时,判断它是否发生永久变形(塑性变形),要看它的最大弯曲应力(即管柱外壁的弯曲应力 σ_b)是否达到了材料的屈服强度 S。然而,在油管发生螺旋弯曲时,它除了受弯曲应力外,还要受其他应力的影响,即纵向应力(等于单位横截壁厚面积上的实际的而非虚构的纵向力,切向应力和径向应力(由于油管内外压力引起)。将油管看成是厚

壁圆筒,采用弹性力学理论有:

厚壁圆筒上的切向应力 σ_t 和径向应力 σ_r 为:

$$\sigma_t = \frac{a^2 b^2 (p_i - p_o)}{b^2 - a^2} \frac{1}{X^2} + \frac{a^2 p_i - b^2 p_o}{b^2 - a^2} \qquad (3-1-235)$$

$$\sigma_r = -\frac{a^2 b^2 (p_i - p_o)}{b^2 - a^2} \frac{1}{X^2} + \frac{a^2 p_i - b^2 p_o}{b^2 - a^2} \qquad (3-1-236)$$

式中　　a、b——圆筒的内半径和外半径,m;

　　　　X——所考虑的径向距离,m。

纵向应力 σ_z 为:

$$\sigma_z = \sigma_a \pm \frac{\sigma_b}{b} X \qquad (3-1-237)$$

其中

$$\sigma_a = \frac{F_a^*}{A_s} \qquad (3-1-237a)$$

$$\sigma_b = \frac{Dr}{4I} F_f^* \qquad (3-1-237b)$$

当管子中无流体时,σ_b 从式(3-1-169)得到;但有流体时,σ_b 从式(3-1-237b)得到。式(3-1-237)的最后一项是径向距离为 X 处的弯曲应力,在管子的一边,必须在平均应力 σ_a 上加上这个弯曲应力,所以在式(3-1-237)中用符号"±"表示。

依据"最大变形能"理论的屈服标准要求,为避免屈服,在物体每一点上的主要应力的函数 s_x 小于张力屈服强度 s_o。

$$s_x = \frac{1}{\sqrt{2}} \sqrt{(\sigma_t - \sigma_r)^2 + (\sigma_r - \sigma_z)^2 + (\sigma_z - \sigma_t)^2} < s \qquad (3-1-238)$$

将式(3-1-235)、式(3-1-236)、式(3-1-237)代入式(3-1-238)中,令 X 等于 b 和等于 a,用 R 代替 b/a,这样得到油管外壁所受的复合式和油管内壁所受的复合式为:

$$s_o = \sqrt{3 \left(\frac{p_i - p_o}{R^2 - 1} \right)^2 + \left(\frac{p_i - R^2 p_o}{R^2 - 1} + \sigma_a \pm \sigma_a \right)^2} \leqslant s \qquad (3-1-239)$$

$$s_i = \sqrt{3 \left[\frac{R^2 (p_i - p_o)}{R^2 - 1} \right]^2 + \left(\frac{p_i - R^2 p_o}{R^2 - 1} + \sigma_a \pm \frac{\sigma_b}{R} \right)^2} \leqslant s \qquad (3-1-240)$$

式中　　s_o——油管外壁所受的复合应力,Pa;

　　　　s_i——油管内壁所受的复合应力,Pa;

　　　　s——屈服强度,Pa。

流体压力仅仅在油管内壁产生最大应力;另一方面,弯曲仅仅在外壁产出最大应力。当流体压力和螺旋弯曲两者都存在时,屈服可能产生在内壁和外壁上,而不可能产生在两壁之间的地方。根据这个道理,要保证在压力和温度发生变化之后,不发生永久性的"螺旋变形",就必须满足不等式(3-1-239)和式(3-1-240)。

当式(3-1-239)和式(3-1-240)都得到满足时,屈服就不会发生在 $X=a$ 或 $X=b$ 外。下面将证明,当式(3-1-239)和式(3-1-240)两式都满足时,屈服也不会发生在管壁里面(即 $a<X<b$)。

由式(3-1-238)可得:

$$\tau = 2s_x^2 = (\sigma_t - \sigma_r)^2 + (\sigma_r - \sigma_z)^2 + (\sigma_z - \sigma_t)^2 \qquad (3-1-241)$$

将式(3-1-235)、式(3-1-236)、式(3-1-237)代入式(3-1-241)中,求 τ 对 X 的二次导数,得:

$$\frac{d^2\tau}{dX^2} = 120 \left[\frac{a^2 b^2 (p_i - p_o)}{b^2 - a^2} \right]^2 \frac{1}{X^6} + 4 \left(\frac{\sigma_b}{b} \right)^2 \qquad (3-1-242)$$

对于 X 的任意值,它都是正的。这样,函数 τ(因此也是函数 s_x)有一个最小值,但绝没有最大值,s_x 的最大值必须是在 $X=a$ 和 $X=b$ 处。

在上述两个不等式中,σ_b 和 σ_b/R 的符号选择要以得出 s_o 和 s_i 的最大值为准。然而,如果在压力和温度变化之后,油管仍未发生螺旋弯曲(即如果 $F_f^* \leqslant 0$),那么 $\sigma_b = 0$。

在研究压力和温度变化之前,由于松弛力(将油管全部重量放在封隔器上)造成的管柱发生永久性螺旋弯曲,不等式(3-1-240)可不予考虑。

在给管柱以松弛力 F 之后,在压力和温度变化之前,$p_i = p_o = p$,式(3-1-239)简化成

$$s_o = \left| -p + \sigma_a \pm \sigma_b \right| \leqslant s \qquad (3-1-243)$$

其中

$$\sigma_a = \frac{F + F_a}{A_s} \qquad (3-1-244)$$

让式(3-1-207c)中的 $p_i = p_o = p$ 代入式(3-1-244)中,再将结果代入式(3-1-243)中,得:

$$s_o = \left| \frac{F}{A_s} \pm \sigma_b \right| \leqslant s \qquad (3-1-245)$$

将式(3-1-169)代入式(3-1-245)中,就得到关系式:

$$s_o = \left| \frac{F}{A_s} + \frac{DrF}{4I} \right| \leqslant s \qquad (3-1-246)$$

式中 F——松弛力,N。

在有流体存在的情况下,用式(3-1-237b)而不用式(3-1-169)代入。但在式(3-1-169)中,用 F 代替了式(3-1-237b)中的 F_f^*。

现在研究不允许出现移动的封隔器的情况,在压力和温度变化之前,松弛之后的 s_o 值可由式(3-1-246)算出,并将它与之对应的松弛力画在图3-1-74中。在压力和温度变化的条件下,对应于不同的最初提拉力和松弛力的 F_a^* 和 F_f^* 的值可在图3-1-73中查到。相应的 s_o 和 s_i 的值,可从式(3-1-239)和式(3-1-240)中算出,并且也绘在图3-1-75中。

图3-1-75中的L点表示:在最初提拉力为 5.78×10^4N 时,在压力和温度发生变化之后,s_i 几乎等于 3.45×10^8Pa。

这就意味着在不发生任何螺旋弯曲的情况下,J-55 钢级的油管也能承受非常接近屈服

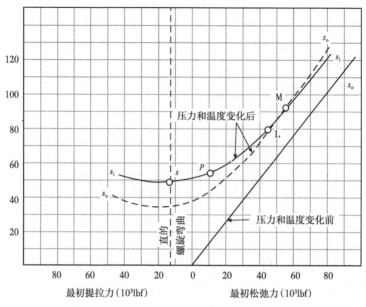

图 3-1-75　永久性螺旋弯曲

强度为 3.79×10^8 Pa 的压力。P 点（即 $s_i = 3.79 \times 10^8$ Pa）说明，一个小的螺旋弯曲值（即由于有 4.89×10^4 N 的最初松弛力），足以在压力和温度变化后引起永久的螺旋弯曲。这就是为什么 J-55 钢级的油管不适宜放在管柱下部的主要原因。

另一方面，L 点表明，N-80 钢级的油管可适应非常高的松弛力（高达 1.96×10^5 N）。

前面已经说明，在最初松弛力为 2.74×10^5 N 时，在压力、温度发生变化之后，油管的条件与允许油管自由移动时的条件相同。M 点就表示在这种条件下，$s_o = 6.41 \times 10^8$ Pa。因此，在用允许自由移动或有限移动的封隔器时，N-80 钢级的油管柱的底部将发生永久性螺旋弯曲，但用 P-105 钢级的油管则不会发生。这就是为什么在所分析的例题中，允许自由移动或有限移动的封隔器都非常不适宜高压注水泥作业的原因。

有趣的是，在松弛力大于 2.45×10^5 N 时（M 点右方），弯曲效应如此的严重，以至于 s_o 大于 s_i，这就意味着屈服首先发生在管子的外壁上。

值得注意的是：在图 3-1-74 中也可看到，在前面的例题中，在压力和温度变化之后发生永久性螺旋性弯曲的可能性，比在压力和温度变化前由于最初松弛力造成永久性螺旋弯曲的可能性更大。

例如在美国俄克拉何马的一口 3048m 深的井中，由于最初松弛力和油管中压力过高，而使油管发生了永久性螺旋弯曲。靠近底部的螺距约为 $1.83 \sim 2.44$ m，它远小于用式（3-1-166）计算的值。应该了解到，该公式只是在材料的弹性限度之内才是正确的，而不是在屈服之后。

八、复合管柱完井的四种效应

有时，油管柱可以由不同尺寸的管段组成。即使只用一种尺寸的油管，但由于使用的是几种不同尺寸的套管，则油管与套管之间的间隙 r 也是不同的。另外，油管或油套管环形空间也可能含有几种不同流体（例如，钻井液在下面，空气在上面），这样管柱的不同部位，其不同单位长度重量由式(3-1-190)给出。从计算的观点来看,所有这些情况都可以作为复合管柱看待。简言之,复合管柱包括以下一种或几种情况:

(1)一种以上的油管尺寸;

(2)一种以上的套管尺寸;

(3)油管和套管中有两种以上的流体。

1. 活塞效应

1)井中无流体

现假设有一个三级复合油管柱悬挂在一个没有任何流体的井中,有一轴向的机械压缩力作用在油管柱的下端(图3-1-76)。在计算时,常根据油管柱的管径把管柱分成几段,同一内、外径的油管叫一段,段号也是从下往上算,这与复合管柱的级是有区别的。如图3-1-76所示,是三级复合管柱,油管却分为两段。正如前面所述,由于胡克定律,轴向的机械压缩力 F 将使油管缩短,可用式(3-1-179)来计算每一段的长度变化,然后算出各级的长度变化的代数和,即可得到总的长度变化值。

应用式(3-1-179)计算第一段时,应带入第一级的长度 L、力 F、断面 A_s 和杨氏模量 E。同理,计算第二段时,应带入第二段的长度、力、断面和杨氏模量。以此类推,就可逐步算出第三段、第四段或第五段(如果有的话)等等。每一步算出的数值代数相加,即按胡克定律计算出长度变化 ΔL_1。当井中无流体时,公式中的作用力 F 对所有各段都是不变的。

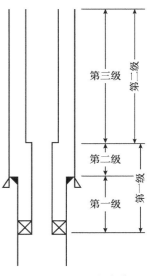

图3-1-76　三级复合管柱

当复合管柱为 n 段时,其 ΔL_1 的广义式为

$$\Delta L_1 = -\frac{F}{E}\sum_{i=1}^{n}\left(\frac{L}{A_s}\right)_i \qquad (3-1-247)$$

2)井中有流体

当井中有流体存在时,复合油管柱的管径发生变化处,在内径和(或)外径变化处就会有一个液压作用力,作用在油管肩部(变径处的台阶)上。

(1)第一段底部(封隔器处)的实际力(活塞力) F_{a1} 为:

$$F_{a1} = (A_p - A_{il})p_{il} - (A_p - A_{ol})p_{ol} \qquad (3-1-248)$$

式中 A_p——封隔器密封腔面积,m^2;

A_{il}——第一段油管的内面积(以内径算),m^2;

A_{ol}——第一段油管的外面积(以外径算),m^2;

p_{il}——封隔器处的油管内压,Pa;

p_{ol}——封隔器处环形空间压力,Pa。

(2)第二段底部的实际力(如图3-1-76中的第三级底部处) F_{a2} 为:

$$F_{a2} = F_{a1}' + F_{a2}' - (LW_s)_1 \qquad (3-1-249)$$

式中 F_{a1}'——等于用式(3-1-248)算出的 F_{a1},N;

F'_{a2}——油管肩部受液压产生的作用力，N；

$(LW_s)_1$——第一段油管柱在空气中的重量（L、W_s 分别为第一段油管柱的重量和单位长度油管在空气中的重量），N/m。

$$F'_{a2} = (A_{i1} - A_{i2})p_{i2} - (A_{o1} - A_{o2})p_{o2} \tag{3-1-250}$$

式中　A_{i2}——第二段油管柱的内面积，m^2；

　　　A_{o2}——第二段油管柱的外面积，m^2；

　　　p_{i2}——第二段底部处的油管内压，Pa；

　　　p_{o2}——第二段底部处环形空间压力，Pa。

（3）第三段底部的实际力 F_{a3} 为：

$$F_{a3} = F'_{a1} + F'_{a2} + F'_{a3} - (LW_s)_1 - (LW_s)_2 \tag{3-1-251}$$

式中　F_{a3}——第三段底部油管肩部所承受的液压作用力（计算方法与 F_{a2} 相同），N；

　　　$(LW_s)_2$——第二段油管柱在空气中的质量（L、W_s 分别为第二段油管柱的长度和单位长度油管在空气中的质量），N/m。

当复合管柱有 n 段时，其实际力的广义式为：

$$F_{an} = \sum_{i=1}^{n} F'_{an} - \sum_{i=1}^{n} (LW_s)_{i-1} \tag{3-1-252}$$

当井中液体发生变化时，无论是单一管柱还是复合管柱，在封隔器处的活塞力的变化 ΔF_{a1} 是相同的。

$$F_{a1} = (A_P - A_{i1})\Delta p_{i1} - (A_P - A_{o1})\Delta p_{o1} \tag{3-1-253}$$

式中　Δp_{i1}——第一段油管柱底部（封隔器处）的油管内压的变化，Pa；

　　　Δp_{o1}——第一段油管底部的环形空间压力的变化，Pa。

由于在油管柱直径变化处有一个集中的液压作用力，所以当井中压力发生变化时，这个液压作用力也将发生变化。

如果将第二段底部液压作用力的变化 $\Delta F'_2$ 与第一段实际力的变化 ΔF_{a1} 相加，就得到第二段底部实际力的变化值 ΔF_{a2}：

$$\Delta F_{a2} = \Delta F_{a1} + \Delta F'_2 = \Delta F'_1 + \Delta F'_2 \tag{3-1-254}$$

式中的 $\Delta F'_1$ 就是 ΔF_{a1}。

$\Delta F'_2$ 的求法：先按式（3-1-250）求出最初条件的 $\Delta F'_{a2}$，然后再减去按最终条件算出的 F'_{a2}，即得到 F'_2 的值；或者用第二段底部处油管内压变化 Δp_{i2} 和环形空间压力变化 Δp_{o2} 代替式（3-1-250）的 p_{i2} 和 p_{o2}，也可得出：

$$\Delta F'_2 = (A_{i1} - A_{i2})\Delta p_{i2} - (A_{o1} - A_{o2})\Delta p_{o2} \tag{3-1-255}$$

第三段底部的活塞力的变化 ΔF_{a3} 为：

$$\Delta F_{a3} = \Delta F'_1 + \Delta F'_2 + \Delta F'_3 \tag{3-1-256}$$

式中　$\Delta F'_3$——第三段底部作用在油管肩部上的液压作用力的变化，计算方法与 $\Delta F'_2$ 相同。

当油管柱为 n 段时，其实际力变化的广义为：

$$\Delta F_{an} = \sum_{i=1}^{n} \Delta F'_i \qquad (3-1-257)$$

(4)各段因活塞效应引起的长度变化。

①第一段的长度变化(ΔL_{11})为：

$$\Delta L_{11} = -\frac{L_1}{EA_{s1}}\Delta F_{a1} \qquad (3-1-258)$$

式中　L_{11}——第一段油管的长度,m;

　　　A_{s1}——第一段油管柱管壁的横截面积,m²;

　　　ΔF_{a1}——第一段管柱底部实际力的变化,N。

②第二段的长度变化(ΔL_{12})为：

$$\Delta L_{12} = -\frac{L_2}{EA_{s2}}\Delta F_{a2} \qquad (3-1-259)$$

式中　L_2——第二段油管柱的长度,m;

　　　A_{s2}——第二段油管柱管壁的横截面积,m²;

　　　ΔF_{a2}——第二段油管柱底部实际力的变化,N。

依次类推,当油管柱为 n 段时,其活塞效应引起的油管柱长度变化的广义式为:

$$\Delta L_1 = -\sum_{i=1}^{n}\left(\frac{L}{EA_{si}}\Delta F_{ai}\right) \qquad (3-1-260)$$

2. 螺旋弯曲效应

1)井中无流体

如图 3-1-76 所示的三级油管柱,如果存在机械压缩力作用在它的下端,那么,因螺旋弯曲会引起长度变化。

(1)中和点的求法。

在确定螺旋弯曲引起管柱缩短的数值以前,必须知道中和点的位置。可采用以下方法确定复合管柱的中和点。

假如中和点在第一段内,可由下式求出:

$$n = \frac{F}{W_1}$$

式中　F——第一级管柱底部的压缩力,N;

　　　W_1——第一级管柱单位长度的重量,N/m。

假如 n 值大于第一级的长度($n>L_1$),则中和点就不在第一级管段。此时,可用下式进行第二级的计算:

$$n = \frac{F-(LW)_1}{W_2}+L_1 \qquad (3-1-261)$$

式中　L_1——第一级管柱长度,m;

　　　W_1、W_2——第一、第二级管柱的单位长度的重量(对于图 3-1-76 中的管柱,当井中无流体时，$W_1 = W_2$），N/m。

假如 n 值小于第一、第二两级的总长 $[n<(L_1+L_2)]$，则所得值即为中和点。如果 $n>(L_1+L_2)$，则中和点高于第二级，于是就要进行第三级的计算：

$$n = \frac{F-(LW)_1-(LW)_2}{W_3} + L_1+L_2 \qquad (3-1-262)$$

重复这样的计算，直到求出中和点为止。那么，求中和点的广义式可为：

$$n = \frac{F - \sum_{i=1}^{m} (LW)_i}{W_{m+1}} + \sum_{i=1}^{m} L_i \qquad (3-1-263)$$

只有中和点高于整个管柱时，n 值才大于各级的总长（$n > \sum_{i=1}^{n} L_i$）。

（2）管柱长度变化的计算。

中和点以下的全部管柱都是弯曲的，而中和点所在的那一级管柱只有部分弯曲。因此，中和点以下的管柱因螺旋弯曲而引起的长度变化，对于完全弯曲的级数的管柱都可用下式确定：

$$\Delta L_2' = -\frac{r^2 F^2}{8EIW}\left[\frac{LW}{F}\left(2- \frac{LW}{F}\right)\right] \qquad (3-1-264)$$

对于只有部分弯曲的那一级，则由下式确定：

$$\Delta L_2 = -\frac{r^2 F^2}{8EIW} \qquad (3-1-265)$$

上述两式中的 r、F、E、I、W 等数值都是相应各级管柱的数值。所有各级长度变化的代数和，即为因螺旋弯曲而引起的总的长度变化，各级中引起螺旋弯曲的作用力 F 是不相等的。

第一级底部的作用力 F_1 为：

$$F_1 = F$$

式中　F——作用在管柱下端的机械压缩力，N。

第二级底部的作用力 F_2 为：

$$F_2 = F-(LW)_1 \qquad (3-1-266)$$

式中　$(LW)_1$——第一段管柱的重量，N。

依此类推，各级底部的作用力 F_n 为：

$$F_n = F -\sum_{i=1}^{n} (LW)_{i-1} \qquad (3-1-267)$$

如果中和点以下有 m 级管柱完全弯曲，中和点在 $m+1$ 级的管柱内，那么因螺旋弯曲而产生的总的长度变化的广义式为：

$$\Delta L_2 =-\sum_{i=1}^{m} \left\{\frac{r^2 F^2}{8EIW}\left[\frac{LW}{F}\left(2 - \frac{LW}{F}\right)\right]\right\}_i - \left(\frac{r^2 F^2}{8EIW}\right)_{m+1} \qquad (3-1-268)$$

2) 井中有流体

当井中有流体存在时,使管柱产生螺旋弯曲的力是虚力 F_f。与井中无流体的情况一样,只是用虚力 F_f 代替机械压缩力 F 而已。

管柱第一级底部(封隔器处)的虚力为:

$$F_f = A_P(p_i - p_o) \tag{3-1-269}$$

而管柱任一点的虚力的计算方法为:按式(3-1-269)算出的虚力减去该点以下的油管柱在液体中的重量。例如,第二级底部的虚力为:

$$F_{f2} = F_f - (LW)_1 \tag{3-1-270}$$

式中　$(LW)_1$——第一级管柱在液体中的重量,N。

第三级底部的虚力为:

$$F_{f3} = F - (LW)_1 - (LW)_2 \tag{3-1-271}$$

式中　$(LW)_2$——第二级管柱在液体中的重量,N。

各级油管单位长度的重量 W 都由下面的广义式求出:

$$W_n = (W_s)_n + (\rho_i g A_i)_n - (\rho_o g A_o)_n \tag{3-1-272}$$

式中　W_s——单位长度油管在空气中的平均重量(包括接箍),N/m;

　　　$\rho_i g A_i$——单位长度油管中的流体重量(ρ_i 为油管中流体密度,A_i 为油管内面积),N/m;

　　　$\rho_o g A_o$——单位长度的油管体积(以外径算)所排开套管中流体的重量(ρ_o 为套管中流体密度;A_o 为油管外面积),N/m。

各级管柱底部虚力的广义式为:

$$F_{fn} = F_f - \sum_{i=1}^{n} (LW)_{i-1} \tag{3-1-273}$$

为了计算因螺旋弯曲而引起的管柱长度变化,首先要求出中和点的位置 n 和完全螺旋弯曲管柱的级数 m。所用的方法和公式与井中无流体时完全一样,只是将公式中的 F 用相应的 F_f 代替,每一级管柱的单位长度重量 W 用式(3-1-272)确定的数值代入。中和点 n 和级数 m 确定之后,就用与井中无流体时所用的方法和公式分别算出中和点以下完全弯曲的各级管柱的长度变化和中和点所在的那一级管柱的长度变化。在所用的公式中,分别代入相应各级的 r、F_f、I 和 W 值,最后再将这些长度变化相加,就得到了管柱因螺旋弯曲而引起的总的长度变化,其广义式表示为:

$$\Delta L_2 = -\sum_{i=1}^{m} \left\{ \frac{r^2 F_f^2}{8EIW} \left[\frac{LW}{F_f} \left(2 - \frac{LW}{F_f} \right) \right] \right\}_i - \left(\frac{r^2 F_f^2}{8EIW} \right)_{m+1} \tag{3-1-274}$$

九、鼓胀效应

应用式(3-1-221)代入相应的 $\Delta\rho$、Δp、L 和 R 等值,即可确定出每一级管柱因鼓胀效应而引起的长度变化 ΔL_3,各级变化值的代数和即为总的长度变化。若复合管柱有 n 级,则可用下列广义式表示:

$$\Delta L_3 = -\sum_{i=1}^{n}\left[\frac{\mu}{E}\frac{(\Delta\rho_{is}-R^2\Delta\rho_{os})g-\dfrac{1+2\mu}{2\mu}\delta}{R^2-1}L^2+\frac{2\mu}{E}\frac{\Delta p_{is}-R^2\Delta p_{os}}{R^2-1}L\right]_i \qquad (3-1-275)$$

十、温度效应

计算复合管柱因温度变化而引起的管柱长度变化的公式与单一管柱相同,其公式仍为

$$\Delta L_4 = \beta L\Delta T$$

只要将相应的 β、L、ΔT 值代入上式,就可确定出每一级因温度变化引起的长度变化 ΔL_4,各级变化值的代数和即为整个管柱因温度变化而引起的总的长度变化。

如果复合管柱有 n 级,则可用广义式表示:

$$\Delta L_4 = \sum_{i=1}^{n}(\beta L\Delta T)_i \qquad (3-1-276)$$

参 考 文 献

[1] 龚伟安.论非均匀壁厚椭圆套管的抗挤强度计算[J].石油机械通讯,1977,7(5):41-52.

[2] 郝俊芳,龚伟安.套管强度计算与设计[M].北京:石油工业出版社,1987.

[3] 赵怀文.关于管的挤压理论(一)[J].石油钻采机械通讯,1978,8(4):24-39.

[4] 赵怀文.关于管的抗挤计算的若干问题:答"试论套管挤压理论中的几个问题"[J].石油矿场机械,1981,11(2):17-30.

[5] 邬亦炯.不均匀壁厚圆管的临界外压计算:兼评《套管强度计算与设计》一书[J].石油钻采工艺,1990,12(2):11-16.

[6] 龚伟安.应用三角级数计算不均匀壁厚圆管临界外压[J].石油钻采工艺,1990,12(6):1-10.

[7] [美]S.铁摩辛柯·J.盖尔.材料力学[M].韩耀新,译.北京:科学出版社,1990.

[8] [美]鲁宾斯基.钻井工程进展(第一册)[M].黎孔昭,严世才,等译.北京:石油工业出版社,1993.

[9] 张宁生.常用流体压力对油井管柱的作用[J].石油钻采工艺,1982(5):73-83.

[10] 江汉石油管理局工艺研究所,等.封隔器理论基础与应用[M].北京:石油工业出版社,1983.

第二章　有杆抽油系统

有杆抽油系统在我国机械采油中占有相当大的比重,这种开采设备自发明到现在已有百年的历史了,虽然形式和功能没有大的改变,但它以坚固、可靠、耐用而延续至今天。这种设备的主要目的是将地面的电能经过相关的传递设备转换成机械能而从抽油井中将液体举升至地面。在整个抽油过程中,就是一个能量不断传递和转化的过程。在每一次的能量传递中都有能量损失,经过几个环节的能量传递,最后使得抽油泵工作的系统效率相对变的较低。据有关资料表明,我国有杆抽油系统效率在20%~25%。

研究了抽油过程中整个系统的能流关系和目前传统抽油系统提高系统效率的最大潜力。提出了抽油杆柱的弯曲对抽油系统提高效率的影响;研究了长时间以来人们提出的惯性超行程可提高泵效的问题;并就抽油过程中的共振现象及其利弊进行了研究;研究了气体进泵气锁的临界条件和抽油泵筒承受的内外压后的泵效问题;研究了抽油机节能率的计算方法和电机耗能分析;最后,研究了直线电机驱动抽油机的可行性及永磁同步直线电机的基本设计方法,研究指出了直线电机驱动抽油机可简化许多能量传递环节,使传统的抽油驱动方式发生革命性改变。主要研究内容和结论是:本研究基于目前抽油系统存在的问题,全面系统的研究整个抽油过程的能耗发生过程及提高系统效率的最大目标值;研究抽油过程中抽油杆弯曲问题是影响泵效的主要因素;抽油过程中产生惯性超行程的条件,抽油杆系惯性载荷和共振对抽油特性的影响;研究了气体进泵形成气锁的临界条件和内外压对抽油的作用效果。研究了抽油过程节能率的计算及地面节能的最大潜力。研究一种智能间歇式橇装长冲程抽油系统和直线电机驱动的长冲程抽油系统,革新传统抽油系统地面驱动装置,从而提高抽油系统的工作特性,真正达到提高系统效率10%的指标。

第一节　抽油系统研究的国内外概况

无论从节省能量还是提高效益而言,都要求有杆泵深井抽油系统有较高的效率。目前,国内外有近百万口抽油井,其能耗非常大,于是,国内外研究者就这一问题做了不少研究工作。

1988年,大庆石油学院崔振华和王玉山等主要以研究抽油机系统效率的测试为主进行了研究,其结果认为:

(1)抽油机功耗不能忽视,建议安装扶正器;

(2)井下泵效是影响系统效率的主要因素;

(3)油管漏失应引起重视;

(4)偏置抽油机和超高转差电机可节能提高系统效率。最终研究结果是:大庆常规有杆泵抽油系统为异相抽油机+Y系列电机+调心密封盒+抽油杆扶正器+整筒泵可将系统效率提高4%~5%。

抽油机举升是我国油田生产的主要手段,1988年在我国63000多口机采井中,抽油机井约占 90%，但据有关资料可知，抽油机的泵效平均仅有 40%，系统效率在 20%~25% 之间，每台抽油机的装机功率平均为 37kW，年耗电量约为 270000kW·h。

1995 年，全国抽油机的年耗电量约 $150×10^8$kW·h。由于系统效率低，每台抽油机的功率利用率仅为 50%，这不仅造成了巨大的能源浪费，而且由于与抽油机联合工作的井下泵大小载荷交替变化造成地面系统工作的不平稳性，加剧了动力系统的无功消耗太大，严重造成了抽油系统的低效率运行工况。

1998 年，在我国的大部分油田，采油设备的能耗已占油田总能耗的三分之一左右，存在着高能耗、低产出的现象，电费支出惊人。为改变这种现象，以前的科技工作者从不同的角度出发，做了大量的工作，并取得了一些重要成果。

有杆抽油设备的载荷变化规律比一般生产场合的设备的载荷变化规律复杂得多，这给研究工作带来很多困难。由于目前抽油机大多采用旋转电机（绝大部分为异步电机）作为动力源，所以人们在针对通过改进油田用电机使系统节能等方面做了许多努力。

（1）采用高转差（或超高转差）电机。这种电机的转速随载荷的变化而在较大的范围内改变，从而使减速器和电机的转矩变化趋于平缓，峰值转矩明显降低，改善了系统的配合效果，达到了系统节能的目的。但它的转差高、损耗大、效率低，电机发热严重。目前有较大范围的推广。

（2）采用变频调速电机。此方案为普通异步电机加装变频器作为其二次电源。降低了抽油机配置的电机的容量，较大地提高了电机的负荷率，从电机本身和系统配合上达到节能的目的。但一次性投入较大，且变频器在采油工作现场的环境较差，还要考虑其技术可靠性。

（3）采用永磁同步电机。实际上这是一种异步启动的永磁同步机。由于其转子损耗小，使这一类电动机比普通异步机效率高。但其机械特性比 Y 系列电机还硬，没有系统节能效果，且制造成本较高。

（4）大启动力矩多速电机。这种电机实际上是采用异步电机的变极调速原理实现的，其目的是解决系统的配合问题——即所谓的"大马拉小车"问题而节能的。但其功率和转矩无法与同体积的普通 Y 系列电机相比，电机的效率和功率因数较低。

（5）双功率电机。双功率电机的定子绕组是两个可以并联运行的绕组。工作时根据电机的负荷率来调节绕组的工作，使电机在各种情况下都有较高的负荷率。电机的运行效率和功率因数都有较大的提高，原有电机的改造成本也较低。但它依然不能解决系统的配合问题，不能起到系统节能的目的。

此外，人们在采用绕线式异步电机、Y/△转换电机、节能蓄能器等实现节能目的方面也做了大量的研究工作。可以看出，目前油田用电机的节能研究主要分为两个方面：一是通过改变电源或进行结构设计上的改进，来改变电机的外机械特性，从而改变电机与抽油机的系统配合，提高系统效率，达到节能的目的；二是通过提高电机的负荷率、功率因数使电机本身的效率提高来实现节能。显然前者的节能潜力较大，也成为当前油田用电机节能的主要研究方向。

为了改善抽油系统的运行状况，人们采用了电机变频器、泵空控制器和智能抽油机等多种形式的节能抽油机；驱动设备也取得了较大的发展，抽油机的机型方面也有了较大的改进，研制了诸如六连杆、双驴头、摆杆式、磁阻式电机驱动的摩擦式抽油机等。

除了在电机本身和电机与抽油机间的配合方面所做的努力之外，人们在抽油机的机械结构方面也做了大量的实验工作，取得了很好的效果。如通过对抽油机加装超越离合器、为游梁式抽油机配置弹簧等方法实现节能。

深井泵采油(包括有杆抽油和无杆抽油)是世界石油工业传统的采油方式之一,也是迄今在采油工程中一直占主导地位的人工举升方式。在我国各油田的生产井中大约有80%是使用有杆泵。据有关资料介绍,在我国有杆抽油系统效率为20%左右。

大庆石油管理局曾组织力量对一些井的有杆抽油系统的效率进行测试。大庆油田抽油机——深井泵装置系统效率平均为17.6%,有杆抽油系统效率较低,大量的能量在传递过程中消耗了。所以,对有杆抽油系统进行研究,提高其效率被认为是"当务之急"。

井下部分效率35.21%(在生产井中测试),其值偏低,提高井下泵的效率是本研究的重点。

除人们在电机动力拖动方面和异行抽油机方面做了很多工作以外,我国西安石油学院采用变频调速、可编程控制器和电力电子等高新技术将游梁式抽油机改造成智能抽油机。1996年和1998年先后在新疆克拉玛依油田和内蒙古阿尔善油田的6口井进行了现场实验,实验表明,6口井都有不同程度的节能。

深圳市吉庆电子有限公司生产了抽油机智能型高效节能增产控制装置,在华北、大庆等油田使用也取得了一定的节能效果。

西门子—三泰科合作制造了全自动抽油机,采用全集成自动化技术,包括PLC,工业计算机、过程控制系统、可视化系统和网络系统等。

在国外,美国BACHER提升系统公司、Delta-X公司和APS公司等均研制了自动化抽油机,具有保护和报警等功能。可实时测得油井运行参数,及时显示与记录,并通过计算机进行综合计算与分析,推荐出最优工况参数,进一步指导抽油系统以最优工况抽油。

美国NSCO公司也研制了智能抽油机,采用微机处理机和自适应电子控制器进行控制和监控,具有抽油效率高、节电、功能多、安全可靠、经济性好和适应性强等特点。

该项技术在国内外的发展趋势是:

(1)抽油系统朝着精确平衡方向发展;

(2)朝着自动化和智能化方向发展;

(3)朝着无游梁、长冲程、多适应性的低能耗方向发展。

崔振华等人的研究,虽然对提高抽油机井的系统效率进行了探索和研究,但其主要研究放在了异型抽油机的研制和应用、节能抽油机(变频电机、高转差电机)的应用方面。尽管这样,抽油机的系统效率也只能达到25%~30%之间。

我国从20世纪80年代初期石油大学教授张琪等引进了美国吉布伯斯的抽油系统诊断模型,并改进了数学解法,使得抽油机井的油井诊断技术在我国发展起来。吉伯斯方法就是应用黏滞阻尼波动方程作为描述抽油杆的运动和应力波传播的基本微分方程,用截断的傅里叶级数近似表示作为边界条件的光杆载荷——时间关系曲线和光杆位移——时间关系曲线,用分离变量法解边值问题,就得到了抽油杆柱任意断面上的位移和载荷,这就是计算机诊断技术的理论基础,所采用的波动方程是

$$\frac{\partial^2 u(x,t)}{\partial t^2} = a^2 \frac{\partial^2 u(x,t)}{\partial x^2} - C \frac{\partial u(x,t)}{\partial t} \tag{3-2-1}$$

式中　a——应力波的传播速度,m/s;

　　　C——黏滞阻尼系数,1/s;

　　　$u(x,t)$——抽油杆位移与深度、时间的函数,m。

20世纪80年代中期,我国不少油田引进了美国Delta公司的车载计算机诊断系统,经过我国技术人员进行攻关研制,在我国诞生了便携式抽油井诊断仪。80年代后期,我国西安石油学院余国安、邬亦炯教授在吉伯斯模型的基础上,考虑了油管和液柱的弹性振动,提出了新的三维振动模型,得出了一组有6个边界条件的偏微分方程,并用差分法求出了数值解,这个模型后来几年被广泛应用。石油大学机械系葛占玉、刘猛等使用这个模型又一次进行了井下抽油系统的研究。

不管是吉布斯模型还是后来改进的新模型主要是用来预测抽油井工况和进行生产井诊断。通过这些模型和解模可将地面示功图转换到井下。但遗憾的是,没有一个研究者就吉伯斯模型与所谓的"三维模型"使用同一口井的油井数据进行对比研究,既是做对比研究又以什么为标准呢?究竟三维模型是不是像研究所言那样,"这种三维振动模型比起Gibbs的一维振动数学模型及Doty的二维振动数学模型来,显然要更合理,使故障诊断更加可靠?"

就国内外的几种模型而言,其假设条件各异,油井情况复杂,不能完全表征油井的实际情况,诸如油井的管杆弯曲问题、阶梯杆的活塞效应、斜井(轨迹复杂)中的摩擦问题和多级杆的液体阻尼力等等,上述模型都没有考虑,但这些问题都是油井生产过程中确实存在的实际问题。

基于上述研究的局限性,不论是各种各样的节能电动机和抽油机还是用于抽油系统的预测技术都没有把抽油系统当作一个系统工程来研究,由于研究方法的局限性,对于抽油过程中的一些理论问题也给出了不当的解释。

第二节　抽油系统能耗分析

有杆抽油系统由电机、抽油机、抽油管柱和井口装置组成。其中抽油机由皮带轮传动装置、减速器、四连杆机构和游梁抽油装置组成(图3-2-1)。

有杆抽油系统的系统效率定义为抽油机的有效功率与输入功率的比值,可表示为

$$\eta = \frac{P_e}{P_i} \qquad\qquad (3-2-2)$$

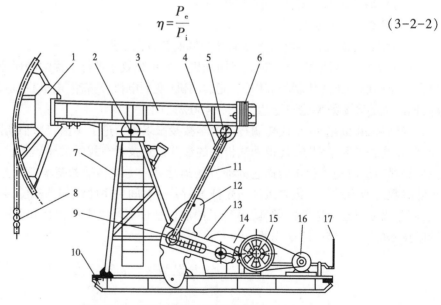

图3-2-1　常规游梁抽油机结构简图

1—驴头;2—支架轴;3—游梁;4—横梁;5—横梁轴;6—游梁平衡块;7—支架;8—悬绳器;9—曲柄销;10—底座;
11—连杆;12—曲柄平衡块;13—曲柄;14—减速器;15—减速器皮带轮;16—电机;17—刹车装置

抽油机的输入功率 P_i 是拖动抽油机的电机的输入功率;抽油机的有效功率 P_e 是在一定扬程下,将一定排量的井下液体提升到地面所需要的功率。抽油机工作过程中负载是不断变化的,因而,其瞬时输入功率、光杆功率、输出功率也是不断变化的,相应的各种瞬时效率也是一些变量。但抽油机负荷的变化又是周期性的,抽油机驴头每上下一次,即为一个周期。通常,为研究问题方便,就研究抽油机工作一个周期的平均功率。

抽油系统工作时,抽油机电机的轴功率乘以电动机的效率,就是抽油系统的能耗总量。它包括:举升液体的理论能耗(水功率),带动抽油杆柱的能耗,抽油杆柱和油管之间的摩擦损耗,井液在油管和抽油杆之间流动的水力摩阻损耗,抽油泵的损耗和失效引起的功率损耗,抽油机和皮带传动系统的摩擦损失及电动机的损耗等。本章将系统分析抽油过程中的能耗关系,确定抽油井系统效率的分解和计算方法;研究给出目前抽油系统的系统效率的最大目标值。

一、抽油系统效率分析

根据抽油机的工作特点,将抽油机的系统效率可分为两大部分,即地面效率和井下效率。

抽油机的系统效率又可表示为

$$\eta = \eta_s \eta_w \qquad (3\text{-}2\text{-}3)$$

式中　η_s——抽油系统的地面效率,%;

　　　η_w——抽油系统的井下效率,%。

由于抽油系统的地面效率损失主要发生在电机、皮带轮、减速器和四连杆机构中,所以,地面效率可进一步表示为:

$$\eta_s = \eta_1 \eta_2 \eta_3$$

又因为

$$\eta_1 = \frac{P_2}{P_i}, \ \eta_2 = \frac{P_3}{P_2}, \ \eta_3 = \frac{P_r}{P_3}$$

$$\eta_s = \frac{P_2}{P_e} \frac{P_3}{P_2} \frac{P_r}{P_3} = \frac{P_r}{P_i} \qquad (3\text{-}2\text{-}4)$$

式中　P_i——电机的输入功率,kW;

　　　P_e——抽油机的有效功率,kW;

　　　P_2——电机的输出功率,kW;

　　　P_3——减速器的输出功率,kW;

　　　P_r——光杆功率,kW。

井下部分的效率主要损失在密封盒、抽油杆、管柱和抽油杆中,因此,井下效率可表示为:

$$\eta_w = \eta_4 \eta_5 \eta_6 \eta_7 \qquad (3\text{-}2\text{-}5)$$

各效率还可表示为:

$$\eta_4 = \frac{P_5}{P_r}, \ \eta_5 = \frac{P_6}{P_5}, \ \eta_6 = \frac{P_7}{P_6}, \ \eta_7 = \frac{P_e}{P_7}$$

式中　η_4——密封盒的效率,kW;

　　　η_5——抽油杆的效率,kW;

η_6——抽油泵效率,kW;

η_7——抽油管柱效率,kW;

P_5——光杆密封盒传给抽油杆的功率,kW;

P_6——抽油杆的输出功率,kW;

P_7——抽油泵的输出功率,kW;

P_e——抽油机的有效功率,kW。

抽油泵的总效率可表示为:

$$\eta-\eta_s\eta_w-\eta_1\eta_2\eta_3\eta_4\eta_5\eta_6\eta_7=\frac{P_e}{P_i} \qquad (3-2-6)$$

二、各参量之间的关系

1. 电机的输入功率 P_i

用有功电能表及秒表测量电机的实耗功率,可由下式计算:

$$P_1=\frac{3600n_p K}{N_p t_p} \qquad (3-2-7)$$

式中　P_1——电机输入功率,kW;

n_p——有功电能表所转的圈数,量纲1;

N_p——耗电为1 kW·h 的有功电能表所转的圈数,r/(kW·h);

K——电流互感器变比,量纲1;

t_p——有功电能表转 n_p 圈所用的时间,s。

2. 电机的输出功率 P_2

电机的输出功率由下式计算:

$$P_2=\frac{M_{k1}n_a}{9550} \qquad (3-2-8)$$

其中

$$M_{k1}=\frac{\pi ED^3}{64(1+\mu)}\varepsilon_a$$

式中　P_2——电机的输出功率,kW;

M_{k1}——电机轴平均输出扭矩,N·m;

ε_a——电机轴平均应变值,10^{-6};

E——电机轴的弹性模量,2.1×10^6Pa;

μ——泊松比,量纲1,取0.3;

n_a——电机平均转数,r/min;

D——电机皮带轮的直径,m。

3. 减速器的平均输出功率 P_3

$$P_3=\frac{M_{k2}n_a}{9500} \qquad (3-2-9)$$

式中　P_3——减速器的平均输出功率,kW;

M_{k2}——减速箱输出轴平均扭矩,N·m;

n_a——减速箱输出轴平均转数,r/min。

374

4. 光杆功率 P_4

由示功仪测量光杆示功图,用秒表测量光杆平均冲次,则光杆功率为:

$$P_4 = P_r = AS_d f_d n/60000 \qquad (3-2-10)$$

式中　P_4——光杆功率,kW;

　　　A——光杆示功图面积,mm^2;

　　　S_d——示功图减程比,m/mm;

　　　f_d——示功图力比,N/mm;

　　　n——冲次,min^{-1}。

光杆功率也可用下式表示:

$$P_r = P_e + \Delta P \qquad (3-2-11)$$

其中　　　　　　　　　　$P_e = 10^{-3} qL\rho_o g/86400$

式中　P_e——有效平均功率,kW;

　　　ρ_o——油井液密度,kg/m^3;

　　　q——产油量,m^3/d;

　　　L——下泵深度,m;

　　　g——重力加速度,$9.8m/s^2$;

　　　ΔP——井下平均功率损失,kW。

5. 密封盒的输出功率 P_5

$$P_5 = P_4 - 10^{-3} FV \frac{1}{2000} \qquad (3-2-12)$$

式中　P_5——密封盒输出功率,kW;

　　　F——光杆摩擦力,N;

　　　V——光杆运动速度,m/s。

6. 抽油杆输出功率 P_6

$$P_6 = P_4 - 10^{-3} FV \frac{1}{2000} - \Delta P_r \qquad (3-2-13)$$

式中　P_6——抽油杆输出功率,kW;

　　　ΔP_r——抽油杆在油管中往复运动,抽油杆与油管之间,抽油杆与液体之间都有摩擦,
　　　　　　　损失功率为 ΔP_r。

7. 抽油泵的有效功率 P_7

$$P_7 = 10^{-3} \frac{Q'H'\rho g}{86400} \qquad (3-2-14)$$

其中　　　　　　　　　　$H' = \frac{p_d - p_s}{\rho g} + h$

式中　P_7——抽油泵有效功率,kW;

　　　Q'——抽油泵实际产液量,m^3/d;

　　　ρ——油井的液体密度,kg/m^3;

H'——抽油泵的有效扬程,m;

p_d——抽油泵的排出压力,Pa;

p_s——泵的吸入口压力,Pa;

h——抽油泵的长度,m。

8. 抽油机—抽油泵的有效功率 P_e

抽油机—抽油泵的有功功率由下式表示:

$$P_e = 10^{-3} \frac{HQ\rho g}{86400} \qquad (3-2-15)$$

其中

$$H = z + \frac{p_t - p_c}{\rho g}$$

式中　Q——油井产量,m³/s;

H——深井泵有效扬程,m;

z——油井动液面高度,m;

p_t——油管压力,Pa;

p_c——套管压力,Pa。

三、抽油系统能耗影响因素分析

1. 举升液体的净水功率

抽油系统的理论能耗就是抽油机从一定井深举升一定重量的井液在理论上所做的功,即水功率。举升井液的静水功率的表达式为:

$$P_h = 1.283 \times 10^{-4} D_p^2 L \rho_o S_p n \qquad (3-2-16)$$

式中　D_p——抽油泵直径,m;

S_p——冲程长度,m;

L——动液面深度,m;

ρ_o——原油密度,kg/m³;

n——抽油机光杆冲次,min⁻¹。

从上式可以看出,抽油过程中的静水功率与泵径、冲次、冲程长度和动液面深度成正比,这四个元素中任意增大一个其水功率都增高。一般情况下,这四个元素中有两个可变元素,其中冲次和冲程可调,而泵径和动液面深度当油井选定以后,一段时间内其值不可调;如果要降低静水功率的消耗,采用低冲次长冲程的原则,在保持速度不变的前提下,减少摩擦功所引起的额外消耗。

抽油杆的选择对能耗的影响也是不能被忽视的,驱动抽油杆所需的功率可由下式表示:

$$P_{rp} = 1.28 \times 10^{-4} S n \rho_r \sum_{i=1}^{n} d_i^2 L_i \qquad (3-2-17)$$

式中　P_{rp}——驱动抽油杆所需的功率,kW;

d_i——第 i 级抽油杆的直径,m;

L_i——第 i 级抽油杆的长度,m;

ρ_r——抽油杆的材料的密度,kg/m³。

从上式可以知道,抽油杆尺寸对能耗的影响比较复杂,杆径、抽油杆的下深、和抽油杆材料密度成正比。下井抽油杆的杆柱组合直接影响能耗,另外,选择高强度低密度抽油杆可起到明显的节能的效果。

2. 抽油系统损失功率的分析

在抽油过程中,电能转换成机械能的传递过程中,总要不可避免地产生能量损失。所以,有功功率即电机的输出功率一定小于输入功率,根据能量守恒定律,输入功率等于输出功率与损失功率的和。因此,抽油系统效率可表示为:

$$\eta = \frac{P_i}{P_e} \times 100\% = \left(1 - \frac{\Delta P}{P_e}\right) \times 100\% \tag{3-2-18}$$

由上式可以看出,抽油泵的系统效率取决于抽油过程中损失功率与输入功率的比值。当损失功率 ΔP 越大时,则抽油泵系统效率越低。于是,若要提高抽油系统效率,就必须减少抽油系统各部位的功率损失。

ΔP 可进一步用下式描述:

$$\Delta P = \Delta P_2 + \Delta P_3 + \Delta P_4 + \Delta P_5 + \Delta P_6 + \Delta P_7 + \Delta P_8 + \Delta P_9 \tag{3-2-19}$$

式中　ΔP_2——电机的损失功率,kW;

ΔP_3——皮带传动中的摩擦功率损失,kW;

ΔP_4——减速箱传动中的功率损失,kW;

ΔP_5——四连杆部分轴承摩擦损失和钢丝绳变形损失,kW;

ΔP_6——密封盒摩擦损失,kW;

ΔP_7——抽油杆摩擦损失与弹性变形损失,kW;

ΔP_8——抽油泵机械损失、容积损失和水力损失,kW;

ΔP_9——管柱部分的水力损失,kW。

3. 损失功率的计算

1)电机的损失功率

由下式计算电机损失效率:

$$\Delta P_2 = \frac{P_2(1 - E_m)}{E_m} \tag{3-2-20}$$

式中　E_m——电机效率,%。

2)皮带损失功率

$$\Delta P_3 = \frac{E_b I}{R} \cdot \frac{\pi n}{30\alpha} \times 10^{-3} + \frac{F^2 v}{E_1 A} \times 10^{-3} \tag{3-2-21}$$

式中　E_b——皮带纵向弯曲的弹性模量,Pa;

I——皮带截面惯性矩,m⁴;

R——皮带轮半径,m;

n——皮带转速,r/min;

α——皮带包角,rad;

v——带速,m/s;

A——皮带截面积,m²;

E_1——皮带拉伸弹性模量,Pa;

F——皮带的有效拉力,N。

3）减速器的损失功率

减速器效率一般认为约在90%。

4）四连杆机构的损失功率

综合考虑轴承与钢丝绳，抽油机四连杆机构的能量损失约为5%。即四连杆机构的传动效率约为95%。

5）密封盒的损失功率

根据功率的定义，密封盒的损失功率用下式表示：

$$\Delta P_6 = \frac{Fv}{1000} \tag{3-2-22}$$

其中

$$F = 9.8K\pi fdhp$$

式中　ΔP_6——密封盒损失功率，kW；

F——摩擦力，N；

v——光杆的运动速度，m/s；

f——摩擦系数，量纲1；

d——光杆直径，m；

h——密封有效高度，m；

p——密封处的工作压力，即井口油管压力，Pa；

K——系数，V形夹织物圈取$K=1.59$，其他密封取$K=1$。

6）抽油杆的损失功率

抽油过程中，抽油杆上下往复运动，在抽油杆与油管间，抽油杆与液体间会产生摩擦造成功率损失。

在斜井、定向井中抽油时，抽油杆和油管间将产生摩擦力。

在直井抽油时，也要产生摩擦力，因为，直井相对的，总有一定斜度。抽油过程中，产生一定摩擦。其次，即使在直井中抽油，抽油杆在下冲程总要产生弯曲，抽油杆或接箍就要与油管接触产生摩擦力。由于摩擦力的作用方向与抽油杆的运动方向相反，所以，它对上下冲程悬点载荷的影响也不同。上冲程中，抽油杆向上运动，摩擦力的方向向下，摩擦力增加了悬点载荷。下冲程中，抽油杆向下运动，摩擦力的方向向上，摩擦力减少了悬点载荷。

7）抽油泵的功率损失

$$\Delta P_8 = \Delta P_m + \Delta P_v + \Delta P_h \tag{3-2-23}$$

ΔP_m为机械摩擦损失功率。首先计算柱塞与衬套之间的机械摩擦产生的摩擦力F_m：

$$F_m = \pi d\delta l \left(\frac{\Delta p}{2l} + \frac{n}{60} \frac{s\mu}{\delta^2 \sqrt{1-\varepsilon^2}} \right) \tag{3-2-23a}$$

其中

$$\varepsilon = \frac{e}{\delta}$$

式中　F_m——柱塞与衬套之间的机械摩擦力，N；

Δp——柱塞两端压差，Pa；

δ——柱塞与衬套间的径向间隙，m；

μ——液体黏度，Pa·s；

l——柱塞长度，m；

ε——偏心率,量纲 1;

e——偏心距,m;

n——冲次,$\min^{-1}$;

s——泵的冲程,m;

d——柱塞直径,m。

摩擦损失功率 ΔP_m 的计算公式为

$$\Delta P_m = \frac{1}{60 \times 10^3} \pi dns \left(\frac{\Delta p \delta}{2} + \frac{1}{60} \frac{lsn\mu}{\sqrt{1-\varepsilon^2} \delta} \right) \qquad (3-2-23b)$$

式中 ΔP_m——摩擦损失功率,kW。

抽油泵损失容积功率主要是指柱塞与衬套之间漏失所产生的功率损失,崔振华等 1994 年提出柱塞与衬套之间的漏失量由下式计算:

$$\Delta Q = \frac{\pi d \delta^3 \Delta p}{24 \mu l} (1 + 1.5 \varepsilon^2) \qquad (3-2-24)$$

式中 ΔQ——柱塞与衬套间的漏失量,m^3/s。

容积损失功率由下式计算:

$$\Delta P_v = 10^{-3} \times \frac{\pi d \delta^3 \Delta p^2}{24 \mu l} (1 + 1.5 \varepsilon^2) \qquad (3-2-24a)$$

式中 ΔP_v——泵漏失的容积损失功率,kW。

抽油泵的水力损失功率主要是指原油流经泵阀时由于水力阻力所引起的功率损失。崔振华等 1994 年提出流体流经泵阀的损失压差由下式计算:

$$\Delta p_a = \zeta \rho \frac{Q^2}{2A^2} \qquad (3-2-25)$$

式中 Δp_a——泵阀的阻力损失压差,Pa;

Q——液体流经泵阀的流量,m^3/s;

A——泵阀阀座孔面积,m^2;

ζ——流体流经阀球的阻力系数,$\zeta = 2.5$;

ρ——流体的密度,kg/m^3。

损失功率由下式求得:

$$\Delta P_a = 10^{-3} \zeta \rho \frac{Q^3}{2A^2} \qquad (3-2-26)$$

式中 ΔP_a——泵阀漏失损失功率,kW。

8)管柱的功率损失

管柱的功率损失包括两项,一是由于油管漏失所引起的功率损失,即容积损失功率,二是由于原油沿油管流动引起的功率损失即水力损失。

油管漏失原因可能是多方面的,但主要有两个方面,一是作业造成的油管漏失,二是油管工作一段时间由于振动载荷的影响螺纹漏失。油管漏失产生的容积损失功率可由下式计算:

$$\Delta p_{tv} = 10^{-3} \Delta p_{tc} Q_{tl} \qquad (3-2-27)$$

式中 Δp_{tc}——油套空间的压力差,Pa;

Q_{tl}——油管的漏失量,m^3/s。

油管中的水力损失功率由下式计算：

$$\Delta P_{th} = \frac{\Delta h_t \rho g Q}{1000}$$

$$\Delta h_t = \sum_{i=1}^{n} \lambda_i \frac{l_i}{d_i} \frac{v_i^2}{2g} \qquad (3-2-28)$$

式中　　l_i——第 i 级抽油杆相应的油管长度，m；

λ_i——油管中的流体通过第 i 级抽油杆时沿程阻力损失，量纲 1；

d_i——第 i 级抽油杆相应油管的内径，m；

v_i——第 i 级抽油杆相应油管中的流速，m/s；

Δh_t——油管中沿程水力损失，m；

Q——油管中流量，m^3/s；

ΔP_{th}——油管中水力损失功率，kW；

ρ——流体的密度，kg/m^3；

g——重力加速度，m/s^2。

整个油管中的损失功率为容积损失功率和水力损失功率之和：

$$\Delta P_9 = \Delta P_{tv} + \Delta P_{th} \qquad (3-2-29)$$

抽油泵的损失和失效也会使抽油系统多消耗能量，它们与抽油系统水功率的和，即为抽油系统的光杆功率。

一般说来，抽油系统的井下功率损失无法定量计算，只能定性加以分析。

通常带动抽油杆柱运动能耗的多少与抽油杆柱的重量和抽吸速度成正比。抽油杆和油管的摩擦损失一般是由井液的黏度和油管的粗糙度来决定。井液在油管与抽油杆之间流动的湍流损失是产液量和管杆间环形空间面积的函数。

抽油泵的损失是由通过活塞和阀的液体漏失引起的，而抽油泵的失效，则是由大量的自由气进入泵内所造成。

四、抽油系统效率的最大目标值

1. 地面功耗的最大目标值

抽油机系统由电机、皮带轮、减速箱（减速箱由 3 副齿轮，3 副轴承组成）和四连杆机构（由 3 副轴承和钢绳组成）组成。

电机最大效率可达到 95%，但是由于抽油机载荷的不均匀及电机功率因数较低等因素造成用于抽油系统的电机效率最大只能达到 $\eta_1 = 80\%$。

查有关的机械工程手册，皮带轮的效率 $\eta_b = 90\%$，齿轮的传递效率 $\eta_g = 98\%$，轴承的效率 $\eta_s = 99\%$，皮带与减速箱的效率可表示为

$$\eta_2 = \eta_b \eta_g^3 \eta_s^3 = 90\% \times 98\%^3 \times 99\%^3 = 82\%$$

抽油机四连杆机构的效率主要受摩擦损失和驴头钢丝绳变形损失的影响，3 副轴承效率取 $\eta_s = 99\%$，钢丝绳效率取 $\eta_w = 98\%$，该机构效率可表示为

$$\eta_3 = \eta_s^3 \eta_w = 99\%^3 \times 98\% = 95\%$$

于是,地面最大目标效率为

$$\eta_s = \eta_1 \eta_2 \eta_3$$
$$\eta_s = \eta_1 \eta_2 \eta_3 = 80\% \times 82\% \times 95\% = 62\% \qquad (3-2-30)$$

2. 井下功耗的最大目标值

据前所述,抽油系统的井下效率可表示为密封盒的效率,抽油杆的效率,深井泵的效率和管柱效率的乘积,可用下式表示:

$$\eta_w = \eta_4 \eta_5 \eta_6 \eta_7 \qquad (3-2-31)$$

密封盒的效率有石墨润滑时,效率 $\eta_4 = 90\%$,抽油杆的效率 $\eta_5 = 90\%$,抽油泵的效率取 $\eta_6 = 80\%$,管柱效率取 $\eta_7 = 95\%$。井下功耗的最大目标值为

$$\eta_w = \eta_4 \eta_5 \eta_6 \eta_7 = 90\% \times 90\% \times 80\% \times 95\% = 62\%$$

3. 井下功耗的最大目标值

抽油系统效率的最大目标值 η_{max} 由下式求得:

$$\eta_{max} = \eta_s \eta_w$$
$$\eta_{max} = \eta_s \eta_w = 62\% \times 62\% = 38\% \qquad (3-2-32)$$

由上面分析可知,抽油系统地面效率要达到75%,目前的抽油机无法达到,不是测试有误就是漏算了换能环节所致。

综上所述,抽油过程中的静水功率与泵径、冲次、冲程长度和动液面深度成正比,这四个元素中任意增大一个其水功率都将增高;一般情况下,这4个元素中有两个可变元素,其中冲次和冲程可调,而泵径和动液面深度当油井选定以后,一段时间内其值不可调;如果要降低静水功率的消耗,采用低冲次长冲程的原则,在保持速度不变的前提下,减少摩擦功所引起的额外消耗。

现有抽油系统最大效率的目标值仅有38%,如果想在传统设备基础上提高抽油系统效率10%是非常困难的。

根据上面研究可知,目前推向石油开采市场的许多种异型抽油机是在原有游梁抽油机上加装了各式各样节能装置的新型抽油机,如增加辅助装置(连杆、滑道、摆杆和多个增程轮),但不能起到简化现有传动装置变的作用,对于提高抽油系统效率都是弊大于利。

传统的抽油方式所用地面设备繁多,能量传递环节较多,能量损失太大,革新地面传统的驱动设备是提高抽油系统效率最直接最经济有效的做法。

第三节　抽油杆及抽油泵上的作用力分析

自1957年美国人Lubinsky(鲁宾斯基)把力学分析用于钻柱力学分析以来,许多学者借助钻柱力学的分析方法对油井抽油管柱进行了分析,其研究成果对采油操作者的现场作业都起到了很重要的作用。人们研究的管柱(钻柱、油管柱及套管柱)的"弯曲力""虚拟力""稳定力""中和点""轴向零应力点"等研究发表了不少文章,抽油管柱是一种最常见的采油管柱之一,抽油管柱的理论研究直接影响着对抽油效率的研究。为了正确研究抽油杆管的力学问题,了解抽油过程中杆管的受力状态,更好地为将来防止杆管弯曲,达到提高抽油泵

系统效率的目的,本章特作进一步研究。

一、中和点的含义

中和点石油工业中普遍使用的技术术语。这个术语出自中性平衡概念。中和点有很多含义相同的定义,克林克布尔把中和点描述为油管可能或不可能发生弯曲区域之间的转折点,也就是说,在中和点以上,油管处于稳定平衡状态;而在中和点以下,油管处于不稳定平衡状态,在中和点处则处于中性平衡状态,鲁宾斯基把中和点描述为,将管柱分成两部分的点,即中和点以上管柱的重量由吊卡承受,而下部的重量等于作用于管柱下端的力。鲁宾斯基的定义也可解释为:中和点是将井口分成两部分而不改变井口悬重的点。如果把油管切成两部分而在井口看不出悬重的任何变化,那这点一定是在中和点上。克林克布尔把中和点定义为中和点处的应力分布是各向同性的,即该点三个主应力相等:

$$\delta_a = \delta_r = \delta_t \tag{3-2-33}$$

式中　δ_a——轴向应力,Pa;

　　　δ_r——径向应力,Pa;

　　　δ_t——切向应力,Pa。

没有流体时,中和点是轴向应力为零的那一点。如果在管柱下端加上一个压缩力,就改变了管柱的应力分布,必然改变了中和点和管柱的稳定性。中和点以下是不稳定的,根据克林克布尔的观点,中和点是在三个主应力相等处,可由拉梅公式结合有关公式得到中和点的公式:

$$n = \frac{F}{W_s} \tag{3-2-34}$$

式中　n——管柱下端到中和点的距离,m;

　　　W_s——单位长度油管在空气中的平均重力,N/m;

　　　F——作用在管柱下端的压缩力,N。

有流体时的中和点不在轴向应力为零处,而是在轴向应力等于静液压力的那点上,即径向应力和切向应力点上。因此,中和点仍然在三个主应力相等的那点上,即在管子下端。在有流体存在的前提下,径向应力和切向应力不在为零,是在管子底部最大,顶部最小。因此,三个主应力相等的这一点离管柱底部较远。这主要是由于流体压力对稳定性的影响所致。这时中和点的公式表示为

$$n = \frac{F}{W_s - \rho g A_s} \tag{3-2-35}$$

式中　ρ——流体密度,kg/m³;

　　　A_s——管柱的横截面积,m²。

管柱内外压力不同时的中和点伍兹采用势能原理把中和点定义为轴向应力等于径向应力和切向应力平均值的那一点,下式成立:

$$\delta_a = \frac{\delta_r + \delta_t}{2} = -\frac{p'_i r_i^2 - p'_e r_e^2}{r_e^2 - r_i^2} \tag{3-2-36}$$

式中　p'_i——井深处管柱的内压力,Pa;

　　　p'_e——井深处管柱的外压力,Pa;

　　　r_e——管柱外径,m;

r_i——管柱内径,m。

哈莫林德尔把中和点的通用式写成:

$$n = \frac{F}{W_s + \rho_i g A_i - \rho_e g A_e} \qquad (3-2-37)$$

式中 ρ_i、ρ_e——管内和管外的流体密度,kg/m^3;

A_i、A_e——管子的内外截面积,m^2。

由上面的分析可以看出,不论是鲁宾斯基、克林克布尔还是伍兹都没有把中和点定义为管柱弯与不弯的分界点。克林克布尔的提法比较科学,因为,关于中和点的一些公式都是在他提出的概念基础上推导出来的。在国内石油工程界,中和点是管柱弯与不弯的分界点;既不受拉又不受压的点;中和点是受弯曲力与不受弯曲力的两部分管柱的分界点等提法是后来才提出的。

二、抽油杆柱上的中和点确定方法

在有杆抽油系统中,抽油杆柱在充满液体的油管中作往复运动,在抽油杆下行过程中,一般认为抽油杆主要发生弯曲,下行杆柱主要受力有:

(1)光杆拉力 F_p;

(2)抽油杆自重产生的均布载荷 q;

(3)液体的浮力 F_b;

(4)抽油泵柱塞与泵筒衬套间的摩擦力 F_f 和和游动阀上的液体阻力 F_{vf}。

由于这些力的作用使整个杆柱的应力分布为:上部受拉,下部受压。越靠近井口拉力越大,越靠近底部压力越大。根据式(3-2-35)有

$$n = \frac{F}{W_s - \rho g A_s}$$

可求得中和点距管柱末端的长度,上式中的 F 具体表示为

$$F = F_f + F_{vf} \qquad (3-2-38)$$

作用在抽油杆末端柱塞上的液体浮力 F_b 和 F 中,一般认为下行阻力 F 才使抽油杆柱失稳弯曲,当 F 较小时,受压段长度不大,抽油杆柱保持垂直状态,中和点靠近下端。随着 F 值的增大,受压段不断增加,中和点也随着上移,当 F 值达到某一值时,杆柱将失稳。

由于油管的限制,管柱弯曲与油管壁相接触,接触点以下部分可近似为下端固定,没有侧移和旋转,上端是自由的。假设杆柱的材料是线弹性的,如果轴向载荷小于临界值,杆件仍然保持直线,并且只经受轴向压缩,这种平衡的直线形式是稳定的。这就意味着,如果作用一横向力并产生一微小挠度,那么当横向力移去时,挠度将消失,该杆件将回到原直线形式。然而,随着轴向力的增大,而变得等于临界力时,则达到中性平衡状态。

从而由压杆稳定原理得抽油杆柱失稳的载荷是(推导见本节末尾的附录)

$$(ql)_{cr} = \frac{7.89EI}{l^2} \qquad (3-2-39)$$

求得临界弯曲长度

$$l = \left(\frac{0.794\pi^2 EI}{q} \right)^{1/3} \qquad (3-2-40)$$

临界弯曲的有效作用力 F_{ce} 可表示为

$$F_{ce} = (0.794\pi^2 EIq^2)^{\frac{1}{3}} \tag{3-2-40a}$$

式中　E——抽油杆的弹性模量,2.06×10^{11} Pa;

　　　　I——抽油杆的惯性矩,$I=\pi d^4/64$,m^4;

　　　　q——作用在抽油杆上的单位长度的重力,N/m。

由表 3-2-1 计算可以看出,抽油杆柱失稳的临界载荷和临界长度都较小。抽油杆柱如此小的截面,只要有一个较小的压缩力杆柱就可能失稳弯曲。同时还可以看出,抽油杆柱的下行压载荷远远大于抽油杆柱失稳的临界载荷,如果抽油过程中原油黏度高,柱塞间隙小,下行阻力 F 较大,动载荷影响管柱中伴随有液体撞击,抽油杆柱的弯曲会更加剧烈而形成多次弯曲。

表 3-2-1　抽油杆柱失稳的临界长度和临界载荷

抽油杆直径 D(mm)	16	19	22	25
临界弯曲长度 l(m)	6.82	7.65	8.44	9.16
临界有效作用力 F_{ce}(N)	112.80	178.27	233.26	372.69

抽油杆在失稳后,弯曲曲线处于不稳定的过渡状态,难以保持在二维平面内,随着受压段的增大会丧失理论形状而贴紧油管壁呈现三维空间曲线。抽油杆柱受压轴线形成近似于变螺距变旋向的柱状螺线,其形状和参数并不带有一定的规律性。抽油杆柱的不规则螺旋弯曲变螺距的参数可借用章扬烈等研究钻柱的分析结果求得。

由于抽油杆弯曲主要发生在中和点以下部分,杆柱弯曲使抽油杆柱的效率变低,抽油系统的可靠性变差。抽油杆弯曲对泵效的影响将在下章进行较详细的研究。

三、抽油管柱上的有效虚力

鲁宾斯基在 1957 年首次提出定义了虚拟力的概念,简单的描述为,自由悬挂在井中的管柱分别受内外压 p_i 和 p_e 的作用,在管子横截面积上所产生的力称为"有效虚拟力",用下式表示

$$F_v = pA_s = p_iA_i - p_eA_e \tag{3-2-41}$$

如果 A_s 表示实心杆杆柱的横截面积,A_i 和 A_e 分别为管柱内外腔的截面积。

实际上,F_v 并不是虚构力,API(美国石油协会)将这个力重新命名为"有效弯曲力",我国有学者认为应该称这个力为"稳定影响力"比较确切。但笔者认为,既然美国石油协会规定的这个概念已经为多数研究者所接受并应用,只要从整个过程理解了其真正内涵,尊重API 的命名也无大碍。

在抽油过程中,有效弯曲力究竟是如何表现出来的呢?下面将进一步研究。

分析有效弯曲力之前,先来分析一下抽油过程中的受力变化。抽油过程中上下冲程杆管都受力,在上冲程中,抽油杆带着柱塞向上运动,活塞上的游动阀受油管内压力而关闭。这时,泵内压力降低,固定阀在环空液柱压力(沉没压力)作用下被打开,原来作用在固定阀上的油管内的液柱压力将从油管转移到活塞上,从而使得抽油杆柱伸长,而油管缩短。

下冲程中,抽油杆带着柱塞向下运动,固定阀一开始就关闭了,泵内压力增高到大于活

塞以上液柱压力时,游动阀被打开,活塞下部的液体通过游动阀进入活塞上部使泵内液体排出。原来作用在活塞以上的液柱重量转移到固定阀上,因而引起抽油杆柱的缩短和油管柱的伸长。

从上下冲程分析可知,抽油管柱在上下冲程中均承受有轴向载荷作用,上冲程中随着活塞上行,泵筒中的压力与环套压力一致,立即承受沉没压力作用(图 3-2-2)。

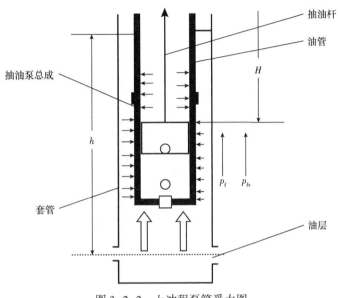

图 3-2-2　上冲程泵筒受力图

泵筒上部油管柱沉没部分所承受的有效作用力用下式表示:

$$F_{eff} = F_{true} + F_v \tag{3-2-42}$$

其中

$$F_{true} = p(A_e - A_i) = (p_c + hg\rho_o)(A_e - A_i) \tag{3-2-43}$$

$$F_v = p_i A_i - p_e A_e = Hg\rho_o A_i - hg\rho_o A_e \tag{3-2-44}$$

$$F_{eff} = p_c(A_e - A_i) + (H-h)g\rho_o A_i \tag{3-2-45}$$

式中　F_{eff}——有效作用力,N;

　　　F_{true}——实际作用力,N;

　　　F_v——有效虚力,N;

　　　p_c——套管压力,Pa;

　　　H——泵挂深度,m;

　　　h——泵的沉没度,m;

　　　ρ_o——井液密度,kg/m^3。

自由悬挂的抽油管柱在沉没段不会发生轴向弯曲。因为通常情况下都有排油液柱高度H 大于沉没度 h,自由悬挂的抽油管柱是不会发生失稳的。

泵筒上部油管柱外部无液体压力作用时,上部油管柱所承受的有效作用力用下式表示:

$$F_{eff} = p_c A_i + A_i \rho_o(H-h) \tag{3-2-46}$$

由上式可知,当式子 $H > h + \dfrac{p_c}{\rho_o}$ 成立时,上部无液体作用的管柱是不会失稳的。事实上,通常情况下排油液柱高度 H 大于沉没度 h 油管柱也是稳定的。

由此分析可知:失稳只有在从环套反憋压操作时,抽油管柱才有可能失稳。

四、泵上部受力分析

在抽油泵上冲程和下冲程时作用在光杆上的静载荷是

$$F_u = W_{rf} + F_o \tag{3-2-47}$$

$$F_d = W_{rf} \tag{3-2-48}$$

其中

$$F_o = A_p(p_a - p_u)$$

式中　F_u——抽油泵上冲程作用在光杆上的静载荷,N;

　　　F_d——抽油泵下冲程时作用在光杆上的静载荷,N;

　　　F_o——上冲程作用在柱塞上的液体力,N;

　　　W_{rf}——抽油杆在井筒流体中的重力,N;

　　　A_p——抽油泵柱塞面积,m^2;

　　　p_a——作用在柱塞上部的压力,Pa;

　　　p_u——作用在柱塞下部的面积的压力(图 3-2-3),Pa。

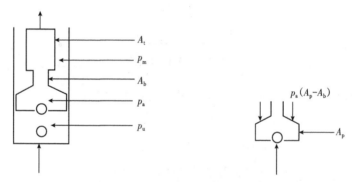

图 3-2-3　下冲程抽油泵柱塞受力

式(3-2-47)还可写成

$$\begin{aligned}
F_u &= W_{ra} - p_m(A_t - A_b) + p_a(A_p - A_b) - p_u A_p \\
&= \underbrace{W_{ra} - p_m(A_t - A_b) - p_a A_b}_{} + A_p(p_a - p_u) \\
&= W_{rf} + F_o
\end{aligned} \tag{3-2-49}$$

上冲程过程中,游动阀关闭,柱塞内的压力 p_a 与油管内的压力 p_m 相等,式(3-2-49)简化为

$$F_u = W_{ra} - p_a A_b + A_p(p_a - p_u) = W_{rf} + F_o \tag{3-2-49a}$$

上冲程时作用在柱塞上的静力方程可表示为

$$\begin{aligned}
F - p_a(A_p - A_b) + p_u A_p &= 0 \\
F &= A_p(p_a - p_u) - p_a A_b \\
F &= F_o - p_a A_b
\end{aligned} \tag{3-2-50}$$

式中　W_{ra}——抽油杆在空气中的重力，N；

　　　A_t——顶部抽油杆的横截面积，m^2；

　　　A_b——底部抽油杆的面积，m^2。

下行程时作用在光杆上的静载荷可表示为

$$F_d = W_{ra} - p_m(A_t - A_b) + p_a(A_p - A_b) - p_u A_p$$
$$= \underbrace{W_{ra} - p_m(A_t - A_b)}_{} - p_a A_b$$
$$= W_{rf} \qquad\qquad (3-2-51)$$

下行程中，游动阀打开，作用在柱塞底部的压力 p_u 与作用在柱塞内的压力 p_a 及作用在油管柱内的压力 p_m 相等（图 3-2-4），即 $p_u = p_a = p_m$，则有

$$F_d = W_{ra} - p_a A_t = W_{rf} \qquad\qquad (3-2-51a)$$

下冲程的泵上部静力方程为

$$F - (A_p - A_b) p_a + p_u A_p = 0 \qquad\qquad (3-2-52)$$

所以

$$F = -p_a A_b \qquad\qquad (3-2-53)$$

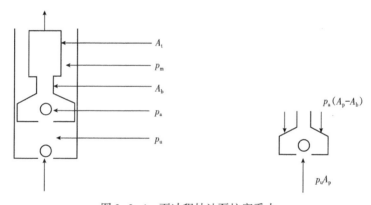

图 3-2-4　下冲程抽油泵柱塞受力

从上面分析可知，泵在下冲程过程中，忽略了摩阻影响抽油泵的底部靠近泵端处于压缩状态。但 Jeams Lea 于 1990 年根据鲁宾斯基提出的"有效虚拟力"的概念，认为究竟底部有没有弯曲的趋势，一个浸入流体里的杆的柱状弯曲是由有效力控制。有效力与实际力的关系是

$$T_{eff} = T_{true} + p_o A_o \qquad\qquad (3-2-54)$$

式中　T_{eff}——有效力，N；

　　　A_o——抽油杆横截面积，m^2；

　　　p_o——作用在抽油杆外部横截面的压力，Pa；

　　　T_{true}——实际力，N。

分析上式可知，T_{true} 就是下冲程中下部杆受的力 $F = -A_b p_a$，$p_o A_o$ 就是有效虚力。这里 $p_o = p_a$，$A_o = A_b$。因此，用 Jeams Lea 给出的上式计算抽油井底端的有效力。

$$T_{eff} = T_{true} + p_o A_o = 0$$

从上式似乎看出有效力为零,抽油杆底部不受压缩力。当泵径不超过70mm时,柱塞与衬套间的摩擦力小于1717N。王鸿勋等1989年在直井内,抽油杆与油管之间的摩擦力通常不超过抽油杆重量的1.5%。因此可以看出,上式的不妥之处就在于忽略了泵内的摩擦力和流体经过游动阀的阻力影响,根据上节的"抽油杆柱上中和点的确定"可知,泵内的摩擦力和流体经过游动阀的阻力在抽油杆柱下行过程中是不能忽视的,它们是造成弯曲的主要压缩力。由表3-2-1可知,抽油过程中的各项摩擦阻力大于杆柱的临界弯曲压力,在抽油杆下行过程中,抽油泵上部的杆柱是弯曲的。这个分析也说明了为什么抽油杆底部故障率高的原因。由于弯曲总在泵柱塞与抽油杆的丝扣出发生,在抽油杆底部出现疲劳裂纹并进一步发展到横截面,最终导致抽油杆断脱。

事实上,作用在杆柱上轴向的外力就是浮力,由于浮力对于垂直在井筒中抽油杆而言,全部力均集中在底部。而"有效虚拟力"是抽油杆柱的横截面积与作用在抽油杆底端的液体压力的乘积。实际上在抽油杆下端处的浮力值就是这个压缩值。由于这两个值在数值上相等,如果在杆柱底部无其他轴向压缩力的作用时,抽油杆底部将无弯曲发生。因为,杆柱底部不仅有压缩力 $F=-A_b p_a$ 存在,而且泵内的摩擦力、流体经过游动阀的阻力和井筒内液体的阻尼力多项力的作用,这些力的共同作用结果将导致抽油杆柱在下行程中发生"螺旋弯曲"。

五、抑制杆管变形的措施

1. 张力锚

由于抽油杆管弯曲摩擦增加了光杆负荷和功率,采用防弯曲工具张力锚可得到双重效果,既降低负荷,完全避免了抽油杆损坏事故;又可在泵冲次相同和更多冲次下降低了抽油机系统功率的消耗。

当泵在下冲程时,液体载荷全加在油管上,油管柱被拉伸。另一方面,当泵在上冲程时,此液体载荷部分传递给泵的柱塞和抽油杆柱,导致管柱缩短。这种重复发生的油管缩短和拉伸现象通常即称为"油管呼吸作用"。

为防止在上冲程时油管发生弯曲,必须允许它在下冲程中自由伸长。但在上冲程时必须防止其缩短。必须将油管锚定在其拉伸最长的位置处。当油管在呼吸周期中油管锚达到最低位置时,抓住油管尾端就能阻止发生弯曲。

允许油管伸长,就能阻止它缩短的油管锚就叫张力锚;反之,压缩锚或钩壁锚就只允许油管缩短,但不准它伸长。

任一种油管抓持器倒装下井,就能起张力锚的作用。但是,在实用的工具上还必须装备一个或多个可靠的安全可收装置。

由于张力锚允许油管伸长,它的一种安装方法就是随油管下到井中。当泵开始抽吸后,随着油管内液体逐渐充满,液柱载荷和温度也逐渐增加,此锚允许油管在下冲程中逐渐伸长,在上冲程中,此锚都将阻止油管的回缩。于是,此锚将以它的作用方式逐渐下行,最后把油管锚定在拉伸最长的位置上。

一些油田井中的实验证明,与自由悬挂油管柱的情况相反,使用张力锚有惊人的好效果。在安装张力锚之前,这些井经常发生油管泄漏和油管及抽油杆损坏事故。张力锚克服了这些难题。另外在相同抽油条件下使用张力锚降低了功率消耗,提高了产量。张力锚的作用可以归结为以下两点。

其一,防止油管和抽油杆在上下冲程产生呼吸作用,提高泵的容积效率。第二,可消除油管、抽油杆弯曲,减少抽油杆在油管中的摩擦。提高泵效率,增加产量。

2. 尾管

上冲程的压力弯曲效应可被泵下方挂的尾管重量拉伸效应所反向平衡。所挂尾管在液体中的重量必须等于 f。

若井较浅不能容纳控制弯曲的足够长的尾管,可在泵下悬挂短加重管柱。但是,与使用张力锚相比,尾管的优点是回收管柱时安全性好。另一方面,其缺点是不能防止降低泵效率的呼吸现象。加重管柱装在泵上方,而不是挂在泵下方。这不能完全克服弯曲现象,但能使它变为最小,并局限于泵上方的短区间内。总的看来,在泵下悬挂尾管更有吸引力。若尾管重不足,难以防止弯曲,但使用后仍将会把弯曲的有害影响减到最小。

3. 加装抽油杆导向器

抽油杆导向器用于降低弯曲井眼摩擦。它们也能使油管弯曲影响最小。为有效地将弯曲作用减为最小,必须在泵和中和点之间的杆柱上适当安置导向扶正器。

据某油田使用抽油杆导向器结果看出,抽油杆在油管上摩擦损坏的平均事故发生率减少了。注意到该油田用摩擦锚得到了更好结果,考虑到杆导向器不能防止弯曲,能减少其有害影响。

尽管推导的是理想化的系统,式(3-2-55)可给出杆导向器所需的间距。

$$\Delta G = 2.53 \times 10^5 \sqrt{\frac{D^4 - d^4}{qG}} \qquad (3-2-55)$$

式中　ΔG——两相邻导向器所需间距,m;

　　　G——两只导向器中较低者到中和点的距离,m;

　　　D——油管外径,m;

　　　d——油管内径,m;

　　　q——对于工作液面下方的导向器,q 是油管在液体中的重量,N/m。

对于工作液面上方的导向器:

$$q = q_a + w_i - w_o$$

式中　q_a——管在空气中每米重量,N/m;

　　　w_i——油管内液柱的每米重量,N/m;

　　　w_o——油管排出的外部液柱的每米重量,N/m。

对于工作液面在泵位置处的情况,此处管柱外面无液体,所以 w_o 是零,$q = q_a + w_i - w_o$ 可以写成:

$$q = q_a + \delta a_i$$

式中　δ——管柱内液压梯度,Pa/m;

　　　a_i——油管内径截面积,m²。

泵附近的导向器间距最接近。随着接近中和点,此间距逐渐减少。中和点上方不需要用导向器控制弯曲影响,尽管它们在严重狗腿处仍有用处。在工作液面低的井中,必须以很靠近的间距在泵附近安装导向器。

强调指出:抽油管柱的中和点是轴向应力等于径向应力和切向应力平均值处的点。中和点以下处于不平衡状态,中和点处则杆柱处于中性平衡状态。中和点并不是杆柱弯与不弯的分界点;抽油杆柱在下行过程中,根据压杆稳定准则可知,其下行阻力足以使抽油杆柱发生弯曲,抽油杆柱弯曲的临界压力远远低于使杆柱产生弯曲的下行压缩力;抽油过程中弯曲造成的危害除影响抽油泵的有效行程以外,还增加了对抽油杆安全性的威胁,弯曲下的扭矩产生弯矩而造成抽油杆脱扣酿成事故;泵筒上部油管柱外部有无液体压力作用,通常情况下 H 大于沉没度 h 油管柱是不会失稳的;频繁弯曲的结果是抽油杆磨损油管加剧,造成油管漏失。弯曲摩擦增加了光杆负荷和功率消耗。加重泵磨损。当自由悬挂油管时,泵效率受已知油管的呼吸作用和新发现的油管弯曲现象的有害影响。可用安装张力锚和泵下悬挂重量足够的尾管使油管弯曲的危害最小。

六、附录

在均布轴向力下抽油杆弯曲,假设在均匀轴向载荷的作用下抽油杆柱发生微小的横向屈曲,可以由挠曲线微分方程的积分式求得载荷的临界值。这可以采用能量法求得近似解。取

$$y = \delta \left(1 - \cos \frac{\pi x}{2l} \right)$$

作为挠曲线的近似表达式,对于受作用在一端的压缩载荷而发生屈曲的情形,此为真实曲线,在 mn 处由该截面以上的载荷产生的弯矩为

$$M = \int_x^l q(\eta - y)\,\mathrm{d}\xi$$

将式 $y = \delta \left(1 - \cos \dfrac{\pi x}{2l} \right)$ 代入上式并令

$$\eta = \delta \left(1 - \cos \frac{\pi \xi}{2l} \right)$$

对 ξ 积分后得

$$M = \delta q \left[(l-x) \cos \frac{\pi x}{2l} - \frac{2l}{\pi} \left(1 - \sin \frac{\pi x}{2l} \right) \right]$$

将此式代入弯曲变形能的表达式得

$$U = \int_0^l \frac{M^2}{2EI}\,\mathrm{d}x = \frac{\delta^2 q^2 l^3}{2EI} \left(\frac{1}{6} + \frac{9}{\pi^2} + \frac{32}{\pi^3} \right)$$

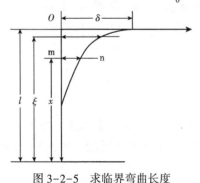

图 3-2-5　求临界弯曲长度

在计算横向屈曲中分布载荷的位能减少量时,由于在截面 mn 处(图 3-2-5)挠曲线微段 ds 倾斜,上面这部分载荷受一向下的位移,其大小等于

$$\mathrm{d}s - \mathrm{d}x \approx \frac{1}{2} \left(\frac{\mathrm{d}y}{\mathrm{d}x} \right) \mathrm{d}x$$

而相应的位能减少

$$\frac{1}{2} \left(\frac{\mathrm{d}y}{\mathrm{d}x} \right)^2 q(l-x)\,\mathrm{d}x$$

屈曲时载荷位能的总减少量为

$$U_1 = \frac{1}{2}q\int_0^l \left(\frac{\mathrm{d}y}{\mathrm{d}x}\right)^2 (l-x)\,\mathrm{d}x = q\,\frac{\pi^2\delta^2}{8}\left(\frac{1}{4}-\frac{1}{\pi^2}\right)$$

又因 $U = U_1$，从而得抽油杆柱失稳的载荷是

$$(ql)_{\mathrm{cr}} = \frac{7.89EI}{l^2}, P_{\mathrm{cr}} = \frac{7.89EI}{l^2}$$

于是

$$q = 0.794\,\frac{\pi^2 EI}{l^3}$$

求得临界弯曲长度

$$l = \left(\frac{0.794\pi^2 EI}{q}\right)^{1/3}$$

第四节　混合抽油杆抽油过程惯性超行程

本章介绍了玻璃钢抽油杆的性能特点，进行了玻璃钢杆和钢杆在抽油过程中的有效冲程的分析，导出了玻璃钢杆和钢杆在相同条件下实现惯性超行程的条件，最后还指出，玻璃钢杆与钢杆相比冲程损失比钢杆大，失效率高，目前抽油条件下，惯性超行程的条件必须要在较高冲次下实现。采用长冲程泵、小泵径和高冲次采油从理论上讲实现超行程是可能的。但长冲程条件下如果采用过高冲次是无法实现的。杆柱设计和泵效计算应引起用户或研究者的重视。

玻璃钢抽油杆是 20 世纪 70 年代末投入现场试验的采油新工艺技术，国内于 80 年代开始研制，90 年代投入较大规模现场应用。在国内外都有不少学者撰文指出玻璃钢抽油杆由于弹性大的特点，在抽油过程中可实现井下泵超行程，提高泵效，增加产量。在中原油田、胜利油田、华北油田、大港油田等相继使用了玻璃钢抽油杆欲实现抽油机井的节能降耗，达到提高系统效率的目的。许多油田应用玻璃钢抽油杆技术，主要想解决高压低渗透、高含水区块的小泵深抽、大泵提液的工艺配套问题。本节从理论分析后提出玻璃钢杆与钢杆相比冲程损失比钢杆大，失效率高，应根据油田实际情况使用。

一、玻璃钢抽油杆的特点

1. 优点

玻璃钢抽油杆重量轻(钢抽油杆密度 $7.83\mathrm{g/cm}^3$，玻璃钢抽油杆密度 $2.02\mathrm{g/cm}^3$)，可以减少抽油机的悬点负荷和功率消耗。

弹性模量低(钢抽油杆弹性模量 $20.68\times10^4\mathrm{MPa}$，玻璃钢抽油杆弹性模量 $4.96\times10^4\mathrm{MPa}$)。

抗拉强度是同直径钢质杆的两倍(直径 22mm，玻璃钢杆 $\sigma_{\mathrm{b}} = 1227\mathrm{MPa}$；相同直径的钢抽油杆 $\sigma_{\mathrm{b}} = 965\mathrm{MPa}$)，可减少钢材的占有量。

2. 缺点

价格高，国产直径 25mm 的玻璃钢抽油杆(常简称为玻杆)63~65 元/m，比钢抽油杆贵 1倍；不能受压，即不能承受轴向压载荷；抗扭强度低，不能承受扭力；使用温度不能超过

136℃;报废杆不能回收利用。

二、杆管变形造成的冲程损失

由胡克定律 $\Delta l = \int_0^l \dfrac{P_{(x)}\,\mathrm{d}x}{EA}$ 得杆管的伸长变形为

$$\lambda = \lambda_{管} + \lambda_{杆}$$

$$= g\rho F_z (H - H_c)\left(\frac{H}{E_t F_t} + \frac{1}{E_g}\sum_{i=1}^{n}\frac{H_{gi}}{F_{gi}} + \frac{1}{E_s}\sum_{i=1}^{n}\frac{H_{si}}{F_{si}}\right)$$

$$= g\rho D_z^2 (H - H_c)\left[\frac{H}{E_t(D_1^2 - D_2^2)} + \frac{1}{E_g}\sum_{i=1}^{n}\frac{H_{gi}}{d_{gi}^2} + \frac{1}{E_s}\sum_{i=1}^{n}\frac{H_{si}}{d_{si}^2}\right] \tag{3-2-56}$$

式中　D_z——柱塞直径,m;

　　　F_z——柱塞面积,m²;

　　　D_1——油管外径,m;

　　　D_2——油管内径,m;

　　　E_g——玻杆弹性模量,Pa;

　　　E_s——钢杆弹性模量,Pa;

　　　H_{gi}——i 级玻杆下深,m;

　　　H_{si}——i 级玻璃钢杆下深,m;

　　　d_{gi}——i 级玻杆的直径,m;

　　　d_{si}——i 级钢杆的直径,m;

　　　F_t——油管面积,m²;

　　　F_{gi}——第 i 级玻璃钢杆面积,m²;

　　　F_{si}——第 i 级钢杆面积;

　　　H——泵挂深度,m;

　　　H_c——泵的沉没度,m。

为了研究问题方便,先研究一下玻璃钢杆和钢杆单一组合的弹性伸长变形问题。

$$\lambda_g = gD_z^2 \rho_o (H - H_c)\frac{H}{E_g d_g^2} \tag{3-2-57}$$

$$\lambda_s = gD_z^2 \rho_o (H - H_c)\frac{H}{E_s d_s^2} \tag{3-2-58}$$

式中　λ_g——玻杆的弹性伸长变形,m;

　　　λ_s——钢杆的弹性伸长变形,m。

由式(3-2-57)与式(3-2-58),得

$$\frac{\lambda_g}{\lambda_s} = \frac{E_s}{E_g}\left(\frac{d_s}{d_g}\right)^2 \tag{3-2-59}$$

当 $E_s = 2.07\times10^{11}$ Pa,$E_g = 0.469\times10^{11}$ Pa,$d_s = d_g$ 时,$\lambda_g = 4.169\lambda_s$。显而易见,玻杆的弹性伸长变形是钢杆的 4.169 倍。

三、惯性载荷产生的行程 λ_i 及惯性超行程的产生条件讨论

当悬点上行到上冲程或下冲程时,由于抽油杆在惯性力的作用下使抽油杆缩短或伸长。因此,在惯性载荷作用下使活塞行程比只有静载荷变形时要增加 λ_i。玻杆和钢杆的惯性行程分别由下式表示:

玻杆惯性行程 λ_{gi} 为

$$\lambda_{gi} = \frac{H^2 g \rho_g}{1790 E_g} S_g n_g^2 \qquad (3-2-60)$$

钢杆惯性行程 λ_{gi} 为

$$\lambda_{si} = \frac{H^2 g \rho_s}{1790 E_s} S_s n_s^2 \qquad (3-2-61)$$

所以,混合杆的惯性行程为

$$\lambda_m = \frac{H^2 g \rho_s}{1790 E_m} S n^2 \qquad (3-2-62)$$

式中　E_m——混合杆的弹性模量,Pa。

由式(3-2-60)与式(3-2-61),得

$$\frac{\lambda_{gi}}{\lambda_{si}} = \frac{E_s}{E_g} \cdot \frac{\rho_g}{\rho_s} \cdot \frac{S_g}{S_s} \cdot \left(\frac{n_g}{n_s}\right)^2 \qquad (3-2-63)$$

当 $S_g = S_s, d_s = d_g, \rho_g = 2.02 \text{g/cm}^3, \rho_s = 7.83 \text{g/cm}^3$ 时,代入式(3-2-63)得

$$\lambda_{gi} = 1.0729 \lambda_{si} \left(\frac{n_g}{n_s}\right)^2 \qquad (3-2-64)$$

式中　n_g——玻杆的冲次,min^{-1};

　　　n_s——钢杆的冲次,min^{-1}。

当 $n_g = n_s$ 时,虽然由于玻杆的弹性模量比钢杆低,但是钢杆的密度比玻杆的密度大,因此,惯性仅略大于钢杆的惯行冲程。

惯性超行程是 1938 年由美国 J. C. Coberly 提出的。在后来的几十年里诸多学者使用了这个概念,近几年来由于玻杆在油田的应用又有不少学者提出,由于玻杆的弹性模量低可产生惯性超行程,并把其作为推广玻杆的一个条件。但究竟什么是惯性超行程? 使用玻杆能否实现惯性超行程? 下面将进行分析。

前面已经分析了惯性载荷可产生惯性行程,这是客观事实。王鸿勋 1993 年是这样定义惯性超行程的,由于上冲程开始时载荷比下冲程开始时高,抽油杆缩短的这部分长度即为柱塞行程比光杆冲程增加的长度。1998 年,刘猛重新叙述了这个概念并称其为绝对超行程。柱塞的实际行程 S_p 可表示为

$$S_p = S - \lambda + \lambda_i \qquad (3-2-65)$$

式中　λ——抽油管柱的弹性伸长,m;

λ_i——抽油杆的惯性行程,m。

要想有惯性超行程存在,就要 $\lambda_i > \lambda$ 成立。

由式(3-2-56)和式(3-2-62)得

$$\frac{H^2 g \rho_s}{1790 E_m} S n^2 > g \rho D_z^2 \left[\frac{H}{E_t(D_1^2 - D_2^2)} + \frac{1}{E_g} \sum_{i=1}^n \frac{H_{gi}}{d_{gi}^2} + \frac{1}{E_s} \sum_{i=1}^n \frac{H_{si}}{d_{si}^2} \right] (H - H_c) \quad (3-2-66)$$

由式(3-2-66)按单级杆经简化得钢杆和玻璃钢杆要实现惯性超行程的条件分别为

$$n_s > 13.515 \sqrt{\frac{H \; H_c}{H}} \sqrt{\frac{\rho_o}{\rho_s}} \sqrt{\frac{g}{S_s}} \sqrt{\frac{D_z^2}{d_s^2} + \frac{D_z^2}{D_1^2 - D_2^2}} \quad (3-2-67)$$

$$n_g > 13.515 \sqrt{\frac{H - H_c}{H}} \sqrt{\frac{\rho_o}{\rho_g}} \sqrt{\frac{g}{S_g}} \sqrt{\frac{D_z^2}{d_s^2} + \frac{D_z^2 E_g}{(D_1^2 - D_2^2) E_t}} \quad (3-2-67a)$$

由式(3-2-67)和式(3-2-67a)可看出,当管柱和杆柱尺寸不变时,冲程越大,抽油泵柱塞越小,越容易达到上述实现惯性超行程的条件,下面给出一算例。

当 $H - H_c = 1200$m, $\rho_g = 2.02$g/cm³, $\rho_s = 7.83$g/cm³, $\rho_o = 0.89$g/cm³, $g = 9.8$m/s², $H = 1500$m, $S_s = 3$m, $D_z = 32$mm, $D_1 = 73$mm, $D_2 = 62$mm, $d_s = 25$mm 时,将上式数据代入式(3-2-67)和式(3-2-67a)得到:$n_s > 11$min⁻¹, $n_g > 19$min⁻¹。

通过计算可知,钢杆和玻杆若要真正实现惯性超行程从理论上来讲,必须使抽油机冲次分别大于 11min⁻¹和 19 min⁻¹,如果采用玻杆其密度比钢杆小,所得冲次比钢杆还要大。不但高冲次对于正常抽油都是不利的,而且在长冲程下实现高冲次是有一定范围的。值得一提的是,从这个理论提出来以来,没有见到有一口井实现过这个操作的报道。不要把惯性行程误认为惯性超行程。

玻杆与钢杆相比没有显示出优点,价格比钢杆贵1倍。玻杆受压缩力差,易受压损伤,抗扭能力差,建议在斜井或直井中狗腿角度严重的井中避免使用。

由于玻杆弹性模量小于钢杆,因此所造成的冲程损失是钢杆的 4.169 倍。单纯强调玻杆弹性模量小于钢杆就可形成惯性超行程,经本章研究认为,形成惯性超行程必须在较高冲次下才能实现。抽油机在较高冲次下长期工作,可使得抽油杆在短期内疲劳失效。

研究证明,企图利用惯性超行程提高泵效是不可取的。长冲程抽油机其冲程达到 5m 时,就理论上来讲,实现超冲程是可能的。但长冲程机其冲次都是较低,实际当中无法实现惯性超行程。因此,工程概念要严格定义,准确理解,以免给工程造成误导,给企业带来严重的经济损失。

通过进行了玻璃钢杆和钢杆在抽油过程中的有效冲程的分析,首次导出了玻璃钢杆和钢杆在相同条件下实现惯性超行程的条件,对抽油杆柱的设计提供了又一个判断标准。研究还指出,玻璃钢杆与钢杆相比冲程损失比钢杆大,失效率高,目前抽油条件下,惯性超行程的条件必须要在较高冲次下实现。采用长冲程泵、小泵径和高冲次采油从理论上讲实现超行程是可能的。但长冲程条件下如果采用过高冲次是无法实现的。形成惯性超行程必须在较高冲次下才能实现。抽油机在较高冲次下长期工作,可使得抽油杆在短期内疲劳失效。就理论上来讲,实现超冲程是可能的。但长冲程机其冲次都是较低,实际当中无法实现惯性超行程。

第五节　抽油杆动载荷与共振对抽油特性影响研究

在抽油过程中由于抽油机的运转带着抽油杆和液柱作变速运动,从而引起抽油杆柱的弹性振动,它所产生的振动载荷作用在悬点上直接影响抽油过程中的特性。人们研究的抽油杆在井中的惯性超行程,实际上是在共振条件下才有可能发生的一种现象。抽油过程中自然频率等于激振频率是发生共振的必要条件但不是充分必要条件。引起共振的另一重要因素不仅与激振点附近的时间长短有关,而且与共振点附近的振动相位有关,当局部共振点的相位互相重叠且相互一致,抽油杆系也可能发生共振。本章进一步探讨了抽油过程中发生共振的条件及共振对抽油特性产生的影响。

一、问题的提出

抽油机从上冲程到液柱载荷加载完毕之后,抽油杆柱带着活塞随悬点做变速运动,在此过程中,除了液柱和抽油杆产生的静载荷之外,还会在抽油杆上引起振动载荷。这种载荷一般分为两项:抽油杆初期变形引起的杆柱纵振产生的振动载荷和抽油杆柱做变速运动所产生的惯性载荷。众所周知,任何物体受外力后都会产生机械振动。若施力于一端固定的抽油杆,则此力将以应力纵波的形式传递给整个抽油杆柱,波速等于抽油杆材料中的音速,当纵波到达抽油杆的另一端后,又返回到原点,如此反复进行。这样,抽油杆便产生了自然振动。J. 扎巴 1978 年认为,1200m 的钢质抽油杆的自然振动频率为 59.25s^{-1}。若抽吸运动的频率和它相同,就会产生同步振动。这种振动称为一级振动,它的每一个波因新的能量补充而会更加强烈。若振动周期是自然频率的一半则称为二级振动。其他速度则为非同步振动。以前的研究者认为,其同步速度也即共振速度,在共振速度下会导致抽油杆光杆载荷异常增加。共振速度是不宜采用的。一些研究认为,当抽油杆柱的振动频率等于固有频率时,抽油杆的动载荷及弹性作用所引起的柱塞的惯性超行程对抽油是有利的。究竟抽油过程中的动载荷和共振效应如何影响抽油系统特性? 本章将进行较深入的研究。

二、抽油过程中的振动动载分析

游梁式抽油机在抽油过程中,1963 年 Gibbs、1994 年崔振华和 1995 年李桂喜等假设抽油杆为等直弹性杆,抽油机的悬点运动,激发的抽油杆的纵向振动可用下面的微分方程描述:

$$\begin{cases} \dfrac{\partial^2 u}{\partial t^2} = a^2 \dfrac{\partial^2 u}{\partial x^2} + \beta \dfrac{\partial u}{\partial t} \\[2mm] u(0,t) = \dfrac{s}{2}\sin\omega t \\[2mm] u_x(l,t) = -\dfrac{m}{EA}u_{tt}(l,t) \end{cases} \tag{3-2-68}$$

解式(3-2-68)的微分方程得抽油杆柱的振动位移为:

$$u = \left(\frac{\pi^2 m n^2 x}{900EA - \pi^2 lmn^2} + 1 \right) \frac{s}{2}\sin\omega t + \sum_{n=1}^{\infty} \frac{p_n}{a}\sin\frac{p_n x}{a}(C_n\sin\omega t + D_n\cos\omega t)$$

由于 $F = EA \dfrac{\partial u}{\partial x}$,所以

$$F = \left(\frac{\pi^2 EAsmn^2}{1800EA - 2\pi^2 lmn^2}\right)\sin\omega t - EA\sum_{n=1}^{\infty}\frac{p_n}{a}\cos\frac{p_n x}{a}(C_n\sin\omega t + D_n\cos\omega t) = A_F\sin(\omega t + \phi)$$

$$(3-2-69)$$

式(3-2-69)的方程常数为

$$C_n = \frac{\omega(p_n^2 - \omega^2) - \beta^2\omega}{(p_n^2 - \omega^2) + \beta^2\omega^2}f_n$$

$$D_n = \frac{\omega(p_n^2 - \omega^2) + \beta\omega^2}{(p_n^2 - \omega^2) + \beta^2\omega^2}f_n$$

$$f_n = \frac{2a^2 f_0}{p_n^2 l}\left(\sin\frac{p_n l}{a} - \frac{p_n l}{a}\cos\frac{p_n l}{a}\right) + \frac{as\omega}{p_n l}\left(1 - \cos\frac{p_n l}{a}\right)$$

$$A_F = \sqrt{A_{F_1}^2 + A_{F_2}^2}, \phi = \tan\frac{A_{F_1}^2}{A_{F_2}^2}$$

$$A_{F_1} = EA\left(\frac{\pi^2 n^2 m}{1800EA - 2\pi^2 n^2 lm} + \frac{1}{a}\sum_{n=1}^{\infty}p_n C_n\cos\frac{p_n x}{a}\right)$$

$$A_{F_2} = \frac{EA}{a}\sum_{n=1}^{\infty}p_n D_n\cos\frac{p_n x}{a}$$

式中　a——声波在钢中的传播速度,m/s;

　　　β——液体对抽油杆的阻尼系数, $\beta = c/\rho A$, $\mathrm{s^{-1}}$;

　　　c——抽油杆在液体中的阻力系数,kg/(m·s);

　　　E——杆的弹性模量,Pa;

　　　ρ——抽油杆的密度,kg/m³;

　　　m——抽油泵及上面液柱的质量,kg;

　　　A——抽油杆横截面积,m²;

　　　s——光杆冲程,m;

　　　n——抽油冲次, $\mathrm{min^{-1}}$;

　　　l——泵挂深度,m;

　　　ω——悬点的频率, $\mathrm{s^{-1}}$;

　　　p_n——抽油杆柱的第 n 阶频率, $\mathrm{s^{-1}}$;

　　　u——抽油杆的绝对位移,m;

　　　C_n、D_n——常数;

　　　A_F——抽油杆振动合成振幅,m;

　　　A_{F_1}——抽油杆振动正弦项振幅,m;

　　　A_{F_2}——抽油杆振动余弦项振幅,m。

由上式可以看出:动载荷随着泵深的增加而减小,随着冲程和冲次的增加而增加。

抽油杆随悬点做变速运动,由于强迫运动而在抽油杆柱内产生了一个附加的动载。为

研究问题方便，只考虑为抽油杆柱随悬点做加速运动而产生的惯性载荷。惯性载荷的大小取决于抽油杆的质量和悬点加速度在杆柱上的分布。可近似把悬点运动假设为简谐振动，悬点加速度 a_o 为

$$a_o = \frac{s}{2}\omega^2\cos\omega t' \qquad (3-2-70)$$

式中　t'——从上冲程开始算起的时间，s。

抽油杆距离悬点 x 处的加速度 a_x 为

$$a_x = \frac{s}{2}\omega^2\cos\omega\left(t' - \frac{x}{a}\right) \qquad (3-2-71)$$

在 x 处单元体上的惯性力 $\mathrm{d}F_i$ 将为

$$\mathrm{d}F_i = \frac{q_r}{2g}s\omega^2\cos\omega\left(t' - \frac{x}{a}\right)\mathrm{d}x \qquad (3-2-72)$$

式中　a——声波在抽油杆中的传播速度，m/s；

　　　q_r——每米抽油杆重力，N/m。

对式（3-2-72）从 0 到 L 积分得

$$F_i = \frac{\omega^2 s q_r a}{2g\omega}\left[2\sin\frac{\omega L}{2a}\cos\left(\omega t' - \frac{\omega L}{2a}\right)\right] \qquad (3-2-73)$$

因为 $\omega = \frac{\pi n}{30}$，令 $n_o = \frac{15a}{L}$，则式（3-2-73）变形得

$$F_i = \frac{snn_o}{1790}\frac{2q_r L}{\pi}\sin\frac{\omega L}{2a}\cos\left(\omega t' - \frac{\omega L}{2a}\right) \qquad (3-2-74)$$

式中　n——抽油机工作冲次，s^{-1}；

　　　n_o——抽油机抽油过程的固有频率，s^{-1}。

要使惯性力最小，$F_i = 0$。必须有：

$$\omega t' = \frac{\pi}{2} + \frac{\omega L}{2a}$$

当 $t' = \frac{L}{2a}$ 时，$\omega = \frac{\pi a}{L}$。

惯性力的最大值为：

$$F_i = \frac{snn_o}{1790}\frac{2q_r L}{\pi} \qquad (3-2-75)$$

由式（3-2-75）可看出，惯性力与抽油的冲次 n 和抽油杆柱的固有频率都成正比。

令 $C = \frac{snn_o}{1790}$，则式（3-1-75）可写成

$$F_i = \frac{2q_r L}{\pi}C \qquad (3-2-75a)$$

式中　C——惯性载荷系数,量纲1。

式(3-2-75a)中的 C 为惯性载荷特征系数,此值越大惯性载荷越大。因此,在实际抽油过程中采取低冲次,降低惯性载荷,对于提高整体抽油效果是有益的。

三、抽油过程中的共振分析

机械能守恒的谐振动是在一定条件下的科学抽象。而对于抽油杆的振动系统机械能往往传给了周围的液体和其他约束。这虽然只是机械能的转移,但对于抽油杆振动系统而言也是一种损耗。随着能量的逐渐损耗,振动强度也就逐渐减弱。所以,抽油杆在液体中的振动实际上表现为阻尼振动。

在阻尼振动中,一般情况假设阻力 h 正比于速度,如果运动质量为 m,抽油机悬点的位移可表示为

$$y_1 = \frac{s}{2}\cos\Omega t \tag{3-2-76}$$

柱塞位移是 y_2,抽油杆的相对位移是 $u = y_2 - y_1$。

质量 m 的运动方程可由下式描述:

$$m\ddot{y}_2 + h(\dot{y}_2 - \dot{y}_1) + k(y_2 - y_1) = 0 \tag{3-2-77}$$

$$m\ddot{u} + h\dot{u} + ku = -m\ddot{y}_1 \tag{3-2-78}$$

激振力可表示为　　　　$F = ma = m\ddot{y}_1 = -\frac{s}{2}\Omega^2\cos\Omega t$

如果式(3-2-77)用 u 表示,则式(3-2-78)改写为

$$m\ddot{u} + h\dot{u} + ku = F_o\cos\Omega t \tag{3-2-79}$$

解式(3-2-79)得

$$u = \frac{\frac{s}{2}\left(\frac{\Omega}{\omega}\right)^2}{\sqrt{\left[1 - \left(\frac{\Omega}{\omega}\right)^2\right]^2 + 4\beta^2\left(\frac{\Omega}{\omega^2}\right)^2}}\cos\left(\Omega t - \arctan\frac{2\beta\frac{\Omega}{\omega^2}}{1 - \left(\frac{\Omega}{\omega}\right)^2}\right) \tag{3-2-80}$$

其中　　　　　　　　　　$\beta = \frac{h}{2m}, \quad \omega = \sqrt{\frac{k}{m}}$

由式(3-2-80)可知,当阻尼忽略不计时,在抽油泵上下冲程一周 $t = 0 - T/2$ 时,$T = \frac{2\pi}{\Omega}$。

抽油杆的相对位移是

$$u = \frac{s\left(\frac{\Omega}{\omega}\right)^2}{1 - \left(\frac{\Omega}{\omega}\right)^2} \tag{3-2-81}$$

$$\omega = \frac{\pi N_o}{30}, N_o = \frac{15a}{L}, a = 5100\text{m/s}, N_o = \frac{76500}{L}, \Omega = \frac{\pi n}{30}, u = \frac{1.7}{10^{10}}s(Ln)^2 \tag{3-2-82}$$

当 $L=2000\text{m}, n=9\text{min}^{-1}, s=4$ 时，$u=0.22\text{m}$。

最大相对位移是

$$u = \frac{\dfrac{s}{2}\left(\dfrac{\Omega}{\omega}\right)^2}{1-\left(\dfrac{\Omega}{\omega}\right)^2} \qquad (3\text{-}2\text{-}83)$$

代入式(3-2-81)得

$$u = \frac{3.4}{10^{10}} s(Ln)^2 \qquad (3\text{-}2\text{-}84)$$

当增大抽油泵的冲次和泵挂深度和冲程长度时，都有益于增大抽油杆的惯性伸长量。式(3-2-82)是惯性载荷下产生的惯性伸长量，而不是吴则中 1993 年、李丽珍 1993 年、陈路原 1995 年、刘猛 1998 年分别撰文中提到的惯性超行程。有关产生惯性超行程的条件，窦宏恩 1999 年给出了较详细的讨论。但式(3-2-69)和式(3-2-75)分别说明增大抽油冲次分别增加了振动载荷和惯性载荷。因此，抽油泵的冲次不是可以随便增大的。

再来分析一下式(3-2-80)，如果抽油杆系经过平衡位置时，每次的激振力将都要传给抽油杆系一定能量，物体积累的能量越来越多，抽油杆系的振动就越剧烈，振幅越来越大，当振幅无限大时，也将是位移发生了无限大，这是共振有可能发生，条件是：

$$(\omega^2-\Omega^2)^2+4\beta^2\Omega^2=0 \qquad (3\text{-}2\text{-}85)$$

由式(3-2-85)有

$$\Omega = \sqrt{\omega^2-2\beta^2} \qquad (3\text{-}2\text{-}86)$$

由式(3-2-86)可知，有阻尼的振动其共振的必要条件并不是激振频率 Ω 等于自然频率 ω。

把式(3-2-86)代入式(3-2-80)求得共振振幅为

$$A = \frac{s\left[\omega^2-2\beta^2\right]}{4\beta\sqrt{\omega^2-\beta^2}} \qquad (3\text{-}2\text{-}87)$$

当 β 较小时，忽略 β^2 项，式(3-2-87)有

$$A = \frac{s\omega}{4\beta} = \frac{\pi n}{30} \cdot \frac{s}{4\beta}$$

取 $n=1,3,5,\cdots$，则

$$A_1 = \frac{s\omega}{4\beta} = \frac{\pi}{30} \cdot \frac{s}{4\beta}$$
$$A_3 = 3A_1$$
$$A_5 = 5A_1$$
$$\cdots\cdots$$

ω 称为基本频率，但当抽油杆的冲次 n 变化，使得共振振幅成奇数倍增长时共振有可能发生。是否在这个条件下就一定发生共振呢？通常理论认为：只要当自然频率等于激振频率就发生共振。激振频率等于自然频率是在忽略了阻尼因素后而得到的一个近似值。它只

是发生共振的必要条件。

实际上,共振时,振幅越来越大,式(3-2-80)描述的振动规律显然就不适用了。这时,振动时的振幅随时间 t 变化,为研究问题方便,假定振幅 A 随时间 t 而增长,即

$$A = A_1 t, \Phi_o = \arctan \frac{2\beta \dfrac{\Omega}{\omega^2}}{1 - \left(\dfrac{\Omega}{\omega}\right)^2}$$

所以由式(3-2-80)有

$$u = A_1 t \cos(\Omega t - \Phi_o) \tag{3-2-88}$$

将式(3-2-88)求导代入式(3-2-79)得

$$A_1 = \frac{\dfrac{s}{2}\Omega^2}{2\sqrt{(\Omega - \beta\Omega t)^2 + \beta^2}} \tag{3-2-89}$$

式(3-2-89)代入式(3-2-88)得

$$u = \frac{\dfrac{s}{2}\Omega^2}{2\sqrt{(\Omega + \beta\Omega t)^2 + \beta^2}} t \cos\left(\Omega t + \frac{\pi}{2}\right) \tag{3-2-90}$$

当假设为无阻尼振动,则

$$u = \frac{s\Omega}{4} t \cos\left(\Omega t + \frac{\pi}{2}\right) \tag{3-2-91}$$

由此可知,上面假定的共振与时间有关是合理的。共振发生时位移规律与激振力比较其相位超前 $\pi/2$;振幅与时间成正比的增加,振幅不断增加,抽油杆变形也随着不断增大,以致达到破坏。

式(3-2-91)说明:发生共振同时也与激振频率成正比。换句话说,抽油杆系的抽油冲次太高易加速共振发生,因此,抽油过程中不宜采用高冲次。

振动载荷所引起的附加载荷随着抽油冲次的增加而增加。惯性力产生的惯性载荷与抽油的冲次的三次方成正比,而与抽油杆在液体里的传播速度成反比;抽油杆系振动是阻尼振动,振荡产生的杆柱伸长对抽油杆抵消弹性伸长是有益的,但它是以增大抽油泵的冲次为代价的,这样势必增加了振动载荷和惯性载荷。因此,用增加抽油泵的冲次办法来企图增加泵的有效行程是不可取的;抽油过程中自然频率等于激振频率是发生共振的必要条件但不是充分必要条件。引起共振的另一重要因素不仅与激振点附近的时间长短有关,而且与共振点附近的振动相位有关,当局部共振点的相位互相重叠且相互一致,抽油杆系也可能发生共振。抽油杆系的抽油冲次太高易加速共振发生,因此,抽油过程中不宜采用高冲次。企图利用高冲次振荡采油提高泵效的做法是不足取的。

第六节　气体及泵内外压对抽油泵泵效的影响

本节分析了气体和泵在内外压作用下产生径向变形的两个关键因素对泵效的影响,分

析了气体影响泵效的形式和气体在抽油泵内气锁的形成条件。现场抽油泵下井泵隙选择与内外压作用下产生径向变形的关系及对抽油效率的影响条件。最后强调深井泵提高泵效的几个途径,以期对油田实际生产给以指导。

深井泵的井下效率是深井泵设计者和油田使用者共同关注的问题。油田企业从原来的计划经济的轨道向市场经济过度,企业效益越来越成为企业家和管理者追求的目的。油田的企业效益最终体现在经济产量上。一提到经济产量就直接关联到采油公司采出一吨原油的吨油成本。科研工作面向生产服务,科研生产一体化,就是要科技工作者转变观念。不仅要研究长期的战略性科技储备性项目,更重要的是要密切配合油田实际生产,研究出在实际生产中收益和见效快的新的采油工艺、新方法和新概念。因此,本章重点研究了气体和深井泵在内外压作用下产生径向变形的两个关键因素对泵效的影响。分析提出了气体影响形成"气锁"的临界条件,同时给出了深井泵下井选择泵隙的新概念。

一、气体对泵效的影响分析

常规抽油泵在气油比高的油井中抽油,上冲程中由于油液充满程度差,泵效低,更有危害的是在这种抽油井中抽油发生"液面冲击",加速了抽油杆柱、阀杆、阀罩、泵阀、油管等井下设备的损坏。在气油比较高的井中形成"气锁"。

在抽油过程中,当压力低于地层原油的饱和压力时,原油就会脱气,分离出气体(自由气),抽油泵在吸入游离气体后,其容积效率(即充满系数)就会降低,甚至为零(抽油泵"气锁")这种不出油,泵的效率从理论上讲是零。

二、"气锁"的形成

1986 年,陈宪侃在研究泵的沉没度时论述道:泵在吸入过程中,若泵的吸入压力低于气体溶于液体的饱和压力,溶于液体中的气体从液体中分离出来,或者泵内压力低于饱和压力引起了汽化,由于气体占据了泵筒的一部分容积,降低了泵筒的充满度。泵在下冲程时,泵内气体被压缩,直到气体压力大于或等于游动阀上的压力时,打开游动阀,开始排出过程。若柱塞到达下死点,游动阀仍打不开,柱塞上行程不能造成吸入。如此,泵在一个循环中不抽油,只是泵筒内的气体受压缩和膨胀,出现"气锁"。因此,气体对抽油泵产量的影响是部分抽油井泵效低的主要原因。

"气锁"一直被认为是影响抽油泵产量的一个主要因素,但没有研究气体影响泵效的定量关系,没有研究"气锁"的形成条件。

通常"气锁"形成时,泵腔的体积不是油而是气体,当余隙 V_r 较大时,上冲程泵腔的压力也相应增大,使得泵腔中的游动阀无法打开。可以认为,"气锁"是在气体进入泵腔以后的条件下才形成的,由于吸入过程中:

$$抽油腔总体积 = 抽油腔的活塞体积 + 余隙体积$$

因此,在下冲程抽油腔的活塞体积受到压缩,泵腔压力不能顶开排出阀释放出气体,使气体受到压缩,进入余隙中。在另一个循环中,柱塞上行,余隙中的气体体积膨胀,泵腔中压力增高,而导致固定阀无法打开。

三、"气锁"的临界条件

同样利用气体状态方程进行分析,仍然把上下冲程看成是两个不同的状态。

状态 1:在上冲程中,如图 3-2-6(a)所示,泵筒压力是 p_u。假设在沉没压力条件下,进入泵内的液体体积为 V_u,气体体积为 V_{ug},泵的余隙仍然是 V_r,活塞每一个冲程泵筒的体积为 V_p,这时,有下式成立:

$$V_p + V_r = V_{ou} + V_{ug} = V_{ou}(1+R) \qquad (3-2-92)$$

式中 R——泵内气液比,量纲 1。

状态 2:在下冲程中,如图 3-2-6(b)所示,当活塞下行到泵筒压力由 p_u 上升到 p_d 时,泵筒内的气体体积由 V_{ug} 变为 V'_{ug},油体积由 V_u 变为 V'_u,由于余隙影响,混合物 V'_{ug} 和 V'_u 中,仅有 V_p 的油气混合物被排出来,采出的油体积为 V_o,由于 V'_p 中含有游离气,此时:

$$V'_p + V_r = V'_{ug} + V'_{ou} \qquad (3-2-93)$$

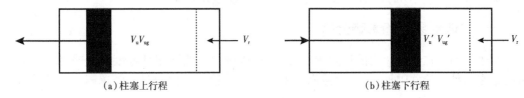

(a)柱塞上行程   (b)柱塞下行程

图 3-2-6 柱塞上下冲程

由于 $V_{ou} = V'_{ou}$,所以

$$V'_p + V_r = V'_{ug} + V'_{ou} = V_{ou} + V'_{ug} \qquad (3-2-94)$$

而由式(3-2-92)、式(3-2-94)得

$$V_{ug} = \frac{R}{1+R}(V_p + V_r) \qquad (3-2-95)$$

$$V'_{ug} = V'_p + V_r - \frac{R}{1+R}(V_p + V_r) \qquad (3-2-96)$$

设绝热指数 $k=1$,根据气体状态方程有

$$p_u V_{ug} = p_d V'_{ug} \qquad (3-2-97)$$

将式(3-2-95)、式(3-2-96)代入式(3-2-97)得

$$p_d = p_u \cdot \frac{\dfrac{R}{1+R}(V_p + V_r)}{V'_p + V_r - \dfrac{R}{1+R}(V_p + V_r)} \qquad (3-2-98)$$

当"气锁"发生时,有下式成立:

$$V'_p + V_r - \frac{R}{1+R}(V_p + V_r) = 0 \qquad (3-2-99)$$

又 $$\beta = \frac{V_r}{V_p}$$

式中 β——余隙比,量纲 1。

从上式求得当泵内的排出混合物体积与活塞让出的体积比 K 为

402

$$K = \frac{V'_p}{V_p} = \frac{1 - \beta R}{1 + R} \qquad (3-2-100)$$

泵腔内有"气锁"发生,进一步讨论上式。

(1)当β值越大时,K值越小,泵的充满程度越低,在泵的安装时要确定合理的防冲距,以减小余隙,提高泵效。

(2)当气油比R越大时,K值越小。因此,在泵的安装过程中还需要确定泵的合理沉没度,防止更多的游离气进泵而影响泵效。

四、抽油泵间隙及抽油泵内外压力对抽油的影响

抽油泵的柱塞在泵筒中运动由于柱塞与泵筒间存在一定的间隙,在柱塞与泵筒间就有漏失存在。这种漏失与同心圆柱环行间隙流动相似。力学模型如图3-2-7所示。

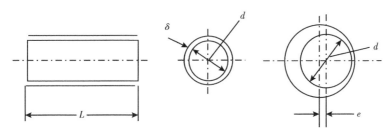

图 3-2-7　抽油泵柱塞与泵筒的关系图

抽油泵的泵筒与柱塞间的漏失可用下式表示:

$$Q_1 = \frac{\pi d \delta^3}{12 \eta L} \Delta p (1 + 1.5\varepsilon) \qquad (3-2-101)$$

其中
$$\varepsilon = \frac{e}{\delta}$$

式中　ε——偏心率,量纲1;

　　　e——偏心距,m;

　　　δ——柱塞与泵筒间的间隙,m;

　　　d——柱塞直径,m;

　　　L——柱塞长度,m;

　　　η——液体的动力黏度,m²/s。

当$\varepsilon = 0$时,即无偏心存在。

$$Q_1 = \frac{\pi d \delta^3}{12 \eta L} \Delta p \qquad (3-2-102)$$

当$\varepsilon = 1$时,即$e = C$

$$Q_1 = 2.5 \frac{\pi d \delta^3}{12 \eta L} \Delta p \qquad (3-2-103)$$

由此可见,完全偏心的漏失量是同心时的2.5倍。故在抽油泵泵筒制造时要尽量保证泵柱塞和泵筒同心。

1989 年邓敦夏将抽油泵泵筒可看成是一厚壁圆筒,在抽油过程中,泵筒即受到外压作用又受到内压作用。泵筒势必要发生径向变形,其变形用拉梅(Lame)公式表述:

$$\delta = \frac{1-v}{E} \cdot \frac{r_i^2 p_i - r_o^2 p_o}{r_o^2 - r_i^2} \cdot r + \frac{1+v}{E} \cdot \frac{r_i^2 r_o^2 (p_i - p_o)}{(r_o^2 - r_i^2) \cdot r} \qquad (3-2-104)$$

式中　v——钢的泊松比,取 0.3;

E——钢的弹性模量,2.1×10^5MPa;

r_i——泵筒的内半径,mm;

r_o——泵筒的外半径,mm;

p_i——泵筒承受的外压,MPa;

p_o——泵筒承受的内压,MPa;

r——位移点半径,mm。

计算泵筒内壁的径向位移。当 $r=r_i$ 时,整理式(3-2-104)可求得泵筒间隙与内外压的关系式为

$$\delta = \frac{r_i}{E(r_o^2-r_i^2)} \left[(1-v)(r_i^2 p_i - r_o^2 p_o) + r_o^2(1+v)(p_i-p_o) \right] \qquad (3-2-105)$$

由于 $p_i = 0.0098 H_i \rho, p_o = 0.0098 H_o \rho$,所以

$$\delta = 9.8 \times 10^{-3} \rho \frac{r_i}{E(r_o^2-r_i^2)} \left[(1-v)(r_i^2 H_i - r_o^2 H_o) + r_o^2(1+v)(H_i-H_o) \right] \qquad (3-2-106)$$

当泵筒外径和内径尺寸一定时,讨论上式在 p_i 和 p_o 变化时的 δ 变化。当 $p_i > p_o, \delta > 0$ 时,泵筒向外膨胀变形;当 $p_i < p_o, \delta < 0$ 时,泵筒向内收缩变形。

$$H_o = \frac{H_i}{20} \left[7\left(1 - \frac{T}{r_o}\right)^2 + 13 \right] - \delta \cdot \frac{E(r_o^2 - r_i^2)}{2r_o^2 r_i} \qquad (3-2-107)$$

式中　T——泵筒的壁厚,$T = r_o - r_i$,mm;

H_i——泵挂深度,m;

H_o——泵的沉没度,m。

假设泵筒的径向变形为 0,在理论上则有下式成立:

$$H_o = \frac{H_i}{20} \left[7\left(1 - \frac{T}{r_o}\right)^2 + 13 \right] \qquad (3-2-108)$$

从泵筒的几何变形角度考虑泵筒的下深时,泵筒的壁越厚所需沉没度就越小。上式从理论上给出了泵的下深与沉没度及泵筒几何尺寸间的关系。

算例:当 $r_o = 37.5$mm;$r_i = 28.5$mm;$H_i = 2000$m,计算得沉没度 $H_o = 1704$m。假设有一泵的间隙为 $\delta = 0.003$mm,泵挂深度 $H = 1177$m,$r_o = 37.5$mm;$r_i = 28.5$mm;求沉没度 $H_o = 514$m。

由此可看出,要使泵筒不发生径向变形在实际当中是不存在的。当泵的下深一定时,可以确定一个合理的泵筒间隙,根据式(3-2-108)可确定泵的合理沉没度。反之,可由下泵深度和泵的沉没度求得泵筒的径向变形,确定合理的柱塞与泵筒的间隙。

由上面讨论可知,泵筒在内外压作用下本身产生的径向变形对于下井泵的间隙选择是

不能忽视的。选泵过程中首先应采用上式进行计算变形,然后再选泵的间隙。

在气油比大的井中确定合理的防冲距,以保证较小的余隙体积,防止过多的游离气流在余隙空间,产生气体的膨胀和压缩,而最终形成"气锁"。

根据本章导出的气锁产生的临界条件,对气油比较大的井进行计算分析尽量避开气锁条件。

泵筒在内外压作用下的径向变形不可忽视,现场下井抽油泵的泵间隙选择应在计算获得了变形状况以后,再选泵的间隙才是比较合理的。由于内外压作用下的泵筒径向变形,因此,泵隙的选择应根据径向变形产生的漏失量大小来确定才是正确的。

分析了气体和泵在内外压作用下产生径向变形的两个关键因素对泵效的影响。气体影响泵效的形式和气体在抽油泵内气锁的形成条件。首次导出的气锁产生的临界条件,对气油比较大的井进行计算分析尽量避开气锁条件。现场抽油泵下井泵隙选择与内外压作用下产生径向变形的关系及对抽油效率的影响条件。由于内外压作用下的泵筒径向变形,因此,泵隙的选择应根据径向变形产生的漏失量大小来确定才是正确的。研究最后强调深井泵提高泵效的几个途径,以期对油田实际生产给以指导。

第七节　抽油系统电机效率及节能计算

游梁抽油机是油田用于进行原油开采的主要设备,一台抽油机配用的电机的额定功率通常是几十千瓦,而在实际抽油过程中由于抽油机的上下冲程负荷交替变化,使用的功率远远低于额定功率值。由于这些原因,近年来游梁抽油机节能技术及方法研究极大地引起了研究者和一些制造厂商的重视。最终导致多种节能抽油机、节能电机和控制系统被研制出来。一些研究者和制造厂商纷纷宣称节能率可达 30%~40%。节能的潜力在哪里? 在油田实际应用中,游梁抽油机的节能率的计算方法是否正确? 这将是本节研究回答的重点问题。

一、抽油机的能耗计算

游梁式抽油机能耗主要是上冲程中电机承受着较大的负荷,下冲程中抽油机反而带着电机运行,从而造成功率的浪费。减低了电机效率和寿命,抽油机上下冲程的悬点载荷不同,而造成电机在上下冲程中所做的功不相等所致。

由电机理论可知,异步电机的能耗可由下式表示:

$$P_i = P_o + P_s + \beta^2 P_m \tag{3-2-109}$$

其中

$$P_m = P_n(1/\eta_n - 1) - p_s$$

$$\beta = \frac{P_o}{P_n}$$

式(3-2-109)可写为

$$P_i = \alpha P_o^2 + P_o + P_s \tag{3-2-110}$$

其中

$$\alpha = \frac{1}{P_n}\left(1/\eta_n - \frac{P_o}{P_n} - 1\right)$$

式中　P_n——电机的额定功率,kW;

P_i——电源输出的功率,kW;

η_n——电机的铭牌效率,%;

P_o——电机轴上输出的功率,kW;

P_s——电机的空载损耗功率,kW;

P_m——随负荷而变化的可变损耗功率,kW;

β——电机的负载系数,量纲1。

根据式(3-2-110)将电机的输入功率可表示为

$$\overline{P}_i = \alpha \overline{P}_o^2 + \overline{P}_o + P_s \qquad (3-2-111)$$

当电机轴功率变化时,其输入功率也随着发生变化,一个周期内的平均输入功率 $\overline{P}_i$ 为

$$\overline{P}_i = \frac{1}{T}\int_0^T P_i dt = \frac{1}{N}\sum_{j=1}^N P_{ij} \qquad (3-2-112)$$

轴功率的平均值为

$$\overline{P}_o = \frac{1}{T}\int_0^T P_o dt = \frac{1}{N}\sum_{j=1}^N P_{oj} \qquad (3-2-113)$$

轴功率的均方根为

$$P_{eo} = \sqrt{\frac{1}{T}\int_0^T P_{eo}^2 dt} = \sqrt{\frac{1}{N}\sum_{j=1}^N P_{eoj}^2} \qquad (3-2-114)$$

式(3-2-114)可写为

$$\overline{P}_i = \alpha P_{eo}^2 + \overline{P}_o + P_s \qquad (3-2-115)$$

式中 $\overline{P}_i$——电机平均输入功率,kW;

$\overline{P}_o$——电机轴上(输出)平均功率,kW;

P_{eo}——电机轴均方根功率,kW。

邬义炯等1998年将平均轴功率和均方根轴功率用周期载荷系数来表示:

$$\mathrm{CLF} = \frac{T_e}{T_m} = \frac{P_{eo}}{\overline{P}_o} \qquad (3-2-116)$$

式中 T_e——曲柄轴均方根扭矩,N·m;

T_m——曲柄轴平均扭矩,N·m;

CLF——周期载荷系数,量纲1。

从(3-2-116)求得 P_{eo},代入式(3-3-115)得

$$\alpha(\mathrm{CLF})^2 \overline{P}_o^2 + \overline{P}_o + P_s - \overline{P}_i = 0 \qquad (3-2-117)$$

式(3-2-117)解取有工程意义的正值解

$$\overline{P}_o = \frac{\sqrt{1 + 4\alpha(\mathrm{CLF})^2(\overline{P}_i - P_s)} - 1}{2\alpha(\mathrm{CLF})^2} \qquad (3-2-118)$$

电机效率为

$$\eta_m = \frac{\overline{P}_o}{P_i} = \frac{1}{\overline{P}_i}\frac{\sqrt{1 + 4\alpha(\mathrm{CLF})^2(\overline{P}_i - P_s)} - 1}{2\alpha(\mathrm{CLF})^2} \qquad (3-2-119)$$

根据邬亦炯1994年的研究结果,将电机输出功率表示为光杆功率的函数,即

$$\overline{P}_i = \alpha \left(\frac{\mathrm{CLF}}{\eta} \right)^2 P_r^2 + \frac{1}{\eta} P_r + p_s \qquad (3-2-119\mathrm{a})$$

抽油机的地面效率可表示为

$$\eta_{sp} = \frac{P_r}{P_i} = \frac{1}{\dfrac{1}{\eta} + \dfrac{1}{\beta_1} \dfrac{p_s}{P_n} + \alpha \beta_1 P_n \left(\dfrac{\mathrm{CLF}}{\eta} \right)^2} \qquad (3-2-119\mathrm{b})$$

式中 P_r——光杆功率,kW;

η——抽油机在曲柄一转中的平均效率(从电机轴到悬绳器),%,取 $\eta = 90\%$;

β_1——抽油机负载系数,量纲1,$\beta_1 = \dfrac{P_r}{P_n}$;

η_{sp}——抽油机的地面效率,%。

由式(3-2-119b)可看出:参数 p_s、P_n 及 α 均为常数,而周期载荷系数 CLF 及 η 都与抽油井的井下泵抽负载相关,而周期载荷系数 CLF 越大,抽油机负载系数 β_1 越低,抽油机地面效率就越低。

抽油机改进以后,周期载荷系数 CLF 降低,有功功率的减少消耗。如果抽油机原来的周期载荷系数为 $(\mathrm{CLF})_1$,如果改进抽油机的四连杆机构,使抽油机平衡更理想,周期载荷系数降为 $(\mathrm{CLF})_2$,抽油机减少的有功功率为

$$\Delta P_{im} = (P_{im})_1 - (P_{im})_2 = \alpha \left[(\mathrm{CLF})_1 (P_{im})_1 \right]^2 - \alpha \left[(\mathrm{CLF})_2 (P_{im})_2 \right]^2 \qquad (3-2-120)$$

上面是有功功率的节省,也就是抽油机节能。不应该将节能与抽油机电机的额定功率减少混为一谈,如果抽油机周期载荷系数从 $(\mathrm{CLF})_1$ 降为 $(\mathrm{CLF})_2$,电机额定功率的减少为

$$\Delta P_N = (P_{oe})_1 - (P_{oe})_2 = P_{im} \left[(\mathrm{CLF})_1 - (\mathrm{CLF})_2 \right] \qquad (3-2-121)$$

游梁抽油机节能在国内外已有不少学者进行研究,但对于抽油机节能率的计算一直存在分歧,导致不少文献将抽油机对电机铭牌的功率要求与电机节能率等同起来。不少制造厂商借用这种错误概念进行产品广告宣传并写进技术报告和产品鉴定证书中。使许多根本就不具备节能特点的设备打入油田市场,节能率根本达不到有关文献给出的那么高,计算得到的节能率40%~60%的数字是不正确的。

假设某型抽油机的原配用电机功率为 N_1,而采用新型电机功率为 N_2,而铭牌功率减少了 $N_1 - N_2$,节电率为 $(N_1 - N_2)/N_1 \times 100\%$;或节电率为 $(N_1 - N_2)/N_2 \times 100\%$。

利用公式(3-2-117)预测电机消耗的有功功率,邬亦炯等1998年给出的一组数据为例,见表3-2-2。充分说明当周期载荷系数 CLF 因平衡情况显著改善而由 2.2937 降为 1.741 时,电机的额定功率的要求降低了 12.66kW,但有功功率仅减少了 0.34~1.08kW。就是说,改进游梁抽油机的四连杆机构也可使 CLF 值降低(一般来说不是显著影响光杆),其主要作用只是减少了对电机额定功率的需求,有功功率的节省是相当有限的。因此,评价游梁抽油机节能效果时,不能采用不正确的计算方法来计算节能率。必须使用有功功率的节省值来评价抽油机的节能效果。而不能使用电机的额定功率减少值来计算节能率。

表 3-2-2　利用公式预测电机消耗的有功功率

$T(kN \cdot m)$	CLF	计算额定功率(kW)	配用电机	有功功率 $\overline{P}_i(kW)$
41	1.741	34.1	Y280S-8 $P_n = 37kW$ $\alpha = 0.001667$	22.91
			Y280M-6 $P_n = 55kW$ $\alpha = 0.0010522$	22.41
63	2.387	46.76		23.49
			Y280S-6 $P_n = 45kW$ $\alpha = 0.001033$	23.25

二、抽油机平衡与节能

近年来,国内有人提出在电机高速轴上加装飞轮机构或增加转动机械部分转动惯量来节能。但这种办法实际上达不到良好的节能效果,加装飞轮机械机构只能增加抽油系统的能耗,使得抽油系统效率下降。除此而外,抽油井工况复杂,抽油机加装任何固定质量体系增大转动惯量,电机的功率与扭矩成正比,电机扭矩增大,就意味着电机启动困难。对于现场应用既不方便的,又是不适用。

图 3-2-8 是常规游梁抽油机的运动机构简图,抽油机完成上下冲程一周所做的功为

$$A = \int_0^{2\pi} (\overline{TF}P - Q_W R\sin\theta) d\theta = \int_0^{2\pi} \overline{TF}P d\theta \tag{3-2-122}$$

其中

$$\overline{TF} = \frac{A \cdot R}{C} \frac{\sin\alpha}{\sin\beta}$$

$$\beta = \arccos \frac{C^2 + P^2 - J^2}{2CP}$$

$$\chi = \arccos \frac{C^2 + J^2 - P^2}{2CJ}$$

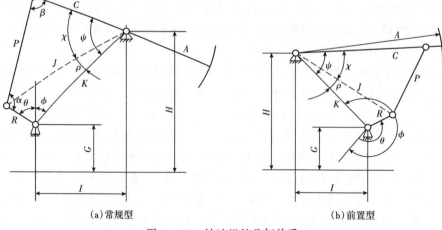

(a)常规型　　　　　　　　(b)前置型

图 3-2-8　抽油机的几何关系

$$\rho = \arcsin\left[\frac{R}{J}\sin(\pm\theta+\phi)\right]$$ （下死点，曲柄背向支架旋转，θ 取正值；曲柄指向支架旋转，θ 取负值）

$$\phi = \frac{\pi}{2}(1\pm1)+\arccos\frac{K^2+(P+R)^2-C^2}{2K(P\pm R)}$$ （常规机型取"+"号，前置机型取"−"）

$$\alpha = 2\pi-\beta-\psi-(\phi\pm\theta)$$ （上死点曲柄旋转指向支架取"+"号，下死点曲柄背向支架取"−"）

$$\psi = X+\rho$$

$$\psi_\mathrm{d} = \arccos\frac{C^2+K^2-(P\pm R)^2}{2CK}$$ （常规机型取"+"号，前置机型取"−"）

$$\psi_\mathrm{u} = \arccos\frac{C^2+K^2-(P\mp R)^2}{2CK}$$

$$\theta_1 = \theta-\arctan\frac{I}{H-G}$$

式中　$\overline{TF}$——扭矩因数，m；

N——光杆冲数，min^{-1}；

R——曲柄半径，m；

A——游梁前臂长度，m；

C——游梁后臂长度，m；

H——游梁水平位置与抽油机底座的垂直距离，m；

I——曲柄中心与游梁支点的中心距，m；

G——曲柄中心到底座的垂直距离，m；

θ——曲柄转角，(°)；

ψ——C 与 K 的夹角，(°)；

ψ_d——抽油机驴头在下死点的 ψ 角位置；

ψ_u——抽油机驴头在上死点的 ψ 角位置；

X——C 与 J 的夹角，(°)；

ρ——K 与 J 的夹角，(°)；

ϕ——零度线与 K 的夹角，(°)；

θ_1——K 与 R 的夹角，(°)；

α——连杆与曲柄之夹角，(°)；

β——连杆与游梁后臂之夹角，(°)；

K——游梁支承中心到减速器输出轴中心的距离，m；

J——曲柄销的中心到游梁支承中心的距离，m；

P——悬点载荷，N；

Q_w——平衡重折合至曲柄销处的重力，N。

抽油机运行过程中采用可控硅控制掉电，欲使电机失去向电网反送回功率的通道。可实现减少线路上功率的来回流动带来的损失，节约能源。但这种方法对于在几秒钟内要实现上下冲程的全行程的抽油机来说，由于旋转电机频繁掉电，需要承受较大的冲击电流，对于电机有损无益。另外,如果采取部分时间掉电,不可能在上冲程开始时掉电运行,或上冲程过程中掉电运行。这主要是上冲程中抽油机悬点负载最大,只靠平衡重无法提起井中的抽油杆及作用在泵柱塞上的液体重量。而如果在下行程开始时掉电,下行阻力较大时杆柱无法下入井中进入泵筒。平衡过重下行无法实现。如果太轻,上行时负载波动比较严重。

如果减少最大负载幅值,就不能采用掉电方式重复启动电机。重复启动电流之大。根本不能减少铜损,起不到节能效果。如果说这种方法可行的话也需要在实验室验证掉电运行的可能性。这种方法在过去曾有人考虑过,但都由于电机频繁启动而导致电机和控制的可靠性变差。

上冲程过程中,平衡块下落释放出能量,抽油杆提升液体,吸收能量,当忽略损耗时,需要的功率是

$$P_u = P_{ups} - P_{ucr} \tag{3-2-123}$$

式中　P_u——上冲程中需要的功率,W;

　　　P_{ups}——上冲程中悬点载荷消耗的功率,W;

　　　P_{ucr}——上冲程中曲柄储存的功率,W。

当 $P_{ups} > P_{ucr}$,$P_u > 0$ 时,电机从电网吸收电能,处于电动机状态。

当 $P_{ups} < P_{ucr}$,$P_u < 0$ 时,电机进入发电机状态,多余的能量转换成电能回馈到电网。

下行程过程中,平衡块上举吸收能量,抽油杆下落放出能量,需要的功率可表示为

$$P_d = P_{dcr} - P_{dps} \tag{3-2-124}$$

式中　P_d——下冲程中需要的功率,W;

　　　P_{dps}——下冲程中悬点载荷消耗的功率,W;

　　　P_{dcr}——下冲程中曲柄放出的功率,W。

当 $P_{dps} > P_{dcr}$,$P_d > 0$ 时,电机从电网吸收电能,处于电动机状态。

当 $P_{dps} < P_{dcr}$,$P_d < 0$ 时,电机加速进入发电机状态,多余的能量转换成电能回馈到电网。

抽油机之所以不平衡是因为上下冲程中悬点载荷不同,而造成电机在上下冲程中所做的功不相等。要使抽油机在平衡条件下运转,就应使电机在上下冲程做功都相等。

如果抽油机平衡,其上下冲程做功相等。假设上下冲程所用时间不相等,分别为 t_u 和 t_d,那么,有下式成立:

$$P_u t_u = P_d t_d \tag{3-2-125}$$

将式(3-2-122)及式(3-2-123)代入上式得到

$$(P_{ups} - P_{ucr}) t_u = (P_{dps} - P_{dcr}) t_d \tag{3-2-125a}$$

假设曲柄上冲程存储的功率等于下冲程释放的功率,即 $P_{ucr} = P_{dcr}$;上下冲程的时间为 T 时,得到

$$P_{dcr} = \frac{t_u P_{ups} + T P_{dps} - t_d P_{dps}}{T} \tag{3-2-126}$$

$$P_{dcr} = \frac{E_{ups} + T P_{dps} - E_{dps}}{T} \tag{3-2-126a}$$

当 $t_u = t_d$ 时

$$E_{dcr} = \frac{E_{ups} + E_{dps}}{2} \tag{3-2-127}$$

410

式中 E_{ups}——上冲程悬点所做的功,W;

E_{dps}——下冲程悬点所做的功,W;

E_{dcr}——曲柄在下冲程储存的能量,W。

抽油机上冲程悬点所做的功和下冲程悬点所做的功表示为

$$
\begin{cases}
E_{ups} = \left(W'_r + W'_1 \right) S & (3\text{-}2\text{-}128a) \\
E_{dps} = W'_r S & (3\text{-}2\text{-}128b) \\
W'_r = \left(q_r \sum_{i=1}^{n} L_i - \sum_{i=1}^{n} L_i f_{ri} \rho_1 \right) g & (3\text{-}2\text{-}128c) \\
W'_1 = f_p \rho_1 g \sum_{i=1}^{n} L_i & (3\text{-}2\text{-}128d)
\end{cases}
$$

式中 W'_r——抽油杆在液体中的重量,N;

W'_1——作用在柱塞上的液柱重量,N;

f_p——泵的柱塞面积,m^2;

L_i——第 i 级抽油杆长度,m;

$\sum_{i=1}^{n} L_i$——泵挂深度,m;

S——柱塞的冲程长度,m;

f_{ri}——第 i 级抽油杆的横截面积,m^2;

q_r——抽油杆的每米质量,kg/m;

ρ_1——液体密度,kg/m^3。

代入式(3-2-127)得

$$
E_{dcr} = \left(W'_r + \frac{W'_1}{2} \right) S \tag{3-2-129}
$$

其中

$$
E_{ups} = \sum_{i=1}^{n} L_i \left(f_p \rho_1 + q_r - \sum_{i=1}^{n} f_{ri} \rho_1 \right) gS, \quad E_{dps} = \sum_{i=1}^{n} L_i \left(q_r - \sum_{i=1}^{n} f_{ri} \rho_1 \right) gS
$$

因此

$$
E_{dcr} = \sum_{i=1}^{n} L_i \left(\frac{1}{2} f_p \rho_1 + q_r - \sum_{i=1}^{n} f_{ri} \rho_1 \right) gS \tag{3-2-130}
$$

如果采用曲柄平衡,下冲程储存的位能由下式表示

$$
E_{dcr} = 2 \left(\frac{1}{2} S X_{ub} + R W_{cb} + R_c W_c \right) \tag{3-2-130a}
$$

式中 W_{cb}——曲柄平衡块总重量,N;

R_c——曲柄本身的重心到曲柄轴之距离,m;

X_{ub}——抽油机本身的不平衡值,抽油机的附加平衡值,N。

由式(3-2-130a)得

$$
R = \frac{1}{2W_{cb}} \left\{ \sum_{i=1}^{n} L_i \left(\frac{1}{2} f_p \rho_1 + q_r - \sum_{i=1}^{n} f_{ri} \rho_1 \right) gS - S X_{ub} - 2 R_c W_c \right\} \tag{3-2-131}
$$

411

由式(3-2-131)可以看出,曲柄平衡半径是一与泵径、泵深、冲程和抽油杆组合及平衡重等参数有关。因此,对于抽油机调平衡是一个多参数匹配问题。当油井参数和泵型杆柱等参数由于修井而改变后,这时抽油机必须按照上式(3-2-131)进行调平衡。

计算抽油机的节能率应以平均有功功率的消耗为依据进行新设备之间的对比计算。电机额定功率的减少量并不是节电量。增加抽油机转动部分的转动惯量和抽油机运行过程中部分时间实现掉电最终都不是节能的好方法。改进抽油机可以改变抽油机的周期载荷系数,可起到一定的节能效果,但不能达到抽油机销售商和一些研究者给出的提高抽油机效率40%~60%。游梁式抽油机平衡是一个多参数问题,如果达到上下冲程做功相等的原则抽油机处于平衡运行状态,平衡状态的抽油机应该能耗最小。油井参数、泵型和杆柱等参数由于修井而改变后,抽油机必须重新调平衡而不能直接挂抽。

第八节　深井泵采油油层能量分析

油井产量是单位时间油井自喷或通过人工举升(抽油泵)来提升到地面的原油量,它可通过地面计量装置计量得到的。有时,油井的产量被称为油井的"流量"。通常,"流量"的解释是"单位时间内通过河渠或管道某一断面的流体量,一般指体积流量,以 m^3/s 计"。而对"速率"是"速率常常是指速度的大小,是用来描述物体运动的快慢"。对于流体而言,其速度就是液体的速率。在流体力学中,"流量"与"速率"的关系可用下式表示:

$$Q = Av \qquad (3-2-132)$$

式中　Q——流体的流量,m^3/s;

A——流体流过的断面面积,m^2;

v——流体流过的速率,m/s。

通常,物理学中所言的水功率是输出(输入)的流量与压力的乘积。

一、采油过程中的压力分析

油藏的驱动方式不同,采收率也不相同。弹性驱动方式可用油层渗流能量方程描述油层的产能变化:

$$Q = j(p_H - p_h) \qquad (3-2-133)$$

式中　Q——油井产液量,m^3/d;

j——油层产液指数,$m^3/(MPa \cdot d)$;

p_H——油层静压,MPa;

p_h——油层动压,MPa。

"原始油层压力"是指油井在未开采前,从探井测得的油层中部的压力。若不能实测得到,在油田开发初期,可用油压力恢复曲线求得

$$p_w^t = p_o + 2.12 \times 10^{-3} \frac{Q\mu}{Kh} \lg \frac{t}{T+t} \qquad (3-2-134)$$

式中　p_o——原始油层压力,MPa;

p_w^t——关井 t 时间后的井底恢复压力,MPa;

t——关井时间,h;

μ——原油黏度,Pa·s;

T——油井累积生产时间,h。

在式(3-2-134)中,把 p_o 与 $\lg \dfrac{t}{T+t}$ 的半对数曲线延长到 $\dfrac{t}{T+t}=1$ 处,在 p_w^t 轴上的截距就是 p_o,从而求得原始油层压力 p_o。

原始油层压力也可根据已知的本井或邻井的压力系数用下式来求:

$$p_o = 0.0098\alpha_p H_m \rho_w \qquad (3-2-135)$$

式中　α_p——压力系数,量纲1,一般取 $0.8 \sim 1.2$;

H_m——油层中部深度,m;

ρ_w——水密度,g/cm^3。

"目前油层压力"指油田投入开发以后,某一时期测得的油层中部的压力。对于依靠弹性开发的油田开采一段时间后,这个压力总是低于原始油层压力,即

$$p_p = p_o - \Delta p_o \qquad (3-2-136)$$

式中　p_p——目前油层压力,MPa;

Δp_o——油层综合压力递减,MPa。

"静压"指抽油井关井后,待压力恢复到稳定状态时,所测的油层中部的压力;若不能实测时,可用下式计算:

$$p_H = 0.0098(H_m - L_s)\rho_o + p_{cs} \qquad (3-2-137)$$

式中　L_s——静液面深度,m(用回声仪测动液面恢复曲线求出);

ρ_o——油井产液的平均密度,g/cm^3;

p_{cs}——静液面时的井口套压,MPa。

对于不能测静液面的井,如果弹性驱油,且在生产井供油面积以外没有流体进入,静压 p_H 可由下式求得:

$$p_H = p_h + 1.84\times10^{-3}\frac{Q\mu}{Kh}\left(\ln\frac{R_e}{r_c} - \frac{3}{4}\right) \qquad (3-2-138)$$

对于注水采油,且生产井供油面积边缘压力基本不变,p_H 可由下式求得:

$$p_H = p_h + 1.84\times10^{-3}\frac{Q\mu}{Kh}\left(\ln\frac{R_e}{r_c} - \frac{1}{2}\right) \qquad (3-2-139)$$

"流动压力"指油井正常生产时所测的油层中部的压力。不能实测时,可用下式求得:

$$p_h = 0.0098(H_m - L_d)\rho_o + p_{cd} \qquad (3-2-140)$$

式中　L_d——动液面深度,m(用回声仪测得);

p_{cd}——相应动液面的井口套压,MPa。

若不能测得动液面深度,而能测得吸入口压力时,可用下式求 p_h:

$$p_h = p_s + 0.0098 H_m \rho_o \qquad (3-2-141)$$

式中　H_m——泵到油层中部的高度,m。

流动压力和静压之间的关系为

$$p_h = p_H - \frac{Q}{j} = p_H - \Delta p \qquad (3-2-142)$$

式中 Δp——采油压差,也叫生产压差,MPa。

由上述定义和表达式可见,原始油层压力既不等于目前油层压力,也不等于静压和动压。

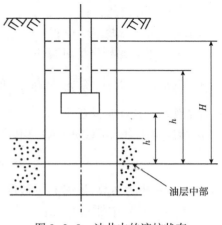

图 3-2-9 油井中的液柱状态

二、抽油井油层能量分析

油井内的液柱状态如图 3-2-9 所示。图中 H 为静压液柱高;h 为动压液柱高;h' 为泵的吸入口液柱高。

不论用哪种机械采油泵从井筒中抽汲原油,油层都要消耗一定能量升举井底原油到泵口以实现抽油。

抽油井关井后,当油层压力处于平衡状态时,就等于静压,因此油层压力一般指静压。这时油层具有的总能量为

$$E_T = 1.1574 \times 10^{-5} p_H \overline{Q} \qquad (3-2-143)$$

式中 E_T——油层具有的总能量,kW;

p_H——油层静压,MPa;

$\overline{Q}$——油井维持静压不变在一个时期内的平均产液量,m³/d;

1.1574×10^{-5}——单位换算系数。

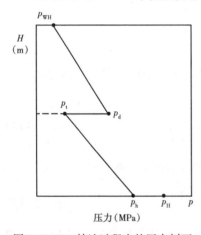

图 3-2-10 抽油过程中的压力剖面

油井在抽油状态下,原油在油层压力克服油层中各种流动阻力后流到井底的剩余能量把原油升举到抽油状态的动液面高度 h。需要强调的是,动液面的高低,与抽汲强度有关,抽汲越强,动液面降的越低;反之,则越高。这时抽油过程的压力剖面如图 3-2-10 所示。其压力变化表达式为

$$p_h = p_H - \Delta p_f \qquad (3-2-144)$$

式中 p_h——油井流动压力,MPa;

Δp_f——油层中各种流动阻力下的压力损失,MPa。

因此,抽油过程中油层所给出的总能量 E_p 为

$$E_p = 1.1574 \times 10^{-2} p_h Q \qquad (3-2-145)$$

式中 E_p——抽油过程中油层给出的总能量,kW;

Q——油井产液量,m³/d。

提供这个总能量的动力是油层中部的流动压力。

油层消耗的能量 ΔE 则为

$$\Delta E = 1.1574 \times 10^2 \Delta p_f Q \qquad (3-2-146)$$

把式(3-2-144)变形代入式(3-2-146)得

$$\Delta E = 1.1574 \times 10^2 (p_H - p_h) Q \qquad (3-2-147)$$

举例:某油井在静压 18MPa 下采用某种机械采油方式生产了三年,总产液量达 70225m³。生产过程中的测试结果为:在流压 14MPa 下,产液量 35m³/d;而在流压 10MPa 下,产液量为 95m³/d。求油层具有的总能量 E_T,以及在这两种工作情况下油层给出的总能量 E_p 以及油层消耗的总能量 ΔE。

解:首先由式(3-2-143)求得油层具有的总能量 $E_T = 13.361$kW;再由式(3-2-145)求得 14MPa 和 10MPa 流压下抽油油层给出的总能量 E_p 分别为 5.671kW 和 10.995kW;然后由式(3-2-146)算出在流压 14MPa 和 10MPa 下油层消耗的总能量 ΔE 分别为 1.620kW 和 8.796kW。

由上述计算结果可明显看出,在抽油过程中,油层具有的总能量 E_T 在一个时期内是不会变化的。而随着抽汲强度增大,流压降低,产液量增加,油层具有的总能量 E_p 和油层消耗的能量 ΔE 就越多。

三、油层能量之间的关系

由图 3-2-11 可见,p_e 是地层供给边缘的供油压力;p_{wfs} 是井底油层面的压力,p_H 是油层静压;p_h 是井底流动压力。值得一提的是通常 $p_e \approx p_H$。根据节点分析法可有下式成立:

$$\Delta p_1 = p_H - p_{wfs} \qquad (3-2-148)$$

$$\Delta p_2 = p_{wfs} - p_h \qquad (3-2-149)$$

式中　Δp_1——油层油流通过多孔介质的压降,MPa;

　　　Δp_2——射孔完井后油层面上的油流到井底的压降,MPa。

由式(3-2-148)、式(3-2-149)可得

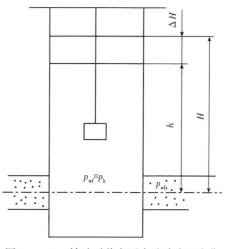

图 3-2-11　抽油时井底压力及动液面变化

$$\Delta p = p_H - p_h \qquad (3-2-150)$$

式中　Δp——油流从油层流到井底的总压降,MPa。

由图 3-2-11 可看出,如果没有总的渗流阻力 Δp 产生的话,油层的输入压力 p_H 应等于 p_h。显然,在抽油过程中,油层消耗的一部分油层压力,克服了渗流阻力即 Δp,使原油从油层中流入井内之后,还剩余有较高的压力,即油层正常抽油时井底压力 p_h 使原油举升到动液面高度 h 处(应忽略油套环空气体影响)。

根据能量守恒原理有下式成立:

$$P_入 = P_出 + \Delta P_损 \qquad (3-2-151)$$

其中

$$P_入 = \alpha p_e Q \approx \alpha p_H Q \qquad (3-2-152)$$

$$P_出 = \alpha p_h Q \qquad (3-2-153)$$

$$\Delta P_{损} = \alpha Q \Delta p = \alpha Q (p_H - p_h) \tag{3-2-154}$$

将式(3-2-152)、式(3-2-153)、式(3-2-154)代入式(3-2-151)中

$$\alpha p_H Q = \alpha p_h Q + \alpha Q (p_H - p_h) = \alpha p_H Q \tag{3-2-155}$$

式中　$P_入$——油层的输入功率,kW;

　　　$P_出$——油层的输出功率,kW;

　　　$\Delta P_损$——油层中的油流到井底的功率消耗,也即当流体流到井底的速度很低,忽略不计液体流到动液面高度的摩擦力损失时,油层中油流到动液面高度 h 处的功率损失。

这充分证明式(3-2-152)、式(3-2-153)、式(3-2-154)是正确的。

油层能量之间的关系还可通过达西定律证明,油层抽油过程中 $p_H \approx \bar{p}$,即地层平均压力 $\bar{p}$ 近似等于油层静压 p_H,地层供给动液面的能量等于平均地层压力乘以抽油状态的产量。由达西定律很容易得出油井产量与压差之间的关系

$$Q = \frac{2\pi K h (p_H - p_h)}{\mu \ln R_H / R_W} \tag{3-2-156}$$

式中　K——储层有效渗透率,m^2;

　　　h——油层有效厚度,m;

　　　p_h——抽油过程中油层流动压力,Pa;

　　　p_H——油层静压,Pa;

　　　μ——原油黏度,Pa·s;

　　　R_H——平面径向流的泄油半径,m;

　　　R_w——井眼直径,m。

变形式(3-2-156),得

$$Q = \frac{p_H - p_h}{\dfrac{\mu \ln R_H / R_W}{2\pi K h}} \tag{3-2-157}$$

令

$$R = \frac{\mu \ln R_H / R_W}{2\pi K h} \tag{3-2-158}$$

将式(3-2-158)代入式(3-2-157)得

$$Q = (p_H - p_h) / R \tag{3-2-159}$$

由式(3-2-159)得

$$p_h = p_H - QR \tag{3-2-160}$$

式(3-2-160)中 p_h 是流量为 Q 时的流动压力的另一表达式,其物理意义是油层静压 p_H 消耗 QR 的压力时所能达到的动液面高度 h。于是,抽油过程中地层供给动液面的能量为

$$a p_h Q = a p_H Q - a R Q^2 \tag{3-2-161}$$

从上述推导分析可以清楚地看出,用达西定律证明抽油过程中油层能量之间的关系与

416

能量守恒定律证明的结果是一致的。另外值得一提的是，"没有抽汲，就没有 Q 和功率输出。"油层功率的输入、输出和消耗三个概念是相互依存的，不是孤立的，没有地层供给边缘输入供油功率，也就没有抽汲过程中油层的功率输出，依次也就不存在功率消耗。

四、深井泵吸入能量补偿装置的作用

本节主要依据抽油泵的基本原理，讨论一种具有能量补偿装置的抽油泵与常规泵的抽排油过程的异同和其作用原理。

1. 补偿泵结构分析

上冲程常规泵在上冲程时[图3-2-12(a)]，固定阀打开，游动阀关闭，泵腔进油；补偿泵在上冲程时[图3-2-13(a)]，固定阀打开，游动阀关闭，中间泵腔进油（即常规泵泵腔进油），底部补偿阀关闭。

下冲程常规泵在下冲程时[图3-2-12(b)]，固定阀关闭，游动阀打开，柱塞腔进油；补偿泵在下冲程时[图3-2-13(b)]，固定阀关闭，游动阀打开，柱塞腔进油，补偿器阀打开，游动柱塞腔进油。

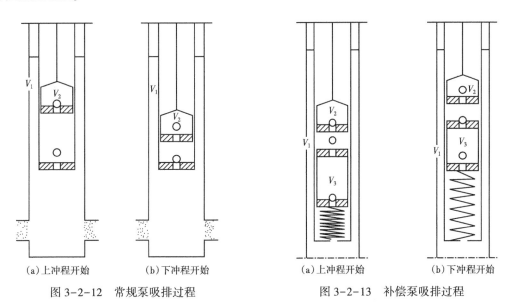

（a）上冲程开始 （b）下冲程开始 　　　　（a）上冲程开始 （b）下冲程开始

图3-2-12 常规泵吸排过程 　　　　图3-2-13 补偿泵吸排过程

现分析比较两种泵的抽汲过程，在上冲程过程中，两种泵都是泵腔进油，进油时都是靠柱塞上行减压进油。所不同的是常规泵泵腔的油液来源是由地层进入到泵腔中的，而补偿泵柱塞腔的油来源于前一个上冲程由补偿器游动柱塞腔提供给泵腔中的油。在下冲程时，两种泵都是柱塞腔进油，都靠柱塞腔。所不同的是常规泵柱塞腔进油时，油液来源于上冲程时地层提供到泵腔中的油；而补偿泵柱塞腔进油时是经由前一个下冲程过程地层提供到补偿泵游动柱塞腔内的油在上冲程时被挤到泵腔中的。在这个冲程中，地层给补偿泵游动柱塞腔供油。因此说，不论是哪种泵在上、下两个冲程过程中都要"动液面做功"这一环节。

首先分析一下常规泵和带能量补偿装置的泵上行程时泵筒内的进油过程及游动阀上的受力情况。

常规泵上行程（图3-2-14）泵筒进油，固定阀打开，游动阀关闭，同时也是向油管排油的

过程,因此,作用在游动阀上的压力平衡方程(忽略阀球重量)为

$$(-p_d \mp p_i)A_1 + p_s A_2 = 0 \tag{3-2-162}$$

其中

$$p_i = W_r S n^2 \cos\phi / 1790 A_1, W_r = q_r L_p$$

式中　p_d——深井泵的排油压力,MPa;

p_i——排油过程液体的惯性压力,MPa;

p_s——泵入口压力,MPa;

p_i——油管里的液柱压力,MPa;

A_1、A_2——游动阀球上、下端面受力面积,m^2;

S——柱塞行程,m;

n——柱塞在泵筒内的往复次数,min^{-1};

W_r——抽抽杆在空气中的重量,kN;

q_r——每米抽油杆在空气中的重量,kN/m;

L_p——抽油杆下入深度,m;

ϕ——曲柄转角,(°);

"$\mp$"——"+"代表上行程的前半行程即 $\phi = 0° \sim 90°$ 时 p_i 为"正"值,"-"代表上行程的后半行程 $\phi = 90° \sim 180°$ 时,p_i 即为"负"值。

由式(3-2-162)可得

$$p_d = A_2 p_s / A_1 \mp p_i \tag{3-2-163}$$

带补偿装置的泵在上行程(图3-2-15)时,中间阀2打开,下部阀球3和上部游动阀球1关闭,这时泵筒进油,也同常规泵一样油管排油。建立作用在游动阀上的上行程的压力平衡议程(忽略球重)为(惯性压力 p_i 的方向与常规泵相同)

$$(-p_d' \mp p_i)A_1 + (p_s + p_s')A_2 = 0 \tag{3-2-164}$$

其中

$$p_s' = \frac{4F_s}{\pi d^2}$$

式中　p_d'——带补偿装置的泵的排油压力,MPa;

p_s'——补偿弹簧产生的压力增高,MPa;

A——深井泵的柱塞面积,m^2;

F_s——弹簧力,MN;

d——柱塞直径,m。

由式(3-2-164)得

$$p_{d'} = \frac{A_2}{A_1} p_s \mp p_i + \frac{A_2}{A_1} p_s' \tag{3-2-165}$$

把式(3-2-162)代入式(3-2-165)得

$$p_{d'} = p_d + \frac{A_2}{A_1} p_s' \tag{3-2-166}$$

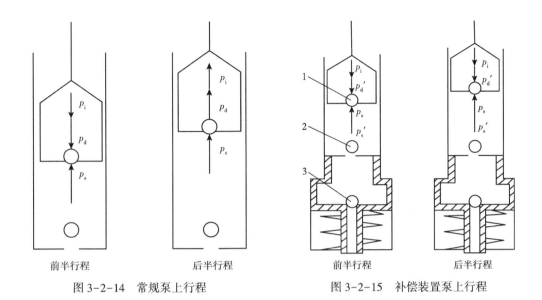

图 3-2-14　常规泵上行程　　　　　　　图 3-2-15　补偿装置泵上行程

由上述分析可知,带能量补偿装置的泵与常规泵相比,只不过是在上行程中给柱塞下部多施加了一个弹簧补偿力$\dfrac{A_2}{A_1}p_s{}'$,而$p_s{}'$的大小与柱塞直径和弹簧的机械弹力有关。

由于弹簧有增压致使柱塞下方的压力增高,柱塞在泵筒中有效行程增加,泵效比常规泵高,抽油杆柱的拉伸减少。上行程抽油机悬点动载荷减小。下行程时,由于弹簧压缩的缓冲作用,柱塞下行卸载平缓。这些作用已为苏联多林油田所证实。

由于带补偿装置的泵排出压力比常规泵高,与常规泵相比,在相同使用条件下,它可在不更换地面现有设备的情况下,多下深$102\dfrac{A_2}{A_1}\dfrac{p_s{}'}{\gamma_0}$($\gamma_0$为油井产液的平均密度,$g/cm^3$),因而起到大泵或小泵深抽的效果。

总之,若企图设计具有吸入能量补偿装置的抽油泵使"整个进油过程是在内部压力下(由储能弹簧提供)进行的,而没有利用动液面,即节省了油层能量"。这种提法并未从实践中得到证实。

2. 补偿泵增产产量计算方法分析

用IPR曲线来说明一下,在图3-2-16中,p_H是静压,p_1是小压差生产时的井底流压,Q_1是生产量,p_2是大压差生产时的井底流压,Q_2是生产量,于是就有$p_H-p_1>p_H-p_2$,$Q_1<Q_2$。由此可见,小压差生产时,油井不会得到较大的生产量。

再来讨论"不要沉没度"抽油之说。在图3-2-17中,H_q是常规泵生产时的动液面深度,h_s是其对应的泵挂深度;H_q'是补偿泵抽油时的"假动液面"深度,h_s'是补偿泵在灌注压力下产生的"假液柱"高度,这个"假液柱"高度实际上是不存在的。如果$h_s=h_s'$,把补偿泵置于$H_q'+h_s'$深处,由于h_s'高度是"假液柱"高度,那么这个液柱高度也不能称为没有动液面抽油。

没有动液面抽油只有依靠泵的"允许吸入真空高度"来进油,但这对于常规泵也是同样如此。根据现场生产实践可知,在没有动液面情况下,泵工作时通常由示功图反映出供液不足或撞击液面,这些情况在采油生产中都应避免发生。因此说,把补偿泵置于H_q深处抽油,同样在采油生产中是不允许的。

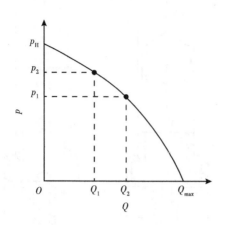

图 3-2-16　IPR 曲线

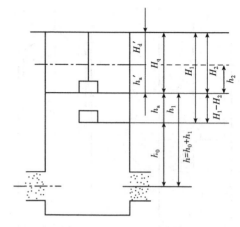

图 3-2-17　补偿泵形成的"假液柱"示意图

对于补偿泵,上行吸入过程作用在固定阀上的力是 p_h 流压与补偿泵灌注压力 p'_s 之和,但这两个力的性质不同,p_h 是地层供油的液压力,而 p'_s 是由补偿弹簧产生的机械力,这个力不是原油产生的来源压力,它只是灌注压力产生的一个"假液注"高度,只在举升中起帮助固定阀打开和使泵腔充满的作用。而在井底没有 p_h 存在时,将泵下入到 H_q 深处,p'_s 这个灌注压力是仍然存在的。因此,如果套用采油指数关系式 $J = Q/\Delta p$ 计算增产生,如果认为"仅在泵的入口端增加一个平均灌注压力 1.5MPa 的能量补偿器",当采油指数为 $1 m^3/(MPa \cdot d)$ 时,给地层的回压将减少 1.5MPa,因此增油量为 $1 \times 1.5 = 1.5 m^3/d$。把机械灌注压力与天然地层供油压差等同来计算增产量欠妥当的。如若这种算法成立的话,增加的产量与补偿装置的灌注压力大小成正比。试想,若能设计出 50MPa 压力的补偿装置,当采油指数为 $1 m^3/(MPa \cdot d)$ 时,该井能增产 $50 m^3/d$,这显然是不可能的。

3. 试验数据分析

表 3-2-3 给出了 9 口井的试验数据,分析一下这些数据的可靠性。表中给出了下入补偿泵前后的泵挂深度和沉没度及增产量,因此,可按弹性单相流动来求这些试验井的采油指数。

现设该试验区块油层目前静压为 $p_H(MPa)$,产液密度为 $\gamma_o(g/cm^3)$,常规泵泵挂深度为 $H_1(m)$,沉没度为 $h_1(m)$,产液量为 $Q_1(m^3/d)$;设补偿泵泵挂深度为 $H_2(m)$,沉没度为 $h_2(m)$,产液量为 $Q_1(m^3/d)$,增液量为 $\Delta Q(m^2/d)$,常规泵距油层中部的距离为 $h_o(m)$。这时,常规泵抽油时动液面高度为

$$h = h_o + h_1 \tag{3-2-167}$$

补偿泵抽油时动液面高度为

$$h_a = h_o + h_2 + |H_1 - H_2| \tag{3-2-168}$$

式中　$|H_1 - H_2|$——常规泵泵挂深度与补偿泵泵挂之差的绝对值。

这时采油指数为

$$J = \frac{Q_1}{p_H - 0.0098\gamma_o(h_o + h_1)} = \frac{Q_2}{p_H - 0.0098\gamma_o(h_o + h_2 + |H_1 - H_2|)} \tag{3-2-169}$$

由式(3-2-169)得

$$(Q_2-Q_1)/J=0.0098\gamma_o(h_1-h_2-|H_1-H_2|) \tag{3-2-170}$$

由式(3-2-170)得

$$J=\Delta Q/[0.0098\gamma_o(h_1-h_2-|H_1-H_2|)] \tag{3-2-171}$$

式(3-2-171)为消去静压 p_H 和动液面高度 h 或 h_a 所求得的采油指数表达式。

要使式(3-2-171)有意义,即 $J>0$,必须

$$0.0098\gamma_o[h_1-h_2-|H_1-H_2|]>0$$

$$h_1>h_2+|H_1-H_2| \tag{3-2-172}$$

为便于计算所述9口油井的试验数据,可将有关数据代入式(3-2-171)中进行计算,计算结果列在表3-2-3。

由表3-2-3可以看出,现场试验中并没有支持"没有动液面进油"的说法。所有补偿的沉没度都没有低于50m。

经计算可知,南10-15井、南55井、30-17井和30-18井四口井采油指数为负值,中9-35井采油指数为 0.082m³/(MPa·d),亦太低。可见,这5口井的试验数据均不符合生产实际。现分析一下采油指数出现负值的原因。

表 3-2-3 9 口井试验数据分析

井号	常规泵泵挂深度 H_1(m)	补偿泵泵挂深度 H_2(m)	常规泵沉没度 h_1(m)	补偿泵沉没度 h_2(m)	增产量 ΔQ(m³/d)	采油指数 J [m³/(MPa·d)]
南 3	1080.90	1047.27	514	99	2.48	0.750
南 10-15	1070.88	966.18	71	371	1.17	-0.330
南 55	1132.13	1123.74	73	82	1.82	-0.130
31-15	908.58	908.58	188	49	1.57	1.290
29-21	1387.53	1378.93	537	—	0.95	—
城 45-4	854.88	853.72	556	178	2.23	0.678
30-17	1059.33	1058.85	296	299	6.8	-249.240
30-18	469.24	1069.17	121	166	6.91	-1.370
中 9-35	1295.86	1264.08	596	48	0.37	0.082

表3-2-3给出了同一口井两种工况下的产量和可间接求得的动液面数据,据此可绘出单相流状态下的产量与压力的关系曲线(图3-2-16)。如若在低压差下得到的较高的 Q_2,而这时 Q_2 落在在曲线外边。在大压差下得到较低的产量 Q_1。同样,Q_1 落在曲线外边,这显然是不切合实际的。出现这种情况的原因一是动液面深度测试有误,二是泵挂深度测量有误,三是产液量计量有误。

另外,从这9口井的试验数据还可看出,一些井下入补偿泵后的泵挂深度比用常规泵抽油时的泵挂深度减小了,沉没度反而增加了。而另一些井下入补偿泵后泵挂深度基本未变,沉没度反而减小了。笔者认为,前者是由于动液面或泵挂深度测试不准导致采油指数出现负值的井,后者是符合实际的一类生产井。

第九节　直线电机驱动的抽油机提高效率实验

针对游梁式抽油机动力系统的无功消耗大的缺点,提出研制一种直线电机驱动的抽油机举升装置,直接利用直线电机做直线运动的特点,取消旋转电机驱动抽油机的减速器、连杆和曲柄等传动装置。而这种直线电机抽油机有着结构简单、使用寿命长等优点。预计不仅可以使我国抽油设备由庞大笨重走向结构紧凑,其原始的驱动方式将发生根本改变,而且可使设备的系统效率将得到较大提高。可以说,直线抽油机是抽油机的新一代产品,是抽油机的一次革命。

抽油机举升是我国油田生产的主要手段,在我国 20 多万口机采井中,抽油机井约占 90%,但据有关资料可知,抽油机的泵效平均仅有 40%,系统效率在 20%~25% 之间,每台抽油机的装机功率平均为 37kW,年耗电量约为 270000kW·h。全国抽油机的年耗电量约 150×10⁸kW·h。由于系统效率低,每台抽油机的功率利用率仅为 50%,这不仅造成了巨大的能源浪费,而且由于与抽油机联合工作的井下泵大小载荷交替变化造成地面系统工作的不平稳性,加剧了动力系统的无功消耗太大,形成了抽油系统的低效率运行工况,因此,研制一种全新的抽油举升系统十分必要。

一、直线电机在国内外的应用现状

抽油机是有杆抽油的地面动力传动设备,是构成"三抽"系统的主要组成部分。抽油机的产生已有百年的历史,普及最广的属游梁式抽油机。至今在世界上的油田应用占绝大多数。有杆抽油设备的地面驱动部分即为抽油机,目前应用最广泛的是游梁式抽油机。但不管哪种型式的游梁式抽油机,都由动力机、减速器、机架和四连杆机构等部分组成。减速器将动力机的高速旋转运动变为曲柄轴的低速运动,通过四连杆机构把曲柄轴的旋转运动变为抽油杆的上下往复直线运动。通过抽油杆柱带动井下抽油泵柱塞在泵筒内作上下往复直线运动,将井内的原油举升到地面。它需借助四连杆机构等中间环节把电机的旋转运动变为直线运动,不仅使抽油的地面设备比较庞大,而且造成系统效率较低。

直线电机驱动的抽油系统没有看到研制和应用报道。20 世纪 70 年代初期,国外在矿山机械方面已有直线电机驱动的运煤车、带式运输机、单轨吊车、起重吊车和电磁锤等应用。中国中科院电工所首先对直线电机进行了理论研究。80 年代陕西省煤炭科学研究所研制出了第一代直线电机推车机、井口操作设备和风门启闭装置等。

但国内外已有几种关于直线电机驱动抽油机这方面的专利报道:

(1)法国 Elf Aquitiane Production dept 申请了国际专利"直线电机驱动的电泵";

(2)美国人莱委斯申请了美国专利"用直线电机驱动的井下抽油系统";

(3)美国人尔欧斯申请了美国专利"有杆泵直接驱动设备";

(4)美国人欧尔森等人申请了美国专利"井下马达驱动的井下泵装置和使用方法";

(5)法国人查暮斯等申请的专利"用于直线运动抽油的常动力引擎";

(6)美国专利"一种用于井下抽油的直流感应直线电机";

(7)1996 年中国孙平等人申请了"抽油机及抽油方法";

(8)1997 年中国王莹等人申请了"电磁抽油机"。

上述 8 项专利都提到采用直线电机抽油的方法。

近年来,中国的直线电机技术发展较快,许多需要实现直线运动的装置利用直线电机技术直接将电能转换成机械能,不需要任何中间转换机构。不仅简化机构,而且易实现自动化。浙江大学直线电机研究所研制成功了 50kN 的直线电机驱动的冲压机,已形成系列产品,正在研制 100kN 的样机。焦作工学院研制成功了矿井用直线电机提升机。内蒙古工业大学也曾经研制成功了直线往复式磁疗床。

由上述直线电机在中国的发展水平可以看出,中国已经具备了直线电机驱动的抽油机的研制工作的技术条件。

二、直线电磁抽油机的工作原理及特点

直线电机主要由初级和次级组成,在初级的定子槽中绕有三相绕组,通入三相电以后,将产生与轴线方向平行的磁场,该磁场对次级将产生吸引力,次级就沿着轴线方向做直线往复运动,如图 3-2-18 所示。

直线电机驱动抽油机的特点:

(1)无减速器、连杆、曲柄和常规的游梁式地面装置;

(2)直接推动式直线电机无效行程和磨损;

(3)速度范围广和运行平稳;

(4)无内部运动件,维修方便;

(5)具有好的散热性、效率较高。

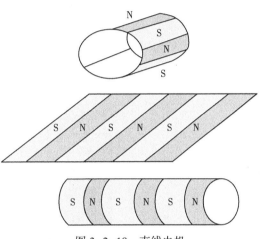

图 3-2-18　直线电机

如图 3-2-19 所示,直线电机采用圆筒型结构,以消除侧向端部效应。其初级(定子)是由多个线圈和铁芯组成的同轴线圈,次级(动子)由作为磁轭的铁管及其上安装的高性能环形永磁体钕铁硼材料组成。可以产生足够的气隙磁密。永磁体的充磁方向为径向,且极性交替排列,作为动子磁轭的铁管同时作为其上下移动时的导轨。定子上每极下的槽数及槽型尺寸由具体的性能指标确定。

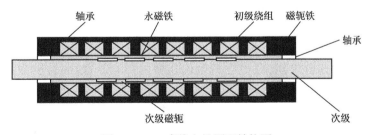

图 3-2-19　直线电机原理结构图

可考虑采用位置传感器检测动子的位置。当线圈与磁钢处于适当位置时,根据磁钢极性的不同,对磁极下的全部线圈通以方向不同的电流,以产生推力推动子向某一方向运动。当磁极中性线运动到某些线圈下时,通过换向电路,使相应位置上的线圈中的电流换向,从而继续产生方向相同的推力。如此通过顺序控制各线圈中电流的通断和大小,使电机的动子在电磁推力作用下,带动抽油杆达到上冲程的最大冲程处。而在下冲程时,抽油杆靠

自重与平衡重的重量差自行回落,抽油机可以小电流工作以调节下冲程的运行速度。

1. 冲程和冲次的控制

这种特点在长冲程的抽油机上的优势更为明显。通过增减线圈数量的方式,可以方便地调节电机的冲程;通过对抽油机上下冲程的运行速度的控制而调节冲次。

2. 推力的控制

电机的推力 F 正比于线圈的电流 I,通过调节线圈中的电流的大小来控制抽油机的推力,使之与载荷的变化情况相适应,从而使电机的推力与载荷达到最佳的配合。

3. 控制电路

选用脉冲供电的控制电路的方案。触发控制脉冲可用一种普通而简单的工业用可编程控制器(PC 或 PLC)来产生。可编程控制器具有很高的可靠性,编程简单,使用方便,具有很强的输入和输出接口,因此用它作为电机的触发控制装置是可取的。

整个系统由机架、横梁、平衡重物、钢丝绳滚轮、直线电机及控制柜等几部分组成,如图 3-2-20 所示。通过选择适当的平衡重可以使抽油杆自重升降所消耗的能量减少到最小。

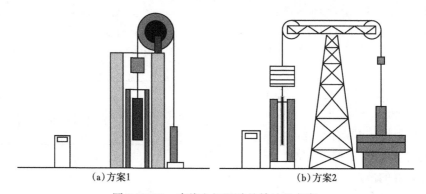

(a)方案1   (b)方案2

图 3-2-20   直线电机驱动的抽油机方案

三、动力学简析

直线电机的运动驱动的抽油机假设替换目前的 5 型抽油机原驱动功率是 P,冲次是 N,冲程长度是 S,根据功能守恒原理有 $P=FSN/30$ 成立。

由此,可求出直线电机的推力 F:

$$F=30P/(SN)$$

根据图 3-2-21 分析可知,假设电机换向次数 $n_{max}=20$ 次/min,也即抽油冲数 $N_{max}=$

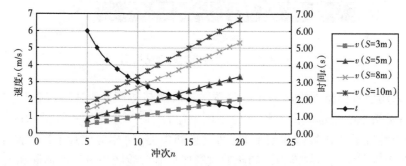

图 3-2-21   冲数、速度和时间曲线

20次/min。但冲次较高时不仅换向时间较短速度较快而且在2000m的井中由于抽油杆柱在动载和惯性载荷下的变形伸长无法快速恢复,可导致泵效下降,杆件在较高冲次下疲劳破坏不利于油井的正常生产。

根据上式求得表3-2-4、图3-2-22。

表3-2-4　2000m井深电机工作冲次与载荷关系

$N(\text{min}^{-1})$	$T(\text{s})$	$S(\text{m})$	$v(\text{m/s})$	$P(\text{W})$	$F(\text{N})$
5	6.00	3	0.5	25000	50000.00
6	5.00	3	0.6	25000	41666.67
7	4.29	3	0.7	25000	35714.29
8	3.75	3	0.8	25000	31250.00
9	3.33	3	0.9	25000	27777.78
10	3.00	3	1	25000	25000.00
11	2.73	3	1.1	25000	22727.27
12	2.50	3	1.2	25000	20833.33
13	2.31	3	1.3	25000	19230.77
14	2.14	3	1.4	25000	17857.14
15	2.00	3	1.5	25000	16666.67
16	1.88	3	1.6	25000	15625.00
17	1.76	3	1.7	25000	14705.88
18	1.67	3	1.8	25000	13888.89
19	1.58	3	1.9	25000	13157.89

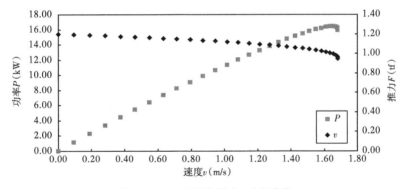

图3-2-22　速度与推力、功率曲线

四、运动学分析

1. 运动的加速度分析

设悬点载荷为 m_1,平衡重为 m_2,不计滑轮的质量 m 和转动惯量 I,加速度可表示为

$$a = (m_1 - m_2)g/(m_1 + m_2) \qquad (3-2-173)$$

当 $m_1 = 5000\text{kg}, m_2 = 2000\text{kg}$ 时,有 $a = 4.9\text{m/s}^2$。

由于上冲程过程中作用在悬点上的主要载荷是抽油杆在空气中的重力和作用在液体柱塞上的液柱载荷,忽略井筒,阻力滑轮两端的张力相等。这时如果采用全平衡结构,从理论上讲只需要克服摩擦力和液体阻尼就可以实现正常抽油。平衡重与功率的关系如图3-2-23、

图 3-2-24 所示。

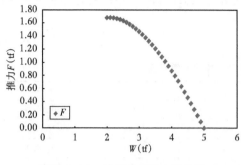

图 3-2-23　平衡重与推力的曲线

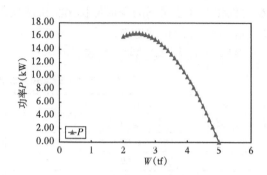

图 3-2-24　平衡重与功率的关系

2. 速度分析

为了使电机能够很快地平稳启动和运行并准确定位,电机运动速度、加速度曲线最好分别按图 3-2-25、图 3-2-26 所示的规律变化。如在 $T=0$ 时,速度为 0,假设在 $0\sim T_1$ 之间,以加速度 a 加速,到 T_1 时动子达到所要求的最大速度 v_m。在 $T_1\sim T_2$ 之间加速度为 0,动子以速度 v_m 匀速运行,在 T_2 时动子要以负的加速度 $(-a)$ 减速运行。在 T_3 动子速度变为 0,使得动子准确平稳地停止在预定位置上。从电机启动加速运动 T_1,匀速运动 T_2,减速运动 T_3,到整个上下冲程一周所需时间为:

$$T=T_1+T_2+T_3+T_4+T_5+T_6 \tag{3-2-174}$$

由于 $T_1=T_3=T_4=T_6$,故 $T=4T_1+2T_2$,又 $T=60/n$,因此

$$T_2=30/n-2T_1$$

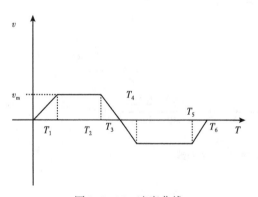

图 3-2-25　速度曲线

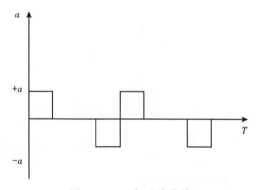

图 3-2-26　加速度曲线

直线电机在上行程过程中的行程可用下式表示:

$$S=aT_1^2/2+vT_2+aT_3^2/2$$

由于加速段与减速段的行程相等,于是

$$S=vT_2+aT_1^2$$

求速度 v

$$v=[(Sn/30)-(anT_1^2/30)]/[1-(nT_1/15)]$$

426

当 $S=5\mathrm{m}$，$n=6$，$T_1=0.5\mathrm{s}$，$a=4.9\mathrm{m/s^2}$ 时

$$v=0.955\mathrm{m/s}$$

图 3-2-27 显示，速度从 0 开始，线性增加到一个最大值，然后线性减少回到 0。这意味着在速度增加阶段有一个恒定的正加速度，在速度减少阶段有一个恒定的负加速度。加速度从 0 增加到 a，保持一段时间，然后迅速降到 $-a$，再保持一段时间，最后返回到 0。

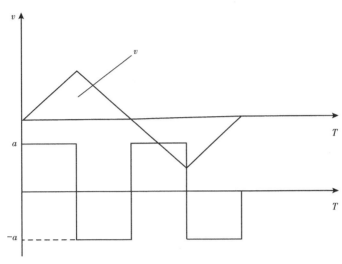

图 3-2-27　高冲次下的速度加速度曲线

五、根据电机特性设计有关的参数

1. 电机效率与其他特性参数的关系
根据电机的特性求得直线电机效率的表达

$$E=\frac{K_1}{IR}v-\frac{K_1K_2}{IVR}v^2$$

式中　K_1——1A 的电流产生的力，N/A；

$\quad\quad K_2$——比例常数，V/（m·s）；

$\quad\quad I$——定子输入的电流，A；

$\quad\quad V$——施加的电压，V；

$\quad\quad v$——电机动子的速度，m/s；

$\quad\quad R$——定子绕组的阻值，Ω。

由上式可见，电机效率是电机运行速度的二次函数如图 3-2-28 所示。

当 $v=V/(2K_2)$ 时，效率 $E_{\max}$ 达到最大值

$$E_{\max}=K_1/(4K_2)$$

实际上，K_1 和 K_2 都是电机结构所决定。

2. 电机推力计算
电机的推力 F 与绕组的尺寸等有关，可表示

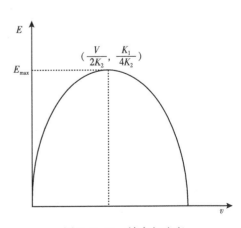

图 3-2-28　效率与速度

为

$$\frac{\mathrm{d}v}{\mathrm{d}t}=\frac{F-f}{m}$$

其中

$$F=K_1 I=K_1(V-K_2\times v)/R$$

式中 m——动子与负载质量之和,kg;

f——负载阻力,N。

假设 $f=0$ 由上两式得 $\frac{\mathrm{d}v}{\mathrm{d}t}=a-bv$, $a=\frac{K_1 V}{mR}$, $b=\frac{K_1 K_2}{mR}$,解上面的常微分方程得

$$v=\frac{V}{K_2}(1-\mathrm{e}^{-t/\tau})$$

$$\tau=\frac{mR}{K_1 K_2}$$

式中 τ——时间常数,s。

3. 电机常数计算

因为可调节线圈中的电流 I 的大小来控制抽油机的推力 F,使之适应载荷的变化情况,如图 3-2-29 所示。来研究以下电机参数 K_1 和 K_2。

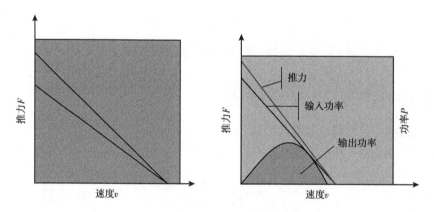

图 3-2-29 速度与力及功率的关系曲线

因为

$$\mathrm{d}\boldsymbol{F}=I\mathrm{d}l\times\boldsymbol{B}$$

$$\oint_L B\cdot\mathrm{d}l=\mu_0\sum_L I$$

所以

$$K_1=\mu_0\sum_{i=1}^l Hl=\mu_0 NI$$

$$K_2=\left(V-\frac{R\sum_{i=0}^l Hl}{N}\right)v^{-1}$$

式中 H——磁场强度,A/m;

B——磁感应强度,T;

N——线圈匝数,量纲 1;

428

l——磁路的长度,m;

V——电压,V;

v——电机动子的运行速度,m/s;

μ_0——磁导率,N/A^2。

由上式分析可知,K_1与磁导率和线圈匝数N和电流成正比。

4. 模型机主要技术指标及技术要求

(1)冲程3m;

(2)冲次$N_{max} = 9min^{-1}$;

(3)推力$F = 0.5t$;

(4)模拟油井实际工作状况,并测试力能指标;

(5)实现正常启、停机和以外停机;

(6)调节冲程、冲次和调节防冲距方便;

(7)修井拆卸和安装方便。

通过上述可行性及概念设计研究可得出如下结论。

(1)研制直线电机驱动的抽油机可补充目前游梁式抽油机的不足,原理可靠、技术可行,已经具备了室内原理实验和工业应用模型机研制的条件。

(2)根据计算可知,5t模型机如果采用接近全平衡方式,需要的电机推力很小,只需要克服摩擦力,需要的功率大约12kW。

(3)目前的设计指标仅供参考,具体的力能指标还需要进行室内原理实验而修正确定。

第十节　永磁同步直线电机的设计及实验

永磁同步直线电机是一种新模式的电机,永磁电机通常采用稀土永磁材料做动子,电机效率高,功率因数高,启动品质因数高和单位功率的永磁体用量省等特点。因此,研制永磁同步电机驱动抽油机可起到节能降耗,提高抽油系统效率的目的。

一、永磁同步电机的基本原理

根据直线电机的工作原理及垂直运动特性,并参考国内有关直线电机的研究成果,提出了一种新型的永磁同步直线电机的结构。

由图3-2-30可以看出,电机的初级采用永磁体,间隔的布置在机架上,电机次级由铁芯和电枢绕组组成。带电的次级绕组在双边型初级的中间上下往复运动,装在动子上的导向轮保持次级不偏离初级及次级与双边型次级之间的间隙,对于整个系统而言,原理上近似与长初级短次级的永磁同步电机。

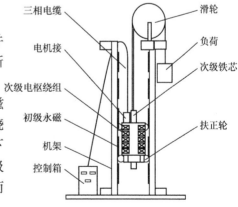

图3-2-30　永磁同步直线电机原理示意图

二、稀土永磁材料与永磁电机的特点

永磁材料属于基础材料,目前有铝、镍、钴金属永磁,铁氧体永磁和稀土永磁三大类,稀土永磁是稀土元素(镧、镨、钇、锆、钐、……)与铁族元素的金属间化合物。第一代稀土元素

（Sm_2CO_5）诞生于 20 世纪 50 年代后期，70 年代第二代稀土永磁合金（Sm_2CO_{17}）问世。这两种永磁材料虽然磁性能好，但钐与钴价格昂贵，使它们的发展受到限制。1983 年 6 月，日本住友特殊金属公司制成第三代稀土永磁合金（NdFeB）。钕铁硼永磁材料具有良好的磁特性，同时，由于钕资源丰富，便于应用与推广。钕铁硼永磁材料的问世，1983 年被列世界十大的科技成果之一。

钕铁硼材料磁性优异，兼有铝镍钴和铁氧体永磁的优点，具有很高的剩磁和矫顽力，以及很大的磁能积。目前常用的稀土永磁材料的磁能积 Sm_2CO_5 为 $127.36 \sim 183.08 kJ/m^3$，试验最高值达 $227.7 kJ/m^3$；NdFeB 为 $238.8 \sim 318.4 kJ/m^3$，试验最高值达 $415.5 kJ/m^3$。在各种永磁材料中，钕铁硼的磁能积最高，其最大磁能积比铝镍钴高 $5 \sim 8$ 倍，比铁氧体高 $10 \sim 15$ 倍。在同样的有效体积下，被电励磁的大 $5 \sim 8$ 倍，仅次于超导励磁，钕铁硼磁钢的剩磁 B_r 和矫顽力 H_c 均很高，工业用钕铁硼的 $B_r = 1.02 \sim 1.25 T$，最高可达 14.8T，约为铁氧体的 $3 \sim 5$ 倍，约为铝镍钴的 $1 \sim 2$ 倍。工业用铝镍钴的磁感应矫顽力 $H_{CB} = 764.2 \sim 915 kA/m$，内禀矫顽力 $H_{cm} = 876 \sim 1671.6 kA/m$，最高可达 2244.7kA/m，相当于铁氧体的 $5 \sim 10$ 倍，铸造铝镍钴的 $5 \sim 15$ 倍，各种永磁材料的性能见表 3-2-5。

表 3-2-5　各种永磁材料性能表

性能	铁氧体	铝镍钴	$SmCo_5$	$SmCo_7$	NdFeB
剩磁（T）	0.44	1.15	0.90	1.12	1.25
矫顽力（kA/m）	22.8	127.4	636.8	533.3	796.0
内禀矫顽力（kA/m）	230.8	127.4	1194.0	549.2	875.6
最大磁能积（kJ/m^3）	36.6	87.6	143.3	246.7	286.5
密度（g/cm^3）	5.0	7.3	8.4	8.4	7.4
居里点（℃）	450	800	740	820	312
使用温度（℃）	200	500	250	350	130

这种稀土永磁直线电机的初级不需要电励磁，省去了大量的励磁线圈。如果没有励磁线圈，就能提高电机的效率，降低电机的温升。同时钕铁硼材料具有强磁力和高矫顽力，在减小电机重量的同时，可增加电机的推力。这种电机与普通直线电机相比有以下特点。

（1）初级电枢绕组采用永磁体替代，电机结构列简单，电机控制更加方便。

（2）钕铁硼永磁体退磁曲线为直线，可改善直线电机的启动特性，使电机有较高的稳定工作点。

（3）永磁同步直线电机按初级分为双边型和单边型结构，结构灵活。

三、直线电机中的电磁关系

1. 电流产生磁场

在图 3-2-31 电磁机构中，匝数为 n 的线圈 L 通入电流 I 时，产生穿过铁芯 Fe_1、Fe_2 与气隙 δ 的磁通 Φ，如果将并不都在 Φ 的途径内的散磁、漏磁忽略，并设各处铁芯材料均处于未饱和的线性段，则可将此磁路等效为如图 3-2-32 所示的等效磁路。其中 $R_{m\delta}$、R_{mFe_1}、R_{mFe_2} 后各段磁阻，E_{m1}、E_{m2} 后为两个激磁线圈等效磁动势。于是可写出：

$$\Phi = \frac{E_{m1} + E_{m2}}{R_{mFe1} + R_{mFe2} + 2R_{m\delta}} \tag{3-2-175}$$

$$E_{m1} = n_1 I_1 ; \quad E_{m2} = n_2 I_2 ; \quad R_{mFe1} = \frac{l_1}{\mu_1 S_1} ; \quad R_{mFe2} = \frac{l_2}{\mu_2 S_2} ; \quad R_{m\delta} = \frac{\delta}{\mu_0 S_0}$$

式中　I_1、I_2——上下铁芯产生主磁通需要的激磁电流,A;

　　　l_1、l_2——主磁通通过上下铁芯所经过的平均长度,m;

　　　S_1、S_2——主磁通经过上下铁芯的截面积,m^2;

　　　μ_1、μ_2——上下铁芯区域的磁导率,H/m;

　　　μ_0——空气磁导率,$\mu_0 = 4\pi \times 10^{-7} H/m$;

　　　δ——气隙,m;

　　　n_1、n_2——上下铁芯线圈匝数;

　　　S_0——气隙形成的截面积,m^2。

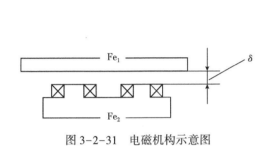

图 3-2-31　电磁机构示意图

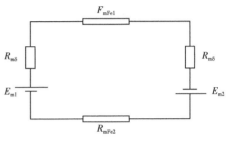

图 3-2-32　等效电路图

当通直流时,上述公式描述了其稳态各量关系。如所通电流为正弦交流电则产生的也是正弦交流磁通 ψ

$$\psi = \Phi_m \sin(\omega t + \theta) \tag{3-2-176}$$

由式(3-2-175)可以看出,产生一定的磁通所需激磁电流的算法,即:

$$E_{m1} + E_{m2} = \Phi(R_{mFe1} + R_{mFe2} + 2R_{m\delta}) \tag{3-2-177}$$

$$n_1 I_1 + n_2 I_2 = \Phi \sum_{i=1}^{n} R_{mi} \tag{3-2-178}$$

设 $n_1 = n_2$,$I_1 = I_2$,则

$$I = \frac{\Phi \sum\limits_{i=1}^{n} R_{mi}}{2n} \tag{3-2-179}$$

式中　$\sum\limits_{i=1}^{n} R_{mi}$——$i$ 项磁阻的和,Ω。

如果磁阻的计算不方便,也可利用下式:

$$I = \frac{2\frac{B}{\mu_0}\delta + \frac{B}{\mu_1}l_1 + \frac{B}{\mu_2}l_2}{2n} = \frac{\sum\limits_{i=1}^{l} H l_i}{2n} \tag{3-2-180}$$

式中　H——磁场强度,A/m;

B——磁感应强度,T;

$\sum\limits_{i=1}^{l} Hl_i$ ——各段磁压降总和,A。

2. 运动磁场产生电势

交流磁场,因其按正弦规律在不断变化,因而在线圈产生感应电势 e,用下式表述:

设 $e = \dfrac{\mathrm{d}\psi}{\mathrm{d}t}, \psi = \Phi n\sin\omega t$,则

$$e = \Phi_m n\omega\cos\omega t = E_m \sin(\omega t + 90°) \tag{3-2-181}$$

$$E_{max} = E_m = 2\pi f n\Phi_m \tag{3-2-182}$$

此电势有效值为

$$E = \frac{E_m}{\sqrt{2}} = \sqrt{2}\,\pi f n\Phi_m = 4.44 f n\Phi_m \tag{3-2-183}$$

式中 Φ_m——瞬时磁通量的幅值,Wb;

n——线圈的匝数;

f——频率,Hz;

E_m——磁通量的最大值,V;

E——激磁电势的有效值,V。

运动磁场产生电势的另一种表达式为

$$e = Blv \tag{3-2-184}$$

式中 B——扫过导线的磁感应强度,T;

l——被扫导线的长度,m;

v——扫过导线的磁场相对速度,m/s;

e——长为 l 的一根导线中的感应电动势,V。

如果在磁极下有 Q 条有效线槽,每个线槽中嵌有 n 根导线,则总电势为

$$E = QnBlv \tag{3-2-185}$$

3. 电磁力

处于磁感应强度 B 下的通过电流 I 的导线长为 l 时,产生电磁力 f

$$f = BlI \tag{3-2-186}$$

如果在磁极下有 Q 个有效线槽,每槽嵌有 n 根导线,则产生总磁力

$$F = nQBlI \tag{3-2-187}$$

对于两个相对磁极,如果由于 δ 相对于平面而言很小,可证明是一均匀平板磁场,边缘散磁忽略不计。

此磁场具有磁场能量为

$$W_m = \frac{1}{2}BHV = \frac{BH}{2}S\delta \tag{3-2-188}$$

式中 W_m——磁场能量,J;

V——有效磁场体积，m^3；

S——全部磁通通过气隙的面积，m^2。

因而导出法向电磁力。

$$f_m = \frac{B\phi}{2\mu_0} \qquad (3-2-189)$$

4. 电源电压

这里对一相相电压进行讨论，绕组元件可以全部串联，也可部分串联后并联，如果全部串联，则总电阻求出后就可算出电阻压降 U_R，切割磁场的电势 ε，此外还存在自感电势 ε_1 及散漏电势 ε_σ。于是可写出电压降时值方程

$$U = iR + \varepsilon + \varepsilon_L + \varepsilon_\sigma \qquad (3-2-190)$$

也可用向量表示

$$\boldsymbol{U} = \boldsymbol{I}R + \boldsymbol{E} + \boldsymbol{E}_L + \boldsymbol{E}_\sigma \qquad (3-2-191)$$

式中　$\boldsymbol{I}$——相电流矢量，A；

　　　$\boldsymbol{E}$——感应电势矢量，V；

　　　$\boldsymbol{E}_L$——自感电势矢量，V；

　　　$\boldsymbol{E}_\sigma$——杂散电势矢量，V；

　　　$\boldsymbol{U}$——相电压矢量，V。

后两项可写成 $\boldsymbol{E}_L = j\boldsymbol{I}x_L$ 代入式（3-2-191）得

$$\boldsymbol{U} = \boldsymbol{I}R + \boldsymbol{E} + j\boldsymbol{I}(x_L \times x_\sigma) \qquad (3-2-192)$$

并可用相量同表示，由图 3-2-33 可知

$$\cos\varphi = \frac{IR + E\cos\theta}{U} \qquad (3-2-193)$$

5. 各参量分析

这里仅对上述各量中不易确定的参数加以讨论。

（1）应电势 E 的相角 θ。

由于 $E = Blv$，上式乘以电流 I 得 $EI = BlvI = fv$。

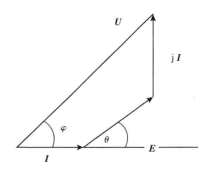

图 3-2-33　电压方程的矢量图

由此可知，EI 为电源克服电势输入的电能，fv 为力 f、速度 v 产生的输出机械能。这样解释了将电能转换成机械能的关系与过程。因此 EI 中包含了有功功率。但考虑电磁关系与时间的滞后，其中应还含有无功功率。因而 $\boldsymbol{E}$ 与 $\boldsymbol{I}$ 之间有一夹角 θ，此 θ 尚未能准确定量确定，使得电路 $\cos\phi$ 的计算也就成为无法精确的量。

（2）由于磁路形状、尺寸复杂，加之永磁钢的存在，使磁路的 x_L、x_σ 难确定。特别是在运行中，磁路在不断变化，因而，更无法确定 x_L、x_σ。

（3）效率可以下式表达：

$$\eta = \frac{P}{P_0 + P_{Cu} + P_{Fe} + P_m + P_x} \qquad (3-2-194)$$

式中　P——输出功率，W；

P_{Cu}——铜损，W；

P_{Fe}——铁损，包括硅钢片、软铁等处的磁滞损耗，W，可从相关手册中查到；

P_{m}——机械损耗，例如各运动副的摩擦损耗等，W；

P_{x}——风阻、缓冲器等各项杂散损耗，W。

正弦波磁场中，不用 B 值的单位重量铁损量。由于本节所研究电机不是 50Hz，可近似折算求出；由于各项耗量的不确定性，故 η 的计算也只能近似估算。

（4）在动子被堵住（起动后短时堵住）、变速，运动换向时期，出现磁场相对导线静止与相对属运动方向的逆向，前者导致感应电势后。后者导致出现与电源电压同相位电势，都会引起很大的大电流，形成电流冲击，其冲击倍数应根据路参数计算。如果将电阻增大，电势减小，可降低此冲击，但又会引起铜损增加，电磁力下降的后果。

四、直线电机有关结构参数设计及原理实验

1. 平板式三相永磁同步直线电机设计

（1）设计要求：推力 $f=10000$N，速度 $v=0.6\sim1.2$m/s，冲程 $L=3$m。

结构：平板式，钕铁硼初级，双面布置，次级通电，拖线馈电。

（2）估算电流。

因为

$$P=fv=\sqrt{3}VI\eta\cos\phi \qquad (3\text{-}2\text{-}195)$$

所以

$$I=\frac{fv}{\sqrt{3}V\eta\cos\phi} \qquad (3\text{-}2\text{-}196)$$

式中 f——电磁推力，N；

v——电机运行速度，m/s；

P——电机功率，W；

V——电机电压；V；

I——电机电流，A；

ϕ——电机运行相位角，(°)。

设 $\eta\cos\varphi=0.6$，$V=380$V，则

$$I=\frac{10000\times1.2}{\sqrt{3}\times380\times0.6}=30.39(\text{A})，取\ I=30\text{A}$$

（3）选漆包线。

$$S=\frac{I}{J} \qquad (3\text{-}2\text{-}197)$$

取 $J=5$A/mm^2，$S=\dfrac{30}{5}=6$mm^2，选用导线直径 $d=2.63$mm（2.72mm），导线截面积 $S=5.43$mm^2，每千米导线电阻 $r=3.6\Omega$/km。核算得 $J=\dfrac{30}{5.43}=5.52$A/mm^2。

（4）计算有效槽数。

$$Q=p\times(2\ 极/极对)\times(2\ 有效槽数/极对)\times(2\ 侧面嵌线)\times(2\ 组电机)$$

p 为极对数,本电机取 $p=4$,计算得 $Q=64$。

(5)计算每槽匝数。

$$n=\frac{f}{Q\times B\times l\times I} \tag{3-2-198}$$

$$n=\frac{f}{Q\times B\times l\times I}=\frac{10000}{64\times0.8\times0.2\times30}=32.5$$

取 $n=33$。

(6)考虑惯性力后 f 的修正值。

假设系统加配平衡后总重 80000N,计算惯性力为 2000N。

f 应扩大后 10000N+2000N=12000N,则 $n=\dfrac{12000}{64\times0.8\times0.2\times30}=39$,取 $n=40$。

(7)计算槽深。

$$D=\frac{d^2\times n}{b\times\zeta} \tag{3-2-199}$$

式中　b——槽宽,mm;

　　ζ——槽满率,一般取 0.6。

当 $d=2.72$mm,$n=40$,$b=20$mm,$\zeta=0.6$ 时,计算 $D=24.7$mm,根据电机手册,取 $D=26$mm,则槽深比 $\dfrac{D}{b}=\dfrac{26}{20}=1.3$。

(8)计算感应电势。

一个槽电势 $E=nBlv=0.8\times0.2\times40\times1.2=7.68$(V),一相一侧电势 $p\times2\times E=61.44$V,一相两侧串联电势 $2\times p\times2\times E=122.8$V,一相两组双侧串联电势 $2\times2\times p\times2\times E=245.26$V。

由于电源电压每相为 220V,故不能两组电机绕组串联,只能并联,每相电势为 $E_\phi=123$V。

(9)计算每相(一组电机)绕组电阻。

$$每个元件长 L=L_1\times n=0.650\times40=26(m)$$

式中　L_1——一个线圈的平均长度,m。

一组电机相绕组总长为　$L_1=p\times L\times2=4\times26\times2=208(m)$

其电阻　　　　　　　$r_\phi=r\times L_1=3.6\times0.208=0.75(\Omega)$

电阻压降　　　　　　$V_R=r_\phi\times I=0.75\times30=22.5(V)$

(10)计算电源频率。

$$f=\frac{v}{2\tau} \tag{3-2-200}$$

式中　τ——电机的极距,m。

已知 $v=0.6\sim1.2$m/s,极距 $\tau=0.075$m,则 $f=4\sim8$Hz。

(11)计算感抗 X_L、X_σ。

$$X_L=\omega L=2\pi f L \tag{3-2-201}$$

可以从某一角度考虑 X_L 的计算,即从 $E_L=\dfrac{\mathrm{d}\phi}{\mathrm{d}t}=4.44fn\phi_m$ 求解。

由于 $\phi_m=B_mA$,A 为一个绕组元件所围铁芯面积,本侧中 $A=25\times10^{-3}\times3\times200\times10^{-3}=0.015(\mathrm{m}^2)$,则

$$\varPhi_m=0.015B_m$$

由 $B/\mu_0=H$,如近似认为磁动势全部降在气隙与磁导率接近 μ_0 的磁钢厚度上,则

$$H=\frac{nI}{\delta+h_m}$$

由此可求出 B_0:

$$B_0=\frac{nI\mu_0}{\delta+h_m}$$

由于 $\varPhi_m=B_0A$,由此可求出

$$E_L=4.44Afn\frac{nI\mu_0}{\delta+h_m}\tag{3-2-202}$$

(12)求电源电压。

$$U_\phi=Ir_\phi+E_\phi+\mathrm{j}I(X_L+X_0)\tag{3-2-203}$$

式中　U_ϕ——电源相电压矢量,V;

　　　I——相电流矢量,A;

　　　E_ϕ——自感电势矢量,V;

　　　r_ϕ——电路等效电阻矢量,Ω。

式(3-2-203)也可写成

$$U_\phi=Ir_\phi+E_\phi+E_L+E_\sigma\tag{3-2-204}$$

相电压值:

$$U_\phi=\sqrt{(Ir+E_\phi\cos\theta)^2+(E_\phi\sin\theta+E_L+E_\sigma)^2}\tag{3-2-205}$$

可初步估计　　　$U_\phi=(Ir+E)K=(22.5+123)K=145.5K$

系数 K 需从时间中归纳得出,这里取 $K=1.7$,则

$$U_\phi=144.5\times1.7=203.7(\mathrm{V})$$

(13)电机的控制与控制系统。

由于该研究所涉及的直线电机处于不停地起动—加速—减速—制动—反向起动的运动过程,在结构上又采用了小工作气隙($\delta\leqslant2\mathrm{mm}$),强磁场($B$ 可达 1T)结构方式,拖动系统机械部分。由于需要配重而大大增了质量与转动惯量,不但会在电源电压与电源频率相配合不够协调时产生严重过电流,也会与所有同步电机不能自起动一样,面临着起动问题。也就是说对电机的控制提出了一般异步机对控制的要求更高的要求,在没有异步起动功能的设计中,电机的起动需由控制系统对电源的频率控制实施变频起动。

通常可以使用计算机完成逻辑功能,经放大管给出三相电源。而以各种控制主令电器、位置传感器、各种状态传感器作为微机输入信号,以 PWM、SPWM 方式调频,用商品变频器

与可编程逻辑控制器可以组成上述系统。

2. 永磁同步直线电机的特性计算研究

工业用永磁同步电机的设计在目前尚无成熟的理论和计算方法,笔者借用旋转电机的有关设计和基本电磁理论,目前国内实验室的直线电机研究结果经过分析推导给出了主要直线电机电磁特性关系。

1）电流计算

$$I_s = \frac{p\tau A_s}{mN_w} \tag{3-2-206}$$

其中

$$A_s = j_s\frac{b_s}{t}h_s\xi$$

式中　p——极对数,量纲1;

τ——极距,mm;

m——初级相数,量纲1;

N_w——每相绕组的匝数,量纲1;

j_s——电流密度,A/mm^2;

b_s——槽宽,mm;

t——齿距,mm;

h_s——槽深,mm;

ξ——槽满率,%。

2）电磁功率计算

电磁功率 P 由下式表示:

$$P = mE_oI_s\cos\phi \tag{3-2-207}$$

式中　E_o——励磁电压,V。

当 $\phi = 0$ 时,电磁功率最大值 P_{max} 表示为

$$P_{max} = mE_oI_s \tag{3-2-208}$$

其中

$$E_o = 2\sqrt{2}\pi f\mu_o(N_wK_w)b_EF_PK_1K_2 \tag{3-2-209}$$

$$F_P = H_ch_m$$

式中　f——频率,Hz;

μ_0——槽区磁导率,$4\pi\times10^{-7}$H/m;

b_E——永磁体宽度,m;

F_P——等效磁势,kA;

H_c——矫顽力,kA/m;

h_m——永磁体的高度,m。

式(3-2-209)中

$$K_1 = \frac{4}{\pi}\sin\left(\frac{\pi a}{2}\right) \tag{3-2-210}$$

$$a = \frac{l_{\mathrm{m}}}{l} \tag{3-2-211}$$

$$K_2 = \frac{\mathrm{sh}(r_{\mathrm{o}}h_{\mathrm{m}})\,\mathrm{sh}(rh_{\mathrm{w}})\sqrt{\mu_x \mu_y}}{T''r_{\mathrm{o}}h_{\mathrm{m}}\mathrm{sh}(rh_{\mathrm{s}})rh_{\mathrm{w}}} \frac{}{\mu_{\mathrm{o}}} \tag{3-2-212}$$

$$r = \frac{\pi}{l}\sqrt{\mu_x/\mu_y} \tag{3-2-213}$$

$$T'' = \mathrm{ch}\left[\pi\left(\frac{h_{\mathrm{m}}}{l} + \frac{\delta}{l}\right)\right] + \frac{\sqrt{\mu_x \mu_y}}{\mu_{\mathrm{o}}}\mathrm{sh}\left[\pi\left(\frac{h_{\mathrm{m}}}{l} + \frac{\delta}{l}\right)\right]\mathrm{coth}r_1\frac{h_{\mathrm{s}}}{l} \tag{3-2-214}$$

$$r_{\mathrm{o}} = \frac{\pi}{l}$$

$$r_1 = \pi\sqrt{\mu_x/\mu_y} \tag{3-2-215}$$

$$\mu_x = \frac{\mu_{\mathrm{o}}\mu_{\mathrm{r}}}{1 + \dfrac{b_{\mathrm{s}}}{t}(\mu_{\mathrm{r}}-1)} \tag{3-2-216}$$

$$\mu_y = \mu_{\mathrm{o}}\left[\frac{b_{\mathrm{s}}}{t} + \mu_{\mathrm{r}}\left(1 - \frac{b_{\mathrm{s}}}{t}\right)\right] \tag{3-2-217}$$

式中　l_{m}——永磁体长度，m；

b_{s}——槽宽，m；

t——齿距，m；

μ_x——x 方向磁导率，H/m；

μ_y——y 方向磁导率，H/m；

l——极距，m。

3）电磁推力计算

最大电磁推力由下式计算：

$$F_{\max} = \frac{p_{\max}}{v} = \frac{mE_{\mathrm{o}}I_{\mathrm{s}}}{2\tau f} = \frac{mE_{\mathrm{o}}U_{\mathrm{s}}}{2\tau f x_{\mathrm{T}}} \tag{3-2-218}$$

式中　U_{s}——电枢电压，V；

x_{T}——同步电抗，Ω；

v——同步速度，m/s。

由式（3-2-218）可以看出：在忽略电枢电阻时，频率变化对推力将产生大的影响，若要保持直线电机推力不变，必须相应改变供电电压；当电源频率和电压同时改变 K 倍时，电磁推力不变，最大电磁功率增大 K 倍；若电源电压不变，电源频率变化 K 倍时，则最大电磁功率不变，最大电磁推力变化到 $1/K$ 倍。

4）直线电机的效率和功率因数

根据功能守恒原理，电磁功率也可用下式表示：

$$p = mU_sI_s\cos\phi - mI_s^2r_s \qquad (3-2-219)$$

$$r_s = \rho\,\frac{2l_{av}N_w}{SN_1a_1}$$

其中

$$l_{av} = b_E + (1.3 \sim 1.6)\tau$$

式中　r_s——电枢绕组每相电阻，Ω；

ρ——导体电阻率，$\Omega\cdot\text{mm}^2/\text{m}$；

S——每根导线截面积，mm^2；

N_1——导线并绕根数，量纲1；

a_1——并联支路数，量纲1；

N_w——每相串联匝数，量纲1；

l_{av}——绕圈平均半匝长，m。

由式（3-2-219）有

$$\eta = \frac{fv}{fv+mI_s^2r_s} \qquad (3-2-220)$$

$$\cos\varphi = \frac{fv+mI_s^2}{mU_sI_s} \qquad (3-2-221)$$

5）10kN 永磁同步直线电机的计算

10kN 永磁同步直线电机的电机结构数据，见表3-2-6。

表 3-2-6　10kN 永磁同步直线电机结构参数表

参数名称	参数值	参数名称	参数值
永磁体长度 l_m	64mm	齿距 t	25mm
永磁体宽度 b_E	21mm	极距 τ	75mm
永磁体厚度 h_m	20mm	相数 m	3
槽宽 b	20mm	极对数 p	4
槽深 h_s	46mm	电流密度 j_s	5A/mm²
槽满率 k_s	0.7	永磁体的矫顽力 H_c	800kA/m
绕组匝数 N_w	1440	频率 f	8Hz

将表3-2-6中的数据代入式（3-2-206）至式（3-2-218）得，推力 $F=11\text{kN}$；电机电大功率 $P_{max}=13.5\text{kW}$。

由上面计算可知，根据电磁特性计算方法，代入上述的电机结构参数进行校验所得结果与设计要求相吻合。证明了永磁直线电机的结构设计计算方法和电性参数计算方法均是正确的。

3. 圆筒永磁直线电机运动实验的研究

设计要求，圆筒结构，初级通电产生电磁力，次级电激磁产生固定磁极推力200N，行程180mm，速度0.6～1m/s。

1）结构及参数

如图3-2-34所示，计算绕组匝数 $n=400$。

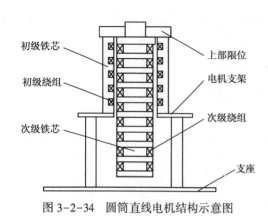

初级铁芯 —— 上部限位
初级绕组 —— 电机支架
次级铁芯 —— 次级绕组
—— 支座

图 3-2-34　圆筒直线电机结构示意图

选线直径 $d = 0.67/0.75$mm；截面积 $S = 0.353$mm^2；导线电阻 $r = 50\Omega/$km；线重 $w = 3.17$kg/km；初级绕组平均长 210mm；每绕组线长 $210 \times 400 = 84000$(mm)；电阻 $r_s = 84000 \times 10^{-6} \times 50 = 4.2(\Omega)$；槽满率 $\xi = \dfrac{0.75^2 \times 350}{18 \times 18} = 61\%$。

次级绕组平均长 320mm；几组绕组总长为 $320 \times 10^{-3} \times 400 \times 10^{-3} \times 9 = 1.152$km；电阻 $r_d = 58/9 = 6.4\Omega$；槽满率 $\xi = \dfrac{0.75^2 \times 350}{20 \times 17} = 58\%$。

将次级抽出，分别对次级和初级加电测得开路磁路的表面磁感应强度，见表 3-2-7 和表 3-2-8。

表 3-2-7　对次级加电测得开路磁路的表面磁感应强度

动力表面 B 值(T)	0.015	0.028	0.045	0.059	0.07	0.078
电压 V(V)	25	50	75	100	125	150

表 3-2-8　对初级加电测得开路磁路的表面磁感应强度

表面 B(T)	0.11	0.024	0.036	0.05	0.06
定子电压 V(V)	5	10	15	20	25

当次级电压为 100V，初级电压为 30V 时，直线电机的静态牵引力为 243N。

2) 有关参数计算

设 $B = 0.3$T，平均线长 $L = 0.3$m，一个绕组匝数 $n = 400$，电流 $I = 15$A，有效槽数 $Q = 4$，次级绕组 $N = 9$(在工作中有效绕组为 4 个)，则推力由下式计算：

$$F = nBLIQ = 400 \times 0.3 \times 0.3 \times 15 \times 4 = 220(N)$$

次级电压
$$U_{dr} = r_d I = 6.4 \times 15 = 96(V)$$

初级电压
$$U_{sr} = r_s I = 4.7 \times 15 = 71(V)$$

当 $v = 1$m/s 时，感应电势：

$$e_d = nNBLv = 350 \times 9 \times 0.3 \times 0.3 \times 1 = 284(V)$$

次级总电压
$$U_d = U_{dr} + e_d = 96 + 284 = 380(V)$$

初级总电压
$$U_s = U_{sr} + e_d = 71 + 284 = 354(V)$$

3) 实验结果说明

(1) 最大静态牵引力 $F = 243$N；最大冲击牵引力 $F = 274$N。

测试方法：加负荷重，使电机能将共率起，并稳定停止在率起的位置，测得重物及动子自重为 24.33kg。

测试条件：次级电压 100V，初级电压在 30V。

(2) 本机使用自制简易手动触电电源分配器，可实现任意频率切换或静止通电状态。

4. 对控制提出的要求

1）调频时的中压变化

由于励磁电势 $E \propto f$，在电源频率从零 Hz（变频起动时之初始频率）$E=0$ 到 $f=f_{max}$（8Hz）对应的电源电压应从 $22.5 \times 17 = 38.3$（V）升到 203.7V。所以对不同冲次的运行状态，对应的电源频要求不同。在变频起动、调速、制动等操作也要求频率变化，也就是要求相应的电压变化。

2）电流冲击

由于频率为零时，感应电势及 E_L、E_σ 都会是零，电路只有电阻存在，而电阻比之后者的限流作用极小。故此在起动，变速，反向等操作中若电源电压不及时按要求调整改变，将会产生严重的过电流冲击。由式（3-2-205）计算得到 $u_\phi = 203.7V$，电流为30A。此时自感电势部分电压约210V。而电阻只有 0.75Ω，可能出现的电流甚至可能为 $\frac{210}{0.75} = 280$（A），约为额定电流的9倍。但在频率不为0而次级堵住时，由于 E_L、E_σ 的存在，此电流会减小。也许可能是 $280/1.7 = 164$（A）（过流倍数后的5.5倍）。$\eta\cos\varphi$ 设计计算时常将此二项合起来讨论，当工作气隙较大时，工作气隙的磁感应强度将变化，自感电抗与漏、散磁杂散电流 X_L、X_σ 等也必然变小，因而电阻的电抗部分会明显减小，如果选用较细导线，增加匝数，则可明显增大绕组电阻。因而阻抗角变小，使功率因数 $\cos\varphi$ 提高。也是由于电抗的影响减弱，而与电流频率无关的电阻影响的加强，使电阻抗对电源频率的敏感性下降，而使电流在次级是否堵住，也就是起动，变速、反向时，不会出现严重的电流冲击。但随着这个问题的解决会间生因磁场削弱而使电磁力明显减小的问题，或者是说，在满足设计要求时，需要在别的方面付出相应的代价。

永磁同步直线电机的电机结构参数运用电磁计算进行校检，所得结果与设计要求相吻合。证明了永磁直线电机的结构设计计算方法和电性参数计算方法均是正确的。

通过小型圆筒直线电机的原理机的设计实验进一步验证了直线电机的设计方法是正确的，可以进入大力推进永磁同步直线电机的工业样机制造。

游梁式抽油机增加各种辅助机械，以提高效率，进行节能的努力都不能有质的改进。因为每增加一个环节就必然会增加一份附加损耗，即在总效率上又乘上一个不可能大于1的常数。采用直线电机舍弃了大部分变速传动环节，从这个角度来看，在理论上提高系统效率是无疑的。

从电源送入抽油机到将原有抽出地面，其中间为电能到机械能的转化。要想有效地改进系统、提高性能，就某一环节的孤立研究并非最佳办法。这需要对系统的能流关系作整体测试综合研究，从而从系统上着手改革，追求系统的优化，直线电机是系统优化设计的首选研制设备。

针对游梁式抽油机动力系统的无功消耗大的缺点，研制一种直线电机驱动的抽油机举升装置，直接利用直线电机做直线运动的特点，取消旋转电机驱动抽油机的减速器、连杆和曲柄等传动装置。而这种直线电机抽油机有着结构简单、使用寿命长等优点。预计不仅可以是我国抽油设备由庞大笨重走向结构紧凑，其原始的驱动方式将发生根本改变，而且可使设备的系统效率将得到较大提高。可以说，直线抽油机是抽油机的新一代产品，是抽油机的一次革命。

参 考 文 献

[1] 崔振华,王玉山,朱君,等. 抽油机—深井泵装置系统效率的测试研究(续)[J]. 石油矿场机械,1989, 18(5):6-10.

[2] 崔振华,王玉山,候华业,等. 抽油机—深井泵装置系统效率的测试研究[J]. 石油矿场机械,1988, 17(1):40-46.

[3] 崔振华,余国安,安锦高,等. 有杆抽油系统[M]. 北京:石油工业出版社,1994.

[4] 余国安,邬亦炯,王国源. 有杆泵抽油井的三维振动[J]. 石油学报,1989,10(2):76-83.

[5] 冯耀忠. 高效率地设计和使用有杆泵抽油系统[J]. 石油矿场机械,1989,18(1):33-38.

[6] 董世民,崔振华,朱君,等. 游梁抽油机电机额定功率合理选择的研究[J]. 石油矿场机械,1993,22(6):18-20.

[7] 孙世民,朱君. 游梁式抽油机—深井泵装置(一)[J]. 油田地面工程,1988,7(1):65-73.

[8] 杨敏嘉,董世民,侯华业,等. 标准实验井抽油杆摩擦功率的初步研究[J]. 石油机械,1990,18(6):14-21.

[9] 龚伟安. 液压下的管柱弯曲问题[J]. 石油钻采工艺,1988(3):11-22.

[10] 韩志勇,高德利. 关于钻柱稳定力等问题的探讨[J]. 石油钻采工艺,1986(5):9-16,25.

[11] 王殿科. 抽油杆柱纵向螺旋弯曲对脱扣的影响[J]. 石油机械,1991,19(6):18-23.

[12] 赵洪激,苏福顺. 有杆采油时油管柱轴向虚力的计算[J]. 石油矿场机械,1994,23(6):1-3.

[13] 吴则中,田丰. 玻璃钢抽油杆的发展及应用[J]. 石油矿场机械,1991,20(5): 35-42 .

[14] 陈路原,吴则中. 玻璃钢抽油杆在文留油田的综合应用[J]. 石油矿场机械,1995,24(6):48-51,54.

[15] 李丽珍,张自学. 玻璃钢抽油杆及其应用[J]. 石油钻采工艺,1993,15(1):71-76.

[16] 刘猛,陈如恒. 使用混合抽油杆时柱塞的超行程[J]. 石油机械,1998,26(1):26-28.

[17] J. 扎巴. 深井泵采油[M]. 北京:石油化学工业出版社,1978.

[18] 李桂喜. 抽油杆柱振动载荷分析[J]. 石油机械,1995,23(5):49-51,56.

[19] 王鸿勋,张琪. 采油工艺原理[M]. 北京:石油工业出版社,1993.

[20] 梁昆淼. 力学:上册[M]. 3 版. 北京:高等教育出版社,1995.

[21] 窦宏恩,混合抽油杆抽油惯性超行程形成条件讨论,大连:99 年石油装备学术交流年会,1999 年 8 月 24.

[22] 陈宪侃,赫同敏. 合理沉没度的确定方法[J]. 石油钻采工艺,1986(1):53-58.

[23] 邓敦夏. 有杆泵深抽时泵筒径向变形引起漏失的探讨[J]. 石油机械,1989(3):38-41,46.

[24] 邬亦炯,刘卓钧,赵贵祥,等. 抽油机[M]. 北京:石油工业出版社,1994.

[25] 邬亦炯,高翔. 游梁抽油机用电动机的功率计算[J]. 西安石油学院学报,1994(4):30-35.

[26] 黄超,王敏,王仲鸿. 游梁式抽油机运行状况及节电机理研究[J]. 石油矿场机械,1999,28(4):9-12.

[27] 龚伟安. 深井泵吸入能量补偿装置的结构原理及其在提高油井产能中的应用[J]. 石油矿杨机械,1990,19(1):14-19.

[28] 窦宏恩. 深井泵采油油层能量分析[J]. 石油机械,1992,20(6):31-37.

[29] 龚伟安. 再论深井泵能量补偿装置的原理和作用[J]. 石油矿场机械,1994,23(1):6-12.

[30] 窦宏恩. 论机械采油中的油层能量[J]. 石油机械,1996,24(4):45-49.

[31] 魏文杰. 采油工程[M]. 北京:石油工业出版社,1983.

[32] 冯少太,译. 带有增压装置的深井泵[M]. 油气开发工程译丛. 1986.

[33] 董映民. 渗流力学(下)[M]. 东营:华东石油学院开发系水力学教研室,1987.

[34] 童宪章. 压力恢复曲线在油气田开发中的应用[M]. 北京:北京化学工业出版社,1977.

[35] 葛家理. 油气层渗流力学[M]. 北京:石油工业出版社,1982.

[36] M. 波罗亚多夫. 直线感应电机理论[M]. 张春镐,译. 北京:科学出版社,1985.

[37]上海工业大学,上海电机厂. 直线异步电动机[M]. 北京:机械工业出版社,1979.

[38]王莹,肖峰,电磁抽油机,中国专利,专利公开号 CN1184208A,1998 年 6 月 10 日.

[39]孙平,沈凤泉,王同斌. 抽油机及抽油方法,中国专利,专利公开号 CN1171493,1998 年 1 月 28 日.

[40]李立毅,刘宝廷. 基于电磁炮原理的直接驱动电磁抽油机构想[J]. 石油机械,2000,28(C00):164-166.

[41]焦留成. 垂直运动永磁直线同步电动机电磁参数及特性研究[D]. 1998.

[42]杨蕴,史乃. 机电学[M]. 北京:机械工业出版社,1995.

[43]符曦. 高磁场永磁电动机及其驱动系统[M]. 北京:机械工业出版社,1997.

[44]唐任远. 现代永磁电机理论与设计[M]. 北京:机械工业出版社,1997.

[45]邱克立. 永磁电机设计中永磁材料的选用[J]. 微电机,1999,2(32):50-51.

[46]Hammerlindl D J. Basic Fluid and Pressure Force on Oilwell Tubulars[J]. JPT,1980,32(1):153-159.

[47]Lea J F,Pattillo P D,Studenmund W R. Interpretation of Calculated Foeces on Sucker Rods[J]. SPE25416,1993.

[48]Tripp Harley A. Mechanical performance of fiberglass sucker-rod strings[J]. SPE14346,1987.

[49]Massie L E. Well pumping system with linear induction motor device. United States Patent,Patent number 5409356,1995.

[50]Beauquin. Electric Pump with A Linear motor,WO97/37131,9 Oct. 1997.

第三章　水力泵抽油系统设计及应用

埃及人在公元 746 年就采用游梁式有杆泵进行浅井排水。1859 年在美国宾夕法尼亚州发现石油后,这种简易抽油机得到了应用。

水力活塞泵采油工艺发展到今天经历了一段很久的历史。早在 1875 年美国人福西特(Faucett)应用帕斯卡定律设计了一种液动无杆水力活塞泵,当时就叫"福西特泵"。这种泵采用蒸汽驱动,且只能用于大直径井眼中。由于福西特泵的应用要受到井眼尺寸的限制,所以,这种泵没有推广应用。但它已在较大程度上具备了工业用水力活塞泵的特征。

到了 1920 年,采用井井深增加,海上石油工业也开始兴起。虽然抽油机系统有结构简单、使用、维修方便等特点,并且产品也已规格化、系列化,但由于它存在着一定的缺陷,不能适应石油工业发展的要求。因此,水力活塞泵采油技术作为一种新的采油方式得到了发展。

1932 年 3 月由美国 C.J 科贝利设计的水力活塞泵在加利福尼亚州的油井中正式安装使用获得成功。几年后,这个油区已使用水力活塞泵井 2500 口。随着油井产能和井深的增加,应用水力活塞泵采油也就普遍被世界石油界的人们所接受。到了 1959 年,美国的登普西(DENPESY)、拜伦—杰克逊(BYLON-JACKSON)、萨金特(SARGENT)、奈申纳(NATIONAL)和科贝(KOBE)等近十家公司生产的水力活塞泵已经在许多油田上得到广泛应用。

在苏联,20 世纪 50 年代就开始了水力活塞泵采油实验。1974 年底苏联在西西伯利亚地区的丛式井中应用了水力活塞泵采油,到了 1986 年苏联明斯克和西西伯利亚地区采用水力活塞泵采油井数已增加到了 300 多口。

50 年代末期,我国玉门油田开展了水力活塞泵采油研究工作,但中途却停止了研究。胜利油田于 1966 年开展了水力活塞泵采油试验研究。并于 1979 年完成了 SHB2½×20/20 和 SHB2½×30/20 型水力活塞泵成套装置的研制任务,并通过了石油部鉴定。

辽河油田、华北油田、中原油田等相继使用水力活塞泵于中深井中开采凝油和稠油取得了良好的效果。据资料统计,到 1995 年为止,全国共有 1000 口左右的井采用水力活塞泵采油。

第一节　安装方式及生产工艺

一、安装方式

国内外对水力活塞泵的安装主要有两种,即固定式和自由安装式。

1. 固定式安装

把水力活塞泵装入其工作筒,作为管柱的一部分下入井底某一深处,水力活塞泵只能在起出油管时把泵从工作筒中取出来(或在起下时,采用专用投捞工具),方可进行检泵(图 3-3-1)。

2. 自由式安装

自由式安装又称活动式安装,即起、下泵时,不需要投捞工具,在井口改变高压动力液循环通道,即可使泵循环起下(图3-3-2)。

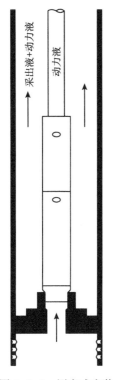

图 3-3-1　固定式安装

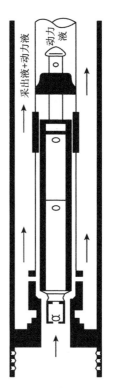

图 3-3-2　自由式安装

二、水力活塞泵生产系统

水力活塞泵上产系统有两种,即开式生产系统和闭式生产系统。

1. 开式生产系统

在水力活塞泵工作过程中,产出液、乏动力液(用过的动力液)在井下混合通过同一通道返出。优点是井下管柱简单。

2. 闭式生产系统

在泵工作过程中,产出液、乏动力液在井下分成两个通道,不产生混合,各自返回地面。优点是油井产液计量准确。

三、国内外安装及生产系统

在水力活塞泵使用较多的美国油田,生产井中采用自由投入式安装及开式生产系统。我国使用此类安装方式。

在一些润滑和防腐不是影响生产成本的主要因素的油田采用水基动力液自由式安装闭式生产系统。

水力活塞泵与供给它的高压流体的地面泵及井口管线一起构成水力活塞泵采油装置。使用水力活塞泵采油时,工作筒与油管串联下到井中设计深度(图3-3-3)。泵在自由式安装时,可由井口自由投入。在固定式安装时,泵可随泵筒一起下入井中,这时泵不能任意起投。但两种安装方式在生产工程中,启动地面泵,动力液通过油管进入泵内,在泵内通过液

445

力换向电机实现能量转换后,经设计通道返回地面,从而实现液力无杆泵采油。

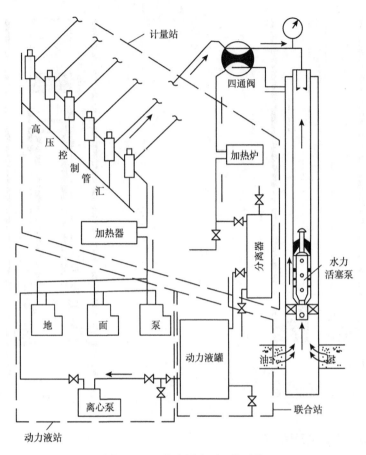

图 3-3-3　水力活塞泵工作系统

　　自由投入式安装工艺,只要通过井口阀门使流程成为反循环,动力液以套管进入泵内,这时固定阀封死了流向井底的通道,提升阀门关闭了上升通道,泵在压力差作用下,通过油管上升到井口被捕捉器抓住。

　　固定式安装工艺,只要泵与泵筒一起随油管下入井中以后,泵就被固定的安装在某一设计位置,要更换泵型就必须起出油管。

　　但这两种安装方式只要水力活塞泵正常生产时,工作参数可通过压力控制阀或流量控制阀调节。

第二节　水力活塞泵技术现状

　　美国油田使用的水力活塞泵主要由 TRICO 工业公司、CUIBERSON 公司和 NATIONAL 公司三大公司提供,下面就前两个公司的几种典型泵介绍如下。

一、TRICO 工业公司水力活塞泵

　　TRICO 工业公司是美国水力活塞泵制造史上最早的公司,其前身 KOBE 公司,这个公司设计了 A、B、D、E、ALP 型五种系列泵,每种型式的泵又都按排量大小成系列,下面主要介绍

现场使用较多的 A 型泵和 E 型泵。

1. A 型泵结构及原理

A 型泵结构组成:A 型泵是原始 KOBE 泵(由美国 K. GCBLY 先生设计)主要由三部分组成,即泵体、泵筒和固定阀,如图 3-3-4 所示。

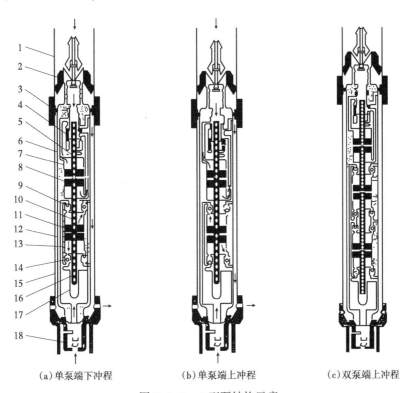

(a)单泵端下冲程　　　　(b)单泵端上冲程　　　　(c)双泵端上冲程

图 3-3-4　A 型泵结构示意

1—油管;2—打捞总成;3—外密封总成;4—滑阀;5—拉杆;6、12—外管;7—动力缸套;8—动力活塞;
9—上吸排阀组;10—中间拉杆;11—泵活塞;13—泵缸套;14—下吸排阀组;15—工作筒;
16—下拉杆;17—平衡管;18—固定阀

泵体主要由提升总成,顶部换向总成,中间液力缸总成,下部抽油缸总成四大部分组成。工作筒由一中间带有密封衬套的油管组成,起下部分开有排出孔道和固定阀座。固定阀由泵座、阀体、泄油销、阀球、阀座组成。

工作原理:A 型泵属于单缸双作用投入式井下泵。当上冲程滑阀位于上死点时,来自油管的动力液流入动力活塞下腔,推动动力活塞上行。动力活塞上腔的乏动力液与泵的排出液在泵筒中混合,由工作筒下端的排出口排到油管与套管之间的环形空间返出地面。动力活塞运动到上死点后,拉杆换向槽沟通滑阀下端,使其与排出液(低压区)相通。此时滑阀上端为高压动力液,在压差作用下,滑阀运动到下死点,改变了动力液流向,动力液流入动力活塞上腔,推动动力活塞下行。动力活塞下腔的乏动力液与泵的排出液混合,从工作筒下端的排出口排到油管与套管之间的环形空间返出地面。动力活力运动到下死点时,拉杆换向槽沟通动力液到滑阀下端,由于面积差使滑阀运动到上死点,泵又开始上冲程。泵活塞与动力活塞通过中间活塞杆连接,在动力活塞的驱动下一齐往复运动,通过吸排阀组的启闭,连续将井液抽出地面。泵的有关参数,见表 3-3-1。

表 3-3-1　2½in（62mm）A 型水力活塞泵有关参数表

序号	TRICO 泵号	最高排量 （m³/d）	最高扬程 （m）	动力缸直径 （mm）	泵缸直径 （mm）	p/E
1	54-20-21	40	4570	32	25.4	0.52
2	53-30-21	58	3040	28	28	1.00
3	54-30-21	58	1080	32	28	0.74
4	57-30-21	58	4570	41	28	0.40
5	54-40-21	78	3040	32	32	1.00
6	55-40-21	78	4350	36.5	32	0.70
7	57-40-21	78	4570	41	32	0.54
8	54-50-21	111	2130	32	36.5	1.43
9	55-50-21	111	3040	36.5	36.5	1.00
10	57-50-21	111	3960	41	36.5	0.77
11	57-60-21	118	3720	41	38	0.82
12	57-70-21	144	3040	41	41	1.00
13	55-44-21	155	2190	36.5	32×32	1.40
14	55-54-21	188	1800	36.5	36.5×32	1.70
15	55-55-21	222	1520	36.5	36.5×36.5	2.00
16	57-55-21	222	1980	41	36.5×36.5	1.54
17	57-75-21	254	1700	41	41×36.5	1.77
18	57-77-21	287	1520	41	41×41	2.00

注：序号 13—18 为双泵端。

泵的结构特点：（1）泵体的外部仅有顶部一道密封，结构简单，漏失量少，泵故障率低，油井免修期较长；（2）适应 ϕ50mm（2in）、ϕ62mm（2½in）、ϕ76.2mm（3in）、ϕ101.6mm（4in）油管，可根据生产实际情况灵活选用；（3）排量范围变化较广，具有单泵端和双泵端两种形式；（4）冲程较短，而冲次最高达 100 冲/min，用以弥补泵效低的弱点；（5）泵内为避免液力冲击，活塞两端设有缓冲装置；（6）泵换向机构设计灵活，具有三种速度，换向平稳，不卡不阻。

2. E 型泵结构组成及原理

E 型泵结构组成：E 型泵的组成与 A 型泵型类似，由泵体总成，泵工作筒及固定三大部分组成。泵体主要由顶部提升总成，上液缸组和中间换向总成和下液缸组成。工作筒由中心工作筒和二个副管组成。固定阀结构与 A 型泵相同。

工作原理：如图 3-3-5 所示，当活塞作上冲程，换向阀 4 处于下死点位置时，高压动力液通过流到 p，作用在上缸活塞的下腔，推动活塞组向上运动，上液缸活塞上液腔体则由于上部吸入阀 2 关闭，通过上部的排出阀 1 从孔 13 排到油套管环形空间。同时，封隔器以下的油井液则通过固定阀 11，通过下部的吸入阀 8，被吸入到下液缸活塞的下腔，下缸活塞的上腔乏动力液则通过流道 q，孔 i 及 j 排到油套环形空间，当活塞组运动到接近上极限位置时，高压运力液则通过拉杆 3 下部的换向槽 7 及孔 5，作用到滑阀 4 的下端，由于滑阀下部的承压面积大于（约一倍）上部的承压面积，所以在此面积差产生的向上的推力作用下，滑阀 4 被推到刚好换向位置，这时上冲程终了。

下冲程,当滑阀4被推到刚好换向位置,高压动力液刚好通过滑阀4的孔k及通道q。进入下液缸活塞上腔,上液缸活塞下腔的乏动力液恰好通过流道p、i及j排出到油套环空。这就是滑阀运动的一速运动;二速是低速运动,使活塞组逐渐起动,动力液经滑阀内孔的螺旋槽到达下端,经节流后压力降低,所以滑阀向上运动缓慢;三速是较高的速度(但低于一速)高压动力液除通过螺旋槽供给外,还通过滑阀的下三速孔(供给)使滑阀完成全行程,此时,活塞组全部向下运动,上活塞组向下运动到接近极限位置时,拉杆3上部的换向槽12将孔5同泄压孔6连通,使滑阀4的下腔与低压连通,滑阀4在上端高压动力液作用下,向下运动到刚好高低压流道换过向来的位置,也就是下一速的完成。随后,二速是滑阀下端的低压动力液通过螺旋槽,经阀体的二速泄压孔泄过,使滑阀用较低的速度下行,三速是滑阀下端的低压液体除从螺旋槽泄走外,还从滑阀上面的三速孔经阀体泄出,从而使滑阀以稍高的速度完成最后的行程,如此反复循环。

E型泵机构特点:(1)E型泵是一种大排量,低冲次、双缸双作用泵,与A型泵相比换向阀的寿命和吸排阀的寿命较长,且由于有较高的压力比(p/E)能有效地消除气锁;(2)外部密封采用了复合耐油橡胶特殊密封结构,设计比较独到;(3)拉杆采用38CrMoAIA高级合金钢氮化处理后校直,抗弯曲性好;(4)换向总成与A型泵有异同,换向阀由顶部不平衡式改在中间,活塞拉杆上、下冲程都受拉,缓解了A型泵下行程拉杆受压变形问题。

E型泵的有关参数如下。

TRICO公司编号:5E-00-22。

泵端排量:381m³/d。

压力比(p/E):1.146。

冲次:59min⁻¹。

液马达端排量系数:5.633m³/(d·min⁻¹)。

泵端排量系数:6.456m³/(d·min⁻¹)。

最大举升高度:2652m。

泵长:4.7m。

二、GUIBERSON公司水力活塞泵

GUIBERSON公司水力活塞有两种系列,即动力举升PL-I型和PL-II型。

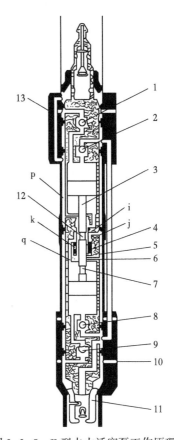

图3-3-5　E型水力活塞泵工作原理图
1—排出阀;2—吸入阀;3—拉杆;4—滑阀;
5—拉杆下部换向孔;6—滑阀泄压孔;7—拉杆
下部换向槽;8—下部吸入阀;9—下部排出阀;
10—下部排油孔;11—固定阀组;12—滑阀换
向槽;13—连通孔;p—动力液进入通道;k—滑阀
4上的排液孔;q、i及j—下冲程排液通道,下腔
活塞上腔乏动力液通过q流道和i孔及j孔
排到油套环形空间

1. PL-I型泵的结构组成及原理

结构组成:PL-I型泵生产系统与A型泵相同由泵体、泵筒和固定阀三大部分组成。泵体由顶部提升总成,液力—机械联动换向阀和泵端总成组成。泵筒由中间带有一道密封结构的油管组成。固定阀与A型泵结构相同,而尺寸不同(但不能互用)。

工作原理:由地面泵供给的高压动力液经控制管汇流入井口,经油管进入泵工作筒,然后从工作筒中间密封段的上部孔道进入动力泵筒(图3-3-6),在换向装置的控制下,推动动力活塞上行,由于液马达活塞和泵端活塞由拉杆(活塞杆)连接的带动泵活塞上行,将泵活塞上端泵筒内的产液和乏动力液排出,经工作筒下部孔道排到油套管环空内返出地面。泵活塞上行的同时,吸入阀开启,井液进入泵活塞下部泵筒内。当动力活塞上行接近上死点时,换向阀推杆上端先与动力泵筒顶部的撞块接触,使滑阀在机械力作用下向下移动,动力活塞继续上行,推杆将上柱塞推离高压阀座,上柱塞这时在压差作用下,进入低压阀座,关闭乏动力液通道。动力液通过推杆内孔进入动力活塞上部的泵筒内,靠压差作用,动力活塞开始下行,由活塞杆带动泵活塞下行。这时游动阀开启,进入下泵筒的井液经泵活塞的内腔流入泵

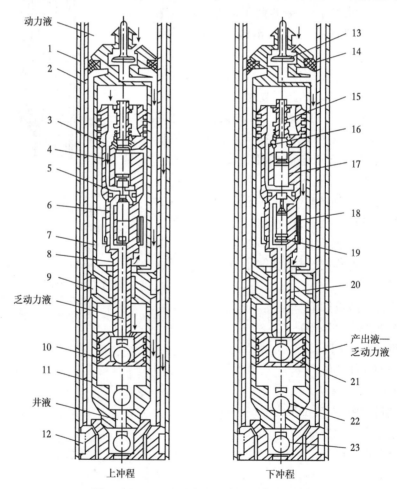

图 3-3-6　PL-I型水力活塞泵工作原理图

1—套管;2—工作筒;3—动力活塞;4—上阀体;5—低压阀座;6—下阀体;7—动力泵筒;8—活塞杆;
9—密封环;10—泵活塞;11—泵筒;12—封隔器;13—提升阀;14—提升皮碗;15—推杆;16—高压阀座;
17—上柱塞;18—换向滑套;19—换向块;20—浮动衬套;21—游动阀;22—吸入阀;23—固定阀

活塞上端的泵筒内。当动力活塞下行接近死点时,换向滑套先与动力泵筒底部接触,活塞继续下行,滑套推动换向块,换向块推动下柱塞上行将上柱塞推离低压阀座,靠压差作用,上柱塞进入高压阀座,关闭动力液进入动力活塞上部泵筒的通道。这时动力活塞上部泵筒内的乏动力液经动力活塞内腔、而后经活塞杆中间孔返到活塞上部泵筒内与产液混合,由泵活塞推出泵筒,经工作筒下部孔道排入油套管环空内,返回地面。PL-I型泵技术参数见表3-3-2。

表 3-3-2　PL-I 型系列水力活塞泵技术参数

| 泵号 | 尺寸 | 排量 [m³/(d·min⁻¹)] | | 最大排量（ m³/d ） | 最大冲次（ min⁻¹ ） | 压力比 p/E |
	泵外径×液马达活塞直径×泵端活塞直径(mm×mm×mm)	液马达	泵端			
361-01845-0	50.8×41.28×26.99	2.40	0.99	35.75	35	0.52
361-01846-0	50.8×41.28×31.75	2.40	1.42	49.58	35	0.72
361-0847-0	50.8×41.28×38.1	2.40	2.04	71.51	35	1.03
361-07337-0	50.8×41.28×38.1	2.23	1.90	75.95	40	1.16
361-01859-0	50.8×41.28×41.28	2.40	2.40	83.90	35	1.21
361-07174-0	50.8×41.20×41.28	2.23	2.23	89.14	40	1.36
361-03546-0	63.5×50.8×26.99	4.89	1.41	30.35	22	0.32
361-01848-0	63.5×50.8×37.75	4.89	1.91	41.95	22	0.44
361-02378-0	63.5×50.8×38.10	4.89	2.75	74.21	27	0.68
361-02379-0	63.5×50.8×41.28	4.89	3.23	86.92	27	0.80
361-07158-0	63.5×50.8×44.45	4.89	3.74	131.09	35	1.06
361-01851-0	63.5×50.8×44.45	4.89	4.89	132.05	27	1.21
361-07159-0	63.5×50.8×50.8	4.89	4.89	171.29	35	1.30
361-02188-0	63.5×41.28×26.99	2.40	0.99	35.75	35	0.52
361-02189-0	63.5×41.28×31.75	2.40	1.42	49.58	35	0.72
361-02190-0	63.5×41.28×38.1	2.40	2.04	71.51	35	1.03
361-02191-0	63.5×41.28×41.28	2.40	2.40	83.90	35	1.21
361-04310-0	76.2×63.5×44.45	6.95	3.40	102.17	30	0.59
361-04309-0	76.2×63.5×50.8	6.95	4.45	133.32	30	0.78
361-04308-0	76.2×63.5×57.15	6.95	5.63	173.52	30	0.98
361-04307-0	76.2×63.5×63.5	6.95	6.95	208.32	30	1.21

　　结构特点:(1)产量调节方便,减少或加大动力液量,控制冲次快慢,就可获得相应的油井产量,PL-I型泵调整产量方便。(2)长冲程低冲次,PL-I泵 φ50.8mm 和 φ63.5mm 泵分别冲程长为 1244.6mm(49in)和 1676.4mm(66in),长冲程泵减少了换向次数,泵的运动部位磨损减小,且具有较高的压缩比,改善了进泵气体影响泵效。(3)液力—机械辅助式抽象向阀。在上、下死点位置,换向阀的换向第一步靠机械力,这种泵与其他液力泵机比,由于工作冲次较慢,没有上卡泵现象出现。(4)中间空心拉杆。由于拉杆中心具有空心杆,输送液体的路径沿着活塞上部,在连续抽油时,动力液可降低原油黏度,当原油中含砂或有其他固含量时,动力液能洗刷泵端活塞的上部,减轻含砂的影响,具有低重度的油和高含蜡原油,加热动力液可降低黏度或使石蜡溶解,使用这种空心拉杆,对于产液在泵的内部有较好的热传递。(5)推杆的节流孔。在推杆内部的节流孔,孔的大小在动力液向液马达活塞上部进入时,可用来改变控制流量,这样就有效地控制了泵端活塞向下的运行速度和由于抽空时,产

生最小的震动。(6)PL-I 型泵可以在尺寸上加长或缩短,可以与 TRICO 工业公司或其他公司井下泵泵筒配套。

2. PL-II 型泵的结构组成及原理

1)结构组成

PL-II 型泵由四大部分组成(图 3-3-7)。

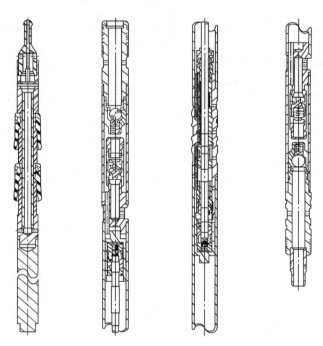

图 3-3-7　PL-II 型水力活塞泵结构示意图

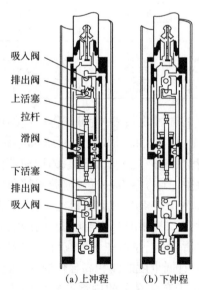

吸入阀
排出阀
上活塞
拉杆
滑阀
下活塞
排出阀
吸入阀

(a)上冲程　(b)下冲程

图 3-3-8　PL-II 型水力活塞泵
结构示意图

第一部分是提升打捞总成,由提升阀和提升皮碗组成。第二部分是上缸吸排阀总成,由吸入阀和排出阀组成。第三部分是液马达换向总成,由活塞、拉杆、阀体、滑阀等组成。第四部分是尾端总成,包括下缸吸排阀和尾座等组成。

工作原理:PL-II 型泵是一种双作用容积式往复井下活塞泵。这种泵的工作过程,当上冲程开始时(图 3-3-8),滑阀向上运动,动力液通过阀体中间的孔道进入泵内,又通过滑阀流道导入上活塞下部。由于活塞上部压力低于下部压力,因此,活塞被驱动着向上运动,这是下冲程进入上缸的油井液作用到上活塞顶部,上缸吸入阀关闭,而排出阀开启,上缸抽汲的油井液被泵出到泵工作筒和套管的环形空间,然后被排到地面。

下活塞同时向上运动,被用过的动力液作用到下活塞的上端面。通过滑阀和阀体上的孔道排到工作筒与套管的环形空间,与油井液混合后返回地面。作用到下活塞下端面的压力减小。在下缸吸排阀之间,排出阀上承受了较高的返出液柱压力,排出阀呈现关闭状态。而吸入阀承受油井液压力(泵吸入口压力)呈开启状态。使油井进入下缸缸体中,以备在下冲程时排出。

在下冲程过程中(图3-3-8),下缸的油进液被排出,而上缸吸入新的油井液。这时,上缸吸入阀开启,排出阀关闭;下缸吸入阀关闭,排出阀开启。拉杆下端槽移动进入滑阀,动力液被导入滑阀顶部,推动滑阀向下运动,活塞也随着下行,动力液通过滑阀和阀体的孔道排出,与油井液混合后返到地面。上述运动过程,往复进行,达到连续抽油的目的。PL-Ⅱ型水力活塞泵的基本性能参数见表3-3-3。

表 3-3-3　PL-Ⅱ型系列水力活塞泵性能

型式	尺寸	油管尺寸 (in)	上直活塞径 (mm)	下活塞直径 (mm)	最大外径 (mm)	冲程程度 (mm)	额定冲数 (min⁻¹)	额定冲数下的泵端排量 (m³/d)	额定冲数下动力液量 (m³/d)	压力比 p/E
自由式	2½×1¼	2½	47.88	31.75	57.15	609.6	105	145.95	295.37	0.53
自由式	2½×1½	2½	47.88	38.10	57.15	609.6	105	210.18	295.37	0.725
自由式	2½×1⅞	2½	47.88	47.88	57.15	1530.35	50	397.47	349.55	1.146
自由式	1×1¹⁄₁₆	2	39.93	27.00	47.63	533.4	108	94.92	207.79	0.524
自由式	1×1¼	2	39.93	31.75	47.63	533.4	108	131.32	207.79	0.725
自由式	1×1⁹⁄₁₆	2	39.93	39.93	47.63	1320.4	52	248.02	217.83	1.147

2)PL-Ⅱ型泵的特点

(1)泵端产量灵活可调。PL-Ⅱ型水力活塞泵可根据供给的动力液量的大小不同,得到不同排量的泵端产液量。

(2)长冲程、低冲次。PL-Ⅱ型系列泵中第3种和第6种是长冲程、低冲次泵。这种泵减少了活塞在缸套、拉杆在滑阀里面的磨损,避免了卡泵现象。

(3)气液比大的井气液混采。这种系列的动力举升泵属于自由投入式泵。当泵投入工作筒后,只要泵工作,由于泵上部、中部、下部的密封作用,地层里的油井液和油管里的动力液柱及油套环形空间里的混合液柱被封隔成三个不同的压力系统,因此,固定阀上始终作用的是油井液压力。泵在上下冲程过程中固定阀一直开启。当上下缸分别吸排一次油井液时,由于上活塞上行和下行的力总是大于油井液的排出压力,故活塞组运动能达到极限位置(设计冲程长度),余隙容积减小,因此,当有气体进泵时,排出阀能被打开,泵内不会发生"气锁"现象。其中,第3种和第6种泵具有长冲程和高压力比的特点,在气液比大的井中使用,泵效高,采油效果理想。

(4)换向阀(滑阀)结构简单。PL-Ⅱ型系列水力活塞泵采用了相同结构的滑阀,如图3-3-9所示。图中槽A和槽A′分别是上、下冲程时动力夜的排出通道。槽B始终是动力液的流经通道,孔a和孔a′分别是润滑孔。孔b、孔b′的作用分别是在拉杆上、下换向槽的配合下把孔d′、孔d和孔f′、孔f连通,使动

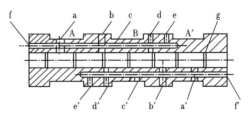

图 3-3-9　PL-Ⅱ滑阀结构

力液压力导入滑阀上端面或下端面,推动滑阀向下或向上运动。孔 c、孔 c′和孔 e、孔 e′均是滑阀运动时控制速度的节流孔。槽 g 是起润滑作用的油槽。从图 3-3-9 中可以看出,该滑阀结构简单,换向可靠,滑阀各部位液压孔道呈对称分布,因此,滑阀不仅能在阀体内任意位置处(上死点、中间、下死点、或其他位置)能实现换向,而且装配时可在阀体内孔 360°圆周方向上任意角度装入,不需定位,同样也具有换向灵活的特点。PL-Ⅱ型水力活塞泵的滑阀在国际水力活塞泵市场上属独家设计,在井底液面较低或甚至泵空时,滑阀可根据泵的不同充满程度产生不同的节流压差,限制了活塞运行速度,减少了泵内流体冲击。这种泵内有较大的流动面积,提高了水功率的有效利用率。这种滑阀曾在 1978 年获得国际石油工程师海上技术会议的革新奖。

(5)吸入阀结构。PL-Ⅱ型泵的吸入阀采用了 API 标准阀球和球座,改善了吸入情况,避免了泵内水击及振动。

(6)排出阀结构。PL-Ⅱ型泵的排出阀采用了落锤阀(Drop Valve),采用面密封型式,避免了漏失,提高了抽油泵端效率。

(7)活塞环。PL-Ⅱ型泵的活塞环采用了高碳高铬合金钢材料,加工精度高,活塞在缸套里运动时,确保该环密封可靠。减少了活塞与缸套之间发生砂子等机械杂质卡死的机会。

三、中国水力活塞泵的技术发展

在我国 20 世纪 50 年代后期玉门油田开展了水力活塞泵研究,后来因其他原因而终止。

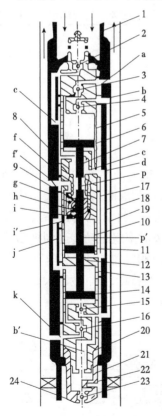

图 3-3-10　SHB2½in(62mm)型
水力活塞泵原理示意图

在 60 年代中期原石油工业部组织在胜利油田又一次展开水力活塞泵研究,60 年代末和 70 年代中期我国沈阳航空工业学院副教授王为先首次在我国设计成功了阀组式水力活塞泵。接着我国由胜利油田引进了美国 KOBE 公司(现 TRICO 公司)的 E 型泵,研发了普通国产水力活塞泵系列。这种泵的结构基本与原 E 型相同。本节就我国水力活塞泵的技术述及如下。

1. SHB2½in(62mm)水力活塞泵系列

1)结构组成

结构原理如图 3-3-10 所示。该泵主要由沉没泵、工作筒、固定阀三大部分组成。沉没泵由上端提升阀 2、上排出阀 3、上吸入阀 4、上液缸 5、上活塞 6、上拉杆 7、滑阀 8、阀芯 9、中间液缸 10、中间活塞 11、下拉杆 12、下液缸 13、下活塞 14、下吸入阀 15、下排出阀 16、组成工作筒由内筒 17、中间筒 18、外筒 19 组成。固定阀由泵座 20、阀体 21、泄泻销 22、阀球 23、阀座 24 组成。工作原理:原理同美国 E 型泵。SHB2½in(62mm)×10/30SY 型泵是一种靠液力驱动的井下活塞式往复抽油泵,其工作原理如下。

上冲程,高压动力液经油管 1 由泵的顶端进入泵内。此时滑阀 8 处于下死点位置,高压动力液顺着流到 e,一部分经由流到 c 进入上液缸 5 下室,另一部分经由流到 d 进入中间液缸 10 下室,推动活塞组向上运动,上吸入阀 4 关闭,上排出阀 3 开启,使上液缸 5 上室的井液经上排出阀 3、流到 a 排至油套管环空。中间液缸 10 上室、下液缸 13 上室的乏动力液经流到 j、i′、f′ 和 f 排至油套管环空。与此同时,下排出阀 15 关闭,下吸入阀 16 开启,油井液顶开固定阀球 23 顺着泵的吸入通道 b′,被吸入到下液缸 13 下室由下活塞 14 上行所让出的空间。当活塞组向上运动接近死点时,上拉杆 7 的下部换向槽 p′ 及阀芯孔 g 将高压动力液导入滑阀 8 的下端,使阀 8 上、下端都作用着高压。由于滑阀两端的面积差,产生一个向上的推力,将滑阀 8 推至上死点。这时下冲程开始。

下冲程,滑阀 8 位于上死点,这时,动力液经油管 1、通道 e、滑阀 8 和上拉杆 7 的下换向槽 p′ 的环空。孔 g 及通道 j,分别进入中间液缸 10 和下液缸 13 中的原油通过下排出阀 16 排到油套管环空中,下吸入阀 15 关闭。与此同时,上液缸 5 下室的乏动力液顺着通道 c、d 和滑阀 8 外表面中间的空间、孔 f 及 f′ 被排至油套管环空。原油通过吸入通道 b 及上吸入阀 4 进入小液缸 5 的上室,当活塞组向下运动接近死点时,上拉杆 7 上部的换向槽 P 将孔 h 和泄压孔 i 连通,使滑阀 8 下端和低压相同。于是,滑阀 8 在上端高压动力液压力下重新开始向下死点运动,这样,又开始转入活塞组的上冲程。由于活塞组上、下冲程交替进行,不断地将井液及乏动力液混合后举升到地面,达到连续抽油的目的。

2)泵的技术参数

泵最高扬程:3000m。

泵最大排量:100m³/d。

泵额定冲数:49min⁻¹。

液马达用动力液量:153m³/d。

压力比(p/E):0.654。

沉没泵质量:57.5kg。

沉没泵外形尺寸:ϕ59mm×4648mm。

泵工作筒质量:177.6kg。

泵工作筒外形尺寸:ϕ114mm×5181mm。

3)结构特点

SHB2½in(62mm)×10/30SY 型泵与目前国内使用较多的 SHB2½in(62mm)系列普通泵结构相比,主要区别是泵内增设了一个液马达活塞,即多了一个液马达,构成一种三活塞双液马达双作用平衡式水力活塞泵。这种泵的压力比 p/E 值(0.654)比普通水力活塞泵低。由于水力活塞的地面工作压力与 p/E 值成正比,这也正是该型泵扬程高,可用于深抽的原因。该泵的换向总成引入了美国 TRICO 公司(原 KOBE 公司)E 泵较先进的水力活塞泵换向机构,滑阀的密封面较普通泵长,并在滑阀内增设了润滑槽,因此,泵换向灵活、可靠。泵技术参数见表 3-3-4。

表 3-3-4　各种系列泵型技术参数

项目	泵型						
	SHB2½× 20/20	SHB2½× 15/20	SHB2½× 10/20DP	SHB2½× 6/25D	SHB2½× 10/30SY	SHB2½× 10/40SY	SHB2½× 10/35SY
活塞规格(mm)	45×45	45×45	35×45	45×35	35×35×35	35×45×35	45×45×45
冲程(mm)	750	565	750	750	750	750	750
额定冲次(min)	58	58	58	58	49	49	49
理论排量(m³/d)	200	150	100	60	100	100	460

项目	泵型						
	SHB2½× 20/20	SHB2½× 15/20	SHB2½× 10/20DP	SHB2½× 6/25D	SHB2½× 10/30SY	SHB2½× 10/40SY	SHB2½× 10/35SY
最大扬程(m)	2000	2000	2000	2500	3000	4000	3500
p/E	1.166	1.166	1.166	1.31	0.654	0.458	0.3583
沉没泵外径(mm)	59	59	59	59	59	59	59
沉没泵质量(kg)	42.1	43.6	42	42	57.5	57.5	57.5
沉没泵长(mm)	3439	3439	3439	3439	4648	4648	4648
工作泵长(mm)	3965	3945	3965	3965	5181	5181	5181
工作筒外径(mm)	114	114	144	144	137	137	137
作用形式	双	双	单	单	双	双	双

2. SHB2½in(62mm)FZ44/220型阀组式水力活塞泵

1)结构组成

如图 3-3-11 所示,阀组泵由工作筒和沉没泵机组两大部分组成。沉没泵机组包括顶端进排阀、换向阀、尾端进排阀;缸套进排阀包括打捞头、提升阀、提升皮碗等零件组成的提升装置,用于起下泵作业,还包括顶端密封短节、排油密封短节、阀座短节、进油短节组成的进排阀。换向机构主要由阀体、先导向、三通阀、应急阀等组成的阀组。此阀组可使地面输入的动力液变为交流液压,控制液马达作往复运动。尾端进排阀与顶端进排阀基本相似,只是去掉了提升装置而增加了尾座和滤管。工作筒包括:顶端、上段、中段、下段、尾端和磁性固定阀等六部分组成。其作用是与沉没机组构成液压通道。

2)工作原理

动力液通过地面高压泵加压后,沿 ϕ62mm 与油管内垂直向下进入泵体,如图中箭头所示。工作筒与沉没泵机组之间有九道密封元件,将沉没泵机组与工作筒之间分割成不同的压力区,分别是 P_+(动力液压力)、P_-(油井液压力)、P_0(乏动力液与油井液的混合压力)。

当动力液进入泵体组工作状态处于如图位置时。动力液沿动力液流道经上三通阀(7)的(f)孔进入上下活塞下腔,推动活塞组向上移动。上活塞上腔的油液由于上吸入阀(4)关闭,则通过上排出阀(3)排到油套环形空间。与此同时,封隔器(19)以下的油井液则通过固定阀(20)、下吸入阀(16)被吸入到下活塞(15)的下腔(如虚线箭头所示方向)。下活塞上腔的乏动力液则通过下三通阀(14)的(f)孔排到油套管环形空间。同时先导阀(11)被拉杆在液压黏性摩擦作用下而所在上死点。

由孔(d)进入的动力液,经先导阀的环形腔进入孔(b_2),经孔(b_2)进入在阀体(10)上的轴向 ϕ4mm 长孔,经孔(b_1)和(b_3)流出。由孔(b_1)流出的动力液推动上三通阀和活塞套(7)向上运动,靠向上外隔套(8),从而使上三通阀和活塞套锁在上死点。保证动力液进入上活塞的下腔。由孔(b_3)流出的动力液推动下三通阀和活塞套(14)向上运动,靠向下外隔套(13),从而使下三通阀和活塞套锁在上死点,保证乏动力液由孔(f)排除。

当活塞接近上死点时,拉杆上的下部卸压槽进入中隔套(12)的凹腔(j),使之与下三通阀(14)的内腔接通。这时,由节流孔经扁槽(h)、缺口(i)及凹腔(j)进入拉杆的下部卸压槽,从下三通阀上的(f)孔排出。由于节流孔很小,动力液在此流速很高,压差(b_1—b_0)大部

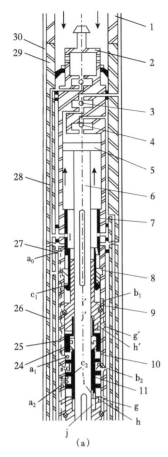

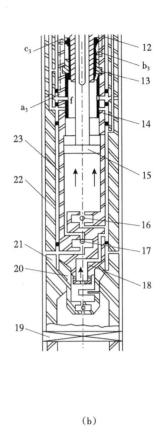

(a)   (b)

图 3-3-11　阀组泵原理示意图

1—油管;2—顶端;3—上排出阀;4—上吸入阀;5—上活塞;6—拉杆;7—上三通阀和活塞套;8—上外隔套;
9—上中隔套;10—阀体;11—先导阀;12—下中隔套;13—下外隔套;14—下三通阀;15—下活塞;16—下吸入阀;
17—下排出阀;18—尾座;19—封隔器;20—固定阀;21—工作筒尾端;22—工作筒下段;23—缸套;24—应急阀;
25—弹簧;26—工作筒中段;27—密封元件;28—工作筒上段;29—工作筒顶端;30—油套管环形空间

分在(h)处损失。因而凹腔(j)处的压力比较接近于 b_0。而先导阀上端对应的(h′)、(i′)、(j′)用节流孔(g′)仍为 P_+。因此,先导阀在两端压差($P_+ - P_0$)的作用下,向上移动。(推动先导阀的有效面积 $A = 7\text{cm}^2$,若($P_+ - P_0$)= 3500N 先导阀以很大的加速度完成换向动作。

当先导阀换向完毕,孔(d)与孔(c_1)与(a_1)接通。动力液由孔(d)进入孔(c_2、c_1、c_3),上三通阀和活塞套(7)受由孔(f)及(c_1)流入的动力液大压力作用下,向下移动。上三通阀和活塞套下腔的乏动力液经孔(b_1)流入孔(b_2),再流入孔(a_1),经 $\phi 4\text{mm}$ 长孔由孔(a_0)、(a_3)排出。上三通阀和活塞套到达下死点。

类似情况,动力液经孔(c_2)、孔(c_3)流出,推动下三通阀和活塞套到达下死点。乏动力液由孔(b_3)流入孔(b_2),再流入孔(a_1),然后经 $\phi 4\text{mm}$ 长孔由孔(a_0)、孔(a_3)排出。

完成上述换向,上三通阀排乏动力液,而下三通阀进动力液,活塞组向下运动,下吸入阀(16)关闭,下排出阀(17)打开,使下活塞下腔油液排到油管套环形空间。下活塞上腔进动力液。与此同时,上排出阀关闭,上吸入阀打开,油井液沿流道进入上活塞上腔,而上活塞下腔乏动力液由上乏动力液出口排出。当活塞接近下死点时,又重复上述过程。按此规律,活塞组不停地往复运动。

　　3）技术参数

最高流程：2000m。

活塞直径：44mm。

活塞最大行程：55min^{-1}。

额定冲次：57min^{-1}。

理论排量（$\eta=1$）：200m^3/d。

液马达端与抽油泵活塞面积之比：1:1.26。

动力液耗量与泵理论排量之比：1:1.15。

沉没泵机组全长：4108mm。

沉没泵机组重量：50kg。

沉没泵机组最大外径：59mm。

阀组泵的特点：(1)拉杆两端各有一活塞，拉杆工作时始终受拉力而不受压力，因此泵的冲程较长。(2)液压流道设计合理，流体阻力小。(3)换向可靠，抗干扰能力强。(4)零件结构简单，工艺性好，便于加工。(5)液压起下泵，使用维护简便。(6)扬程高，排量大，增产效果明显。

四、水力活塞泵应用现状分析

　　1986年，在美国水力活塞泵采油井数占全美总采油井数的29%，根据资料介绍，美国拉诺(RENO)与油田初期几口当时世界上最深的人工举升井采用了水力活塞泵抽油。K.E.布朗先生也撰文指出在美国南路易斯安娜的油田多数泵下深达3657.6m，少数井水利活塞泵下深达4572.0m和5486.4m，每天产液量47.7~79.49m^3/d，并且在处理一些含砂井发挥了能自由起下维修的优点。

1. 美国的应用

　　位于美国加州Huntington海滩的海上平台，Eva油田使用了美国TRICO公司(KOBE)公司生产的A型水力活塞泵采油，25口生产井，每天总产液量达950m^3/d，含水60%，动力液量1750m^3/d，动力液消耗80m^3/d，采用6台95kW的三缸柱塞泵作为地面动力泵，地面工作压力20.7MPa，先期采用由油作动力液，因在1983年平台由于原油泄漏而发生失火事故，在1983年7月1日改用水作动力液，生产安全可靠。

　　近年来，斜井、斜直井、水平井的发展，常规采油系统遇到一些困难，水力活塞泵这种人工举升设备被认为可以解决采油生产中出现的许多问题，尤其是在水平井采油中，由于泵具有操作和安装简便，适用性强，并且起换泵不用作业起管柱就可把泵提出地面等特点，水力活塞泵被采油工程师首先想到用于水平井开采，美国得克萨斯州Winkler县从1990年初开始，在2560.32m(8400ft)深井水平段一直使用TRICO/KOBE工业公司的水力活塞泵采油，安装如图3-3-12所示。

　　该井用139.7mm(5½in)套管固井，射孔完井，第一个造斜点在2377.44mm(7800ft)深处，造斜角15°/30.48mm直到第一个斜直井段，然后再以第二个斜角15°/30.48mm完成90°转向，下入ϕ62mm(2⅞in)带泵筒的油管，泵的测量深度2773.68m(9100ft)。

　　水力活塞泵用ϕ31.75mm(1¼in)油管下入ϕ62mm(2⅞in)油管内，用一皮碗式油管锚坐入泵筒头中，油管延伸至ϕ62mm(2⅞in)带孔油管中充当气锚。动力液通过ϕ31.75mm

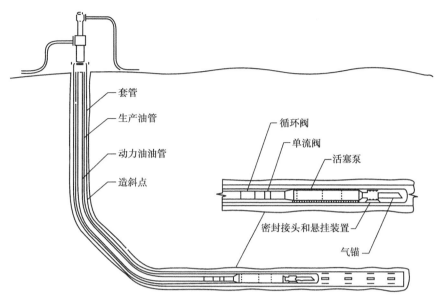

图 3-3-12　水平井水力活塞泵安装示意图

（1¼in）与油管向下循环,驱动水力活塞泵工作,产出液及乏动力液从 ϕ31.75mm（1¼in）与 ϕ62mm（2⅞in）与 ϕ139.7mm（5½in）套管环空中排出,地面泵压 21.09MPa。起下泵均未发生问题。在水平井采油被认为是可行的。

　　苏联在斜井中采油,认为水力活塞是一种可行的采油方式。同时苏联资料还指出,在产量低,汽油比较小和原油黏度较高的井中,也就是在气举效率严重下降的条件下,水力活塞泵装置可以代替气举开采井,因此曾在具有恶劣气候条件的西西伯利亚各油田组织了水力活塞泵装置的矿场试验。

　　苏联中普宁贝耶地区,西苏尔古特油田 1980 年在 14 号丛式井场进行了矿场试验,这个油田用 ϕ146mm 生产套管,分别在两个油层 БС$_1$ 和 БС$_{10}$ 完井,БС$_1$ 为含油砂岩,БС$_{10}$ 为含有泥岩夹层的砂岩和粉矿石,油井射孔段分别在 2091~2328m 主 2322~2595m,大多数丛式井的自喷期很短,在水力活塞泵安装之前已有 9 口电潜泵,6 口井平均免修期为 66.7d,而其余的井为 173d。1980 年初以前,基本上把电潜泵都改换成美国 KOBE 公司生产的 E 型泵,到 1980 年秋,БС$_{10}$ 层的压力下降了 3.6MPa,从而使水力活塞泵工作条件发生了很大变化,将冲次降低到 3~5 次/min,地面工作液极限（最高）压力 18.0MPa,表 3-3-5 是苏联的试验情况。

　　并且通过试验,苏联矿场工作者对 E 型水力活塞泵的结论是:E 型泵在高产井中可以高效率、稳定地工作;在低液面井,仍可抽汲液体。但在高产井中工作的水力活塞泵可靠性足够大。

　　苏联学者 A.C.Казак 撰文认为水力活塞泵在开采重油过程中是很有效的,是合理的,因为当它使用轻质油作动力液时,可稀释井底重油。在委内瑞拉、美国的加利福尼亚州、哥伦比亚、阿根廷的一些油田广泛使用水力活塞泵开采重油。

　　委内瑞拉使用不太重的油作动力液,这种油与地层油的混合密度在 900~970kg/m^3,系统工作压力超过 20.0MPa,在斜井开采中,这个方法更有效。

　　东委内瑞拉的 Menohec 油田和 Mhra 油田采用层内燃烧和注蒸汽开发,借助水力活塞泵已采出上千万吨重油。

表 3-3-5　苏联水力活塞泵应用

水力活塞泵机组号	井号	地层	冲次 (min^{-1})	工作压力 (MPa)	免修期 (d)	免修期 循环	附注
802	612	БС$_1$	28~30	15.0~17.5	366	15	
759	425	БС$_{10}$	10~14	10.0~17.0	357	6.2	机组修复继续工作
800	613	БС$_{10}$	34~42	13.0~17.5	550	22	
761	447	БС$_{10}$	5~6	16.0~18.0	295	2.55	
762	405		5~6	12.0~18.0	270	2	
804	609	БС$_1$	24~30	8.0~15.0	197	7	
766	1500	БС$_{10}$	5~3	18.2~15.3	195	1.2	机组修复
800	1500	БС$_{10}$	5~4	18.5~15.0	172	1.24	机组修复
796	608	БС$_1$	44~36	17.5~17.0	150	9.3	
795	424	БС$_1$	8~7	12.0~18.0	136	1.5	
798	426	БС$_1$	8~7	10.0~17.0	126	1.36	

2. 我国水力活塞泵采油

1988—1995 年,水力活塞泵在我国胜利油田、辽河油田的沈阳油田,华北的大王庄油田、二连油田、江汉油田、江苏油田等的特殊油藏应用中,充分发挥了水力活塞泵采油的特点,在油田的开采中继续发挥着其他机采方式不能取代的作用。

在我国水力活塞泵采油井中使用的水力活塞泵主要泵型是胜利油田于 20 世纪 60 年代末和 70 年代初两次引进的美国 KOBE 公司(现 TRICO 公司)的井下水力活塞泵,地面设备的基础上发展起来的,主要泵型都是 E 型泵的繁衍。在此基础上,我国技术人员大胆革新,使其结构紧凑,排量适宜,适合我国油田的开采,各使用油田又一次根据各自的特点,完善配套了地面配液,计量工艺及井下各种测试工艺。

胜利油田是我国水力活塞泵应用较早的油田,滨南油田田砂岩油藏凝点达 32℃以上,常规开采结蜡严重,无法正常生产,1975—1981 年进行了水力活塞泵先导性试验,到 1992 年共有 8 座动力液站,90 口生产井,日处理混合液 15000m³,日供动力液 8000m³,产液 3800t/d,产油 540t/d。到 1994 年 10 月这个油田水力活塞泵 76 口,产液量 650t/d,由原来原油作动力液全部改用水加化学添加剂作动力液,系统工作泵压 15.0MPa。渤南油田 1982 年应用水力活塞泵采油,1992 年动力液站 6 座,生产井 153 口,产液 3475t/d,到了 1994 年 10 月这个油田共有水力活塞泵井 186 口,产液 5570t/d,产油 2081t/d。动力液循环量 16710m³/d。下泵深度 1700m,最高泵压 18.0MPa,系统压力 20.0MPa,高产井产液 50~60t/d,平均产液 15t/d。

1994 年 10 月胜利油田共有水力活塞泵井 266 口,开井 249 口,平均产液量 6220t/d,产油 2331t/d,占胜利油田产量油的 2.3%,综合含水 62.9%。

华北的大王庄油田留 70 断块砂岩油藏,1984 年开始应用水力活塞泵采油,到 1992 年总井数上升到 81 口井,产液 1743.0t/d,产油 1037t/d,含水 40.5% 实际动力液与采出液之比为 3.56:1,泵深平均 2300m。

华北的二连油田位于内蒙古锡林浩林市 100km 以外,年平均温度 15℃,最低温度 -42℃,最高气温 27.8℃,自然条件比较恶劣,常规采油技术较难管理,于是使用了水力活塞开采技术,采油井 419 口,水力活塞泵井 370 口,年产油 100×10⁴t,平均泵深 1400m,地面工作压力 10.7MPa, 冲次 37min⁻¹, 产液 9231m³/d, 产油 6385.7t/d, 动采比 3.249:1。

辽河的沈阳油田原油最高凝点达 67℃, 油藏类型分别为砂岩和石灰岩, 自 1980 年开始试验水力活塞泵以来, 先后进行了单体水力活塞泵和群体水力活塞泵采油实验, 1987 年较大规模地使用了此项工艺开采高凝油。到 1995 年, 水力活塞泵配液站九座, 计量站 20 座, 水力活塞泵生产井 307 口, 开井 243 口, 产液 5758t/d, 产油 3882.2t/d, 动力液循量 30000t/d, 动采比 3.68:1。平均下泵深 2200m, 最深达 2700m 动力液工作泵压 17.0MPa。在采用水力活塞泵开采过程中, 沈阳油田从 1987 年 50 多口采油井开始, 进一步探索水力活塞泵生产技术, 现场管理知识, 不断革新, 配套水力活塞泵测试技术及地面计量技术, 在我国水力活塞泵采油过程中采油井数量是唯一呈上升趋势发展的油田。

第三节　水力活塞泵换向机理研究

水力活塞换向阀是水力活塞泵的"心脏", 它的性能好坏直接影响水力活塞泵整体工作性能, 这种换向阀实质上是液力马达(Hydraulic engine), 它由阀体、阀芯和滑阀, 阀杆(即人们常说的拉杆或活塞杆)组成。其阀芯装入阀体后与任何部件都不发生位移, 实际上可看作一个特殊的阀体, 滑阀是装在阀芯上插入阀体的, 拉杆插入阀芯中其两端装有活塞, 液马达在液力作用下往复运动, 控制拉杆两端的活塞来回作上、下往复运动, 以实现抽油的目的。

现在以 SHB2½in(62mm)20/20 型水力活塞泵为研究对象。进行定量分析该泵换向机理, 采用动量方程对该泵上、下冲程换向的全过程进行分析, 并重点讨论了滑阀在不同换向时刻的运动速度, 为以后进一步研究井下滑阀运动机理及设计提供了分析依据。同时也为水力活塞泵实现地面监控奠定了数学基础。

一、滑阀换向过程描述

根据 SHB2½in(62mm)型水力活塞泵液马达组的运动过程, 滑阀的运动过程, 滑阀的换向运动可分为 6 个运动过程。为研究问题方便, 假设 SHB2½in(62mm)型水力活塞泵系统开始工作后, 上活塞在高压动力液的推动下首先向上运动, 当拉杆上的下换向槽通过阀芯而将阀芯上的上端孔与动力液腔连通后, 滑阀在两端面积差的作用下开始向上运动, 如图 3-3-13所示。

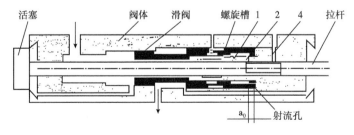

图 3-3-13　上冲程示意图

1. 上冲程的三种运动速度

1)上冲程"一速"运动

上冲程"一速"运动即为滑阀自开始至滑阀套内台肩将阀芯上端孔 1 完全封死为结束。

这时,在运动方向上,滑阀所受的力为动力液作用在滑阀上表面的静压 p_p 与滑阀截面积 S_u 的乘积,动力液经换向槽及阀芯上端孔 1,自滑阀连通孔后作用于下端面的力为静压力(p_p-p_u)与滑阀截面积 S_u 的乘积,滑阀重力在动边方向的分力为 $G\sin\theta$,θ 为泵的对称轴与水平方向的夹角。

$$p_{ll} = \lambda_1 \gamma \frac{v_0^2}{2} = \lambda_1 \frac{\gamma Q^2}{2A_0^2} = \lambda_1 \gamma \frac{(S_d v)^2}{2A_0^2} \qquad (3-3-1)$$

式中　Q——泵的流速,m^3/s;

　　　γ——原油密度,kg/m^3;

　　　p_p——泵深处的油管压力,Pa;

　　　S_u——滑阀上端面截面积,m^2;

　　　p_{ll}——动力液到达滑阀上表面的静压力,Pa;

　　　S_d——滑阀下端面截面积,m^2;

　　　v——滑阀的运动速度,m/s;

　　　λ_1——由液马达腔至滑阀下表面空间过程中,动力液通道的混合阻力系数,量纲1;

　　　A_0——射流孔的截面积,m^2;

　　　v_0——在射流孔及滑阀中的液体流速,m/s。

由动量方程,可列出上冲程"一速"的滑阀运动方程:

$$\frac{d(mv)}{dt} = (p_p - p_{ll})S_d - p_p S_u - G\sin\theta$$

即

$$\frac{d(mv)}{dt} = (S_d - S_u)p_p - \lambda_1 \gamma \frac{S_d^3}{2A_0^2}v^2 - G\sin\theta \qquad (3-3-2)$$

当忽略阻力项时,方程(3-3-2)变为

$$m\frac{dv}{dt} = (S_d - S_u)p_p - G\sin\theta \qquad (3-3-3)$$

式中　m——滑阀的质量,kg;

　　　γ——动力液密度,kg/m^3。

假设 L_1 为阀芯上端孔 1 距阀芯下缘的距离(图 3-3-14),滑阀内下台肩的长度为 a_o mm,则滑阀完成上冲程"一速"运动所需的时间 t_{lu} 可用下式求得

$$\int_{t_{0u}}^{t_{0u}+t_{lu}} v(t)dt = L_1 - a_o \qquad (3-3-4)$$

式中　t_{0u}——活塞从启动到下换向槽将液马达腔与阀芯上端孔连通所需的时间。

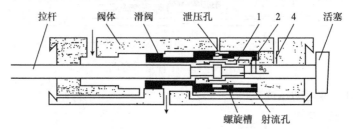

图 3-3-14　上冲程"一速"示意图

2）上冲程"二速"运动

在滑阀作完一速运动后,滑阀的下台肩 a_0 mm 将阀芯上端孔 1 完全封死。而在此同时,滑阀内的螺旋槽与动力液连通,滑阀在这种情况下继续行进,直至阀芯上端孔 1 重新打开为止。

这时,滑阀上的受力为 $p_p S_u$;动力液作用于滑阀下端的作用力为 $(p_p-p_{12})S_u$;滑阀自身的重力为 $G\sin\theta$。滑阀开始了上冲程"二速"运动(图 3-3-15)。

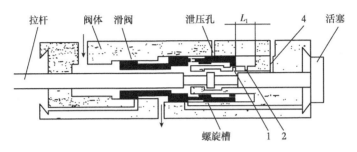

图 3-3-15　上冲程"二速"示意图

设螺旋槽及射流孔的混合阻力系数为 λ_2,则:

$$p_{12}=\lambda_2\gamma\frac{v_0^2}{2}=\lambda_2\gamma\frac{Q^2}{2A_0^2}=\lambda_2\gamma\frac{S_d^2 v^2}{2A_0^2} \tag{3-3-5}$$

于是,由动量方程可得滑阀在上冲程"二速"运动过程中的状态方程:

$$\frac{\mathrm{d}(mv)}{\mathrm{d}t}=(p_p-p_{12})S_d-p_p S_u-G\sin\theta$$

即

$$m\frac{\mathrm{d}v}{\mathrm{d}t}=p_p(S_d-S_u)-\lambda_2\gamma\frac{S_d^3}{2A_0^2}v^2-G\sin\theta \tag{3-3-6}$$

若忽略阻力项,式(3-3-6)即为:

$$m\frac{\mathrm{d}v}{\mathrm{d}t}=p_p(S_d-S_u)-G\sin\theta \tag{3-3-7}$$

上冲程"二速"运动的行程为:

$$L_1-(L_1-a_0)=a_0 \tag{3-3-8}$$

设滑阀作上冲程"二速"运动时所需的时间为 t_{2u} 则

$$a_o=\int_{t_{0u}+t_{1u}}^{t_{0u}+t_{1u}+t_{2u}}v(t)\,\mathrm{d}t \tag{3-3-9}$$

3）上冲程"三速"运动

当滑阀开始作上冲程"三速"运动瞬间,上活塞的下腔与乏液排出孔连通,泄压过程开始,此时,下活塞的上腔与动力液连通,活塞的下行过程开始,如图 3-3-16 所示。

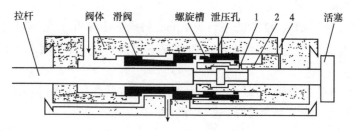

图 3-3-16　上冲程"三速"示意图

当活塞即下行的瞬间,滑阀开始作上冲程"三速"运动,此时,阀芯上端孔 1 又完全打开,动力液经螺旋槽和射流孔作用于滑阀下端,其次这时,它还通过下换向槽及阀芯上端孔 1 作用于滑阀的下端,动力液流量增大,从而此时的运动速度明显大于上冲程"二速"运动速度。

为研究问题方便,设滑阀作上冲程"三速"运动时,活塞即将启动,但无明显位移发生。

此时,经由滑阀下端的总流量 Q 为

$$Q = vS_d \qquad (3-3-10)$$

由两条通道流经滑阀下端。设流经螺旋槽的流量为 Q_1,则流经第二通道阀芯上端孔 1 的流量则为 $Q-Q_1$,由并联管路的性质知,此时

$$p_{l3} = \gamma g h_{1f} = \gamma g h_{2f} \qquad (3-3-11)$$

式中　h_{1f}——螺旋槽的局部损失,m;

　　　h_{2f}——阀芯上三速孔的局部损失,m。

于是,有

$$h_{1f} = \lambda_2 \frac{Q_1^2}{2gA_0^2}, \ h_{2f} = \lambda_3 \frac{(Q-Q_1)^2}{2gA_3^2} \qquad (3-3-12)$$

式中　A_3——上三速孔的截面积,m^2;

　　　λ_3——上三速孔的混合阻力系数,量纲 1。

由 $h_{1f} = h_{2f}$ 可得

$$Q_1 = \frac{1}{1+\sqrt{\dfrac{\lambda_2}{\lambda_3}}\left(\dfrac{A_3}{A_0}\right)} Q \qquad (3-3-13)$$

所以

$$p_{l3} = \gamma \lambda_2 \frac{1}{2A_0^2} \frac{S_d^2}{\left[1+\sqrt{\dfrac{\lambda_2}{\lambda_3}}\left(\dfrac{A_3}{A_0}\right)\right]^2} \qquad (3-3-14)$$

此时,滑阀受力状态与前面相似,故可由动量定理 $\sum \boldsymbol{F} = \dfrac{\mathrm{d}(m\boldsymbol{v})}{\mathrm{d}t}$ 列出运动方程:

$$\frac{\mathrm{d}(m\boldsymbol{v})}{\mathrm{d}t} = (p_p - p_{l3})S_d - p_p S_u - G\sin\theta \qquad (3-3-15)$$

即

$$m \frac{\mathrm{d}v}{\mathrm{d}t} = p_{\mathrm{p}}(S_{\mathrm{d}} - S_{\mathrm{u}}) - \frac{\gamma \lambda_2 S_{\mathrm{d}}^3}{2A_0 \left[1 + \sqrt{\frac{\lambda_2}{\lambda_3}} \left(\frac{A_3}{A_0} \right) \right]^2} v^2 - G\sin\theta \qquad (3\text{-}3\text{-}16)$$

设此时滑阀上表面距上死点的距离为 L_2，则滑阀上冲程"三速"运动完成后所需的时间为 $t_{3\mathrm{u}}$ 可由下式求得：

$$L_2 = \int_{t_{\mathrm{ou}}+t_{1\mathrm{u}}+t_{2\mathrm{u}}}^{t_{\mathrm{ou}}+t_{1\mathrm{u}}+t_{2\mathrm{u}}+t_{3\mathrm{u}}} v(t)\,\mathrm{d}t \qquad (3\text{-}3\text{-}17)$$

此时，滑阀上行换向过程结束，活塞开始下行。

2. 下冲程的三种运动速度

当滑阀上冲程结束后，下活塞的上腔与动力液连通，活塞开始向下作加速运动，当活塞下行至拉杆上的上换向槽将阀芯下端孔 2 与减压孔 4 连通时，滑阀的下冲程"三速"运动的"一速"运动开始。

设上换向槽将下端孔 2 与减压孔 4 连通所需时间为 $t_{0\mathrm{d}}$。

1）下冲程"一速"运动

当上换向槽将下端孔 1 与减压孔 4 连通后，滑阀下腔的压力降为乏液的压力 p_{e}，腔内液体随着滑阀的下行被排出到乏液腔内，如图 3-3-17 所示。

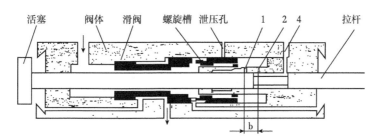

图 3-3-17　下冲程"一速"示意图

设此时腔内的压强为 $p_{1\mathrm{d}}$，滑阀下行的速度为 v，则下腔动力液的流量变化为 $S_{\mathrm{d}}v$。

由伯努利方程即知

$$\frac{p_{1\mathrm{d}}}{\gamma g} + \frac{\alpha v^2}{2g} = \frac{p_{\mathrm{e}}}{\gamma g} + \xi_1 \frac{v_0^2}{2g} = \frac{p_{\mathrm{e}}}{\gamma g} + \xi_1 \frac{Q^2}{2gB_1^2} \qquad (3\text{-}3\text{-}18)$$

式中　γ——原油密度，$\mathrm{kg/m^3}$；

　　　g——重力加速度，$9.8\mathrm{m/s^2}$；

　　　Q——排出通道流量，$\mathrm{m^3/s}$；

　　　v_o——排出通道流速，$\mathrm{m/s}$；

　　　ξ_1——排出通道混合阻力系数，量纲 1；

　　　B_1——减压孔的截面积，$\mathrm{m^2}$；

　　　α——修正系数，一般取 $\alpha = 1$。

从而有

465

$$\frac{p_{1d}}{\gamma g} = \frac{p_e}{\gamma g} + \left(\frac{\zeta_1 S_d^2}{B_1^2} - 1 \right) \frac{v^2}{2g} \qquad (3-3-19)$$

因此有

$$p_{1d} = p_e + \left(\frac{\zeta_1 S_d^2}{B_1^2} - 1 \right) \frac{\gamma}{2} v^2 \qquad (3-3-20)$$

根据动量定理,可写出滑阀的下冲程"一速"运动方程如下

$$p_{1d} S_d - p_p S_u - G\sin\theta = \frac{d(mv)}{dt} \qquad (3-3-21)$$

整理得:

$$m \frac{dv}{dt} = \left(\frac{\zeta_1 S_d^2}{B_1^2} - 1 \right) \frac{\gamma}{2} S_d v^2 + p_e S_d - p_p S_u - G\sin\theta \qquad (3-3-22)$$

忽略阻力项时,方程(3-3-22)即为:

$$m \frac{dv}{dt} = p_e S_d - p_p S_u - G\sin\theta - \frac{\gamma}{2} S_d v^2 \qquad (3-3-23)$$

滑阀的下冲程"一速"运动到滑阀下台 $a_0$mm 将阀芯下端端孔 2 完全封闭后结束,设阀芯上端孔 1 与下端孔 2 中心相距 b 间隔,则滑阀完成下冲程"一速"运动所需的时间由下式求得:

$$L_2 + b = \int_{t_{0u}+t_{1u}+t_{2u}+t_{3u}+t_{0d}}^{t_{0u}+t_{1u}+t_{2u}+t_{3u}+t_{0d}+t_{1d}} (-v(t)) dt \qquad (3-3-24)$$

式中　　t_{1d}——完成下一速运动所需的时间,其中负号"-"表示滑阀向下运动。

2)下冲程"二速"运动

滑阀的下冲程"一速"运动结束后,其下腔内的液体流经螺旋槽由泄压孔排出液马达外部,由伯努利(Bernoulli)方程得:

$$\frac{p_{2d}}{\gamma g} + \frac{v^2}{2g} = \frac{p_e}{\gamma g} + \zeta_2 \frac{Q^2}{2gC^2} = \frac{p_e}{\gamma g} + \zeta_2 \frac{S_d^2}{2gC^2} v^2 \qquad (3-3-25)$$

整理得:

$$p_{2d} = \left[\frac{p_e}{\gamma} + \left(\zeta_2 \frac{S_d^2}{2C^2} - \frac{1}{2} \right) v^2 \right] \gamma = p_e + \left(\zeta_2 \frac{S_d^2}{C^2} - 1 \right) \frac{\gamma v^2}{2} \qquad (3-3-26)$$

式中　　p_{2d}——滑阀下腔的静压力,Pa;

　　　　C——泄压孔的截面积,m^2;

　　　　ζ_2——混合阻力系数,量纲1。

此时滑阀所受外力的类型不变,故由动量定理即得下冲程"二速"运动方程:

$$\frac{d(mv)}{dt} = p_{2d} S_d - p_p S_u - G\sin\theta = S_d \left[p_e + \left(\zeta_2 \frac{S_d^2}{C^2} - 1 \right) \frac{\gamma}{2} v^2 \right] - p_p S_u - G\sin\theta \qquad (3-3-27)$$

即

$$m\frac{\mathrm{d}v}{\mathrm{d}t}=\left(\zeta_2\frac{S_d^2}{C^2}-1\right)\frac{\gamma}{2}S_dv^2+p_eS_d-p_pS_u-G\sin\theta \tag{3-3-28}$$

忽略阻力项时,方程(3-3-28)为:

$$m\frac{\mathrm{d}v}{\mathrm{d}t}=p_eS_d-p_pS_u-G\sin\theta-\frac{\gamma}{2}S_dv^2 \tag{3-3-29}$$

当下冲程"二速"运动开始时,下活塞的上腔与乏液排出口连通,但这时上活塞下腔的通道尚未打开,故而此时活塞并未启动,如图3-3-18所示。

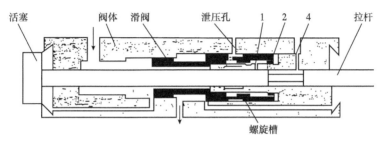

图3-3-18 下冲程"二速"示意图

当下冲程"二速"运动结束,即将阀芯下端孔2重新打开后,上活塞的下腔通道与动力液连通,活塞有了上行的动力,同时,滑阀也开始作下冲程"三速"运动。

设活塞作下冲程"二速"运动所需的时间为t_{2d},则

$$a=\int_{t_{0u}+t_{1u}+t_{2u}+t_{3u}+t_{0d}}^{t_{0u}+t_{1u}+t_{2u}+t_{3u}+t_{0d}+t_{1d}}(-v(t))\mathrm{d}t \tag{3-3-30}$$

式中　a——滑阀台肩宽度,m。

式(3-3-30)中的负号"-"表示滑阀下行。

3)下冲程"三速"运动

通过上面的分析,滑阀的下冲程"三速"运动与活塞向上的运动几乎同时进行,但滑阀先作下冲程"三速"运动,而后活塞杆再上行将减压孔封闭。

在滑阀完成下冲程"二速"运动时,滑阀下腔的动力液余液经阀芯下端孔2及减压孔,同时又经过螺旋槽及泄压孔等两个通道将乏液排出,如图3-3-19所示。

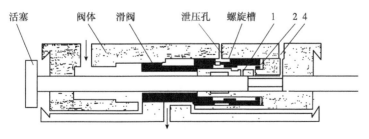

图3-3-19 下冲程"三速"示意图

设两个通道的流量一次为 Q_1, Q_2 则

$$Q_1 + Q_2 = vS_d \tag{3-3-31}$$

由并联管路的特征可知,经过这两个通道后的压强损失是相等的。

分别列出其伯努利方程:

$$\frac{p_{3d}}{\gamma g} + \frac{v^2}{2g} = \frac{p_e}{\gamma g} + \zeta_2 \frac{v^2}{2g} = \frac{p_e}{\gamma g} + \zeta_2 \frac{Q_1^2}{2gC^2} \tag{3-3-32}$$

$$\frac{p_{3d}}{\gamma g} + \frac{v^2}{2g} = \frac{p_e}{\gamma g} + \zeta_3 \frac{Q_2^2}{2gB_1^2} \tag{3-3-33}$$

式中　ξ_3——第二条通道的混合阻力系数,量纲1。

由式(3-3-32)、式(3-3-33)可见

$$\xi_2 \frac{Q_1^2}{C^2} = \xi_3 \frac{Q_2^2}{B_1^2} \tag{3-3-34}$$

整理得:

$$Q_2 = \sqrt{\frac{\xi_2}{\xi_3}} \frac{B_1}{C} Q_1 \tag{3-3-35}$$

将式(3-3-35)代入式(3-3-31)得

$$Q_1 = \frac{vS_d}{1 + \sqrt{\dfrac{\xi_2}{\xi_3}} \left(\dfrac{B_1}{C} \right)} \tag{3-3-36}$$

从而

$$\xi_2 \frac{Q_1^2}{2C^2} = \xi_2 \frac{v^2 S_d^2}{\left(1 + \sqrt{\dfrac{\xi_2}{\xi_3}} \dfrac{B_1}{C} \right)^2} \frac{1}{2C^2} = \frac{S_d^2}{\left(\dfrac{C}{\sqrt{\xi_2}} + \dfrac{B_1}{\sqrt{\xi_3}} \right)^2} \frac{v^2}{2} \tag{3-3-37}$$

于是有:

$$\frac{p_{3d}}{\gamma g} + \frac{v^2}{2g} = \frac{p_e}{\gamma g} + \left[\frac{S_d^2}{\left(\dfrac{C}{\sqrt{\xi_2}} + \dfrac{B_1}{\sqrt{\xi_3}} \right)^2} - 1 \right] \frac{v^2}{2g} + \frac{v^2}{2g} \tag{3-3-38}$$

整理得:

$$p_{3d} = p_e + \left[\frac{S_d^2}{\left(\dfrac{C}{\sqrt{\xi_2}} + \dfrac{B_1}{\sqrt{\xi_3}} \right)^2} - 1 \right] \frac{\gamma v^2}{2} \tag{3-3-39}$$

468

此时滑阀的运动方程为

$$m\frac{\mathrm{d}v}{\mathrm{d}t}=\left[\frac{S_{\mathrm{d}}^{2}}{\left(\dfrac{C}{\sqrt{\xi_{2}}}+\dfrac{B}{\sqrt{\xi_{3}}}\right)^{2}}-1\right]\frac{\gamma}{2}S_{\mathrm{d}}v^{2}+p_{\mathrm{e}}S_{\mathrm{d}}-p_{\mathrm{p}}S_{\mathrm{u}}-G\sin\theta \qquad(3\text{-}3\text{-}40)$$

忽略阻力项时,方程(3-3-40)即为

$$m\frac{\mathrm{d}v}{\mathrm{d}t}=p_{\mathrm{e}}S_{\mathrm{d}}-p_{\mathrm{p}}S_{\mathrm{u}}-G\sin\theta-\frac{\gamma}{2}S_{\mathrm{d}}v^{2}$$

设滑阀完成下冲程"三速"运动所需时间为 $t_{3\mathrm{d}}$,则由下式求得:

$$\int_{t_{0\mathrm{u}}+t_{1\mathrm{u}}+t_{2\mathrm{u}}+t_{3\mathrm{u}}+t_{0\mathrm{d}}+t_{1\mathrm{d}}+t_{2\mathrm{d}}}^{t_{0\mathrm{u}}+t_{1\mathrm{u}}+t_{2\mathrm{u}}+t_{3\mathrm{u}}+t_{0\mathrm{d}}+t_{1\mathrm{d}}+t_{2\mathrm{d}}+t_{3\mathrm{d}}}(-v(t))\mathrm{d}t=L_{1}-a-b \qquad(3\text{-}3\text{-}41)$$

式中负号"-"表示滑阀下行。

当滑阀完成下冲程"三速"运动后,滑阀与活塞的位置又几乎同时处于下死点的位置,可见在滑阀周而复始的往复运动下带动活塞上下运动而抽油,滑阀与活塞的运动是一个耦合着的周期运动,其运动的周期为:

$$T=t_{0\mathrm{u}}+t_{1\mathrm{u}}+t_{3\mathrm{u}}+t_{0\mathrm{d}}+t_{1\mathrm{d}}+t_{2\mathrm{d}}+t_{3\mathrm{d}} \qquad(3\text{-}3\text{-}42)$$

而每个时刻的确定皆由已知的公式给出。

以上对滑阀换向机理进行了上、下冲程全过程的描述,其方程形式可表示为:

$$\frac{\mathrm{d}v}{\mathrm{d}t}=kv^{2}\pm b' \qquad(3\text{-}3\text{-}43)$$

式中 k、b'——常数。

当 $\dfrac{\mathrm{d}v}{\mathrm{d}t}=kv^{2}+b'$ 时,$t=0,v=0,C_{1}=0$,则

$$v=\sqrt{\frac{b'}{k}}\tan\sqrt{kb'}\,t \qquad(3\text{-}3\text{-}44)$$

当 $\dfrac{\mathrm{d}v}{\mathrm{d}t}=kv^{2}-b'$ 时,$t=0,v=0,C_{2}=0$,则

$$v=\frac{\sqrt{b'}\,(1+\mathrm{e}^{2t\sqrt{kb'}})}{\sqrt{k}\,(1-\mathrm{e}^{2t\sqrt{kb'}})} \qquad(3\text{-}3\text{-}45)$$

二、活塞组运动过程描述

水力活塞泵工作状态,与活塞、拉杆的运动状态与滑阀的运动状态有着密切关系,滑阀的往复换向作用不断地改变着活塞及拉杆的运动。活塞也同样类似地作上、下冲程的往复运动。

1. 下冲程过程

当活塞及杆的上行制止开始至制动结束,滑阀开始作上行的换向运动,活塞开始下行启

动运动,滑阀刚好开始作上冲程"三速"运动。

由于活塞上行制动过程及静止换向开始作下行启动运动时,活塞的抽汲较小,故可忽略启动过程的数学描述。

当滑阀完成上冲程"三速"运动时,活塞及拉杆恰好完成上行制动过程静止换向及下行启动过程,当滑阀的上行运动完成,液马达的下腔的动力液进口完全打开,活塞及拉杆开始作完全的加速运动,此时上活塞上腔是抽汲作用,而下活塞下腔是排液过程。

根据牛顿第二定律,列出活塞组在下冲程加速过程的数学方程是:

$$m\frac{\mathrm{d}^2S}{\mathrm{d}t^2}=p_2A_\mathrm{p}+p_3(A_\mathrm{e}-A_\mathrm{R})+f_\mathrm{d}-p_\mathrm{p}(A_\mathrm{e}-A_\mathrm{R})-p_1A_\mathrm{p}-\gamma_\mathrm{o}(L-S)A_\mathrm{p}g-\gamma(L-S)A_\mathrm{e}g-G$$

$$(3-3-46)$$

其中:

$$p_1=p_\mathrm{o}-\frac{\gamma_\mathrm{o}Q_\mathrm{x}^2}{2A_\mathrm{x}^2}(1+\lambda_1) \qquad (3-3-47)$$

$$p_2=p_\mathrm{e}-\gamma_\mathrm{o}(1+\lambda_2)\frac{U_\mathrm{x}^2}{2} \qquad (3-3-48)$$

$$p_3=p_\mathrm{e}-\gamma(1+\lambda_3)\frac{U_\mathrm{x}^2}{2} \qquad (3-3-49)$$

且

$$Q_\mathrm{x}=A_\mathrm{p}U_\mathrm{x}=Q_\mathrm{s},U_\mathrm{x}=\frac{\mathrm{d}S}{\mathrm{d}t} \qquad (3-3-50)$$

以上各式代入式(3-3-46)化简得:

$$\frac{G}{g}\frac{\mathrm{d}^2S}{\mathrm{d}t^2}+C\left(\frac{\mathrm{d}S}{\mathrm{d}t}\right)^2+DS+E=0 \qquad (3-3-51)$$

其中

$$C=-\left\{\frac{\gamma_\mathrm{o}A_\mathrm{p}}{2}\left[(1+\lambda_1)\left(\frac{A_\mathrm{p}}{A_\mathrm{x}}\right)^2-(1+\lambda_2)\right]-\frac{\gamma A_\mathrm{e}}{2}(1+\lambda_3)\right\}$$

$$D=-[(\gamma_\mathrm{o}A_\mathrm{p}+\gamma A_\mathrm{e})g]$$

$$E=-[(p_\mathrm{e}-p_\mathrm{o})A_\mathrm{p}+(p_\mathrm{e}-p_\mathrm{p})A_\mathrm{e}-(\gamma_\mathrm{o}A_\mathrm{p}+\gamma A_\mathrm{e})gL-G+f_\mathrm{d}]$$

式中　p_o——泵吸入口流动压力,Pa;

$\qquad Q_\mathrm{x}$——泵下腔进液口流量,m³/s;

$\qquad U_\mathrm{x}$——活塞运动速度,m/s;

$\qquad L$——拉杆长度,m;

$\qquad p_\mathrm{e}$——混合液静压力,Pa;

$\qquad p_\mathrm{p}$——动力液入口处静压力,Pa;

$\qquad f_\mathrm{d}$——摩擦阻力,N;

$\qquad S$——活塞及拉杆的位移,m;

$\qquad p_1$——抽汲过程中泵上腔内的静压力,Pa;

p_2——泵下腔内的静压力(排液过程中),Pa;

p_3——液马达上腔静压力,Pa;

A_e——液马达活塞面积,m^2;

A_x——泵下腔进液口面积,m^2;

A_R——拉杆横截面积,m^2;

A_p——泵端活塞面积,m^2;

γ_o——原油密度,kg/m^3;

γ——动力液密度,kg/m^3;

λ_1——吸入口至泵上端进液口处的混合阻力系数,量纲1;

λ_2——泵下腔至混合液环形空间之间通道的混合阻力系数,量纲1;

λ_3——乏液排出口的阻力系数,量纲1;

Q_s——吸入流量,m^3/s。

当不考虑液体质量、泵内各项阻力损失,及速度项产生的压力损失,这时

$$p_1 = p_o, \quad p_2 = p_e, \quad p_3 = p_e$$

式(3-3-46)简化为

$$m \frac{d^2S}{dt^2} = p_e A_p + p_e (A_e - A_R) - p_p (A_e - A_R) - p_0 A_p \quad (3-3-52)$$

$$m \frac{d^2S}{dt^2} = p_e A_p + (p_e - p_p)(A_e + A_R) - p_o A_p$$

$$\frac{dU}{dt} = \frac{1}{m}(p_e - p_0)A_p + (p_e - p_p)(A_e - A_R)$$

$$dU = \frac{1}{m}[(p_e - p_0)A_p + (p_e - p_e)(A_e - A_R)]dt$$

$$U = \frac{1}{m}[(p_e - p_0)A_p + (p_e - p_e)(A_e - A_R)]t + C$$

$$= \frac{1}{m}[(p_e - p_0)p/E + (p_e - p_p)] \times (A_e - A_R)t + C \quad (3-3-53)$$

$$U = \frac{ds}{dt} = \frac{1}{m}[(p_e - p_0)p/E + (p_e - p_p)] \times (A_e - A_R)t + C$$

$$S = \frac{1}{2m}[(p_e - p_0)p/E + (p_e - p_p)] \times (A_e - A_R)t^2 + Ct + C' \quad (3-3-54)$$

2. 上冲程过程

当滑阀完成下冲程:"三速"运动后,液马达上腔的动力液通道入口被完全打开,活塞由开始其上行加速运动,从而又开始新的一轮往复运动,而活塞的上行启动过程恰好在滑阀的下行"二速"运动结束及下行"三速"运动开始之时,同样这时活塞的抽汲作用较小,故只列出活塞在上行加速过程的数学方程:

$$m\frac{\mathrm{d}^2 S}{\mathrm{d}t^2}=p_\mathrm{p}A_\mathrm{e}+p_1 A_\mathrm{p}-p_2 A_\mathrm{p}-p_3 A_\mathrm{e}-\gamma_\mathrm{o}(L-S)A_\mathrm{p}g-\gamma(L-S)A_\mathrm{e}g-G \tag{3-3-55}$$

式(3-3-55)可表示为

$$m\frac{\mathrm{d}^2 S}{\mathrm{d}t^2}=(p_\mathrm{p}-p_3)A_\mathrm{e}+(p_1-p_2)A_\mathrm{p}-(\gamma_\mathrm{o}A_\mathrm{p}-\gamma A_\mathrm{e})(L-S)g-G \tag{3-3-56}$$

其中

$$p_3=p_\mathrm{e}-\gamma(1+\overline{\lambda}_3)\frac{U_\mathrm{x}^2}{2}$$

$$p_2=p_\mathrm{e}-\gamma_\mathrm{o}(1+\overline{\lambda}_2)\frac{U_\mathrm{x}^2}{2}$$

$$p_1=p_\mathrm{o}-\gamma_\mathrm{o}\left(\frac{1+\overline{\lambda}_1}{A_\mathrm{x}^2}-\frac{1}{A_\mathrm{s}^2}\right)\frac{U_\mathrm{x}^2 A_\mathrm{p}^2}{2}$$

式中　$\overline{\lambda}_1$——吸入口阻力系数,量纲1;

　　　$\overline{\lambda}_2$——排液口阻力系数,量纲1;

　　　$\overline{\lambda}_3$——乏液排出口阻力系数,量纲1。

上面各式代入式(3-3-55)简化为:

$$\frac{G}{g}\frac{\mathrm{d}^2 S}{\mathrm{d}t^2}+\overline{M}\left(\frac{\mathrm{d}S}{\mathrm{d}t}\right)^2+\overline{N}S+K=0 \tag{3-3-57}$$

其中

$$-\overline{M}=\frac{\gamma(1+\overline{\lambda}_3)}{2}A_\mathrm{e}+\frac{\gamma_\mathrm{o}A_\mathrm{p}}{2}\left[(1+\overline{\lambda}_2)-(1+\overline{\lambda}_1)\left(\frac{A_\mathrm{p}}{A_\mathrm{x}}\right)^2\right]$$

$$-\overline{N}=(\gamma_\mathrm{o}A_\mathrm{p}+\gamma A_\mathrm{e})g$$

$$-\overline{K}=(p_\mathrm{p}-p_\mathrm{e})A_\mathrm{e}+(p_\mathrm{o}-p_\mathrm{e})A_\mathrm{p}-(\gamma_\mathrm{o}A_\mathrm{p}+\gamma A_\mathrm{e})gL-G$$

如果忽略泵内各部的液体质量、阻力及速度项产生的压力损失,则

$$p_1=p_\mathrm{o},\ p_2=p_\mathrm{e},\ p_3=p_\mathrm{e}$$

式(3-3-55)变为

$$m\frac{\mathrm{d}^2 S}{\mathrm{d}t^2}=(p_\mathrm{p}-p_\mathrm{e})(A_\mathrm{e}-A_\mathrm{R})+(p_\mathrm{o}-p_\mathrm{e})A_\mathrm{p} \tag{3-3-58}$$

$$m\frac{\mathrm{d}U}{\mathrm{d}t}=\left[(p_\mathrm{p}-p_\mathrm{e})+(p_\mathrm{o}-p_\mathrm{e})\frac{A_\mathrm{p}}{A_\mathrm{e}-A_\mathrm{R}}\right](A_\mathrm{e}-A_\mathrm{R})$$

令

472

$$\frac{A_p}{A_e - A_R} = \frac{p}{E}$$

$$\frac{dU}{dt} = \left[\frac{p_p - p_e}{m} + \frac{p_o - p_e}{m}(p/E) \right](A_e - A_R) \qquad (3\text{-}3\text{-}59)$$

$$U = \frac{1}{m}\left[p_p - (1+p/E)p_e + p_o(p_p/E) \right](A_e - A_R)t + C$$

对式(3-3-59)变换得

$$U = \frac{dS}{dt} = \frac{1}{m}\left[p_p - (1+p/E)p_e + p_o(p/E) \right](A_e - A_R)t + C$$

$$S = \frac{1}{2m}\left[p_p - (1+p/E)p_e + p_o(p/E) \right](A_e - A_R)t^2 + Ct + C' \qquad (3\text{-}3\text{-}60)$$

式(3-3-59)和式(3-3-60)为活塞组在上冲程的运动速度和位移

综上所述,水力活塞泵运动机理研究,以动量定理为基础把水力活塞泵工作过程中分为6个运动过程,详细分析了泵上、下冲程各换向时刻的运动过程和位移变化,精细描述了水力活塞泵的运动过程及数学表征。水力活塞泵换向机理及数学模型的研究为水力活塞泵进行新型泵设计提供了理论保证和分析方法。水力活塞泵换向机理研究为进一步研究水力活塞泵井下参数监测提供了理论基础。

第四节　水力活塞泵运动状态数学模型的建立

水力活塞泵工作过程中井下泵运动状态数学模型在国内外报道的较少,到了20世纪80年代中期美国人 S. G. Gibbs 把水力活塞泵的动力液柱作为一根弹性体,曾近似采用下列波动方程来描述

$$\frac{\partial^2 h(x,t)}{\partial t^2} = a^2 \frac{\partial^2 h(x,t)}{\partial x^2} - C\frac{\partial h(x,t)}{\partial t} \qquad (3\text{-}3\text{-}61)$$

式中　$h(x,t)$——液柱动力压头,Pa;

a——动力液的压力波动速度,m/s;

t——时间,s;

x——沿动力液管线从地面到井下的距离,m;

c——阻尼系数,s^{-1}。

在20世纪80年代末期,我国石油大学(华东)张琪教授曾与中原油田合作研究水力活塞泵井故障诊断课题时,使用了 Gibbs 提供的模型,但此研究未见应用报道。

通过系统研究水力活塞泵换向机理后认为,应根据水力活塞泵自身工作特性和传递能量的液体介质再进一步研究能准确表征水力活塞泵井下工作状态的数学模型,才能较准确获得动力液管柱内的流量,压力变化规律,通过地面测量系统测得的工作参数,获得井下泵的实际工作状态,因此,从水力活塞泵换向阀的水击现象入手,试图推导泵在工作过程中压力和流量变化的数学方程,为以后研究各类换向阀或其他阀类动态描述提出一种研究问题的新方法。

一、基本原理

根据水力活塞泵换向机理及活塞运动状态的描述可知,由于滑阀的往复换向突然关闭和打开动力液进入泵腔和流出泵腔的通道,由于液体产生的惯性作用,活塞将欲向前运动一段才停止,泵腔中的油液受到压缩,这时泵腔中压力急剧升高,形成压力峰值,从而产生"水击"现象。这样就使得动力液在管道中的流动状态显著发生改变,对于油管而言,由于管子弹性和液体的可压缩性,并伴随之油管的膨胀和收缩以及液柱本身的伸缩,故而严格说来,视液柱为弹性杆而传递压力波的处理方法是合理的。

利用流体在泵换向过程中产生水击的压力波特性,建立泵在工作过程中的水击方程,采用井口所测得的压力及流量波变化数据就能求得井下水力活塞泵处的静压力及流量变化规律,因此在推得此时刻水力活塞泵的工作状态。

为了研究问题方便,作如下假设:

(1)动力液在油管中严格密封,不发生遗漏。

(2)动力液在油管中的流动为层流。

(3)并且设沿程摩阻与流速平方成正比。

二、水力活塞泵换向阀水击运动方程的建立

由于动力液在油管中非稳恒流动,导致油管膨胀或收缩,因此这时油管随时间位置是一个不断变化的量 $A=A(x,t)$。在油管中取微元柱体微元段面积 dA,长为 dS 流向为 s,管轴与水平线的夹角为 θ。先分析作用于 s 方向上的作用力。如图 3-3-20 所示。

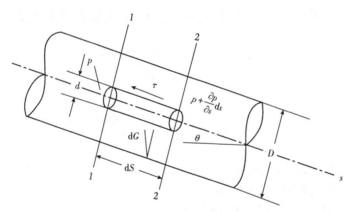

图 3-3-20 动力液管道单元

微元段的流体重量在 s 方向的重量为 $dG=\rho dAdSG\sin\theta$ 两端压力差为

$$pdA - \left(p + \frac{\partial p}{\partial S}dS\right)dA = -\frac{\partial p}{\partial S}dSdA$$

微元段的直径为 d,作用在周围柱面上的平均应力为 τ 则 dS 段上的阻力为 $-\tau\pi d \cdot dS$。再分析该微元段的加速度,v 的 s 方向的流速,对于不稳定流,$v=v(s,t)$,则加速度为

$$a = \frac{dv}{dt} = \frac{\partial v}{\partial t} + v\frac{\partial v}{\partial S} \tag{3-3-62}$$

根据牛顿第二定律 $\sum F = ma$ 得

$$-\rho \mathrm{d}S \cdot \mathrm{d}A \cdot g\sin\theta - \frac{\partial p}{\partial S}\mathrm{d}S \cdot \mathrm{d}A - \tau\pi d \cdot \mathrm{d}S = \rho \mathrm{d}S \cdot \mathrm{d}A\left(\frac{\partial v}{\partial t} + v\frac{\partial v}{\partial S}\right) \qquad (3\text{-}3\text{-}63)$$

等式(3-3-63)两端同除以 $\rho \mathrm{d}S\mathrm{d}A$ 得

$$g\sin\theta + \frac{1}{\rho}\frac{\partial p}{\partial S} + \left(\frac{\partial v}{\partial t} + v\frac{\partial p}{\partial S}\right) + \frac{4\tau}{\rho d} = 0 \qquad (3\text{-}3\text{-}64)$$

当 $\tau = \frac{\lambda}{8}\rho v^2$ 时,式(3-3-64)为

$$\frac{\partial v}{\partial t} + v\frac{\partial v}{\partial S} + \frac{1}{\rho}\frac{\partial p}{\partial S} + \frac{\lambda}{2d}v^2 + g\sin\theta = 0 \qquad (3\text{-}3\text{-}65)$$

上式即是考虑 θ 项影响的液体在泵换向阀的作用下所产生的不稳定连续流的运动方程。

三、水力活塞泵换向阀水击连续方程的建立

如图 3-3-21 所示,在油管中取一段面,设液体从断面 1-1 流入,以断面 2-2 流出两断面间的距离为 $\mathrm{d}s$,取断面 1-1 处的面积为 A,设流速为 v,液体的密度为 ρ,则在 $\mathrm{d}t$ 此时刻内,流入的质量为:

$$m_1 = \rho v A \mathrm{d}t$$

而在同一时间段内,从断面 2-2 处流出的质量为

$$m_2 = \rho v A \mathrm{d}t + \frac{\partial}{\partial S}(\rho v A \mathrm{d}t)\,\mathrm{d}s$$

流出和流入的质量差为

$$\mathrm{d}m_s = m_2 - m_1 = \frac{\partial}{\partial S}(\rho v A \mathrm{d}t)\,\mathrm{d}s$$

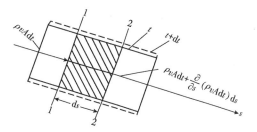

图 3-3-21　油管中的水力活塞泵示意图

在同一时间段 $\mathrm{d}t$ 内,控制体中的液体质量从原有的 $\rho A \mathrm{d}s$ 改变为 $\rho A \mathrm{d}s + \frac{\partial}{\partial t}(\rho A \mathrm{d}s)\mathrm{d}t$,故质量变化为:

$$\mathrm{d}m_t = \frac{\partial}{\partial t}(\rho A \mathrm{d}s)\,\mathrm{d}t$$

根据质量守恒定律,在此时间段内,流出和流入该体积的质量差应等于同一时间内该体积内的质量变化,但符号相反,即

$$\frac{\partial}{\partial t}(\rho v A \mathrm{d}t)\,\mathrm{d}s = -\frac{\partial}{\partial t}(\rho A \mathrm{d}s)\,\mathrm{d}t \qquad (3\text{-}3\text{-}66)$$

则

$$\frac{\partial}{\partial S}(\rho v A) + \frac{\partial}{\partial t}(\rho A) = 0 \qquad (3\text{-}3\text{-}67)$$

展开式(3-3-67)后

$$\frac{\partial \rho}{\partial S}(vA) + \frac{\partial v}{\partial S}(\rho A) + \frac{\partial A}{\partial S}(v\rho) + \frac{\partial \rho}{\partial t}A + \frac{\partial A}{\partial t}\rho = 0$$

由于 $A = A(s,t)$, $\rho = \rho(s,t)$ 则除以 ρA 得

$$\frac{v}{\rho}\frac{\partial \rho}{\partial S} + \frac{\partial v}{\partial S} + \frac{v}{A}\frac{\partial A}{\partial S} + \frac{1}{\rho}\frac{\partial \rho}{\partial t} + \frac{1}{A}\frac{\partial A}{\partial t} = 0 \qquad (3-3-68)$$

因

$$\frac{\mathrm{d}A}{\mathrm{d}t} = \frac{\partial A}{\partial t} + v\frac{\partial A}{\partial S}$$

$$\frac{\mathrm{d}\rho}{\mathrm{d}t} = \frac{\partial \rho}{\partial t} + v\frac{\partial \rho}{\partial S}$$

代入式(3-3-68),则变为

$$\frac{1}{\rho}\frac{\mathrm{d}\rho}{\mathrm{d}t} + \frac{1}{A}\frac{\mathrm{d}A}{\mathrm{d}t} + \frac{\mathrm{d}v}{\mathrm{d}S} = 0 \qquad (3-3-69)$$

式中　$\dfrac{1}{A}\dfrac{\mathrm{d}A}{\mathrm{d}t}$——代表油管断面变化率,它是由弹性波的压强引起的;

$\dfrac{1}{\rho}\dfrac{\mathrm{d}\rho}{\mathrm{d}t}$——液体的可压缩性。

由弹性力学可知:单位长度的张力变化率为$\dfrac{d}{2}\dfrac{\mathrm{d}p}{\mathrm{d}t}$,单位应力的变化率为$\dfrac{d}{2e}\dfrac{\mathrm{d}p}{\mathrm{d}t}$,单位应变的增长率为$\dfrac{d}{2eE}\dfrac{\mathrm{d}p}{\mathrm{d}t}$,径向增长率为$\dfrac{d}{2eE}\dfrac{d}{2}\dfrac{\mathrm{d}p}{\mathrm{d}t}$,面积增长率为$\dfrac{\mathrm{d}A}{\mathrm{d}t} = \pi d \cdot \dfrac{d}{2}\dfrac{d}{2eE}\dfrac{\mathrm{d}p}{\mathrm{d}t}$,于是有:

$$\frac{1}{A}\frac{\mathrm{d}A}{\mathrm{d}t} = \frac{d}{eE}\frac{\mathrm{d}p}{\mathrm{d}t} \qquad (3-3-70)$$

式中　d——油管直径,m;

e——油管壁厚,m;

E——油管的弹性模量,Pa。

由流体面积弹性模量的定义得

$$K = -\frac{\mathrm{d}p}{\dfrac{\mathrm{d}v}{v}} = \frac{\mathrm{d}p}{\dfrac{\mathrm{d}\rho}{\rho}}$$

$$\frac{1}{\rho}\frac{\mathrm{d}\rho}{\mathrm{d}t} = \frac{1}{K}\frac{\mathrm{d}p}{\mathrm{d}t} \qquad (3-3-71)$$

将式(3-3-70)和式(3-3-71)代入式(3-3-69)得

$$\frac{\mathrm{d}p}{\mathrm{d}t}\left(1 + \frac{K}{E}\frac{d}{e}\right)\bigg/K + \frac{\partial v}{\partial S} = 0 \qquad (3-3-72)$$

令

$$a^2 = \frac{K/\rho}{1+\left(\dfrac{K}{E}\right)(d/e)}$$

其中

$$a = \sqrt{\frac{E_v}{\rho}}, E_v = \frac{E}{1+\left(\dfrac{K}{E}\right)\left(\dfrac{d}{e}\right)}$$

式中 a——水击波在油管液柱中的传播速度,m/s。

此时,式(3-3-72)化为

$$v\frac{\partial p}{\partial S} + \frac{1}{\rho}\frac{\partial p}{\partial t} + a^2\frac{\partial v}{\partial S} = 0 \qquad (3-3-73)$$

四、描述整个泵在工作状态的方程组

方程(3-3-65)和方程(3-3-73)组成一个方程组,全面描述了水力活塞泵工作过程:

$$\begin{cases} v\dfrac{\partial v}{\partial S} + \dfrac{\partial v}{\partial t} + \dfrac{1}{\rho}\dfrac{\partial p}{\partial S} + \dfrac{\rho}{2d}v^2 + g\sin\theta = 0 \\\\ v\dfrac{\partial p}{\partial S} + \dfrac{1}{\rho}\dfrac{\partial p}{\partial t} + a^2\dfrac{\partial v}{\partial S} = 0 \end{cases} \qquad (3-3-74)$$

由于方程组(3-3-74)是含有自变量 s 和 t 表示的两个非线性微分方程式,因此式(3-3-74)只能通过有限方法求解。

由于通常考虑到 $v\dfrac{\partial v}{\partial S}\ll\dfrac{\partial v}{\partial t}$ 和 $v\dfrac{\partial p}{\partial S}\ll\dfrac{\partial p}{\partial t}$,因此在水击计算通常不予考虑,这时再忽略 θ 项影响方程组(3-3-74)可化成

$$\begin{cases} \dfrac{\partial v}{\partial t} + \dfrac{1}{\rho}\dfrac{\partial p}{\partial S} + \dfrac{\rho}{2d}v^2 = 0 \\\\ \dfrac{1}{\rho}\dfrac{\partial p}{\partial t} + a^2\dfrac{\partial v}{\partial S} = 0 \end{cases} \qquad (3-3-75)$$

方程组(3-3-75)为一阶拟线性双曲型偏微分方程组。代入消元并整理得:

$$\begin{cases} \dfrac{\partial^2 v}{\partial t^2} - a^2\dfrac{\partial^2 v}{\partial S^2} + \dfrac{\rho}{d}\dfrac{\partial v}{\partial t}v = 0 \\\\ \dfrac{\partial^2 p}{\partial t^2} - a^2\dfrac{\partial^2 p}{\partial S^2} + \dfrac{\lambda}{d}\dfrac{\partial p}{\partial t}v = 0 \end{cases} \qquad (3-3-76)$$

如果方程组中设 $C = \dfrac{\lambda}{d}v$,则方程组(3-3-75)变为

$$\begin{cases} \dfrac{\partial^2 v}{\partial^2 t} - a^2 \dfrac{\partial^2 v}{\partial S^2} + C \dfrac{\partial v}{\partial t} = 0 \\[3mm] \dfrac{\partial^2 p}{\partial t^2} - a^2 \dfrac{\partial^2 p}{\partial S^2} + C \dfrac{\partial p}{\partial t} = 0 \end{cases} \tag{3-3-77}$$

在边界条件 $P(0,t) = \varphi(t)$，$v(0,t) = \psi(t)$ 的情况下方程组(3-3-77)有解析解。崔振华求出了其解析解。方程式(3-3-77)即为 S. G. Gibbs 文献中给出的方程式。

但这种处理，$C = \dfrac{\lambda}{d} v$ 中的 v 意义与方程式的 v 是两个概念，这个 v 是动力液的平均流速，而方程中的 v 是随自变量 S 和 t 变化的一个因变量。因此说 Gibbs 模型是方程(3-3-1)的一种简化。方程(3-3-77)才是真正描述水力活塞泵工作过程中由于换向阀产生换向冲击，泵的压力、流量随时间变化的真正工作状态的表征方程。

方程(3-3-77)表征水力活塞泵在非恒定流状态的数学模型真正表征了泵工作流量、压力变化规律。Gibbs 模型是该方程的一种特殊形式。泵工作状态模型的研究为研究各类泵工作状态提供了定量分析的科学方法。泵工作状况模型的建立为今后进行水力活塞泵各项参数地面监测和故障分析奠定了理论基础。

第五节　水力活塞泵生产管柱力学分析

众所周知，水力活塞泵采油生产需要在管柱底部带一封隔器把地层的油井液和采出的混合液封隔开来，通过泵把混合液举升至地面，但水力活塞泵完井所采用的封隔器采用压缩式还是拉升式坐封，工程师们很少研究，但这些问题都直接关系到水力活塞能否长期稳定生产，能否一次投泵合格和正常生产中起泵是否顺利。在采油生产中，完井时选用封隔器通常不进行分析和计算使用的封隔器的受力。致使管柱受力状态恶劣，造成油井发生事故的情况经常发生。要保证水力活塞水泵在井下的运转时间长，就必须研究水力活塞泵井下工作的外界环境，目前水力活塞泵工作周期短，泵效低等，笔者认为管柱受力不当是导致水力活塞泵故障率增高不可忽视的重要原因之一。认真研究水力活塞泵完井管柱及其力学分析找出问题，确定合理的封隔器及配套工艺是保障水力活塞泵井正常生产的必备条件。

一、水力活塞泵目前完井管柱及完井环境

1. 完井管柱

目前水力活塞泵完井根据水力活塞泵采油工艺要求下入管柱的顺序是：$\phi62mm$ 丝堵 + $\phi62mm$ 尾管 + $\phi62mm$ 筛管 + $\phi62mm$ 油管 + $\phi161mm$ 封隔器 + $\phi114mm$ 水力活塞泵工作筒 + $\phi62mm$ 油管 + $\phi62mm$ 低温隔热器。完井管柱如图 3-3-22 所示。

2. 完井条件

1）热坐封

在管柱下完后从管柱中投入固定阀到泵筒再用 90℃ 热水从油管打入进行正循环，等到井口返出温度为 60℃ 时，坐封封隔器，再进行封隔器试压无漏失时，投泵工作。

2）冷坐封

管柱下完后，坐封封隔器，然后投固定阀到泵筒中，当到底阀座上后，在建立温度场到一

定温度时投泵生产。

3）封隔器坐封及工作状况

我国水力活塞泵井多数采用压重式封隔器，这种管柱的坐封特点是，带油管锚定装置的封隔器，在坐封以后这种锚定器将与套管锚定（图3-3-22）。坐封方式一般为上提旋转，下放管柱来实现坐封，靠管柱的部分重量压缩胶筒密封油管与套管的环形空间，这种坐封方式在管柱的下放过程中的压重吨位在施工操作中较难控制。管柱重量容易大部分落在封隔器上，管柱在受轴向压载荷的情况下产生"弯曲"变形。在坐封后水力活塞泵投产过程中，首先采用热水或热油作循环的热载体进行洗井，通常洗井温度通常90℃，整个管柱上产生"温度"力，在管柱之间，上面由井口油管挂悬挂，并固定了油管不会发生向上移动，下部由封隔器固定了管柱向下位移，因

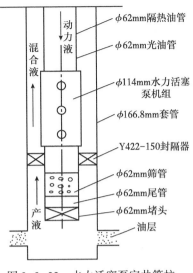

图3-3-22　水力活塞泵完井管柱

此温度变化所引起的变化力导致油管伸长，其伸长量无处"储存"最后弯曲。管柱的弯曲变形使得水力活塞泵在起泵压力异常高，造成了泵工作筒的"膨胀径向变形"，泵很难离开工作筒。另外，由于在泵工作中，验封压力调节过程中，在封隔器上下产生了上下压差不平衡，最后产生一定的压力差，使封隔器解封。

二、水力活塞泵采油管柱力学分析

1. 坐封后产生的"弯曲"变形

1）产生"弯曲"的论述

我国钻井界章扬烈和龚伟安等在20世纪80年代初期就苏联学者巴里茨基的论文对弯曲的论述给了一致的解释。即受筒形圆柱面限制的钻柱，在自重力的作用下，受压轴线形成近似于变螺距变旋向的柱形螺线，其形状和参数并不一定带有一定的规律性。国内外大多数学者也都认为若把钻柱处于非常复杂的受力和变形状态来研究其参数问题，目前找不出合适的处理方法，而学者们普遍采用等螺距或变螺距的空间螺旋线进行所需参数计算。但这种较粗糙的假设和处理方法已经被人们所接受。不论是苏联学者巴里茨基还是美国学者鲁宾斯基和默哈林德，伍兹都是在"螺旋"变形状态下进行研究工作的，他们认为钻柱在中和点以上，钻柱处于稳定平衡状态而在中和点以下，钻柱处于不平衡状态，在中和点以下的这部分钻柱形成螺旋弯曲，其形变参数、曲率、挠率和螺距等都不是恒量，而是与钻柱处的边界条件有关，在中和点处则钻柱处在中性平衡状态，在这点处的应力分布是各向同性的，即三个主应力相等：

$$\sigma_a = \sigma_r = \sigma_t \tag{3-3-78}$$

式中　σ_a——轴向应力，MPa；

　　　σ_r——径向应力，MPa；

　　　σ_t——切向应力，MPa。

钻井界学者对钻柱弯曲的研究同样可用于处理水力活塞泵井完井生产管柱的弯曲变

479

形,中和点位置 n 由下式求得：

在无流体存在时，
$$n = \frac{F_b}{W_s} \tag{3-3-79}$$

有无流体存在时，
$$n = \frac{F_b}{W_s + \rho_i g A_i - \rho_o g A_o} \tag{3-3-80}$$

式中　F_b——作用在整个油管柱上的弯曲力，N；

　　　ρ_i——油管中的流体密度，kg/m^3；

　　　ρ_o——环形空间中的流体密度，kg/m^3；

　　　A_i——油管内径面积，m^2；

　　　A_o——油管外径面积，m^2。

2）水力活塞泵管柱"弯曲"分析

我国使用水力活塞泵采油的油田为了避免水对油层的污染，取消了用热水预热油管后再坐封的工艺，采取冷坐封，假设这种条件下管柱内外无流体存在，并采用压重式坐封，下面讨论这种弯曲的几种轴向力为讨论方便，规定下式中出现"+"值为压力，"−"值为张力。

（1）封隔器压重坐封时需要的最小压缩力 F_{min}。

当采用封隔器刚体与井壁之间存在环形间隙（即无"防突"体）的条件下在相应压差下坐封载荷的最小坐封力 F_{min} 用下式求得：

$$F_{min} = 0.111 \Delta p A_1 + G A_1 S \tag{3-3-81}$$

其中

$$S = \frac{(R^2 - r^2)^3 - (R_1^2 - r^2)^3}{(R_1^2 - r^2)(R^2 - r^2)^2}$$

$$A_1 = \pi(R^2 - r^2)$$

式中　S——封隔器的结构参数，量纲 1，$\phi 177.8mm$ 封隔器一般为 4.38×10^2；

　　　R——套管的内半径，m；

　　　R_1——密封元件变形前的外半径，m；

　　　r——封隔器中心管的外半径，m；

　　　Δp——作用在封隔器两端的应差，MPa；

　　　F_{min}——封隔器最小坐封力，$10^3 kN$。

（2）温度力。

冷坐封以后，要用一定温度的热流体循环洗井再生产，温度影响使油管伸长，由于油管柱上下固定伸长量无处释放，产生一个轴向力且由于井筒中各处温度不相同，各处变形均不相同，这里为计算方便，仅考虑平均温度变化，温度力由下式计算：

$$F_t = \alpha \Delta T E A_s \tag{3-3-82}$$

其中

$$\Delta T = \frac{T_{wp} + T_{bp}}{2} - \frac{T_{wi} + T_{bi}}{2}$$

式中　A_s——油管壁的横截面积，m^2；

α——热膨胀系数,取 $\alpha = 11.7 \times 10^{-6}/\mathrm{°C}$;

E——油管弹性模量,取 $E = 2.01 \times 10^{5} \mathrm{MPa}$;

ΔT——管柱的平均温度,$\mathrm{°C}$;

T_{wp}——施工后的井口温度,$\mathrm{°C}$;

T_{wi}——施工前井口温度,$\mathrm{°C}$;

T_{bp}——施工后井下温度,$\mathrm{°C}$;

T_{bi}——施工前井下温度,$\mathrm{°C}$。

(3)有效弯曲力(即虚力)。

鲁宾斯基等人认为在封隔器处的油管外面有一作用力 p_o,油管内作用压力为 p_i,油管将有一个假想力 F_f 存在,并且这个力也能使油管产生弯曲,后来 API(美国石油协会)把这个弯曲力命名为有效力。其计算公式是

$$F_f = A_p(p_i - p_o) \tag{3-3-83}$$

式中 A_p——封隔器密封腔的截面积,m^2。

在水力活塞泵工作时,这种有效力是存在的,但这时 A_p 是在泵筒中泵密封处的横截面积。

(4)在封隔器上产生的液压力。

由于油管内外压力作用在管柱直径变化处和封隔器密封管的端面上引起,由于在两个不同端面上产生压力变化,向上或向下地作用于封隔器密封腔中的密封管上,给油管柱上施加压力或张力,用下式计算:

$$F_p = A_i \Delta p_i + (A_p - A_o) \Delta p_o - A_p p_f \tag{3-3-84}$$

其中

$$\Delta p_i = p_f - p_i, \quad \Delta p_o = p_{of} - p_{oi}$$

$$p_{of} = 0.0098 H \rho_o + p_{wh}$$

式中 F_p——封隔器上产生的液压力,$10^3 \mathrm{kN}$;

A_i——油管的内截面积,m^2;

p_i——最初作用在油管柱内的力,MPa;

p_f——最终作用在油管柱内的力,MPa;

p_{oi}——最初作用在套管柱内的力,MPa;

p_{of}——最终作用在套管柱内的力,MPa;

A_p——封隔器密封胶筒处中心管面积,m^2;

p_f——井底流压,MPa。

这种液压力在两端都固定的封隔器管柱中,产生的力是一种压缩力,可使油管弯曲。

(5)径向变形力计算。

水力活塞泵管柱在泵工作时产生正向径向变形,使油管趋于伸长或压缩,其变形力由下式求得:

$$F_T = 0.6(A_i \Delta p_{ia} - A_o \Delta p_{oa}) \tag{3-3-85}$$

其中

$$\Delta p_{ia} = \frac{p_{tfb} + p_{tih}}{2} - \frac{p_{tib} + p_{tfh}}{2}$$

481

$$\Delta p_{oa} = \frac{p_{cfb} + p_{cfh}}{2} - \frac{p_{cib} + p_{cih}}{2}$$

式中 F_T——径向变形力,$\times 10^3$ kN;

A_i——油管内截面积,m^2;

A_0——油管外截面积,m^2;

Δp_{ia}——油管内平均压力,MPa;

Δp_{oa}——油套环空平均压力,MPa;

p_{tfb}——油管最终井底压力,MPa;

p_{tfh}——油管最终井口压力,MPa;

p_{tib}——油管最初井底压力,MPa;

p_{tih}——油管最初井口压力,MPa;

p_{cih}——油套环空最初井口压力,MPa;

p_{cfh}——油套环空最终井口压力,MPa;

p_{cib}——油套环空最初井底压力,MPa;

p_{cfb}——油套环空最终井底压力,MPa。

由上述论述可知,水力活塞泵工作状态的管柱弯曲主要由压缩产生的轴向力 F_{min}、温度力 F_t、液压力 F_p、膨径变形力 F_r 所引起,因此在管轴上产生的总的轴向力为

$$F_b = F_{min} + F_t + F_p + F_f + F_T \tag{3-3-86}$$

若 F_b 的值为正值则整个管柱受压缩力;若 F_b 的值为负值则真个管柱受拉伸力。

2. 弯曲产生后的有关参数计算

20 世纪 80 年代钻柱受压段的空间弯曲变形问题,章扬烈 1985 年和龚伟安 1986 年推导出了管柱在弯曲时的有关参数计算公式,笔者认为这些研究成果同样可用来解决水力活塞泵井完井管柱或生产管柱中的弯曲变形后的参数计算。其计算螺距和螺旋角的公式是

$$\theta = R\sqrt{\frac{W_n}{2EJ}} \tag{3-3-87}$$

$$\theta = R\sqrt{\frac{F_b}{2EJ}} \tag{3-3-88}$$

其中
$$R = \frac{D-d}{2} ; J = \frac{\pi(d_o - d_i)^4}{64}$$

式中 W——不同介质中单位长度油管的重力,kN/m;

R——当量直径,m;

d——油管直径,m;

D——套管直径,m;

E——管柱的弹性模量,钢取 2.06×10^{11} Pa;

J——管柱的截面惯量,m^4;

d_o——油管外径,m;

d_i——油管内径,m。

龚伟安 1986 年给出了螺距 t 由下式求得：

$$t_m = \sqrt[3]{\frac{9(m+2)^2 EJ\pi^2 n}{2F_b}} - \sqrt[3]{\frac{9m^2\pi^2 EJn}{2F_b}} = \sqrt[3]{\frac{9EJ\pi^2 n}{2F_b}}\left(\sqrt[3]{(m+2)^2} - \sqrt[3]{m^2}\right) \quad (3-3-89)$$

式中　t_m——管柱 m 圈螺旋弯曲的螺距，m；

　　　m——管柱发生螺旋弯曲的圈数，量纲 1；

　　　n——中和点的距离，m。

3. 在弯曲产生时的扭弯变形对油管丝扣的影响

弯曲变形产生后，包括扭转和弯曲两种变形，弯矩 M_b 和扭矩 M_t 分别用下式计算：

$$\begin{cases} M_b = F_b R\cos\theta \\ M_t = F_b R\sin\theta \end{cases} \quad (3-3-90)$$

即最大值为

$$\begin{cases} M_{bmax} = F_b R \\ M_{tmax} = F_b R^2 \sqrt{\dfrac{F_b}{2EJ}} \end{cases} \quad (3-3-91)$$

这种最大扭矩若作用在丝扣上，给了螺纹一个松动的力，使螺纹失去预紧力，采用唐蓉城提供的松扣扭矩公式可得到松扣扭矩：

$$M_L = \frac{d_2}{2} F_b \tan(\lambda - \rho_v) \quad (3-3-92)$$

其中

$$\lambda = \arctan\frac{S}{\pi d_2} ; \quad \rho_v = \arctan\frac{f}{\cos\beta} = \arctan f_v$$

式中　d_2——螺纹中径，mm；

　　　λ——螺纹的螺纹角，(°)；

　　　ρ_v——当量摩擦角，(°)；

　　　f——参数，取 0.1~0.15；

　　　f_v——当量摩擦系数，量纲 1；

　　　β——角形斜角，(°)；

　　　S——螺距，mm。

若 $M_L > M_t$ 时螺纹将产生松扣，也就是

$$F_b > \frac{EJd_2^2\tan^2(\lambda - \rho_v)}{2R^4} \quad (3-3-93)$$

当油管 $E = 2.06\times10^5 \text{N/mm}^2$，$J = 6.683\times10^5 \text{mm}^4$，$d_2 = 70.544\text{mm}$，$R = 49\text{mm}$，$\lambda = 12.29°$，$\rho_v = 7.18$ 时，计算得：$F_b > 5.511\times10^2 \text{kN}$。

也就是说当油管上作用有 $5.511\times10^2 \text{kN}$ 的轴向压缩力油管可产生松扣。

三、水力活塞泵生产管柱受力实例分析

某油田某井采用 Y211-146 型封隔器完井,泵深 2500m,采用 178mmN-80 套管,其内径为 159.82mm,坐封前管内温度在井口为地面温度 20℃,井底油层温度 65℃。采用 $\phi73mm$ 油管作为生产管柱,坐封完封隔器后建温度场准备投泵生产。最终井口温度达 60℃,井底温度 85℃,地面工作泵压 $p_s = 17.0MPa$,油套管环形空间回压是 0.8MPa,油管中初期建温度场的热水密度 $\rho = 1020kg/m^3$,这时油管与环空连通液体密度相等。投泵工作后油管中动力液密度 $\rho_i = 850kg/m^3$,油套环空中混合液密度 $\rho_o = 890kg/m^3$,井下压力 $p_f = 4.0MPa$,油管外径截面积 $A_o = 4.185×10^{-3}m^2$,油管内径截面积 $A_i = 3.0191×10^{-3}m^2$,油管壁的截面积 $A_s = 1.1663×10^{-3}m^3$,截面惯量 $J = 6.6887×10^{-7}m^4$,弹性模量 $E = 2.06×10^{11}Pa$,泊松比 $\nu = 0.3$,油管的热膨胀系数 $\alpha = 11×10^{-16}℃^{-1}$,油管外、内径比 $R = 1.1774$,封隔器密封管直径 88.9mm,密封管截面积 $A_p = 6.2×10^{-3}m^2$,封隔器实际操作控制压重 80kN。计算油管柱上总的轴向力。

Y211-146 型封隔器的结构参数胶筒抗剪模量 $G = 1.27MPa$,所密封套管的内半径 $R = 0.081m$,封隔器中心管的外半径为 0.045m,密封元件变形前的外半径 0.072m,密封元件变形后承载面积 $0.0142m^2$,在 2500m 深井中,油管中密度 $\rho_i = 0.85g/m^3$,井底流压 4.0MPa,作用在封隔器两端的压差 $\Delta p = 42MPa$,按返起泵较高压计算。

解:

(1)由公式(3-3-81)求得

$$F_{min} = 65.9kN$$

实际现场坐封吨位超过最小吨位,封隔器是密封的。

(2)根据公式(3-3-82)计算得

$$F_t = 84.31kN$$

(3)根据公式(3-3-83)计算 F_f 得

$$F_f = 0.637kN$$

(4)根据公式(3-3-84)计算 F_p 得

$$F_p = 30.84kN$$

(5)根据公式(3-3-85)计算 F_T 得

$$F_T = 28.84kN$$

(6)总的弯曲力 F_b 由(3-3-86)求得

$$F_b = 210.53kN$$

(7)由式(3-3-80)计算中和点位置 n

$$n = 2511m$$

(8)利用公式(3-3-89)计算不等距螺距 t

$$t_0 = 66.32m, \quad t_{20} = 20.19m$$
$$t_1 = 45.13m, \quad t_{30} = 17.73m$$
$$t_2 = 38.95m, \quad t_{50} = 15.02m$$

$$t_3 = 35.26\text{m}, \cdots$$

$$t_4 = 32.68\text{m}, \quad t_{100} = 11.96\text{m}$$

$$t_5 = 30.72\text{m}, \cdots$$

$$t_{10} = 25.06\text{m}, \quad t_{200} = 9.5\text{m}$$

根据上述计算可知,总的轴向力导致油管弯曲,但 $F_b = 21.53$ kN,远远小于 $[F_b] = 551.1$kN,因此油管不会松扣,弯曲也都在弹性范围内发生,自中和点之下螺距由大到小变化,离中和点位置越来越远变形越向等螺距靠近。因此可以看出,这种状况下坐封后管柱受力非常恶劣,完井管柱最终导致投泵或起泵困难。

但究竟 F_b 这个轴向力对松扣有多大影响?即使 F_b 值小于松扣的轴向力 $[F_b]$,但这个弯曲力也是不容忽视的。因于螺纹的上紧条件与预紧力的大小有直接关系,只要上紧力达不到就有可能松扣,我国油田油管扣大多都采用人力上紧,很难保证达到要求的预紧力。因此也大大降低了反抗外力的松扣能力。除此而外,同样不能忽视水利活塞泵工作过程中的液体波动带来油管柱的松动和冲击,或泵在下入和起出时不进泵筒或不出泵筒时,憋压后突然释放而造成的强烈振动和冲击,同样也加速了松扣的可能。

四、水力活塞泵工作中和起泵时的泵筒受力分析

在水力活塞泵正常生产过程中,由于管柱受力状况恶劣,下泵或起泵时有下不去起不出的事故发生,一般在地面采用水泥车超高压反起泵。这时,油管内压小于油管环空压力,油管同样产生径向变形,这时径向变形与正常生产时方向相反。油管内压小于油套环空压力时将对生产部会产生很大的危害,但这种变形同样产生了一个轴向力,这力是一个压缩力。而在反起泵时,油管和工作筒均产生径向变形,使油管直径变细,轴向伸长,因油管受封隔器和上端油管柱的约束不允许伸长,所以必须有一个轴向压载荷产生,这是导致泵不能顺利起出工作筒的主要原因之一。

起泵压力不仅产生了一个轴向力,而且在这个力足够大时,可使油管或泵受外挤压力而挤毁破坏,泵筒失稳,泵被挤压在工作筒中无法起出,挤毁的临界压力由下式求得:

当 $D/\delta < 14$ 时,

$$[p_{\text{挤}}] = 0.75 \times 2\delta_s \frac{D/\delta - 1}{(D/\delta)^2} \tag{3-3-94}$$

当 $D/\delta > 14$ 时,

$$[p_{\text{挤}}] = 0.75 \times \delta_s \left(\frac{2.503}{D/\delta} - 0.046 \right) \tag{3-3-95}$$

式中　δ_s——管子钢材的屈服强度,N-80 油管一般取 537.76MPa。

起泵时泵筒及泵筒附件油管所受的挤压力

$$p_{\text{挤}} = 0.0098H\gamma_c + p_c \tag{3-3-96}$$

式中　γ_c——起泵时套管中液体密度,g/cm³;

H——泵深,m;

p_c——起泵压力,MPa。

若要油管或泵筒处在不失稳状态,就有下式成立:

$$[p_挤]>p_挤$$

我国通常采用油管为 $D/\delta=13.24<14$,所以有

$$0.75\times2\delta_s\frac{D/\delta-1}{(D/\delta)^2}>0.0098H\gamma_c+p_c$$

成立。上式改写为

$$p_c<0.75\times2\delta_s\frac{D/\delta-1}{(D/\delta)^2}-0.0098H\gamma_c=56.323-0.0098H\gamma_c \qquad (3-3-97)$$

下面是某油田在三个月内的水力活塞泵生产过程中起下泵问题统计这些井的实际资料(表3-3-6)。

表3-3-6 井在起下泵时的实际资料

序号	井号	作业日期	起泵压力(MPa)	备注
1	S15-10	1994.8.29	不详	水泥车起泵起不出作业
2	B31-125	1991.8.29	不详	水泥车未起出作业
3	A19-33	1994.8.30	不详	泵不进泵筒作业
4	Q23-63	1994.9.2	不详	泵起不出作业
5	A24-26	1994.9.5	37.0	泵未起出泵筒
6	A88	1994.9.12	32.0	泵起不出泵筒
7	A12-8	不详	不详	泵起不出泵筒
8	B30-125	1994.9.13	不详	泵不能投入泵筒
9	A95	1994.9.5	37.0	泵起不出泵筒
10	S12-8	1994.9.7	35.0	泵起不出,作业后发现泵筒挤扁,泵起不出泵筒
11	A22-24	不详	不详	

根据前面算例可知作用在管柱上的轴向力在中和点以下产生螺旋弯曲,越靠近泵筒螺距越小,泵下入越困难。因此现场情况也证实了这种情况是存在的,现以 S12-8 为例,求不发生工作筒挤毁破坏的最小起泵压力 p_c。

该井下深2500m,动力液密度 $1.0g/cm^3$,则

$$p_c=56.323-0.0098\times2500\times1=31.823(MPa)$$

由于 S12-8 井起泵压力 $p_c=37.0MPa$ 超过油管挤毁压力 $37-31.823=5.177(MPa)$,故工作筒下部油管挤毁失稳是无法避免的。此外在如此高的起泵压力下油管或泵筒产生反向径向变形,径向变形产生轴向张力 $p_b=122.89kN$,这个力同样在两端不允许移动的条件下,等效于轴向压缩力,使油管受力。

由此可见,在2500m深井中,水力活塞泵起泵压力大于35MPa后,泵筒严重失稳,泵无法离开泵筒,这种恶劣工作条件尽量避免。

综上所述,水力活塞泵工作工作效率低,工作寿命短,个别井作业频繁等问题都因为管柱不合理所造成。在2500m深井采用中压重式封隔器,作用在封隔器上的最小轴向压力65.9kN(即6.6tf)在这个坐封力下油管将不发生螺旋弯曲;2500m深井管柱采用冷坐封完

井后,作用在管柱上的轴向力 210.53kN,这个力将致使油管弯曲,中和点在井口以上,投泵困难,可导致无效作业。若中和点在泵筒以上时靠油管憋压起、投泵,严重影响泵在井下正常工作寿命;轴向力产生弯曲效应后,油管松扣的最小弯曲力是 551kN,2500m 深井,轴向弯曲力远远小于 551kN,可油管不松扣的前提必须在油管达到一定预紧力后不发生松扣或泄露,但现场在上油管时往往采用井口上紧或拉锚头上紧,很难达到要求扭矩,再加之工作液在油泵中脉动冲击,起下泵憋压和振动使油管失去预紧力而松扣。导致动力液增大。建议使用液压油管钳上紧油管,并采用油管试压验漏技术;在 2500m 深井中憋压起泵,通过计算可知,起泵压力高达 35MPa 油管或泵筒都被挤毁破坏,造成泵无法从工作筒中起出,现场出现此种事故屡见不鲜,因此,建议在 25~30MPa 起泵起不出的情况下,就不要再强行起泵,以免造成对油管柱产生破坏事故和其他不安全事故产生,这时打捞也是无效的。建议严格选用封隔器,最好选用张力式封隔器,使油管柱保持在轴向垂直。若仍采用压重式封隔器,2000m 的井深最佳坐封吨位 60kN;2500m 井深最佳吨位 80kN。如要产生的其他附加轴向力较小时必须实行热坐封,这时为防止冷水伤害地层,尽量采用热水加一定量活性剂。水力活塞泵井应采用机械张力式或水力压缩封隔器,水力活塞泵生产井采用合理的管柱可使起泵顺利,不影响泵外部软密封性能,可使泵换周期延长,确保 3 个月不换泵,预计年节约换泵检泵费用约 100 万元,月减少作业井 5 口,年可节约 240 万元。

第六节　水力活塞泵采油井工作参数优化设计方法

水力活塞泵从 20 世纪 80 年代在我国应用以来,油井工作参数优化设计方法在国内尚未公开发表过,美国 K. E. 布朗教授 1987 年提出的有关泵部分参数设计计算方法,此方法仅主要给出了泵的选择步骤,但结合油井条件并作考虑,且在研究地面驱动压力计算时,把泵在井下运动当作匀速运动进行计算。因此,经过系统研究,补充了一些新的油井参数优化设计方法,可用来合理确定泵挂、合理沉没度、泵型、动力液用量、工作冲数、地面泵操作压力、泵吸入口压力、可获得的目标产量、合理的隔热油管下深和井筒循环温度计算。为水力活塞泵采油工艺提供了一整套的油井参数设计理论及计算模型。该方法设计原则及条件考虑以下几个方面:

(1)水力活塞泵生产系统为开式生产系统。

(2)地面动力液泵供给压力的极限压力也即油井工作时最高压力。

(3)在给出一定合理、且真实的油藏数据的基础上进行。

一、设计计算步骤及模型

油井参数见表 3-3-7。

表 3-3-7　油井参数表

油层静压	原油黏度	井底流压	井底温度	油管内径	油管外径	套管内径	气油比
$p_R(MPa)$	$\mu(mPa \cdot s)$	$p_{wf}(MPa)$	$t_H(\mathrm{°C})$	$d_1(m)$	$d_2(m)$	$D(m)$	$GOR(m^3/m^3)$
油井含水	油井液密度	动力液类型	动力液密度	油井目标产量	混合液密度	油层中部深度	地面允许最高泵压
$f_w(\%)$	$\rho_o(g/cm^3)$	油或水	$\rho_p(g/cm^3)$	$Q_0(m^3/d)$	$\rho_e(g/cm^3)$	$H_m(m)$	$p_{max}(MPa)$

1. 绘制油井流动动态曲线,确定油井产量

根据油井生产情况,确定生产压差范围,同时也就确定了油井产能,因为产量是根据压力与产量关系曲线而得到的。

利用试井资料作 IPR 曲线,并在曲线上求取目标产量下的井底流压 p_{wt}。

1)静压 p_R>流压 p_{wt}>饱和压力 p_b

根据下式可作出曲线:

$$Q = J(p_R - p_{wf}) \tag{3-3-98}$$

式中　J——产液指数,$m^3/(d \cdot MPa)$;

　　　Q——产液量,m^3/d。

2)饱和压力 p_b>静压 p_R>流压 p_{wt}

根据 Vogel 方程作出 IRR 曲线:

$$Q = Q_{mlax}\left[1 - 0.2\left(\frac{p_{wf}}{p_R}\right) - 0.8\left(\frac{p_{wf}}{p_R}\right)^2\right] \tag{3-3-99}$$

式中　Q_{max}——最大产液量,m^3/d。

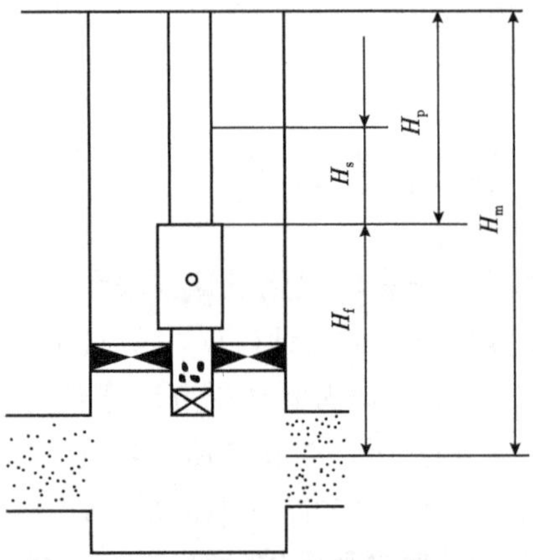

2. 泵合理泵挂及沉没度的确定

1)泵挂深度的确定方法

根据图 3-3-23,设地面到油层中部的深度 H_m,油层中部流到泵处的液柱高度为 H_f,泵的沉没高度为 H_s,有下面式子成立:

$$H_m = H_p + H_f \tag{3-3-100}$$

其中

$$H_f = \frac{p_f}{0.0098\rho_0} \tag{3-3-101}$$

图 3-3-23　泵深确定

式中　p_f——油层中部到泵处的压力,MPa;

　　　ρ_0——油井液密度,g/cm^3。

式(3-3-101)代入式(3-3-100)得

$$H_p = H_m - \frac{p_f}{0.0098\rho_0} \tag{3-3-102}$$

又因为

$$p_{wf} = p_f + p_s \tag{3-3-103}$$

方程(3-3-103)变形后代入式(3-3-102)得

$$H_p = H_m - \frac{p_{wf} - p_s}{0.0098\rho_0} \tag{3-3-104}$$

其中　　　　　　　　　$p_s = 0.0098H_s\rho_0$

式中　p_{wf}——油层流动压力,MPa;

　　　p_s——泵的沉没压力,MPa。

2)计算泵的合理沉没度

在确定水力活塞泵合理沉没时,必须考虑地面能提供最大允许泵压 p_{max},预选泵的压力比 p/E 值(选已有泵型的中值),它反映了泵所能具备的下深能力,应用 Buehner 在 1975 年提出的理论,建立水力活塞泵工作过程的稳态方程,在忽略管内各阻力项时,将得到下列方程:

$$p_s = (1+p/E)(p_{wh}+0.0098H_p\rho_e) - (p_{max}+0.0098H_p\rho_p)p/E \qquad (3-3-105)$$

式中　ρ_e——混合液密度,g/cm^3;

　　　p_{wh}——井口回压,MPa;

　　　p_{max}——地面所能提供的最大允许压力,MPa;

　　　ρ_p——动力液密度,g/cm^3;

　　　p/E——压力比,量纲1,泵本身结构参数。

联立式(3-3-104)和式(3-3-105)解得 H_p 和 p_s 表达式:

$$H_p = \frac{0.0098\rho_0 H_m + (1+p/E)p_{wh} - p/E \times p_{max}}{0.0098[\rho_0 - \rho_e(1+p/E) + \rho_p \times p/E]} \qquad (3-3-106)$$

$$p_s = (1+p/E)\left[p_{wh} + \frac{0.0098\rho_0 H_m + (1+p/E)p_{wh} - p_{wf} - p_{max} \times p/E}{\rho_0 - \rho_e(1+p/E) + \rho_p \times p/E} \cdot \rho_e\right]$$

$$-(p/E)\left[p_{max} + \frac{0.0098\rho_0 H_m + (1+p/E)p_{wh} - p_{wf} - p/E \times p_{max}}{\rho_0 - \rho_e(1+p/E) + \rho_p \times p/E} \cdot \rho_p\right] \qquad (3-3-107)$$

令　　　　　　$$m_1 = \frac{0.0098\rho_0 H_m + p_{wh}(1+p/E) - p_{wf} - p_{max} \times p/E}{\rho_0 - \rho_e(1+p/E) + \rho_p \times p/E}$$

所以式(3-3-106)与式(3-3-107)可写成

$$H_p = \frac{m_1}{0.0098} \qquad (3-3-108)$$

$$p_s = (1+p/E)(p_{wh}+m_1\rho_e) - p/E(p_{max}+m_1\rho_p) \qquad (3-3-109)$$

式(3-3-108)和式(3-3-109)分别为泵的合理泵挂深度和泵的吸入口压力。

3)实际计算

某井采用水力活塞泵生产,油层中部深度 $H_m = 2500m$,地面允许的最高泵压 $p_{max} = 17MPa$。原油密度 $\rho_o = 0.82g/cm^3$,动力液密度 $\rho_p = 0.86g/cm^3$,混合液密度 $\rho_c = 0.87g/cm^3$,若在 IPR 曲线上求得 $p_{wf} = 7.0MPa$,欲选泵的 $p/E = 1$,回压 $p_{wh} = 0.8MPa$,求该井的原挂深度 H_p 和沉没压力 p_S。

解:代入上式数据到式(3-3-108)和式(3-3-109)中得

$$H_p = 2295.91m$$

$$p_s = 4.399MPa$$

折算沉没度 $H_s = 534.49m$。

3. 水力活塞泵井温度场计算及隔热油管下入深度的确定

在水力活塞泵采油过程中,需要从地面输送热流体作为动力传递介质,要求温度达到原

489

油凝点温度以上,保持井筒不结蜡,水力活塞泵能正常生产。

石油大学任瑛1982年和方元1986年曾用热平衡方程进行了水力活塞泵井筒温场研究,只给出了井筒温度场井温方程,并未对如何提高井筒换热效率,隔热管合理下深明确提出计算理论,赵正琪1986年研究了江苏油田某井温度变化,并通过回归处理,给出了一个确定隔热管下深的模型。因此,本节就水力活塞泵工作状态隔热油管的下深进行研究。

1)井筒温度场分布方程

根据传热原理列出封隔器以下井筒部分的传热方程:

$$-W_E dt = K_e(t-t_h) d(H_w-h) \tag{3-3-110}$$

地温变量 t_h 可近似看成直线

$$t_h = t_{ho} + mh \tag{3-3-111}$$

由式(3-3-110)和式(3-3-111)可得一个一阶线性微分方程。

由边界边条 $h=0, t=t_{oh}$ 得

$$t = t_{ho} + mh + \frac{mW_E}{K_e}\left[1 - e^{-(H_m-h)K_e/W_E}\right] \tag{3-3-112}$$

其中

$$W_E = G_E C_E$$

式中　W_E——产液的水当量,W/℃;

　　　G_E——产出液量,kg/s;

　　　C_E——产出液比热容,J/(kg·℃);

　　　K_e——产液到地层的传热系数,W/(m·℃);

　　　t_{ho}——井口温度,℃;

　　　m——地温梯度,℃/m;

　　　h——井深变量,℃;

　　　H_m——井口到油层中部深度,m;

　　　t——下段产液温度,℃。

动力液换热方程

$$-W_g dT = K_{e1}(T-\theta) dh \tag{3-3-113}$$

整理并微分得

$$\theta' = T' + T'' W_g/K_{e1} \tag{3-3-114}$$

混合液热平衡方程

$$K_{e1}(T-\theta) dh = -(W_g+W_E) d\theta + K_{e2}\left[\theta-(t_{ho}+mh)\right] dh$$

整理上式得:

$$\theta' = \frac{K_{e1}}{W_g+W_E}T + \frac{K_{e1}+K_{e2}}{W_g+W_E}\theta - \frac{K_{e2}}{W_g+W_E}(t_{ho}+mh) \tag{3-3-115}$$

将式(3-3-115)代入式(3-3-114)得

$$T' - pT'' + qT = f \tag{3-3-116}$$

490

其中

$$p = \frac{K_{e1}}{W_g} - \frac{K_{e1}+K_{e2}}{W_g+W_E}, \quad q = -\frac{K_{e1}K_{e2}}{W_g(W_g+W_E)}$$

$$f = q(t_{h0}+mh)$$

式(3-3-116)的特征方程为：

$$r^2 - pr + q = 0$$

$$r = \frac{p}{2} \pm \sqrt{\left(\frac{p}{2}\right)^2 - q}$$

由式(3-3-114)和式(3-3-116)解得：

$$\begin{cases} T = C_1 e^{r_1 h} + C_2 e^{r_2 h} + mh + t_{ho} + m\left(\dfrac{W_e}{K_{e2}} - \dfrac{W_g}{K_{e1}}\right) \\[3mm] \theta = C_1\left(1 + \dfrac{W_g r_1}{K_{e1}}\right)e^{r_1 h} + C_2\left(1 + \dfrac{W_g r_2}{K_{e1}}\right)e^{r_2 h} + mh + t_{ho} + m\dfrac{W_e}{K_{e2}} \end{cases} \tag{3-3-117}$$

令

$$a = t_{ho} + m\left(\frac{W_E}{K_{e2}} - \frac{W_g}{K_{e2}}\right) \tag{3-3-118}$$

$$b = t_{ho} + m\frac{W_E}{K_{e2}} \tag{3-3-119}$$

$$\alpha_1 = 1 + \frac{W_g r_1}{K_{e1}} \tag{3-3-120}$$

$$\alpha_2 = 1 + \frac{W_g r_2}{K_{e1}} \tag{3-3-121}$$

代入式(3-3-117)得

$$\begin{cases} \theta = C_1\alpha_1 e^{r_1 h} + C_2\alpha_2 e^{r_2 h} + mh + b \tag{3-3-122} \\[2mm] T = C_1\alpha_1 e^{r_1 h} + C_2\alpha_2 e^{r_2 h} + mh + a \tag{3-3-123} \end{cases}$$

边界条件

$$h = 0 \quad T = t_0 \quad \theta = t_o'$$

和当 $h = H_m$，油层温度 $t_H' = t_{ho} + mh$ 在井底混合

$$W_g t_H' + W_E T = (W_g + W_E)\theta \tag{3-3-124}$$

$$\begin{cases} C_1 + C_2 = \gamma_1 \\ C_1\beta_1 + C_2\beta_2 = \gamma_2 \end{cases} \tag{3-3-125}$$

$$\begin{cases} \beta_1 = \left[W_g - \alpha_1 (W_g + W_E) \right] e^{r_1 H_m} \\ \beta_2 = \left[W_g - \alpha_2 (W_g + W_E) \right] e^{r_2 H_m} \end{cases} \quad (3-3-126)$$

$$\begin{cases} \gamma_1 = t_0 - a \\ \gamma_2 = W_E (mH_m + b - t'_H) + W_g (b - a) \end{cases} \quad (3-3-127)$$

故

$$C_1 = \frac{\gamma_1 \beta_2 - \gamma_2}{\beta_2 - \beta_1}, C_2 = \frac{\gamma_2 - \gamma_1 \beta_1}{\beta_2 - \beta_1} \quad (3-3-128)$$

其中

$$W_g = G_g \cdot C_g$$

式中　W_g——动力液的水当量，W/℃；

　　　G_g——动力液量，kg/s；

　　　C_g——动力液比热容，J/(kg·℃)；

　　　K_{e1}——从动力液到混合液的传热系数，W/(m·℃)；

　　　K_{e2}——从混合液到地层的传热系数，W/(m·℃)；

　　　t_o——动力液进口温度，℃；

　　　t'_o——混合液返出井口温度，℃；

　　　t'_H——H_m深度处的温度，℃。

式(3-3-122)、式(3-3-121)即是水力活塞泵在工作过程中井筒温度场分布方程。

2)油管下深的确定

水力活塞泵工作过程中，需要返出温度高于原油凝点温度，隔热油管是从井口下至泵挂处呢？还是有合理下入深度？人们似乎研究得不多，笔者认为研究隔热管的合理下深是提高井筒热效率的有效途径，同时也是减少生产投资的一种办法。在井筒热交过程中，一定存在某点处油管内热量和油套管环形空间热量达到平衡的位置，也就是说，在这点油管中得热介质不对环形空间放热，而油套环空中得混合液也不再吸热，假设这点距井口 h（这时隔热油管的下深最好也只能在这个点）当 $T = \theta$ 时，方程(3-3-122)可化为

$$e^{r_1 h} (C_1 - C_1 \alpha_1) + e^{r_2 h} (C_2 - C_2 \alpha_2) + a - b = 0 \quad (3-3-129)$$

将式(3-3-118)至式(3-3-121)代入式(3-3-129)得

$$C_1 r_1 e^{r_1 h} + C_2 r_2 e^{r_2 h} + m = 0 \quad (3-3-130)$$

可由方程(3-3-130)求得隔热管的最大下深。

3)实际算例

利用赵正琪1985年给出的某井井温方程计算隔热管的最大下深。

动力液井温方程：$T = 14.03 e^{\frac{1.846}{1000} h} - 155.78 e^{\frac{1.408}{10000} h} + 0.03h + 211.75$。

混合液井温方程：$\theta = 3.83 e^{-\frac{1.1846}{1000} h} - 164.43 e^{\frac{1.408}{10000} h} + 0.03h + 223.57$。

根据式(3-3-130)可写成方程：$258.994 e^{-0.000846 h} + 219.338 e^{0.0001408 h} - 300 = 0$。

迭代求解得 $h=800(\mathrm{m})$

利用上述模型和算法计算得 h 最大下深不超过 800m 隔热管不用下入泵挂深度。减少不必要浪费。

该算法简单,可直接求得隔热管下深,解决了方元 1986 年提出的确定隔热管下深的局限性。

4. 泵的主要参数设计

1) 求所需泵的泵端排量

根据静压 p_{R}、流压 p_{wt}、目标测量 Q_0、气油比 GOR 确定 Q_{p}。

(1) 流压 p_{wf} 与静压 p_{R} 之比值 $\dfrac{p_{\mathrm{wf}}}{p_{\mathrm{R}}}$。

查 Vogel 曲线得:

$$\frac{Q_{\mathrm{t}}}{(Q_{\mathrm{t}})_{\max}}=C(\text{常数})$$

因而根据油井产量 $Q_{\mathrm{L}}=Q_{\mathrm{o}}+Q_{\mathrm{w}}$ 得到油井的最大产量 $(Q_1)_{\max}=\dfrac{Q_{\mathrm{L}}}{\text{常数}}=\dfrac{Q_{\mathrm{L}}}{C}$,查图(3-3-24)对于流压 p_{wf} 和气液比 GOR,含水 f_{w},泵端效率为 η,因此该井所需泵的排量:

$$Q_{\mathrm{p}}=\frac{Q_{\mathrm{L}}}{\eta} \tag{3-3-131}$$

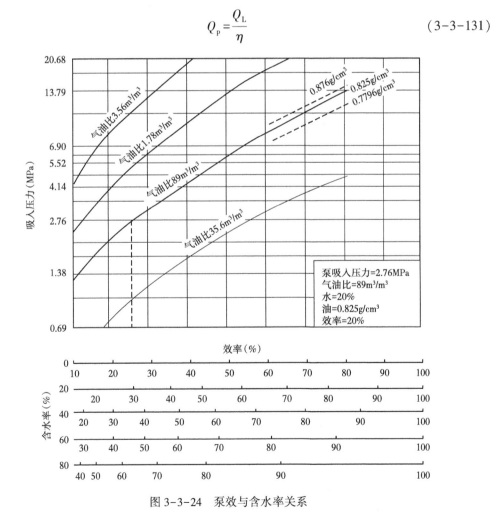

图 3-3-24　泵效与含水率关系

493

（2）泵端最小排量也可用下式求得：

$$Q_o = \frac{Q_0 B + Q_w}{\eta_p \eta_s} \qquad (3-3-132)$$

其中

$$B = \left[1 + 0.0575 \left(\frac{GOR}{p_{wf}}\right)^{1.2}\right](1 - f_w) + f_w \qquad (3-3-133)$$

式中 η_s——实际冲数与额定冲数的比值，%，一般取 0.75~0.85；

η_p——泵端的容积效率，%；

B——原油体积系数，量纲 1。

2）求最大的 p/E 值

$$p/E = \frac{p_{max}}{0.0098 \rho_0 \times (H_p - H_s)} \qquad (3-3-134)$$

式中 p_{max}——地面泵提供给水力活塞泵安全工作的最高泵压，MPa；

H_p——泵挂深度，m；

H_s——泵沉没度，m；

ρ_o——油井液密度，g/cm³，认为井液与动力液密度相等。

3）初选泵型

根据上述计算的参数 Q_p 和 p/E，在水力活塞泵参数表中选取数值接近 Q_p 和 p/E 值的水力活塞泵。尽量在能满足排量要求的前提下选择 P/E 值较小的泵，以期在地面得到较低的工作压力。

4）确定泵冲数

$$N = \frac{Q_p}{q_p h_p} \qquad (3-3-135)$$

式中 Q_t——油井目标产液量，m³/d；

η_p——液马达的容积效率，%；

q_p——水力活塞泵端排量系数，m³/(d·min⁻¹)，通常取 0.85~0.95。

当所求的 $N > N_c$（N_c 为参数表中得泵额定冲数）时，需要回到第 3 步重新选泵。

5）求动力液流量

$$Q_E = \frac{N q_e}{\eta_e} \qquad (3-3-136)$$

式中 q_e——水力活塞泵液马达端排量系数，m³/(d·min⁻¹)；

η_e——水力活塞泵液马达端容积效率，%。

q_e——值通常在水力活塞泵参数表中查得。

6）计算返出液量温度

根据所选泵的排量 Q_p 和动力液量 Q_E 代入井温方程（3-3-122）、方程（3-3-123）计算井筒中油管中任意点温度 T 和油套环空温度（返出液温度）θ，使返出液的井口温度高于原油凝点温度。否则，重新返回选泵步骤，使其满足上述条件。

7)计算地面泵所需要的合理操作压力

建立如图3-3-25所示的力学模型,设井口工作压力 $p_e(t)$,动力液流速 $v_e(t)$,活塞泵在往复运动时,泵的各种水力摩阻为 $F_p(t)$,机械摩擦力 F_0,则可设此时液马达腔内的压力为 $p_1(t)$(以上冲程为例),乏液排出压力为 p_2,混合液排出口的压力为 p_3,吸入端的活塞腔内的压力为 p_4(即等于泵的沉没压力 p_s),根据牛顿第二定律列出水力活塞泵工作过程中得活塞泵运动方程。

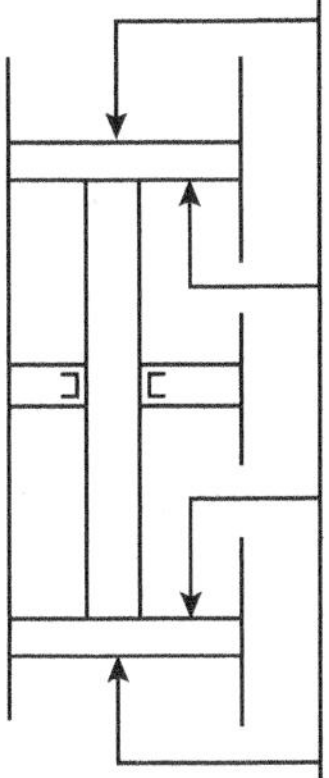

在开式系统中:

$$p_2 = p_3$$

$$m\frac{\mathrm{d}v}{\mathrm{d}t} = p_1(A_E - A_R) + p_4 A_p - (A_E - A_R + A_p)p_3$$

$$-F_p - F_o - G \qquad (3-3-137)$$

上冲程		下冲程	
面积	作用力	面积	作用力
A_E	p_2	A_p	p_4
$A_E - A_R$	p_1	$A_p - A_R$	p_3
$A_p - A_R$	p_3	$A_E - A_R$	p_1
A_p	p_4	A_E	p_2

图3-3-25 泵工作状态的力学模型

式中 A_E——动力活塞截面积,m^2;

A_R——拉杆的横截面积,m^2;

A_p——抽油泵端活塞横截面积,m^2;

F_p——泵内水力摩阻,N;

F_o——泵内机械摩阻,N;

m——活塞及拉杆的质量,kg;

G——活塞及拉杆的重力,N。

在活塞运动过程中,设动力液油管的横截面积 A_o,由连续性方程有

$$(A_E - A_R)v = v_1 A_o \qquad (3-3-138)$$

将式(3-3-138)代入式(3-3-137)并整理得:

$$p_1 = p_3\left(\frac{A_p}{A_E - A_R} + 1\right) - p_4\frac{A_p}{A_E - A_R} + \frac{1}{A_p}\frac{A_p}{A_E - A_p}(F_p + F_o + G) + m\frac{A_o}{A_p^2}\left(\frac{A_p}{A_E - A_R}\right)^2\frac{\mathrm{d}v_1}{\mathrm{d}t} \qquad (3-3-139)$$

在水力活塞泵中,$\dfrac{A_p}{A_E - A_R}$ 是泵端活塞面积同液马达端活塞面积的比,常称此值为泵与马达之比,令 $p/E = \dfrac{A_p}{A_E - A_R}$,代入上式进一步简化(3-3-139)得:

$$p_1 = p_3(p/E + 1) - p_4(p/E) + \frac{1}{A_p}(p/E)(F_p + F_o + G) + m\frac{A_o}{A_p^2}(p/E)^2\frac{\mathrm{d}v_1}{\mathrm{d}t} \qquad (3-3-140)$$

因为

$$p_1 = p_e + 9.8 \times 10^3 H_m \rho_p - F_1 \qquad (3-3-140a)$$

$$p_2 = p_3 = 9.8 \times 10^3 H_m \rho_e + p_{wh} + F_3 \qquad (3-3-140b)$$

$$p_4 = p_s = 9.8 \times 10^3 H_s \rho_o \qquad (3-3-140c)$$

将(3-3-140a)代入(3-3-140)得

$$p_e = p_3(p/E+1) - p_4(p/E) + \frac{1}{A_p}(p/E)(F_p + F_o + G)$$

$$+ m\frac{A_o}{A_p^2}(p/E)^2\frac{dv_1}{dt} - 9.8\times10^3 H_m p_p + F_1 \tag{3-3-141}$$

式中　v_1——水力活塞泵工作过程中动力液在泵入口处的流速,该值由第三节中水力活塞泵工作状态方程解得,m/s;

　　　F_1、F_3——动力液和混合液在油管和套管环形空间的压力损失,Pa。

如果把 v_1 看作不与时间发生变化时,$\frac{dv_1}{dt}=0$,拉杆和活塞质量 G 水力摩擦阻力 F_o、泵内摩阻 F_p 不计时,方程变为

$$p_1 = p_3(p/E+1) - p_4(p/E) \tag{3-3-142}$$

简化后的式(3-3-142)即为1987年 K. E. 布朗提出的计算驱动液力马达驱动力的公式,可见 K. E. 布朗的模型是式(3-3-141)的一种特殊形式。将式(3-3-140a)代入式(3-3-142)可求出地面泵压 p_s,上述各式中压力单位皆取 Pa。

二、计算泵的吸入口压力

水力活塞泵吸入口压力计算,Buehner 1975 年给出了最后冲程法,其理论是当地面逐渐降低动力液压力一直到井下泵停止工作,在水力泵活塞组就产生了一种新的力平衡,这时各种水力阻力和机械摩擦阻力都可以不计,水力活塞泵吸入口压力 p_s 即可由下式求得:

$$p_s = p_4 = (1/K)(p_{wh} + 0.0098H_p\rho_e) - (p_L + 0.0098H_p\rho_p)/K \tag{3-3-143}$$

式中　H_p——泵挂深度,MPa;

　　　ρ_e——混合液密度,g/cm^3;

　　　p_{wh}——井口回压,MPa;

　　　p_L——最后冲程下地面泵压,MPa;

　　　ρ_p——动力液密度,MPa;

　　　K——p/E 值,量纲1。

在水力活塞泵动态工作过程中,从方程(3-3-141)中求得泵工作过程中的吸入口压力 p_s:

$$p_s = p_4 = p_3(1+1/K) - p_1/K + Km\frac{A_o}{A_p^2}\frac{dv_1}{dt} + \frac{1}{A_p}(F_F + F_o + G)$$

该方程可用来准确描述水力活塞泵工作过程中的吸入口压力。

三、水力活塞泵抽油效率新模型的建立

自水力活塞泵使用以来国内外未曾有人描述过有关水力活塞泵系统效率与压力/冲次(p_e/N)等相关参数的变化关系。实际上水力活塞泵的泵效率与 p_e/N 有一联系,因为通过水力活塞泵可控制参数(泵压 p_e、冲数 N、动力液用量 Q_E 和泵排量 Q_p),可间接反映出泵吸入口压力 p_s 和井下泵的系统效率 η,下面笔者用输入功率与输出功率相等的水动力学原理推

导描述泵系统效率 η 与 p_e/N 的相关方程。

水力活塞泵的稳态平衡方程可写成下式：

$$p_e = p_3(1+K) - Kp_s - p_1 + l \tag{3-3-144}$$

式中　p_e——水力活塞泵地面工作压力，MPa；

　　　p_3——泵排出口压力，MPa；

　　　p_1——油管中泵挂深处的压力，MPa；

　　　l——综合压力损失，MPa；

　　　K——p/E 值压力损失，MPa。

水力活塞泵的系统效率 η 可用下式计算：

$$\eta = \eta_p \eta_e \tag{3-3-145}$$

式中　η_p——水力活塞泵抽油泵端的效率，%；

　　　η_e——水力活塞泵液马达端的效率，%。

若用输出的水功率与输入的水功率之比来描述系统效率，则式(3-3-145)还可以表示为：

$$\eta = \frac{(p_3 - p_s)Q_p}{p_e Q_E} \tag{3-3-146}$$

由式(3-3-144)求得：

$$p_3 = \frac{p_e + p_s K + p_t - l}{K+1} \tag{3-3-147}$$

把式(3-3-147)代入式(3-3-146)得：

$$\eta = \frac{Q_p}{(1+K)Q_E} \times \left(1 + \frac{p_t - p_s - l}{p_e}\right) \tag{3-3-148}$$

给式(3-3-148)等号右边分子和分母同乘以 N 可得：

$$\eta = \frac{Q_p}{(1+K)Q_E N} \times \left(N + \frac{p_t - p_s - l}{p_e/N}\right) \tag{3-3-149}$$

式(3-3-149)即为水力活塞泵系统效率 η 和 p_e/N 的相关式，只要给出相应的数值，就可以计算得到理论系统效率。利用式(3-3-149)可给定参数，作出水力活塞泵效率 η 和 p_e/N 的曲线，进行水力活塞泵井现场工况的宏观管理。

综上所述，水活塞泵参数优化方法系数准确地从力水活塞泵采油提高生产效率角度建模推导，理论可靠，方法可用，对指导现场生产有较高的实用价值。确定合理隔热管下深及地面热动力液的温度，避免隔热管和热能浪费，节约生产成本。对水力活塞泵生产系统的主要环节都给出了精细的数学描述，为发展水力活塞泵现场自动化计算机管理和生产过程工作状态监测提供了理论依据。建议使用这些计算模型及方法与水力活塞泵现场管理者和使用协作研制出水力活塞泵工作参数设计及动态评价监测多功能仪器，进一步完善配套发展水力活塞泵采油工艺技术。导出的压力/冲次比和效率的相关式可直观反映水力活塞泵地面工作参数变化对泵效的影响。可绘制出泵效与泵压/冲次的关系曲线进行水力活塞泵单井、井站和队的分级宏观管理，提高水力活塞管理水平。

第七节 水力活塞泵生产测试方法及技术研究

我国自开展推广应用水力活塞泵采油工艺技术以来,压力测试、产液剖面测试,井下取样一直未成功解决,一些油田曾因配套技术跟不上,而导致水力活塞泵采油工艺在规模投产后一个时期被取缔。

水力活塞泵生产井的压力测试,产液剖面测试,水力活塞泵取样技术三大技术难题,一直困扰着水力活塞泵采油工艺技术的发展,沈阳油田曾针对原顶部测压及取样技术需要试井车配合用钢丝绳把测压器和取样器送入井下,坐封在泵顶部的控制器上,由于取样器与测压器在泵工作用无法与顶部的控制器很好密封,测压及取样成功率低于50%。在1989—1992年研究了QYB型测压泵和QYQ-I型取样器,解决了水力活塞无法测得资料的现场实际问题。并在同一时期,沈阳油田也解决了水力活塞泵井因封隔器封住了产层不能进行测试产液剖面的难题,研制成功了水力活塞泵井双管测试技术。在这期间,我国胜利油田无杆采油泵公司研制成功了SBQ-I型随泵取样器。笔者对这几种测试工艺进行调查,现场操作者认为,水力活塞泵双管测试技术作为监测井生产测试是可行的,但几种随泵测试装置作为日常生产井动态测试来说,虽然在一个时期较好地解决了现场生产问题,但有时有测试不准的问题出现。最不能令人接受的是,这些随泵测试装置在测试时都要把井中生产泵起出,再投入测试泵生产,测试结束后,再起出测试泵,投生产泵生产。测试一次起、投泵各两次,其中有两台起出的泵都不能再使用,需要维修。并且测试一次约影响生产时间8h,测试成本高达万元以上。因此,采油管理者已无法再接受这种工艺。笔者总结了这种测试装置的优缺点,提出了一种多功能测压—取样装置,可提高测试成功率和生产时率。

一、测试技术

CYB型测压泵,能够对各类油藏使用国产SHB2½in(62mm)系列水力活塞泵采油的井吸入口流动压力、恢复压力或静压准确地进行测试。

1. CYB测压泵

1)结构组成

CYB型测压泵由顶部提升总成、测压器、水力活塞泵泵体组成,如图3-3-26所示。

提升总成主要由提升阀和提升皮碗等组成,反循环起泵时,提升阀关闭了向上的液流通道,提升皮碗胀开,泵被流体推着向上运动。

测压器主要由压力计保护筒、压力计、减震弹簧、测试吸排阀组成。压力计保护筒用来盛装压力计;减震弹簧装在压力计两端,防止起下测压泵撞击过猛,损坏压力计;测试吸排阀把泵吸入口地层液流动压力传递给压力计。测试吸排阀的导压件是导压接头。

水力活塞泵体主要由液马达总成、泵尾端吸排阀总成组成。其实泵体就是SHB2½in(62mm)系列水力活塞泵卸掉顶端吸排阀总成的剩余部分。按测试井的需要选用不同排量的泵体。

2)工作原理

CYB型测压泵适应国产SHB2½in(62mm)系列水力活塞泵生产井吸入口流压、恢复压力或静压测试。

流压测试时[图3-3-26(a)结构],压力计装入压力计保护筒内,两端装入减震弹簧,再

498

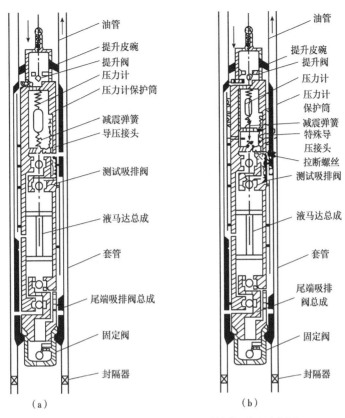

图 3-3-26　CYB 型流压测试泵结构原理示意图

把提升总成和测试吸排阀总成分别装在压力计保护筒两端，然后把它组装到泵体上，组装完后，如与投普通水力活塞泵一样，多井口自由投入，用动力液携带进入工作筒，到泵筒后，工作与普通泵一样，地面(井口或控制室)压力表指针出现有规律的摆动，泵吸入口地层液的流动压力通过工作筒和测试吸排阀总成导压接头上的孔道把压力传递给压计。泵吸入口的压力变化便被压力计记录下来。在压力计时钟额定走时的范围内与起出普通水力活塞泵一样起出测压泵。由专业人员取出测压卡片，送资料室解释。

　　恢复压力或静压测试时，若是稀油井，关井到所需求的恢复时间，压力计便记录了测井压力恢复情况。但对高凝油井采用图 3-3-26(a)结构的测压泵井行恢复压力测试就不适应。原因是：高凝油井关井后，一段时间内井筒原油温度低于凝点以下，因此，必须采用图 3-3-26(b)结构的带有特殊导压接头的测试吸排阀总成，该导压接头内安装有在设计和限定压力下拉断的拉断螺丝。这个拉断螺丝限定压力的大小取决于各生产井的地面工作压力的大小。当整体测压泵组装完后。投入到泵桶中，测压泵与普通泵一工作。为了在测试恢复压力和静压的同时得到该测试井的吸入口流压资料，就需要泵工作 3~4h，否则，时间太短，长时间压力计(120h 的长时钟 K-2 压力计，1h 约走 0.625mm)记录笔在卡片上走出的距离太短，造成卡片无法解释。但也可以在泵工作以后，立即进行恢复压力或静压测试。必须强调指出：投入泵筒的测压泵一定要求工作，不然的话，泵在无抽吸动作时泵底部固定阀上作用着整个油管液柱压力，固定阀很难确定是开启还是关闭，若是开启，井底压力必须足以克服油管柱压力。这是情况下测试是不可靠的。只有当泵开始工作，泵上的六道氟乙烯密封环分别作用,在泵内形成三个压力系统、即使泵停止工作,这三个压力系统也互不干扰。此时,方可进行恢复压力或静压测试。把该测试井的地面工作压力通过地面压力控制阀调节到导压接头内拉断螺丝的限定压力,拉断螺丝被拉断,拉断的孔道沟通了油套管,在泵的顶部形成了动力液循环保温通道,循环方向如图3-3-26所示的箭头所示。循环量视凝点高低而定。此时泵停止工作。地层就开始恢复压力。整个恢复过程被压力计记录下来,在压力计额定走时范围内如与起普通泵一起出测压泵。由专业人员取出卡片,送资料室解释。

3)CYB型压力泵工作条件及有关技术参数

(1)工作条件。

生产方式:采用SHB2½in(62mm)系列水力活塞泵的生产井。

最高耐压:35.0MPa。

工作温度:100~150℃。

工作介质:油或水。

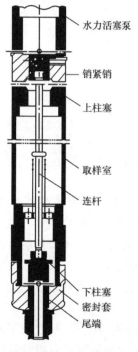

图3-3-27 MFT-1型密
封结构

气油比:任意。

泵挂深度:2000~3000m。

(2)有关技术参数。

泵最大长度:4746mm。

泵最大外径:59mm。

泵冲程长度:750mm。

工作筒外径:114mm。

套管内径:≥144mm。

压力计长度:1000~1040mm。

压力计直径:20~25mm。

压力计精度:0.25%。

2.QYQ型取样器

1)结构组成

取样器主要由上柱塞、下柱塞、取样室、连杆、锁紧销等组成(图3-3-27)。

2)工作原理

QYQ-1型取样器直接安装在水力活塞泵下缸套端(代替原水力活塞泵的尾端),随水力活塞泵一起投入到井下工作筒中,此时,取样室处于开启状态,当水力活塞泵工作时,地层液通过尾端的下柱塞内流道进入取样室,再由取样室流动到短接衬套导油孔,进入水力活塞泵端排出,这样就构成了水力活塞泵不断的吸油,地层液不断地通过取样器供给。当起泵时,尾端下柱塞在动力液压力作用下,迫使尾端下柱塞与泵体产生相对运动,尾端下柱塞带动拉杆相对泵体向下运动到死点位置。此时下柱塞封闭尾座衬套的通道,锁紧销在弹簧力作用下,及时将柱塞锁住。地层油样被密封在取样室内,取样器随水力塞泵一起随动力液提升至地面,地层油样同时也被取出,打开放样孔,放出油样,分析油样即可化验地层含水率和水质情况等。

3)取样器的技术参数

最大外径:59mm。

总长:531mm。

样室容积:470cm³。

耐压:35.0MPa。

耐温:120℃。

重量:5.5kg。

3. SBQ-1 型取样器

1) 结构组成

SBQ-1 型水力活塞泵随泵取样器由提升装置、泄油丝堵、上活塞、取样筒、外套筒、复位弹簧、下活塞、分流接头、排出阀、吸入阀、接头等组成,如图 3-3-28 所示。

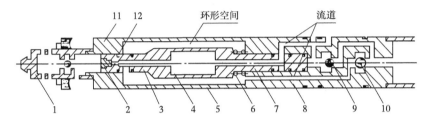

图 3-3-28　SBQ-1 型水力活塞泵随泵取样器(开启状态)示意图

1—提升装置;2—泄油丝堵;3—上活塞;4—取样筒;5—外套筒;6—弹簧;7—下活塞;8—分流接头;
9—排出阀;10—吸入阀;11—密封胶圈;12—密封胶环

2) 工作原理

工作原理如图 3-3-29 所示。取样器刚性连接(螺纹连接)于泵的上部,随泵一起从井口由动力液经油管 11 正循环下至泵筒内。由于泵工作时作用在取样器上活塞 3 的高压动力液压力大于作用在下活塞 7 的排出液压力,在压差的作用下,取样器上、下活塞克服弹簧 6 的弹力向下位移,使开关开启。这时,地层液顺着工作筒流道、取样器分流接头特定流道,进入取样筒 4,再经取样筒外环形空间、分流接头流道,流至沉没泵上抽油腔,供泵排出。

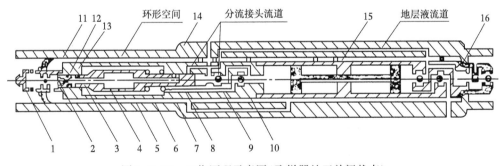

图 3-3-29　工作原理示意图(取样器处于关闭状态)

只要泵工作,地层液就不断地流经取样器取样筒;取样器取样筒即成为地层液被泵出地面的必经流道。经过设定的工作时间后,停止泵的工作,则取样器上、下活塞端的压差消除。取样器开关即借助弹簧力复位关闭。地层液被密封存留在取样筒内,这时用动力液反复环把取样泵起出地面,便可打开取样器放液阀,取出地层液样品。

3)SBQ-1 型取样器的技术参数

样室容积:741mL;上活塞与下活塞的面积为 1:1。

取样器长度1.68m;最大下入深度2500m。

取样器最大直径:58mm。

工作压差:45MPa。

开关行程:20mm。

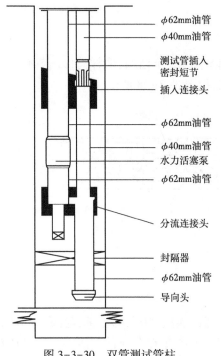

图3-3-30 双管测试管柱

φ62mm油管
φ40mm油管
测试管插入密封短节
插入连接头
φ62mm油管
φ40mm油管
水力活塞泵
φ62mm油管
分流连接头
封隔器
φ62mm油管
导向头

4. 水力活塞泵双管测试技术

1) 结构组成

该装置主要由双管井口,插入连接头,分流连接头,单管封隔器,62mm产生管柱,40mm的测试管柱等组成。如图3-3-30所示。

2) 测试原理

在下完测试管柱(图3-3-30)后,水力活塞泵正常生产时,高压动力液经62mm油管进入水力活塞泵液马达腔驱动抽油泵工作,地层液经导向分流连接器进入抽油泵下部,由于泵的抽汲作用使其与乏动力液在泵筒中混合后经环空排出,在测试时刻通过该工艺管柱的中心工具分流插入头,这个分流插入头将其下的单一管柱变换成其上的双管管柱,使测试管柱始终保持在同一轴线内,这样就可使各种测试一一顺利起下。同时,测试仪表可以通过封隔器下入油层中部深度,地层产出液可经由封隔器,再经分流插入头的分流作用进入生产管柱进行正常生产。

3) 该项技术的使用条件

生产井类型:使用水力活塞泵开式生产。

使用套管尺寸:>177.9mm。

最大下深:3000m。

二、多功能测试装置设计

改进原顶部测试用的CYK控制器和顶部测试装置的原密封结构,使其两者之间有较好的密封结构,以确保测试成功率。

1.MFT-1型测试装置的结构

如图3-3-31所示的结构密封在泵工作后产生较强烈的震动,密封不严,使高低压相互窜动,测压值较高而失真,取样时动力液进入取样腔,现改为如图3-3-32所示的结构。

1) 结构组成

改进后的CYK控制器由带特殊密封的打捞头、测试导压柱塞、复位弹簧、连通接头等组成(图3-3-33)。

测试装置主要由绳帽、测试腔室(带放样孔)、压力计减震弹簧、中间弹簧、复位弹簧、取样副室、复室阀、导通接头和扶正密封接头组成。

值得提出的,进行压力测试时,在压力计两端必须安装两个减震弹簧。

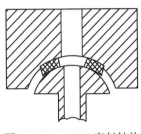

图 3-3-31　CYK 密封结构

图 3-3-32　MFT-1 型密封结构

2）工作原理

测试方式与自喷将测试方法基本相似,在井口装好防喷管、滑轮和试井车,试井绞车钢丝一般为 2～2.2mm。

测压或取样时,在不停泵的条件下通过防喷管用钢丝把测试装置下入井内,当装置下到泵的顶部时,装置自重使得与控制器上部带密封的特殊打捞头相互接触,达到密封后传导柱塞被推着下行,传导柱塞上的轴向孔与密封外套上的径向孔连接。这时,泵吸入口压力所取的油样以泵工作筒的吸入通道通过传导柱塞传入顶部测试腔室中。测试完后,用钢丝把装置起出井口,先打开放样孔放样,放样完毕后,再取出压力计中的压力卡片读出测试值。

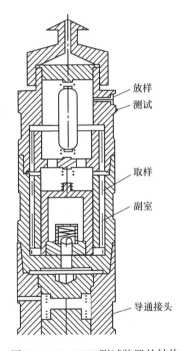

放样
测试
取样
副室
导通接头

图 3-3-33　MFT 测试装置的结构

3）技术参数

外径:56mm。

总长:2000mm。

测试腔室长度:1000m。

取样容积:750cm^3。

耐压:>35MPa。

耐温:120℃。

4）特点

(1)测试不需要长时间的停产,不影响有机正常生产。

(2)装置安装维修方便,成本低。

(3)密封可靠,测试数据准确度高。

(4)测试时现场只需一名试井工和一名测试操作员工。节省人力、物力。

2. CYB 型测压泵改进

FMP-1 型地层动态参数检测仪对 CYB 型测压泵稍加改进,在其测试腔中装入电子式多参数(压力、温度、含水等)测试仪,即可在生产井中对生产地层长时间检测,以搞清地下油、水层的连通状况,注入井的注水波及情况和油井生产互相干扰情况,记录采集地下流量等参数。

1)结构及研制设想

改造 CYB 型测压泵,与电子仪器研究单位协作,研制一种体积较小的电子测试仪,这种测试仪可是多参数或单参数的,将仪器装入测试泵腔室,在不同井况下,所需测的井下数据存入 PAM(随机存取储存器),在井下工作时不要电缆传输电流,其仪器自装高能电池。

2)测试原理

测试前,先将 FMP-1 型装置装入测压泵腔室中,检查其装置的减震性,然后投入要检测区块的油井或水井中,下井方式与 CYB 型泵一致。也可用钢丝下入井中。泵工作时,这个 RAM 上存了地层连续工作过程的压力、温度、流量等参数变化。可在地层长期工作一段时间,取泵时,取出测试仪,从传输接头处与微机相连,读出和处理井下记录的各种参数。

3)有关参数设计

仪器长度:<1000m。

外径:<30mm。

耐压:<35.0MPa。

耐温:120℃。

4)特点

(1)可实时、准确地采集记录长时间工作过程的地下动态参数变化。

(2)结合计算机,处理数据变化,快速、准确。

(3)为油田搞清油水井对应关系动态变化提供了一种新型无电缆传输的高清晰度测试仪表。

(4)结构简单、新颖、操作方便。

三、本节小结

解决水力活塞泵的日常生产测试的技术难题,对油田系统管理和油藏开发动态分析是非常重要的,其测试结果为油藏系统研究提供了第一手可靠资料。

QYQ-1 型、QSB-1 型两种取样器和 CYB 型测压泵都因起泵、投泵次数多,费用高而不能被操作者接受。因此,水力活塞泵井日常生产测试装置以尽早解决生产急需为前提。

FMP-1 型多参数测试的技术为研究油藏动态变化提供的多种参数,使油田开发、开采水平得到提高。

第八节　水力活塞泵超深井采油分析

科学技术的飞速发展,许多新技术被应用到石油勘探与开发,使一些埋藏较深的油田被发现。深层油气藏埋深达 5000~7000m,即是在开采前期天然能力充足可以稳定自喷,但自喷期结束后,对深井开采方式的确定,国内外都曾做了不少研究工作,并进行了矿场实验。在几种机械采油方式的相比之下,水力活塞泵采油工艺在深井、超深井、高凝油藏、稠油藏等特殊条件下采油仍发挥了较大的优越性。在我国西部发现的具有远大前景的塔里木油田,油藏深达 5600m 水力活塞能否作为该油田经济的较长时期的主要方式。下面以技术可靠性、系统性投资及管理难度等方面在论述我国5000m深井在一定开采阶段水力活塞泵采油是可行的。

一、我国中深井水力活塞泵采油

1. 辽河沈阳高凝油田中深井采油

1）油藏概述

我国东部的辽河油田静北石灰岩潜山高凝油田油藏深，断块多，地质构造复杂，渗透性非均质性大，原油凝点高达67℃，含蜡量51.3%，油藏埋深2800m，脱气原油密度0.86g/cm³，完井套管2500m×ϕ177.8mm+（300~400）m×ϕ127mm。这个油田从1983年投入开发以来，一直沿用SHB2½in（62mm）系列普通水力活塞泵，并以该泵作为主要采油方式。随着开发时间的延长，大部分井液面降低，产量下降，无法采用普通水力活塞泵生产，改换了SHB2½in（62mm）×10/30SY型高扬程水力活塞泵（胜利油田无杆泵公司设计），实验中经技术改进，提高了使用可靠性及效果。在1994年10月底以前这个油田210口井全部改用此泵采油，下到2500m采油效果良好，经济效益显著。

2）中深井采油管柱

水力活塞泵作业施工需要建立温度场，因此管柱受力就不同于常规采油井。其次，目前国内外水力活塞泵采油井中，封隔器配套使用的开式生产管柱。

对于高凝油循环坐封，在深度超过2000m的水力活塞泵采油井中，封隔器的选型至关重要。如果封隔器选型和使用不当，都会直接影响水力活塞井的修井成功率和投泵的合格率。本节所述的泵的下井作业施工也不同于普通水力活塞泵。

高扬程水力活塞泵井下管柱结构如图3-3-34所示。从上至下，依次为2½in（62mm）隔热油管、2½in光油管、水力活塞泵工作筒、Y422-150型封隔器、筛管、尾管和堵头。

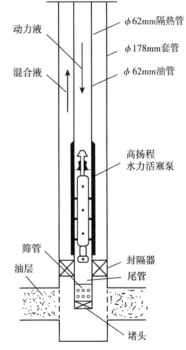

图3-3-34　高扬程泵管柱

3）技术改造

1988年在静北石灰岩潜山两口井初步进行了SHB2½in（62mm）×10/30SY型高扬程水力活塞泵实验，1989年扩大为4口井。在实验中发现该泵由以下三方面的问题需要解决。

（1）泵体较长，起泵、投泵困难。

（2）动力液耗量大，作业周期短。

（3）换泵周期短，实验时间只有10d左右。

针对上述问题，采用了如下技术措施。

（1）在推广Y422-150型张力式封隔器的同时，对泵和工作筒本身质量进行了严格控制；对泵在地面进行工作筒检验；设计了检验工作筒同心度的标准试棒进行泵筒同心度检验；对少数采用Y311-140型（原271型）压重式封隔器的油井严格控制坐封力的大小，通常2400m不超过100kN。这些措施解决了起、投泵的困难。

（2）经过多次试验发现，动力液量大的原因是该泵工作筒高压接头处不密封，在高压下窜漏。因此,针对沈阳油田177.8mm管套的特点,把原同心管流道的工作筒(图3-3-35);改制成行管流道的工作管(图3-3-36);减少接联结部位及密封段。彻底解决了动力液量大所造成作业周期短的生产现状。

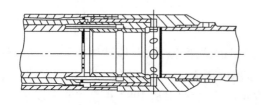

图 3-3-35　同心管工作筒

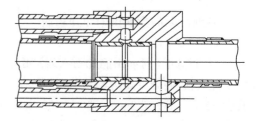

图 3-3-36　平行管工作筒

（3）在使用中发现滑阀、滑芯短期内磨损超差,表面拉伤;拉杆磨损、拉伤、弯曲。维修一台泵约需 1500 元,费用较高。针对这种情况,提出严格按图进行验收,每台下井都必须通过台架实验,确保下井水力活塞泵的正常工作。

4）现场应用

1990 年开始较大规模推广应用 SHB2½in(62mm)×10/30SY 型高扬程水力活塞泵,并针对实验阶段技术上存在的问题,逐步解决。这一年共推广应用高扬程水力活塞泵 56 井次,24 口井。表 3-3-8 是部分井的实验数据。

从表 3-3-8 中可以看出,高扬程水力活塞泵给一些中深井、深井、低液面井提供了开采手段,解放了低压油层,使油井增产幅度大,换泵周期比普通泵有所延长。

1990 年初至同年底,SHB2½in(62mm)×10/30SY 型泵共推广应用 24 口井,全年累计增产原油 6.5×10⁴ t。从延长水力活塞泵的换泵周期而言,节约检泵费用约 3×10⁴ 元。

A17 井原采用 SHB2½in(62mm)×6/25D 型泵生产,井口压力 15.0MPa,产液量 23.5t/d。其后改下 SHB2½in(62mm)×10/30SY 型泵,泵挂 2300m,井口压力 14.0MPa,产液量上升到 65t/d(不含水),原油产量提高了 2.8 倍。该井自 1990 年 3 月改下了高扬泵至同年年底已净原油 2.15t。

表 3-3-8　高扬程泵生产情况

井号	用高扬程泵前的生产情况					用高扬程泵后的生产情况				
	泵挂（m）	泵型	泵压（MPa）	冲次（min⁻¹）	产量（m³/d）	泵挂（m）	泵压（MPa）	冲次（min⁻¹）	产量（m³/d）	日平均增油（m³/d）
A15-23	1908	SHB2½in×6/25D	14.5	60	5.8	2425	14.5	40	43.6	37.8
A21-33	2007	SHB2½in×6/25D	15.5	57	34.9	2400	14.5	50	34.9	0.0
A17-31	1933	SHB2½in×6/25D	15.0	50	23.5	2300	14.0	45	65.0	41.5
A84	1909	SHB2½in×6/25D	15.0	60	25.9	2461	14.5	38	46.9	21.0
A17	1936	SHB2½in×6/25D	16.0	52	3.3	2486	14.5	52	52.2	48.9
A20-34	2043	SHB2½in×6/25D	14.5	61	4.5	2380	15.5	50	15.0	10.5
A23-33	1915	SHB2½in×6/25D	13.0	60	2.5	2411	14.0	37	13.5	11.0
A17-33	1993	SHB2½in×10/20D	16.5	60	4.5	2454	15.0	41	16.4	11.9
A21-35	1925	SHB2½in×6/25D	13.5	65	3.0	2405	14.5	42	17.1	14.1
J3	1924	SHB2½in×6/25D	13.5	66	24.0	2494	14.5	43	42.6	18.6

对于静北石灰岩潜山油藏的油井,泵挂加深到2400m以下,普通的、水力活塞泵地面最高允许压力(水力活塞泵系统动力液泵站的最高压柱塞泵可提供的安全压力)17.0MPa就不能足,无法生产。如果泵挂2400m,沉没压力4.5MPa,泵内摩阻按0.5MPa计动力液和混合液密度按0.8g/cm³计,回压1.0MPa,油管中动力液压力损失0.45MPa,油套环空中的混合液压力损失0.1MPa。根据下式计算两种泵所需要的地面泵压力 p_s:

$$p_s = (p_{wh} + F_2 + 0.0098H\gamma_2)(1+p/E) - 0.0098H\gamma_1 + F_1 + F_p - p_i(p/E) \quad (3-3-150)$$

式中　　p_s——地面泵压力,MPa;

　　　　p_{wh}——井口回压,MPa;

　　　　p_i——泵吸入口压力,MPa;

　　　　F_1——油管中动力液压力损失,MPa;

　　　　F_2——油套管环空中混合液压力损失,MPa;

　　　　F_p——泵内摩阻压降,MPa;

　　　　γ_1——动力液密度,g/cm³;

　　　　γ_2——混合液密度,g/cm³;

　　　　H——泵挂深度,m;

　　　　p/E——压力比,量纲1。

将数据代入上式,计算各种泵型地面泵操作压力。

SHB2½in×6/25D:15.19MPa。

SHB2½in×10×25D:22.10MPa。

SHB2½in×15/20D:20.03MPa。

SHB2½in×20/20D:20.03MPa。

SHB2½in×6/25D:15.19MPa。

SHB2½in×10/30D:12.13MPa。

对比上述计算值,显然高扬程泵起到了节能耗材的作用。但通过现场验证,计算值通常比实际工作压力值低1.0~1.5MPa。

2. 胜利滨南、渤南油田水力活塞泵中深井采油应用

胜利油田水力活塞泵井主要分布在滨南、河口渤南两个采油厂,这几个油田使用水力活塞泵在高凝油井,低渗、低液面的中深井都取得良好的效果。

1)滨南田水力活塞泵采油应用

滨海油田油藏特征为小断块层状油藏,原油凝点29.35℃,油层埋深大1886~3015m。1980年以前采用SHB2½in(62mm)普通水力活塞泵采油,泵深2000m,地面泵压力高达17.0MPa,泵冲次下降,为了进一步提高采油效果从1988年以后,开始使用SHB2½in(62mm)型高扬水力活塞泵采油,增大了采油压差,增产效果显著。

2)渤南水力活塞泵采油

渤海油田砂岩油藏,油层埋深3000m,油藏非均质性严重,油层、层间矛盾较大,液面普通低于1500m,有杆泵采油受到下泵深度限制,普通水力活塞泵工作压力过高,采用SHB2½in(62mm)×10/30Y型高扬程水力活塞泵发挥了其深抽的优势。下面给一例说明采油效果。

大81-30井原是一口间歇有杆泵抽油井,基本不出油,曾下200m³/d水力活塞泵,动力液压升到18.0MPa,但泵仍不工作,1987年12月10日改下高扬程水力活塞泵,泵挂

2623.8m,井口动力液压力 13.5MPa 冲次 20min^{-1},产液 33t/d,产油 31.7t/d。

渤南油田目前已有数 10 口井的高扬程水力活塞泵在 2500m 泵深条件下抽油。

3)水力活塞泵管柱

胜利油田水力活塞泵井下管柱结构与沈阳油田相类似,但多数井完井套管尺寸为 139.7mm。

二、SHB62×10/50S 型四活塞水力泵设计

沈阳高凝油田(原油凝点达 67℃)从 1986 年大面积应用水力活塞泵开采以来,静北石灰岩潜山油藏采用不保压开采,使油井液面大幅度下降,产液量自然递减快,用国产 SHB62 型普通水力活塞泵和 SHB62×10/30SY 型高扬程水力活塞泵抽油,地面操作压越来越高。即使高扬程水力活塞泵能满足加深泵挂的要求,但因采用 φ177.8mm+φ127mm 复合套管完井,该泵不能下入 φ127mm 套管内产生。1990 年初该油田 180 口泵力活塞泵井,地面操作压力达到干线压力(系统供给泵压)的采油井数占全部水力活塞泵采油井数的 60%。1990 年 8 月笔者提出研制四活塞超高扬程水力活塞泵的设想同,1992 年初正式立题研究,经过一年多的研究、设计和试制,终于研制成功 SHB62×10/50SH 型四活塞水力泵,并于 1992 年 12 月至 1993 年 5 月先后进行了三口井的现场试验。到 1994 年底下井 10 井次,已证明这种四活塞泵具有深抽、降压增液等优点,可作为我国油田中深井、深井和超深井中后期开采的有效采油设备。在地面设备允许的前提下,该泵可用于 5000~6000m 深井中采油,因而也能满足我国新疆西塔里木油田超深井采油的需要。

1. 性能参数设计

欲使该种泵能抽汲流量为 Q 的产液量,需设计泵的冲程 S 和冲次 N 及表征地面操作压力大小的压力比 p/E 值。

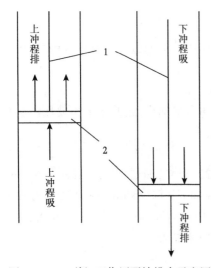

图 3-3-37　单缸双作用泵抽排水示意图
1—拉杆;2—活塞

1)冲次 N 的确定

根据单缸双作用泵的物理模型(图 3-3-37),由下式确定泵的平均运行速度 $\bar{v}$:

$$Q = 1130.4NS(2D^2 - d^2) \quad (3-3-151)$$

$$\bar{v} = SN = Q/[1130.4(2D^2 - d^2)] \quad (3-3-152)$$

式中　N——泵的冲次,min^{-1};

　　　　S——泵的冲程,m;

　　　　D——抽油泵活塞直径,m;

　　　　d——活塞拉杆直径,m。

因为水力活塞泵运动滑阀在不同孔道位置上节流换向,速度均不相同,故活塞组运动是加速运动。根据牛顿第二定律可得下式:

$$kh + \Delta F = ma = mSN^2 \quad (3-3-153)$$

式中　k——作用在活塞组的作用力换算系数,kg/s^2;

　　　　a——泵活塞加速度,m/s^2;

　　　　h——泵挂深度,m;

508

m——活塞组、拉杆和液体的牵连质量和,kg;

ΔF——泵工作过程中压力变化值在 4 只活塞面的作用力变化,N。

式(3-3-153)中的方向规定为:与加速度方向相同的加取"+";相反,则取"-"。

该泵挂深度 $h = 5000\text{m}$,活塞直径均为等直径,即 $D_1 = D_2 = D_3 = D_4 = 0.045\text{m}$,活塞拉杆直径 $d = 0.017\text{m}$,根据式(3-3-153)导出活塞组运动加速度变化为

$$a = SN^2 \geqslant 0.0798\text{m/s}^2 \tag{3-3-154}$$

若 $S = 0.5\text{m}$,则 $N \geqslant 0.399\text{s}^{-1} = 24\text{min}^{-1}$。显然,由式(3-3-153)可知,泵的冲次 N 是沉没泵泵挂深度 h 的函数。因此,泵的冲次可在下井深度不超过 4000m 时,$N \geqslant 49\text{min}^{-1}$ 是合理的。

设 $N = 49\text{min}^{-1}$,$S = 0.5\text{m}$,$D = 0.045\text{m}$,$d = 0.017\text{m}$,由式(3-3-151)可得 $Q = 60\text{m}^3/\text{d}$。

2)动力液量 Q_p 的设计

动力液量可由下式表示:

$$Q_p = 1130.4NS\left(2\sum_{i=1}^{n} D_i^2 - 2\sum_{i=1}^{n} d_i^2 - d_n^2\right) \tag{3-8-155}$$

式中　N——泵的冲次,min^{-1};

　　　S——泵的冲程长度,m;

　　　n——液马达个数;

　　　D_i——第 i 个动力活塞直径,m;

　　　d_n——第 n 个拉杆的直径,m;

　　　d_i——第 i 个拉杆的直径,m。

设 $D_1 = D_2 = D_3 = 0.045\text{m}$,$d_1 = d_2 = d_3 = 0.017\text{m}$,由式(3-3-155)得

$$Q_p = 1130 \times 49 \times 0.5 \times (2 \times 3 \times 0.045^2 - 2 \times 3 \times 0.017^2 + 0.017^2) = 296.47(\text{m}^3/\text{d})$$

3)压力比 p/E

$$p/E = D^2 / \left(\sum_{i=1}^{n} D_i^2 - \sum_{i=1}^{n} d_i^2\right) \tag{3-3-156}$$

设 $n = 3$,$D_1 = D_2 = D_3 = 0.045\text{m}$,$D = 0.035\text{m}$,$d_1 = d_2 = d_3 = 0.017\text{m}$,代入式(3-3-156)得

$$p/E = D^2 / \left(\sum_{i=1}^{n} d_i^2 - \sum_{i=1}^{n} d_i^2\right) = 0.035^2 / (3 \times 0.045^2 - 3 \times 0.017^2) = 0.278$$

4)地面需要的最大功率

$$N_p = KQ_p p_{max} \tag{3-3-157}$$

式中　K——单位换算系数,取 $K = 1.157 \times 10^{-2}$;

　　　p_{max}——地面允许的最大泵压,MPa;

　　　Q_p——最大直径活塞下所需的动力液量,m^3/d;

　　　N_p——地面需要的最大功率,kW。

设该型泵最高工作泵压 $p_{max} = 17\text{MPa}$,$Q_p = 296.74\text{m}^3/\text{d}$,代入式(3-3-157)得

$$N_p = 1.157 \times 10^{-2} \times 17 \times 296.74 = 58(\text{kW})$$

2. 结构、工作原理及技术特点

1）结构

SHB62×10/50SH 型四活塞泵与普通水力活塞泵一样，主要由工作筒、沉没泵机组和可投捞式固定阀组成，结构如图 3-3-38 所示。

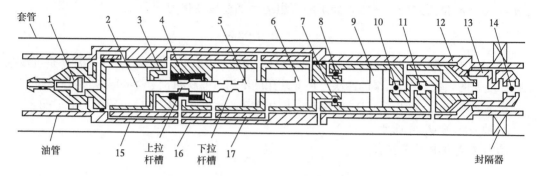

图 3-3-38　SHB62×10/50SH 型四活塞泵示意图

1—提升阀；2—上动力活塞；3—上导流接头；4—滑阀；5、6—中间动力活塞；7—上排出阀；
8—上吸入阀；9—下动力活塞；10—下吸入阀；11—下排出阀；12—泵座；13—阀体；14—阀球；
15—外工作筒；16—分流接头；17—内工作筒

工作筒由圆柱形双层圆管组成，双层同心管液流通道隔开动力液，使乏动力液和产出液不发出串流，工作筒中按泵上的密封部位设计安装密封衬套。泵工作时各压力系统自行密封。

沉没泵机组由顶端提升总成、中间活塞、换向阀系统和尾端抽油泵组成。

顶部总成主要由打捞头、提升阀等组成。起泵时，提升阀关闭液流上行通道，使泵在液压力作用下推动泵上行。

中间活塞及换向阀系统是沉没泵的主体部分，主要由上动力活塞、上导流接头、特殊三通分流接头、滑阀、中间动力活塞和下动力活塞组成。主要作用是分配动力液和实现上、下冲程往复换向。

固定阀与普通泵的固定阀通用，主要由泵座、阀体、阀球等组成。主要作用是封死液流下行通道，保证泵正常抽油。

2）工作原理

上冲程时，进入油管的动力液经过工作筒流道分别进入上动力缸活塞和中间两个动力缸活塞的下腔，推动三个动力活塞一起向上运动，带动尾端抽油泵工作。这时，抽油泵下吸入阀打开进油，下排出阀关闭，上吸入阀关闭，上排出阀打开，排出上腔室中因上次工作时进入的油井液到油套管环形空间；同时将三个动力缸上腔中的乏动力液经排出流道排到油套管环形空间，与油井液一起返出地面。当活塞组运行到接近上死点位置时，上部拉杆的下换向槽及阀芯孔将高压动力液导入滑阀的下部，在滑阀两端都有高压作用，因面积差产生一个向上的推力，即滑阀被推着上行，这时，高压动力液经滑阀导通孔进入上缸和中间缸、下缸上腔室，推动活塞组向下运动。

下冲程时，泵抽油端上部吸入阀打开，排出阀关闭，下部吸入阀关闭，排出阀打开，将上冲程时通过固定阀进入泵下腔的油井液排到油管环形空间。当活塞组向下运动到接近下死点时，上拉杆上部换向槽将阀芯与泄压孔导通，使滑阀的下端与低压连通，而滑阀上端在高

510

压动力液作用下,重新运动到上死点。活塞组周而复始地进行上、下往复运动,达到连续抽油的目的。

3)技术参数

SHB62×10/50SH 型四活塞水力泵的泵端排量为 60m³/d(配用 ϕ35mm 缸套)和 100m³/d(配用 ϕ45mm 缸套);泵的冲程为 500mm;泵的额定冲次为 49min⁻¹;压力比 p/E 为 0.278;沉没泵长为 4610mm;泵最大外径为 ϕ59mm;泵筒外径为 ϕ100mm;泵的设计扬程为 5000m;套管内径≥108mm。

4)技术特点

(1)试制泵属四活塞单缸双作用液压驱动泵,有三个液力活塞,比普通水力活塞泵增加了两个动力举升活塞。

(2)设置了特殊的分流换向阀体,具有了上、下冲程三个动力液缸同时进液的功能。

(3)试制泵吸排阀组吸收了普通泵单吸入阀结构和美国 TRICO 公司 A 型泵多阀组吸排结构的优点,因而能充分满足排液量的要求。

(4)试制泵可灵活改变活塞直径,以得到不同 p/E 值额相同冲次下的不同排量,泵排量范围大。

(5)在液力活塞端增设有液力缓冲杯,以减缓液力惯性造成的液力冲击。

(6)沉没泵外径为 ϕ59mm,有 50%以上的零部件与 SHB62×10/30SY 型高扬程水力活塞泵的零部件通用。

3. 现场试验结构

1992 年 12 月 12 日在沈阳高凝油田静北石灰岩潜山 A19－37 井试验。泵下入深度 2500m,在管柱下完后采用 90℃热水洗井,返回液温度为 60℃时投固定阀,30min 以后投泵到底工作。工作压力 $p=10$MPa,动力液量 $Q=6$m³/d,冲次 $N=24$min⁻¹,试制泵工作约 6h 发生憋泵。

经整改后,1993 年 5 月又进行现场试验,截至 1994 年底,在静北石灰岩潜山油藏深井中共应用 10 井次,平均下泵深度 2500m,地面工作压力为 12~14MPa,工作泵压比这个区块的水力活塞泵工作压力降低 2~4MPa,产液量有大幅度提高。如 A18－34 井原泵深 2400m,工作压力 16.5MPa,产液量 22m³/d。试验时试制泵下泵深度 2561m,泵压下降 1.5MPa,日产油量保持原水平。A23－23 井原采用美国 TRICO 公司制造的 A 型泵采油,泵挂 2200m,工作压力 16.5MPa,产液量 15m³/d,产油量 14.5m³/d。下试制泵生产,泵挂深度未变,工作压力 14.5MPa,平均日产液 40m³,日产油量 19.5m³。该井换泵周期长达 72d。

自 1993 年 5 月到 1994 年底,采用 SHB62mm×10/50SH 型四活塞水力泵采油,累计增产原油 11590t,每吨原油价格按 750 元计算,除去泵成本和修井费用,计算投入产比 1:14。可见,改型泵用于低液面中深井抽油可获得较好的经济效益。

综上所述,试制泵性能参数设计方法可用于各类型水力活塞泵的设计。试制泵结构简单、紧凑,扬程高,是目前国内抽油深度最大的抽油泵之一。可用于在低、中排量油井中采油,由泵 p/E 值可灵活改变排量范围。该型泵的研制成功为我国中深井、深井油藏的开采,尤其是为沈阳油田静北潜山高凝油藏的 ϕ127mm 套管完井的低液面中深井开采提供了可靠的技术手段,也能适应我国新疆西部塔里木油田超深井的采油需要。

三、5000m 超深井水力活塞泵采油可行性分析

SHB2½in(62mm)×10/30SY 型水力活塞泵设计扬程 3000m,在我国,水力活塞泵采油还

未有超过 3000m 以下抽油的报道。下面就水力活塞泵、电潜泵、气举三种主要采油方式在技术、设备、经济等方面进行论证后指出在 5000m 深井长期稳定生产的工艺水力活塞泵占优势。

1. 水力活塞泵 5000m 深井采油

钻井工程设计对当前和今后的机械采油都至关重要。著者认为，塔里木油田应广泛采用 $\phi177.8mm$ 套管和 $\phi139.7mm$ 套管射孔完井，以实用个种采油设备及工艺技术的实施；最后还可在大套管变形或腐蚀损坏后，再下小套管开采。

1）技术的可行性

经过几年沈阳油田 2500m 中深、深井采油的实践，提出几种深井采油工艺，以求能为塔里木油田深井采油确定一种可靠的机械采油方式。

（1）SHB2½（62mm）×10/30SY 型高扬程水力活塞泵。

这种泵的技术参数如下：

泵端排量　　100m³/d；

额定冲数　　49min⁻¹；

动力液数　　153m³/d，162m³/d（两种尺寸活塞下的排量）；

压力比（p/E）　0.654，0.158；

泵筒外径　　$\phi114mm$；

泵筒直径　　5181mm；

泵体外径　　58mm；

泵体长度　　4648mm；

泵冲程长度　750mm；

活塞程长度（上、中、下）　$\phi35mm+\phi35mm+\phi35mm$。

$\phi35mm+\phi45mm+\phi35mm$。这种泵 p/E 值比普通 SHB2½（62mm）型系列水力活塞泵都低，而地面工作压力 p_S 与 p/E 的大小成正比。在泵挂深度相同，动力液、油井液等密度的条件下，使用此泵与普通水力活塞泵相比可获得较低的地面工作压力。

若塔里木油层中部深度 6000m、泵挂深度 4000m、油井吸入口压力 5.0MPa、地面允许最高泵压 18.0MPa、回压 1.5MPa、泵内摩擦压降 1.0MPa、环套内流体压损 0.01MPa、油管内压损 1.0MPa、动力液和油井液均为等密度液体，采用两种不同 p/E 的高扬水力活塞泵，用文献推荐的公式求得地面泵需要的最高压力为 17.2MPa 和 12.0MPa。

从沈阳油田 2500m 井中应用此泵可知，计算工作压力值比实际工作压力低 2%。因此，塔里木深井采用该泵采油是可行的。

（2）高扬程水力活塞泵与喷射泵交替抽油。

塔里木油田井深、气油比高、油井冬夜面比较高，若采用喷射泵开采，可抽汲含大量游离气的液体，具有较好的流通性能；其次，喷射泵与水力活塞泵具有相同的地面设备和井下通用的工作筒，用自由起投更换泵芯后即可生产。

沈阳油田近年来在高气油比的井中，交替使用喷射泵和水力活塞泵已经见到了良好的采油效果。一种适应 SHB2½（62mm）×10/30SY 型高扬程水力活塞泵工作筒的新型喷射泵已由沈阳油田研制成功，不需要更换工作筒，即可投入高扬程泵工作筒中使用。

（3）天然气源作动力的"自由式"喷射泵采油。

采用与高扬程水力活塞泵工作筒通用的喷射泵时，如有稳定的天然气源，用高压气做动力进行气体喷射采油,可充分发挥"气举"的效果,其喷射抽油原理与液体做动力的喷射泵抽油原理相同。

用气体做动力抽油的工艺也已在辽河油田研究成功。如兴222井,原采用常规气举阀气举采油泵挂深度1550m,生产气油比700m³/m³,产液量20m³/d。采用气体作动力的喷射泵抽油后,生产气液比是85m³/m³,产液量上升到50m³/d。由于气举法采油的重要技术指标是举升气液比,即举升1m³液量到地面所消耗的气量。由此例可见,气体作动力的喷射泵与深井气举法相比,不但有较好的增产效果,而且想还降低了举升气液化,提高了举升效率。因此,喷射气举抽油对塔里木抽油的条件不失为一种较佳的采油方式。

(4)SHB$_{sp}$2½in(62mm)×6/50型超高扬程泵采油。

超高扬程水力活塞泵是油田开采中后期用于稳产的一种有效采油设备,在国内地面允许的前提下,该项技术可适用于井深5000m的超深井采油。

SHB$_{sp}$2½in(62mm)×6/50型超高扬程水力活塞泵是笔者设计的一种具有四个活塞的单缸双作用液力驱动的无杆抽油泵,集目前国内外新型水力塞泵的优点于一身,设计了独特的换向分流结构的阀体与吸排结构,属国内首创。

SHB$_{sp}$2½in(62mm)×6/50型泵的技术参数如下。

泵端排量:60m³(用ϕ35mm缸套),100m³/d(用ϕ45mm缸套)。

泵的冲程:500m。

泵的额定冲数:44min^{-1}。

压力比:0.278。

理论扬程:5000m。

下入套管尺寸:≥ϕ108mm。

该泵自沈阳油田1993年5月19日至5月21日两口井进行试验,A18-34、A23-23泵深平均2500m,A18-34井原下深2400m,工作压力16.5MPa,产量平均8.9t/d,下该泵后地面压下降3.0MPa,产量保持原水平;A23-23井原泵挂2200m工作压力16.5MPa,采用普通泵生产[该井生产套管为ϕ108mm,无法下SHB2½in(62mm)型高扬程泵生产],产液量平均15t/d,产油量11.72t/d,该泵下入原泵挂深度,工作压力14.0MPa,产液量平均19.5t/d,平均增油7.5t/d。

到目前该泵已在沈阳油田6口低液面井的生产井中工业性试验,表明在深井中采油性能可靠,与下入同深度的SHB2½in(62mm)6/30SY型高扬程水力活塞泵相比,泵压下降3.5~4.0MPa,缓解了泵压上升无法开采的矛盾。此外该泵可下套管尺寸广。

预计该泵在塔里木油田5000~6000m深井采油,技术是完全可行的。

2)经济分析

美国学者J.D.Clegg等1993年撰文指出,水力活塞泵投资费用高低不等,但常可与有杆泵竞争,若采用多井系统泵站控制,可降低每口井的成本。在我国胜利油田、辽河油田、华北二连油田都采用水力活塞泵站生产系统。J.D.Clegg的结论是为人们接受的。对水力活塞泵举升成本,可采用L.Douglas Patton提出的计算方法。

$$T_c = I_c + E_c + M_c + R_c + O_c \qquad (3\text{-}3\text{-}158)$$

$$L_s = T_s / (Q \times N_e) \qquad (3\text{-}3\text{-}159)$$

式中 I_c——活塞泵的安装成本,元;

E_c——水力活塞的动力消耗费,元;

M_c——水力活塞的日常管理维护费用,元;

R_c——设备的修理费用,元;

O_c——操作工人费用,元;

L_s——举升$1m^3$原油$1m$所需成本,元/($m^3 \cdot m$);

Q——产液量,m^3/d;

N_e——水力活塞泵纯举升高度,m;

T_c——水力活塞泵每天举升成本,元/d。

举例:现以系统泵站为例,安装有1台排量为$30m^3/h$的柱塞泵,供40口水力活塞泵生产,分配给3个生产小站;每个站每日上班操作者各3人。建站费用$I_c = 300 \times 10^4$元,动力消耗费1043元/d,泵维修费用$R_c = 100.6$元/d,操作者费用15元/d,站间日常维护费用350元/d,建站费用(包括泵安装费),I_c按10年计算,每日费用20元/d,将这些值代入式(3-3-158)中计算$T_c = 1528.6$元/(d·井)。

若产液量$15m^3/d$,纯举升高2000m,计算举升$1m^3$原油成本L_s,代入式(3-3-159)得:

$$L_s = T_s / (Q \times N_e) = 1528.6 / (15 \times 2000) = 0.0509 (元/m^3)$$

2. 气举采油

1)技术可行性

气举采油可用于出砂井、高温井、小井眼井,尤其是对地层压力较高的油井而言,是一种较好的灵活的和高产量的人工举升系统;气举采油很像自喷井,采油深度受到气压和注气量及产液量的控制。J. D. Clegg认为典型情况下,$158m^3/d$产量,$\phi 62mm$油管,10.123MPa气举压力和气液比为1000时,注气深度通常小于3084m,一般3084m的深井,当井底流压大于10.545MPa时,举升效率经现场应用一般为5%~30%之间变化。

连续气举与自喷相似,主要借助气举阀将高气压气由注气连续注入井内,井内井液混气后密度变小,降低了整个液柱对井底造成的回压,于是井中液体就源源不断地具止地面。

连续气举一般分为开式、半闭式和闭式的管柱安装,如图3-3-39所示。一般开式管柱较少使用,注气对油井液面给以一定压力,对裂缝性地层造成向地层反注,致密低渗透油层抑制了其向井底渗流。通常大多用半闭式管柱。

气举的生产形式一般在国内分两种,油管生产和套管生产,油管生产一般适用于一般产量油井,即套管(油套管环空)注气,油管产生;而套管生产通常用于较高产量的井,即油管注气,套管生产。

气举采油以开式生产较易造成深井油层出砂,对油层造成伤害。苏联学者研究还指出,若采用普通气举系统开采3048m(10000ft)的深井,如果井底流压为70.03MPa(10000psi),采油指数是1时,采油是困难的。气举对气体的膨胀产生的冷却作用,导致油井结蜡严重;在低产高含水井中在$\phi 62mm$油管生产$31.78m^3/d$(200bbl/d)的油井中,升举效率下降。

耿玉广在1991年论述了我国西部塔里木油田在自喷期过后采用气举采油工艺,或采用扬程2000m以内的SEB$2\frac{1}{2}$(62mm)普通系列水力活塞泵采油,举升高度最深达1842~1992m,开发时间为20年,最后在结论中又指出"最优方式是气举采油"。根据塔里木油田的深井,超深井油藏特征,窦宏恩等在1993年对气举工艺的论述,认为气举是一种增加气液比、需要井底有较高压力的自喷井,连续气举必须在水驱油藏保持井底压力的状态下才能维

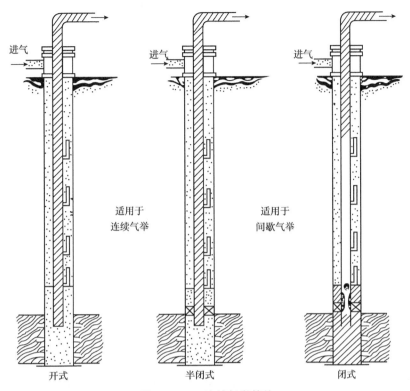

图3-3-39 连续气举管柱

图 3-3-39 连续气举管柱

持正常生产。这些专家们是在实践的基础上得出如此结论的。对于塔里木油田 5000～7000m 深井,气举采油需要有稳定的气源,深井气举采油滑脱损失严重,气举效率低,随着油田开发时间延长,液面降低,举升液体的压力势必升高,用下式计算气举压力 p:

$$p = 0.0098H\rho + p_{wh} - p_{wf} \qquad (3-3-160)$$

式中 H——气举深度,m;

ρ——气举液体的密度,g/cm^3;

p_{wf}——举升高度处的流动压力,MPa;

p_{wh}——地面回压,MPa。

采用下列的数据计算气举压力 p:$H = 3000$m;$\rho = 0.75$g/cm^3;$p_{wf} = 10.0$MPa;$p_{wh} = 1.5$MPa,代入式(3-3-160)得

$$p = 0.0098 \times 3000 \times 0.75 + 1.5 - 10 = 13.55(\text{MPa})$$

由上面计算可知,虽然目前设备压力能满足气举采油的要求,但如果说水力泵在 Ⅰ 油组、Ⅲ 油组不可行,分析原因是 Ⅰ 油组、Ⅲ 油组不注水保持压开采,地层压力下降快,动液面下降快,生产气油比高,泵效太低不能完成配产,气举工艺在此条件下对于 5000 多米的油层深度不会获得好的采油效果。在高含水期气举采油仍然是不适应的。若在油田靠天然气源气举,随着开采时间的延长,气源同样逐渐耗竭,这时气举采油是要受到影响的。

气举要求设计有较好的阀设计及阀分布;油井系统供气时,高压压气站的建设;系统的安全性也非常重要,高压(超过 25.0MPa)运行危险性随时都存在。如若采用天然气需要考

515

虑连续气源供气系统及设备,对气体的干燥度,无腐蚀性和净化的要求也较高。若采用空气进行气举,必须考虑产出原油后的处理分离的气体处理站。地面建设工程比水力活塞泵复杂,对于塔里木油田这样的沙漠地带尽量安装少的设备,便于管理和正常生产。

2)经济分析

油井气举井下设备费用较低,但地面设备要求较多,诸如像高压压缩机及控制系统费用都非常昂贵,压气站,汽油分离站,调测站等地面工程建设繁多,建站费用高于水力活塞泵。其次国内超过25.0MPa的高压压缩机都需要从国外引进,其费用是国产压缩机价格的20倍之高,投资太大。

Smith在1974年给出了一个有关气举采油与电泵采油的例子。在得克萨斯州Scurry县G. H. Arledge"C"租地有8口采油井3口注水井,生产层Conyon Reef大约埋深2042.16m(6700ft),在1974年以前采用了3台169kW(230hp)的压缩机在4口井上进行气举,7.3MPa的注气压力,平均注气量为79280m³/d(2.8×10⁶ft/d),产油198.625m³/d(1250bbl/d),产水317.8m³/d。

第九节　水力活塞泵采油工艺存在的问题及今后的发展方向

采用自由投入式水力活塞泵开始循环抽油系统进行原油开采,开采实践证实了它是一种有效的抽油方式,但在使用中,发现确实存在一些问题,诸如使用周期短等问题严重阻碍水力活塞泵抽油工艺的发展。对使用抽油泵本身存在的问题,使用中存在的问题,高含水期动力液采用油还是采用水,经济效益如何?本节在进行分析后,提出了解决措施,部分措施已付诸实施,见到效果为水力活塞泵在最经济前提下采油指出了出路。

根据胜利油田,辽河油田现场使用水力后塞泵的资料及检泵资料统计结果表明,换泵周期平均达20d,平均泵效仅40%。

动力液的选择方面,胜利滨南油田在综合含水达85%的87口水力活塞井中全面采用了水基动力液,除这个油田外,胜利渤南油田、辽河沈阳油田、华北二连油田均都用原油作动力液,在油田进入高含水期,用高压、高温原油作动力液,用采油水,非常不经济,其次由于设备在长期高压下进行,已达到疲劳极限,安全性差,不可避免地会发生一些重大事故。因此,研制一种新型的动力液体系也是水力活塞泵采油工艺后期发展的技术关键。

一、泵本身存在的问题分析及处理措施

1. 泵本身存在的问题

1)液马达、泵端效率低

水力活塞泵在现场使用12~20d左右,系统效率(液马达端效率乘泵端效率)明显较低,由于各井井况不同,正常工作时液马达效率在85%以上,泵效在40%以上。15~20d后,液马达效率降到50%,泵效低于30%,致使动力液用量增大,造成地面动力液处理系统处理量增加。

2)投、起泵困难,导致作业修井

在刚作业完的井和更换新泵的井投泵时,出现泵进工作筒困难。这时现场操作者采用地面多次憋压的方法,即关闭套管出口闸门憋压,迫使泵进入泵筒。这样进入筒泵的泵,起

泵困难,甚至起不出,需修井。

3) 固体阀堵塞,泵工作不正常

泵各部分橡胶件及聚四氟乙烯柔性密封易破碎,形成固定阀底部落物。

泵体上的橡胶件及 6 道聚四氟乙烯密封环的任意一道在大排量投泵或高泵压、大排量起泵时都可能导致碎裂,被流体带入固定阀内,而使其堵塞,导致泵抽吸困难甚至不工作,这时就需要上作业队打捞固定法。

4) 泵筒密封和固定阀失效

泵筒上各部分密封接头的密封圈在高温下失效,导致油田液漏失和动力液耗量大,系统效率降低。

固定阀上部泵座的密封面损坏,抽油泵端严重漏失。固定阀泄油销断裂,动力液消耗量大,起泵困难。若井底压力亏空则泵起不出,需修井。

2. 原因分析

1) 泵件加工质量不合格

泵件尺寸公差、形位公差超差水力活塞泵拉杆是水力活塞泵的中心零件,标准拉杆尺寸为 $\phi17g6\binom{-0.0006}{-0.017}$ mm,公差为 0.011mm。从厂家泵件质量验收中发现,20%的左右的拉杆超差,公差值达 0.014mm,超差 0.003mm(这些拉杆不予下井使用)。

拉杆、滑阀、阀芯等重要零件不仅加工尺寸存在超差问题而导致呼唤性差,而且形位公差也超差。因用户无检测手段和检测手段不完善,使用不合格的零件,造成泵和液马达性能较差,零件经短期使用就失效了。

水力活塞泵泵体尺寸 $\phi58$mm×3439mm,工作筒尺寸 $\phi114$mm×3965mm。两者均较长,由于零件尺寸超差,装配后同轴度差,工作筒下井后,泵不能进入泵筒。

超差的主要原因是厂家机床精度低,工人技术水平差,工艺手段不恰当所造成。

热处理工艺不当据检泵统计资料,40%以上的拉杆弯曲和尺寸超差(弯曲占 25%,超差占 15%)。分析 $\phi17$mm×127mm 细长拉杆弯曲的主要原因,是由于调制后表面镀铬处理,材料的抗疲劳能力及刚性并没有得到改善,而泵在工作过程中,上、下冲程惯性较大,在惯性力作用下受压弯曲,或在检修拆卸。装配过程中扭弯变形。超差的原因是拉杆镀铬表面硬度(HV700~800)比阀芯氮化表面硬度(HV900~1000)低,铬层厚度(0.03~0.05mm)比氮化层厚度(0.3~0.4mm)薄,拉杆与阀芯相配合,在阀芯中往复运动而导致磨损超差。

吸、排阀里的球罩采用 35CrMo 加工,调制后高频卒火,表面硬度为 HRC42,而吸入阀球和排出阀球材料均为 YG8 硬质合金硬度 HRC80~90。当泵在额定冲数(58min⁻¹)下工作时,每日往复运动次数多达 83520 次,使球罩磨损严重,导致早期失效。

加工工艺不合理使用真空泵抽真空的方法来进行泵排出阀座和阀球的密封性能试验,发现 70%~80%的阀球与阀座不密封。分析其原因,是阀座的密封锥面圆度差,锥角的中心线与阀座外圆柱面的轴线不同轴。

在检修中发现 35%以上阀座内的硬质合金镶块被击破,端面被流体刺坏。分析原因是制造厂家在阀座中焊接硬质合金镶块时采用手工焊接,造成两个接面处不能紧密地配合,使镶块底部悬起,形成一个微悬臂梁,在阀球来回运动中受力不均匀而被击裂。

从起出的泵中发现 5%的泵中阀体排出液孔处断裂,有些段在井里。断裂的原因是圆柱体表面 16 个 $\phi5$mm 均布的孔和端面 16 个 $\phi5$mm 均布的孔位置度误差大引起。

2）设计不合理

密封设计不合理造成泵效低的另一个原因是泵体上的 6 道密封环采用聚四氟乙烯材料，是薄弱的地方仅有 1.5mm 厚（图 3-3-40），在高压下工作时该环从 1.5mm 厚处被击裂。其次，这种密封环靠两个金属环来"约束"（图 3-3-41），由于金属环相对该密封而言，可在受挤压后窜动，尤其是在投泵过程中越过"井中狗腿"或斜井造斜的拐点受挤压变形，这时密封环被损坏，泵在座入泵筒后短期工作或不工作。

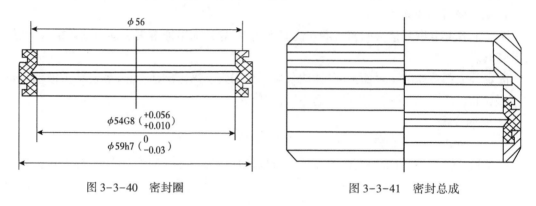

图 3-3-40 密封圈　　　　　　　　　　　　图 3-3-41 密封总成

另外，泵内的吸、排阀座与排油接头的密封采用 $\phi 38 \dfrac{H8}{f7}\left(\dfrac{+0.089}{0.025}\right)$ 配合（图 3-3-42），密封性能差。

泵工作筒高压接头处结构不合理，泵工作筒结构设计不合理，高压接头处漏液，造成泵效降低。泵筒流道采用同心管结构，中间泵筒采用插入方式连接。在高压起泵情况下产生"活塞效应"，中间泵筒发生位移，使密封失效，造成漏失量大。此种结构如图 3-3-43 所示。

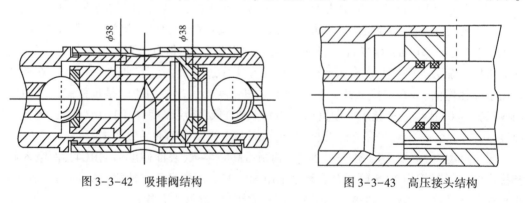

图 3-3-42 吸排阀结构　　　　　　　　　　图 3-3-43 高压接头结构

材料选择不当，固定阀泄油销材料原采用 QT60-2 球墨铸铁，曾造成多次断裂事故，原因是材料强度太低，在井底水击等复杂情况下断裂。

泵筒强度不够，水力活塞泵工作筒外筒壁厚 6mm，采用 45 号钢，未经调制处理，通过强度核算，在下入深 2000mm 的井中，起泵压力超过 20.0MPa 时，外筒在较高的外挤压力作用下失稳，被挤成扁平状，造成起下泵困难。

3. 技术分析及处理措施

1）严格泵零件的验收程序

（1）用户对每一个零件，应按图纸尺寸要求及标准进行验收。

（2）生产厂家和用户都应配备检验零件形位公差的测量仪器，严格检验行位公差。

（3）配备测量硬度的各种硬度计，测量主要零件的热处理质量，以保证零件具有良好的机械性能。

2）改善热处理工艺

把$\phi17g6\left(^{-0.006}_{0.017}\right)$mm拉杆调制后的镀铬工艺改为调制后的校直再进行氮化处理的工艺，以提高表面耐磨损性能、抗疲劳性能及刚性，从而提高水力活塞泵的使用寿命。

建议阀球罩热处理工艺采用气体离子（氮离子）或金属离子（钛离子）注入技术或激光处理技术，以提高表面耐磨性能。另外可选择新型耐磨材料。

3）改进结构设计

提升皮碗采用耐油、耐压、耐热橡胶材料，并采用内加固体添加剂或钢骨架结构的皮碗，具体结构如图3-3-44所示。

把泵外部6道密封组件（图3-3-41）改为整体密封结构（图3-3-45），密封环直接装在泵体上，克服了密封结构的缺点。

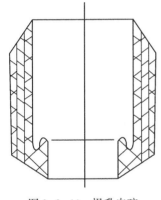

图3-3-44　提升皮碗

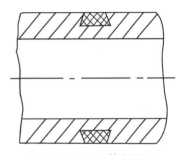

图3-3-45　整体密封圈

吸排阀总成组件多，密封性较差，泵效低，现把吸排阀座设计成一体，图3-3-46为结构示意图。与原结构（图3-3-42）相比，在端面和轴向加了密封，大大减少了漏失。

为了消除泵工作筒外筒收起泵外挤压力而被挤毁的事故，把如图3-3-35所示同心管结构的工作筒改制成平行管结构的工作筒（图3-3-47），并把承受高压的工作筒壁厚由6mm增大到10mm，这种结构的工作筒，下井使用性能可靠，检泵周期长。

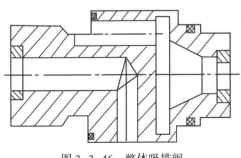

图3-3-46　整体吸排阀

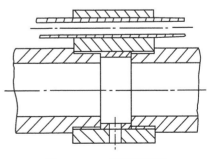

图3-3-47　平行管泵筒

4）严格制造工艺

吸排阀座中焊入的硬质合金镶块，由采用手工焊接改为熔焊的方法，在专用热处理炉中使铜焊片融化焊接后，研磨器座上的密封面，保证密封锥面的圆度达 0.0025mm。如果加工条件具备，应把整个吸排阀座采用 YG8 硬质合金加工，克服镶焊带来的工艺缺陷。

阀体端面及圆柱表面上 16 个 ϕ5mm 孔，应严格按图样要求的位置 0.05mm 加工，以免超差，而使阀体的强度降低造成破裂，落入井下酿成事故。

二、使用中存在的问题分析

1. 维修不当

维修过程中未仔细检查，未全部更换密封件，有缺陷的金属件就被组装在泵内。

2. 存放、运输不当

存放和运输不当，泵上的密封环损坏或泵弯曲变形。存放时间过长，导致聚四氟乙烯密封环老化脱落或泵内进入脏物，这些杂物进入泵筒后泵不工作或工作时间较短。

3. 井口不正

井口流程连接不正，投泵过程中泵上的密封环被损坏，或泵体某部分被拉伤，泵被强行送入泵筒。

4. 通道不彻底，送泵排量大

泵上的密封环被大排量送泵的流体及管壁上由通管不彻底留下的毛刺拉伤，导致泵在井下工作短期失效。

5. 作业完井方式不适合

部分井采用了 Y311-422（原 271）型压重式封隔器，这种封隔器在坐封后，油管受压，是整个油管柱中和点以下发生螺旋弯曲变形，造成起投泵困难。

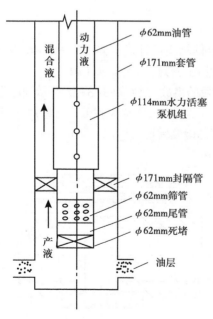

图 3-3-48 单管生产管柱

6. 工作参数选择不当

SHB2½（62mm）系列水力活塞泵额定冲次 58min^{-1}［个别冲次 49min^{-1}，如 SHB2 ½ in（62mm）×10/30SY 型泵］，但在现场应用中，75% 的井超过冲次运行，高达 65min^{-1}，日运行 9.36×10^4 次，加剧了泵的运动件磨损，造成泵的系统效率降低。

7. 工艺方法不当

采用单管柱开式生产系统（图 3-3-48），多数油井在吸入压力低于饱和压力下生产，泵吸入口严重脱气，不但气体进入泵腔，形成油气混抽，而且泵口原油黏度增大，增加了进泵阻力，使泵的充满系数降低，泵效降低。

8. 动力液乳化

对多数油田来说，由于动力液采用本井自产原油，当油井含水升高时，动力液含水指标不能达到标准要求，即含水高于 15%～20%，在高温（90～100℃）下经泵送后，油水严重乳化，黏度升

图中标注：
混合液、动力液、ϕ62mm油管、ϕ171mm套管、ϕ114mm水力活塞泵机组、ϕ171mm封隔管、ϕ62mm筛管、ϕ62mm尾管、ϕ62mm死堵、产液、油层

到上千 mPa·s,乳化后的动力液进泵困难,无法驱动泵工作。沈阳油田现场生产中曾几次因动力液含水含量不稳定而造成大批水力活塞泵井不能正常生产,导致全油田的产量出现波动。

三、处理措施

(1)按照维护标准进行水力活塞泵的修复,应强调的是,要更换泵上所有的"O"型密封圈和聚四氟乙烯密封环,报废所有损坏或所有缺陷的零部件,各零部件在装配时需用柴油清洗干净,否则,不可装入。

(2)泵的存放时间不易太长,以免泵内部各种密封胶圈及泵外部6道聚四氟乙烯密封环老化失效,起不到密封作用。

(3)运输过程中应将泵水平放置。在运输车辆上应有减缓冲击振动的设施,以消除撞坏泵上密封圈及其他零件的因素。

(4)作业完井时采用张力坐封的封隔器,避免投泵进入工作筒困难或起泵起不出,而造成反复修井。

(5)作业完井时,对封隔器、油管分别试压。封隔器试压时,待下完管柱后,从油管中自由地把固定阀投到泵筒中,待封隔器座封后,用水泥车从油管或油套管环空憋压 12~15MPa,在 5min 内不降低 1.5MPa 者为合格。油田单独进行试压时,从油管中投入自由式"假泵"(Dummy Pump),然后再用水泥车从油管打压进行憋压,憋压值和稳压时间均与封隔器试压时间相同。

(6)投泵时,在井口设专用起投泵装置,最简单的装置是井口固定式扒杆,保证泵在井口自由起下,以防投泵通过井口时损坏密封环,而进入泵筒后不工作。

(7)对每口生产井,严格控制好工作压力、泵的冲次、动力液量及油井产量四大工作参数,达到油井产液量与所下泵型的排量相协调(即供抽相协调)。在投泵时推荐使用第 6 节选好泵型,不超冲次工作,确保泵在合理的工况下运行。

(8)对国产 SHB2½in(62mm)型系列普通水力活塞泵惊醒改型,在原泵工作机理不变,产量不变的前提下,见底冲次,增加冲程长度,来提高泵的充满程度,达到提高泵效和延长泵在井下工作寿命。

其技术改型只要是泵冲程的加长,即泵体增长,泵筒变长,其他参数不变,技术改造容易实现,下面给出国产泵其他参数不变时的两个改型参数的设计。

冲程由 0.75m 变为 1.2m,冲次由 58min^{-1} 降到 36min^{-1};冲程由 0.75m 变为 1.5m,冲次由 58min^{-1} 降到 36min^{-1};冲程由 0.75m 变为 1.5m,冲次由 58min^{-1} 降到 29min^{-1}。

(9)完井工艺方面还应考虑气体进泵影响泵效的因素,采用固定式单管柱(图 3-3-49)或双管柱(图 3-3-50)安装,在固定式单管柱 ϕ177.8mm 套管与 ϕ100mm 油管构成的环形空间,双管柱 ϕ40mm 油管的地面出口管线上安装定压放气阀,使气体能排放出来,以达到提高效率的目的。

(10)在采用高凝油作为动力液的油基动力液系统,严防出现动力液乳化的问题,采用目前研制的 SP169(聚氧丙烯聚氧乙烯聚丙烯脂肪醇醚)和 AE8051(多乙烯多胺聚氧丙烯聚氧乙烯醚)复配而成的新型高温破乳剂,使动力液含水低于 10%,解决了由于动力液乳化而造成的水力活塞泵无法工作的问题。

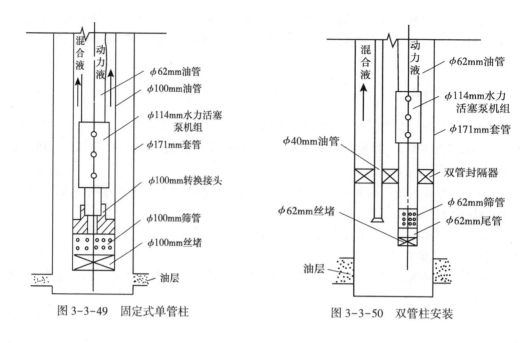

图 3-3-49　固定式单管柱　　　　　　　　　图 3-3-50　双管柱安装

四、中高含水期水力活塞泵采油水基动力液可行性研究

水力活塞泵先期采油多数油田均采用原有的动力液,在油田进入中高含水期后,不少油田逐步地把水力活塞泵采油工艺转变为电潜泵等其他采油工艺,知识系统水力活塞泵泵站系统及辅助工艺系统各种设备闲置或报废,造成较大的浪费。就含水上升到 80% 以上的油井若采出液水多油少的情况下,用油循环采出大部分水显然不经济。其次,整个系统在个高温,高压下运行,在一定时期内设备疲劳破坏,漏油而失火酿成大事故的或国内外油田都有例子,因此,中高含水期水力活塞泵采油是继续采用油做动力液,还是改用水作动力液,及工艺技术可行性,经济效益怎样?笔者研究了国外水力活塞泵使用水基动力液的有关情况和我国胜利油田滨南油田改用水基动力液的生产效果后,指出了我国采用水力活塞泵采油的油田中高含水期的采油出路。

1. 水基动力液采油在国内外的研究情况

国外水力活塞泵使用较早的美国目前有水力活塞泵采油井 10000 口,占整个美国总采油井数的 2%。不少油田采用水基动力液,据 Brown 先生撰文,在 1958 年美国加利福尼亚州的享廷顿公园实验室进行了水基动力液模拟实验,实验在 15.24m(50ft) 的井中进行的,共实验 200~1000h,来评价泵的工作情况,证实了水基动力液下泵工作正常。并在 1963 年 4 月在加州的洛杉矶地区的油田进行了第一口井矿场实验,泵挂深度 1798.32m(5900ft)。第二口井是 1963 年 11 月在加州地区的长滩油田 1280.6m(4200ft) 深井实验。第三口井是 1964 年 1 月在阿拉斯加的 Citronelle 的 3352.8m(11000ft) 的深井采油获得成功。Brown 先生同时提到在油井高含水期采用油作动力液是不经济的,并且认为在处理水的工艺过程中是非常容易办到的,其处理成本比原油动力液处理成本低,使用水作动力液是非常令人鼓舞的。

1964 年在加州享廷顿公园海上油田 Eva 平台,采用 KOBE(现 TRICO) 公司的 A 型泵和 D 型泵采油,采用了闭式由基动力液采油,曾在 20.7MPa 高压下工作,由于原油动力液泄露,引起海上平台着火事故。在 1983 年 1 月转为水基动力液生产,达到了正常、安全生产。

北海油田使用水力喷射泵采油采用了才出水加上除氧剂,防垢剂,防腐剂作为液进行采油,采油系统为开式系统,近年来,由于润滑性能和地面,井下设备机构性能的改进,极大地增强了人们使用水作动力液的积极性,密西西比莫油田的水力活塞泵抽油系统就是把水加热作动力液的,同时这种动力液可作为采出油的一种稀释剂。在水润滑性能差的条件下,在动力液增压泵的吸入口添加化学药剂改善其润滑性。常用的化学药剂是抗氧剂和防锈剂,润滑剂。

2. 我国水力活塞泵水基动力液采油

我国胜利油田一度研究过水机动力液,一种 SS 系列水基动力液,但未见到有关室内试验情况及矿场实验结果公开发表。

在 1988 年胜利油田无杆泵公司以回注污水作为水力活塞泵抽油用动力液的基体,研制成功了 SLS-3 型动力液添加剂,并于 1991 年 9 月到 1992 年 6 月在滨南一区三号站进行了 6 口井的矿场先导性试验,这个站原采用原油作动力液,平均每天用量 540t,产液 139.8t,动采比 3.86:1。平均换泵周期 27.7d,用污水+添加剂动力液每天用量 120.5t,动采比 4.01:1,产液量有所下降,这时污水中加入 SLS-3 型添加剂浓度 250mg/L,平均换泵周期达 47d,井下泵工作正常,起下都很顺利。

到 1994 年 10 月底,滨南 76 口水力活塞泵井全部采用了水基动力液,现场生产基本正常但也出现了不少问题,但这个油田规模性采用水基动力液采油也将是我国进入中高含水期的水力活塞泵采油迈的成功一步。

3. 水基动力液的优点及工艺配套

1)水基动力液的特点

原油作动力液时使用的设备不用了,水作动力液时设备加工和现场安装简单,系统投资大大降低。

油井计量方便,节省了繁多的设备使用。

水基动力液来源比较丰富,可取净水和污水,获取方便,性能稳定。

设备及管网维护方便,系统安全可靠性强。

杂志和异物清除工艺容易。

混合液含水达 80%~95%时,游离水增加,输送流变性变好,易输送。

动力液的温度可由较高温度降低,节约能耗。

联合站的油水混合物处理系统每日循环量可大幅度减少。

2)水基动力液的地面处理工艺

(1)动力液处理工艺。

在含水达 80%~90%以上时,原油流度指数增大,稠度系数下降,趋向牛顿流体,这时原油含水分两部分,一种是游离水,一种是乳化水,给现有破乳工艺不会造成不良影响,在处理水量与原处理油水混合物总量相同的情况下,处理水工艺变得容易,就处理高含水油水混合物而言,相应工艺主要用沉降破乳就可达到效果,脱水温度随着也可降低,因此说采用水基动力液不会给联合站处理系统带来不利。

若现有污水处理系统满负荷的话,必须考虑增设处理设备,或改变现有工艺,研究了我国几个水力活塞泵采油的油田的地面工艺系统垢提出下列几种工艺方案。

①直接从沉降罐抽取所需的污水作为动力液的量,剩余污水回注,油在沉降后达到指标后外输。

②在现有流程前增加一个 5000m³ 高效动力液沉降罐,回站的混合液先进此密闭沉降罐沉降,动力液直接从此沉降罐抽取,剩余油水进三相介离器处理,达到外输指标后外输。

③把原油及水混合液先进分离器再进沉降罐的流程改为先进沉降罐后金分离器的流程,这样,即可从沉降罐中直接抽取污水作动力液,其余油水混合物经三相分离器分离后外输。

(2)动力液添加剂。

用污水作为动力液的基体,研制高效,成本低廉的水基动力液添加剂是该项技术的关键之一。但我国几个油田采用的水基动力液也不可能只有一种,因为每个油田,甚至一个油田的不同区块其水质情况也不尽相同,所以必须考虑到添加剂与本油田污水的配伍性问题及最佳浓度的选择实验问题。每个油田都根据自己油田的水质状况筛选或复配,合成适合其水质特点的化学添加剂不是一件难事。

(3)地面泵改造工艺。

①要改造动力液增压泵液力端,通常更换液力端的材质;如油作动力液时,泵液力端采用铸钢,如水作动力液时,泵液力端铝青铜合金,可防止水的锈蚀作用。

②改造球阀结构,或采用蒙耐尔合金等特种材料。

③在泵出厂前,对液力端进行表面耐磨处理,如等离子喷涂,激光处理以提高耐磨和抗蚀性能。

④改换柱塞泵用高压注水泵,彻底解决泵不适合性。

(4)井下水力活塞泵改造。

对于水力活塞泵工作系统的沉没泵机组,要求井下泵工作寿命达到目前拥有动力液的性能,除在考虑对水基动力液要求加入优质的添加剂外,还应对井下泵进行适当的改进。

对阀体,滑阀,阀芯等液力端零部件进行改换材质,像铬镀,更换不锈钢,蒙乃尔合金钢材质,提高抗磨,抗腐性。

4. 水基动力液的经济分析

1)处理量能耗计算

若采用油基动力液,设油水混合物处理后,有总量为 $X\text{m}^3/\text{d}$,若供动力处理量是 $Y\text{m}^3/\text{d}$,那么日外输量为 $(X-Y)\,\text{m}^3/\text{d}$。

若采用水作动力液,则每天处理油总量为 $(X-Y)\,\text{m}^3/\text{d}$,需要少处理油量 $Y\text{m}^3/\text{d}$。

现以沈阳油田为例,每日需处理后的油 30000 m^3/d 作动力液循环,通过 12 台 2326kW 的加热炉加热(在不考虑其他机械效率的前提下,取热效率为 100%),工业用电费用取 0.4 元/(kW·h),计算能耗费用:

$$2326 \times 24 \times 12 \times 0.4 = 26.79552(\text{万元}/\text{d})$$

因此,减少油处理 30000m³/d 时,沈阳油田可日获效益 26.79552 万元。

2)温度

动力液温度控制,在采用油作动力液时,进井温度 90℃返液温度 60℃,若采用水作动力液时,进井温度可控制在 70℃。返液温度在 45~50℃。

输油温度也可随着由 90℃下降到 70℃。

3)投资成本分析

若采用胜利 SLS-3 型添加剂基成本为 13000 元/t,加浓度在系统稳定后平均按 200mg/L 计算,处理 30000m³ 水需用添加剂 6t/d。其费用 13000×6 = 7.8(万元/d)。

工艺改造费200万元,按20年正常运转计算,其每天费用273.9726元/d。

4)每天可获效益

节约的能耗费用与总投资之差即可求得日获益,即

$$26.79552×10^4-(7.8×10^4+0.0273926×10^4)=18.9681274(元/d)$$

5)滨南油田水力活塞泵采用水基动力液的问题分析

胜利滨南油田从1992年76口水力活塞泵井由原来油基动力液生产改为水基动力液生产,主要出现了下面几方面问题。

(1)水基动力液普遍推广以来,系统泵压不稳、油管、泵都存在漏失问题。

(2)地面泵免修期由原来用油时的2.5月降到一个月,地面泵液力端泵阀及泵头刺漏、腐蚀很严重。

(3)井下泵平均换泵周期由原来试验时的46天降到目前的20d左右,动力液用量大,冲次较低,泵效低。

目前,滨南油田采用水作动力液生产,生产形势非常严峻,出现问题的原因分析如下。

(1)水力活塞泵系统管理不协调,加药浓度未按要求进行。

(2)添加剂无增稠效果,泵液力端及油管均存在漏失。干压不稳而影响正常生产。

(3)就SLS-3型添加剂主要以润滑为主,因此地面泵和井下泵腐蚀较严重。

(4)未对地面泵及井下泵液力端材质作水基动力液的适应性考虑,材质采用了原材质,使其不能适应较恶劣的工况。

五、水力活塞泵采油发展方向及建议

综前所述,水力活塞泵在特殊深井、超深井、高寒地带、沙漠地区、海洋和陆地从式平台井组采油仍然不失为一种非常有效的机械采油方式。并根据本节导出的水力活塞泵换向机理的数学模型和水力活塞泵工作系统的数学模型,在计算机上实现水力活塞泵井下工况的模拟,配套研制水力活塞泵的工况监测仪进行水力活塞泵工作参数采集、处理、优化最佳工作参数,计算设计出合理的完井管柱,使油田井开采的地层—井筒—地面合理匹配,达到科学采油的目的。同时,在我国水力活塞泵采油的油田进入中高含水期后,对现有泵的技术进行改进,采用水基动力液采油,是我国水力活塞泵采油在中高含水期的发展方向,对我国水力活塞泵采油提下如下几点建议。

(1)在水平井、斜直井中开展矿场试验,发挥水力活塞泵本身起、投方便的优势。

(2)在我国浅海平台采油,应用水力活塞泵采油,方便管理和作业。国内采用水基动力液采油的油田应先立足SLS-3型添加剂的配伍性及效果试验,按室内试验的最佳浓度放大到现场试验。

(3)在联合站设动力液性能标准监测岗,每日按时监测动力液的各项指标,形成加药,泵送,监测的系统管理。

(4)尽快抓紧对地面泵液力端进行结构或材质的改进,或采用高压注水泵代替现有柱塞泵。

(5)水力活塞泵的换向机构的运动泵井下工作寿命,泵的换向总成改用蒙耐尔合金或钛合金优质钢,不锈钢材质,以适应水基动力液的要求。

(6)进一步加快开发高效低成本污水动力液的添加剂,从润滑、增稠和腐蚀阻垢等方面考虑,以满足水力活塞泵的采油要求。

（7）在地面工厂，设备改造、添加剂可行的前提下，改用水基动力液水力活塞泵采油系统才现实可行的。

第十节　水力喷射泵采油

水力喷射泵是 20 世纪 70 年代末发展起来的一种无杆液力抽油泵，而当时喷射泵被人们认为是一种低效抽油设备。随着人们对喷射泵采油技术的深入研究、试验，使喷射泵的效率提高到 33%～40%，达到了一些常规抽油设备所能达到的效率指标。这种泵具有结构简单、使用维修方便、无运动件、耐磨和耐腐蚀等特点，且不受油井中砂、蜡、气和水多少的影响。1985 年后，国内一些油田先后进行了喷射泵的研制试验工作，但都因需要独特的配套井下管柱，不能适应沈阳油田使用的国产 SHB62mm 型系列水力活塞泵工作筒，窦宏恩等经过近 2 年时间，在 1989 年研制了 PSB$_c$62mm 系列喷射泵。这种泵能与当时普通水力活塞泵泵筒配用，变换接头还能下入带有一道密封圈的工作筒（美国 Trico 工业公司的 A 型喷射泵和 Guiberson 公司的 PL 型喷射泵工作筒）中使用。还配有油井压力测试及油井取样装置，适应采用国产 SHB62mm 型系列水力活塞泵井的测压及取样。

一、喷射泵结构

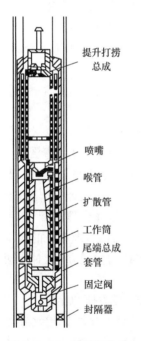

图 3-3-51　喷射泵总成

这种泵由工作筒、沉没泵、固定阀三大部分组成。工作筒由内筒、外筒、密封衬套等组成（图 3-3-51）。

沉没泵由提升打捞总成、泵体、尾端总成组成。其中泵体是该泵的中心部分，主要由喷嘴、喉管、扩散管组成。

固定阀是一个单流阀，由阀体、阀座、阀球、阀泵组成。

PSB$_c$62mm 型喷射泵有打捞总成、泵体总成、尾端总成组成，如图 3-3-52 所示。

打捞总成由提升阀 1 和提升皮碗 2 组成。反循环起泵时，提升阀关闭了向上的液流通道，提升皮碗张开，泵被流体推着向上运动。

泵体总成由上缸体 3、喷嘴 4、喉管—扩散管 5、分流接头 6 和下缸体 7 组成。上缸体是动力液流入喷嘴的通道；喷嘴的作用是把高压动力液的压能转换为动能；喉管—扩散管的动力液和井液交汇的地方，它把喷射泵喉管出口的动能转化为压能分流接头是将油井液和混合液隔离开来的转换分离接头；下缸体是油井液吸入通道。

尾端总成有下缸体接头 8 和尾座 9 组成。下缸体接头起连接下缸体及尾座的作用；尾座是与固定阀 10 相结合起密封作用的重要零件。

1. 泵的结构特点

（1）喷嘴、喉管均采用流线型（图 3-3-53、图 3-3-54），表面粗糙度为 $Ra=0.2\mu m$，它们的尺寸以等差级数构成系列，方便选择和使用。

（2）动力液经泵顶部进入泵体中的喷嘴吸入产出液，使产出液直接由固定阀吸入泵腔，压力损失小，漏失量少。

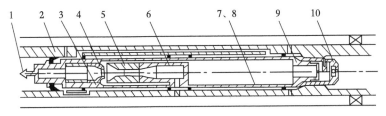

图 3-3-52　PSB₁62mm 型喷射泵结构示意图

1—提升泵;2—提升皮碗;3—上缸体;4—喷嘴;5—喉管—扩散管;6—分流接头;7—下缸体;
8—下缸体接头;9—尾座;10—固定阀

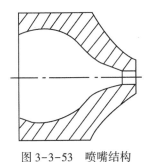

图 3-3-53　喷嘴结构

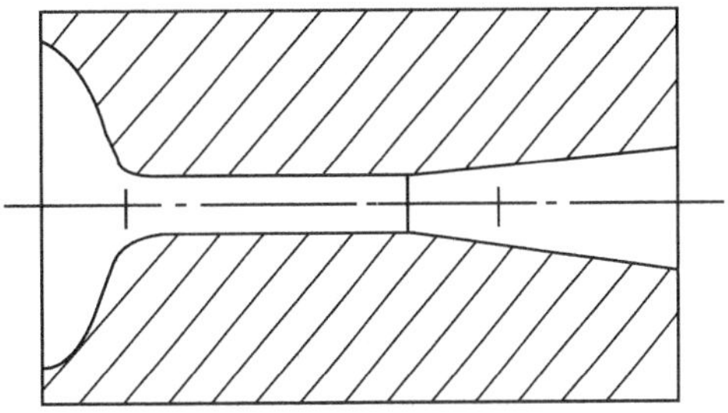

图 3-3-54　喉管—扩散管结构

(3)该泵除与普通泵的工作筒通用外还可配用独自的工作筒,泵体长度可根据工作需要确定。

(4)泵体使用灵活性大,可连接在其他的辅助装置上使用,如测压器和取样器。

2. 泵的基本结构参数

PSB₁62mm 型喷射泵的基本结构参数:

泵体最大长度 3495mm;喉管系列直径 $\phi2.2\sim15.2$mm;

泵体最大外径 $\phi59$mm;工作筒直径 $\phi114$mm;

喷嘴系列直径 $\phi1.8\sim6.2$mm;工作筒长度 3165mm。

二、工作原理

"自由"投入式喷射泵通常都是在开式动力液系统中进行采油的,即工作过的动力液和油井液在井下混合后返出,由地面高压柱塞泵把动力液(油或水)加压后,经过地面管线送到油管,然后进入泵工作筒流道。当动力液进入泵体中的喷嘴,高压动力液经射流后压力突然释放,在喷嘴和喉管形成的环形腔中形成局部低压区,其压力降到比喷嘴附近的油井液压力低时,高压油井液通过其流道被吸入喉管,在喉管内动力液和油井相互混合进入扩散管,混合液在扩散管内流速降低,压力上升到泵的排出压力时,混合液被举上地面。高压动力液连续送入,混合液就不断地被举上地面。达到连续抽油的目的(图 3-3-55)。

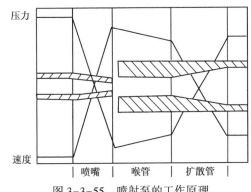

图 3-3-55　喷射泵的工作原理

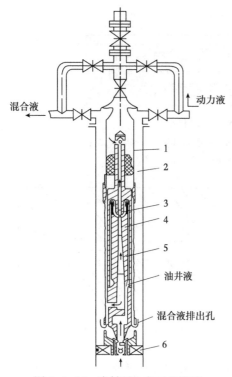

图 3-3-56　喷射泵生产工艺流程
1—油管;2—套管;3—喷嘴;4—喉管;
5—扩散管;6—封隔器

喷射泵与供给它高压流体的地面泵及进出口管线一起构成喷射泵采油装置。使用喷射泵采油时工作筒与油管串联下到井中设计的深度（图 3-3-56）。泵本身可由井口自由投入，生产时启动地面柱塞泵，动力液通过油罐进入喷射泵内，与油井液在喷射泵内进行能量转化换后，其混合液经排出孔、油塞环空返回到地面，从而实现无杆液力采油。

当需要起泵时，只要通过井口阀使流程成为反循环，动力液从套管进入泵内，这是固定阀封死了流向井底的通道，提阀关闭了上升通道泵在压力差作用下，通过油管上升到井口被捕捉器抓住。

正常生产时工作参数可通过控制阀上的定压阀和定量阀调节。

三、压力比计算

关于喷射泵效率的计算，用方程组表达为无因次压力比与无因次体积流量比的乘积，本节通过分析论证给出了喷射泵无因次压力比的正确计算公式；并认为只有无因次压力比才是真实反映喷射泵结构性能的重要参数；进而得出喷射泵效率的正确计算公式。

现采用 Grupping 1986 年和 Hatziavramidis 1989 年提供的方法推导出无因次压力比的正确表达式。

无因次压力比表达式为

$$K_y = \frac{p_c - p_j}{p_n - p_c} \tag{3-3-161}$$

其中

$$p_n = p_B + gH_B\rho_p - F_1$$

$$p_c = p_h + gH_B\rho_h + F_2$$

式中　p_B——地面泵压力,Pa;

　　　p_h——井口回压,Pa;

　　　p_n——喷嘴处压力,Pa;

　　　p_c——排出压力,Pa;

　　　p_j——泵吸入口压力,Pa;

　　　ρ_p——动力液密度,kg/m³;

　　　ρ_h——混合液密度,kg/m³;

　　　F_1——动力液在油管里的摩擦压力损失,Pa;

　　　F_2——混合液在油管套管环形空间的摩擦压力损失,Pa;

　　　g——重力加速度,取 9.8m/s²;

528

H_B——泵挂深度，m。

根据图3-3-57，把式(3-3-161)无因次压力比分为下几部分：

$$K_y = \frac{p_c - p_j}{p_n - p_c} = -\frac{(p_c - p_t) + (p_t - p_e) - (p_j - p_e)}{(p_n - p_e) - (p_j - p_e) - (p_c - p_j)}$$
(3-3-162)

式中　p_t——喉管排出压力，Pa；

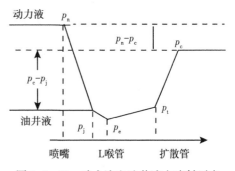

图3-3-57　动力液和油井液在喷射泵中的压力动态示意图

p_e——喉管入口压力，Pa。

1. 流体在扩散管内的伯努利方程式

$$p_c - p_t = (\rho_h v_h^2 / 2) - \Delta p \quad (3-3-163)$$

所以

$$p_c - p_t = (1 - K_d)(\rho_h v_h^2 / 2)$$
(3-3-163a)

式中　v_h——混合液在喉管里的速度，m/s；

Δp——摩擦压力降，Pa，$\Delta p = K_d(\rho_h v_h^2 / 2)$；

K_d——扩散管损失系数，量纲1。

2. 流体在喉管吸入段的伯努利方程式

$$p_j - p_e = \rho_j v_j^2 / 2$$
(3-3-164)

式中　v_j——油井液在喉管入口处的速度，m/s；

ρ_j——油井液密度，kg/m³。

因喉管吸入口较圆滑，所以吸入损失系数K_{sl}为零。

3. 流体在喷嘴处的伯努利方程式

$$p_n - p_e = (\rho_p v_n^2 / 2) + \Delta p$$
(3-3-165)

式中　v_n——动力液在喷嘴中的速度，m/s。

摩擦压力损失Δp可表示两部分。

(1)喷嘴处的摩擦压力损失。

$$\Delta p_n = K_n(\rho_p v_n^2 / 2)$$

(2)喷出喷嘴后喷射压力损失。

坎宁安(Cunningham)研究证明，当喷射的流体从喷嘴口到喉管入口这一段距离L时，喷射压力降$p_n - p_e$必须看作流体摩擦的能量损失。所以

$$p_n - p_e = \rho_p v_n^2 / 2 + K_n(\rho_p v_n^2 / 2) + (p_j + p_e) = (1 + K_n)(\rho_p v_n^2 / 2) + (p_j - p_e) \quad (3-3-166)$$

式中　p_j——喷射泵吸入口流动压力，Pa；

K_n——喷嘴损失系数，量纲1，通常取0.03。

伯努利方程式不适用于喉管，但由于在喉管中的流体离开喉管时动量减去流体进入喉管的动量等于外力的总和。因此，流体在喉管中的动量方程为

$$w_h v_h - (w_p v_n + w_j v_j) + Q = (p_e - p_t) A_t$$
(3-3-167)

因

$$w_j = \rho_j A_e v_j; \quad w_p = \rho_p A_n v_n$$

而

$$w_h = w_j + w_p = \rho_h A_t v_h$$

从而得到

$$v_j = w_j / (\rho_j A_e); \quad v_n = w_p / (\rho_p A_n); \quad v_h = w_h / (\rho_h A_t)$$

式中　w_p——动力液的质量流量,kg/s;

v_j——油井液的质量流量,kg/s;

v_h——混合液的质量流量,kg/s;

A_e——喉管入口的过流面积,$A_e = A_t - A_n$,m²;

A_t——喉管的过流面积,m²;

A_n——喷嘴过流面积,m²;

Q——摩擦损失,$Q = K_t A_t (\rho_h v_h^2 / 2)$。

消去式(3-3-167)中的 A_t,得

$$p_t - p_e = K_s \rho_p v_n^2 + (1 - K_s) \rho_j v_j^2 - (1 + K_t/2) \rho_h v_h^2 \tag{3-3-168}$$

由于

$$w_j / w_p = K_z$$

因此得

$$v_j = K_z \left(\frac{K_s}{1 - K_s} \right) \frac{\rho_p}{\rho_j} v_n \tag{3-3-169}$$

而

$$v_h = (1 + K_z) K_s \frac{\rho_p}{\rho_h} v_n \tag{3-3-170}$$

式中　K_s——喷嘴过流面积与喉管过流面积之比,量纲1。

把式(3-3-169)、式(3-3-170)分别代入式(3-3-164)、式(3-3-163a),并入式(3-3-168),整理后加上式(3-3-166),代入式(3-3-162);这时,$K_t + K_d = K_{td}$(一般取 $K_{td} = 0.2$),得

$$K_y = \frac{2K_s + (1 - 2K_s) \left(\dfrac{K_z K_s}{1 - K_s} \right)^2 \dfrac{\rho_p}{\rho_j} - (1 + K_{td})(1 + K_z)^2 K_s^2 \dfrac{\rho_p}{\rho_h}}{1 + K_n - 2K_s - (1 - 2K_s) \left(\dfrac{K_z K_s}{1 - K_s} \right)^2 \dfrac{\rho_p}{\rho_j} + (1 + K_{td})(1 + K_z)^2 K_s^2 \dfrac{\rho_p}{\rho_h}} \tag{3-3-171}$$

式中　K_{td}——喉管—扩散管损失系数,量纲1。

令

$$B = 2K_s + (1 - 2K_s) \left(\frac{K_z K_s}{1 - K_s} \right)^2 \frac{\rho_p}{\rho_j} - (1 + K_{td})(1 + K_z)^2 K_s^2 \frac{\rho_p}{\rho_h} \tag{3-3-172}$$

式(3-3-171)可写为

$$K_y = \frac{B}{1 + K_n - B} \tag{3-3-173}$$

泵的系统效率

$$\eta_s = \frac{\text{输出的水功率}}{\text{输入的水功率}} = \left(\frac{p_c - p_j}{p_n - p_c} \right) \frac{Q_j}{Q_p} \tag{3-3-174}$$

因

$$Q_j = w_j / \rho_j \; ; \; Q_p = w_p / \rho_p$$

故式(3-3-174)可写为

$$\eta_s = K_y K_z \frac{\rho_p}{\rho_j} \tag{3-3-175}$$

当 $\rho_p = \rho_j = \rho_h$ 时,式(3-3-172)、式(3-3-175)可分别写成

$$B = 2K_s + (1-2K_s)\left(\frac{K_z K_s}{1-K_s}\right)^2 - (1+K_{td})(1+K_z)^2 K_s^2 \tag{3-3-176}$$

$$\eta_s = K_y K_z \tag{3-3-177}$$

从以上导出的基本方程组式(3-3-171)、式(3-3-172)可以看出,代表特性曲线方程 K_y 是 K_z 的二次函数,与 Grupping 1986 年和 K. E. 布朗 1987 年给出的描述特性曲线的方程形式相同。

需要强调的是,改进喷射泵的结构设计,可以降低喷射泵的损失系数,而损失系数则取决于喷嘴和喉管—扩散管的雷诺数。与建立基本方程组无关,任何一种喷射泵基本方程组的建立不外乎伯努利能量方程的应用,最终都不能使导出式的特性上有较大差异。Corteville 1987 年给出了喷射泵工业应用效率提高到 38%,把室内试验泵的效率提高到 40% 以上,而导出的基本方程组与笔者导出的结果一致。

无因次压力比考虑了摩擦压力损失,真实地反映了整个系统的压力变化过程。而井口压力比却忽略了摩擦损失等因素,致使井口压力比的值比无因次压力比的值小。而喷射泵效率与无因次压力比 K_y 成正比。这也是造成由公式计算的泵效比实验的数据要低一些,二者不相吻合的原因。

井口压力比描述喷射泵的性能又有它的局限性,在单井生产系统(即单井流程),井口回压值 p_h 能反映各生产井的实际回压。而进入系统生产的油井(即系统流程),各井井口回压相同,这时,用井口压力比来描述喷射泵的性能参数误差就更大。井口压力比不能真实反映喷射泵的性能,又不能从井口直接测得动液面,所以用井口压力比作为选泵参数不妥。而应沿用现有理论无因次压力比作为选择泵的性能参数。

四、喷射泵的效率

若考虑气体进泵情况,气体虽占据了泵的部分空间,但混合液返出时液体密度减小,泵的排出压力相应降低,此时气体帮助了升举,地面泵压力反而降低了,泵效率提高了。而含气量太高时,气体堵塞了喉管,效率是下降的。根据喷射泵的采油实践,并经过理论推导,修正了美国 A. G. Grupping 等人提出的数学模型和迭代计算程序,更适应于液/液气(即动力液和混合液均呈单相流体)不等密度,液/液气(即动力液是液体,混合液呈液气两相)不等密度状态下的喷射泵油井工作参数选择。修正后的喷射泵系统效率可表示为

$$\eta = FM_v \tag{3-3-178}$$

其中

$$F = \frac{p_d - p_f}{p_n - p_d} = \frac{B}{1 + K_n - B} \tag{3-3-179}$$

$$B = 2R + (1-2R)\left(\frac{MR}{1-R}\right)^2 \frac{\rho_p}{\rho_f} - (1+K_t)(1+M)^2 R^2 \frac{\rho_p}{\rho_m} \tag{3-3-180}$$

$$M_v = \frac{Q_f}{Q_n}\left[B_o(1-W_o) + W_o\right] \tag{3-3-181}$$

$$B_o = 1 + 0.0558\left(\frac{GOR}{p_e}\right)^{1.2} \tag{3-3-182}$$

式中　η——喷射泵系统效率,%;

M——无因次质量流量,量纲1;

M_v——无因次体积流量,井液与喷嘴处的流过的流量之比,量纲1;

F——无因次压力比,量纲1;

p_d——混合液的排出压力,MPa;

p_f——油井液压力,MPa;

p_n——喷嘴处压力,MPa;

p_e——泵入口的吸入压力,MPa;

B——中间参数,量纲1;

K_n——喷嘴损失系数,取0.03;

K_t——喉管与扩散管损失系数,量纲1;

R——喷嘴与喉管的孔口的面积比,量纲1;

ρ_p——动力液密度,g/cm³;

ρ_f——井液密度,g/cm³;

ρ_m——混合液密度,g/cm³;

B_o——地层原油体积系数,m³/m³;

W_o——油井液含水,%;

GOR——气油比,m³/m³;

Q_f——油井液目标产量,m³/d;

Q_n——喷嘴处动力液的流量,m³/d。

把式(3-3-182)代入式(3-3-181)得

$$M_v = \frac{Q_f}{Q_n}\left\{\left[1 + 0.0558\left(\frac{GOR}{p_e}\right)^{1.2}\right](1-W_o) + W_o\right\} \tag{3-3-183}$$

把式(3-3-179)、式(3-3-183)代入式(3-3-178)得

$$\eta = FM_v = \left(\frac{B}{1+K_n-B}\right)\frac{Q_f}{Q_n}\left\{\left[1 + 0.0558\left(\frac{GOR}{p_e}\right)^{1.2}\right](1-W_o) + W_o\right\} \tag{3-3-184}$$

如果式(3-3-184)中,GOR=0,$\rho_p=\rho_f=\rho_m$,则有

$$\eta = \left(\frac{p_d-p_f}{p_n-p_d}\right)\frac{Q_f}{Q_n} = \left(\frac{B}{1+K_n-B}\right)\frac{Q_f}{Q_n} \tag{3-3-185}$$

式(3-3-185)为以前喷射泵设计者所用的效率计算公式。

例如,某口喷射泵生产井,采用表 3-3-9 中的参数生产,把这些数据分别代入修正后的式(3-3-184)和原效率计算式(3-3-185)分别计算得 η 为 36.4% 和 31.6%。

表 3-3-9 某喷射泵井的产生参数

孔喉比 R	井液质量与喷嘴处质量流量之比 M	气油比 GOR (m^3/m^3)	动力液密度 ρ_p (g/cm^3)	油井液密度 ρ_f (g/cm^3)
0.4	0.4517	36	0.92	0.93
混合液密度 ρ_m (g/cm^3)	泵吸入口压力 p_e (MPa)	喷嘴处压力损失系数 K_n	喉管处压力损失系数 K_t	含水率 W_o (%)
0.88	6.033	0.33	0.2	0.5

五、油井参数设计

(1)给出油井基本数据。

泵挂深度 H(m);

气油比 GOR(m^3/m^3);

油层静压 p_s(MPa);

井口回压 p_{wh}(MPa);

采油指数 $J[m^3/(MPa \cdot d)]$;

油井液密度 ρ_f(g/cm^3);

含水 W_o(%);

动力液密度 ρ_p(g/cm^3)。

(2)确定油井目标产液量 Q_f。

(3)计算吸入口的流动压力 p_f。

$$p_f = p_s - Q_f/J \tag{3-3-186}$$

(4)初步确定喉管入口压力 p_e。

$$p_e = (0.3 \sim 0.85) p_f \tag{3-3-187}$$

(5)计算地层油体积系数 B。

$$B = 1 + 0.0558(GOR/p_e)^{1.2} \tag{3-3-188}$$

(6)计算喉管入口处油井液密度 ρ_{fg}。

$$\rho_{fg} = \rho_f / [B(1-W_o) + W_o] \tag{3-3-189}$$

当 GOR$=0$,$B=1$ 时,$\rho_{fg}=\rho_f$。

(7)计算喉管入口面积 A_e。

$$A_e = [BQ_f(1-W_o) + Q_f W_o]/3.864 \sqrt{(p_f - p_e)/\rho_{fg}} \tag{3-3-190}$$

(8)根据表 3-3-10 选择面积比 R,确定喷嘴处的过流面积 A_n。

表 3-3-10 面积比 R

泵挂深度(m)	500~1500	1500~2500	2500~3500
喷嘴与喉管面积比	0.15~0.25	0.25~0.4	0.4~0.6

由

$$R = A_n / A_e \tag{3-3-191}$$

求得 A_n。

(9)初步确定喷嘴入口压力 p_n。

$$p_n = 0.01715 H \rho_p \tag{3-3-192}$$

(10)计算喷嘴处的过流量 Q_n。

$$Q_n = 3.864 A_n \sqrt{(p_n - p_f)/\rho_p} \tag{3-3-193}$$

(11)求质量流量比 M。

$$M = Q_f \rho_f / Q_n \rho_p \tag{3-3-194}$$

(12)计算混合密度 ρ_m。

$$\rho_m = \rho_{fg} \rho_p (1+M) / (M \rho_p + \rho_{fg}) \tag{3-3-195}$$

(13)由下式求无因次压力比 F。

$$F = \frac{2R + (1-2R)[MR/(1-R)]^2 (\rho_p/\rho_f) - (1+K_t)(1+M)^2 R^2 \rho_p/\rho_m}{1+K_n - 2R - (1-2R)[MR/(1-R)]^2 (\rho_p/\rho_f) + (1+K_t)(1+M)^2 R^2 \rho_p/\rho_m} \tag{3-3-196}$$

(14)计算泵的排出压力 p_d。

$$p_d = 0.0098 H \rho_m + p_{wh} + p_2 \tag{3-3-197}$$

式中 p_2——液体在油套管环空的平均压力损失,MPa。

(15)根据式(3-3-179)第一个等号式导出 p_n,重新计算一个 p_n。

$$p_n = (p_d - p_f) / F + p_d \tag{3-3-198}$$

(16)根据式(3-3-198)计算的 p_n 值,用它与步骤(9)初定的 p_n 值相比较,必须使其相对误差收敛于 1.5%。否则,根据误差收敛结果,重新确定一个 p_n 值,高于或低于由式(3-3-198)计算的 p_n 值,然后接着重复步骤(10)~(15)。

(17)计算地面泵注入压力 p_p 和所需的水功率 N。

$$p_p = p_n - 0.0098 H \rho_p + p_1 \tag{3-3-199}$$

$$N = 1.157 \times 10^{-2} Q_n p_p = 4.47 \times 10^{-2} R A_e p_p \sqrt{(p_n - p_f)/\rho_p} \tag{3-3-200}$$

式中 p_1——液体在油管的平均压力损失,MPa。

(18)回到步骤(8),根据步骤(17)的计算结果,选择一个最佳的面积比 R。当所需功率太高时,选一个低于原选择值的 R,重复步骤(8)~(17)。

(19)为了确定 R 和 A_n 的最佳组合,并得到一个较小的功率 N,选一个高于或低于原 p_e 值,或根据下式计算 p_e 值:

$$p_e = p_f - \left(\frac{MR}{1-R}\right)^2 \left(\frac{1}{1+K_t}\right)^2 (p_n - p_f) \frac{\rho_p}{\rho_f} \tag{3-3-201}$$

重复步骤(5)至(18)。

(20)把两次所确定的 p_e 值而得到的 p_e/p_f 值和 N 值相比较。选 $p_e/p_f > 0.3$(不会发生气蚀),且 N 较小(即地面设备能允许的功率范围)的 R 和 A_e 的组合。否则,重复步骤(2)~

(19),直到满足为止。

(21)根据制造厂制造的喷嘴和喉管尺寸系列,选择几何尺寸接近计算值的喷嘴和喉管。通常选择比计算值稍大一点的喉管尺寸,使吸入口速度低一些,以便有效地避免产生气蚀。

六、现场应用及效果分析

1. 现场应用

1991 年 8 月至 1991 年 12 月,PSB$_c$62mm 型系列喷射泵累计下井 8 口共 12 井次,起投泵顺利,动力液用量少,起到了降低能耗稳定生产的作用。试验数据见表 3-3-11。

表 3-3-11 喷射泵试验数据

序号	井号	投喷射泵前						投喷射泵后										增油 (t)
								优化设计参数						实际生产				
		泵型	泵压 (MPa)	冲次 (min⁻¹)	动力液量 (m³/d)	产液量 (m³/d)	产油量 (t/d)	喷嘴尺寸 (mm)	喉管尺寸 (mm)	泵压 (MPa)	动力液量 (m³/d)	产液量 (m³/d)	泵压 (MPa)	动力液量 (m³/d)	产液量 (m³/d)	产油量 (t/d)	
1	J65-012		15	45	165	35	35	3.0	5.3	16	191	60	16	145	63	40	45
2	J63-10	60	15	55	160	10	10	3.2	6	15.5	170	35	15.5	178	25	10	0
3	J66-038	100	14.5	62	175	45	30	3.4	6.2	15.5	198	90	15.5	158	124	65	+35
4	J70-30	100	13	58	163	12.5	8.8	3.2	5.6	15.5	197	60	15.5	186	211	14.8	+6
5	JG12	100	14	56	175	17.5	7.5	3.0	7.0	15.0	197	60	15.0	178	57.1	16	+85
6	A16-20	100	6	60	172	15.5	10.8	2.8	5.8	15.5	165	40	15.5	170	30	21	+10.2
7	J66-36	100	60	60	175	42	16.8	2.4	4.6	15.5	154	65	15.5	98	42	16.8	0
8	J64-16	100	65	65	178	15.5	8.0	2.8	5.0	15.5	158	45	15.5	125	14.5	7.8	-0.2

2. 效果分析

1)采油效果

J65-012 和 J63-10 两口井同走一条管线量油,使用水力活塞泵采油时,两井日平均产油 45t,换泵周期为 20d;使用水力喷射泵平均日产油 50t,换泵周期由原来的 20d 延长到 2 个月,且喷嘴和喉管孔口整个射流段均无任何损坏。

J66-038 井原采用水力活塞泵采油,动力液循环量为 175m³/d,日产液 45t,产油 30t。使用 PSB$_c$62mm 型喷射泵后,50 天共减少动力液循环量 1550m³/d。第二次更换 PSB$_c$62mm 型喷射泵后,动力液循环量 158m³/d,日产液量上升到 124m³,日增产量 35t。

J70-30 井原来采用水力活塞泵采油,产液 12.8m³/d,采用喷射后上升到 21.4m³/d,日平均增产油 6t。

A16-20 井采用用水量活塞泵时,产液 15.5m³/d,采用 PSB$_c$62mm 型喷射泵后,日产液 27.5m³,日平均增产油 10.2t。

JG12 井采用水力活塞泵时,平均产液 17.5t/d,改用 PSB$_c$62mm 型喷射泵后,产液量为 57.1m³/d,日增产油 8.5t。

综上所述,累计增产油 4500t,所获经济效益用下式计算:

$$E_o = Q_o Y - C_p \tag{3-3-202}$$

式中 E_o——经济效益,元;

    Q_o——增油量,t;

    Y——每吨原油价格,元/t;

    C_p——泵的投资费用,万元。

取 $E_o=4500t$,$Y=201$ 元/t,$C_p=4$ 万元,将数据代入式(3-3-202)得

$$E_o=4500\times201-4\times10^4=86.45(万元)$$

2)检泵效果

延长检泵周期,降低维修费用,水力活塞泵周期 20d,检泵时每台需 2 人 6h;而 PSB$_c$62mm 喷射泵的检泵周期为 2 个月(其实工作正常,是现场管理人员要求换泵),检泵时每台只需 1 人 1.5h。水力活塞泵每次检泵仅更换零件费用就是 1500 元/台,而 PSB$_c$62mm 型泵每次检泵费用为 50 元/台,仅检泵时煮化原油,清洗二项可比水力活塞泵少烧天然气 800m³/月。节约总费用 T 可用下式计算:

$$T=W(n_oY_p-nY_j)+GC_g \tag{3-3-203}$$

式中 W——井数,口;

    n_o——水力活塞泵换泵总数,台;

    n——喷射泵换泵总数,台;

    Y_p——水力活塞泵更换零件费用,元/台;

    Y_j——喷射泵更换零件费用,元/台;

    G——清洗泵件时少烧掉的天然气总量,m³;

    C_g——天然气价格,元/m³。

取 $W=5$ 口,$n_o=12$ 台,$n=1$ 台,$Y_p=1500$ 元/台,$Y_j=50$ 元/台,$G=3200m^3$,$C_g=0.35$ 元/m³。将上述数据代入式(3-3-203)计算得

$$T=5\times(12\times1500-1\times50)+3200\times0.35=9.087(万元)$$

通过表 3-3-12 可以看出,采用喷射泵与采用水力活塞泵的产油量基本相等(一般有所增产),经过效果分析可见,PSB$_c$62mm 型喷射泵与水力活塞泵的相比,采油成本低,使用维修方便,寿命长,可给油田带来很大的经济效益。

表 3-3-12　现场应用生产数据

序号	井号	投喷射泵前		投喷射泵后		喷射泵主要工作参数		
		采油方式	平均产量 Q_1（t/d）	平均产量 Q_2（t/d）	增加产量 ΔQ（t/d）	喷嘴直径 D（mm）	地面泵压力 p_p（MPa）	动力液流量 Q_n（m³/h）
1	J67-231	水力活塞泵	6.5	12.52	6.02	3.0	15.0	6.6
2	J70-30	水力活塞泵	7.2	22.60	15.40	3.2	14.5	7.7
3	J64-10	自喷	15.5	26.80	11.30	3.0	14.5	6.0
4	J62-12	水力活塞泵	12.1	32.23	20.13	3.0	15.0	6.0
5	J66-46	水力活塞泵	14.3	34.00	19.70	3.0	15.0	6.6

序号	井号	投喷射泵前		投喷射泵后			喷射泵主要工作参数		
		采油方式	平均产量 Q_1 (t/d)	平均产量 Q_2 (t/d)	增加产量 ΔQ(t/d)	喷嘴直径 D (mm)	地面泵压力 p_p (MPa)	动力液流量 Q_n (m³/h)
6	J65-13	水力活塞泵	18.6	36.50	17.90	3.2	15.0	6.6
7	J17	抽油机	0	5.03	5.03	3.0	15.0	7.2
8	J33-75	抽油机	0	5.70	5.70	3.0	15.0	6.0
9	J33-77	抽油机	0	6.94	6.94	3.2	15.0	7.2
10	AG3	水力活塞泵	17.1	21.70	4.60	3.0	15.0	7.0
11	A49-73	水力活塞泵	0	14.98	14.98	3.0	15.0	6.0
12	A43-69	水力活塞泵	16.6	27.08	10.48	3.2	15.0	6.8
13	A23-29	水力活塞泵	9.5	24.00	14.50	3.2	15.0	6.6
14	A109	水力活塞泵	20.5	55.00	34.50	3.0	15.0	6.0
15	A17	抽油机	0	9.20	9.20	3.2	15.0	7.0
16	S24-11	抽油机	9.3	44.50	35.20	3.2	14.5	7.2
17	A17-31	水力活塞泵	4.0	5.97	1.97	3.0	15.0	6.6
18	J65-29	水力活塞泵	25.0	37.00	12.00	3.0	15.0	6.0

对于油井中要使用的喷射泵,采用上述计算程序及计算模型进行油井工作参数选择,与生产实际相吻合。1988年到1989年底,在沈阳油田共推广应用18口井。在原油凝点高的井、气油比大的井、水力活塞泵生产不正常而经常憋泵起换泵的井、液面低,抽油机抽不出油的井或出油很少的井改为喷射泵采油方式生产,不但采油量大幅度提高,而且也延长了换泵周期,平均换泵期长达三个月之久,与水力活塞泵换泵周期相比延长了6倍,现场应用生产数据见表3-3-12。

1988年到1989年底在18口井应用,累计增产原油3.5×10⁴t,折算约479.50万元(原油价格按137元/t)。延长换泵周期,18口井节约检泵费用20.5万元。除去原材料消耗约16万元,年均经济效益242.0万元。

综上所述:喷射泵采油要有足够的沉没度,通常沉没率不低于20%(沉默率是泵的沉没度与泵挂深度的比率),以免井下泵发生气蚀。高气油比井返出液柱(混合液)的气体量增多,返出液密度减小,气体帮助了升举,使地面工作压力降低。但有时气油比过大,导致喉管阻塞,泵的效率下降。喷嘴和喉管面积比的选配严格,选配合理与否直接影响泵的效率。浅井选用较小的面积比,深井选用较大的面积比,效果较好。喷射泵开发高凝油达到了井筒加热、保温、清蜡、降凝的作用,是开采高凝油田的有效采油方式之一。喷射泵对动力液的要求没有水力活塞泵严格,只需除去大颗粒杂质以防止喷嘴堵塞,就能保证井下泵正常生产。对喷射泵工作情况经常进行分析,发现问题及时排除。诸如及时处理工作压力降低,动力液量增大等问题,达到提高采油效果的目的。

参 考 文 献

[1] 窦宏恩. 水力泵发展史话[J]. 石油知识,1989(2).

[2] Liaohe Oilfield Hydraulic Pumping Project Technical Documentation Trico Industries INC April17,1987.

[3] Powerlift I Single Displacement Pump Technical Manual,Guiberson Industries,INC. 1986.

[4] Powerlift II Double Displacement Pump Technical Manual,Guiberson Industries,INC. 1986.

[5] 窦宏恩. 一种新型水力活塞泵[J]. 石油矿场机械,1990,19(3):43-45.

[6] 窦宏恩,孙波. 一种可深抽的水力活塞泵[J]. 石油矿场机械,1992,21(5):43-47.

[7] 窦宏恩. CYB 型水力活塞泵测压泵研制试验[J]. 石油矿场机械,1991,20(3):23-25.

[8] 姚黎明. SBQ-1 型水力活塞泵随泵取样器[J]. 石油机械,1994(7):55.

[9] Gott C I. Successful rod pumping at 14500 Feet[J]. SPE12198.

[10] Kermit E. Brown. Overview of Artificial Lift System[J]. SPE9979,1982.

[11] Kpode F K. Optimizations in the Design and Operation of an Offshore Hydrailic Pumping System[J]. SPE16314,1987.

[12] 王国清. 水平井的机械采油方法,水平井配套技术专题调研报告集. 北京:中国石油天然气总公司情报研究所石油工业钻采工艺科技情报协作组,1992 年 9 月.

[13] 张柏年,译. 斜井抽油[J]. 石油天然气工程译丛,1987(7):18-29.

[14] A. C. Казак. 重油开采工艺技术发展的新动向[J]. 唐养吾,译. 油气田开发工程译丛,1990(11):2-11.

[15] 王善政,宫树战. A 型水力活塞泵[J]. 石油机械,1994(8):54-58.

[16] 王一民. SHB2½×6/30D 长冲程低冲次水力活塞泵[J]. 石油机械,1993(8):47-50.

[17] 金朝铭. 液压流体力学[M]. 北京:国防工业出版社,1994.

[18] 万邦列. 采油机械的设计计算[M]. 北京:石油工业出版社,1988.

[19] 龚伟安. 旋转钻杆的弯曲问题[J]. 石油矿场机械,1986(6):21-29.

[20] 章扬烈. 采用井底动力机钻直井时钻柱受压段的空向弯曲变形问题[J]. 石油矿场机械,1985(24):3,19-30.

[21] 张宁生,袁克勇. 常用流体压力对油井管柱的作用[J]. 石油钻采工艺,1982(5):73-83.

[22] 江汉石油管理局采油工艺研究所,等. 封隔器理论基础与应用[M]. 北京:石油工业出版社,1983.

[23] 铁摩辛柯. 材料力学[M]. 韩耀新,译. 北京:科学出版社,1990.

[24] Joe H Sherwood. Packer completion techniques[M]. Guiberson Division:Dresser Industrier, 1978.

[25] 唐蓉城,陆玉. 机械设计[M]. 北京:机械工业出版社,1993.

[26] K. E.布朗. 升举法采油工艺:卷(二)下[M]. 张柏年,等译. 北京:石油工业出版社,1987.

[27] 任瑛. 加热开采井筒抽油工艺的探讨:井筒中的热流体循环[J]. 华东石油学院学报(自然科学版),1982(4):56-69.

[28] 方元. 井温计算及隔热油管下入深度的确定[J]. 石油钻采工艺,1986(6):43-50,58.

[29] 赵正琪. 开式水力活塞泵的井筒传热计算[J]. 石油钻采工艺,1986(5):45-51.

[30] 刘翔鹗,高大康,宋亦武,等. 采油方法优选的初步研究[J]. 石油钻采工艺,1983(5):45-52.

[31] Lon Q. Buehner the determination of bottom-hole pumping conditions in hydraulicaly pumped wells[J]. SPE5394,1975.

[32] Eddie Smart E. Jet pump geometry selection. southwestern petroleum short course[M]. Texas:Lubbock,1985:23-25.

[33] Grupping A W, et al. Fundamentals of oilwell Jet pumping[J]. SPE15670.

[34] Cortevill J C, et al. Research on jet pumps for single and muitiphase pumping of crudes[J]. SPE16923 1987:437-448.

［35］窦宏恩. 水力活塞泵抽高凝油存在的问题及处理措施［J］. 石油矿场机械,1993(4):26-31.

［36］Brown Barton F. Water power fluid for hydraulic oil well pumping［J］. JPT, 1996,18(2):172-176.

［37］Kpodo F K. Optimizations in the design and operation of an offshore hydraulic pumping system［J］. SPE 16364,1988,40(4):459-462.

［38］Jacobs E G. Artificial lift the montrose field north sea［J］. SPE Production Engineering,1989,4(3):313-320.

［39］Barton. Water Power Fluid for Hydraulic Oil Well Pumping［J］. J Pet Technol, 1996,18(2):172-176.

［40］E G Jacobs. Artificial Lift the Montrose Field North Sea［J］. SPE Prod & Oper, 1989 4(3):313-320.

［41］Manual of Hydraulic Pump Technical,Guiberson division. 1987.

［42］Joseph Dunn Clegg. Recommendations and Comparisons for Selecting Artificial-Lift Methods［J］. J Pet Technol, 1993, 45(12):1128-1167.

［43］Patton Douglas. L. Optimizing Production with Artificial Lift System［J］. Petroleum Engineer International, Part1-Part5, July, 1989; October, 1989; March,1990;April,1990; May,1990.

［44］SHB21/2FZ 型阀组式水力活塞泵说明书. 沈阳航空学院,1989.

［45］吴宝民,窦宏恩,等. QYQ-1 型取样器研制与应用总结报告. 辽河石油勘探局沈阳采油厂(内部资料),1991.

［46］窦宏恩. 沈阳油田高凝油水力泵采油工艺技术. 辽河石油勘探局沈阳采油厂(内部资料),1991.

［47］K E 布朗. 升举法采油工艺 卷(二):下［M］. 张柏年,等译. 北京:石油工业出版社,1987.

［48］胜利油田水力活塞泵技术服务公司. 水力活塞泵抽油工艺. 1984.

［49］刘云鹏,等. 回注污水动力液(SLS-3)扩大试验总结. 无杆采油泵公司,1992.

［50］窦宏恩. 论塔里木油田的机械采油方法［J］. 石油钻采工艺, 1993(2):76-81.